2025

[2011년~2017년]

14개년 과년도

건축기사 실기

한솔아카데미

출제경향으로 시작하여
기출문제로 끝낸다!
2025 합격 솔루션

- 3개년 (2022-2024년) 기출문제 무료 동영상
- 출제경향 무료 동영상
- 질의응답 전용 홈페이지를 통한 365일 학습질의응답

안광호 교수
백종엽 교수
이병억 교수

건축기사 실기
한솔아카데미가 답이다!

본 도서를 구매하시는 분께 드리는 혜택

❶ 출제 경향 분석 3개월 무료제공 ❷ 최근 기출문제 3개월 무료제공
❸ 시험 2주 전 자율모의고사 ❹ 동영상강좌 할인혜택

무료쿠폰번호 : **HPT0-E64E-8PXK**

 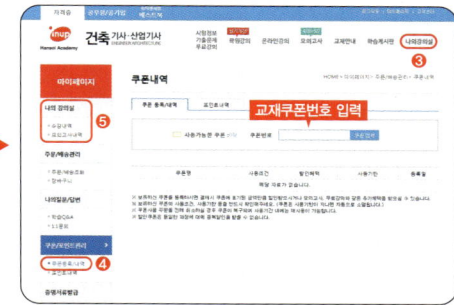

01 사이트 접속
인터넷 주소창에 https://www.inup.co.kr 을 입력하여 한솔아카데미 홈페이지에 접속합니다.

02 회원가입 로그인
홈페이지 우측 상단에 있는 **회원가입** 또는 아이디로 **로그인**을 한 후, [건축] 사이트로 접속을 합니다.

03 나의 강의실
나의강의실로 접속하여 왼쪽 메뉴에 있는 [쿠폰/포인트관리]-[쿠폰등록/내역]을 클릭합니다.

04 쿠폰 등록
도서에 기입된 **인증번호 12자리** 입력(-표시 제외)이 완료되면 [나의강의실]에서 학습가이드 관련 응시가 가능합니다.

■ 모바일 동영상 수강방법 안내

❶ QR코드 이미지를 모바일로 촬영합니다.
❷ 회원가입 및 로그인 후, 쿠폰 인증번호를 입력합니다.
❸ 인증번호 입력이 완료되면 [나의강의실]에서 강의 수강이 가능합니다.

※ QR코드를 찍을 수 있는 앱을 다운받으신 후 진행하시길 바랍니다.

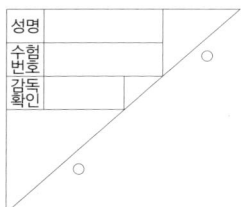

수험자 답안작성시 유의사항

* 수험자 유의사항

1. 시험장 입실시 반드시 **신분증**(주민등록증, 운전면허증, 여권, 모바일 신분증, 한국산업인력공단 발행 자격증 등)을 지참하여야 한다.
2. 계산기는 『**공학용 계산기 기종 허용군**』내에서 준비하여 사용한다.
3. 시험 중에는 핸드폰 및 스마트워치 등을 지참하거나 사용할 수 없다.
4. 시험문제 내용과 관련된 메모지 사용 등은 부정행위자로 처리된다.
   - 당해시험을 중지하거나 무효처리된다.
   - 3년간 국가 기술자격 검정에 응시자격이 정지된다.

** 채점사항

1. 수험자 인적사항 및 계산식을 포함한 답안 작성은 **검은색** 필기구만 사용해야 하며, 그 외 연필류, 빨간색, 청색 등 필기구로 작성한 답항은 0점 처리된다.
2. 답안과 관련 없는 특수한 표시를 하거나 특정임을 암시하는 경우 답안지 전체를 0점 처리된다.
3. 계산문제는 반드시『**계산과정과 답란**』에 기재하여야 한다.
   - 계산과정이 틀리거나 없는 경우 0점 처리된다.
   - 정답도 반드시 답란에 기재하여야 한다.
4. 답에 단위가 없으면 오답으로 처리된다.
   - 문제에서 단위가 주어진 경우는 제외
5. 계산문제의 소수점처리는 최종결과값에서 요구사항을 따르면 된다.
   - 소수점 처리에 따라 최종답에서 오차범위 내에서 상이할 수 있다.
6. 문제에서 요구하는 가지 수(항수)는 요구하는 대로, 3가지를 요구하면 3가지만, 4가지를 요구하면 4가지만 기재하면 된다.
7. 단답형은 여러 가지를 기재해도 한 가지로 보며, 오답과 정답이 함께 기재되어 있으면 오답으로 처리된다.
8. 답안 정정 시에는 두 줄(=)로 그어 표시하거나, 수정테이프(수정액은 제외)로 답안을 정정하여야 한다.
9. 수험자 유의사항 미준수로 인해 발생되는 채점상의 불이익은 본인에게 책임이 있다.
10. 답안지 및 채점기준표는 절대로 공개하지 않는다.

머리말

『과거를 잊지 않는 것... 그것이 미래를 부르는 유일한 힘이다.』

과거의 역사가 미래의 거울이듯, 시험을 준비하는 수험생은 과거의 기출문제를 통하여 미래의 출제될 문제를 예상하고 대비할 수 있습니다.
이 책은 현재 시행되고 있는 한국산업인력공단 국가기술자격검정에 의한 건축기사 실기시험 분야의 2011년~2024년까지의 14년 동안의 출제되었던 문제를 현재의 국가표준인 국가건설기준 [KDS(Korean Design Standard)] 관련규정에 맞게 군더더기 없는 답안과 문제해설로 정리하였습니다.

건축기사를 준비하는 수험생들이 어떻게 하면 보다 더 빠르고 보다 더 쉽게 합격할 수 있는가를 20년간의 대학강의 및 학원강의를 통한 강의기법 및 Know-How를 바탕으로 『건축기사실기 The Bible과년도』 교재를 제작하였으므로 수험생들이 신뢰할 수 있는 합격의 지름길을 제공하는 교재가 될 것으로 확신합니다.

이 책의 특징은 다음과 같습니다.

> Ⅰ. [KDS(Korean Design Standard), 건축공사 및 건축구조 및 콘크리트 통합기준] 관련 내용의 적용
> Ⅱ. 시험에 출제되지 않는 일반사항들을 모두 배제하고 2011년~2024년 동안 출제되어 왔던 기출문제들을 최적의 답안 Point를 제시하여 수험생이 직접 작성할 수 있도록 유도

이 책의 제작을 위해 최선의 노력을 기울였지만 오탈자 등은 지속적으로 수정 및 보완해 나갈 것을 약속드리겠습니다.
끝으로 본 교재의 출간을 위해 애써주신 한솔아카데미 출판부 이종권 전무님과 편집부 안주현 부장님, 문수진 과장님에게 깊은 감사를 드립니다.
세상을 올바른 눈으로 볼 수 있도록 길러주신 부모님에게 항상 감사드리며 사랑하는 아들 준혁, 재혁 그리고 불의의 사고로 하늘나라로 먼저 간 사랑하는 나의 딸 시현에게 감사의 마음을 글로 대신합니다.

건축수험연구회 저자 안광호 드림

【2011.1회~2024.3회 기출문제 배점 분석】

- 일반 시공 53.8%
- 구조 일반 23.7%
- 적산 8.1%
- 공정 10.3%
- 품질+재료시험 4.1%

	일반 시공		구조 일반		적산		공정		품질 + 재료시험	
2011.①	19문제	66점	9문제	27점	–	–	–	–	2문제	7점
2011.②	16문제	55점	7문제	23점	1문제	4점	1문제	10점	2문제	8점
2011.④	14문제	53점	8문제	27점	2문제	9점	2문제	7점	1문제	4점
2012.①	15문제	48점	9문제	31점	1문제	3점	3문제	16점	1문제	2점
2012.②	16문제	54점	10문제	30점	1문제	4점	1문제	6점	2문제	6점
2012.④	16문제	50점	8문제	23점	1문제	9점	2문제	14점	1문제	4점
2013.①	14문제	48점	8문제	27점	2문제	13점	1문제	10점	1문제	2점
2013.②	17문제	57점	6문제	21점	3문제	12점	1문제	10점	–	–
2013.④	16문제	55점	6문제	19점	2문제	13점	1문제	10점	1문제	3점
2014.①	14문제	47점	8문제	30점	1문제	6점	1문제	10점	2문제	7점
2014.②	14문제	49점	6문제	23점	2문제	13점	2문제	12점	1문제	3점
2014.④	13문제	50점	7문제	25점	1문제	10점	1문제	10점	2문제	5점
2015.①	16문제	53점	6문제	19점	2문제	10점	1문제	10점	2문제	8점
2015.②	15문제	49점	8문제	28점	3문제	10점	1문제	10점	1문제	3점
2015.④	13문제	47점	7문제	24점	3문제	10점	1문제	10점	3문제	9점
2016.①	19문제	60점	6문제	24점	1문제	6점	1문제	10점	–	–
2016.②	16문제	56점	5문제	16점	3문제	12점	2문제	13점	1문제	3점
2016.④	20문제	68점	4문제	13점	1문제	9점	1문제	10점	–	–
2017.①	14문제	49점	7문제	27점	1문제	6점	3문제	15점	1문제	3점
2017.②	19문제	64점	4문제	15점	–	–	1문제	10점	2문제	9점
2017.④	16문제	54점	5문제	20점	1문제	5점	3문제	17점	1문제	4점

【2011.1회~2024.3회 기출문제 배점 분석】

- 일반 시공 53.8%
- 구조 일반 23.7%
- 적산 8.1%
- 공정 10.3%
- 품질+재료시험 4.1%

	일반 시공		구조 일반		적산		공정		품질 + 재료시험	
2018.①	15문제	52점	6문제	25점	3문제	10점	1문제	10점	1문제	3점
2018.②	17문제	62점	6문제	21점	1문제	4점	1문제	8점	1문제	5점
2018.④	18문제	61점	5문제	21점	2문제	8점	1문제	10점	–	–
2019.①	16문제	60점	8문제	26점	1문제	4점	1문제	10점	–	–
2019.②	14문제	50점	8문제	27점	2문제	9점	1문제	10점	1문제	4점
2019.④	18문제	61점	5문제	17점	1문제	8점	1문제	10점	1문제	4점
2020.①	15문제	48점	7문제	23점	2문제	16점	1문제	10점	1문제	3점
2020.②	16문제	56점	7문제	21점	1문제	9점	2문제	14점	–	–
2020.③	15문제	51점	7문제	29점	2문제	10점	1문제	6점	1문제	4점
2020.④	14문제	50점	8문제	29점	2문제	8점	1문제	10점	1문제	3점
2020.⑤	16문제	57점	7문제	21점	1문제	10점	1문제	8점	1문제	3점
2021.①	18문제	56점	4문제	16점	1문제	9점	1문제	10점	2문제	9점
2021.②	14문제	48점	7문제	27점	2문제	9점	2문제	13점	1문제	3점
2021.④	16문제	54점	7문제	27점	1문제	5점	1문제	10점	1문제	4점
2022.①	12문제	43점	9문제	31점	2문제	9점	2문제	13점	1문제	4점
2022.②	17문제	65점	6문제	18점	1문제	3점	1문제	10점	1문제	4점
2022.④	16문제	55점	5문제	18점	1문제	6점	1문제	10점	3문제	11점
2023.①	15문제	51점	7문제	23점	1문제	6점	2문제	15점	1문제	5점
2023.②	14문제	47점	9문제	29점	2문제	14점	1문제	10점	–	–
2023.④	15문제	51점	7문제	24점	2문제	11점	1문제	10점	1문제	4점
2024.①	15문제	52점	7문제	27점	2문제	10점	1문제	8점	1문제	3점
2024.②	14문제	48점	6문제	23점	2문제	9점	1문제	10점	3문제	10점
2024.③	16문제	56점	7문제	24점	1문제	6점	1문제	10점	1문제	4점
평균	688	2,366	299	1,039	68	357	57	453	51	177
	15.6	53.8	6.8	23.7	1.5	8.1	1.3	10.3	1.2	4.1

CONTENTS

1권

01. 2011년도 과년도기출문제   1-1

① 건축기사 2011년 제1회 시행   1-2
② 건축기사 2011년 제2회 시행   1-18
③ 건축기사 2011년 제4회 시행   1-40

02. 2012년도 과년도기출문제   1-57

① 건축기사 2012년 제1회 시행   1-58
② 건축기사 2012년 제2회 시행   1-78
③ 건축기사 2012년 제4회 시행   1-96

03. 2013년도 과년도기출문제   1-115

① 건축기사 2013년 제1회 시행   1-116
② 건축기사 2013년 제2회 시행   1-132
③ 건축기사 2013년 제4회 시행   1-150

04. 2014년도 과년도기출문제   1-167

① 건축기사 2014년 제1회 시행   1-168
② 건축기사 2014년 제2회 시행   1-184
③ 건축기사 2014년 제4회 시행   1-202

05. 2015년도 과년도기출문제   1-219

① 건축기사 2015년 제1회 시행   1-220
② 건축기사 2015년 제2회 시행   1-240
③ 건축기사 2015년 제4회 시행   1-258

06. 2016년도 과년도기출문제   1-275

① 건축기사 2016년 제1회 시행   1-276
② 건축기사 2016년 제2회 시행   1-294
③ 건축기사 2016년 제4회 시행   1-312

07. 2017년도 과년도기출문제   1-329

① 건축기사 2017년 제1회 시행   1-330
② 건축기사 2017년 제2회 시행   1-346
③ 건축기사 2017년 제4회 시행   1-364

2011년
과년도 기출문제

① 건축기사 제1회 시행 ……… 1-2
② 건축기사 제2회 시행 ……… 1-18
③ 건축기사 제4회 시행 ……… 1-40

제1회 2011 건축기사 과년도 기출문제

01
배점4

99④, 99⑤, 05②, 08④, 11①, 14①, 15④, 16②, 19②, 21④, 22④, 24③

강구조공사 습식 내화피복 공법의 종류를 4가지 쓰시오.

① _____ ② _____
③ _____ ④ _____

정답 ① 타설 공법 ② 뿜칠 공법 ③ 미장 공법 ④ 조적 공법

해설

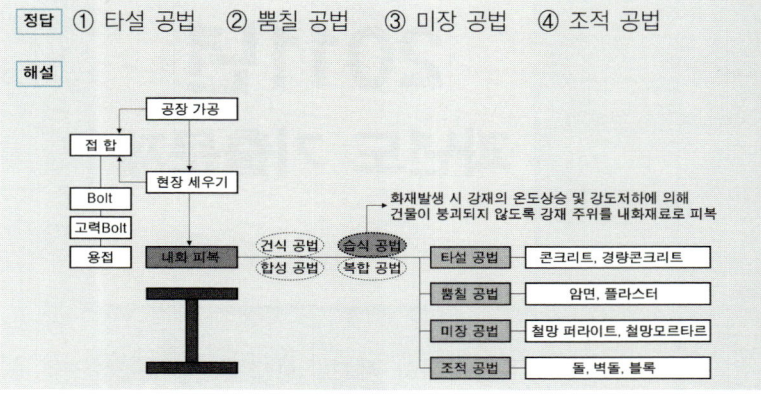

02
배점3

04①, 04②, 09①, 11①, 14④, 23①

커튼월 공사에서 구조체의 층간변위, 커튼월의 열팽창, 변위 등을 해결하기 위한 긴결방법 3가지를 쓰시오.

① _____ ② _____ ③ _____

정답 ① 수평이동 방식 ② 고정 방식 ③ 회전 방식

해설

Fastener 설치목적	구조체의 층간변위, 커튼월의 열팽창, 변위 등을 해결	
Fastener 설치방식	①	수평이동 방식(Sliding Type)
	②	고정 방식(Fixed Type)
	③	회전 방식(Locking Type)

03 블록 압축강도시험에 대한 다음 물음에 답하시오.

(1) 390×190×150mm 속빈 콘크리트 블록의 압축강도시험에서 블록에 대한 가압면적(mm²)

(2) 압축강도 10MPa인 블록이 하중속도를 매초 0.2MPa로 할 때의 붕괴시간 (sec)

정답
(1) $A = 390 \times 150 = 58,500 \, \text{mm}^2$
(2) 붕괴시간 $= 10 \div 0.2 = 50$초(sec)

해설

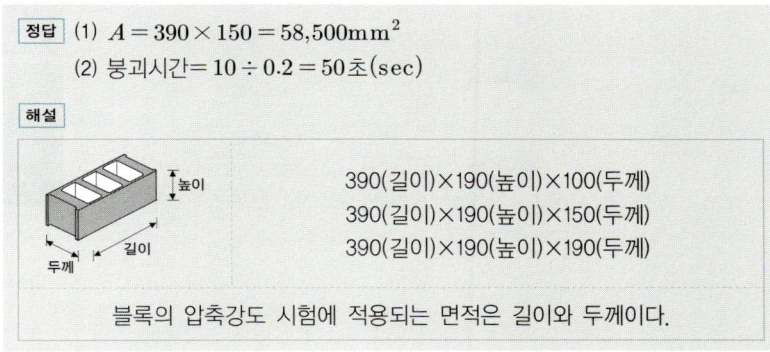

390(길이)×190(높이)×100(두께)
390(길이)×190(높이)×150(두께)
390(길이)×190(높이)×190(두께)

블록의 압축강도 시험에 적용되는 면적은 길이와 두께이다.

04 철근콘크리트 구조의 1방향 슬래브와 2방향 슬래브를 구분하는 기준에 대해 설명하시오.

정답
(1) 1방향 슬래브(1-Way Slab) : 변장비 = $\dfrac{\text{장변 경간}}{\text{단변 경간}} > 2$

(2) 2방향 슬래브(2-Way Slab) : 변장비 = $\dfrac{\text{장변 경간}}{\text{단변 경간}} \leq 2$

해설

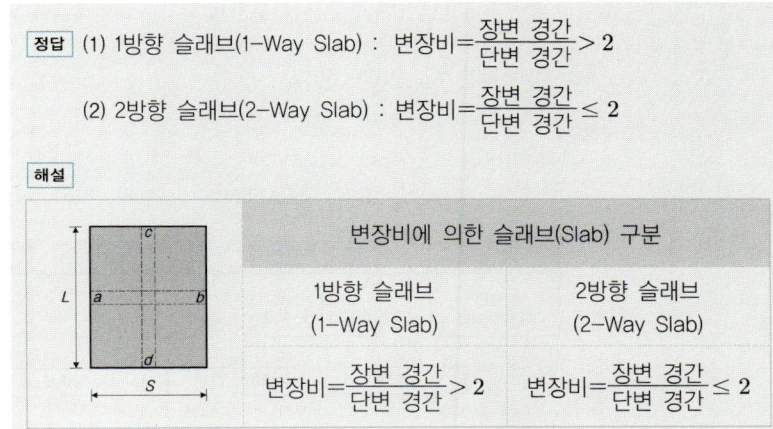

배점3 □□□

05
99④, 03①,
06②, 08①,
11①, 14①,
17④, 20①

강구조공사에서 용접부의 비파괴 시험방법의 종류를 3가지 쓰시오.

① _____ ② _____ ③ _____

정답 ① 방사선 투과법 ② 초음파 탐상법 ③ 자기분말 탐상법

해설

용접 착수 전	트임새 모양
	구속법
	모아대기법 — 각각의 부재를 정확한 각도와 길이를 맞추어 놓은 후 순서에 맞게 정리하여 모아 놓는 것
	용접자세 적부
용접 작업 중	용접봉
	운봉
	전류의 적정
용접 완료 후	외관검사
	절단검사 — 방사선투과법 / 초음파탐상법 / 자기분말탐상법 / 침투탐상법
	비파괴검사

배점2 □□□

06
08④, 11①,
15②, 21①

흙의 함수량 변화와 관련하여 ( ) 안을 채우시오.

흙이 소성상태에서 반고체 상태로 옮겨지는 경계의 함수비를 (①)라 하고, 액성상태에서 소성상태로 옮겨지는 함수비를 (②)라고 한다.

① _____ ② _____

정답 ① 소성한계 ② 액성한계

해설

아터버그 한계(Atterberg Limits, 1911)

액체 상태	소성 상태	반고체 상태	고체 상태
질퍽한 유동화 상태	반죽이 가능한 끈기가 있는 상태	바삭바삭하고 끈기가 없는 상태	절대건조 상태

액성 한계 — 소성 한계 — 수축 한계

배점4 □□□

07

07②, 11①

탄산화의 정의와 반응식에 대하여 다음 물음에 답하시오.

(1) 탄산화의 정의 : 대기 중의 탄산가스의 작용으로 콘크리트 내 (①)이 (②)으로 변하면서 알카리성을 소실하는 현상을 말한다.

(2) 반응식 : (③) + CO_2 → (④) + H_2O

①_____   ②_____

③_____   ④_____

정답
① 수산화칼슘
② 탄산칼슘
③ $Ca(OH)_2$
④ $CaCO_3$

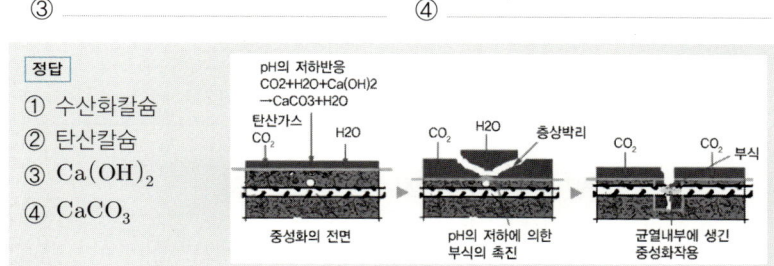

배점3 □□□

08

98⑤, 07②, 11①, 13②, 23②

강구조 주각부 현장시공 순서에 맞게 번호를 나열하시오.

① 기초 상부 고름질   ② 가조립   ③ 변형 바로잡기   ④ 앵커볼트 정착
⑤ 철골 세우기   ⑥ 기초콘크리트 치기   ⑦ 철골 도장

정답 ⑥ → ④ → ① → ⑤ → ② → ③ → ⑦

해설

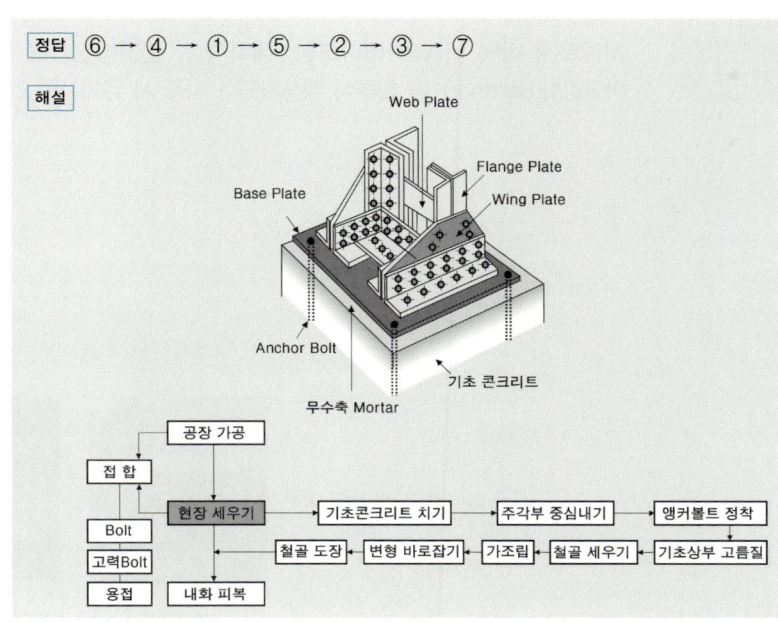

1-5

09

다음 형강을 단면 형상의 표시방법에 따라 표시하시오.

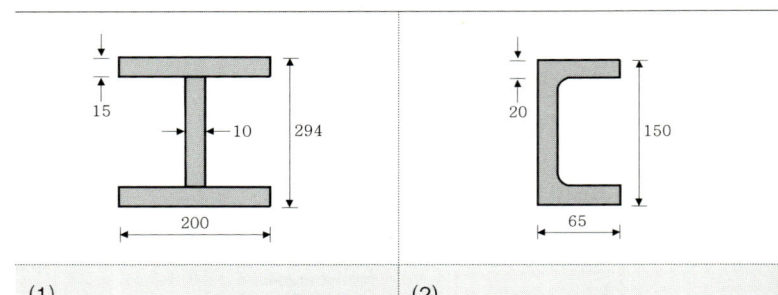

(1)   (2)

정답 (1) H-294×200×10×15
       (2) ㄷ-150×65×20

해설

(1) H형강의 단면 표기순서는 높이, 폭, 웨브 두께, 플랜지 두께이다.

(2) ㄷ형강의 단면 표기순서는 높이, 폭, 웨브 두께, 플랜지 두께이며, 플랜지와 웨브의 두께가 같을 때는 세 번의 숫자로 나타낸다.

10

시멘트계 바닥 바탕의 내마모성, 내화학성, 분진방지성을 증진시켜 주는 바닥강화(Hardner) 중 침투식 액상하드너 시공 시 유의사항 2가지를 쓰시오.

① _____

② _____

정답

바닥강화재 바름공사 침투식 액상하드너 시공 시 유의사항

① 5℃ 이하가 되면 작업을 중단할 것

② 액상 바닥강화 바탕은 최소 21일 이상 양생하여 완전 건조시킬 것

11

다음이 설명하는 구조의 명칭을 쓰시오.

> 건축물의 기초 부분 등에 적층고무 또는 미끄럼받이 등을 넣어서 지진에 대한 건축물의 흔들림을 감소시키는 구조

정답

면진(免震) 구조

구조물과 지반을 분리시켜 지반진동으로 인한 지진력이 직접적으로 구조물로 전달되는 양을 감소시킨 건축물

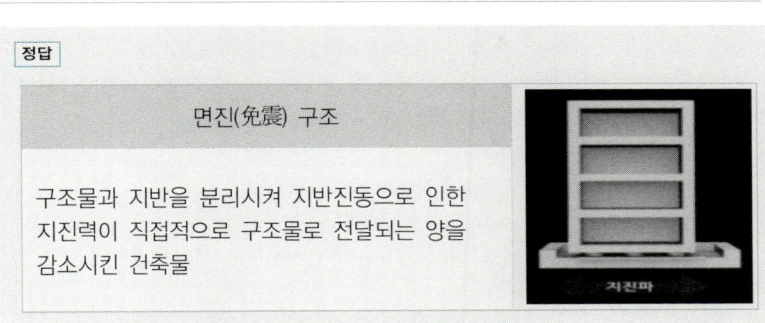

12

경화된 콘크리트의 크리프 현상에 대한 설명이다. 맞으면 O, 틀리면 X로 표시하시오.

① 재하기간 중 습도가 클수록 크리프는 커진다.
② 재하개시 재령이 짧을수록 크리프는 커진다.
③ 재하응력이 클수록 크리프는 커진다.
④ 시멘트 페이스트량이 적을수록 커진다.
⑤ 부재치수가 작을수록 크리프는 커진다.

① ② ③ ④ ⑤

정답 ① X ② O ③ O ④ X ⑤ O

해설

(1)	정의	콘크리트에 일정한 하중이 계속 작용하면 하중의 증가 없이도 시간경과 후 변형이 증가되는 굳은 콘크리트의 소성변형 현상
(2)	증가되는 주요 요인들	• 재하기간 중 습도가 작을수록 크리프는 커진다. • 재하개시 재령이 짧을수록 크리프는 커진다. • 재하응력이 클수록 크리프는 커진다. • 시멘트 페이스트량이 많을수록 커진다. • 부재치수가 작을수록 크리프는 커진다.

배점3 □□□

13
99①, 02②, 07①, 11①

유동화콘크리트의 제조방법 3가지를 쓰시오.

① _____ ② _____ ③ _____

> **정답** ① 현장첨가 방식 ② 공장첨가 방식 ③ 공장유동화 방식
>
> **해설**
>
> | (1) | 베이스 콘크리트(Base Concrete) ➡ 유동화 콘크리트를 제조할 때 유동화제를 첨가하기 전의 기본배합 콘크리트 |
> |---|---|
> | (2) | 유동화제(Superplasticizer) ➡ 미리 혼합된 베이스 콘크리트에 첨가하여 콘크리트의 유동성을 증대시키기 위하여 사용하는 혼화제 |

배점5 □□□

14
04④, 07④, 10①, 11①, 11②, 13④, 14①, 16④, 17①, 18①, 20③, 21④, 22②

기준점(Bench Mark)의 정의 및 설치 시 주의사항을 3가지 쓰시오.

(1) 정의 :

(2) 설치 시 주의사항

① _____
② _____
③ _____

> **정답**
>
> | (1) | 정의 | 건축물 시공 시 공사 중 높이의 기준을 정하고자 설치하는 원점 |  |
> |---|---|---|---|
> | (2) | 설치 시 주의사항 | • 이동의 염려가 없는 곳에 설치
• 지면에서 0.5~1.0m에 공사에 지장이 없는 곳에 설치
• 필요에 따라 보조기준점을 1~2개소 설치 | |

1-8

15. 목공사 마무리 중 모접기의 종류를 3가지 쓰시오.

① _____   ② _____   ③ _____

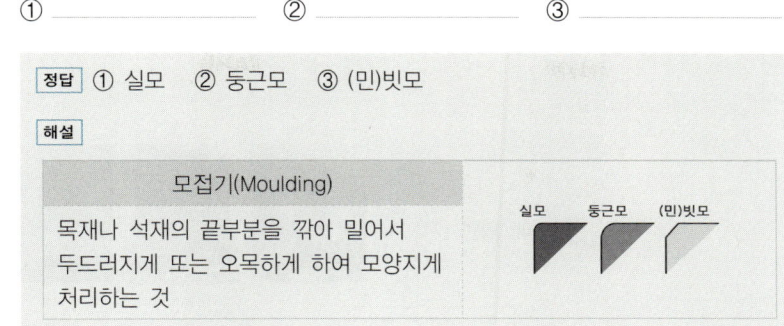

정답 ① 실모   ② 둥근모   ③ (민)빗모

해설

모접기(Moulding)
목재나 석재의 끝부분을 깎아 밀어서 두드러지게 또는 오목하게 하여 모양지게 처리하는 것

16. 다음 용어를 간단히 설명하시오.

(1) 잔골재율(S/a) :

(2) 조립률(FM) :

정답

(1)	골재의 절대용적의 합에 대한 잔골재의 절대용적의 백분율
(2)	10개 체에 남은 양의 누적백분율의 합을 100으로 나눈 값

17. 점토지반 개량공법 2가지를 제시하고 그 중에서 1가지를 선택하여 간단히 설명하시오.

(1) 점토지반 개량공법 :

(2) 설명 :

정답

	(1)	(2)
①	치환공법	연약층의 흙을 양질의 흙으로 교체하는 방법
②	고결공법	지반에 파이프를 박고 액체질소나 프레온가스를 주입하여 지하수를 동결시켜 차단하는 방법

18. 커튼월의 외관형태 타입 4가지를 쓰시오.

① _____ ② _____

③ _____ ④ _____

정답 커튼월(Curtain Wall) 입면에 의한 분류
- 샛기둥(Mullion) 방식 : 수직기둥을 노출시키고, 그 사이에 유리창이나 스팬드럴 패널을 끼우는 방식
- 스팬드럴(Spandrel) 방식 : 수평선을 강조하는 창과 스팬드럴 조합으로 이루어지는 방식
- 격자(Grid) 방식 : 수직, 수평의 격자형 외관을 보여주는 방식
- 피복(Sheath) 방식 : 구조체를 외부에 노출시키지 않고 패널로 은폐시키고 새시는 패널 안에서 끼위지는 방식

19. 그림과 같은 라멘 구조물의 부정정 차수를 구하시오.

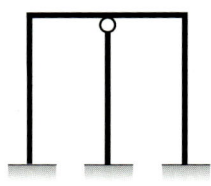

정답 $N = r + m + f - 2j = (3+3+3) + (5) + (3) - 2(6) = 5$차

해설

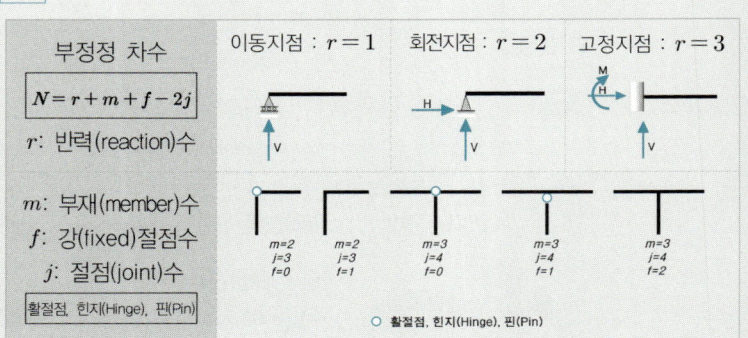

부정정 차수
$N = r + m + f - 2j$
r : 반력(reaction)수
m : 부재(member)수
f : 강(fixed)절점수
j : 절점(joint)수
활절점, 힌지(Hinge), 핀(Pin)

20. 다음 구조물의 휨모멘트도(BMD)를 그리시오.

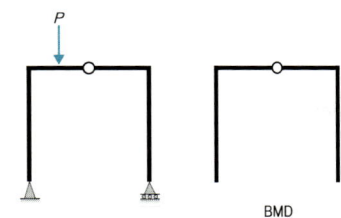

정답 $N = r + m + f - 2j = (2+1) + (4) + (2) - 2(5) = -1$차
➡ 불안정 상태이므로 휨모멘트도 없음

해설

부정정 차수 $N = r + m + f - 2j$	• $N < 0$ ➡ 불안정 구조	외력이 작용했을 때 구조물이 평형을 이루지 못하는 상태 (위치나 모양이 변화함)
	• $N = 0$ ➡ 정정 구조	안정한 구조물이며, 평형조건식만으로 반력과 부재력을 구할 수 있는 상태
	• $N > 0$ ➡ 부정정 구조	안정한 구조물이며, 평형조건식만으로 반력과 부재력을 구할 수 없는 상태

21. 설계시공 일괄계약(Design-Build Contract)의 장점을 3가지 기술하시오.

① _____
② _____
③ _____

정답

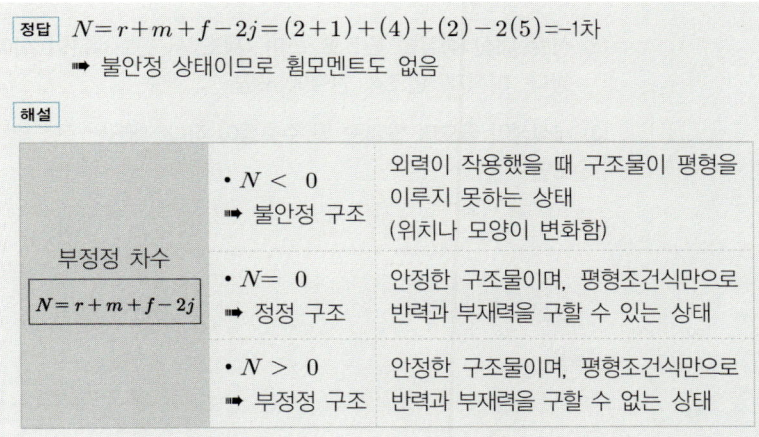

설계·시공 일괄계약방식(Design-Build Contract, Turn-Key Contract, 턴키도급)

장점	①	설계와 시공의 통합관리에 의한 의사소통 개선
	②	원가절감 및 공기단축 가능
	③	일괄책임 회피로 인한 책임한계가 명확
단점	①	건축주 의도 반영의 어려움
	②	대규모 회사에 유리
	③	공사비 사전파악의 어려움

22

다음 설명에 해당하는 시멘트 종류를 고르시오.

| 조강 시멘트 | 실리카 시멘트 | 내황산염 시멘트 | 백색 시멘트 |
| 중용열 시멘트 | 콜로이드 시멘트 | 고로슬래그 시멘트 | |

(1) 조기강도가 크고 수화열이 많으며 저온에서 강도의 저하율이 낮다. 긴급공사, 한중공사에 쓰임

(2) 석탄 대신 중유를 원료로 쓰며, 제조 시 산화철분이 섞이지 않도록 주의한다. 미장재, 인조석 원료에 쓰임

(3) 내식성이 좋으며 발열량 및 수축률이 작다. 대단면 구조재, 방사성 차단물에 쓰임

(1) _____ (2) _____ (3) _____

정답 (1) 조강시멘트 (2) 백색시멘트 (3) 중용열시멘트

해설

시멘트
├─ 포틀랜드 시멘트
│   ├─ 1종: 보통 포틀랜드 시멘트
│   ├─ 2종: 중용열 포틀랜드 시멘트
│   ├─ 3종: 조강 포틀랜드 시멘트
│   ├─ 4종: 저열 포틀랜드 시멘트
│   └─ 5종: 내황산염 포틀랜드 시멘트
├─ 혼합 시멘트
│   ├─ 고로 슬래그(Slag) 시멘트
│   ├─ 플라이애시(Fly Ash) 시멘트
│   └─ 실리카(Sillica) 시멘트
└─ 특수 시멘트
    ├─ 알루미나(Alumina) 시멘트
    ├─ 초속경 시멘트
    ├─ 팽창(=무수축) 시멘트
    └─ 백색 시멘트

(1) 조강시멘트	(2) 백색시멘트	(3) 중용열시멘트
긴급공사, 한중공사	미장재료, 인조석 원료	대단면 구조재, 방사성 차단물

23. 금속재 바탕처리법 중 화학적 방법 3가지를 쓰시오.

① _____ ② _____ ③ _____

정답

	금속재 화학적 바탕처리법	
①	용제에 의한 방법	헝겊에 용제를 묻혀 닦아냄
②	산처리법	인산을 사용하여 닦아내는 방법
③	인산염피막법	인산철(아연, 아연철, 아연칼슘, 수산철, 망간)의 피막을 형성하는 방법

24. 역타설 공법(Top-Down Method)의 장점을 3가지 쓰시오.

① _____

② _____

③ _____

정답
① 1층 슬래브가 먼저 타설되어 작업공간으로 활용가능
② 지상과 지하의 동시 시공으로 공기단축이 용이
③ 날씨와 무관하게 공사진행이 가능

해설

탑다운 공법(Top-Down Method, 역타 공법, 역구축 공법)

흙막이벽으로 설치한 슬러리월을 본 구조체의 벽체로 이용하고, 기둥과 기초를 시공 후 1층 슬래브를 시공하여 이를 방축널로 이용하여 지상과 지하 구조물을 동시에 축조해가는 공법

25. 강구조 볼트접합과 관련하여 용어를 쓰시오.

(1) 볼트 중심 사이의 간격

(2) 볼트 중심 사이를 연결하는 선

(3) 볼트 중심 사이를 연결하는 선 사이의 거리

(1) _____ (2) _____ (3) _____

정답

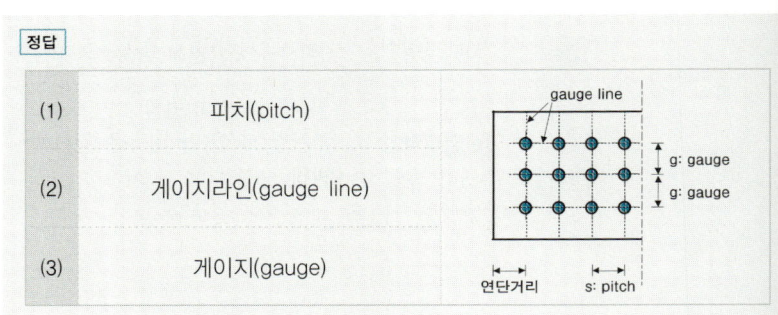

(1)	피치(pitch)
(2)	게이지라인(gauge line)
(3)	게이지(gauge)

26. 그림과 같은 구조물에서 T 부재에 발생하는 부재력을 구하시오.

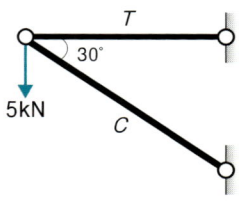

정답

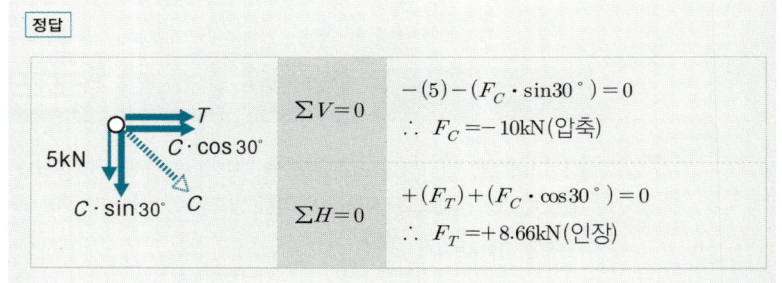

$\sum V = 0$: $-(5) - (F_C \cdot \sin 30°) = 0$

∴ $F_C = -10 \text{kN}(압축)$

$\sum H = 0$: $+(F_T) + (F_C \cdot \cos 30°) = 0$

∴ $F_T = +8.66 \text{kN}(인장)$

27 커튼월 조립방식에 의한 분류에서 각 설명에 해당하는 방식을 번호로 쓰시오.

① Stick Wall 방식   ② Window Wall 방식   ③ Unit Wall 방식

(1) 구성 부재 모두가 공장에서 조립된 프리패브(Pre-Fab) 형식으로 창호와 유리, 패널의 일괄발주 방식으로, 이 방식은 업체의 의존도가 높아서 현장 상황에 융통성을 발휘하기가 어려움

(2) 구성 부재를 현장에서 조립·연결하여 창틀이 구성되는 형식으로 유리는 현장에서 주로 끼우며, 현장적응력이 우수하여 공기조절이 가능

(3) 창호와 유리, 패널의 개별발주 방식으로 창호 주변이 패널로 구성됨으로써 창호의 구조가 패널 트러스에 연결할 수 있어서 재료의 사용 효율이 높아 비교적 경제적인 시스템 구성이 가능한 방식

(1) _____   (2) _____   (3) _____

정답 (1) ③   (2) ①   (3) ②

해설

커튼월(Curtain Wall) 조립방식에 의한 분류

- **Stick Wall 방식**
  - 구성 부재를 현장에서 조립·연결하여 창틀이 구성되는 형식
  - 현장 적응력이 우수하여 공기조절이 가능

- **Unit Wall 방식**
  - 창호와 유리, 패널의 일괄발주 방식
  - 구성 부재 모두가 공장에서 조립된 프리패브(Pre-Fab) 형식
  - 업체의 의존도가 높아서 현장상황에 융통성을 발휘하기가 어려움

- **Window Wall 방식**
  - 창호와 유리, 패널의 개별발주 방식
  - 창호구조가 패널 트러스에 연결할 수 있어서 재료의 사용 효율이 높아 비교적 경제적인 시스템 구성이 가능한 방식

28

배점3 □□□
04①, 11①

다음이 설명하는 용어를 쓰시오.

(1) 길이조절이 가능한 무지주공법의 수평지지보

(2) 무량판 구조에서 2방향 장선 바닥판 구조가 가능하도록 된 특수상자 모양의 기성재 거푸집

(3) 벽식 철근콘크리트 구조를 시공할 때 한 구획 전체의 벽판과 바닥판을 일체로 제작하여 한 번에 설치·해체할 수 있도록 한 거푸집

(1) _____ (2) _____ (3) _____

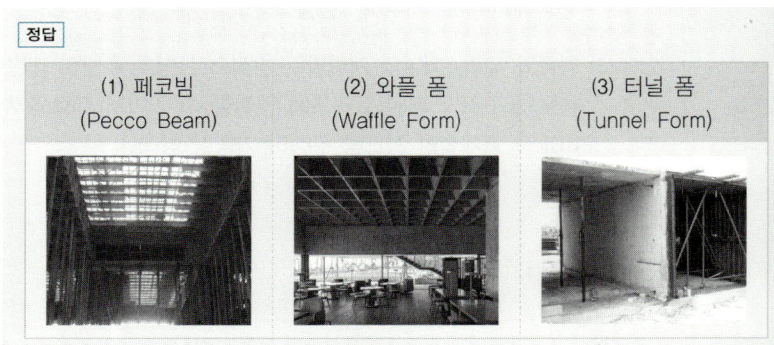

정답
(1) 페코빔 (Pecco Beam)
(2) 와플 폼 (Waffle Form)
(3) 터널 폼 (Tunnel Form)

29

배점4 □□□
06②, 11①, 15②, 20②

다음 용어를 간단히 설명하시오.

(1) 부대입찰제도 :

(2) 대안입찰제도 :

정답
(1) 발주처에서 하도급 공종별로 금액비율을 미리 정하여 입찰참가자에게 통보하고, 그 비율 이상으로 계약될 하도급계약서를 입찰 시 입찰서류에 첨부해서 입찰하는 제도 ➡ 【현행 제도 폐지】

(2) 발주자가 제시한 기본설계를 바탕으로 동등 이상의 기능 및 효과를 가진 공법으로 공기단축 및 공사비 절감 등을 내용으로 하는 대안을 도급자가 제시한 제도

다음 그림과 같은 보의 압축연단으로부터 중립축까지의 거리 c를 구하시오.
(단, $f_{ck} = 35\text{MPa}$, $f_y = 400\text{MPa}$, $A_s = 2{,}028\text{mm}^2$)

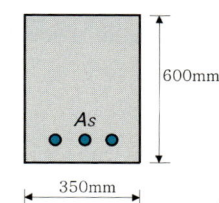

정답

(1) $f_{ck} \leq 40\text{MPa}$ ➡ $\eta = 1.00$, $\beta_1 = 0.80$

(2) $a = \dfrac{A_s \cdot f_y}{\eta \cdot 0.85 f_{ck} \cdot b} = \dfrac{(2{,}028)(400)}{(1.00)(0.85 \times 35)(350)} = 77.91\text{mm}$

(3) $c = \dfrac{a}{\beta_1} = \dfrac{(77.91)}{(0.80)} = 97.39\text{mm}$

해설

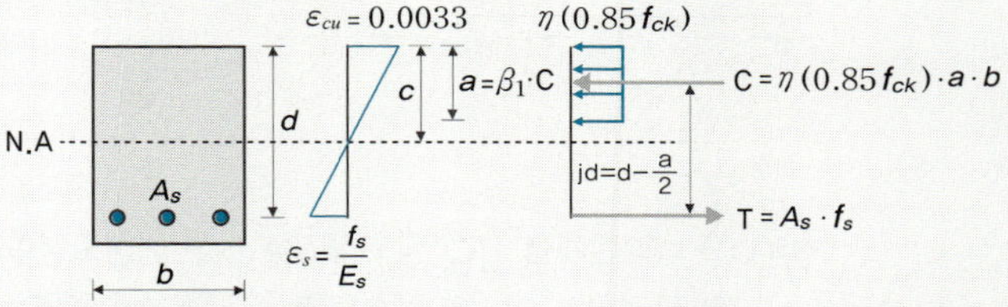

		① 단철근보 :	② T형보 :
(1) 압축응력 등가블록 깊이 a		$a = \dfrac{A_s \cdot f_y}{\eta(0.85 f_{ck}) \cdot b}$	$a = \dfrac{A_s \cdot f_y}{\eta(0.85 f_{ck}) \cdot b_e}$
	A_s	휨부재의 인장철근량, mm^2	
	f_y	철근의 설계기준항복강도, MPa	
	f_{ck}	콘크리트의 설계기준압축강도, MPa	
	b	단철근보의 압축면의 유효폭, mm	
(2) 중립축거리 $c = \dfrac{a}{\beta_1}$	b_e	T형보의 유효폭, mm	
	η	콘크리트 등가 직사각형 압축응력블록의 크기를 나타내는 계수 $f_{ck} \leq 40\text{MPa}$ ➡ $\eta = 1.00$	
	β_1	콘크리트 등가 직사각형 압축응력블록의 깊이를 나타내는 계수 $f_{ck} \leq 40\text{MPa}$ ➡ $\beta_1 = 0.80$	

01

철근의 응력-변형률 곡선에서 해당하는 4개의 주요 영역과 5개의 주요 포인트에 관련된 용어를 쓰시오.

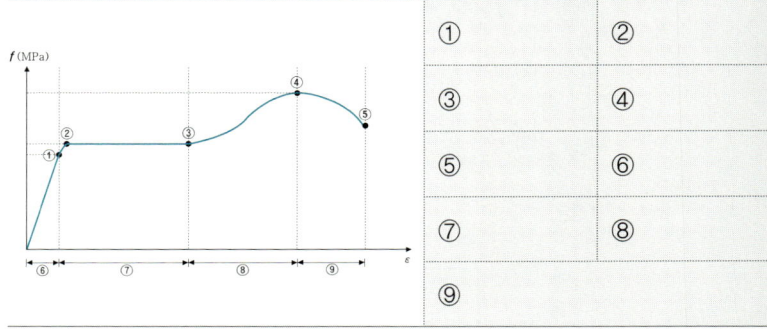

①	②
③	④
⑤	⑥
⑦	⑧
⑨	

정답 ① 비례한계점 ② 항복강도점 ③ 변형도경화점 ④ 극한강도점
⑤ 파괴점 ⑥ 탄성영역 ⑦ 소성영역 ⑧ 변형도경화영역
⑨ 파괴영역

해설

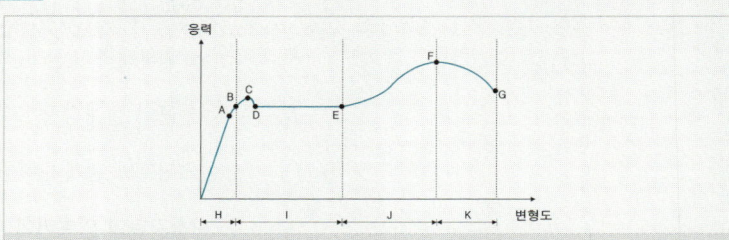

A : 비례한계점   B : 탄성한계점
C : 상(위)항복점   D : 하(위)항복점
E : 변형도경화점   F : 극한강도점
G : 파괴점
H : 탄성영역   I : 소성영역
J : 변형도경화영역   K : 파괴(Necking)영역

【 B, C, D를 하나의 포인트로 설정하여 항복강도점으로 할 수 있다. 】

02

그림과 같은 기둥 주근의 철근량을 산출하시오. (단, 층고는 3.6m, 주근의 이음 길이는 $25D$ 로 하고, 철근의 중량은 $D22 = 3.04\text{kg/m}$, $D19 = 2.25\text{kg/m}$, $D10 = 0.56\text{kg/m}$ 로 한다.)

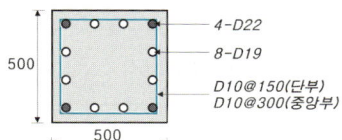

정답

- 기둥의 철근량(kg) : 주근, 대근(Hoop, 띠철근)으로 구분하여 길이를 산정한 후, 단위중량을 곱하여 중량(kg)으로 산출한다.
- 주근의 길이 = [층고 + (정착길이 25 + Hook길이 10.3)D] × 주근의 개수

(1) 주근(D22) : $[3.6+(25+10.3\times2)\times0.022]\times4$개 $= 18.412\text{m}$
    주근(D19) : $[3.6+(25+10.3\times2)\times0.019]\times8$개 $= 35.731\text{m}$

(2) 합계 ① D22 : $18.412\times3.04 = 55.972\text{kg}$
         ② D19 : $35.731\times2.25 = 80.394\text{kg}$
         ∴ $55.972 + 80.394 = 136.366\text{kg}$

03

콘크리트 구조체공사의 VH(Vertical Horizontal) 공법에 관하여 기술하시오.

정답

VH(Vertical Horizontal) 분리타설 공법

기둥·벽 등 수직부재를 먼저 타설하고, PC판과 맞물려 Topping 콘크리트를 타설하는 방법

04

배점3 □□□
99③, 08④, 11②

시트방수의 시공순서를 번호로 쓰시오.

(가) - (나) - (다) - (라) - 마무리

① 시트붙이기　② 프라이머칠　③ 바탕처리　④ 접착제칠

가.　　　　나.　　　　다.　　　　라.

정답 가. ③　나. ②　다. ④　라. ①

해설

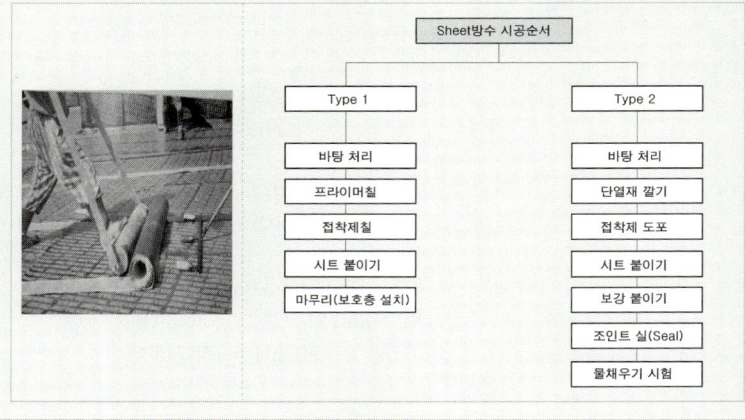

05

배점3 □□□
98③, 09②, 11②, 15④, 20①, 22①, 23④

콘크리트 크리프(Creep) 현상에 대하여 설명하시오.

정답 하중의 증가 없이도 시간경과 후 변형이 증가되는 굳은 콘크리트의 소성 변형 현상

해설

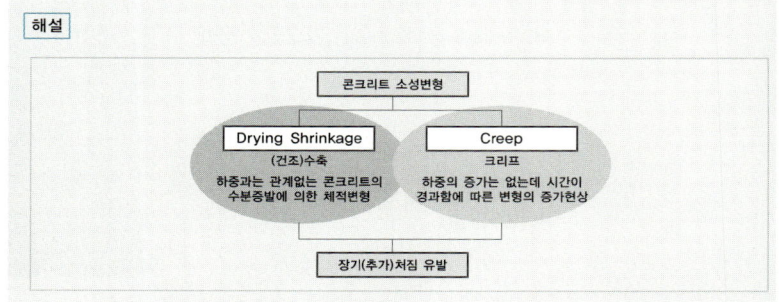

06

다음 설명이 의미하는 거푸집 관련 용어를 쓰시오.

(1) 철근의 피복두께를 유지하기 위해 벽이나 바닥 철근에 대어주는 것
(2) 벽 거푸집 간격을 일정하게 유지하여 격리와 긴장재 역할을 하는 것
(3) 기둥 거푸집의 고정 및 측압 버팀용으로 주로 합판 거푸집에서 사용되는 것
(4) 거푸집의 탈형과 청소를 용이하게 만들기 위해 합판 거푸집 표면에 미리 바르는 것

(1) _____ (2) _____
(3) _____ (4) _____

정답

(1) 스페이서 (2) 세퍼레이터 (3) 칼럼밴드 (4) 박리제

07

건축공사에서 기준점(Bench Mark)을 설정할 때 주의사항을 2가지 쓰시오.

① _____
② _____

정답

기준점(Bench Mark)		
(1)	정의	건축물 시공 시 공사 중 높이의 기준을 정하고자 설치하는 원점
(2)	설치 시 주의사항	• 이동의 염려가 없는 곳에 설치 • 지면에서 0.5~1.0m에 공사에 지장이 없는 곳에 설치 • 필요에 따라 보조기준점을 1~2개소 설치

배점3

08 지반조사 방법 중 보링(Boring)의 종류 3가지를 쓰시오.

09②, 11②,
11④, 12④,
16①, 16④,
20④, 23①,
23②

① _____ ② _____ ③ _____

정답
① 오거(Auger) 보링   ② 수세식(Wash) 보링   ③ 회전식(Rotary) 보링

배점5

09 벽돌벽의 표면에 생기는 백화현상의 정의와 발생방지 대책을 3가지 쓰시오.

08①, 10④,
11②, 13④,
15④, 20③,
20⑤, 21②,
21④, 24③

(1) 정의 :

(2) 방지대책

① _____

② _____

③ _____

정답

		백화(Efflorescence)
(1)	정의	시멘트 중의 수산화칼슘이 공기 중의 탄산가스와 반응하여 벽체의 표면에 생기는 흰 결정체
(2)	방지대책	• 흡수율이 작은 소성이 잘된 벽돌 사용 • 처마 또는 차양의 설치로 빗물 차단 • 벽체 표면에 발수제 첨가 및 도포

1-22

10

다음이 설명하는 용어를 쓰시오.

(1) 창 밑에 돌 또는 벽돌을 15° 정도 경사지게 옆세워 쌓는 방법

(2) 벽돌벽 등에 장식적으로 구멍을 내어 쌓는 방법

(1) _____ (2) _____

정답

(1) 창대 쌓기   (2) 영롱 쌓기

11

한중콘크리트에 관한 내용 중 ( ) 안을 채우시오.

(1) 한중콘크리트는 초기강도 ( )MPa까지는 보양을 실시한다.

(2) 한중콘크리트 물시멘트비(W/C)는 ( )% 이하로 한다.

정답 (1) 5   (2) 60

해설

한중콘크리트(Cold Weather Concrete)

일평균 기온이 4℃ 이하의 동결위험이 있는 기간에 타설하는 콘크리트로서 물시멘트비(W/C)는 60% 이하로 하고 동결위험을 방지하기 위해 AE제를 사용해야 한다.
초기 동해의 방지에 필요한 압축강도 5MPa이 얻어지도록 가열·단열·피막 보온양생을 실시하며, 보온양생 종료 후 콘크리트가 급격히 건조 및 냉각되지 않도록 틈새 없이 덮어 양생을 계속한다.

12 배점5

99②, 99④, 11②

구조물을 신축하기 전에 실시하는 Mock-Up Test의 정의와 시험항목을 3가지 쓰시오.

(1) 정의 :

(2) 시험항목

① _____ ② _____ ③ _____

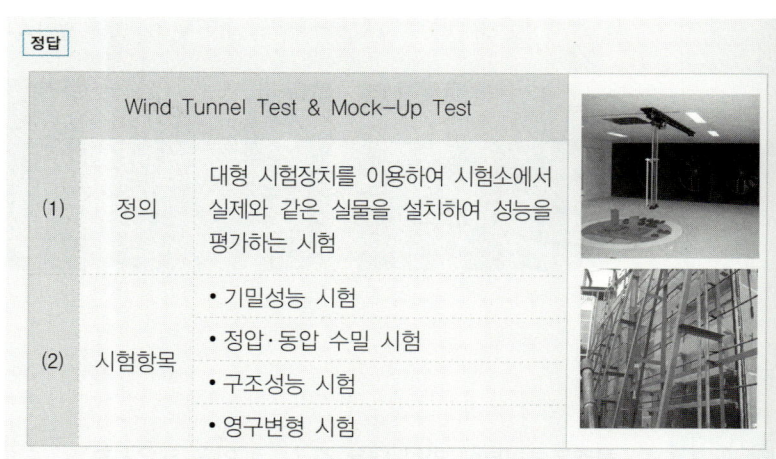

정답

	Wind Tunnel Test & Mock-Up Test
(1) 정의	대형 시험장치를 이용하여 시험소에서 실제와 같은 실물을 설치하여 성능을 평가하는 시험
(2) 시험항목	• 기밀성능 시험 • 정압·동압 수밀 시험 • 구조성능 시험 • 영구변형 시험

13 배점3

11②, 15②

다음이 설명하는 콘크리트의 줄눈 명칭을 쓰시오.

> 지반 등 안정된 위치에 있는 바닥판이 수축에 의하여 표면에 균열이 생길 수 있는데 이러한 균열을 방지하기 위해 설치하는 줄눈

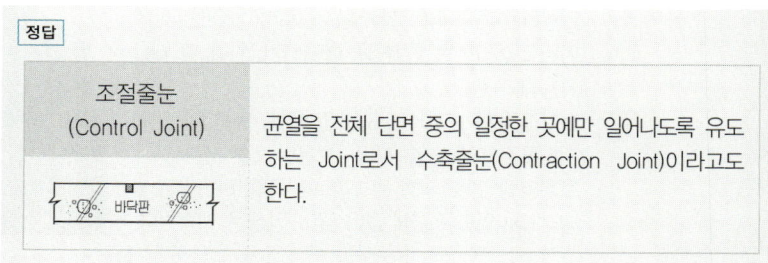

정답

조절줄눈 (Control Joint)	균열을 전체 단면 중의 일정한 곳에만 일어나도록 유도하는 Joint로서 수축줄눈(Contraction Joint)이라고도 한다.

보기에 표기된 실비정산보수가산 도급의 종류를 주어진 기호를 사용하여 표기하시오.

A : 공사실비 A' : 한정된 실비 F : 정액보수 f : 비율보수

(1) 실비비율 보수가산식 : _____

(2) 실비한정비율 보수가산식 : _____

(3) 실비정액 보수가산식 : _____

정답 (1) $A + A \cdot f$
     (2) $A' + A' \cdot f$
     (3) $A + F$

해설

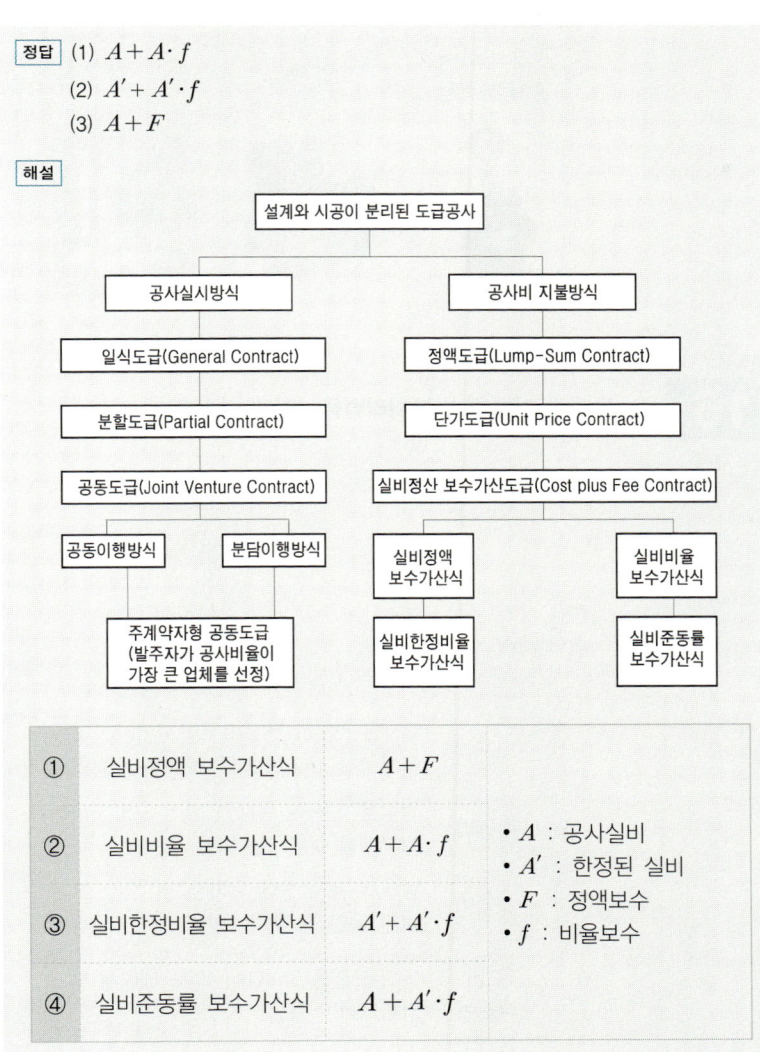

배점4 □□□

15

99④, 04②,
05①, 08②,
09①, 11②,
14①, 17②

다음 측정기별 용도를 쓰시오.

(1) Washington Meter :

(2) Earth Pressure Meter :

(3) Piezo Meter :

(4) Dispenser :

정답

(1) 콘크리트 내 공기량 측정	(2) 토압 측정	(3) 간극수압 측정	(4) AE제의 계량

배점4 □□□

16

99②, 11②,
15①, 16④,
18①, 21④,
24③

목재에 가능한 방부처리법을 4가지 쓰시오.

① _____ ② _____

③ _____ ④ _____

정답

	목재 방부처리법	
①	도포법	목재를 충분히 건조시킨 후 균열이나 이음부 등에 솔 등으로 방부제를 도포하는 방법
②	주입법	압력용기 속에 목재를 넣어 고압 하에서 방부제를 주입하는 방법
③	침지법	방부제 용액 중에 목재를 몇 시간 또는 며칠 동안 침지하는 방법
④	표면 탄화법	목재 표면을 3~10mm 정도 태워서 탄화시키는 방법

17

TQC를 위한 7가지 통계수법 중 4가지를 쓰시오.

① _____   ② _____

③ _____   ④ _____

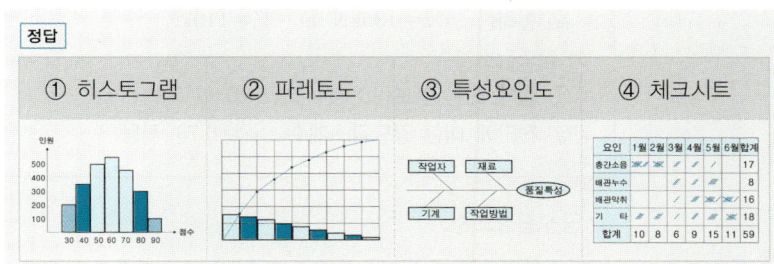

정답: ① 히스토그램 ② 파레토도 ③ 특성요인도 ④ 체크시트

18

BOT(Build-Operate-Transfer Contract) 방식을 설명하고 이와 유사한 방식을 3가지 쓰시오.

(1) BOT 방식 :

(2) 유사한 방식

① _____   ② _____   ③ _____

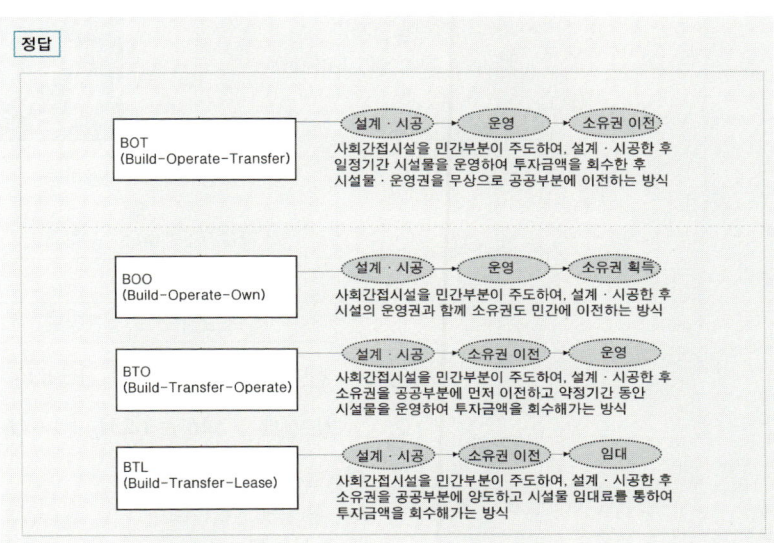

19

철근콘크리트 부재의 구조계산을 수행한 결과이다. 공칭휨강도와 공칭전단강도를 구하시오.

(1) 하중조건 :
  ① 고정하중 : $M = 150\text{kN}\cdot\text{m}$, $V = 120\text{kN}$
  ② 활하중 : $M = 130\text{kN}\cdot\text{m}$, $V = 110\text{kN}$
(2) 강도감소계수 :
  ① 휨에 대한 강도감소계수 : $\phi = 0.85$ 적용
  ② 전단에 대한 강도감소계수 : $\phi = 0.75$ 적용

(1) 공칭휨강도 :

(2) 공칭전단강도 :

정답

(1) $M_n \geq \dfrac{M_u}{\phi} = \dfrac{1.2M_D + 1.6M_L}{\phi} = \dfrac{1.2(150) + 1.6(130)}{(0.85)} = 456.47\text{kN}\cdot\text{m}$

(2) $V_n \geq \dfrac{V_u}{\phi} = \dfrac{1.2V_D + 1.6V_L}{\phi} = \dfrac{1.2(120) + 1.6(110)}{(0.75)} = 426.67\text{kN}$

해설

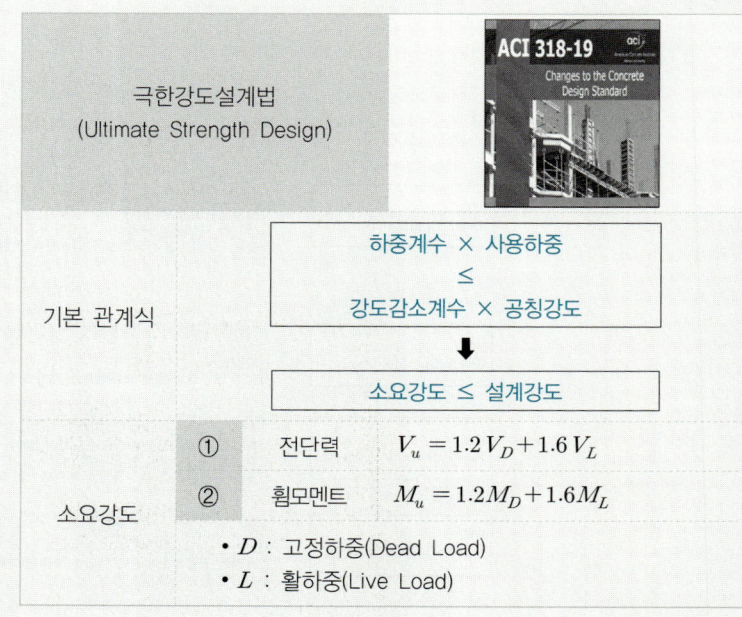

다음 구조물의 전단력도와 휨모멘트도를 그리고, 최대전단력과 최대휨모멘트값을 구하시오.

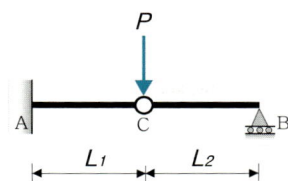

———○——— SFD   최대전단력 : _____

———○——— BMD   최대휨모멘트 : _____

정답

전단력도(SFD, Shear Force Diagram)

(1)
→ 지점반력을 계산한 후 좌측 기선에서 수직의 화살표의 방향에 따라 크기는 상관없이 임의의 직선을 그린다.
→ 수직하중이 없는 구간은 수평으로 연속해서 직선을 이어나가고, 구간 내에 수직하중이 작용하는 위치에서 수직의 화살표의 방향에 따라 직선을 상하로 조정한다. 등분포하중이 작용하는 구간은 1차직선의 경사형태로 직선을 연속해서 이어나간다.

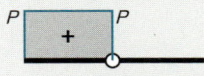

최대전단력 : P

휨모멘트도(BMD, Bending Moment Diagram)

(2)
→ 지점반력을 계산한다.
→ 하중작용점, 보 또는 라멘 구조물의 지지단과 같은 특정의 위치에서 휨모멘트를 각각 계산한 후 포인트를 설정해 놓는다.
→ 집중하중이 작용하는 구간은 1차직선, 등분포하중이 작용하는 구간은 2차곡선의 형태로 해당 포인트를 연결한다.

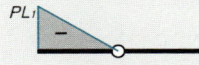

최대휨모멘트 : PL_1

21

그림과 같은 겔버보의 A, B, C의 지점반력을 구하시오.

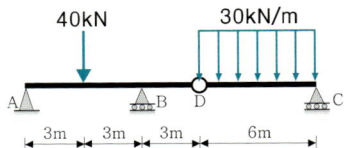

정답

(1) D절점 : $M=0$ 이라는 조건방정식
➡ DC 구간 : $V_C = V_D = +\dfrac{(30 \times 6)}{2} = +90\text{kN}(\uparrow)$

(2) AD 내민보 구간 : 평형조건식($\sum H = 0$, $\sum M = 0$, $\sum V = 0$)
➡ $\sum H = 0$: $H_A = 0$
➡ $\sum M_B = 0$: $+(V_A)(6) - (40)(3) + (90)(3) = 0$
∴ $V_A = -25\text{kN}(\downarrow)$
➡ $\sum V = 0$: $+(V_A) + (V_B) - (40) - (90) = 0$ 으로부터
∴ $V_B = +155\text{kN}(\uparrow)$

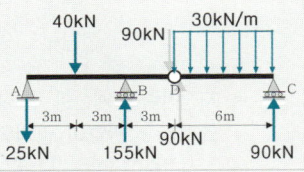

22

강구조공사에서 기초 상부 고름질의 방법 3가지를 쓰시오.

① _____ ② _____ ③ _____

정답

강구조공사 기초 상부 고름질 방법

① 전면 바름 마무리법
② 나중채워넣기 중심바름법
③ 나중채워넣기 십자바름법
④ 완전 나중채워넣기법

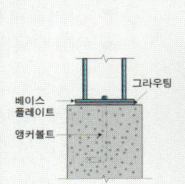

그림과 같은 철근콘크리트 보가 $f_{ck}=21\text{MPa}$, $f_y=400\text{MPa}$, D22(단면적 387mm^2)일 때 강도감소계수 $\phi=0.85$를 적용함이 적합한지 부적합한지를 판정하시오.

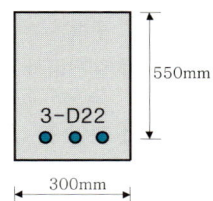

[정답] (1) $f_{ck} \leq 40\text{MPa}$ ➡ $\eta=1.00$, $\beta_1=0.80$, $\epsilon_{cu}=0.0033$

(2) $a = \dfrac{A_s \cdot f_y}{\eta \cdot 0.85 f_{ck} \cdot b} = \dfrac{(3 \times 387)(400)}{(1.00)(0.85 \times 21)(300)} = 86.72\text{mm}$,

$c = \dfrac{a}{\beta_1} = \dfrac{(86.72)}{(0.80)} = 108.4\text{mm}$

(3) $\epsilon_t = \dfrac{d_t - c}{c} \cdot \epsilon_{cu} = \dfrac{(550)-(108.4)}{(108.4)} \cdot (0.0033) = 0.01344 > 0.005$

(4) 인장지배단면 부재이며 $\phi=0.85$를 적용함이 적합

[해설]

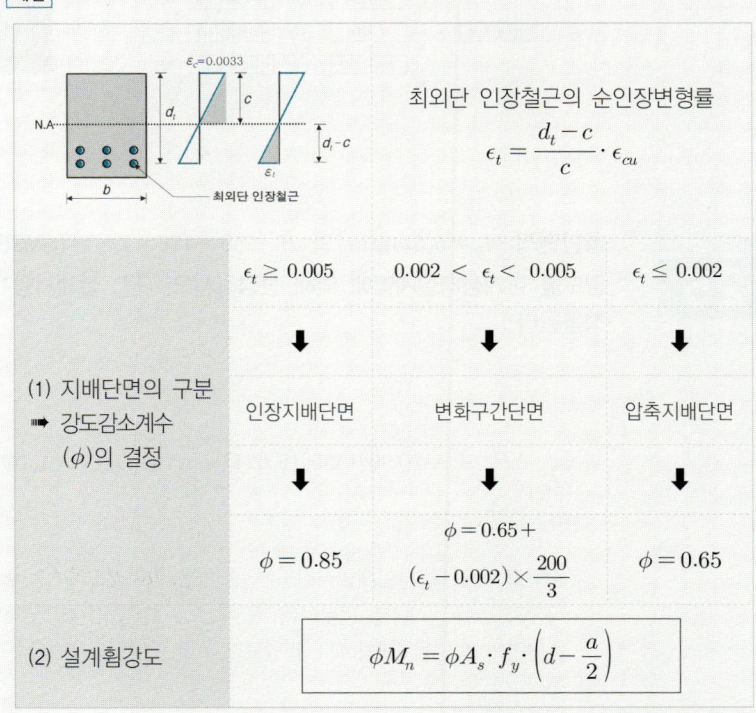

24

용접부의 검사항목이다. 알맞는 공정을 보기에서 골라 해당번호를 쓰시오.

① 트임새 모양　② 전류　③ 침투수압　④ 운봉
⑤ 모아대기법　⑥ 외관 판단　⑦ 구속
⑧ 용접봉　⑨ 초음파검사　⑩ 절단검사

(1) 용접 착수 전 : ＿＿＿＿＿＿　(2) 용접 작업 중 : ＿＿＿＿＿＿

(3) 용접 완료 후 : ＿＿＿＿＿＿

정답 (1) ①, ⑤, ⑦　(2) ②, ④, ⑧　(3) ③, ⑥, ⑨, ⑩

해설

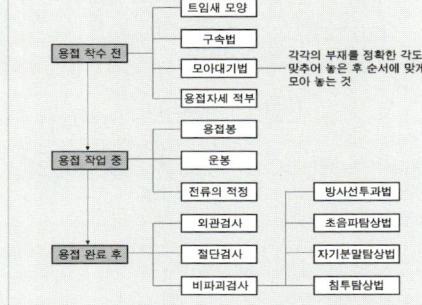

25

총단면적 $A_g = 5,624\text{mm}^2$ 의 $H-250 \times 175 \times 7 \times 11$(SM355)의 설계인장강도를 한계상태설계법에 의해 산정하시오. (단, 설계저항계수 $\phi = 0.90$을 적용한다.)

정답 $\phi F_y \cdot A_g = (0.90)(355)(5,624) = 1,796,868\text{N} = 1,796.868\text{kN}$

해설

강구조 인장재의 설계인장강도는 총단면 항복강도($\phi F_y \cdot A_g$)와 유효순단면 파단강도($\phi F_u \cdot A_e$)를 검토하여 작은값으로 결정하는데 문제의 조건에 유효순단면의 파단을 제시하지 않았으므로 총단면 항복강도가 설계인장강도가 된다.

굵은골재 최대치수 25mm, 4kg을 물속에서 채취하여 표면건조내부포수상태의 질량이 3.95kg, 절대건조질량이 3.60kg, 수중에서의 질량이 2.45kg일 때 흡수율과 밀도를 구하시오. (단, 물의 밀도: 1g/cm^3)

(1) 흡수율 :

(2) 표건밀도 :

(3) 절건밀도 :

(4) 겉보기밀도 :

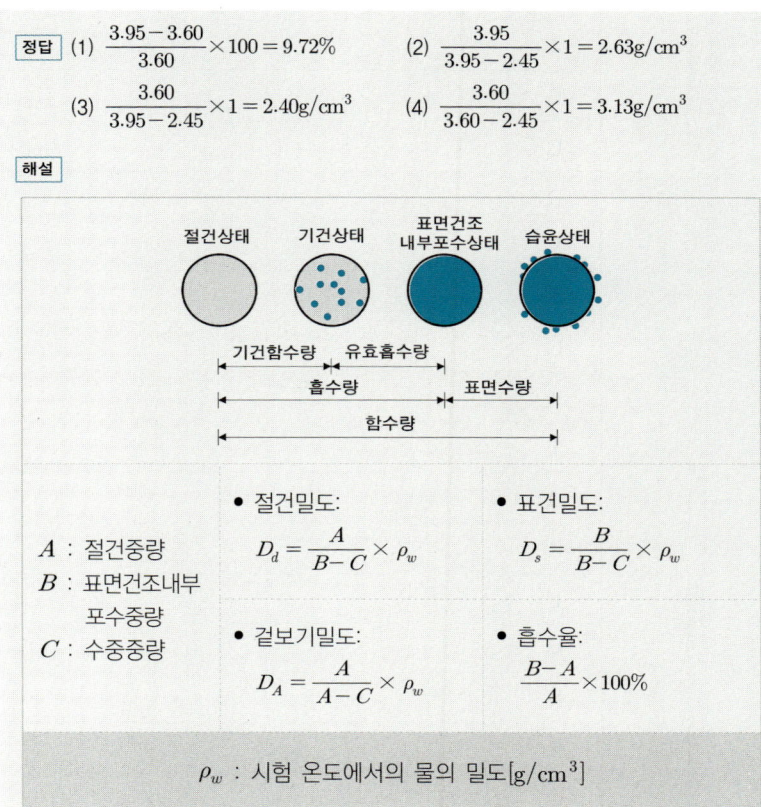

다음에 제시된 화살표형 네트워크 공정표를 통해 일정계산 및 여유시간, 주공정선(CP)과 관련된 빈칸을 모두 채우시오.(단, CP에 해당하는 작업은 ※표시를 하시오.)

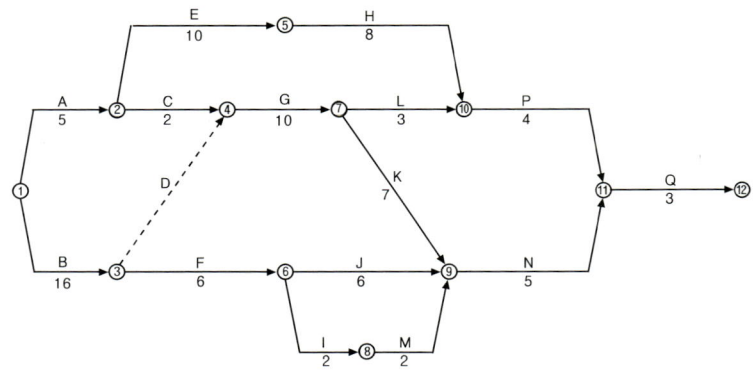

작업명	EST	EFT	LST	LFT	TF	FF	DF	CP
A								
B								
C								
D								
E								
F								
G								
H								
I								
J								
K								
L								
M								
N								
P								
Q								

정답

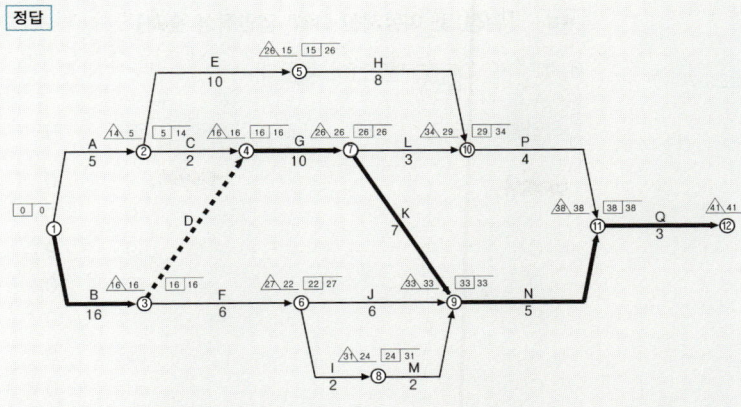

작업명	EST	EFT	LST	LFT	TF	FF	DF	CP
A	0	5	9	14	9	0	9	
B	0	16	0	16	0	0	0	※
C	5	7	14	16	9	9	0	
D	16	16	16	16	0	0	0	※
E	5	15	16	26	11	0	11	
F	16	22	21	27	5	0	5	
G	16	26	16	26	0	0	0	※
H	15	23	26	34	11	6	5	
I	22	24	29	31	7	0	7	
J	22	28	27	33	5	5	0	
K	26	33	26	33	0	0	0	※
L	26	29	31	34	5	0	5	
M	24	26	31	33	7	7	0	
N	33	38	33	38	0	0	0	※
P	29	33	34	38	5	5	0	
Q	38	41	38	41	0	0	0	※

해설 【일정 및 여유계산 LIST 답안작성 순서】

(1) TF, FF, DF, CP를 먼저 채운다.

작업명	EST	EFT	LST	LFT	TF	FF	DF	CP
A					9	0	9	
B					0	0	0	※
C					9	9	0	
D					0	0	0	※
E					11	0	11	
F					5	0	5	
G					0	0	0	※
H					11	6	5	
I					7	0	7	
J					5	5	0	
K					0	0	0	※
L					5	0	5	
M					7	7	0	
N					0	0	0	※
P					5	5	0	
Q					0	0	0	※

(2) 각 작업명 옆에 소요일수를 연필로 기입한다.

작업명	EST	EFT	LST	LFT	TF	FF	DF	CP
A 5					9	0	9	
B 16					0	0	0	※
C 2					9	9	0	
D 0					0	0	0	※
E 10					11	0	11	
F 6					5	0	5	
G 10					0	0	0	※
H 8					11	6	5	
I 2					7	0	7	
J 6					5	5	0	
K 7					0	0	0	※
L 3					5	0	5	
M 2					7	7	0	
N 5					0	0	0	※
P 4					5	5	0	
Q 3					0	0	0	※

(3) 공정표를 보고 해당 작업의 앞쪽에 있는 결합점의 네모칸의 숫자를 기입한 것이 EST이며, 이것을 종축으로 전체 기입해 나간다.

작업명	EST	EFT	LST	LFT	TF	FF	DF	CP
A 5	0				9	0	9	
B 16	0				0	0	0	※
C 2	5				9	9	0	
D 0	16				0	0	0	※
E 10	5				11	0	11	
F 6	16				5	0	5	
G 10	16				0	0	0	※
H 8	15				11	6	5	
I 2	22				7	0	7	
J 6	22				5	5	0	
K 7	26				0	0	0	※
L 3	26				5	0	5	
M 2	24				7	7	0	
N 5	33				0	0	0	※
P 4	29				5	5	0	
Q 3	38				0	0	0	※

(4) 각 작업의 소요일수에 EST를 더한 값이 EFT이며, 이것을 종축으로 전체 기입해 나간다.

작업명	EST	EFT	LST	LFT	TF	FF	DF	CP
A 5	0	5			9	0	9	
B 16	0	16			0	0	0	※
C 2	5	7			9	9	0	
D 0	16	16			0	0	0	※
E 10	5	15			11	0	11	
F 6	16	22			5	0	5	
G 10	16	26			0	0	0	※
H 8	15	23			11	6	5	
I 2	22	24			7	0	7	
J 6	22	28			5	5	0	
K 7	26	33			0	0	0	※
L 3	26	29			5	0	5	
M 2	24	26			7	7	0	
N 5	33	38			0	0	0	※
P 4	29	33			5	5	0	
Q 3	38	41			0	0	0	※

(5) 공정표를 보고 해당 작업의 뒷쪽에 있는 결합점의 세모칸의 숫자를 기입한 것이 LFT이며, 이것을 종축으로 전체 기입해 나간다.

작업명	EST	EFT	LST	LFT	TF	FF	DF	CP
A 5	0	5		14	9	0	9	
B 16	0	16		16	0	0	0	※
C 2	5	7		16	9	9	0	
D 0	16	16		16	0	0	0	※
E 10	5	15		26	11	0	11	
F 6	16	22		27	5	0	5	
G 10	16	26		26	0	0	0	※
H 8	15	23		34	11	6	5	
I 2	22	24		31	7	0	7	
J 6	22	28		33	5	5	0	
K 7	26	33		33	0	0	0	※
L 3	26	29		34	5	0	5	
M 2	24	26		33	7	7	0	
N 5	33	38		38	0	0	0	※
P 4	29	33		38	5	5	0	
Q 3	38	41		41	0	0	0	※

(6) 각 작업의 LFT에서 소요일수를 뺀 값이 LST이며, 이것을 종축으로 전체 기입해 나간다.

작업명	EST	EFT	LST	LFT	TF	FF	DF	CP
A 5	0	5	9	14	9	0	9	
B 16	0	16	0	16	0	0	0	※
C 2	5	7	14	16	9	9	0	
D 0	16	16	16	16	0	0	0	※
E 10	5	15	16	26	11	0	11	
F 6	16	22	21	27	5	0	5	
G 10	16	26	16	26	0	0	0	※
H 8	15	23	26	34	11	6	5	
I 2	22	24	29	31	7	0	7	
J 6	22	28	27	33	5	5	0	
K 7	26	33	26	33	0	0	0	※
L 3	26	29	31	34	5	0	5	
M 2	24	26	31	33	7	7	0	
N 5	33	38	33	38	0	0	0	※
P 4	29	33	34	38	5	5	0	
Q 3	38	41	38	41	0	0	0	※

(7) 각 작업명 옆에 소요일수를 지우개로 깨끗이 지운다.

작업명	EST	EFT	LST	LFT	TF	FF	DF	CP
A	0	5	9	14	9	0	9	
B	0	16	0	16	0	0	0	※
C	5	7	14	16	9	9	0	
D	16	16	16	16	0	0	0	※
E	5	15	16	26	11	0	11	
F	16	22	21	27	5	0	5	
G	16	26	16	26	0	0	0	※
H	15	23	26	34	11	6	5	
I	22	24	29	31	7	0	7	
J	22	28	27	33	5	5	0	
K	26	33	26	33	0	0	0	※
L	26	29	31	34	5	0	5	
M	24	26	31	33	7	7	0	
N	33	38	33	38	0	0	0	※
P	29	33	34	38	5	5	0	
Q	38	41	38	41	0	0	0	※

제4회 2011 건축기사 과년도 기출문제

01 배점6
06①, 08④,
11④, 24②

다음 도면을 보고 옥상방수면적(m^2), 누름콘크리트량(m^3), 보호벽돌량(매)를 구하시오. (단, 벽돌의 규격은 190×90×57, 할증률은 5%)

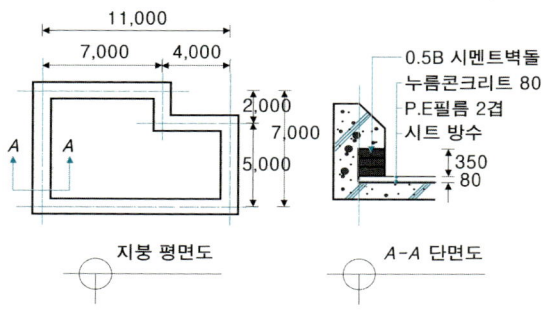

(1) 옥상방수 면적 :

(2) 누름콘크리트량 :

(3) 보호벽돌 소요량 :

정답

방수면적 수량산출 : 시공 장소별(바닥, 벽면, 지하실, 옥상 등), 시공종별(아스팔트방수, 시멘트액체방수, 방수모르타르 등)로 구분하여 면적을 산출한다.

(1) $(7 \times 7) + (4 \times 5) + \{(11+7) \times 2 \times 0.43\} = 84.48 m^2$

(2) $\{(7 \times 7) + (4 \times 5)\} \times 0.08 = 5.52 m^3$

(3) $\{(11-0.09) + (7-0.09)\} \times 2 \times 0.35 \times 75매 \times 1.05 = 982.3$
➡ 983매

02. 철근콘크리트 공사에서 헛응결(False Set)에 대하여 기술하시오.

정답 시멘트에 물을 주입하면 10~20분 정도에 굳어졌다가 다시 묽어지고 이후 순조롭게 경화되는 현상

03. 흙은 흙입자, 물, 공기로 구성되며, 도식화하면 다음 그림과 같다. 그림에 주어진 기호로 아래의 용어를 표기하시오.

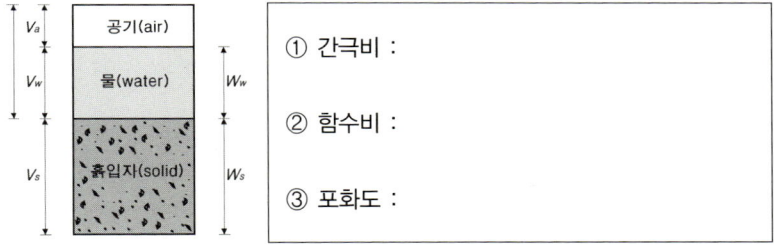

① 간극비 :

② 함수비 :

③ 포화도 :

정답 ① $\dfrac{V_v}{V_s}$ ② $\dfrac{W_w}{W_s} \times 100 [\%]$ ③ $\dfrac{V_w}{V_v} \times 100 [\%]$

해설

흙의 3상도	주요 지표
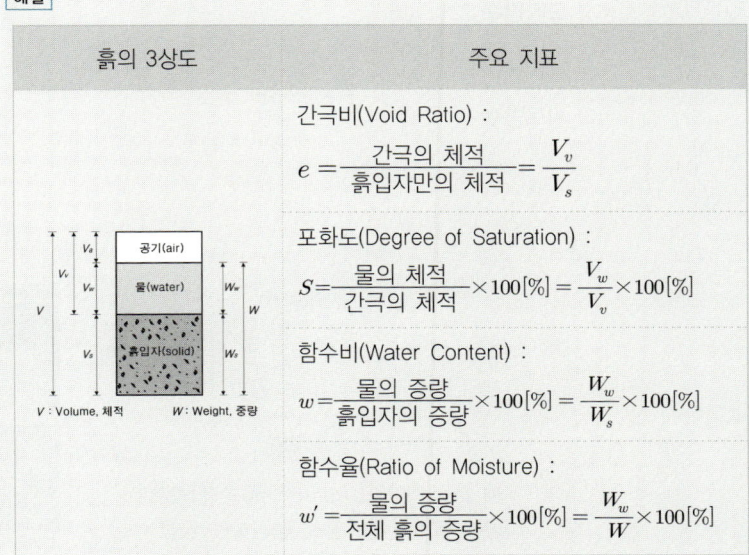 V : Volume, 체적 W : Weight, 중량	간극비(Void Ratio) : $e = \dfrac{\text{간극의 체적}}{\text{흙입자만의 체적}} = \dfrac{V_v}{V_s}$ 포화도(Degree of Saturation) : $S = \dfrac{\text{물의 체적}}{\text{간극의 체적}} \times 100 [\%] = \dfrac{V_w}{V_v} \times 100 [\%]$ 함수비(Water Content) : $w = \dfrac{\text{물의 중량}}{\text{흙입자의 중량}} \times 100 [\%] = \dfrac{W_w}{W_s} \times 100 [\%]$ 함수율(Ratio of Moisture) : $w' = \dfrac{\text{물의 중량}}{\text{전체 흙의 중량}} \times 100 [\%] = \dfrac{W_w}{W} \times 100 [\%]$

04 대형 시스템 거푸집 중에서 갱폼(Gang Form)의 장·단점을 각각 2가지씩 쓰시오.

00④, 01④, 03②, 09①, 10②, 11④, 13①, 15①, 19②

(1) 장점

① _____   ② _____

(2) 단점

① _____   ② _____

정답

	갱 폼(Gang Form)
장점	① 작업 싸이클(Cycle)이 단순하여 빠른 조립속도로 공기단축 ② 전용횟수가 많아 고층건물 이용 시 원가절감
단점	① 제작장소 및 해체 후 보관장소 필요 ② 초기 투자비가 재래식보다 높음

05 방수공법 중 도막방수와 시트방수의 방수층 형성원리에 대하여 기술하시오.

00①, 09④, 11④

(1) 도막방수 :

(2) 시트방수 :

정답

	도막방수
(1)	액체로 된 방수도료를 여러 번 칠하여 상당한 두께의 방수막을 형성하는 공법

	시트방수
(2)	두께 1mm 내외의 시트(Sheet)를 접착재로 바탕에 붙여서 방수층을 형성하는 공법

06. 기초를 보강하는 언더피닝 공법을 3가지 쓰시오.

① _____ ② _____ ③ _____

정답

언더피닝(Under Pinning) 공법		
(1)	적용	① 기존 건축물의 기초를 보강할 때
		② 새로운 기초를 설치하여 기존 건축물을 보호해야 할 때
		③ 지하구조물 축조 시 또는 터파기시 인접건물의 침하, 균열 등의 피해를 예방하고자 할 때
(2)	종류	① 이중널말뚝박기 공법
		② 현장타설콘크리트말뚝 공법
		③ 강재말뚝 공법
		④ 약액주입 공법

07. Network 공정표에서 작업상호간의 연관 관계만을 나타내는 명목상의 작업인 더미(Dummy)의 종류를 3가지 쓰시오.

① _____ ② _____ ③ _____

정답

더미(Dummy)	⓪ - - - - - - ▶①
Network 공정표에서 작업 상호간의 연관 관계만을 나타내는 명목상의 작업으로 점선의 화살표 위에 작업의 이름과 작업의 소요일수가 기입되어서는 안 된다.	
• 넘버링더미(Numbering Dummy)	• 로지컬더미(Logical Dummy)
• 타임랙더미(Time-Lag Dummy)	• 커넥션더미(Connection Dummy)

08 배점4 □□□
98⑤, 09④, 11④, 18④

공동도급(Joint Venture Contract)의 장점을 4가지 쓰시오.

① _____ ② _____
③ _____ ④ _____

> **정답**
>
> ### 공동도급 (Joint Venture Contract)
>
>
>
> 2개 이상의 사업자가 하나의 사업을 가지고 공동으로 도급을 받아 계약을 이행하는 방식
>
> • 신용 및 융자력 증대   • 위험요소의 분산
> • 기술의 확충   • 시공의 확실성

09 배점3 □□□
11④, 20④, 24②

흐트러진 상태의 흙 10m^3를 이용하여 10m^2의 면적에 다짐 상태로 50cm 두께로 터돋우기 할 때 시공완료된 다음의 흐트러진 상태의 토량을 산출하시오. (단, 이 흙의 $L=1.2$, $C=0.9$이다.)

> **정답**
>
> 토량환산계수: 자연상태 → L: Loose → 흐트러진 상태, 자연상태 → C: Condense → 다져진 상태
>
> • 자연상태의 토량 × L = 흐트러진 상태의 토량
> • 자연상태의 토량 × C = 다져진 상태의 토량
> • 다져진 상태의 토량 = 흐트러진 상태의 토량 × $\dfrac{C}{L}$
>
> (1) 다져진 상태의 토량 $= 10 \times \dfrac{0.9}{1.2} = 7.5\text{m}^3$
>
> (2) 다져진 상태의 남는 토량 $= 7.5 - (10 \times 0.5) = 2.5\text{m}^3$
>
> (3) 흐트러진 상태의 토량 $= 2.5 \times \dfrac{1.2}{0.9} = 3.33\text{m}^3$

10. 콘크리트 헤드(Concrete Head)를 설명하시오.

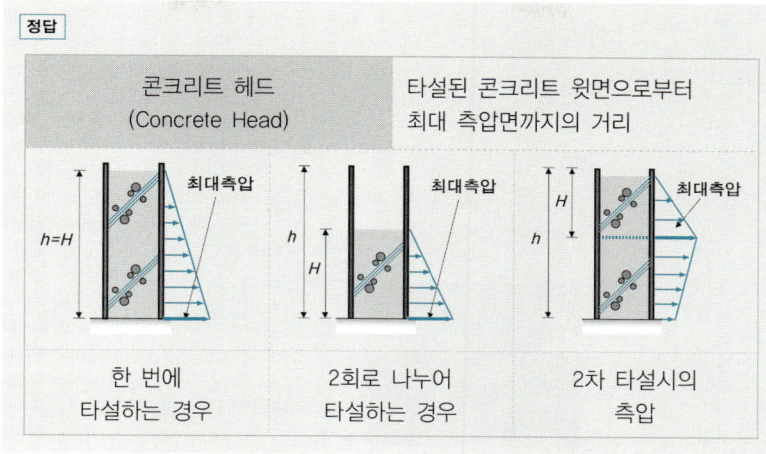

11. 지반조사 방법 중 보링(Boring)의 정의와 종류 4가지를 쓰시오.

(1) 정의 :

(2) 종류

① _____   ② _____

③ _____   ④ _____

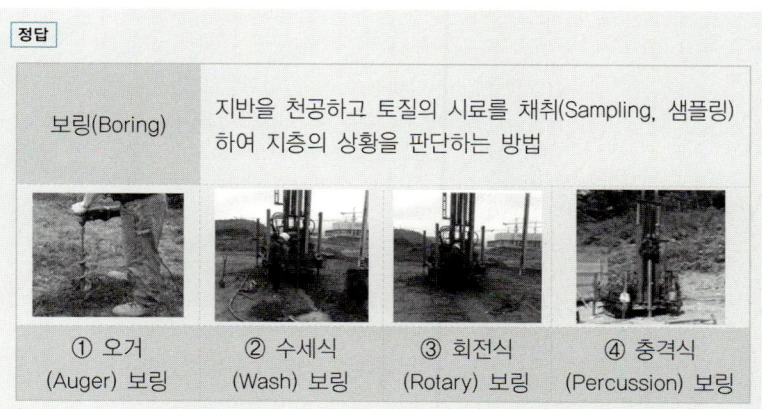

12 [배점 4]

숏크리트(Shotcrete) 공법의 정의를 기술하고, 그에 대한 장·단점을 1가지씩 쓰시오.

(1) 정의 :

(2) 장점 :

(3) 단점 :

정답

숏크리트(Shotcrete)	(1)	콘크리트를 압축공기로 노즐에서 뿜어 시공면에 붙여 만든 것
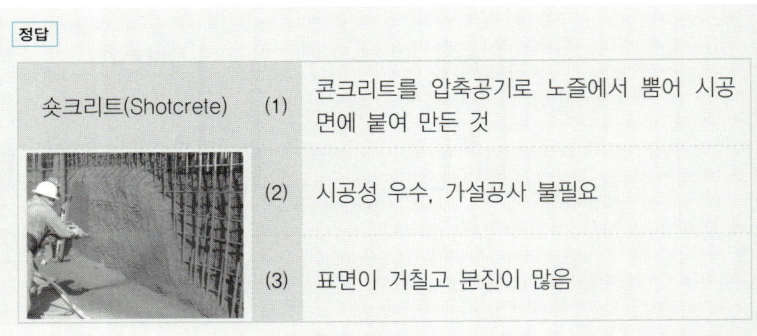	(2)	시공성 우수, 가설공사 불필요
	(3)	표면이 거칠고 분진이 많음

13 [배점 4]

ALC(Autoclaved Lightweight Concrete) 패널의 설치공법을 4가지 쓰시오.

① _____ ② _____

③ _____ ④ _____

정답

ALC(Autoclaved Lightweight Concrete)

강철제 탱크(Autoclave) 속에 석회질 또는 규산질 원료와 발포제를 넣고 180℃ 정도의 고온, 10기압 정도의 고압 하에서 15~16 시간 양생하여 만든 다공질의 경량기포콘크리트

패널의 설치공법	① 슬라이드 공법	② 수직철근 보강공법
	③ 커버플레이트 공법	④ 볼트조임 공법

14

강구조 용접부 상세에서 ①, ②, ③의 명칭을 기술하시오.

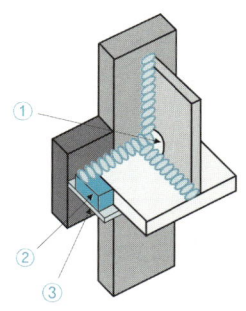

① : _____

② : _____

③ : _____

정답

①	스캘럽 (Scallop)	용접 시 이음 및 접합부위의 용접선이 교차되어 재용접된 부위가 열영향을 받아 취약해지기 때문에 모재에 부채꼴 모양의 모따기를 한 것
②	엔드탭 (End Tab)	Blow Hole, Crater 등의 용접결함이 생기기 쉬운 용접 Bead의 시작과 끝 지점에 용접을 하기 위해 용접접합하는 모재의 양단에 부착하는 보조강판
③	뒷댐재 (Back Strip)	모재와 함께 용접되는 루트(Root) 하부에 대어 주는 강판

15

철근콘크리트 기둥에서 띠철근(Hoop Bar)의 역할을 2가지 쓰시오.

① _____ ② _____

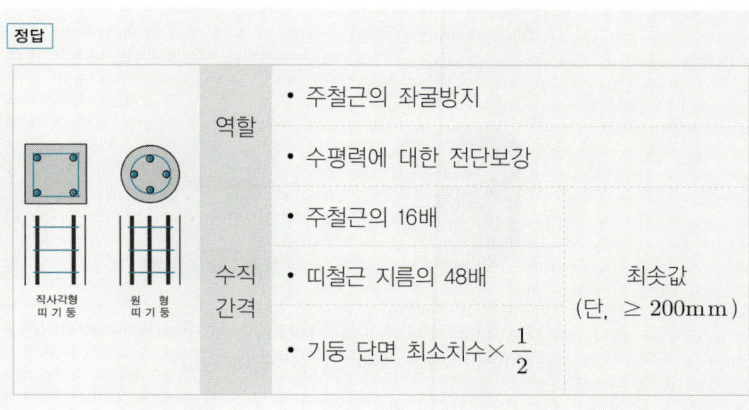

배점4

16

98①, 11④, 14④, 20③

건설공사의 원가절감기법 중 Value Engineering의 사고방식 4가지를 쓰시오.

① _____ ② _____
③ _____ ④ _____

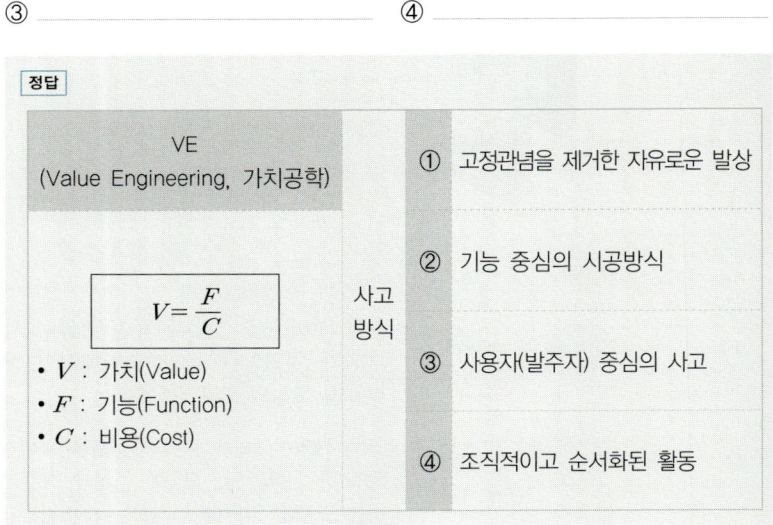

배점4

17

08④, 11④, 17④, 22④

시멘트 분말도 시험방법을 2가지 쓰시오.

① _____ ② _____

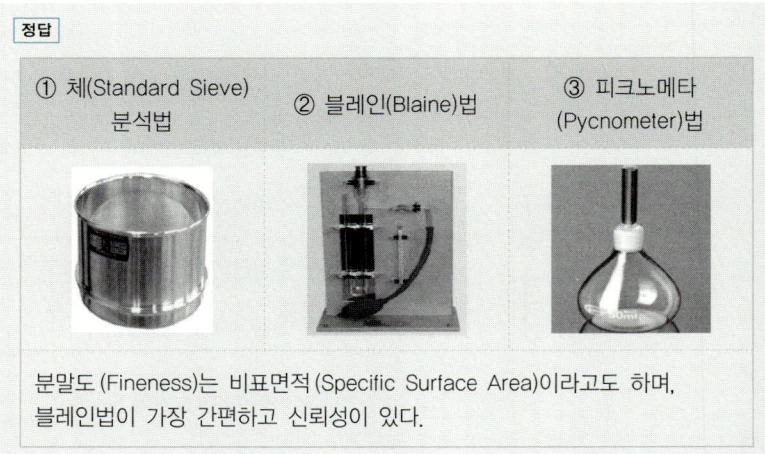

18

다음과 같은 Network 공정표의 최장 소요일수를 구하고 CP를 표시하시오.

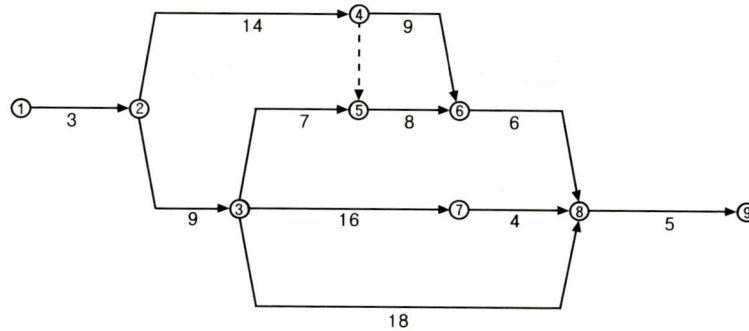

정답

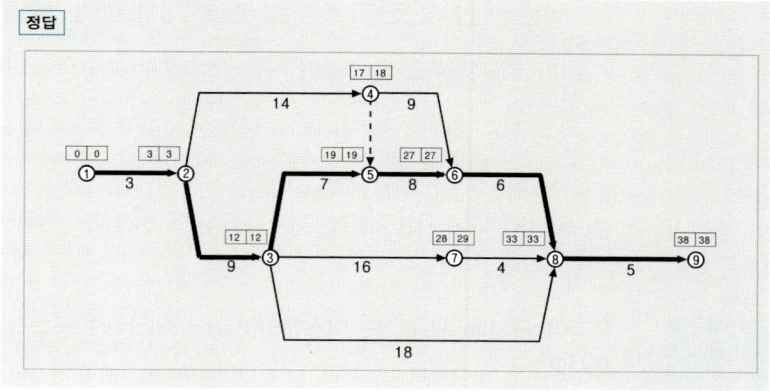

19

온도조절 철근(Temperature Bar)의 배근목적에 대하여 간단히 설명하시오.

정답 건조수축 또는 온도변화에 의해 콘크리트에 발생하는 균열을 방지하기 위한 목적으로 배치되는 철근

해설

수축온도철근비	$f_y = 400\text{MPa}$ 이하	$f_y = 400\text{MPa}$ 초과
	$\rho = 0.0020$	$\rho = 0.0020 \times \dfrac{400}{f_y} \geq 0.0014$

20 다음의 입찰방법을 간단히 설명하시오.

(1) 공개경쟁입찰 :

(2) 지명경쟁입찰 :

(3) 특명입찰 :

> **정답**
>
> 입찰공고 → 현장설명 → 견적 → 입찰등록 → 입찰 → 낙찰 → 계약
>
> (1) 입찰참가자를 공모하여 유자격자에게 모두 참가기회를 주는 방식
> (2) 해당 공사에 가장 적격하다고 인정되는 3~7개 정도의 시공회사를 선정하여 입찰시키는 방식
> (3) 건축주가 가장 적합한 1개의 시공회사를 선정하여 입찰시키는 방식

21 흙막이 공사에 사용하는 어스앵커(Earth Anchor) 공법의 특징을 4가지 쓰시오.

① _____   ② _____
③ _____   ④ _____

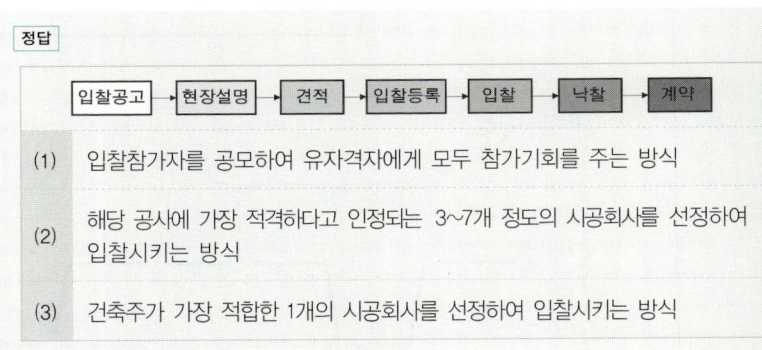

22. 다음이 설명하는 용어를 쓰시오.

> 드라이비트라는 일종의 못박기총을 사용하여 콘크리트나 강재 등에 박는 특수못으로 머리가 달린 것을 H형, 나사로 된 것을 T형이라고 한다.

정답: 드라이브 핀(Drive Pin)

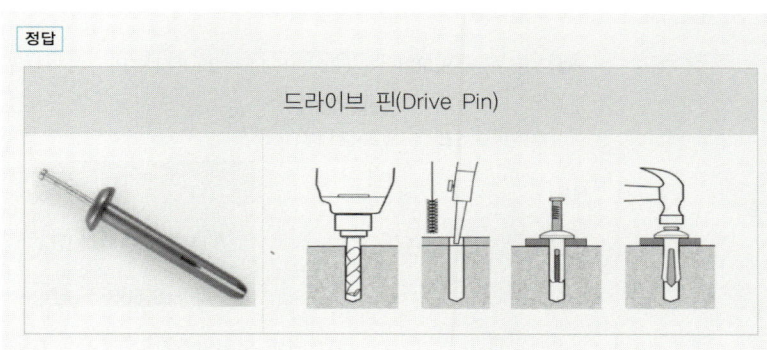

23. 철근콘크리트 T형보에서 압축을 받는 플랜지 부분의 유효폭을 결정할 때 세 가지 조건에 의하여 산출된 값 중 가장 작은값으로 유효폭을 결정하는데, 유효폭을 결정하는 세 가지 기준을 쓰시오.

① _____ ② _____ ③ _____

정답:

대칭 T형보 유효폭: b_e

①	$16t_f + b_w$	
②	양쪽 슬래브 중심간 거리	최솟값
③	보 경간(Span)의 $\dfrac{1}{4}$	

24

보통골재를 사용한 콘크리트 설계기준강도 $f_{ck} = 24\text{MPa}$, 철근의 탄성계수 $E_s = 200,000\text{MPa}$ 일 때 콘크리트 탄성계수 및 탄성계수비를 구하시오.

(1) 콘크리트 탄성계수 :

(2) 탄성계수비 :

정답 (1) $E_c = 8,500 \cdot \sqrt[3]{(24)+(4)} = 25,811\text{MPa}$

(2) $n = \dfrac{E_s}{E_c} = \dfrac{(200,000)}{(25,811)} = 7.75$

해설

(1) 탄성계수	철근	$E_s = 200,000\,(\text{MPa})$		
	콘크리트	$E_c = 8,500 \cdot \sqrt[3]{f_{cm}}$		
		콘크리트 평균압축강도 $f_{cm} = f_{ck} + \Delta f\,(\text{MPa})$		
		$f_{ck} \le 40\text{MPa}$	$40 < f_{ck} < 60$	$f_{ck} \ge 60\text{MPa}$
		$\Delta f = 4\text{MPa}$	Δf = 직선 보간	$\Delta f = 6\text{MPa}$
(2) 탄성계수비		$n = \dfrac{E_s}{E_c} = \dfrac{200,000}{8,500 \cdot \sqrt[3]{f_{cm}}} = \dfrac{200,000}{8,500 \cdot \sqrt[3]{f_{ck}+\Delta f}}$		

25

그림과 같은 설계조건에서 플랫슬래브 지판(Drop Panel, 드롭 패널)의 크기와 최소두께를 산정하시오. (단, 슬래브 두께 t_f는 200mm)

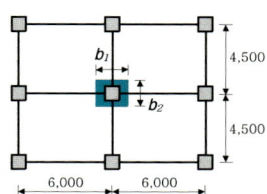

(1) 지판의 크기 :

(2) 지판의 최소두께 :

정답 (1) $b_1 = \dfrac{(6,000)}{6} + \dfrac{(6,000)}{6} = 2,000$, $b_2 = \dfrac{(4,500)}{6} + \dfrac{(4,500)}{6} = 1,500$

∴ $b_1 \times b_2 = 2,000\text{mm} \times 1,500\text{mm}$

(2) $h_{\min} = \dfrac{t_f}{4} = \dfrac{(200)}{4} = 50\text{mm}$

해설

	2방향 전단(Punching Shear, 뚫림 전단) 위치: 기둥면에서 $\dfrac{d}{2}$ 위치	
(1)		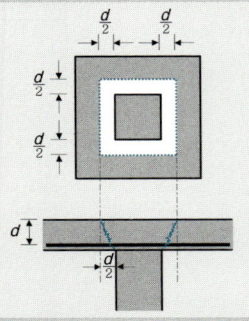
	2방향 전단방지를 위한 지판 규정	
(2)	① 지판(Drop Panel) 두께 : 슬래브 두께의 $\dfrac{1}{4}$ 이상 ② 받침부 중심선에서 각 방향 받침부 : 중심간 경간의 $\dfrac{1}{6}$ 이상을 각 방향으로 연장	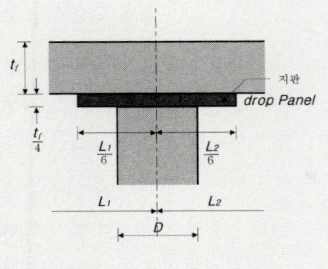
	2방향 전단 보강방법	
(3)	① 슬래브의 두께를 크게 한다. ② 지판 또는 기둥머리를 사용하여 위험단면의 면적을 늘린다. ③ 기둥을 중심으로 양 방향 기둥열 철근을 스터럽으로 보강 ④ 기둥에 얹히는 슬래브를 C형강이나 H형강으로 전단머리 보강	

그림과 같은 한 변의 길이가 1.8m인 정사각형 철근콘크리트 기초판 바닥에 작용하는 총토압(kPa)을 계산하시오. (단, 흙의 단위질량 $\rho_s' = 2,082\text{kg/m}^3$, 철근콘크리트의 단위질량 $\rho_s = 2,400\text{kg/m}^3$)

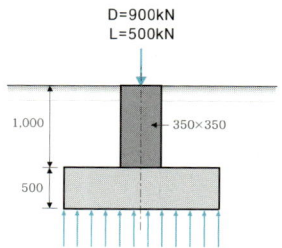

정답

$$\text{총토압} = \frac{(\text{기초판 무게}+\text{기둥의 무게})+(\text{흙의 무게})+(1.0D+1.0L)}{\text{기초판 면적}} \ (\text{kN/m}^2, \ \text{kPa})$$

총토압(Gross Soil Pressure)은 기초판 바닥 위에 작용하는 모든 하중에 의해서 흙에 발생하는 응력으로서 총토압 계산 시 사용하중($1.0D+1.0L$)을 적용함에 주의한다.

(1) 흙의 단위무게 : $2,082\text{kg/m}^3 \times 9.8\text{m/sec}^2 = 20,404\text{N/m}^3$
철근콘크리트의 단위무게 : $2,400\text{kg/m}^3 \times 9.8\text{m/sec}^2 = 23,520\text{N/m}^3$

(2) 기초의 고정하중 :
$(1.8\text{m} \times 1.8\text{m} \times 0.5\text{m})(23,520\text{N/m}^3) = 38,102.4\text{N} = 38.10\text{kN}$

기둥의 고정하중 :
$(0.35\text{m} \times 0.35\text{m} \times 1\text{m})(23,520\text{N/m}^3) = 2,881.2\text{N} = 2.88\text{kN}$

흙의 무게 :
$(1\text{m})(1.8^2\text{m}^2 - 0.35^2\text{m}^2)(20,404\text{N/m}^3) = 63,609.47\text{N} = 63.61\text{kN}$

사용하중 :
$900\text{kN} + 500\text{kN} = 1,400\text{kN}$

총하중 :
$38.10 + 2.88 + 63.61 + 1,400 = 1,504.59\text{kN}$

(3) 총토압 계산 :
$q_{gr} = \dfrac{P}{A} = \dfrac{(1,504.59)}{(1.8 \times 1.8)} = 464.38\text{kN/m}^2 = 464.38\text{kPa}$

그림과 같은 용접부의 설계강도를 구하시오. (단, 모재는 SM275, 용접재 (KS D7004 연강용 피복아크 용접봉)의 인장강도 $F_{uw} = 420\text{N/mm}^2$, 모재의 강도는 용접재의 강도보다 크다.)

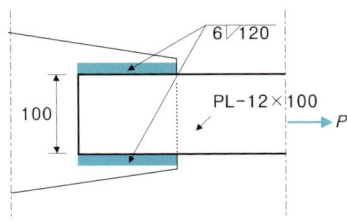

정답

용접기호 표시	유효 목두께(a)	용접 유효길이(L_e)
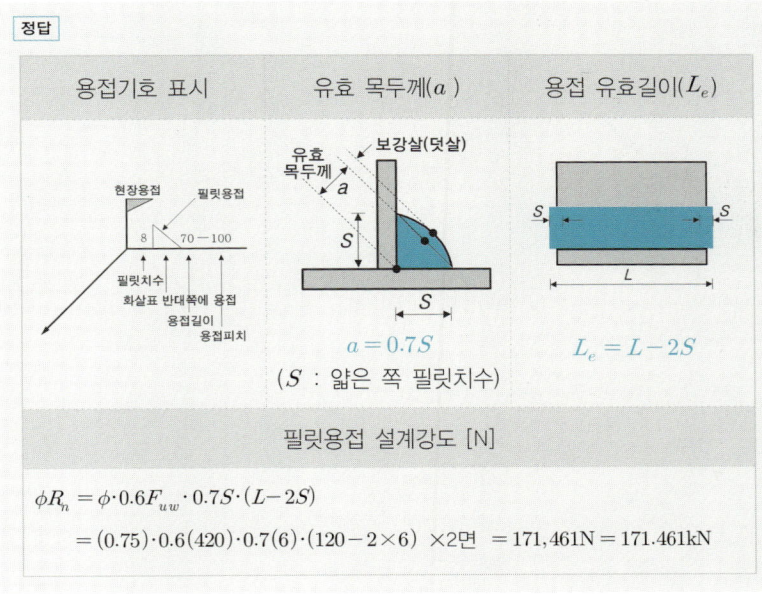	$a = 0.7S$ (S : 얇은 쪽 필릿치수)	$L_e = L - 2S$
필릿용접 설계강도 [N]		
$\phi R_n = \phi \cdot 0.6 F_{uw} \cdot 0.7 S \cdot (L - 2S)$ $= (0.75) \cdot 0.6(420) \cdot 0.7(6) \cdot (120 - 2 \times 6) \times 2면 = 171,461\text{N} = 171.461\text{kN}$		

memo

2012년
과년도 기출문제

① 건축기사 제1회 시행 ……… 1-58
② 건축기사 제2회 시행 ……… 1-78
③ 건축기사 제4회 시행 ……… 1-96

01 그림과 같은 캔틸레버 보의 A점의 반력을 구하시오.

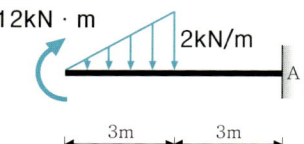

정답

지점반력 계산 ➡ 평형조건식($\Sigma H=0$, $\Sigma M=0$, $\Sigma V=0$) 적용

(1) $\Sigma H=0: H_A=0$

(2) $\Sigma V=0: -\left(\dfrac{1}{2}\times 2\times 3\right)+(V_A)=0 \quad \therefore V_A=+3\text{kN}(\uparrow)$

(3) $\Sigma M_A=0: +(M_A)+(12)-\left(\dfrac{1}{2}\times 2\times 3\right)\left(3+3\times\dfrac{1}{3}\right)=0 \quad \therefore M_A=0$

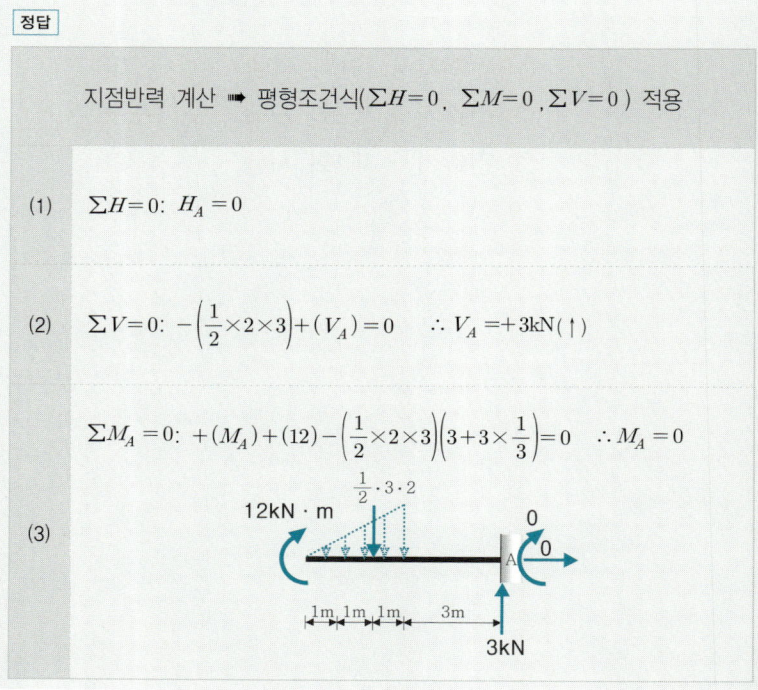

02

기둥의 재질과 단면 크기가 모두 같은 그림과 같은 4개의 장주의 좌굴길이를 쓰시오.

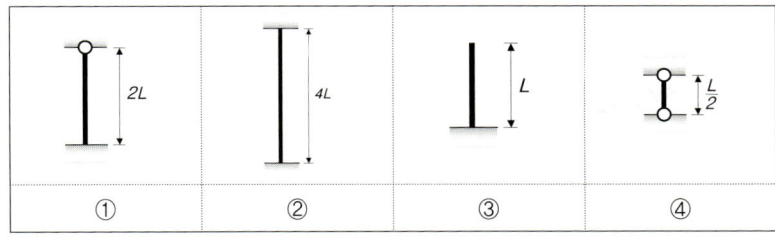

① _____ ② _____

③ _____ ④ _____

정답 ① $0.7 \times 2L = 1.4L$ ② $0.5 \times 4L = 2L$
③ $2 \times L = 2L$ ④ $1 \times \dfrac{L}{2} = 0.5L$

해설

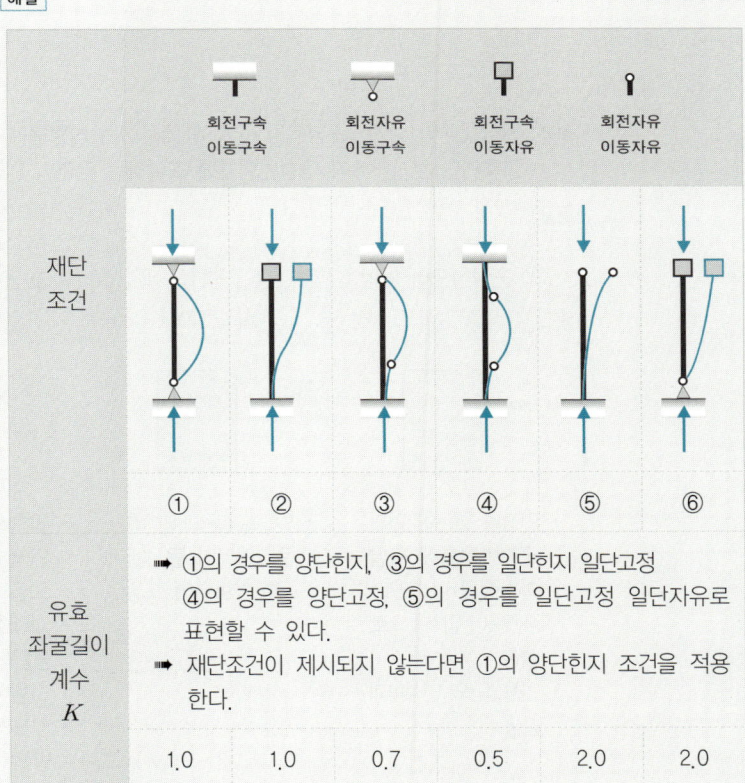

➡ ①의 경우를 양단힌지, ③의 경우를 일단힌지 일단고정 ④의 경우를 양단고정, ⑤의 경우를 일단고정 일단자유로 표현할 수 있다.

➡ 재단조건이 제시되지 않는다면 ①의 양단힌지 조건을 적용한다.

배점2

03

강재의 탄성계수 210,000MPa, 단면적 10cm², 길이 4m, 외력으로 80kN의 인장력이 작용할 때 변형량(ΔL)을 구하시오.

정답
$$\Delta L = \frac{PL}{EA} = \frac{(80 \times 10^3)(4 \times 10^3)}{(210,000)(10 \times 10^2)} = 1.52\text{mm}$$

해설

수직응력(σ)에 대한 후크(R. Hooke, 1635~1703)의 법칙

$$\sigma_L = E \cdot \epsilon_L \Rightarrow \frac{P}{A} = E \cdot \frac{\Delta L}{L} \Rightarrow \Delta L = \frac{PL}{EA}$$

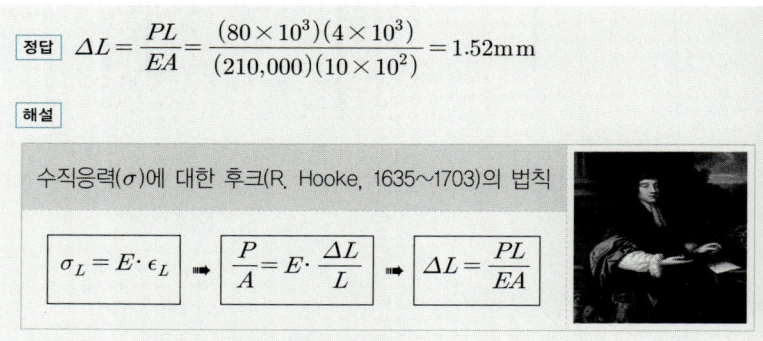

배점2

04

철근콘크리트 강도설계법에서 균형철근비의 정의를 쓰시오.

정답 인장철근이 설계기준항복강도 f_y에 대응하는 변형률에 도달함과 동시에 압축연단 콘크리트가 극한변형률에 도달하는 단면의 인장철근비

해설

① 균형철근비 미만 ($\rho_t < \rho_b$)	② 균형철근비 ($\rho_t = \rho_b$)	③ 균형철근비 초과 ($\rho_t > \rho_b$)
• 인장측 철근이 먼저 극한변형률에 도달 • 과소철근비이므로 중립축이 압축측으로 상향 • 인장철근의 연성파괴 발생	• 인장측 철근과 압축측 콘크리트가 동시에 극한변형률에 도달	• 압축측 콘크리트가 먼저 극한변형률에 도달 • 과대철근비이므로 중립축이 인장측으로 하향 • 콘크리트의 취성파괴가 발생하므로 위험

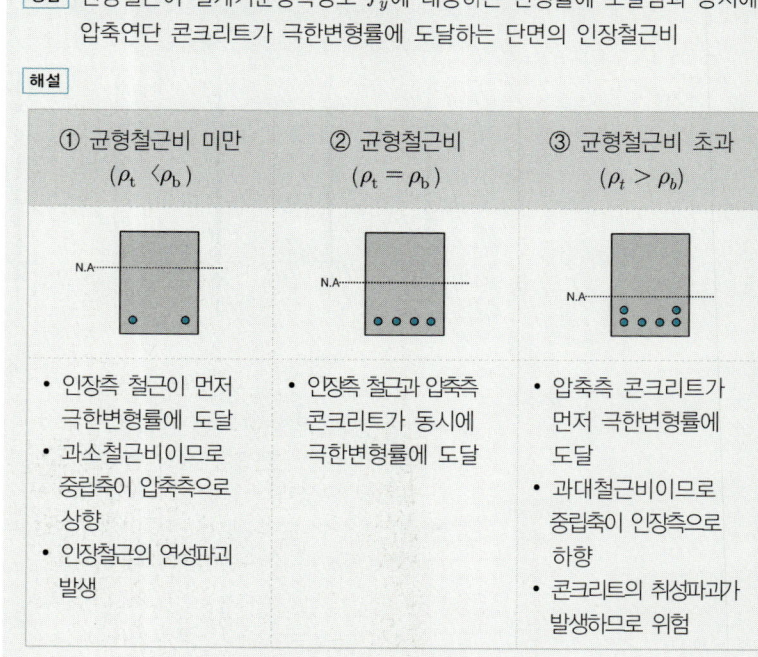

05 그림과 같은 단순보의 A지점의 처짐각, 보의 중앙 C점의 최대처짐량을 계산하시오. (단, $E=206\text{GPa}$, $I=1.6\times 10^8 \text{mm}^4$)

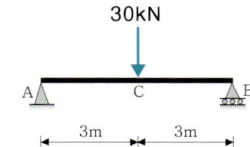

(1) A지점의 처짐각 :

(2) C점의 최대처짐 :

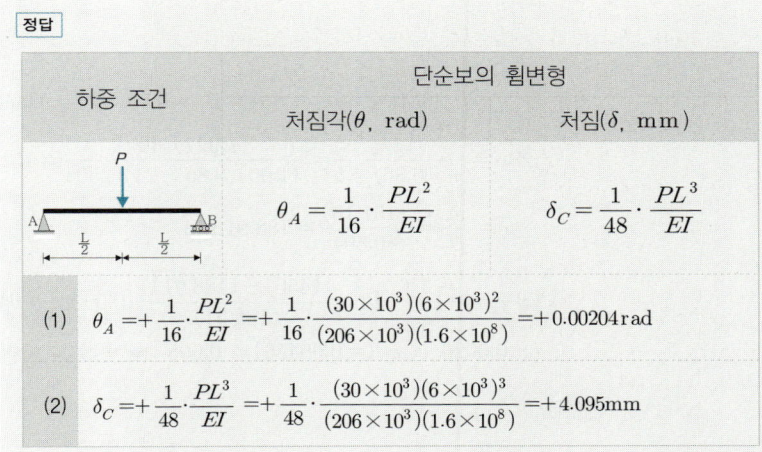

하중 조건	단순보의 휨변형	
	처짐각(θ, rad)	처짐(δ, mm)
	$\theta_A = \dfrac{1}{16} \cdot \dfrac{PL^2}{EI}$	$\delta_C = \dfrac{1}{48} \cdot \dfrac{PL^3}{EI}$

(1) $\theta_A = +\dfrac{1}{16} \cdot \dfrac{PL^2}{EI} = +\dfrac{1}{16} \cdot \dfrac{(30\times 10^3)(6\times 10^3)^2}{(206\times 10^3)(1.6\times 10^8)} = +0.00204\,\text{rad}$

(2) $\delta_C = +\dfrac{1}{48} \cdot \dfrac{PL^3}{EI} = +\dfrac{1}{48} \cdot \dfrac{(30\times 10^3)(6\times 10^3)^3}{(206\times 10^3)(1.6\times 10^8)} = +4.095\,\text{mm}$

06 다음 보기에서 설명하는 구조의 명칭을 쓰시오.

> 강구조물 주위에 철근배근을 하고 그 위에 콘크리트가 타설되어 일체가 되도록 한 것으로서, 초고층 구조물 하층부의 복합구조로 많이 채택되는 구조

매입형(埋入形) 합성기둥
(Composite Column)

그림과 같은 RC보에서 최외단 인장철근의 순인장변형률(ϵ_t)를 산정하고, 지배단면(인장지배단면, 압축지배단면, 변화구간단면)을 구분하시오.
(단, $A_s = 1,927\text{mm}^2$, $f_{ck} = 24\text{MPa}$, $f_y = 400\text{MPa}$, $E_s = 200,000\text{MPa}$)

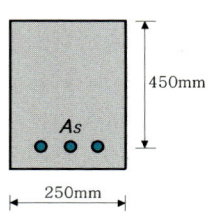

정답 (1) $f_{ck} \leq 40\text{MPa}$ ➡ $\eta = 1.00$, $\beta_1 = 0.80$, $\epsilon_{cu} = 0.0033$

(2) $a = \dfrac{A_s \cdot f_y}{\eta \cdot 0.85 f_{ck} \cdot b} = \dfrac{(1,927)(400)}{(1.00)(0.85 \times 24)(250)} = 151.13\text{mm}$,

$c = \dfrac{a}{\beta_1} = \dfrac{(151.13)}{(0.80)} = 188.91\text{mm}$

(3) $\epsilon_t = \dfrac{d_t - c}{c} \cdot \epsilon_{cu} = \dfrac{(450) - (188.91)}{(188.91)} \cdot (0.0033) = 0.00456$

(4) $0.0020 < \epsilon_t (= 0.00456) < 0.005$ ➡ 변화구간단면

해설

	최외단 인장철근의 순인장변형률 $\epsilon_t = \dfrac{d_t - c}{c} \cdot \epsilon_{cu}$		
	$\epsilon_t \geq 0.005$	$0.002 < \epsilon_t < 0.005$	$\epsilon_t \leq 0.002$
(1) 지배단면의 구분 ➡ 강도감소계수 (ϕ)의 결정	인장지배단면 ⬇ $\phi = 0.85$	변화구간단면 ⬇ $\phi = 0.65 + (\epsilon_t - 0.002) \times \dfrac{200}{3}$	압축지배단면 ⬇ $\phi = 0.65$
(2) 설계휨강도	$\phi M_n = \phi A_s \cdot f_y \cdot \left(d - \dfrac{a}{2}\right)$		

08 강구조에서 메탈터치(Metal Touch)에 대한 개념을 간략하게 그림을 그려서 정의를 설명하시오.

12①, 20①, 21②

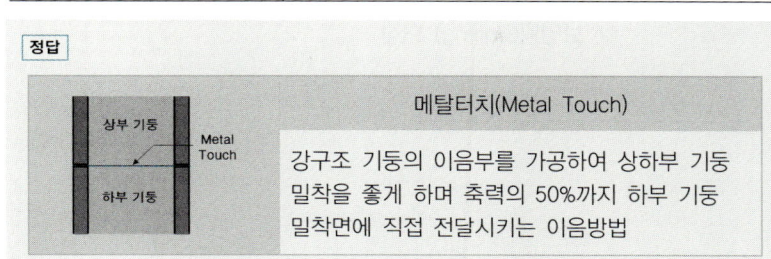

정답

메탈터치(Metal Touch)
강구조 기둥의 이음부를 가공하여 상하부 기둥 밀착을 좋게 하며 축력의 50%까지 하부 기둥 밀착면에 직접 전달시키는 이음방법

09 콘크리트충전강관(CFT) 구조를 설명하고 장단점을 각각 2가지씩 쓰시오.

12①, 16①, 17④, 21④

(1) CFT :

(2) 장점
  ① _____   ② _____

(3) 단점
  ① _____   ② _____

정답

CFT(Concrete Filled steel Tube)

(1)		강관의 구속효과에 의해 충전콘크리트의 내력상승과 충전콘크리트에 의한 강관의 국부좌굴 보강효과에 의해 뛰어난 변형저항능력을 발휘하는 구조
(2)	①	강관이 거푸집 역할을 함으로서 인건비 절감 및 공기단축 가능
	②	연성과 인성이 우수하여 초고층구조물의 내진성에 유리
(3)	①	고품질의 충전 콘크리트가 요구됨
	②	판두께가 얇아질수록 조기에 국부좌굴이 발생함

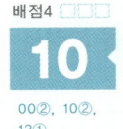

배점4 □□□

10

00②, 10②, 12①

다음 용어를 간단히 설명하시오.

(1) 히빙(Heaving) 현상 :

(2) 보일링(Boiling) 현상 :

정답

히빙(Heaving)

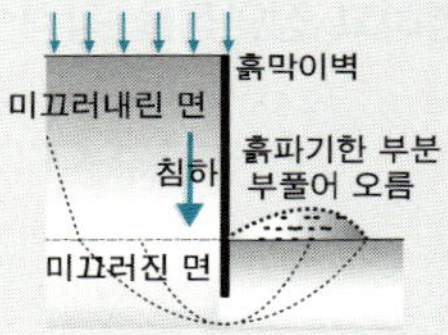

점토층

시트파일(Sheet Pile) 등의 흙막이 벽의 좌측과 우측의 토압의 차에 의해 흙막이벽 밑으로 흙이 미끄러져 들어오는 현상

보일링(Boiling)

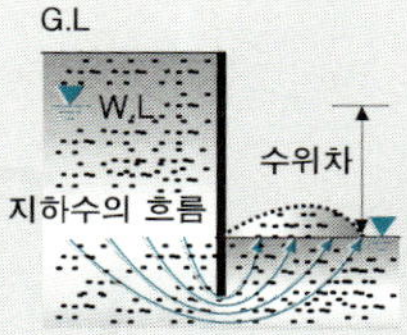

모래층

흙막이벽 뒷면 수위가 높아 지하수가 흙막이벽 밑으로 공사장 안 바닥에서 물이 솟아오르는 현상

파이핑(Piping)

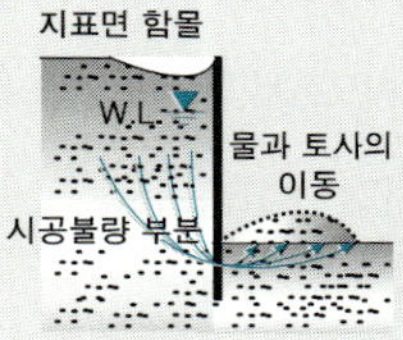

모래층

수위차가 있는 흙막이 배면에서 파이프(Pipe) 형태의 통로(수맥)가 형성되어 사질층의 흙과 물이 배출되는 현상

통합공정관리(EVMS : Earned Value Management System) 용어를 설명한 것 중에서 맞는 것을 보기에서 선택하여 번호로 쓰시오.

① 프로젝트의 모든 작업내용을 계층적으로 분류한 것으로 가계도와 유사한 형성을 나타낸다.
② 성과측정시점까지 투입예정된 공사비
③ 공사착수일로부터 추정준공일까지의 실투입비에 대한 추정치
④ 성과측정시점까지 지불된 공사비(BCWP)에서 성과측정시점까지 투입예정된 공사비를 제외한 비용
⑤ 성과측정시점까지 실제로 투입된 금액
⑥ 성과측정시점까지 지불된 공사비(BCWP)에서 성과측정시점까지 실제로 투입된 금액을 제외한 비용
⑦ 공정공사비 통합 성과측정 분석의 기본단위

(1) CA(Cost Account) : _____

(2) CV(Cost Variance) : _____

(3) ACWP(Actual Cost for Work Performed) : _____

정답 (1) ⑦　(2) ⑥　(3) ⑤

해설

통합공정관리(EVMS : Earned Value Management System) 주요 용어	
WBS (Work Breakdown Structure)	프로젝트의 모든 작업내용을 계층적으로 분류한 것으로 가계도와 유사한 형성을 나타낸다.
CA (Cost Account)	공정·공사비 통합 성과측정 분석의 기본단위
BCWS (Budgeted Cost for Work Scheduled)	성과측정시점까지 투입예정된 공사비
ACWP (Actual Cost for Work Performed)	성과측정시점까지 실제로 투입된 금액
SV (Schedule Variance)	성과측정시점까지 지불된 공사비(BCWP)에서 성과측정 시점까지 투입예정된 공사비를 제외한 비용
CV (Cost Variance)	성과측정시점까지 지불된 공사비(BCWP)에서 성과측정 시점까지 실제로 투입된 금액을 제외한 비용

다음 데이터를 이용하여 표준네트워크 공정표를 작성하고, 7일 공기단축한 상태의 네트워크 공정표를 작성하시오.

작업명	작업일수	선행작업	비용경사 (천원)	비고
A (①→②)	2	없음	50	(1) 결합점에서는 다음과 같이 표시한다. (2) 공기단축은 작업일수의 1/2을 초과할 수 없다.
B (①→③)	3	없음	40	
C (①→④)	4	없음	30	
D (②→⑤)	5	A, B, C	20	
E (②→⑥)	6	A, B, C	10	
F (③→⑤)	4	B, C	15	
G (④→⑥)	3	C	23	
H (⑤→⑦)	6	D, F	37	
I (⑥→⑦)	7	E, G	45	

(1) 표준 네트워크 공정표

(2) 7일 공기단축한 네트워크 공정표

정답 (1) 표준 Network 공정표

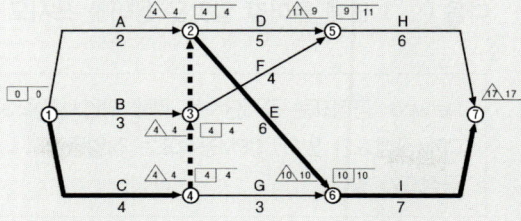

(2) 7일 공기단축한 Network 공정표

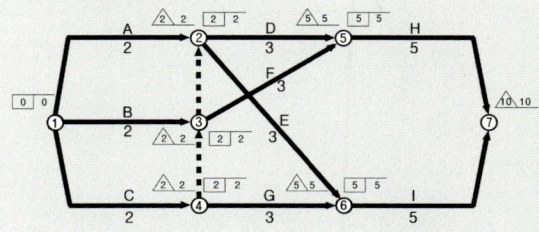

해설

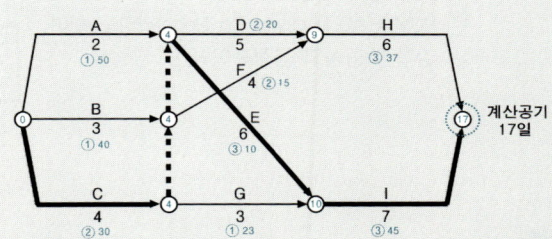

고려되어야 할 CP 및 보조CP			단축 대상	추가 비용
17일 ☞ 16일	C–E–I		E	10
16일 ☞ 15일	C–E–I		E	10
15일 ☞ 14일	C–E–I C–D–H		C	30
14일 ☞ 13일	C–E–I C–D–H B–E–I B–D–H		D+E	30
13일 ☞ 12일	C–E–I C–D–H B–E–I B–D–H B–F–H C–G–I C–F–H		B+C	70
12일 ☞ 11일	C–E–I C–D–H B–E–I B–D–H B–F–H C–G–I C–F–H A–D–H A–E–I		D+F+H	80
11일 ☞ 10일	C–E–I C–D–H B–E–I B–D–H B–F–H C–G–I C–F–H A–D–H A–E–I		H+I	82

배점3 □□□

13

12①

다음 ( ) 안에 들어갈 알맞은 용어를 쓰시오.

> Network 공정표는 공기단축을 위해 작업시간을 3점 추정하는 (①)공정표와 CPM공정표가 있다. CPM공정표는 작업중심의 (②), 결합점 중심의 (③) 공정표가 있다.

① _____ ② _____ ③ _____

정답 ① PERT ② ADM ③ PDM

해설

ADM을 AOA(Activity On Arrow)라고도 하며 작업 중심의 공정표임에 비해,
PDM을 AON(Activity On Node)라고도 하며 결합점 중심의 공정표이다.

배점2 □□□

14

05②, 08②, 12①

다음 ( ) 안에 들어갈 알맞은 용어를 쓰시오.

> 콘크리트 다짐 시 진동기를 과도하게 사용할 경우에는 (①) 현상이 생기고, AE콘크리트의 경우 (②)이(가) 많이 감소한다.

① _____ ② _____

정답 ① 재료분리 ② 공기량

해설

1-68

배점4

15

12①, 19①,
19②, 21④

시트(Sheet) 방수공법의 장·단점을 각각 2가지씩 쓰시오.

(1) 장점

　① _____

　② _____

(2) 단점

　① _____

　② _____

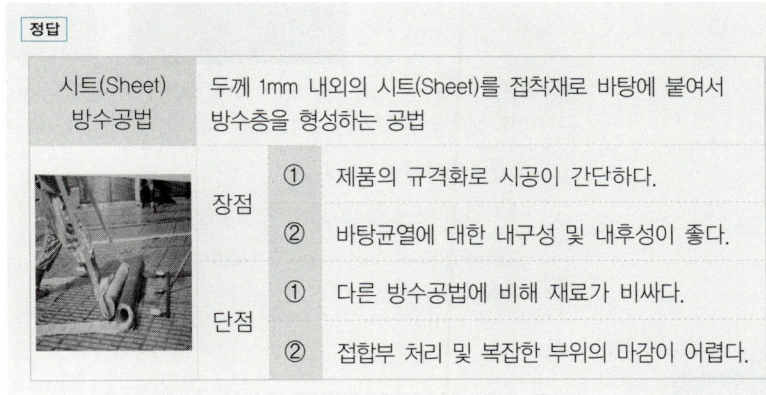

시트(Sheet) 방수공법	두께 1mm 내외의 시트(Sheet)를 접착재로 바탕에 붙여서 방수층을 형성하는 공법	
	장점	① 제품의 규격화로 시공이 간단하다.
		② 바탕균열에 대한 내구성 및 내후성이 좋다.
	단점	① 다른 방수공법에 비해 재료가 비싸다.
		② 접합부 처리 및 복잡한 부위의 마감이 어렵다.

배점2

16

12①, 15②

가설공사의 수평규준틀 설치목적을 2가지 쓰시오.

① _____　② _____

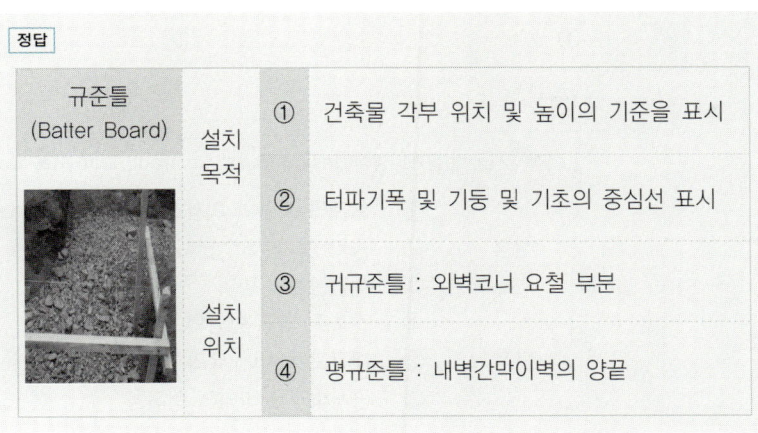

규준틀 (Batter Board)	설치 목적	① 건축물 각부 위치 및 높이의 기준을 표시
		② 터파기폭 및 기둥 및 기초의 중심선 표시
	설치 위치	③ 귀규준틀 : 외벽코너 요철 부분
		④ 평규준틀 : 내벽간막이벽의 양끝

배점3 □□□

17

12①, 14④, 20①

매스콘크리트 수화열 저감을 위한 대책을 3가지 쓰시오.

① _____

② _____

③ _____

정답

매스콘크리트
(Mass Concrete)

일반적으로 부재 단면 최소치수 80cm 이상(하단이 구속된 경우에는 50cm 이상), 콘크리트 내외부 온도차가 25℃ 이상으로 예상되는 콘크리트

① 단위시멘트량을 낮춘다.
② 수화열이 낮은 플라이애쉬 시멘트를 사용한다.
③ 프리쿨링(Pre Cooling), 파이프쿨링(Pipe Cooling)과 같은 온도균열 제어방법을 이용한다.

배점3 □□□

18

12①

설계시공 일괄계약의 장·단점을 각각 2가지 쓰시오.

(1) 장점

① _____ ② _____

(2) 단점

① _____ ② _____

정답

설계·시공 일괄계약방식(Design-Build Contract, Turn-Key Contract, 턴키도급)

장점	①	설계와 시공의 의사소통 개선
	②	공기 및 공사비 단축
	③	책임한계의 명확
단점	①	건축주 의도 반영의 어려움
	②	대규모 회사에 유리
	③	공사비 사전파악의 어려움

19 현장에서 반입된 철근은 시험편을 채취한 후 시험을 하여야 하는데, 그 시험의 종류를 2가지 쓰시오.

① _____ ② _____

정답
① 인장 시험(KS B 0802)
② 굽힘 시험(KS B 0804)

20 강구조 내화피복 공법의 종류에 따른 재료를 각각 2가지씩 쓰시오.

공법	재료	
타설공법	①	②
조적공법	③	④
미장공법	⑤	⑥

① _____ ② _____ ③ _____
④ _____ ⑤ _____ ⑥ _____

정답 ① 콘크리트 ② 경량콘크리트 ③ 돌 ④ 벽돌 ⑤ 철망 퍼라이트 ⑥ 철망 모르타르

해설

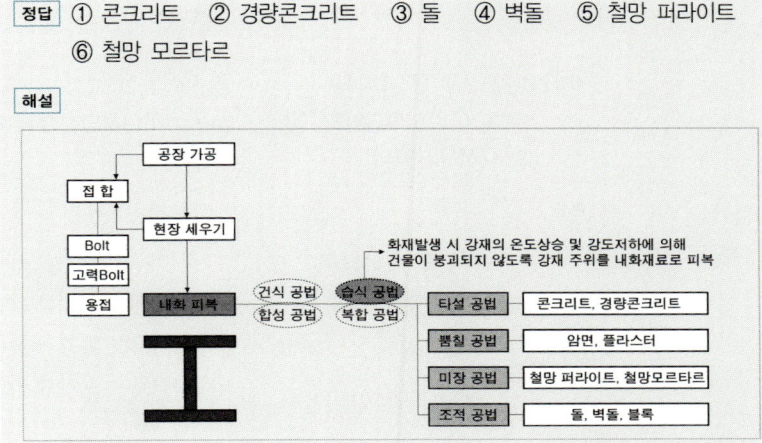

배점3 ☐☐☐

21

12①

다음 평면의 건물높이가 13.5m일 때 비계면적을 산출하시오. (단, 도면 단위는 mm이며, 비계형태는 쌍줄비계로 한다.)

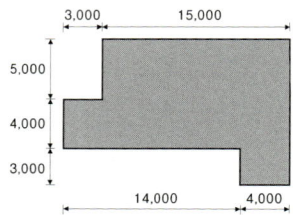

[정답] $A = 13.5 \times \{(18+12) \times 2 + 8 \times 0.9\} = 907.2\text{m}^2$

[해설]

쌍줄비계면적
$A = H(L + 8 \times 0.9)$

- A : 비계면적(m^2)
- H : 건물 높이(m)
- L : 건물 외벽길이(m)
- 0.9 : 외벽에서 0.9m 이격

배점5 ☐☐☐

22

12①, 16④

시멘트 주요 화합물을 4가지 쓰고, 그 중 28일 이후 장기강도에 관여하는 화합물을 쓰시오.

(1) 주요 화합물

① _____ ② _____

③ _____ ④ _____

(2) 콘크리트 28일 이후의 장기강도에 관여하는 화합물

_____

[정답] (1) ① C_2S(규산2석회) ② C_3S(규산3석회)
　　　　③ C_3A(알루민산3석회) ④ C_4AF(알루민산철4석회)
(2) C_2S(규산2석회)

[해설]

시멘트 주요 화합물		
	C_2S(규산2석회)	4주 이후의 장기강도에 기여
	C_3S(규산3석회)	4주 이전의 조기강도에 기여
	C_3A(알루민산3석회)	수화작용이 가장 빠르다.
	C_4AF(알루민산철4석회)	수화작용이 느리고 강도에 영향이 거의 없다.

23. 금속판 지붕공사에서 금속기와의 설치순서를 번호로 나열하시오.

① 서까래 설치(방부처리를 할 것)
② 금속기와 Size에 맞는 간격으로 기와걸이 미송각재를 설치
③ 경량철골 설치
④ Purlin 설치(지붕 레벨 고려)
⑤ 부식방지를 위한 철골 용접부위 방청도장 실시
⑥ 금속기와 설치

정답 ③ → ④ → ⑤ → ① → ② → ⑥

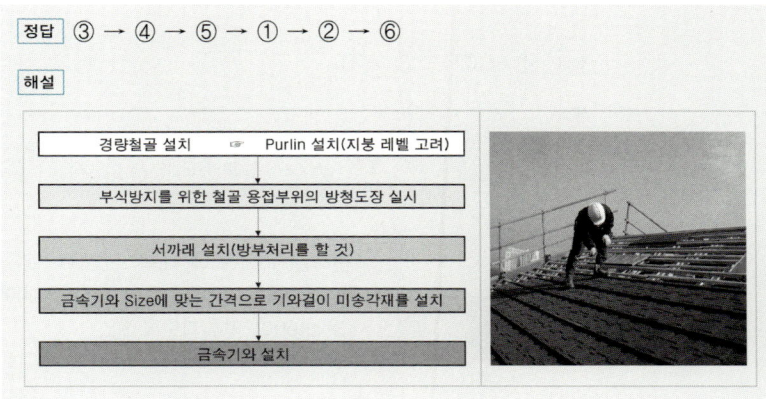

24. 토질과 관련된 다음 용어를 간단히 설명하시오.

(1) 압밀 :

(2) 예민비 :

정답

(1)	압밀 (壓密, Consolidation)	하중이 커지면 재하판 아래의 흙이 압축되어 하중을 제거해도 압축된 부분의 침하가 남아 있는 현상
(2)	예민비 (銳敏比, Sensitivty Ratio)	자연적인 점토의 강도를 이긴 점토의 강도로 나누었을 때의 비율

25. TS(Torque Shear)형 고력볼트의 시공순서를 번호로 나열하시오.

① 팁 레버를 잡아당겨 내측 소켓에 들어있는 핀테일을 제거
② 렌치의 스위치를 켜 외측 소켓이 회전하며 볼트를 체결
③ 핀테일이 절단되었을 때 외측 소켓이 너트로부터 분리되도록 렌치를 잡아당김
④ 핀테일에 내측 소켓을 끼우고 렌치를 살짝 걸어 너트에 외측 소켓이 맞춰지도록 함

정답 ④ → ② → ③ → ①

해설

TS(Torque Shear) Bolt 시공순서	
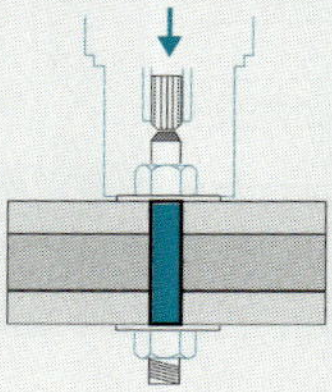	핀테일(Pin Tail)에 내측 소켓(Socket)을 끼우고 렌치(Wrench)를 살짝 걸어 너트(Nut)에 외측 소켓(Socket)이 맞춰지도록 함
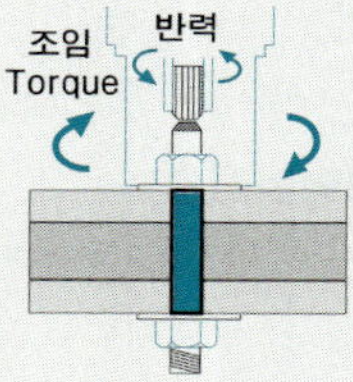	렌치의 스위치를 켜 외측 소켓이 회전하며 볼트를 체결
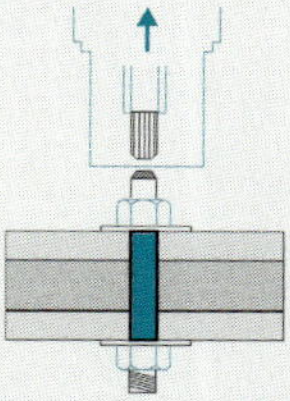	핀테일이 절단되었을 때 외측 소켓이 너트로부터 분리되도록 렌치를 잡아당김
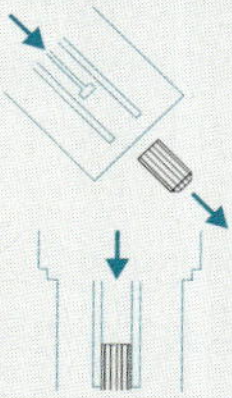	팁 레버(Tip Lever)를 잡아당겨 내측 소켓에 들어있는 핀테일을 제거

26

한식기와 잇기에 관한 설명이다. ( ) 안에 해당하는 용어를 쓰시오.

> 한식기와 잇기에서 산자위에서 펴 까는 진흙을 (①)(이)라 하며, 수키와 처마 끝에 막새 대신에 회백토로 둥글게 바른 것을 (②)(이)라 한다.

① _____ ② _____

정답

① 알매흙 — 한식기와 잇기에서 산자 위에서 펴 까는 진흙

② 아귀토 — 수키와 처마 끝에 막새 대신에 회백토로 둥글게 바른 것

27

지하구조물은 지하수위에서 구조물 밑면까지의 깊이만큼 부력을 받아 건물이 부상하게 되는데, 이것에 대한 방지대책을 2가지 기술하시오.

① _____

② _____

정답

부력을 받은 지하구조물의 부상 방지대책

① 유입 지하수를 강제로 펌핑(Pumping) 하여 외부로 배수

② 인접한 건물주 승인 후 인접건물에 긴결

③ 구조물의 자중을 증대시켜 부력에 대항하게 함

④ 현장시공 중 구조체에 구멍을 뚫어 지하수 유입

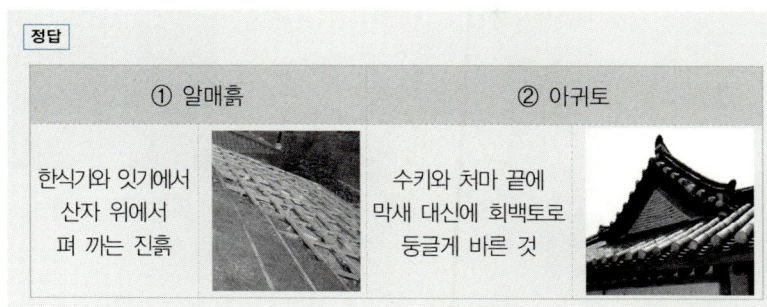

28. SPS(Strut as Permanent System) 공법의 특징을 4가지 쓰시오.

① _____ ② _____
③ _____ ④ _____

[정답]

SPS (Strut as Permanent System, 영구 구조물 흙막이 버팀대)

흙막이 버팀대(Strut)를 가설재로 사용하지 않고 굴토 중에는 토압을 지지하고, 슬래브 타설 후에는 수직하중을 지지하는 공법

① 가설지지체 설치 및 해체공정 불필요
② 작업공간의 확보 유리
③ 지반의 상태와 관계없이 시공 가능
④ 지상 공사와 병행이 가능하여 공기단축 가능

29. 콘크리트 구조물의 균열발생 시 실시하는 보강공법을 3가지 쓰시오.

① _____ ② _____ ③ _____

[정답]

① 단면증대공법
② 강판접착공법
③ 철물매입공법 또는 강재앵커공법

memo

제2회 2012 건축기사 과년도 기출문제

01
배점3

98④, 99⑤, 06①, 12②, 15②, 20⑤

강구조공사의 절단가공에서 절단방법의 종류를 3가지 쓰시오.

① _____ ② _____ ③ _____

정답 ① 가스절단 ② 전단절단 ③ 톱절단

02
배점3

03①, 07②, 10①, 12②, 13④, 14①, 22②

철근콘크리트공사를 하면서 철근간격을 일정하게 유지하는 이유를 3가지 쓰시오.

① _____ ② _____ ③ _____

정답

철근간격 유지목적	
• 콘크리트 유동성 확보	
• 재료분리 방지	
• 소요강도 확보	

구조설계기준(KDS 14 20 50): ①, ②, ③ 중 큰값

보	기둥
① 25mm 이상	① 40mm 이상
② 주철근 공칭직경 이상	② 주철근 공칭직경×1.5 이상
③ 굵은골재 최대치수의 $\frac{4}{3}$배 이상	③ 굵은골재 최대치수의 $\frac{4}{3}$배 이상

03

다음 데이터를 네트워크공정표로 작성하시오.

작업명	작업일수	선행작업	비고
A	5	없음	
B	2	없음	
C	4	없음	(1) 결합점에서는 다음과 같이 표시한다.
D	5	A, B, C	
E	3	A, B, C	ET|LT 작업명 ET|LT
F	2	A, B, C	ⓘ ─── 소요일수 ──▶ ⓙ
G	2	D, E	(2) 주공정선은 굵은선으로 표시한다.
H	5	D, E, F	
I	4	D, F	

정답

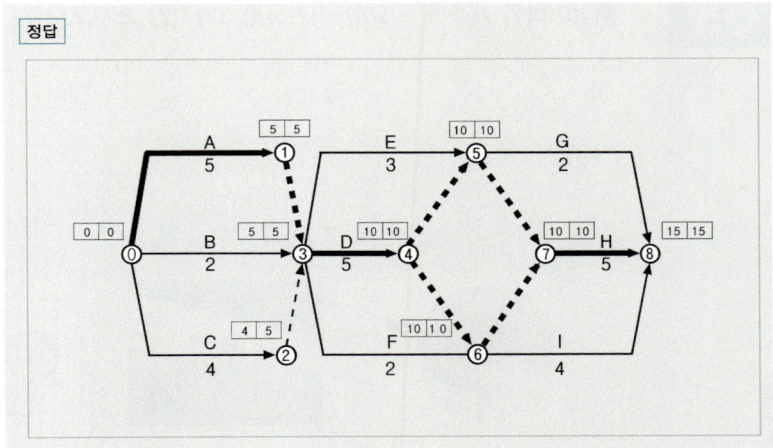

배점3 ☐☐☐
04
05①, 06②,
12②, 17②,
20⑤

탑다운 공법(Top-Down Method)은 지하구조물의 시공순서를 지상에서부터 시작하여 점차 깊은 지하로 진행하며 완성하는 공법으로서 여러 장점이 있다. 이 중에서 작업공간이 협소한 부지를 넓게 쓸 수 있는 이유를 기술하시오.

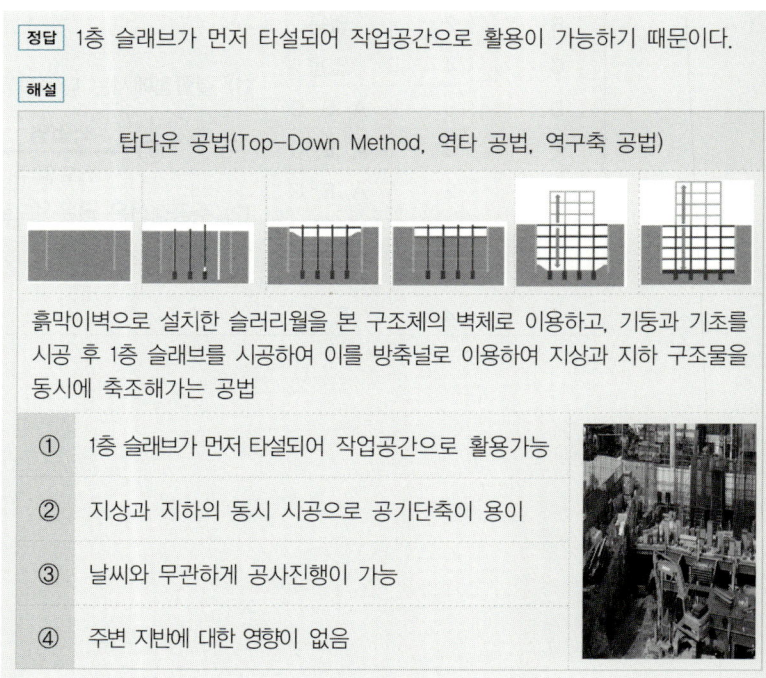

배점3 ☐☐☐
05
06④, 12②,
18①, 20④

흙막이벽의 계측에 필요한 기기류를 3가지만 쓰시오.

① _____ ② _____ ③ _____

정답

① 하중계 (Load Cell)
② 변형률계 (Strain Gauge)
③ 지중침하계 (Extension Meter)

배점4 □□□

06

12②, 17②, 20①, 23②

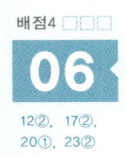

기초의 부동침하는 구조적으로 문제를 일으키게 된다. 이러한 기초의 부동침하를 방지하기 위한 대책 중 기초구조 부분에 처리할 수 있는 사항을 4가지 기술하시오.

① ______________________

② ______________________

③ ______________________

④ ______________________

정답

부동침하(Uneven Settlement, 부등침하)의 여러 원인들

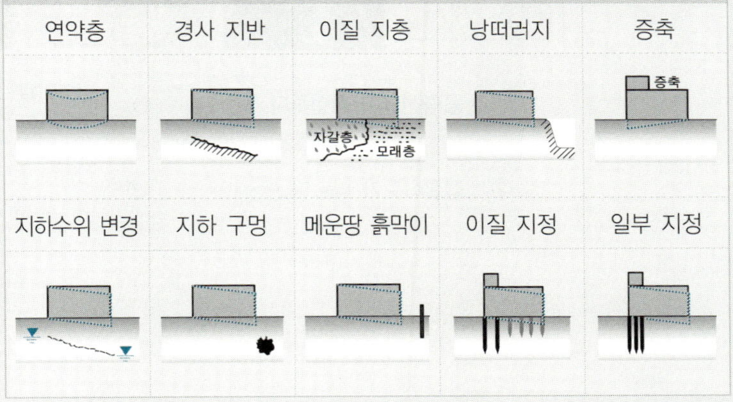

연약층
경사 지반
이질 지층
낭떠러지
증축
증축
자갈층
모래층
지하수위 변경
지하 구멍
메운땅 흙막이
이질 지정
일부 지정

(1)	상부구조에 대한 대책	• 건물의 경량화 및 중량 분배를 고려
		• 건물의 길이를 작게 하고 강성을 높일 것
		• 인접 건물과의 거리를 멀게 할 것
(2)	하부구조에 대한 대책	• 마찰말뚝을 사용하고 서로 다른 종류의 말뚝 혼용을 금지
		• 지하실 설치 : 온통기초(Mat Foundation)가 유효
		• 기초 상호간을 연결 : 지중보 또는 지하연속벽 시공
		• 언더피닝(Under Pinning) 공법의 적용

07

강구조공사 중 용접접합과 고장력볼트 접합의 장점을 각각 2가지씩 쓰시오.

(1) 용접

① _____ ② _____

(2) 고장력볼트

① _____ ② _____

정답

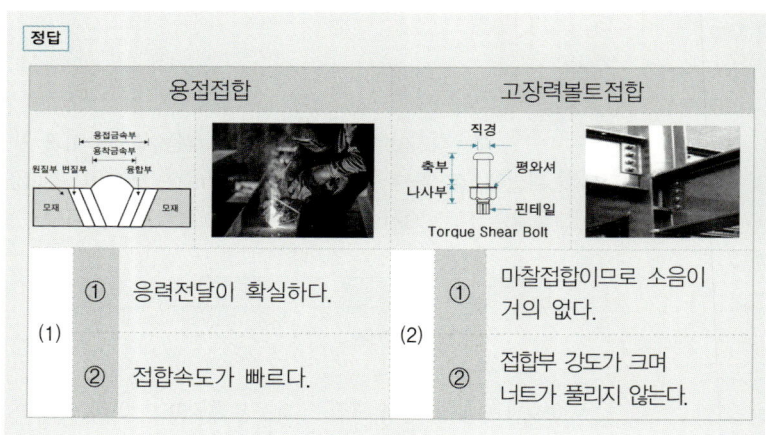

용접접합	고장력볼트접합
(1) ① 응력전달이 확실하다. ② 접합속도가 빠르다.	(2) ① 마찰접합이므로 소음이 거의 없다. ② 접합부 강도가 크며 너트가 풀리지 않는다.

08

샌드드레인(Sand Drain) 공법을 설명하시오.

정답

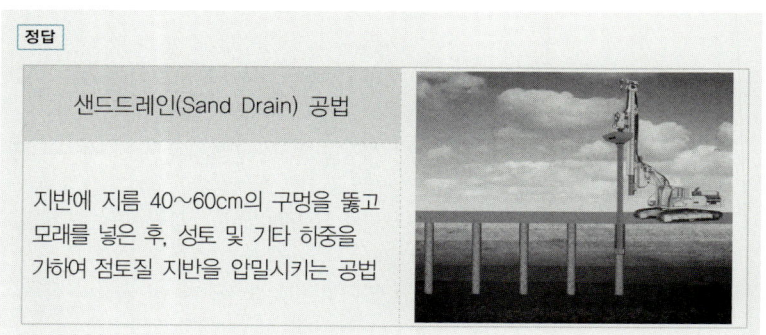

샌드드레인(Sand Drain) 공법

지반에 지름 40~60cm의 구멍을 뚫고 모래를 넣은 후, 성토 및 기타 하중을 가하여 점토질 지반을 압밀시키는 공법

09 품질관리 도구 중 특성요인도(Characteristics Diagram)에 대해 설명하시오.

정답

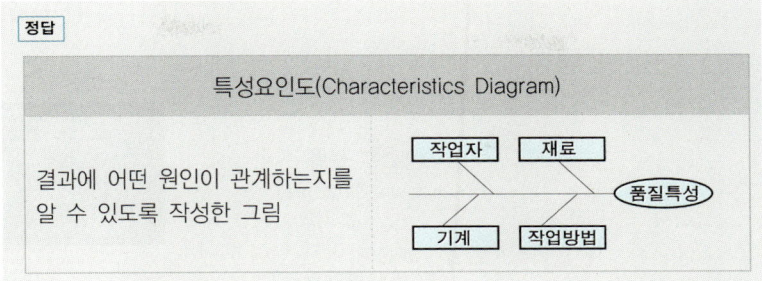

10 거푸집 측압에 영향을 주는 요소는 여러 가지가 있지만, 건축현장의 콘크리트 부어넣기 과정에서 거푸집 측압에 영향을 줄 수 있는 요인을 3가지 쓰시오.

① _____
② _____
③ _____

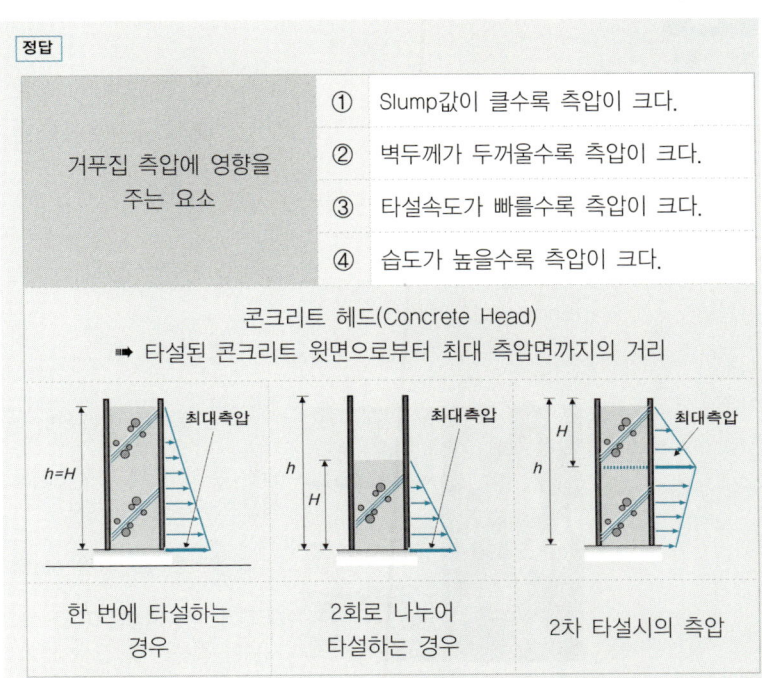

11 공사내용의 분류방법에서 목적에 따른 Breakdown Structure의 3가지 종류를 쓰시오.

① _____ ② _____ ③ _____

정답

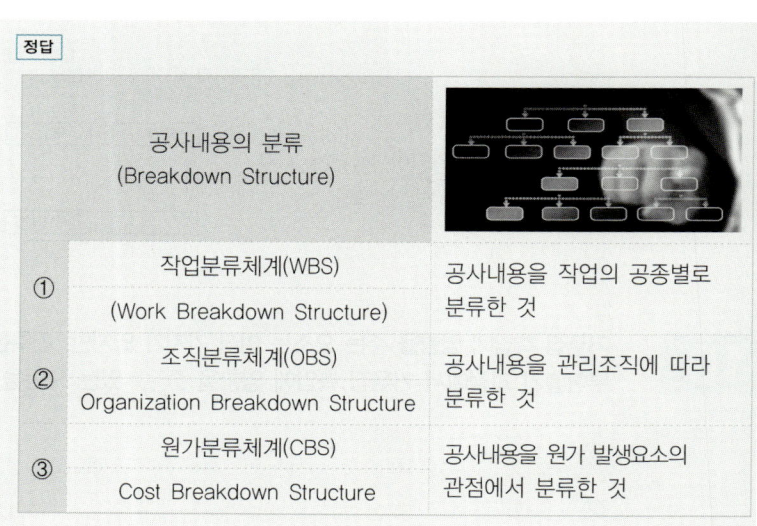

공사내용의 분류 (Breakdown Structure)		
①	작업분류체계(WBS) (Work Breakdown Structure)	공사내용을 작업의 공종별로 분류한 것
②	조직분류체계(OBS) Organization Breakdown Structure	공사내용을 관리조직에 따라 분류한 것
③	원가분류체계(CBS) Cost Breakdown Structure	공사내용을 원가 발생요소의 관점에서 분류한 것

12 AE제에 의해 생성된 Entrained Air의 목적을 4가지 쓰시오.

① _____ ② _____
③ _____ ④ _____

정답

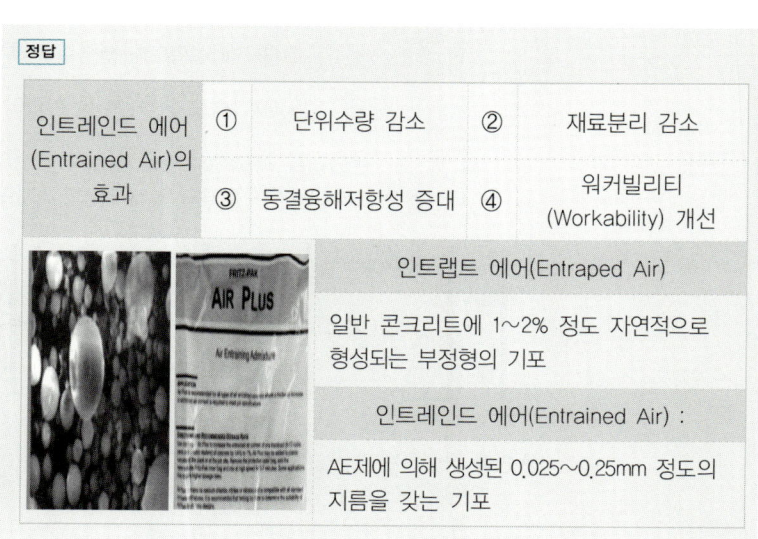

인트레인드 에어 (Entrained Air)의 효과	① 단위수량 감소	② 재료분리 감소
	③ 동결융해저항성 증대	④ 워커빌리티 (Workability) 개선

인트랩트 에어(Entraped Air)
일반 콘크리트에 1~2% 정도 자연적으로 형성되는 부정형의 기포

인트레인드 에어(Entrained Air) :
AE제에 의해 생성된 0.025~0.25mm 정도의 지름을 갖는 기포

13

표준형벽돌 1,000장으로 1.5B 두께로 쌓을 수 있는 벽면적은? (단, 할증률은 고려하지 않는다.)

정답 $1,000 \div 224 = 4.46 \text{m}^2$

해설

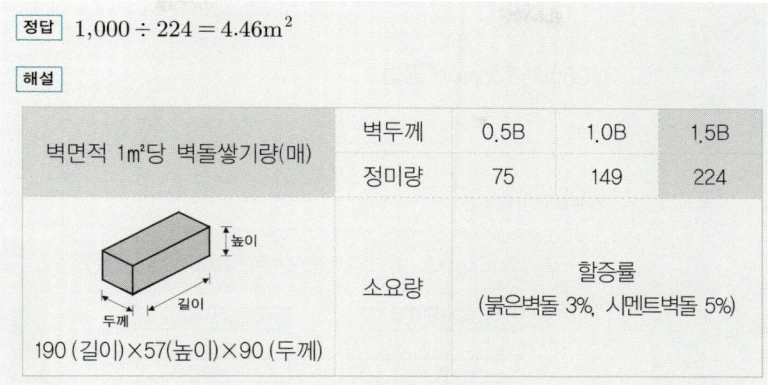

벽면적 1m²당 벽돌쌓기량(매)	벽두께	0.5B	1.0B	1.5B
	정미량	75	149	224
소요량	할증률 (붉은벽돌 3%, 시멘트벽돌 5%)			

190(길이)×57(높이)×90(두께)

14

건축공사표준시방서에 따른 거푸집널 존치기간 중의 평균기온이 10℃ 이상인 경우에 콘크리트의 압축강도 시험을 하지 않고 거푸집을 떼어 낼 수 있는 콘크리트의 재령(일)을 나타낸 표이다. 빈 칸에 알맞은 숫자를 표기하시오.

〈기초, 보옆, 기둥 및 벽의 거푸집널 존치기간을 정하기 위한 콘크리트의 재령(일)〉

시멘트 종류 / 평균 기온	조강포틀랜드시멘트	보통포틀랜드시멘트 고로슬래그시멘트(1종)	고로슬래그시멘트(2종) 포틀랜드포졸란시멘트(B종)
20℃ 이상			
20℃ 미만 10℃ 이상			

정답

시멘트 종류 / 평균 기온	조강포틀랜드시멘트	보통포틀랜드시멘트 고로슬래그시멘트(1종)	고로슬래그시멘트(2종) 포틀랜드포졸란시멘트(B종)
20℃ 이상	2일	4일	5일
20℃ 미만 10℃ 이상	3일	6일	8일

배점4

15

00①, 04④,
05①, 09②,
12②, 14④,
17②, 18④,
20②

프리스트레스트 콘크리트(Pre-Stressed Concrete)의 프리텐션(Pre-Tension) 방식과 포스트텐션(Post-Tension) 방식에 대하여 설명하시오.

(1) Pre-Tension 공법 :

(2) Post-Tension 공법 :

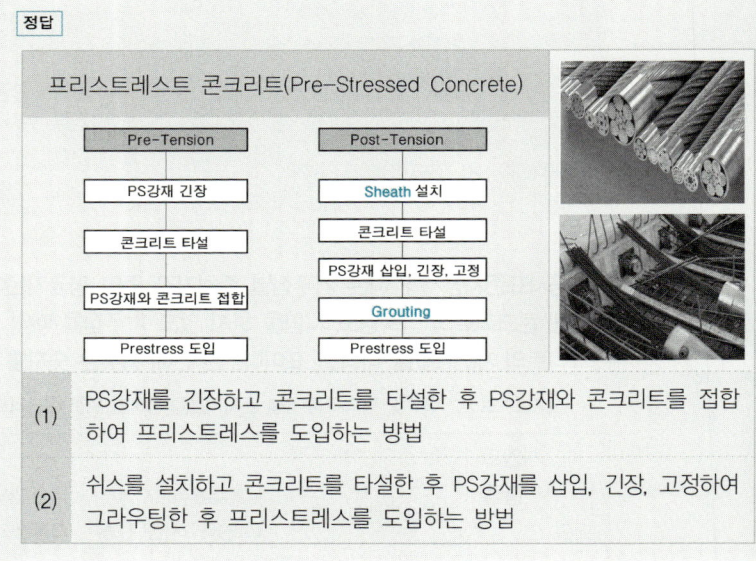

정답
- (1) PS강재를 긴장하고 콘크리트를 타설한 후 PS강재와 콘크리트를 접합하여 프리스트레스를 도입하는 방법
- (2) 쉬스를 설치하고 콘크리트를 타설한 후 PS강재를 삽입, 긴장, 고정하여 그라우팅한 후 프리스트레스를 도입하는 방법

배점3

16

09①, 12②,
14④, 22①

강구조 보-기둥 접합부의 개략적인 그림이다. 각 번호에 해당하는 구성재의 명칭을 쓰시오.

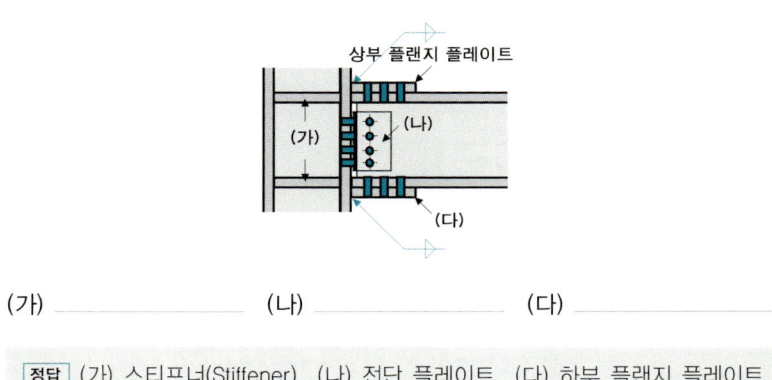

(가) _____ (나) _____ (다) _____

정답 (가) 스티프너(Stiffener) (나) 전단 플레이트 (다) 하부 플랜지 플레이트

1-86

17. 콘크리트 유효흡수량에 대해 기술하시오.

정답

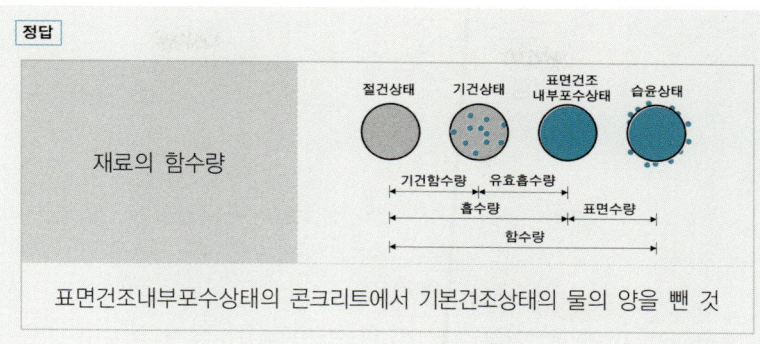

표면건조내부포수상태의 콘크리트에서 기본건조상태의 물의 양을 뺀 것

18. 하절기(서중) 콘크리트의 문제점에 대한 대책을 보기에서 모두 골라 번호로 쓰시오.

① 단위시멘트량 증대   ② 응결촉진제 사용   ③ 중용열 시멘트 사용
④ 운반 및 타설시간의 단축계획 수립   ⑤ 재료의 온도상승 방지대책 수립

정답 ③, ④, ⑤

해설

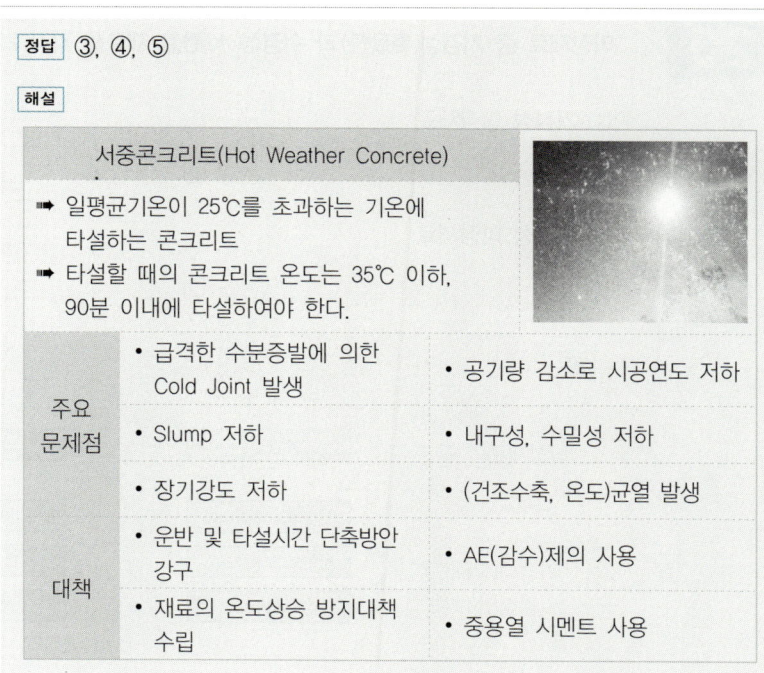

19 미장공사에서 사용되는 다음 용어를 설명하시오.

(1) 바탕처리 :

(2) 덧먹임 :

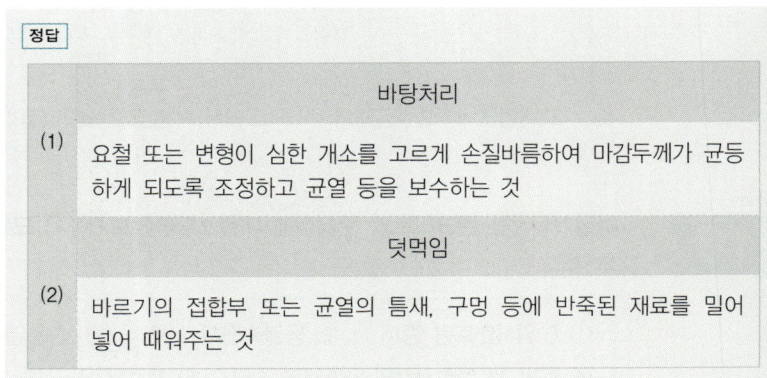

20 미장재료 중 기경성(氣硬性)과 수경성(水硬性) 재료를 각각 2가지씩 쓰시오.

(1) 기경성 미장재료

　　① _____　　② _____

(2) 수경성 미장재료

　　① _____　　② _____

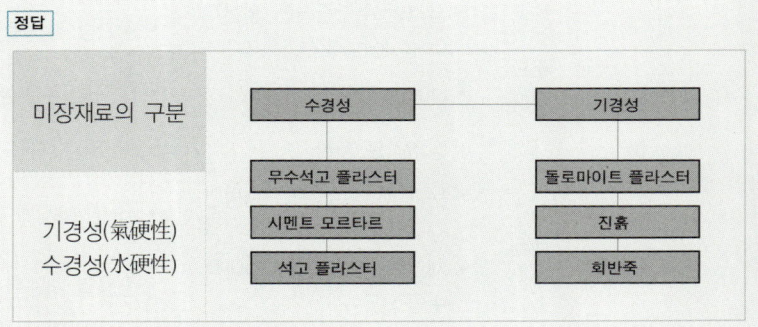

21 강구조공사를 시공할 때 베이스 플레이트(Base Plate)의 시공 시 사용되는 충전재의 명칭을 쓰시오.

정답 무수축모르타르

해설

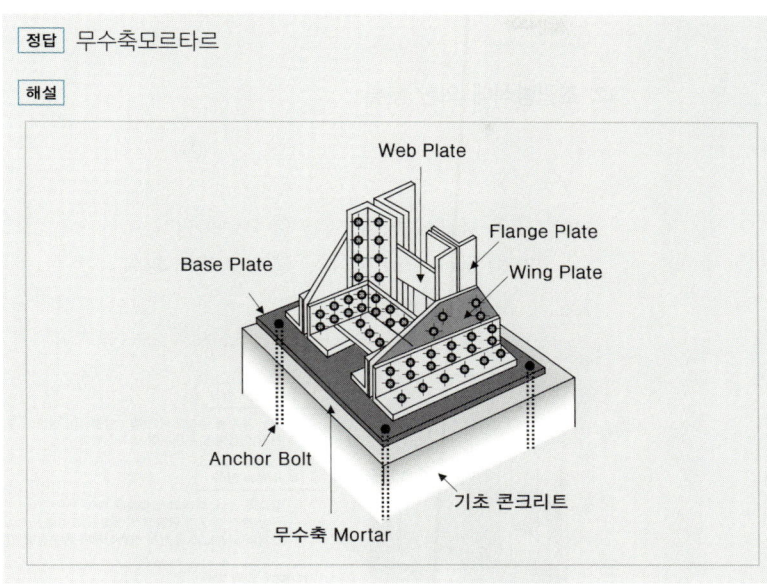

22 강구조 부재에서 비틀림이 생기지 않고 휨변형만 유발하는 위치를 전단중심(Shear Center)이라 한다. 다음 형강들에 대하여 전단중심의 위치를 각 단면에 표기하시오.

정답

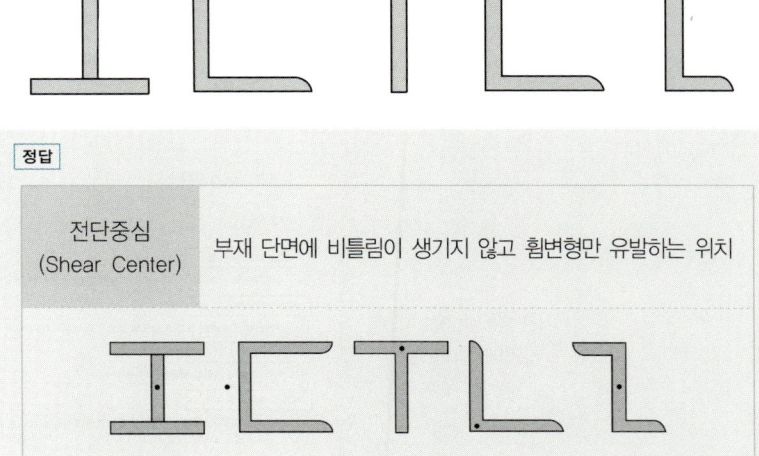

| 전단중심
(Shear Center) | 부재 단면에 비틀림이 생기지 않고 휨변형만 유발하는 위치 |

배점4 □□□

23

09④, 12②, 16①

대표적인 고층건물의 비내력벽 구조로써 사용이 증가되고 있는 커튼월공법은 재료에 의한 분류, 구조형식, 조립방식별 분류 등 다양한 분류방식이 존재하는데, 구조형식과 조립방식에 의한 커튼월공법을 각각 2가지씩 쓰시오.

(1) 구조형식에 따른 분류

① _____ ② _____

(2) 조립방식에 의한 분류

① _____ ② _____

정답 (1) ① Mullion 방식   ② Panel 방식
     (2) ① Stick Wall 방식 ② Unit Wall 방식

해설

커튼월(Curtain Wall) 조립방식에 의한 분류

Stick Wall 방식
- 구성 부재를 현장에서 조립·연결하여 창틀이 구성되는 형식
- 현장 적응력이 우수하여 공기조절이 가능

Unit Wall 방식
- 창호와 유리, 패널의 일괄발주 방식
- 구성 부재 모두가 공장에서 조립된 프리패브(Pre-Fab) 형식
- 업체의 의존도가 높아서 현장상황에 융통성을 발휘하기가 어려움

Window Wall 방식
- 창호와 유리, 패널의 개별발주 방식
- 창호구조가 패널 트러스에 연결할 수 있어서 재료의 사용 효율이 높아 비교적 경제적인 시스템 구성이 가능한 방식

커튼월(Curtain Wall) 구조형식에 의한 분류

Mullion 방식 / Panel 방식

커튼월(Curtain Wall) 입면에 의한 분류

샛기둥(Mullion) 방식
- 수직기둥을 노출시키고, 그 사이에 유리창이나 스팬드럴 패널을 끼우는 방식

스팬드럴(Spandrel) 방식
- 수평선을 강조하는 창과 스팬드럴 조합으로 이루어지는 방식

격자(Grid) 방식
- 수직, 수평의 격자형 외관을 보여주는 방식

피복(Sheath) 방식
- 구조체를 외부에 노출시키지 않고 패널로 은폐시키고 새시는 패널 안에서 끼워지는 방식

배점4

24 안방수와 바깥방수의 차이점을 4가지 쓰시오.

12②, 21①

① _____
② _____
③ _____
④ _____

정답
① 안방수는 수압이 작고 얕은 지하실, 바깥방수는 수압이 크고 깊은 지하실
② 안방수는 본공사 추진이 자유롭고, 바깥방수는 본공사에 선행되어야 함
③ 안방수는 비교적 저가, 바깥방수는 고가
④ 안방수는 보호누름이 필요하지만, 바깥방수는 보호누름이 없어도 무방

해설

비교항목	안방수	바깥방수
① 사용 환경	수압이 작고 얕은 지하실	수압이 크고 깊은 지하실
② 바탕 만들기	따로 만들 필요가 없음	따로 만들어야 함
③ 공사 용이성	간단하다	상당한 어려움이 있다
④ 본공사 추진	자유롭다	본공사에 선행된다
⑤ 경제성	비교적 저가이다	비교적 고가이다
⑥ 보호누름	필요하다	없어도 무방하다

배점3

25 휨부재의 공칭강도에서 최외단 인장철근의 순인장변형률 $\epsilon_t = 0.004$일 경우 강도감소계수 ϕ를 구하시오.

12②, 16④

정답 $\phi = 0.65 + [(0.004) - 0.002] \times \dfrac{200}{3} = 0.783$

해설

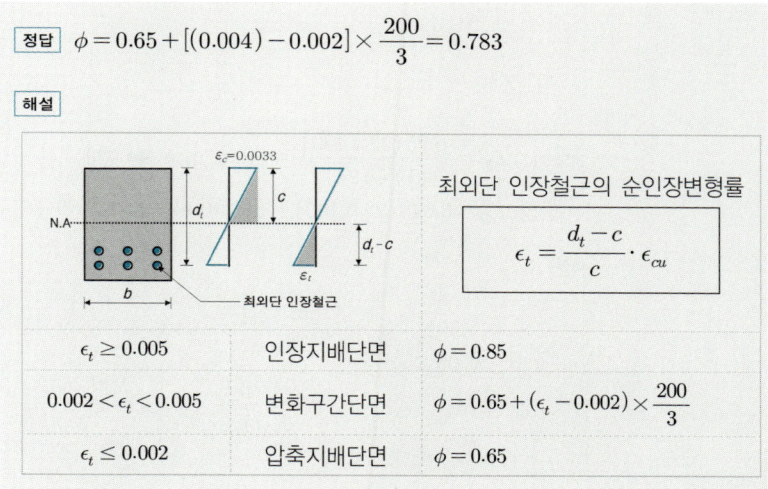

26

배점3

그림과 같이 배근된 철근콘크리트 기둥에서 띠철근의 최대 수직간격을 구하시오.

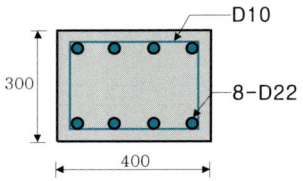

> **정답**
> (1) 22mm×16=352mm
> (2) 10mm×48=480mm
> (3) 기둥의 최소폭 : 300mm× $\frac{1}{2}$ =150mm
> (4) 200mm ← 지배

해설

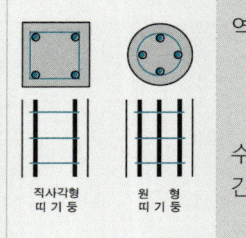

	역할	• 주철근의 좌굴방지 • 수평력에 대한 전단보강
	수직간격	• 주철근의 16배 • 띠철근 지름의 48배 최솟값 • 기둥 단면 최소치수× $\frac{1}{2}$ (단, ≥ 200mm)

27

배점3

철근콘크리트로 설계된 보에서 압축을 받는 D22 철근의 기본정착길이를 구하시오. (단, 경량콘크리트계수 $\lambda = 1$, $f_{ck} = 24\text{MPa}$, $f_y = 400\text{MPa}$)

> **정답**
> (1) $l_{db} = \dfrac{0.25(22)(400)}{(1)\sqrt{(24)}} = 449.07\text{mm}$ ← 지배
> (2) $l_{db} = 0.043(22)(400) = 378.40\text{mm}$

해설

기본정착길이 약산식	인장이형철근	압축이형철근
	$l_{db} = \dfrac{0.6 d_b \cdot f_y}{\lambda \sqrt{f_{ck}}}$	$l_{db} = \dfrac{0.25 d_b \cdot f_y}{\lambda \sqrt{f_{ck}}} \geq 0.043 d_b \cdot f_y$

28 1단 자유, 타단 고정인 길이 2.5m인 압축력을 받는 강구조 기둥의 탄성좌굴 하중을 구하시오.(단, 단면2차모멘트 $I = 798,000\text{mm}^4$, $E = 210,000\text{MPa}$)

12②, 15②

정답 $P_{cr} = \dfrac{\pi^2 EI}{(KL)^2} = \dfrac{\pi^2 (210,000)(798,000)}{[(2)(2,500)]^2} = 66,157\text{N} = 66.157\text{kN}$

해설

재단조건	①	②	③	④	⑤	⑥
	회전구속 이동구속	회전자유 이동구속	회전구속 이동구속	회전구속 이동자유		회전자유 이동자유

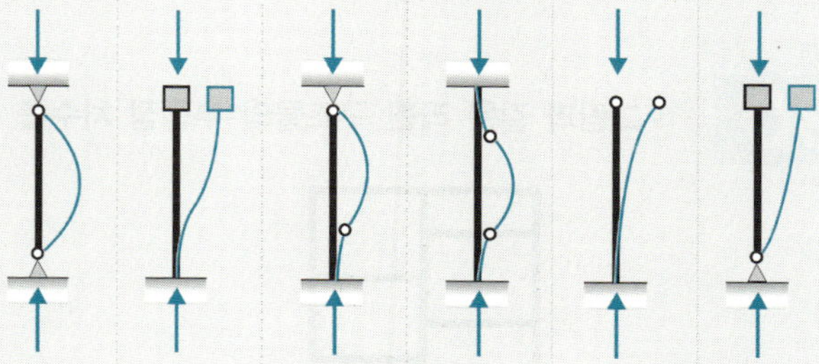

➡ ①의 경우를 양단힌지, ③의 경우를 일단힌지 일단고정 ④의 경우를 양단고정, ⑤의 경우를 일단고정 일단자유로 표현할 수 있다.
➡ 재단조건이 제시되지 않는다면 ①의 양단힌지 조건을 적용한다.

유효좌굴길이계수 K	1.0	1.0	0.7	0.5	2.0	2.0

29

다음 그림의 x축에 대한 단면2차모멘트를 구하시오.

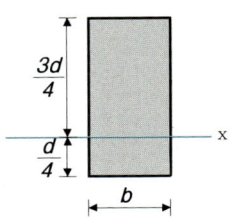

정답 $I_x = \dfrac{bd^3}{12} + (bd)\left(\dfrac{d}{4}\right)^2 = \dfrac{7bd^3}{48}$

해설

단면2차모멘트: 평행축 이동에 대한 평행축 정리

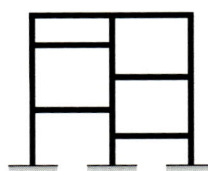

$I_{\text{이동축}} = I_{\text{도심축}} + A \cdot e^2$

- A : 단면적
- e : eccentric distance, 도심축으로부터 이동축까지의 거리

30

그림과 같은 라멘 구조물의 부정정 차수를 구하시오.

정답 $N = r + m + f - 2j = (3+3+3) + (17) + (20) - 2(14) =$ 18차 부정정

해설

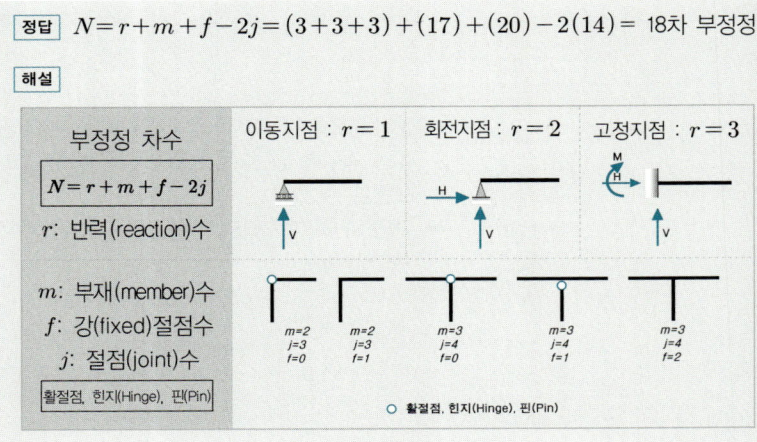

부정정 차수

$N = r + m + f - 2j$

- r : 반력(reaction)수
- m : 부재(member)수
- f : 강(fixed)절점수
- j : 절점(joint)수

활절점, 힌지(Hinge), 핀(Pin)

memo

01

배점3

그림에서와 같이 터파기를 했을 경우, 인접 건물의 주위 지반이 침하할 수 있는 원인을 3가지 쓰시오. (단, 일반적으로 인접하는 건물보다 깊게 파는 경우)

① _____ ② _____ ③ _____

정답 ① 히빙(Heaving) ② 보일링(Boiling) ③ 파이핑(Piping)

해설

①	②	③

① 히빙(Heaving)	시트파일(Sheet Pile) 등의 흙막이 벽의 좌측과 우측의 토압의 차에 의해 흙막이벽 밑으로 흙이 미끄러져 들어오는 현상
② 보일링(Boiling)	흙막이벽 뒷면 수위가 높아 지하수가 흙막이벽 밑으로 공사장 안 바닥에서 물이 솟아오르는 현상
③ 파이핑(Piping)	수위차가 있는 흙막이 배면에서 파이프(Pipe) 형태의 통로 (수맥)가 형성되어 사질층의 흙과 물이 배출되는 현상

02 지내력 시험방법 2가지를 쓰시오.

① _____ ② _____

정답

지내력(Soil Bearing Capacity) 시험

지반면에 직접 하중을 가하여 기초 지반의 지지력을 추정하는 시험

① 평판재하시험 ② 말뚝재하시험 ③ 말뚝박기시험

03 다음은 혼화제의 종류에 대한 설명이다. 아래의 설명이 뜻하는 혼화제의 명칭을 쓰시오.

(1) 공기 연행제로서 미세한 기포를 고르게 분포시킨다.

(2) 염화물에 대한 철근의 부식을 억제한다.

(3) 기포작용으로 인해 충전성을 개선하고 중량을 조절한다.

(1) _____ (2) _____ (3) _____

정답 (1) AE제 (2) 방청제 (3) 기포제

해설

혼화제 (混和劑)	시멘트량의 1% 전후로 약품적 성질만 가지고 있는 재료 ➡ AE제, 방청제, 기포제, 급결제, 지연제
혼화재 (混和材)	시멘트량의 5% 이상이 사용되어 배합계산에 포함되는 재료 ➡ 고로 Slag, Fly Ash, Pozzolan, Silica Fume, 팽창재, 착색재

04

그림과 같이 배근된 보에서 외력에 의해 휨균열을 일으키는 균열모멘트(M_{cr})을 구하시오. (단, 보통중량콘크리트 $f_{ck}=24\text{MPa}$, $f_y=400\text{MPa}$)

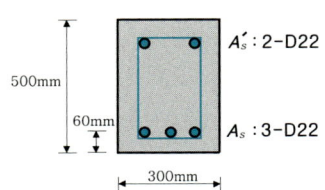

정답
$$M_{cr} = 0.63\lambda\sqrt{f_{ck}} \cdot \frac{bh^2}{6} = 0.63(1)\sqrt{(24)} \cdot \frac{(300)(500)^2}{6}$$
$$= 38,579,463\text{N}\cdot\text{mm} = 38.579\text{kN}\cdot\text{m}$$

해설

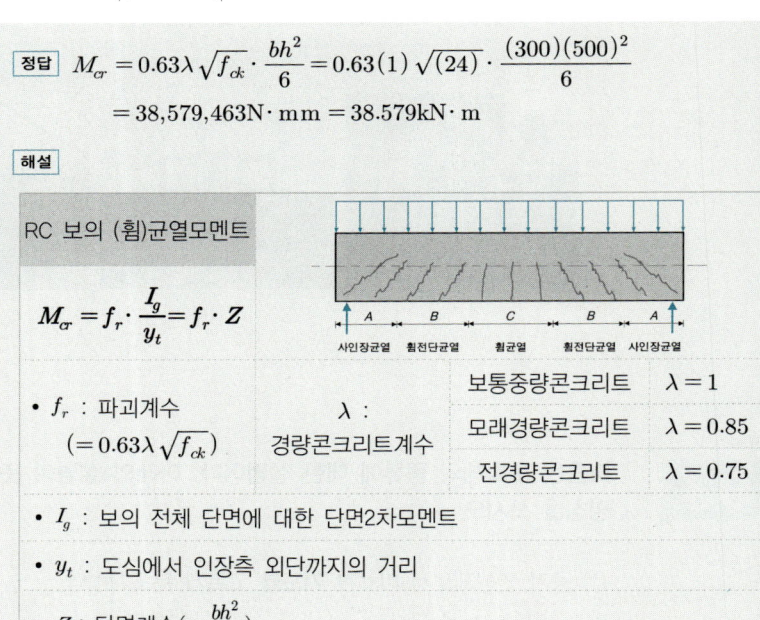

RC 보의 (휨)균열모멘트

$$M_{cr} = f_r \cdot \frac{I_g}{y_t} = f_r \cdot Z$$

- f_r : 파괴계수 ($=0.63\lambda\sqrt{f_{ck}}$)
- λ : 경량콘크리트계수 — 보통중량콘크리트 $\lambda=1$, 모래경량콘크리트 $\lambda=0.85$, 전경량콘크리트 $\lambda=0.75$
- I_g : 보의 전체 단면에 대한 단면2차모멘트
- y_t : 도심에서 인장측 외단까지의 거리
- Z : 단면계수 ($=\frac{bh^2}{6}$)

05

강재의 길이가 5m이고, $2L-90\times90\times15$ 형강의 중량을 산출하시오. (단, $L-90\times90\times15=13.3\text{kg/m}$)

정답 $5\times2\times13.3 = 133\text{kg}$

해설

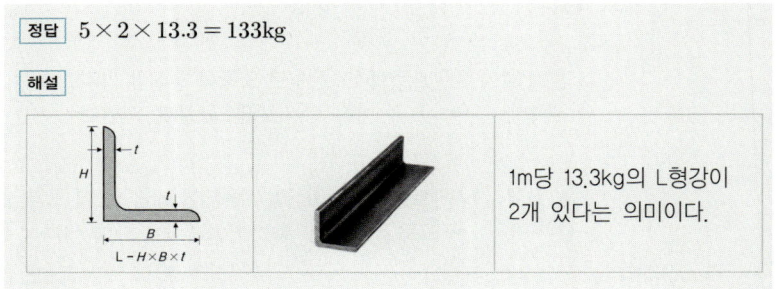

1m당 13.3kg의 L형강이 2개 있다는 의미이다.

06

조적구조 기준 내용의 빈칸을 채우시오.

(1) 조적식구조 내력벽의 길이는 (①)m를 넘을 수 없다.

(2) 조적식구조 내력벽으로 둘러싸인 부분의 바닥면적은 (②)m^2를 넘을 수 없다.

① _____ ② _____

정답

| (1) | 10 |
| (2) | 80 |

$A \leq 80m^2$

07

금속공사에 이용되는 철물이 뜻하는 용어를 보기에서 골라 그 번호를 쓰시오.

① 철선을 꼬아 만든 철망
② 얇은 철판에 각종 모양을 도려낸 것
③ 벽, 기둥의 모서리에 대어 미장바름을 보호하는 철물
④ 테라죠 현장갈기의 줄눈에 쓰이는 것
⑤ 얇은 철판에 자름금을 내어 당겨 늘린 것
⑥ 연강 철선을 직교시켜 전기 용접한 것
⑦ 천장, 벽 등의 이음새를 감추고 누르는 것

(1) 와이어 라스 : _____ (2) 메탈 라스 : _____

(3) 와이어 메쉬 : _____ (4) 펀칭 메탈 : _____

정답

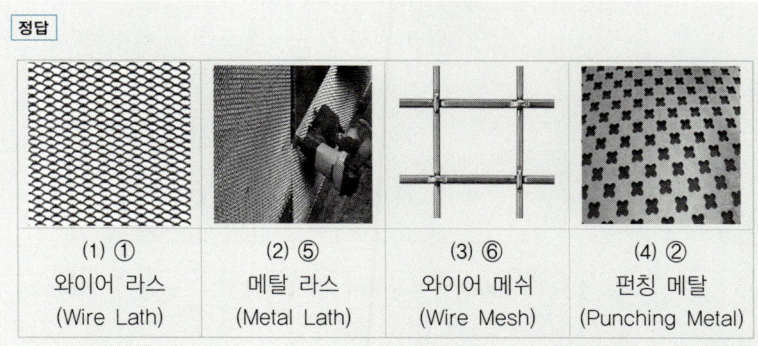

08

목공사에서 활용되는 이음, 맞춤, 쪽매에 대해 설명하시오.

(1) 이음 :

(2) 맞춤 :

(3) 쪽매 :

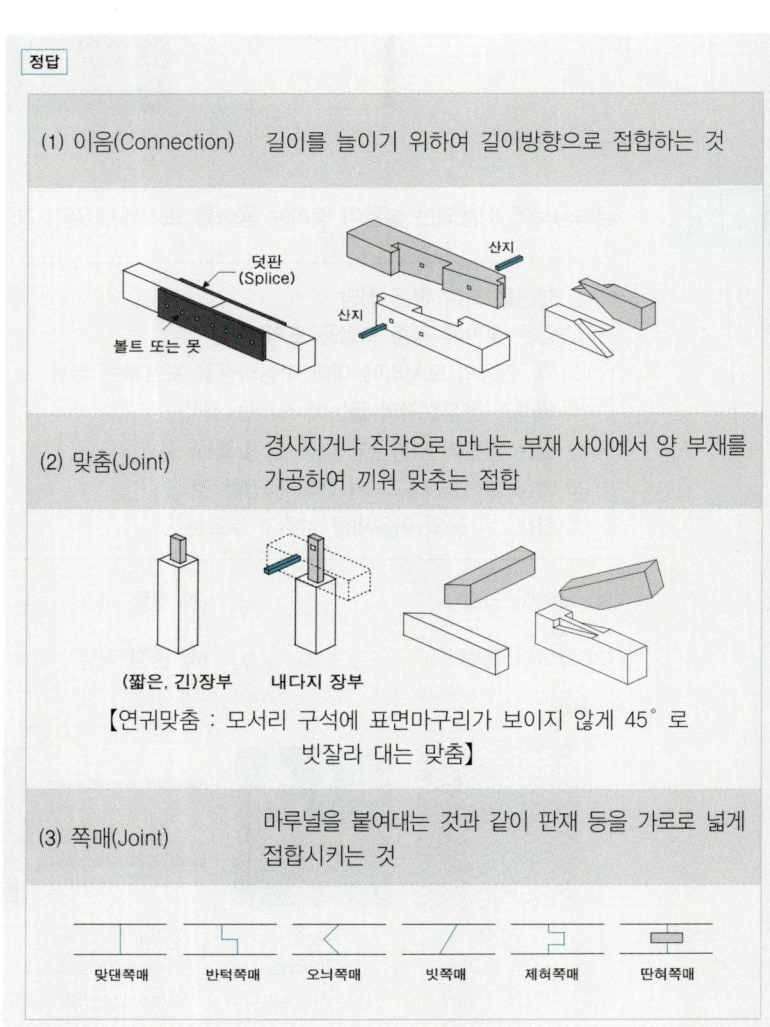

정답

(1) 이음(Connection) : 길이를 늘이기 위하여 길이방향으로 접합하는 것

(2) 맞춤(Joint) : 경사지거나 직각으로 만나는 부재 사이에서 양 부재를 가공하여 끼워 맞추는 접합

【연귀맞춤 : 모서리 구석에 표면마구리가 보이지 않게 45°로 빗잘라 대는 맞춤】

(3) 쪽매(Joint) : 마루널을 붙여대는 것과 같이 판재 등을 가로로 넓게 접합시키는 것

09 토질과 관련된 아래의 용어에 대해 설명하시오.

(1) 히빙(Heaving) 현상 :

(2) 보일링(Boiling) 현상 :

(3) 흙의 휴식각 :

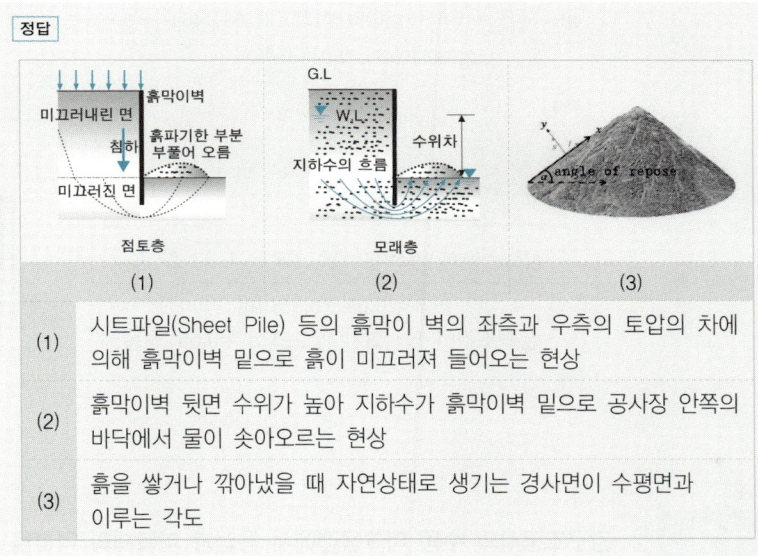

10 LCC(Life Cycle Cost)에 대하여 설명하시오.

11

중심축하중을 받는 단주의 최대 설계축하중을 구하시오.
(단, $f_{ck} = 27\text{MPa}$, $f_y = 400\text{MPa}$, $A_{st} = 3{,}096\text{mm}^2$)

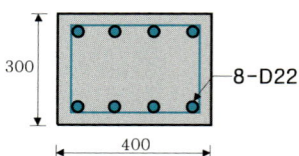

정답
$\phi P_n = (0.65)(0.80)[0.85(27) \cdot \{(300 \times 400) - (3{,}096)\} + (400)(3{,}096)]$
$= 2{,}039{,}100\text{N} = 2{,}039.100\text{kN}$

해설

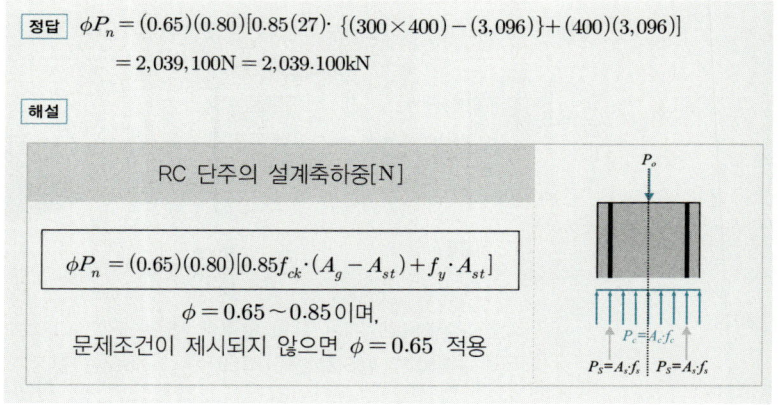

RC 단주의 설계축하중[N]

$\phi P_n = (0.65)(0.80)[0.85 f_{ck} \cdot (A_g - A_{st}) + f_y \cdot A_{st}]$

$\phi = 0.65 \sim 0.85$이며,
문제조건이 제시되지 않으면 $\phi = 0.65$ 적용

12

강구조공사의 수동 아크용접에서 용접봉 피복재의 역할을 3가지 쓰시오.

① _____ ② _____ ③ _____

정답

용접봉 플럭스(Flux, 피복재)의 역할

① 아크(Arc)의 안정
② 야금 반응의 촉진
③ 정련 효과의 향상
④ 합금 첨가작용의 역할

13 1단 자유, 타단 고정, 길이 2.5m인 압축력을 받는 $H-100\times100\times6\times8$ 기둥의 탄성좌굴 하중을 구하시오.
(단, $I_x = 383\times10^4\text{mm}^4$, $I_y = 134\times10^4\text{mm}^4$, $E = 210,000\text{MPa}$)

정답 $P_{cr} = \dfrac{\pi^2 EI}{(KL)^2} = \dfrac{\pi^2(210,000)(134\times10^4)}{[(2.0)(2.5\times10^3)]^2} = 111,092\text{N} = 111.092\text{kN}$

해설

재단조건	① 회전구속 이동구속	② 회전자유 이동구속	③ 회전구속 이동구속	④	⑤ 회전구속 이동자유	⑥ 회전자유 이동자유
유효좌굴길이계수 K	1.0	1.0	0.7	0.5	2.0	2.0
좌굴하중 [N]	$P_{cr} = \dfrac{\pi^2 EI}{(KL)^2}$			세장비	$\lambda = \dfrac{KL}{r} = \dfrac{KL}{\sqrt{\dfrac{I}{A}}}$	

➡ ①의 경우를 양단힌지, ③의 경우를 일단힌지 일단고정 ④의 경우를 양단고정, ⑤의 경우를 일단고정 일단자유로 표현할 수 있다.
➡ 재단조건이 제시되지 않는다면 ①의 양단힌지 조건을 적용한다.

다음 조건으로 요구하는 산출량을 구하시오. (단, $L=1.3$, $C=0.9$)

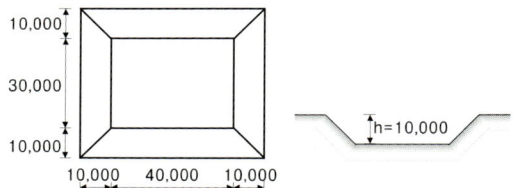

(1) 터파기량을 산출하시오.

(2) 운반대수를 산출하시오. (운반대수는 1대, 적재량은 $12\mathrm{m}^3$)

(3) $5{,}000\mathrm{m}^2$의 면적을 가진 성토장에 성토하여 다짐할 때 표고는 몇 m 인지 구하시오. (비탈면은 수직으로 가정한다.)

정답

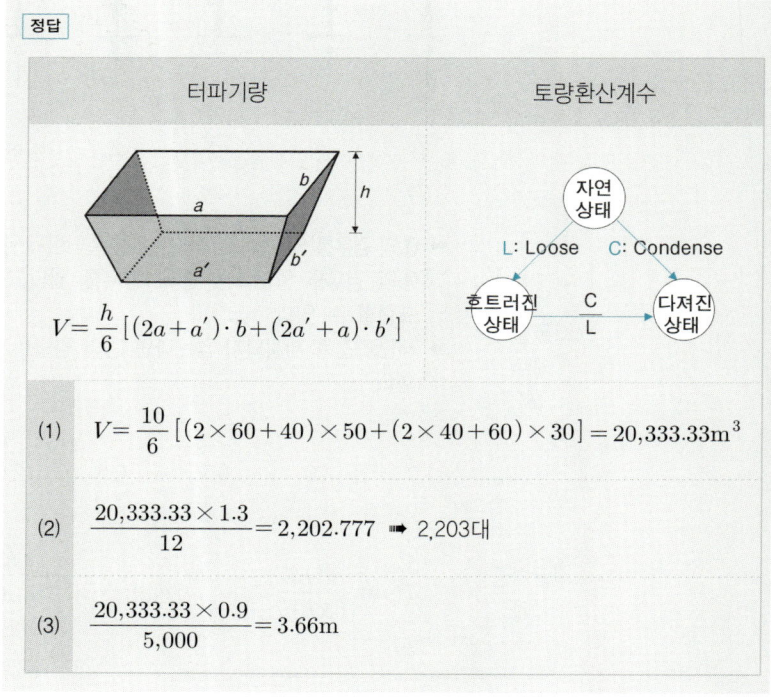

터파기량

$$V = \frac{h}{6}\left[(2a+a')\cdot b + (2a'+a)\cdot b'\right]$$

토량환산계수: 자연상태 — L: Loose, C: Condense — 흐트러진 상태 $\dfrac{C}{L}$ 다져진 상태

(1) $V = \dfrac{10}{6}\left[(2\times 60 + 40)\times 50 + (2\times 40 + 60)\times 30\right] = 20{,}333.33\mathrm{m}^3$

(2) $\dfrac{20{,}333.33 \times 1.3}{12} = 2{,}202.777 \Rightarrow 2{,}203$대

(3) $\dfrac{20{,}333.33 \times 0.9}{5{,}000} = 3.66\mathrm{m}$

15. TQC에 이용되는 다음 도구를 설명하시오.

(1) 파레토도 :

(2) 특성요인도 :

(3) 층별 :

(4) 산점도 :

정답

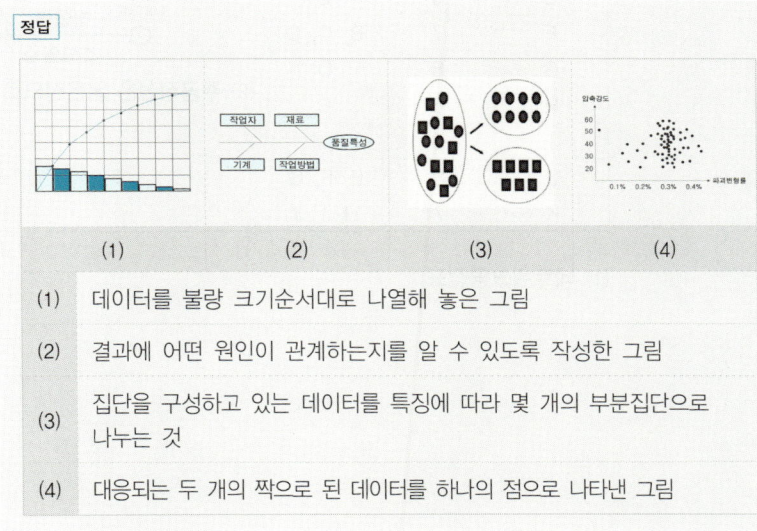

(1)	데이터를 불량 크기순서대로 나열해 놓은 그림
(2)	결과에 어떤 원인이 관계하는지를 알 수 있도록 작성한 그림
(3)	집단을 구성하고 있는 데이터를 특징에 따라 몇 개의 부분집단으로 나누는 것
(4)	대응되는 두 개의 짝으로 된 데이터를 하나의 점으로 나타낸 그림

16. 도장공사에 쓰이는 녹막이용 도장재료를 2가지만 쓰시오.

① _____ ② _____

정답

금속재료 녹막이용 도장재료[KS M 6030]

① 광명단 조합 페인트
② 크롬산아연 방청 페인트
③ 아연분말 프라이머
④ 에칭 프라이머

다음 데이터를 네트워크공정표로 작성하고, 각 작업의 여유시간을 구하시오.

작업명	작업일수	선행작업	비고
A	5	없음	
B	6	A	
C	5	A	
D	4	A	(1) 결합점에서는 다음과 같이 표시한다.
E	3	B	
F	7	B, C, D	
G	8	D	
H	6	E	(2) 주공정선은 굵은선으로 표시한다.
I	5	E, F	
J	8	E, F, G	
K	7	H, I, J	

(1) 네트워크공정표

(2) 여유시간 산정

작업명	TF	FF	DF	CP
A				
B				
C				
D				
E				
F				
G				
H				
I				
J				
K				

정답 (1) 네트워크공정표

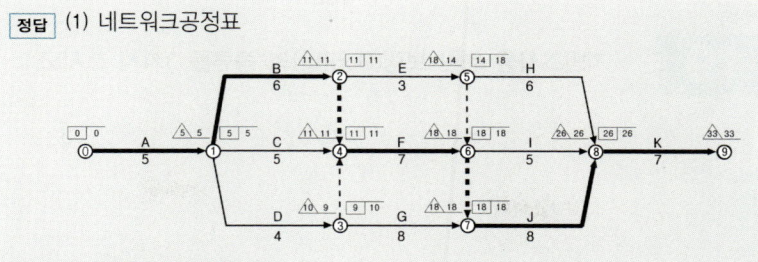

(2) 여유시간 산정

작업명	TF	FF	DF	CP
A	0	0	0	※
B	0	0	0	※
C	1	1	0	
D	1	0	1	
E	4	0	4	
F	0	0	0	※
G	1	1	0	
H	6	6	0	
I	3	3	0	
J	0	0	0	※
K	0	0	0	※

18

콘크리트의 알칼리골재반응을 방지하기 위한 대책을 3가지 쓰시오.

① _____

② _____

③ _____

정답

알칼리골재반응(Alkali Aggregate Reaction)	
정의	시멘트의 알칼리 성분과 골재의 실리카(Silica) 성분이 반응하여 수분을 지속적으로 흡수팽창하는 현상
대책	① 알칼리 함량 0.6% 이하의 시멘트 사용 ② 알칼리골재반응에 무해한 골재 사용 ③ 양질의 혼화재 (고로 Slag, Fly Ash 등) 사용

19

지반조사를 위한 보링(Boring)의 종류를 3가지 쓰시오.

① _____ ② _____ ③ _____

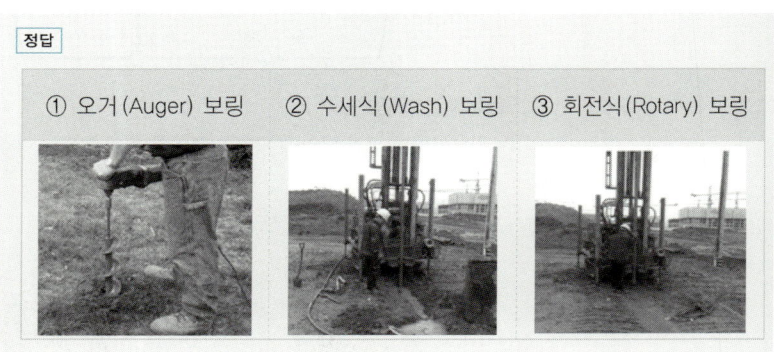

정답
① 오거(Auger) 보링 ② 수세식(Wash) 보링 ③ 회전식(Rotary) 보링

20

기초와 지정의 차이점을 기술하시오.

(1) 기초 :

(2) 지정 :

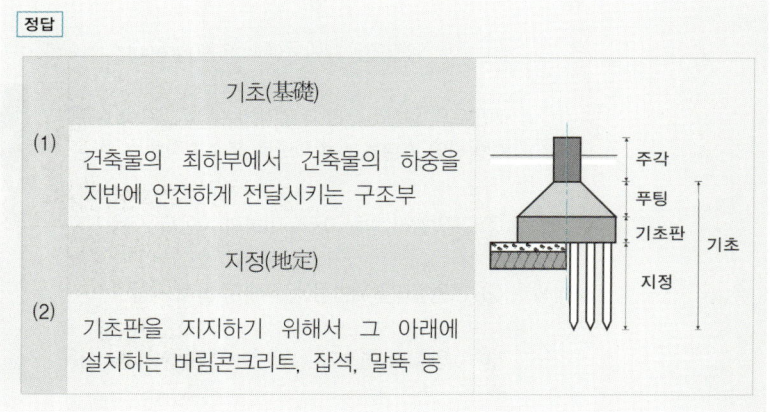

정답

	기초(基礎)
(1)	건축물의 최하부에서 건축물의 하중을 지반에 안전하게 전달시키는 구조부
	지정(地定)
(2)	기초판을 지지하기 위해서 그 아래에 설치하는 버림콘크리트, 잡석, 말뚝 등

21. 콘크리트공사와 관련된 다음 용어를 간단히 설명하시오.

(1) 콜드조인트(Cold Joint) :

(2) 블리딩(Bleeding) :

정답

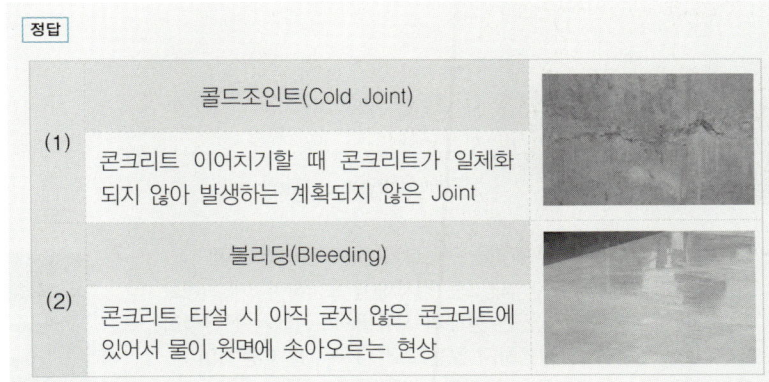

	콜드조인트(Cold Joint)
(1)	콘크리트 이어치기할 때 콘크리트가 일체화되지 않아 발생하는 계획되지 않은 Joint
(2)	블리딩(Bleeding) 콘크리트 타설 시 아직 굳지 않은 콘크리트에 있어서 물이 윗면에 솟아오르는 현상

22. 다음 설명이 가리키는 용어명을 쓰시오.

(1) 신축이 가능한 무지주공법의 수평지지보
(2) 무량판 구조에서 2방향 장선 바닥판 구조가 가능하도록 된 기성재 거푸집
(3) 한 구획 전체의 벽판과 바닥판을 ㄱ자형 또는 ㄷ자형으로 짜는 거푸집

(1) _____ (2) _____ (3) _____

정답

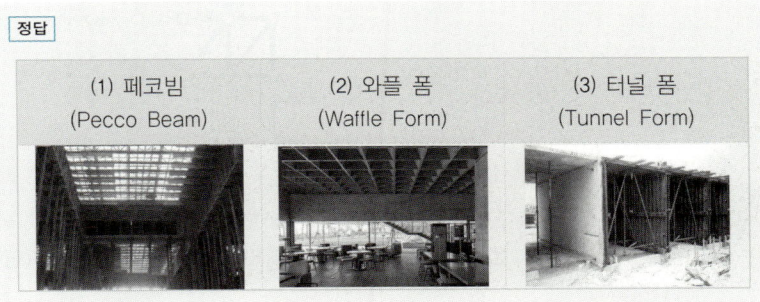

(1) 페코빔 (Pecco Beam)   (2) 와플 폼 (Waffle Form)   (3) 터널 폼 (Tunnel Form)

23

그림과 같은 트러스에서 U_2, L_2부재의 부재력을 절단법으로 구하시오.

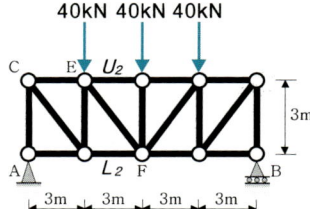

정답

절단법(Method of Sections)

➡ 부재력을 구하고자 하는 임의의 복재(수직재 또는 경사재)를 포함하여 3개 이내로 절단한 상태의 자유물체도상에서 전단력이 발생하지 않는 조건 $V=0$을 이용하여 특정 부재의 부재력을 계산한다.

➡ 부재력을 구하고자 하는 임의의 현재(상현재 또는 하현재)를 포함하여 3개 이내로 절단한 상태의 자유물체도상에서 휨모멘트가 발생하지 않는 조건 $M=0$을 이용하여 특정 부재의 부재력을 계산한다.

Karl Culmann
(1821~1881)

(1) 지점반력 $V_A = \dfrac{40+40+40}{2} = +60\text{kN}(\uparrow)$

(2)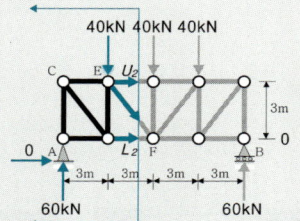

$\sum M_F = 0:\ +(60)(6)-(40)(3)+(U_2)(3)=0 \quad \therefore U_2 = -80\text{kN}(압축)$

$\sum M_E = 0:\ +(60)(3)-(L_2)(3)=0 \quad \therefore L_2 = +60\text{kN}(인장)$

24

단면2차모멘트의 비 I_x/I_y를 구하시오.

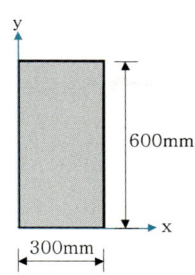

[정답]

$$\frac{I_x}{I_y} = \frac{\frac{(300)(600)^3}{12} + (300 \times 600)(300)^2}{\frac{(600)(300)^3}{12} + (600 \times 300)(150)^2} = 4$$

[해설]

단면2차모멘트: 평행축 이동에 대한 평행축 정리

$I_{이동축} = I_{도심축} + A \cdot e^2$

- A : 단면적
- e : eccentric distance, 도심축으로부터 이동축까지의 거리

25

강구조 용접접합에서 발생하는 결함항목을 3가지 쓰시오.

① _____ ② _____ ③ _____

[정답]

용접결함의 종류		
슬래그(Slag) 감싸들기	언더컷(Under Cut)	오버랩(Over Lap)
블로홀(Blow Hole)	크랙(Crack)	피트(Pit)
용입부족	크레이터(Crater)	은점(Fish Eyes)

Network 공정관리기법 중 서로 관계있는 항목을 연결하시오.

① 계산공기
② 패스(Path)
③ 더미(Dummy)
④ 플로트(Float)

㉮ 네트워크 중의 둘 이상의 작업이 연결된 작업의 경로
㉯ 네트워크 시간 산식에 의해 의하여 얻은 기간
㉰ 작업의 여유시간
㉱ 네트워크 작업의 상호관계를 나타내는 점선 화살선

① _____ ② _____ ③ _____ ④ _____

정답 ① ㉯ ② ㉮ ③ ㉱ ④ ㉰

해설

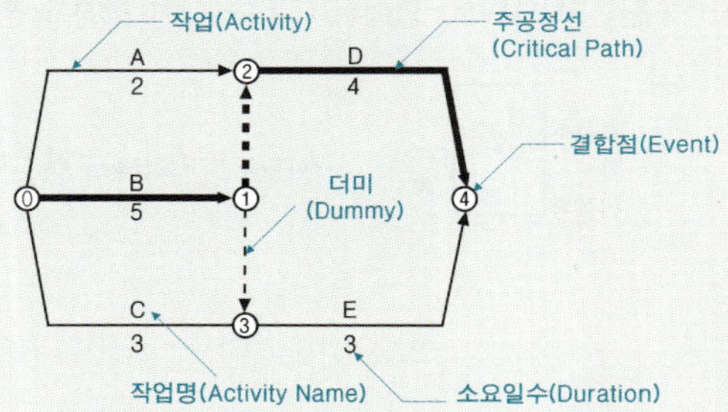

(1)	더미(Dummy)	네트워크 작업의 상호관계를 나타내는 점선화살선	
(2)	패스(Path)	네트워크 중의 둘 이상의 작업이 연결된 작업의 경로	
(3)	계산공기	네트워크 시간 산식에 의하여 얻은 기간	
(4)	플로트(Float)	작업의 여유시간	TF (Total Float, 전체여유)
			FF (Free Float, 자유여유)
			DF (Dependant Float, 후속여유)

TF = FF + DF

27 어스 앵커(Earth Anchor) 공법에 대하여 설명하시오.

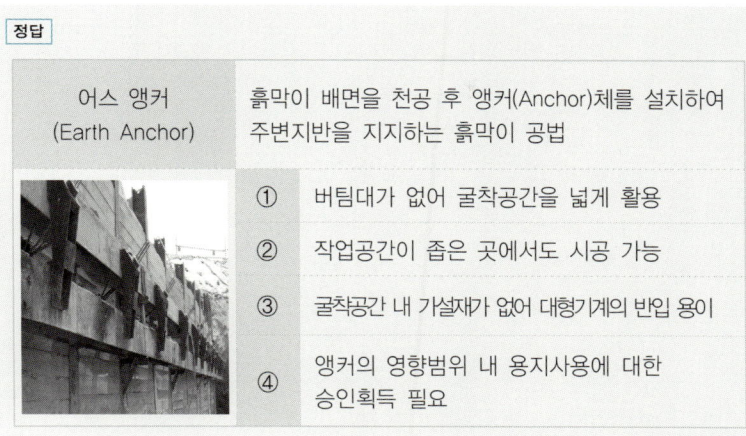

28 그림과 같은 겔버보에서 A단의 휨모멘트를 구하시오.

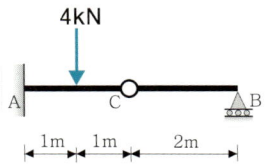

정답 $M_{A, Right} = -[+(4)(1)] = -4kN \cdot m\ (\frown)$

해설

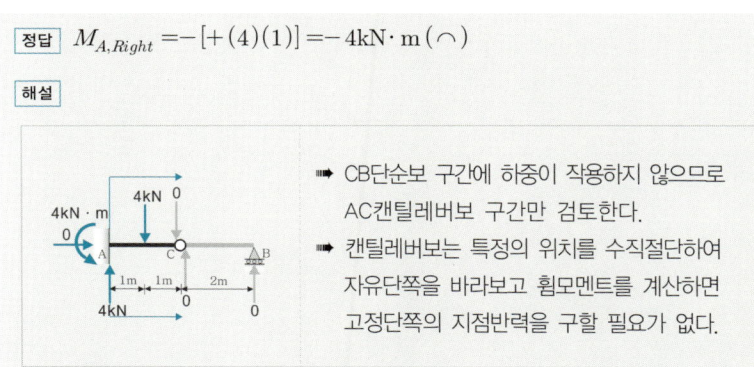

➡ CB단순보 구간에 하중이 작용하지 않으므로 AC캔틸레버보 구간만 검토한다.
➡ 캔틸레버보는 특정의 위치를 수직절단하여 자유단쪽을 바라보고 휨모멘트를 계산하면 고정단쪽의 지점반력을 구할 필요가 없다.

memo

2013년
과년도 기출문제

① 건축기사 제1회 시행 ········ 1-116
② 건축기사 제2회 시행 ········ 1-132
③ 건축기사 제4회 시행 ········ 1-150

제1회 2013 건축기사 과년도 기출문제

01 건축주와 시공자간에 다음과 같은 조건으로 실비한정비율 보수가산식을 적용하여 계약을 체결하여 공사완료 후 실제 소요공사비를 상호 확인한 결과 90,000,000원이었을 때 건축주가 시공자에게 지불해야 하는 총 공사금액은?

〈계약조건〉
(1) 한정된 실비 : 100,000,000원   (2) 보수비율 : 5%

정답 90,000,000+(90,000,000×0.05)=94,500,000원

해설 실비한정비율 보수가산식 = 한정된 실비 + 한정된 실비 × 비율보수

02 중량콘크리트의 용도를 쓰고, 대표적으로 사용되는 골재 2가지를 쓰시오.

(1) 용도 :

(2) 사용 골재

① _____   ② _____

정답

중량콘크리트, 차폐용콘크리트(Heavyweight Concrete)
(1) 방사선을 차폐할 목적으로 제작되는 콘크리트
(2) 철광석 (鐵鑛石, Iron Ore)   중정석 (重晶石, Barite)

03

토량 2,000m³, 2대의 불도저가 삽날용량 0.6m³, 토량환산계수 0.7, 작업효율 0.9, 1회 사이클시간 15분일 때 작업완료시간을 계산하시오.

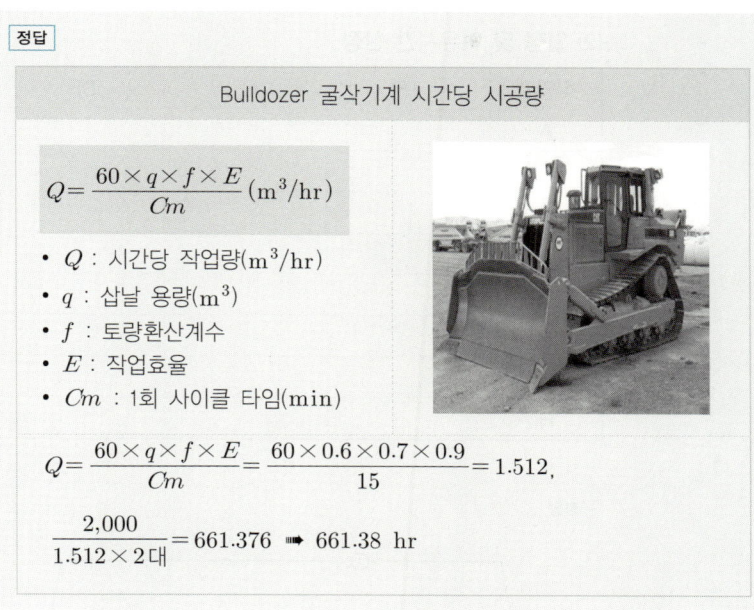

정답

Bulldozer 굴삭기계 시간당 시공량

$$Q = \frac{60 \times q \times f \times E}{Cm} \, (\text{m}^3/\text{hr})$$

- Q : 시간당 작업량(m³/hr)
- q : 삽날 용량(m³)
- f : 토량환산계수
- E : 작업효율
- Cm : 1회 사이클 타임(min)

$$Q = \frac{60 \times q \times f \times E}{Cm} = \frac{60 \times 0.6 \times 0.7 \times 0.9}{15} = 1.512$$

$$\frac{2,000}{1.512 \times 2\text{대}} = 661.376 \rightarrow 661.38 \text{ hr}$$

04

다음 데이터를 네트워크공정표로 작성하고, 각 작업의 여유시간을 구하시오.

작업명	작업일수	선행작업	비 고
A	3	없음	
B	2	없음	(1) 결합점에서는 다음과 같이 표시한다.
C	4	없음	
D	5	C	
E	2	B	
F	3	A	
G	3	A, C, E	(2) 주공정선은 굵은선으로 표시한다.
H	4	D, F, G	

(1) 네트워크공정표

(2) 일정 및 여유시간 산정

작업명	TF	FF	DF	CP
A				
B				
C				
D				
E				
F				
G				
H				

정답

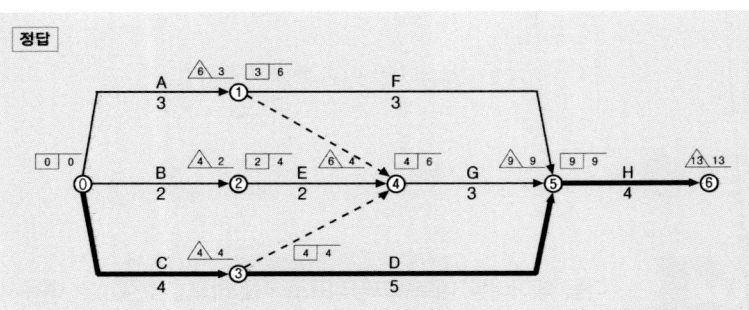

작업명	TF	FF	DF	CP
A	3	0	3	
B	2	0	2	
C	0	0	0	※
D	0	0	0	※
E	2	0	2	
F	3	3	0	
G	2	2	0	
H	0	0	0	※

배점2

05 공정관리 중 진도관리에 사용되는 S-Curve(바나나 곡선)는 주로 무엇을 표시하는데 활용되는지를 설명하시오.

04①, 10①, 13①

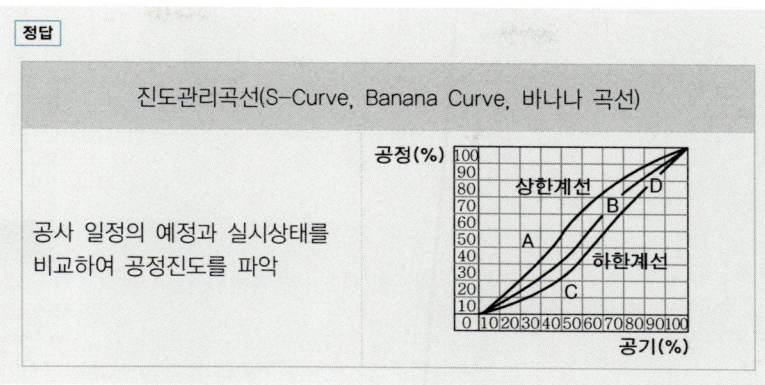

정답

진도관리곡선(S-Curve, Banana Curve, 바나나 곡선)

공사 일정의 예정과 실시상태를 비교하여 공정진도를 파악

배점3

06 철근콘크리트구조 띠철근 기둥의 설계축하중 ϕP_n (kN)을 구하시오.
(조건 : $f_{ck}=24\text{MPa}$, $f_y=400\text{MPa}$, D22 철근 한 개의 단면적은 387mm², 강도감소계수 $\phi=0.65$)

13①, 19①

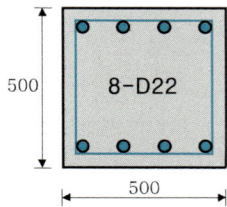

정답 $\phi P_n = (0.65)(0.80)[0.85(24) \cdot \{(500 \times 500)-(8 \times 387)\}+(400)(8 \times 387)]$
$= 3,263,125\text{N} = 3,263.125\text{kN}$

해설

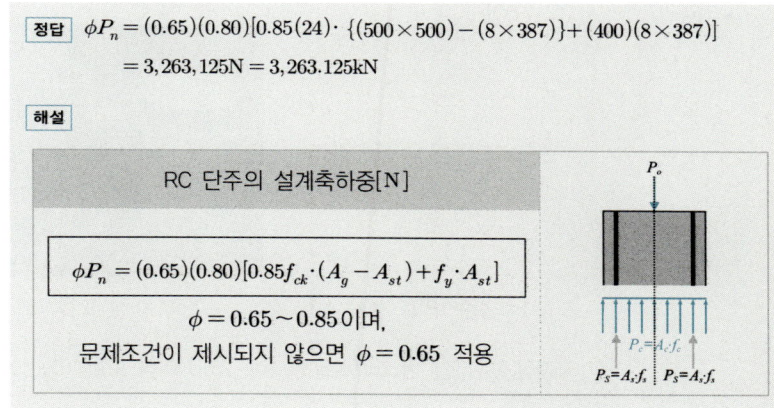

RC 단주의 설계축하중[N]

$\phi P_n = (0.65)(0.80)[0.85f_{ck} \cdot (A_g - A_{st}) + f_y \cdot A_{st}]$

$\phi = 0.65 \sim 0.85$이며,
문제조건이 제시되지 않으면 $\phi = 0.65$ 적용

07. 시멘트 창고 관리방법 4가지를 쓰시오.

① _____

② _____

③ _____

④ _____

정답

시멘트 창고 관리방법

① 필요한 출입구 및 채광창 이외의 환기창 설치를 금지한다.
② 바닥은 지반에서 30cm 이상의 높이로 한다.
③ 주위에 배수도랑을 두고 누수를 방지한다.
④ 반입, 반출구는 따로 두고 먼저 반입한 것을 먼저 쓴다.

08. ( ) 안에 숫자를 기입하시오.

기성콘크리트 말뚝을 타설할 때 그 중심간격은 말뚝지름의 ( )배 이상 또한 ( )mm 이상으로 한다.

정답

콘크리트 말뚝의 중심간격	
기성콘크리트 말뚝	2.5D 이상 또한 750mm 이상
제자리(현장타설) 콘크리트 말뚝	2.0D 이상 또한 (D+1,000mm) 이상

09

염분을 포함한 바다모래를 골재로 사용하는 경우 철근 부식에 대한 방청상 유효한 조치를 4가지 쓰시오.

① _____ ② _____
③ _____ ④ _____

> **정답**
>
> 철근 부식에 대한 방청상 유효한 조치
> ① 에폭시 코팅 철근 사용
> ② 철근 표면에 아연도금 처리
> ③ 골재에 제염제 혼입
> ④ 콘크리트에 방청제 혼입

10

그림과 같은 창고를 시멘트벽돌로 신축하고자 할 때 벽돌쌓기량(매)과 내외벽 시멘트 미장할 때 미장면적을 구하시오.

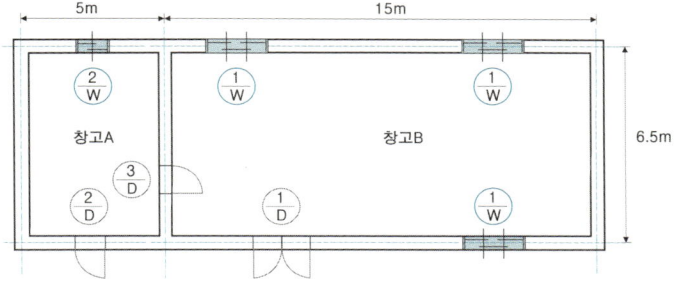

단, 1) 벽두께는 외벽 1.5B 쌓기, 칸막이벽 1.0B 쌓기로 하고 벽높이는 안팎 3.6m 로 가정하며, 벽돌은 표준형(190×90×57)으로 할증률은 5%.
2) 창문틀 규격 :

(1/D) : 2.2×2.4m   (2/D) : 0.9×2.4m   (3/D) : 0.9×2.1m
(1/W) : 1.8×1.2m   (2/W) : 1.2×1.2m

(1) 벽돌량 :

(2) 미장면적 :

정답

• 벽면적 1m² 당 벽돌쌓기	벽두께	0.5B	1.0B	1.5B	2.0B
	정미량	75	149	224	298
	소요량	할증률(붉은벽돌 3%, 시멘트벽돌 5%) 적용			

(1)	벽돌량	① 1.5B : $[\{(20+6.5) \times 2 \times 3.6\} - \{(1.8 \times 1.2 \times 3개) + (1.2 \times 1.2) + (2.2 \times 2.4) + (0.9 \times 2.4)\}] \times 224$ 　　　$= 39,298.51$ ② 1.0B : $\{(6.5-0.29) \times 3.6 - (0.9 \times 2.1)\} \times 149$ 　　　$= 3,049.4$ ③ 소요 벽돌량 : $(39,298.5+3,049.4) \times 1.05 = 44,465.2$ 　➡ 44,466매
(2)	미장면적	① 외부 : $[\{(20+0.29)+(6.5+0.29)\} \times 2 \times 3.6]$ 　　　$-\{(1.8 \times 1.2 \times 3개)+(1.2 \times 1.2)+2.2 \times 2.4)\}$ 　　　$+(0.9 \times 2.4)\} = 179.616$ ② 내부 : $\{(14.76+6.21) \times 2 + (4.76+6.21) \times 2\} \times 3.6$ 　　　$-\{(1.8 \times 1.2 \times 3개)+(1.2 \times 1.2)+2.2 \times 2.4)$ 　　　$+(0.9 \times 2.4)+(0.9 \times 2.1 \times 2개)\} = 210.828$ ③ 합계 : $179.616+210.828=390.444$ ➡ 390.44m^2

배점3

11

09②, 10④, 13①

강구조공사에서 활용되는 표준볼트장력을 설계볼트장력과 비교하여 설명하시오.

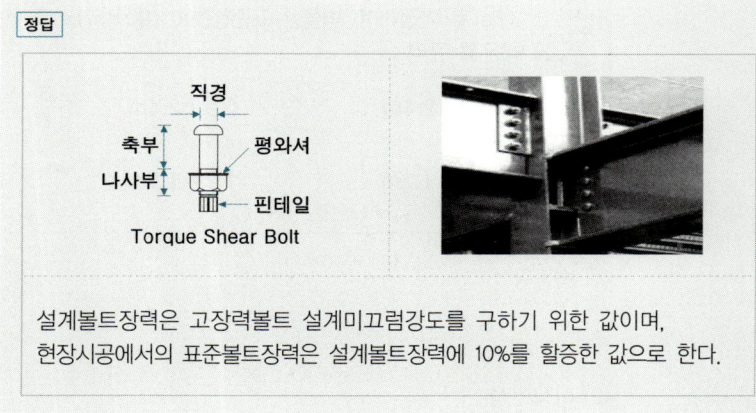

정답

설계볼트장력은 고장력볼트 설계미끄럼강도를 구하기 위한 값이며, 현장시공에서의 표준볼트장력은 설계볼트장력에 10%를 할증한 값으로 한다.

12

다음 보기 중 매스콘크리트의 온도균열을 방지할 수 있는 기본적인 대책을 모두 골라 쓰시오.

① 응결촉진제 사용　② 중용열시멘트 사용
③ Pre-Cooling 방법 사용　④ 단위시멘트량 감소
⑤ 잔골재율 증가　⑥ 물시멘트비 증가

정답 ②, ③, ④

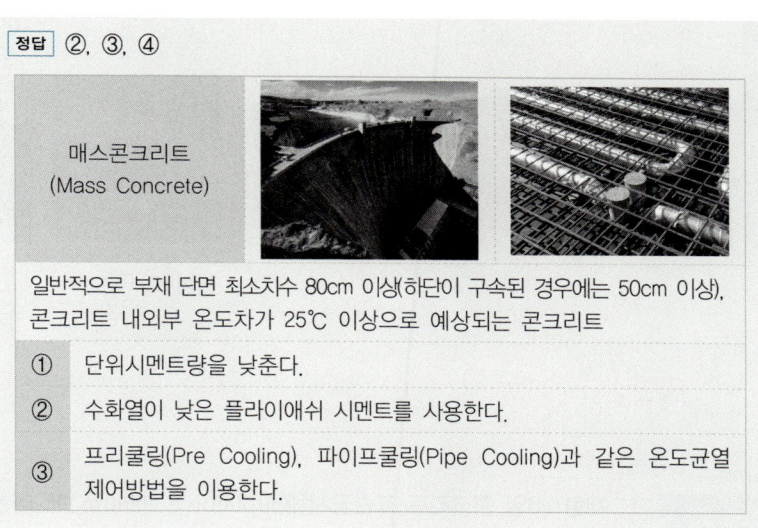

매스콘크리트
(Mass Concrete)

일반적으로 부재 단면 최소치수 80cm 이상(하단이 구속된 경우에는 50cm 이상), 콘크리트 내외부 온도차가 25℃ 이상으로 예상되는 콘크리트

①	단위시멘트량을 낮춘다.
②	수화열이 낮은 플라이애쉬 시멘트를 사용한다.
③	프리쿨링(Pre Cooling), 파이프쿨링(Pipe Cooling)과 같은 온도균열 제어방법을 이용한다.

13

주어진 색에 알맞은 콘크리트용 착색제를 보기에서 골라 번호로 쓰시오.

① 카본블랙　② 군청　③ 크롬산바륨　④ 산화크롬
⑤ 산화제2철　⑥ 이산화망간

(1) 초록색 - (　　)　(2) 빨강색 - (　　)
(3) 노랑색 - (　　)　(4) 갈　색 - (　　)

정답

(1) ④ 산화크롬　(2) ⑤ 산화제2철　(3) ③ 크롬산바륨　(4) ⑥ 이산화망간

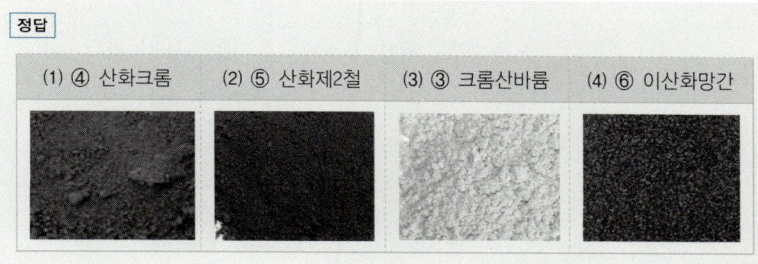

14 다음에 제시한 흙막이 구조물 계측기 종류에 적합한 설치 위치를 1가지씩 기입하시오.

① 하중계 : _____ ② 토압계 : _____

③ 변형률계 : _____ ④ 경사계 : _____

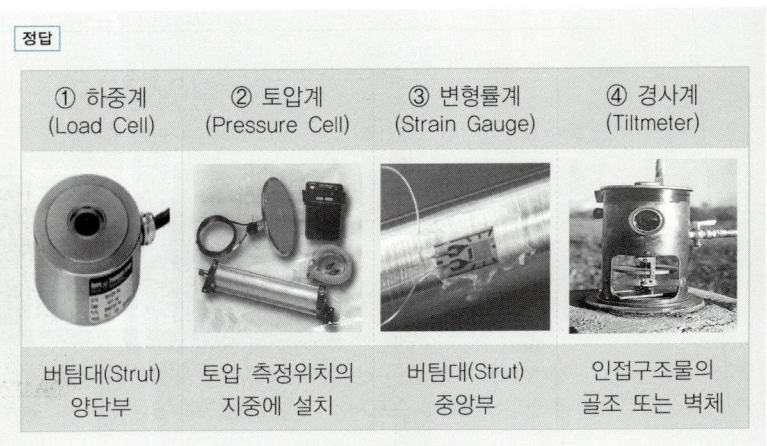

정답
① 하중계 (Load Cell) — 버팀대(Strut) 양단부
② 토압계 (Pressure Cell) — 토압 측정위치의 지중에 설치
③ 변형률계 (Strain Gauge) — 버팀대(Strut) 중앙부
④ 경사계 (Tiltmeter) — 인접구조물의 골조 또는 벽체

15 재령 28일 콘크리트 표준공시체($\phi 150\text{mm} \times 300\text{mm}$)에 대한 압축강도시험 결과 파괴하중이 400kN일 때 압축강도 $f_c(\text{MPa})$를 구하시오.

정답
$$f_c = \frac{P}{A} = \frac{P}{\frac{\pi D^2}{4}} = \frac{(400 \times 10^3)}{\frac{\pi (150)^2}{4}} = 22.635 \text{N/mm}^2 = 22.635 \text{MPa}$$

해설

압축강도 시험		$f_c = \dfrac{P}{A} = \dfrac{P}{\frac{\pi D^2}{4}} (\text{MPa})$
(쪼갬)인장강도 시험		$f_{sp} = \dfrac{P}{A} = \dfrac{2P}{\pi DL} (\text{MPa})$

16. 거푸집 공사와 관련된 용어를 쓰시오.

(1) 슬래브에 배근되는 철근이 거푸집에 밀착되는 것을 방지하기 위한 간격재(굄재)
(2) 벽거푸집이 오므라드는 것을 방지하고 간격을 유지하기 위한 격리재
(3) 거푸집 긴장철선을 콘크리트 경화 후 절단하는 절단기
(4) 콘크리트에 달대와 같은 설치물을 고정하기 위해 매입하는 철물
(5) 거푸집의 간격을 유지하며 벌어지는 것을 막는 긴장재

(1) _____ (2) _____
(3) _____ (4) _____
(5) _____

정답

(1) 스페이서 (Spacer) (2) 세퍼레이터 (Separater) (3) 와이어클리퍼 (Wire Cliper) (4) 인서트 (Insert) (5) 폼타이 (Form Tie)

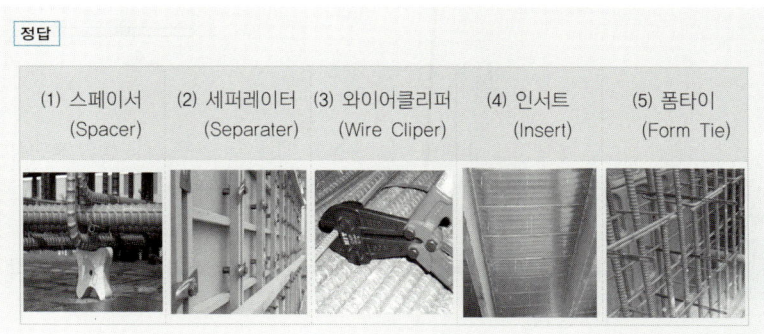

17. 철근배근 시 철근이음 방식 3가지를 쓰시오.

① _____ ② _____ ③ _____

정답

철근의 대표적 이음: 겹침이음, 용접이음, 기계적이음

① 겹침이음   ② 용접이음   ③ 기계적 이음

18. 배점3

$L-100\times100\times7$ 인장재의 순단면적(mm^2)을 구하시오.

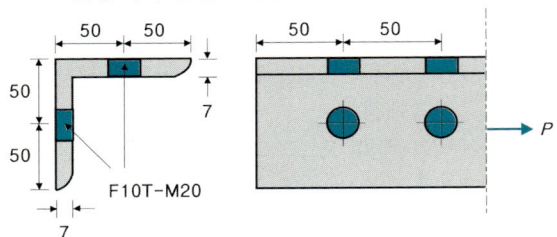

정답
$A_n = A_g - n \cdot d \cdot t = [(7)(200-7)] - (2)(20+2)(7) = 1,043 \text{mm}^2$

해설

정렬배치 순단면적

$A_n = A_g - n \cdot d \cdot t$

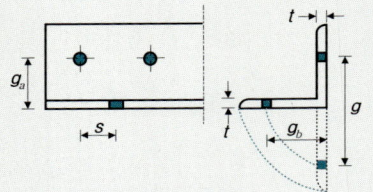

L형강의 순단면적을 산정할 때는 두 변을 펴서 동일 평면상에 놓은 후 전체높이에서 중복되는 두께 t를 뺀값을 사용한다.

19. 배점4

대형 시스템 거푸집 중에서 갱폼(Gang Form)의 장·단점을 각각 2가지씩 쓰시오.

(1) 장점
　① _____　② _____
(2) 단점
　① _____　② _____

정답

	갱 폼(Gang Form)
장점	① 작업 싸이클(Cycle)이 단순하여 빠른 조립속도로 공기단축 ② 전용횟수가 많아 고층건물 이용시 원가절감
단점	① 제작장소 및 해체 후 보관장소 필요 ② 초기투자비가 재래식보다 높음

다음 용어를 설명하시오.

(1) 복층 유리 :

(2) 배강도 유리 :

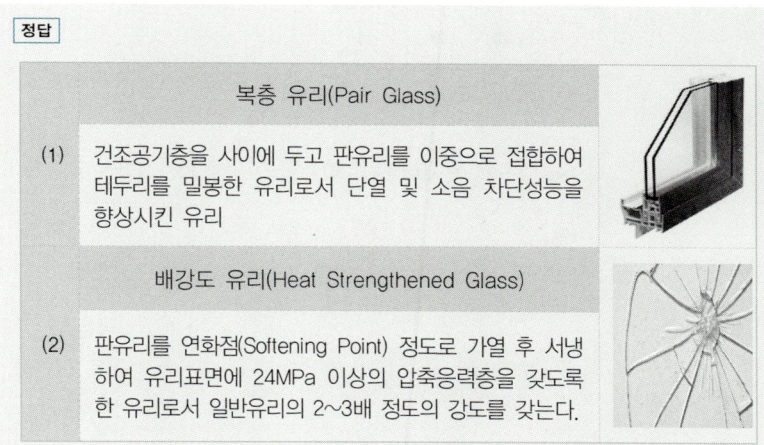

정답

복층 유리(Pair Glass)

(1) 건조공기층을 사이에 두고 판유리를 이중으로 접합하여 테두리를 밀봉한 유리로서 단열 및 소음 차단성능을 향상시킨 유리

배강도 유리(Heat Strengthened Glass)

(2) 판유리를 연화점(Softening Point) 정도로 가열 후 서냉하여 유리표면에 24MPa 이상의 압축응력층을 갖도록 한 유리로서 일반유리의 2~3배 정도의 강도를 갖는다.

용접 착수 전 용접부 검사항목을 3가지 쓰시오.

① _____ ② _____ ③ _____

정답 ① 트임새 모양 ② 구속법 ③ 모아대기법

해설

용접 착수 전	트임새 모양
	구속법
	모아대기법 — 각각의 부재를 정확한 각도와 길이를 맞추어 놓은 후 순서에 맞게 정리하여 모아 놓는 것
	용접자세 적부
용접 작업 중	용접봉
	운봉
	전류의 적정
용접 완료 후	외관검사 — 방사선투과법
	절단검사 — 초음파탐상법
	비파괴검사 — 자기분말탐상법, 침투탐상법

배점4

22

13①, 17①

단순 인장접합부의 강도한계상태에 따른 고장력볼트의 설계전단강도를 구하시오. (단, 강재의 재질은 SS275, 고장력볼트 F10T-M22, 공칭전단강도 $F_{nv} = 450\text{N/mm}^2$)

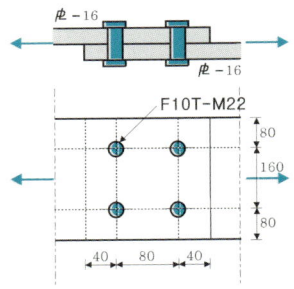

정답 $\phi \cdot R_n = (0.75)(450)\left(\dfrac{\pi(22)^2}{4}\right)(1) \times 4\text{개} = 513{,}179\text{N} = 513.179\text{kN}$

해설

고장력볼트 설계전단강도	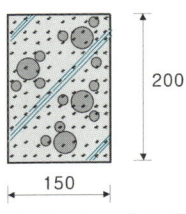	• $\phi = 0.75$ • F_{nv} : 공칭전단강도 • A_b : 볼트 단면적 • N_s : 전단면(Shear Plane)의 수
$\phi R_n = \phi \cdot F_{nv} \cdot A_b \cdot N_s$		

배점4

23

13①, 18④

그림과 같은 콘크리트 기둥이 양단힌지로 지지되었을 때 약축에 대한 세장비가 150이 되기 위한 기둥의 길이(m)를 구하시오.

정답

(1) 양단 힌지 ➡ $K=1$을 적용,
약축에 대한 단면2차모멘트 $I_y = \dfrac{200 \times 150^3}{12}$ 적용

(2) $\lambda = \dfrac{KL}{\sqrt{r}} = \dfrac{KL}{\sqrt{\dfrac{I}{A}}} = \dfrac{(1)L}{\sqrt{\dfrac{(200)(150)^3}{12}}{(200 \times 150)}}} = 150$ 으로부터

$L = 6{,}495\text{mm} = 6.495\text{m}$

그림과 같은 독립기초의 2방향 뚫림전단(Punching Shear) 응력산정을 위한 저항면적(cm^2)을 구하시오.

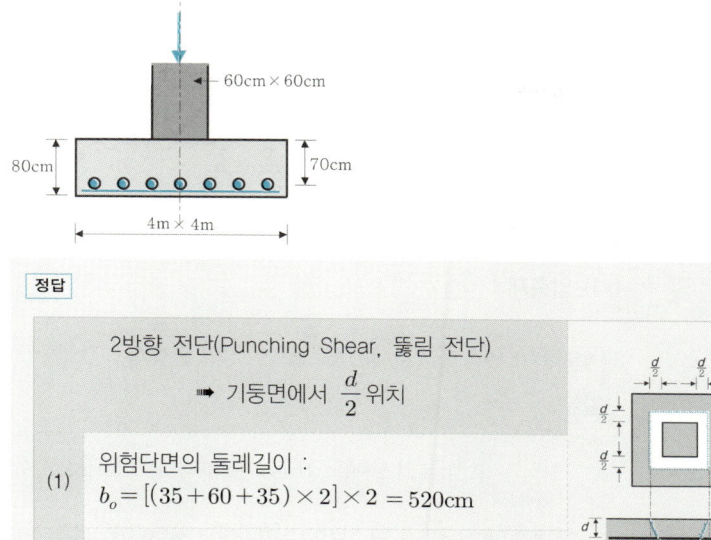

정답

2방향 전단(Punching Shear, 뚫림 전단)
➡ 기둥면에서 $\dfrac{d}{2}$ 위치

(1) 위험단면의 둘레길이 :
$b_o = [(35+60+35) \times 2] \times 2 = 520cm$

(2) 저항면적 :
$A = b_o \cdot d = (520)(70) = 36{,}400 cm^2$

다음 표에 제시된 창호재료의 종류 및 기호를 참고하여, 아래의 창호 기호표를 표시하시오.

기호	창호틀 재료의 종류
A	알루미늄
G	유리
P	플라스틱
S	강철
SS	스테인리스
W	목재

기호	창호 구별
D	문
W	창
S	셔터

구분	문	창
목제	1	2
철제	3	4
알루미늄제	5	6

정답 ① WD ② WW ③ SD ④ SW ⑤ AD ⑥ AW

그림과 같은 하우(Howe) 트러스 및 프랫(Pratt) 트러스에서 ①~⑧ 부재를 인장재 및 압축재로 구분하시오.

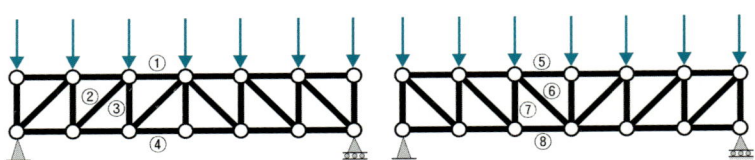

(가) 인장재 : _____

(나) 압축재 : _____

정답 (가) 인장재 : ③, ④, ⑥, ⑧   (나) 압축재 : ①, ②, ⑤, ⑦

해설

프랫 트러스(Pratt Truss) & 하우 트러스(Howe Truss)

연직하중이 작용하는 단순보형 트러스에서 상현재(①, ⑤)는 압축재이고, 하현재(④, ⑧)는 인장재이다.

프랫(Pratt)

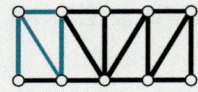

➡ 프랫(Pratt) 트러스의 경사재(⑥)는 인장재이고, 수직재(⑦)는 압축재이다.

하우(Howe)

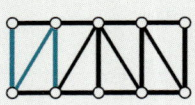

➡ 하우(Howe) 트러스의 경사재(②)는 압축재이고, 수직재(③)는 인장재이다.

memo

제2회 2013 건축기사 과년도 기출문제

배점3 01
02②, 09①, 13②, 17④

철근콘크리트 공사에서 철근이음을 하는 방법 중 가스압접으로 이음할 수 없는 경우를 3가지 쓰시오.

① _____ ② _____ ③ _____

정답

가스압접(Gas Press Welding)으로 이음할 수 없는 경우

① 철근의 직경이 6mm 이상 차이가 나는 경우
② 철근의 재질이 서로 다른 경우
③ 철근의 항복강도가 서로 다른 경우

배점3 02
00④, 07④, 13②, 23③

컨소시엄(Consortium) 공사에 있어서 페이퍼 조인트(Paper Joint)에 관하여 기술하시오.

정답 공동도급으로 수주한 후 한 회사가 공사 전체를 진행하고 나머지 회사는 서류상으로 공사에 참여하는 방식

해설

공동도급(Joint Venture Contract)

2개 이상의 사업자가 하나의 사업을 가지고 공동으로 도급을 받아 계약을 이행하는 방식

배점4

03

외부 쌍줄비계와 외줄비계의 면적산출 방법을 기술하시오.

(1) 외부 쌍줄비계 :

(2) 외줄비계 :

정답 (1) $A = H(L+8\times 0.9)$ (2) $A = H(L+8\times 0.45)$

해설

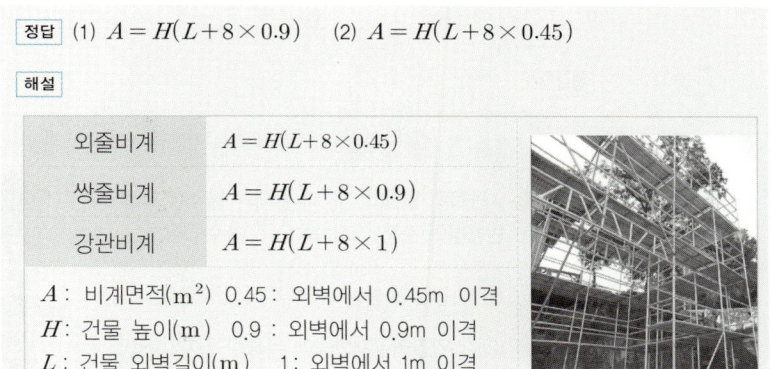

외줄비계	$A = H(L+8\times 0.45)$
쌍줄비계	$A = H(L+8\times 0.9)$
강관비계	$A = H(L+8\times 1)$

A : 비계면적(m^2) 0.45 : 외벽에서 0.45m 이격
H : 건물 높이(m) 0.9 : 외벽에서 0.9m 이격
L : 건물 외벽길이(m) 1 : 외벽에서 1m 이격

배점3

04

다음은 지반조사법 중 보링에 대한 설명이다. 알맞은 용어를 쓰시오.

(1) 비교적 연약한 토지에 수압을 이용하여 탐사

(2) 경질층을 깊이 파는데 이용하는 방식

(3) 지층의 변화를 연속적으로 비교적 정확히 알고자 할 때 사용하는 방식

(1) _____ (2) _____ (3) _____

정답 (1) 수세식 보링 (2) 충격식 보링 (3) 회전식 보링

해설

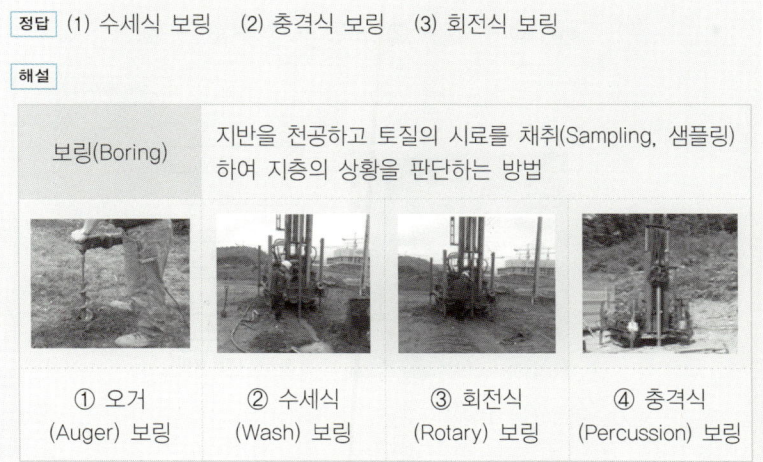

| 보링(Boring) | 지반을 천공하고 토질의 시료를 채취(Sampling, 샘플링)하여 지층의 상황을 판단하는 방법 |

① 오거 (Auger) 보링 ② 수세식 (Wash) 보링 ③ 회전식 (Rotary) 보링 ④ 충격식 (Percussion) 보링

05. 콘크리트의 알칼리골재반응을 방지하기 위한 대책을 3가지 쓰시오.

① _____
② _____
③ _____

정답

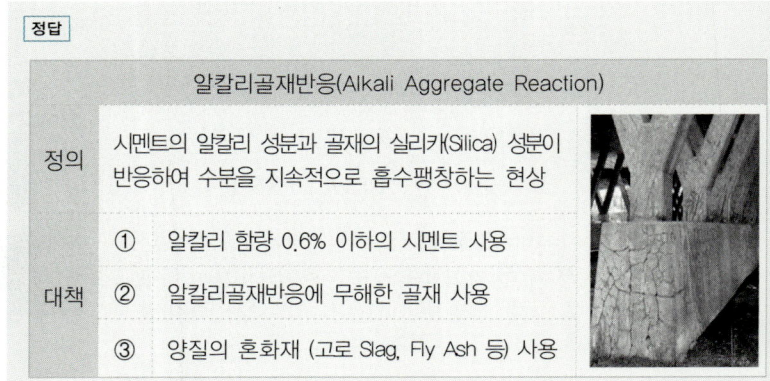

알칼리골재반응(Alkali Aggregate Reaction)		
정의		시멘트의 알칼리 성분과 골재의 실리카(Silica) 성분이 반응하여 수분을 지속적으로 흡수팽창하는 현상
대책	①	알칼리 함량 0.6% 이하의 시멘트 사용
	②	알칼리골재반응에 무해한 골재 사용
	③	양질의 혼화재 (고로 Slag, Fly Ash 등) 사용

06. 다음은 시트 방수공사의 항목들이다. 시공순서대로 번호를 나열하시오.

① 단열재 깔기　　② 접착제 도포　　③ 조인트 실(Seal)
④ 물채우기 시험　　⑤ 보강 붙이기　　⑥ 바탕 처리
⑦ 시트 붙이기

정답　⑥ → ① → ② → ⑦ → ⑤ → ③ → ④

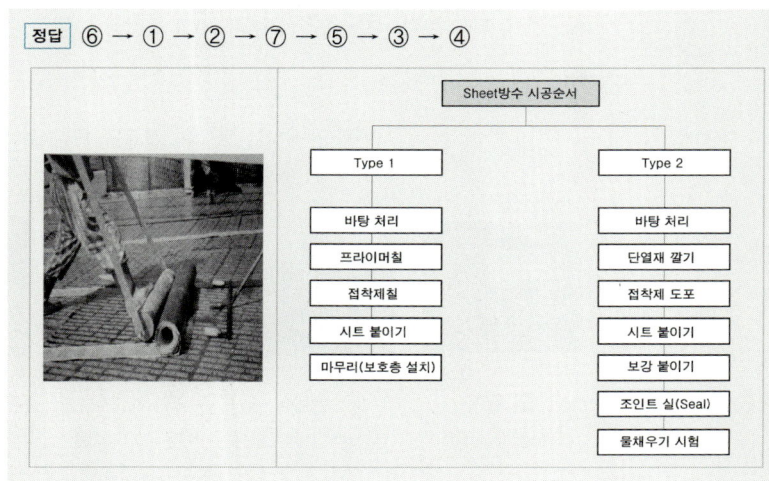

07 지반개량공법 중 연직배수공법(탈수공법)의 종류를 4가지 쓰시오.

① _____ ② _____
③ _____ ④ _____

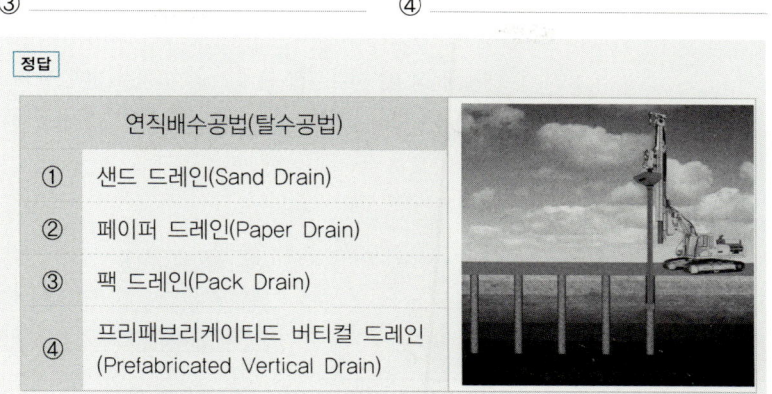

정답
연직배수공법(탈수공법)
① 샌드 드레인(Sand Drain)
② 페이퍼 드레인(Paper Drain)
③ 팩 드레인(Pack Drain)
④ 프리패브리케이티드 버티컬 드레인(Prefabricated Vertical Drain)

08 강구조 주각부의 현장 시공순서에 맞게 번호를 쓰시오.

① 기초 상부 고름질   ② 가조립   ③ 변형 바로잡기
④ 앵커볼트 설치   ⑤ 철골 세우기   ⑥ 철골 도장

정답 ④ ➡ ① ➡ ⑤ ➡ ② ➡ ③ ➡ ⑥

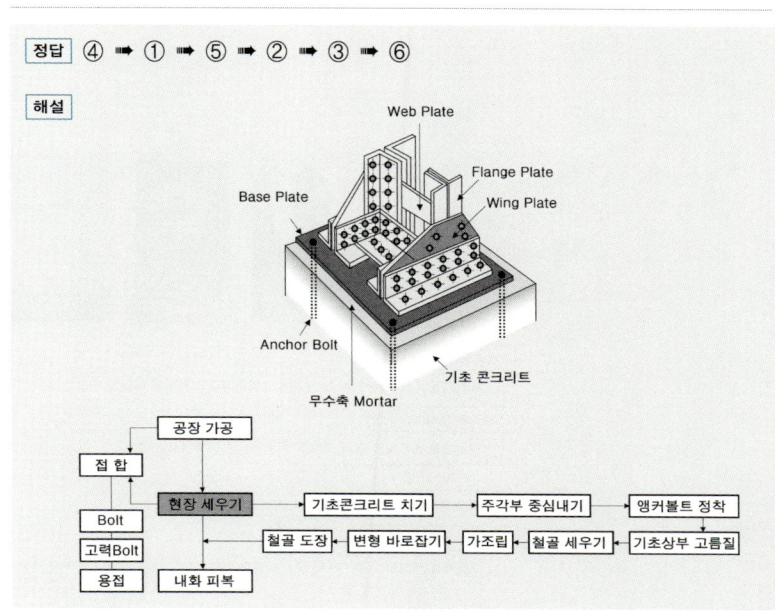

09 가치공학(Value Engineering)의 기본추진 절차를 4단계로 구분하여 쓰시오.

① _____ ② _____

③ _____ ④ _____

정답
① 대상 선정 및 정보수집 단계 ② 기능 분석 단계
③ 아이디어 창출 단계 ④ 대안 평가 및 제안, 실시 단계

해설

VE
(Value Engineering, 가치공학)

$$V = \frac{F}{C}$$

- V : 가치(Value)
- F : 기능(Function)
- C : 비용(Cost)

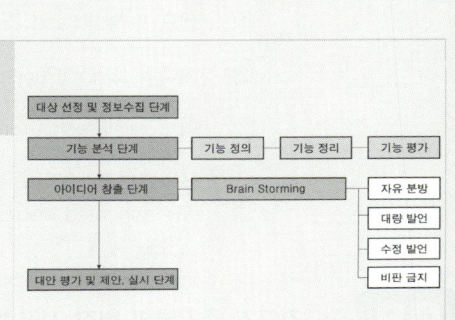

10 커튼월의 외관형태 타입 4가지를 쓰시오.

① _____ ② _____

③ _____ ④ _____

정답

커튼월(Curtain Wall) 입면에 의한 분류

- 샛기둥(Mullion) 방식
  └ 수직기둥을 노출시키고, 그 사이에 유리창이나 스팬드럴 패널을 끼우는 방식
- 스팬드럴(Spandrel) 방식
  └ 수평선을 강조하는 창과 스팬드럴 조합으로 이루어지는 방식
- 격자(Grid) 방식
  └ 수직, 수평의 격자형 외관을 보여주는 방식
- 피복(Sheath) 방식
  └ 구조체를 외부에 노출시키지 않고 패널로 은폐시키고 새시는 패널 안에서 끼워지는 방식

11 굴착지반의 안전성에 대해 검토한 결과 히빙(Heaving)과 보일링 파괴(Bailing Failure)가 예상되는 경우 방지대책을 3가지 쓰시오.

①
②
③

정답 ① 흙막이벽의 근입장을 증가
② 배수공법을 이용하여 지하수위를 저하
③ 굴착 예정지역의 지반을 개량하여 전단강도를 크게 한다.

해설

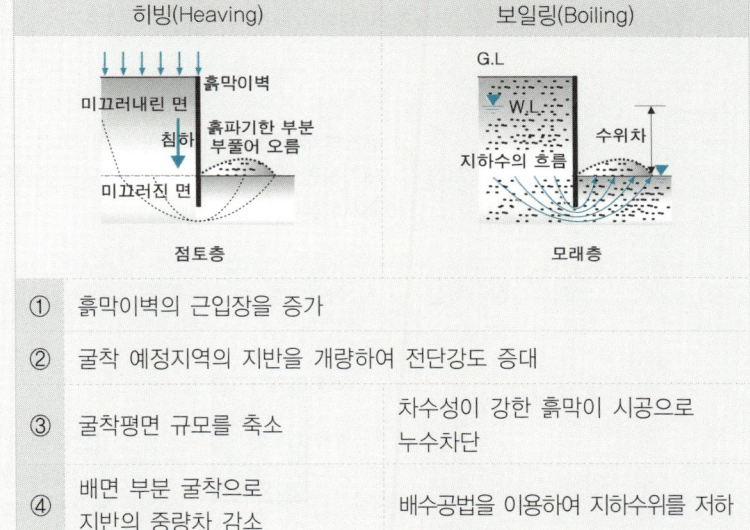

12 철근콘크리트 공사에 이용되는 스페이서(Spacer)의 용도에 대하여 쓰시오.

정답

배점4 □□□

13

13②, 18④, 21④

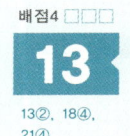

인장철근만 배근된 철근콘크리트 직사각형 단순보에 하중이 작용하여 순간처짐이 5mm 발생하였다. 5년 이상 지속하중이 작용할 경우 총처짐량(순간처짐+장기처짐)을 구하시오. (단, 장기처짐계수 $\lambda_\Delta = \frac{\xi}{1+50\rho'}$ 을 적용하며 시간경과계수는 2.0으로 한다.)

정답 총처짐=탄성처짐+탄성처짐$\times \frac{\xi}{1+50\rho'} = 5+5\times\frac{(2.0)}{1+50(0)} = 15\text{mm}$

해설

(1) 탄성처짐: 구조부재에 하중이 작용하여 발생하는 처짐으로 하중을 제거하면 원래의 상태로 돌아오는 처짐으로 순간처짐, 즉시처짐이라고도 한다.

(2) 장기처짐: 장기처짐 = 지속하중에 의한 탄성처짐$\times\lambda_\Delta$

$$\lambda_\Delta = \frac{\xi}{1+50\rho'}$$

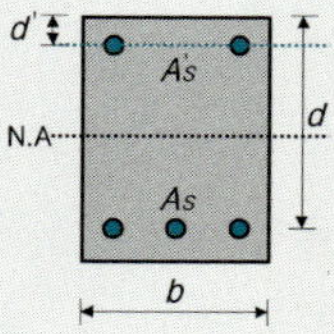

단면

【압축철근 배근효과】
① 설계휨강도 증가
② 장기처짐감소
③ 연성 증진

- $\rho' = \frac{A_s'}{bd}$: 압축철근비
- ξ : 시간경과계수

기간(월)	1	3	6	12	18	24	36	48	60 이상
ξ	0.5	1.0	1.2	1.4	1.6	1.7	1.8	1.9	2.0

(3) 총처짐=탄성처짐+장기처짐=탄성처짐+탄성처짐$\times\frac{\xi}{1+50\rho'}$

철근콘크리트 구조에서 보의 주근으로 4-D25를 1단 배열 시 보폭의 최솟값을 구하시오.

> 피복두께 40mm, 굵은골재 최대치수 18mm, 스터럽 D13

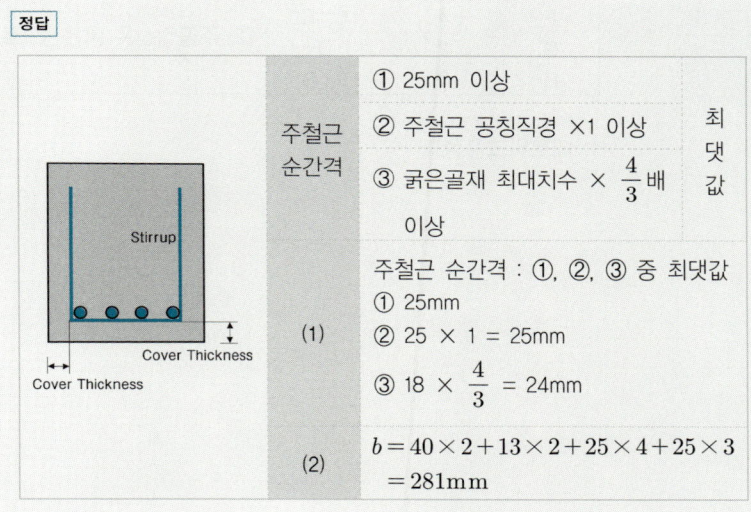

커튼월 공사 시 누수 방지대책과 관련된 다음 용어에 대해 설명하시오.

(1) Closed Joint :

(2) Open Joint :

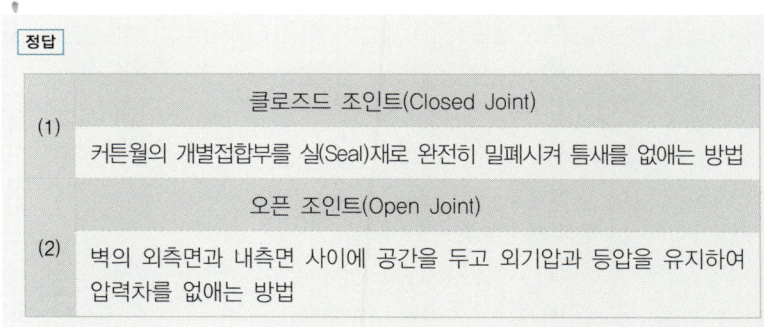

16

배점10

10②, 13②, 19②

다음 데이터를 네트워크공정표로 작성하고, 각 작업의 여유시간을 구하시오.

작업명	작업일수	선행작업	비 고
A	5	없음	(1) 결합점에서는 다음과 같이 표시한다.
B	6	없음	
C	5	A	
D	2	A, B	EST|LST → 작업명 → LFT|EFT
E	3	A	ⓘ ─── 소요일수 ─── ⓙ
F	4	C, E	
G	2	D	(2) 주공정선은 굵은선으로 표시한다.
H	3	F, G	

(1) 네트워크공정표

(2) 일정 및 여유시간 산정

작업명	TF	FF	DF	CP
A				
B				
C				
D				
E				
F				
G				
H				

정답

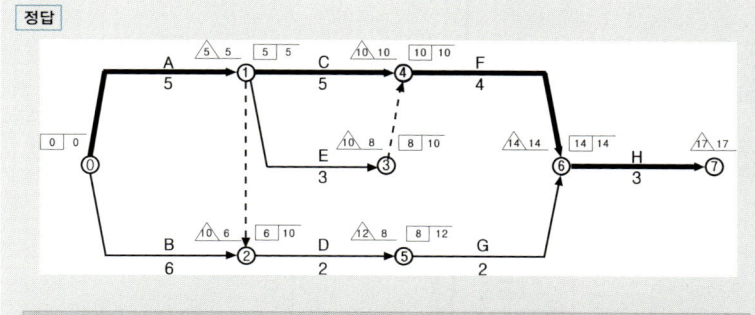

작업명	TF	FF	DF	CP
A	0	0	0	※
B	4	0	4	
C	0	0	0	※
D	4	0	4	
E	2	2	0	
F	0	0	0	※
G	4	4	0	
H	0	0	0	※

---

17 배점3

$f_{ck} = 30\text{MPa}$, $f_y = 400\text{MPa}$, D22(공칭지름 22.2mm) 인장이형철근의 기본정착길이를 구하시오. (단, 경량콘크리트계수 $\lambda = 1$)

13②, 17①

정답 $l_{db} = \dfrac{0.6 d_b \cdot f_y}{\lambda \sqrt{f_{ck}}} = \dfrac{0.6(22.2)(400)}{(1)\sqrt{(30)}} = 972.76\text{mm}$

해설

기본정착길이 약산식	인장이형철근	압축이형철근
	$l_{db} = \dfrac{0.6 d_b \cdot f_y}{\lambda \sqrt{f_{ck}}}$	$l_{db} = \dfrac{0.25 d_b \cdot f_y}{\lambda \sqrt{f_{ck}}} \geq 0.043 d_b \cdot f_y$

18. 다음 그림을 보고 해당되는 줄눈의 명칭을 적으시오.

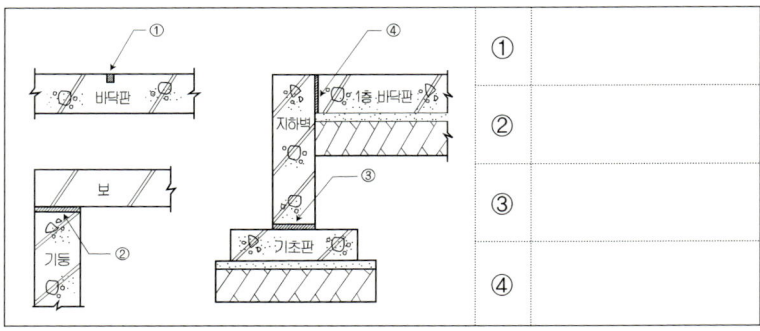

①	
②	
③	
④	

정답 ① 조절줄눈 ② 미끄럼줄눈 ③ 시공줄눈 ④ 신축줄눈

해설

①	조절줄눈 (Control Joint)	균열을 전체 단면 중의 일정한 곳에만 일어나도록 유도하는 줄눈
②	미끄럼줄눈 (Sliding Joint)	슬래브나 보가 단순지지 방식이고, 직각방향에서의 하중이 예상될 때 미끄러질 수 있게 한 줄눈
③	시공줄눈 (Construction Joint)	콘크리트 작업관계로 경화된 콘크리트에 새로 콘크리트를 타설할 경우 발생하는 계획된 줄눈
④	신축줄눈 (Expansion Joint)	온도변화에 따른 팽창·수축 또는 부동침하·진동 등에 의해 균열이 예상되는 위치에 설치하는 줄눈

19. 다음 용어를 설명하시오.

(1) 적산(積算) :

(2) 견적(見積) :

정답

(1) 재료 및 품의 수량과 같은 공사량을 산출하는 기술활동

(2) 공사량에 단가를 곱하여 공사비를 산출하는 기술활동

그림과 같은 단순보의 최대 전단응력을 구하시오.

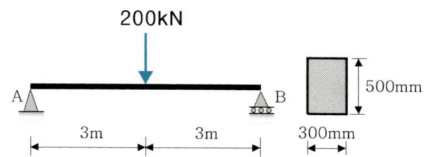

정답 (1) $V_{max} = V_A = V_B = +\dfrac{P}{2} = +\dfrac{(200)}{2} = 100\text{kN}$

(2) $\tau_{max} = k \cdot \dfrac{V_{max}}{A} = \left(\dfrac{3}{2}\right) \cdot \dfrac{(100 \times 10^3)}{(300 \times 500)} = 1\text{N/mm}^2 = 1\text{MPa}$

해설

보의 최대전단응력	$\tau_{max} = k \cdot \dfrac{V_{max}}{A}$	
하중도	전단력도	최대전단력
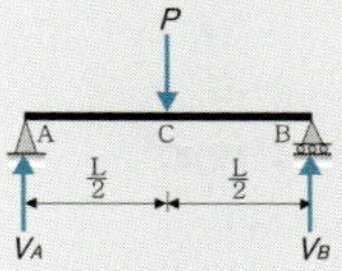 (집중하중 P, 중앙)	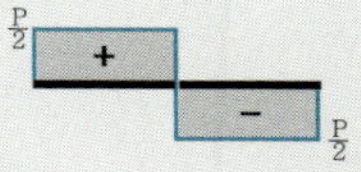	$V_{max} = \dfrac{P}{2}$
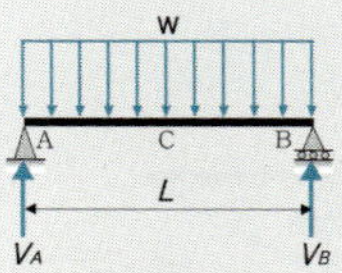 (등분포하중 w)		$V_{max} = \dfrac{wL}{2}$
전단계수		
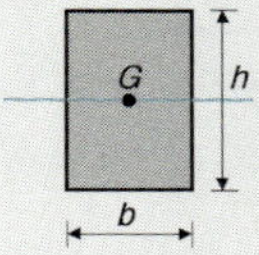 (직사각형 b×h)	$k = \dfrac{3}{2}$	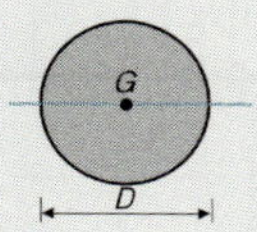 (원형 D) $k = \dfrac{4}{3}$

그림과 같은 철근콘크리트 8m 단순보 중앙에 집중고정하중 20kN, 집중활하중 30kN이 작용할 때 보의 자중을 무시한 최대 계수휨모멘트를 구하시오.

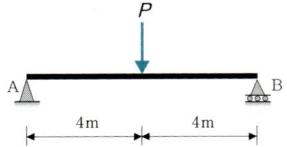

정답
(1) $P_u = 1.2(20) + 1.6(30) = 72 \text{kN} \cdot \text{m}$
(2) $M_u = \dfrac{P_u L}{4} = \dfrac{(72)(8)}{4} = 144 \text{kN} \cdot \text{m}$

해설

극한강도설계법(Ultimate Strength Design)		
기본 관계식	하중계수×사용하중 ≤ 강도감소계수×공칭강도 ↓ 소요강도 ≤ 설계강도	
소요강도	① 전단력	$V_u = 1.2 V_D + 1.6 V_L$
	② 휨모멘트	$M_u = 1.2 M_D + 1.6 M_L$

- D : 고정하중(Dead Load)
- L : 활하중(Live Load)

하중도	휨모멘트도	최대휨모멘트
(집중하중 P, 중앙)	$\dfrac{PL}{4}$	$M_{max} = \dfrac{PL}{4}$
(등분포하중 w)	$\dfrac{wL^2}{8}$	$M_{max} = \dfrac{wL^2}{8}$

22 철근콘크리트 구조의 1방향 슬래브와 2방향 슬래브를 구분하는 기준에 대해 설명하시오.

정답 (1) 1방향 슬래브(1-Way Slab) : 변장비 = $\dfrac{\text{장변 경간}}{\text{단변 경간}} > 2$

(2) 2방향 슬래브(2-Way Slab) : 변장비 = $\dfrac{\text{장변 경간}}{\text{단변 경간}} \leq 2$

해설

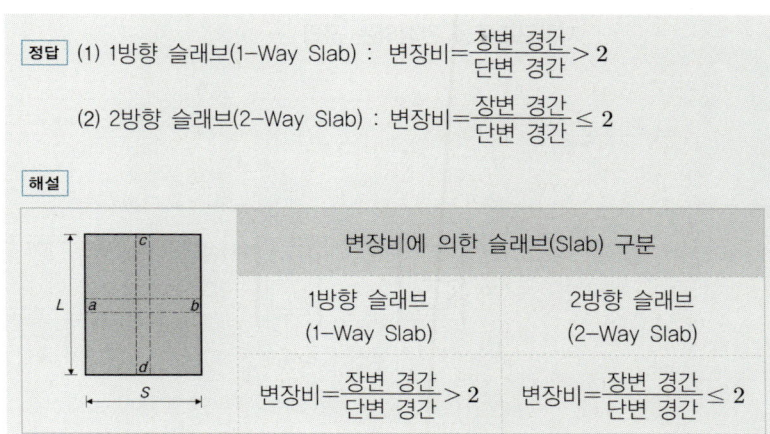

23 다음 보기에서 설명하는 용어를 쓰시오.

- 바닥콘크리트 타설을 위한 슬래브 하부 거푸집판
- 작업 시 안정성 강화 및 동바리 수량감소로 원가절감 가능
- 아연도 철판을 절곡하여 제작하며, 해체작업이 필요 없음

정답 데크 플레이트(Deck Plate)

해설

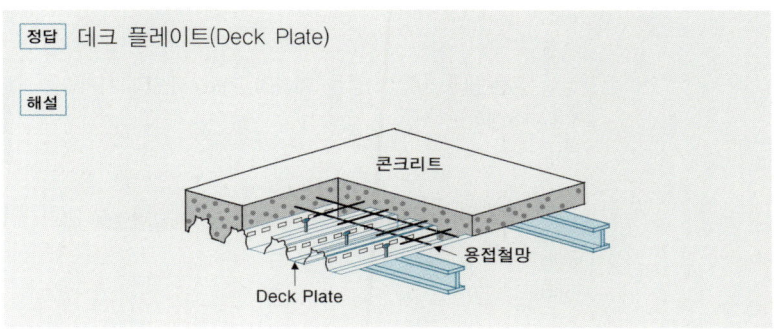

24 다음 설명에 해당하는 흙파기 공법의 명칭을 쓰시오.

(1) 측벽이나 주열선 부분만을 먼저 파낸 후 기초와 지하구조체를 축조한 다음 중앙부의 나머지 부분을 파내어 지하구조물을 완성하는 공법

(2) 중앙부의 흙을 먼저 파고, 그 부분에 기초 또는 지하구조체를 축조한 후, 이를 지점으로 경사 혹은 수평 흙막이 버팀대를 가설하여 흙을 제거한 후 지하구조물을 완성하는 공법

(1) _____ (2) _____

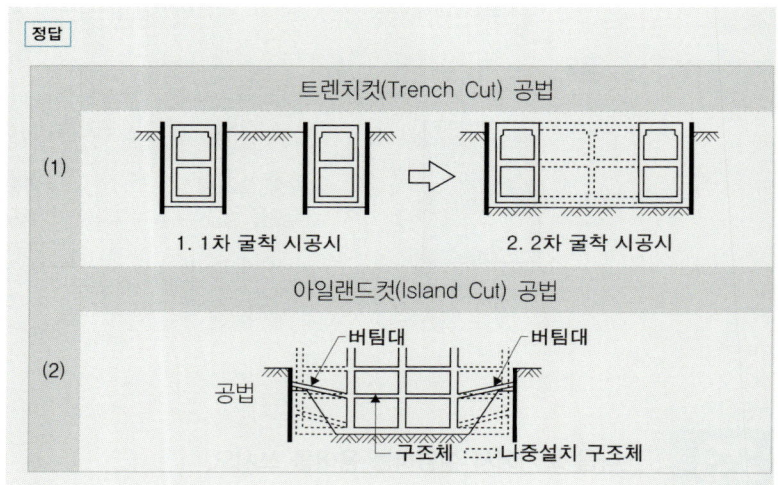

25 지정 및 기초공사와 관련된 다음 용어에 대해 설명하시오.

(1) 재하시험 :

(2) 합성말뚝 :

정답		
(1)	지반면에 직접 하중을 가하여 기초 지반의 지지력을 추정하는 시험	
(2)	하부 강재와 상부 콘크리트와 같은 이질재료를 접합시킨 말뚝	

26 혼화재(混和材)와 혼화제(混和劑)를 구분하여 설명하고, 혼화재 및 혼화제의 종류를 3가지씩 쓰시오.

(1) 혼화재(混和材)의 정의 :

(2) 혼화재(混和材)의 종류 :

① _____ ② _____ ③ _____

(3) 혼화제(混和劑)의 정의 :

(4) 혼화제(混和劑)의 종류 :

① _____ ② _____ ③ _____

정답	
(1)	시멘트량의 5% 이상이 사용되어 배합계산에 포함되는 재료
(2)	① 고로슬래그 ② 실리카퓸(Silica Fume) ③ 플라이애시(Fly Ash)
(3)	시멘트량의 1% 전후로 약품적 성질만 가지고 있는 재료
(4)	① AE제 ② 감수제 ③ 유동화제

27 철근의 단부에 갈고리(Hook)를 만들어야 하는 철근을 모두 골라 번호를 쓰시오.

① 원형철근 ② 스터럽 ③ 띠철근
④ 지중보 돌출부 부분의 철근 ⑤ 굴뚝의 철근

정답 ①, ②, ③, ⑤

해설

표준갈고리(Standard Hook) 설치 위치
① 원형철근
② 스터럽(Stirrup)
③ 띠철근
④ 굴뚝 철근
⑤ 기둥 및 보의 돌출부 철근(지중보 제외)

강판을 그림과 같이 가공하여 30개의 수량을 사용하고자 한다. 강판의 비중이 7.85일 때 소요량(kg)을 산출하고 스크랩의 발생량(kg)도 함께 산출하시오.

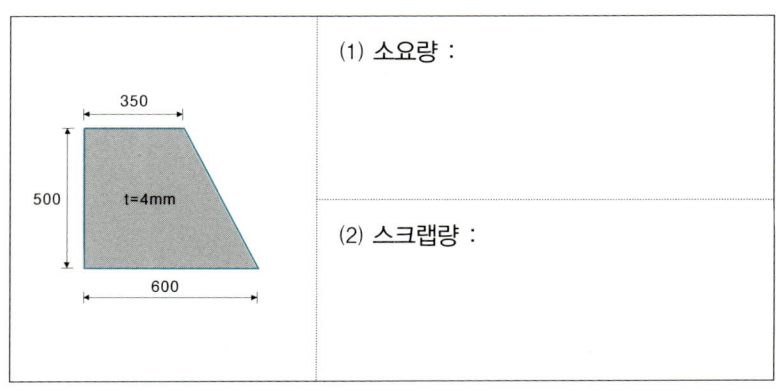

(1) 소요량 :

(2) 스크랩량 :

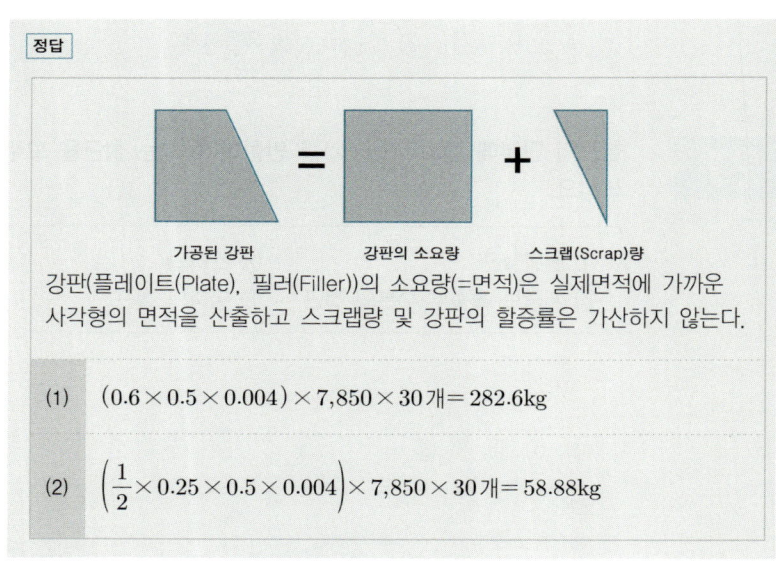

강판(플레이트(Plate), 필러(Filler))의 소요량(=면적)은 실제면적에 가까운 사각형의 면적을 산출하고 스크랩량 및 강판의 할증률은 가산하지 않는다.

(1) $(0.6 \times 0.5 \times 0.004) \times 7{,}850 \times 30개 = 282.6 \text{kg}$

(2) $\left(\dfrac{1}{2} \times 0.25 \times 0.5 \times 0.004\right) \times 7{,}850 \times 30개 = 58.88 \text{kg}$

memo

제4회 2013 건축기사 과년도 기출문제

01
배점4

그림과 같은 용접부의 설계강도를 구하시오. (단, 모재는 SM275, 용접재 (KS D 7004 연강용 피복아크 용접봉)의 인장강도 $F_{uw} = 420\text{N/mm}^2$, 모재의 강도는 용접재의 강도보다 크다.)

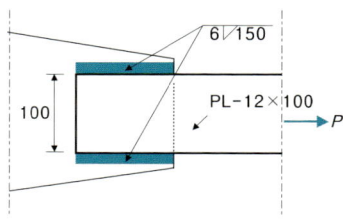

정답

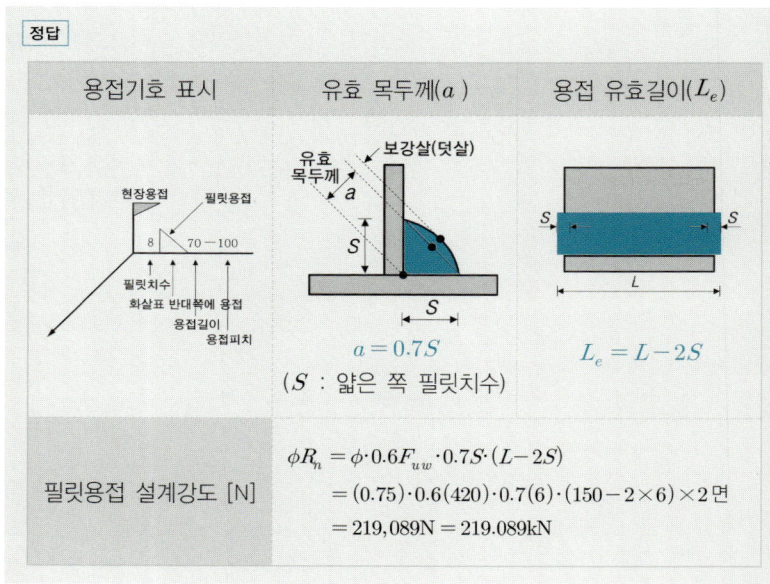

용접기호 표시	유효 목두께(a)	용접 유효길이(L_e)
	$a = 0.7S$ (S : 얇은 쪽 필릿치수)	$L_e = L - 2S$
필릿용접 설계강도 [N]	$\phi R_n = \phi \cdot 0.6 F_{uw} \cdot 0.7S \cdot (L-2S)$ $= (0.75) \cdot 0.6(420) \cdot 0.7(6) \cdot (150 - 2 \times 6) \times 2$면 $= 219{,}089\text{N} = 219.089\text{kN}$	

1-150

배점3 □□□

02

13④, 16④, 20②

용접부의 검사항목이다. 보기에서 골라 알맞은 공정에 해당번호를 써 넣으시오.

① 아크 전압　　② 용접 속도　　③ 청소 상태
④ 홈 각도, 간격 및 치수　　⑤ 부재의 밀착　　⑥ 필릿의 크기
⑦ 균열, 언더컷 유무　　⑧ 밑면 따내기

(1) 용접 착수 전 : ─────────　(2) 용접 작업 중 : ─────────

(3) 용접 완료 후 : ─────────

정답　(1) ③, ④, ⑤　(2) ①, ②, ⑧　(3) ⑥, ⑦

해설

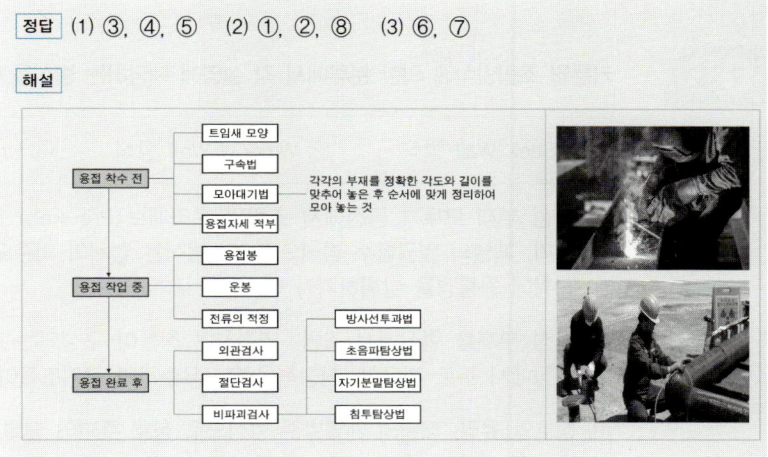

배점2 □□□

03

11①, 13④, 18①, 22②

그림과 같은 구조물에서 T부재에 발생하는 부재력을 구하시오.

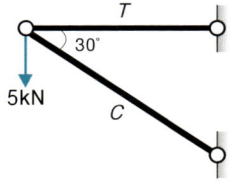

정답

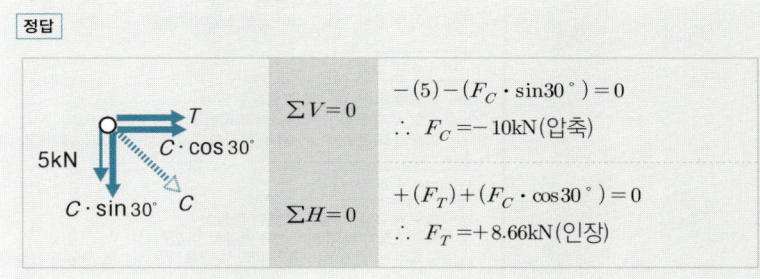

$\sum V = 0$　$-(5) - (F_C \cdot \sin 30°) = 0$
∴ $F_C = -10\text{kN}$(압축)

$\sum H = 0$　$+(F_T) + (F_C \cdot \cos 30°) = 0$
∴ $F_T = +8.66\text{kN}$(인장)

배점2

04

13④, 17④,
20④, 20⑤,
24①

민간 주도하에 Project(시설물) 완공 후 발주처(정부)에게 소유권을 양도하고 발주처의 시설물 임대료를 통하여 투자비가 회수되는 민간투자사업 계약방식의 명칭은 무엇인가?

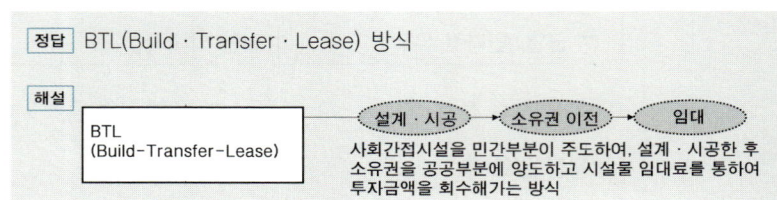

배점3

05

11①, 13④,
17①, 20①

커튼월 조립방식에 의한 분류에서 각 설명에 해당하는 방식을 번호로 쓰시오.

① Stick Wall 방식   ② Window Wall 방식   ③ Unit Wall 방식

(1) 구성 부재 모두가 공장에서 조립된 프리패브(Pre-Fab) 형식으로 창호와 유리, 패널의 일괄발주 방식으로, 이 방식은 업체의 의존도가 높아서 현장 상황에 융통성을 발휘하기가 어려움

(2) 구성 부재를 현장에서 조립·연결하여 창틀이 구성되는 형식으로 유리는 현장에서 주로 끼우며, 현장적응력이 우수하여 공기조절이 가능

(3) 창호와 유리, 패널의 개별발주 방식으로 창호 주변이 패널로 구성됨으로써 창호의 구조가 패널 트러스에 연결할 수 있어서 재료의 사용 효율이 높아 비교적 경제적인 시스템 구성이 가능한 방식

(1) _____   (2) _____   (3) _____

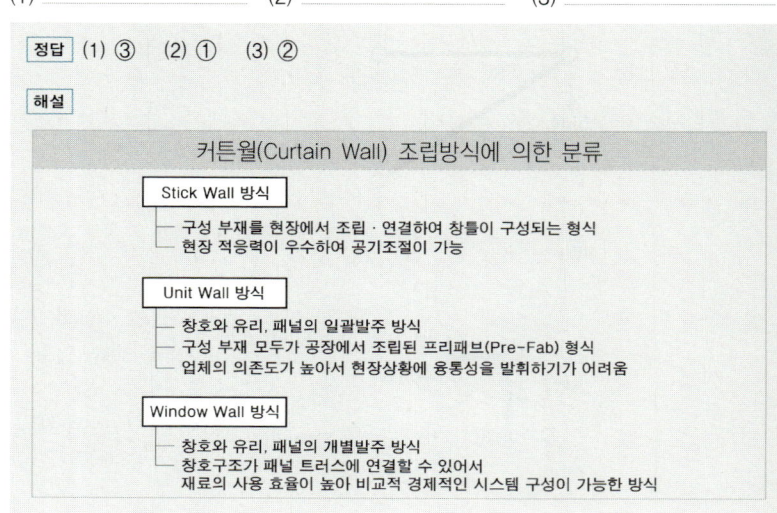

06

시멘트벽돌 1.0B 두께로 가로 9m, 세로 3m 벽을 쌓을 경우 시멘트벽돌량과 사춤모르타르량을 산출하시오. (단, 시멘트벽돌은 표준형이다.)

(1) 시멘트벽돌량 :

(2) 사춤 모르타르량 :

정답 (1) $9 \times 3 \times 149 \times 1.05 = 4,224.15$ ➡ 4,225매
(2) $(9 \times 3) \times 0.049 = 1.323$ ➡ $1.32m^3$

해설

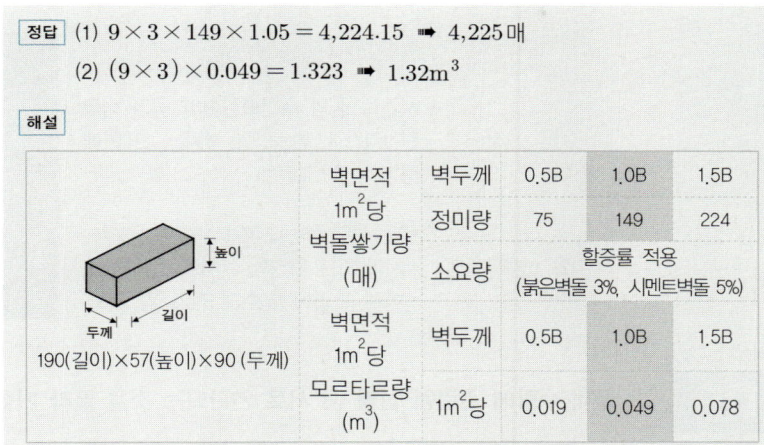

07

다음 용어를 간단하게 설명하시오.

(1) 기준점 :

(2) 방호선반 :

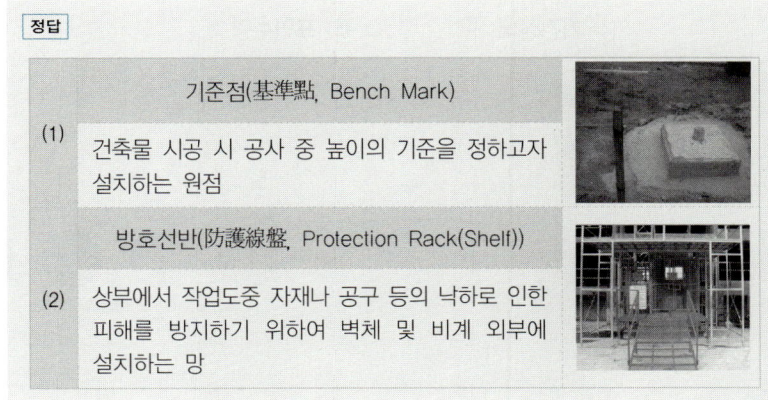

배점 3

08

벽돌벽 표면에 생기는 백화현상의 대책을 3가지 쓰시오.

① _____

② _____

③ _____

08①, 10④,
11②, 13④,
15④, 20③,
20⑤, 21②,
21④, 24③

정답

		백화(Efflorescence)
(1)	정의	시멘트 중의 수산화칼슘이 공기 중의 탄산가스와 반응하여 벽체의 표면에 생기는 흰 결정체
(2)	방지대책	• 흡수율이 작은 소성이 잘된 벽돌 사용 • 처마 또는 차양의 설치로 빗물 차단 • 벽체 표면에 발수제 첨가 및 도포

배점 3

09

골재 수량에 관련된 설명 중 서로 연관되는 것을 골라 기호로 쓰시오.

99②, 13④

① 골재 내부에 약간의 수분이 있는 대기 중의 건조상태
② 골재의 표면에 묻어 있는 수량으로, 표면건조 포화상태에 대한 시료 중량의 백분율
③ 골재 입자의 내부에 물이 채워져 있고, 표면에도 물이 부착되어 있는 상태
④ 표면건조 내부포화상태의 골재 중에 포함되는 물의 양
⑤ 110℃ 정도에서 24시간 이상 골재를 건조시킨 상태

(1) 습윤상태 :　　　　(2) 흡수량 :　　　　(3) 절건상태 :

(4) 기건상태 :　　　　(5) 표면수량 :

정답 (1) ③　(2) ④　(3) ⑤　(4) ①　(5) ②

해설

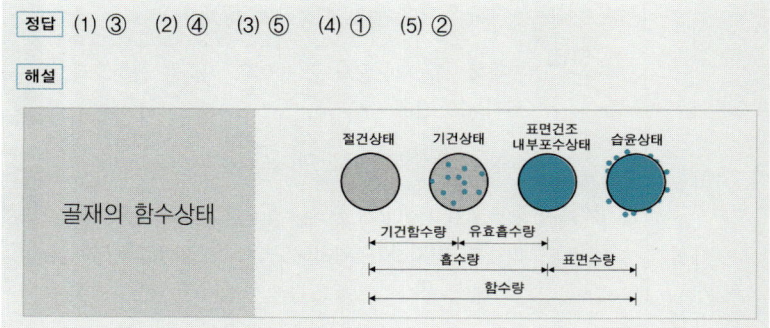

10

다음 데이터를 네트워크공정표로 작성하고, 각 작업의 여유시간을 구하시오.

작업명	작업일수	선행작업	비 고
A	2	없음	(1) 결합점에서는 다음과 같이 표시한다. 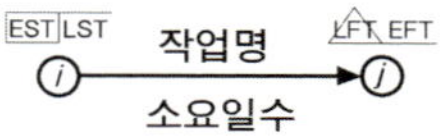
B	3	없음	
C	5	없음	
D	4	없음	
E	7	A, B, C	(2) 주공정선은 굵은선으로 표시한다.
F	4	B, C, D	

(1) 네트워크공정표

(2) 여유시간 산정

작업명	TF	FF	DF	CP
A	3	3	0	
B	2	2	0	
C	0	0	0	※
D	4	1	3	
E	0	0	0	※
F	3	3	0	

정답

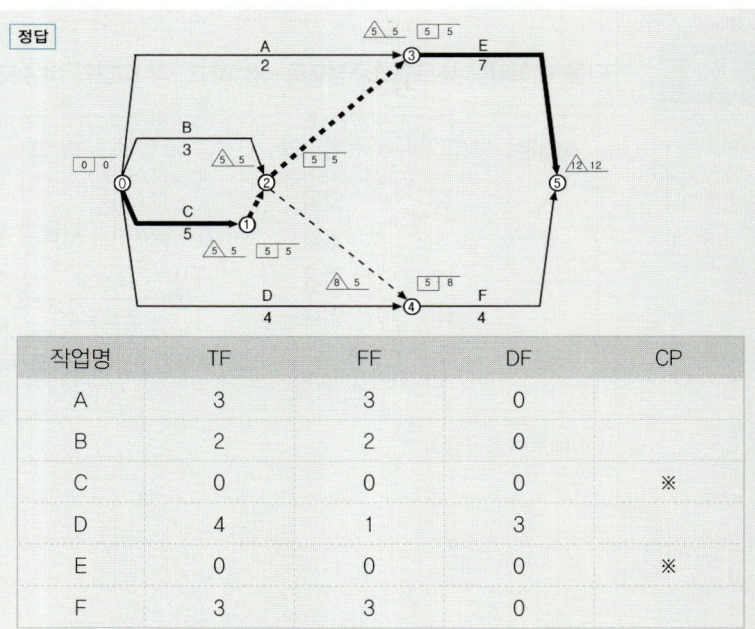

작업명	TF	FF	DF	CP
A	3	3	0	
B	2	2	0	
C	0	0	0	※
D	4	1	3	
E	0	0	0	※
F	3	3	0	

11

98②, 01④,
05④, 08②,
09④, 13④

지반개량공법 중 다음 토질에 적당한 대표적인 연직배수공법(탈수공법)을 각각 1가지씩 쓰시오.

사질토 : _____ (2) 점성토 : _____

정답

웰 포인트(Well Point) 공법

(1) 직경 약 20cm 특수 파이프를 상호 2m 내외 간격으로 관입하여 모래를 투입한 후 진동 다짐하여 탈수통로를 형성하는 공법

샌드 드레인(Sand Drain) 공법

(2) 지반에 지름 40~60cm의 구멍을 뚫고 모래를 넣은 후, 성토 및 기타 하중을 가하여 점토질 지반을 압밀시키는 공법

12 다음 그림을 보고 해당되는 줄눈의 명칭을 적으시오.

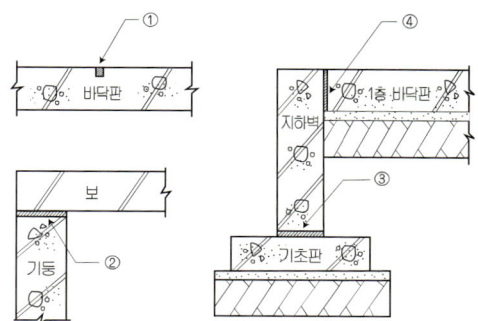

① _____ ② _____
③ _____ ④ _____

정답 ① 조절줄눈 ② 미끄럼줄눈 ③ 시공줄눈 ④ 신축줄눈

해설

	조절줄눈(Control Joint)
①	➡ 균열을 전체 단면 중의 일정한 곳에만 일어나도록 유도하는 줄눈

	미끄럼줄눈(Sliding Joint)
②	➡ 슬래브나 보가 단순지지 방식이고, 직각방향에서의 하중이 예상될 때 미끄러질 수 있게 한 줄눈

	시공줄눈(Construction Joint)
③	➡ 콘크리트 작업관계로 경화된 콘크리트에 새로 콘크리트를 타설할 경우 발생하는 계획된 줄눈

	신축줄눈(Expansion Joint)
④	➡ 온도변화에 따른 팽창·수축 또는 부동침하·진동 등에 의해 균열이 예상되는 위치에 설치하는 줄눈

그림과 같은 온통기초에서 터파기량, 되메우기량, 잔토처리량을 산출하시오.
(단, 토량환산계수 $L=1.3$으로 한다.)

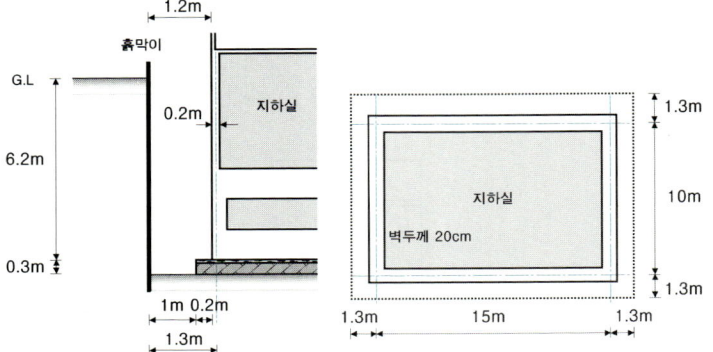

(1) 터파기량 :

(2) 되메우기량 :

(3) 잔토처리량 :

정답 (1) $V = (15 + 1.3 \times 2) \times (10 + 1.3 \times 2) \times 6.5 = 1{,}441.44 \text{m}^3$

(2) ① GL 이하의 구조부 체적
$[0.3 \times (15 + 0.3 \times 2) \times (10 + 0.3 \times 2)]$
$+ [6.2 \times (15 + 0.1 \times 2) \times (10 + 0.1 \times 2)] = 1{,}010.86 \text{m}^3$

② 되메우기량 : $1{,}441.44 - 1{,}010.86 = 430.58 \text{m}^3$

(3) $1{,}010.86 \times 1.3 = 1{,}314.12 \text{m}^3$

해설

온통기초	(1)	터파기량	$V = L_x \times L_y \times H$
	(2)	되메우기량	$V =$ 터파기량 $-$ 지중구조부 체적
	(3)	잔토처리량	$V =$ GL이하 구조부체적 $\times$ 토량환산계수(L)

14. 다음 흙막이벽 공사에서 발생되는 현상을 쓰시오.

(1) 시트 파일 등의 흙막이벽 좌측과 우측의 토압차로써 흙막이 일부의 흙이 재하하중 등의 영향으로 기초파기 하는 공사장 안으로 흙막이벽 밑을 돌아서 미끄러져 올라오는 현상

(2) 모래질 지반에서 흙막이벽을 설치하고 기초파기 할 때의 흙막이벽 뒷면 수위가 높아서 지하수가 흙막이 벽을 돌아서 지하수가 모래와 같이 솟아오르는 현상

(3) 흙막이벽의 부실공사로서 흙막이벽의 뚫린 구멍 또는 이음새를 통하여 물이 공사장 내부바닥으로 스며드는 현상

(1) _____ (2) _____ (3) _____

[정답]

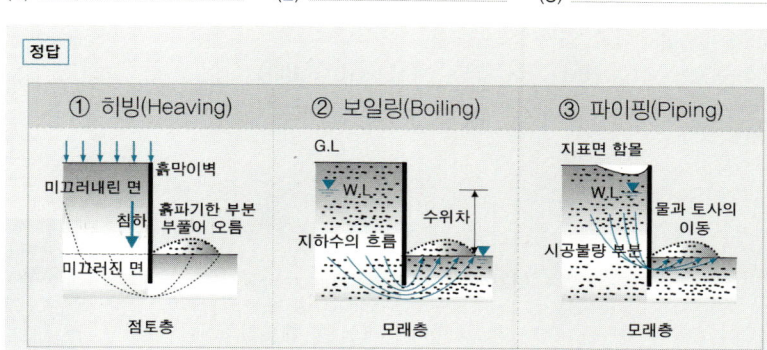

① 히빙(Heaving) — 점토층
② 보일링(Boiling) — 모래층
③ 파이핑(Piping) — 모래층

15. 특명입찰(수의계약)의 장·단점을 2가지씩 쓰시오.

(1) 장점

① _____ ② _____

(2) 단점

① _____ ② _____

[정답]

특명입찰(Individual Negotiation, 수의계약)				
(1)	장점	① 입찰수속 간단	②	공사 보안유지 유리
(2)	단점	① 부적격 업체선정의 문제	②	공사비 결정 불명확

배점3

16

13④, 20②

그림과 같은 150mm×150mm 단면을 갖는 무근콘크리트 보가 경간길이 450mm로 단순지지되어 있다. 3등분점에서 2점 재하 하였을 때 하중 $P=12\text{kN}$에서 균열이 발생함과 동시에 파괴되었다. 이때 무근콘크리트의 휨균열강도(휨파괴계수)를 구하시오.

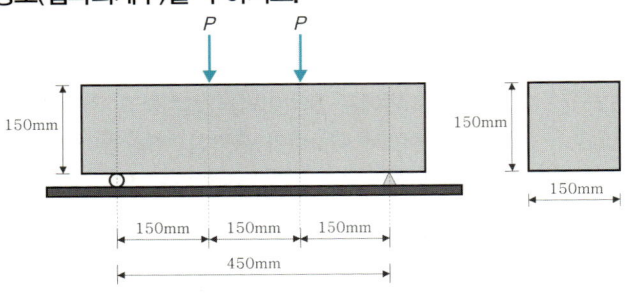

정답

$$f_r = \frac{PL}{bh^2} = \frac{(12\times10^3)(450)}{(150)(150)^2} = 1.6\text{N/mm}^2 = 1.6\text{MPa}$$

해설

휨강도시험(KS F 2408)

파괴계수(Modulus of Rupture) : $f_r = \dfrac{PL}{bh^2}$

- P : 시험기가 나타내는 최대 하중(N)
- L : 경간(mm)
- b : 단면의 폭(mm)
- h : 단면의 높이(mm)

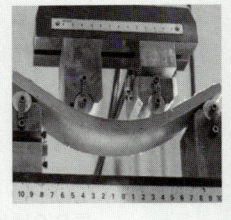

배점2

17

13④, 16①

전기로에서 페로실리콘 등 규소합금 제조과정 중 부산물로 생성되는 매우 미세한 입자로써 고강도콘크리트 제조 시 사용되는 이산화규소(SiO_2)를 주성분으로 하는 혼화재의 명칭을 쓰시오.

정답

실리카흄, 실리카퓸(Silica Fume)

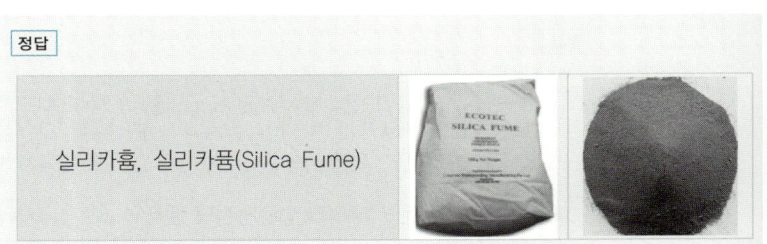

18. 다음 구조물의 휨모멘트도(BMD)를 그리시오.

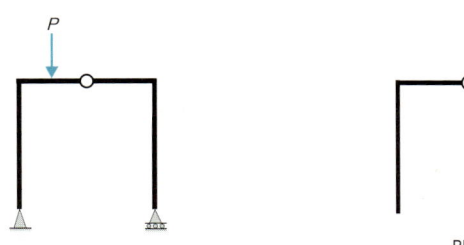

BMD

정답 $N = r + m + f - 2j = (2+1) + (4) + (2) - 2(5) = -1$차
➡ 불안정 상태이므로 휨모멘트도 없음

해설

부정정 차수 $N = r + m + f - 2j$	• $N < 0$ ➡ 불안정 구조	외력이 작용했을 때 구조물이 평형을 이루지 못하는 상태 (위치나 모양이 변화함)
	• $N = 0$ ➡ 정정 구조	안정한 구조물이며, 평형조건식만으로 반력과 부재력을 구할 수 있는 상태
	• $N > 0$ ➡ 부정정 구조	안정한 구조물이며, 평형조건식만으로 반력과 부재력을 구할 수 없는 상태

19. 커튼월공사의 성능시험 항목을 4가지 쓰시오.

① _____ ② _____
③ _____ ④ _____

정답

		Wind Tunnel Test & Mock-Up Test
(1)	정의	대형 시험장치를 이용하여 시험소에서 실제와 같은 실물을 설치하여 성능을 평가하는 시험
(2)	시험항목	• 기밀성능 시험 • 정압·동압 수밀 시험 • 구조성능 시험 • 영구변형 시험

20 그림과 같은 구조물의 고정단에 발생하는 최대 압축응력을 구하시오.
(단, 기둥 단면은 600mm×600mm, 압축응력은 −로 표현)

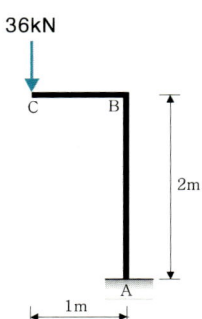

정답

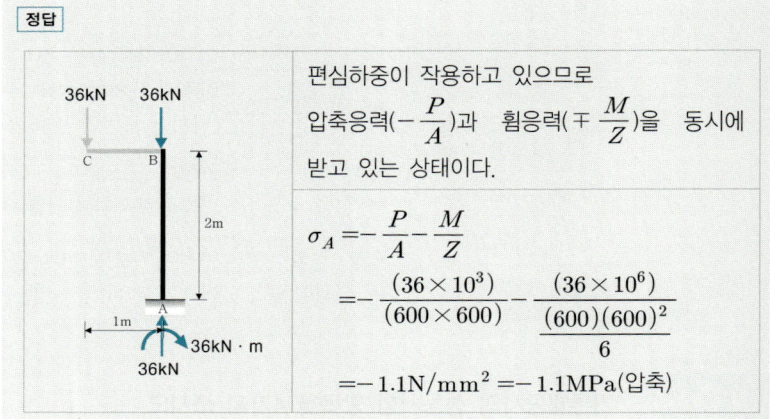

편심하중이 작용하고 있으므로 압축응력($-\frac{P}{A}$)과 휨응력($\mp\frac{M}{Z}$)을 동시에 받고 있는 상태이다.

$$\sigma_A = -\frac{P}{A} - \frac{M}{Z}$$
$$= -\frac{(36 \times 10^3)}{(600 \times 600)} - \frac{(36 \times 10^6)}{\frac{(600)(600)^2}{6}}$$
$$= -1.1 \text{N/mm}^2 = -1.1 \text{MPa(압축)}$$

21 철근콘크리트공사를 하면서 철근간격을 일정하게 유지하는 이유를 3가지 쓰시오.

① _____ ② _____ ③ _____

정답

철근간격 유지목적
① 콘크리트 유동성 확보
② 재료분리 방지
③ 소요강도 확보

22

미장재료 중 수경성 재료와 기경성 재료를 각각 3가지씩 쓰시오.

(1) 기경성 미장재료

① _____ ② _____ ③ _____

(2) 수경성 미장재료

① _____ ② _____ ③ _____

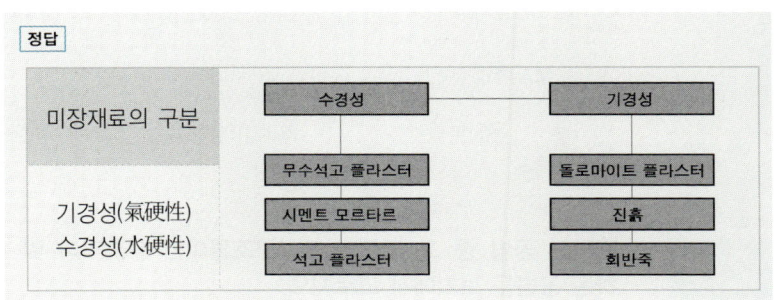

23

프리스트레스트 콘크리트 방식과 관련된 내용의 (   ) 안에 알맞은 용어를 기입하시오.

> 프리스트레스트 콘크리트에 사용되는 강재(강선, 강연선, 강봉)를 긴장재라고 총칭하며, (①)방식에서 PC강재의 삽입공간을 확보하기 위해서 콘크리트 타설 전 미리 매립하는 관(튜브)을 (②)라고 한다.

① _____ ② _____

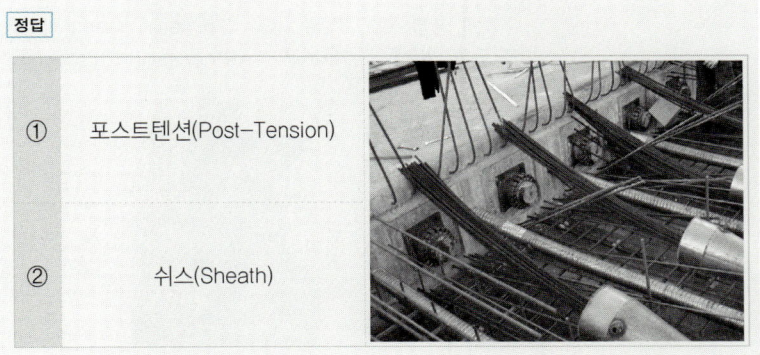

24

강구조 용접접합에서 발생하는 결함항목을 4가지 쓰시오.

① _____ ② _____
③ _____ ④ _____

정답

용접결함의 종류		
슬래그(Slag) 감싸들기	언더컷(Under Cut)	오버랩(Over Lap)
블로홀(Blow Hole)	크랙(Crack)	피트(Pit)
용입부족	크레이터(Crater)	은점(Fish Eyes)

25

흙막이 공법 중 그 자체가 지하구조물이면서 흙막이 및 버팀대 역할을 하는 공법을 보기에서 고르시오.

① 지반정착(Earth Anchor) 공법   ② 개방잠함(Open Caisson) 공법
③ 수평버팀대 공법   ④ 강재널말뚝(Sheet Pile) 공법
⑤ 우물통(Well) 공법   ⑥ 용기잠함(Pneumatic Caisson) 공법

정답 ②, ⑤, ⑥

해설

깊은 기초공법 : 구조체 + 흙막이 + 버팀대의 역할	
Well 공법 (우물통 기초)	Open Caisson(개방잠함), Pneumatic Caisson(용기잠함)

지하구조체 지상 구축
➡ 하부 중앙흙 파내기
➡ 중앙부 기초 구축
➡ 주변 기초 구축

폭 $b=500\text{mm}$, 유효깊이 $d=750\text{mm}$ 인 철근콘크리트 단철근 직사각형 보의 균형철근비 및 최대철근량을 계산하시오. (단, $f_{ck}=27\text{MPa}$, $f_y=300\text{MPa}$)

정답 (1) $f_{ck} \leq 40\text{MPa}$ ➡ $\eta=1.00$, $\beta_1=0.80$

(2) $\rho_b = \dfrac{\eta(0.85 f_{ck})}{f_y} \cdot \beta_1 \cdot \dfrac{660}{660+f_y}$

$= \dfrac{(1.00)(0.85 \times 27)}{(300)} \cdot (0.80) \cdot \dfrac{(660)}{(660)+(300)} = 0.04207$

(3) $\rho_{\max} = 0.658 \rho_b = 0.658(0.04207) = 0.02768$

(4) $A_{s,\max} = \rho_{\max} \cdot b \cdot d = (0.02768)(500)(750) = 10{,}380\text{mm}^2$

해설

(1) 균형철근비(ρ_b, Balance Steel Ratio)

$$\rho_b = \dfrac{\eta(0.85 f_{ck})}{f_y} \cdot \beta_1 \cdot \dfrac{660}{660+f_y}$$

f_y	철근의 설계기준항복강도, MPa	
f_{ck}	콘크리트의 설계기준압축강도, MPa	
η	콘크리트 등가직사각형 압축응력블록의 크기를 나타내는 계수 $f_{ck} \leq 40\text{MPa}$ ➡ $\eta=1.00$	
β_1	콘크리트 등가직사각형 압축응력블록의 깊이를 나타내는 계수 $f_{ck} \leq 40\text{MPa}$ ➡ $\beta_1=0.80$	

(2) 최대철근비($\rho_{\max}$, Maximum Steel Ratio)

f_y(MPa)	최소 허용변형률	해당 철근비
300	0.004	$0.658\rho_b$
350	0.004	$0.692\rho_b$
400	0.004	$0.726\rho_b$
500	0.005 ($2\epsilon_y$)	$0.699\rho_b$
600	0.006 ($2\epsilon_y$)	$0.677\rho_b$

memo

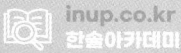

2014년
과년도 기출문제

① 건축기사 제1회 시행 …… 1-168
② 건축기사 제2회 시행 …… 1-184
③ 건축기사 제4회 시행 …… 1-202

01

그림과 같은 트러스 구조의 부정정차수를 구하고, 안정구조인지 불안정 구조인지를 판별하시오.

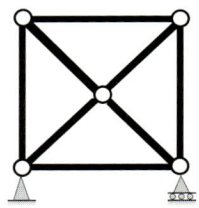

정답 $N = r + m + f - 2j = (2+1) + (8) + (0) - 2(5) = 1$차 부정정
➡ 안정

해설

부정정 차수	이동지점 : $r=1$	회전지점 : $r=2$	고정지점 : $r=3$
$N = r + m + f - 2j$ r: 반력(reaction)수 m: 부재(member)수 f: 강(fixed)절점수 j: 절점(joint)수 활절점, 힌지(Hinge), 핀(Pin)			

• $N < 0$ ➡ 불안정 구조	외력이 작용했을 때 구조물이 평형을 이루지 못하는 상태 (위치나 모양이 변화함)
• $N = 0$ ➡ 정정 구조	안정한 구조물이며, 평형조건식만으로 반력과 부재력을 구할 수 있는 상태
• $N > 0$ ➡ 부정정 구조	안정한 구조물이며, 평형조건식만으로 반력과 부재력을 구할 수 없는 상태

02

다음 그림의 x축에 대한 단면2차모멘트를 계산하시오.

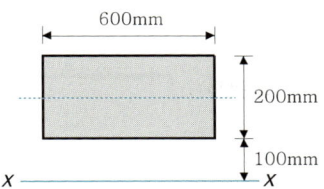

정답 $I_x = \dfrac{(600)(200)^3}{12} + (600 \times 200)(200)^2 = 5.2 \times 10^9 \text{mm}^4$

해설

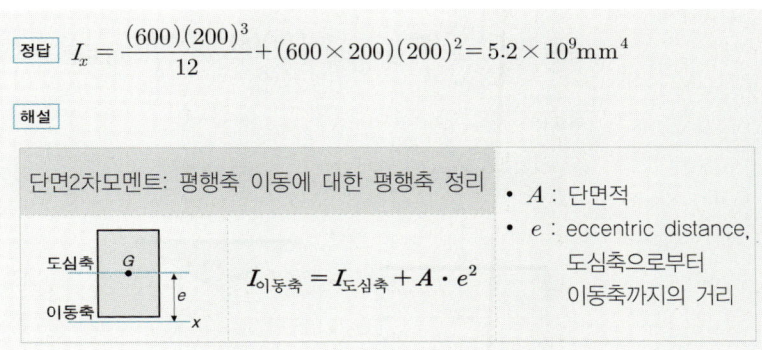

단면2차모멘트: 평행축 이동에 대한 평행축 정리

- A : 단면적
- e : eccentric distance, 도심축으로부터 이동축까지의 거리

$I_{\text{이동축}} = I_{\text{도심축}} + A \cdot e^2$

03

다음은 콘크리트구조기준에서 제한하고 있는 철근콘크리트 기둥 부재의 띠철근 수직간격에 대한 제한규정이다. 괄호 안에 들어갈 수치를 쓰시오.

> 띠철근 기둥의 수직간격은 축방향주철근 직경의 (　　)배, 띠철근 직경의 (　　)배, 기둥 단면의 최소 치수의 1/2 이하 중 작은값으로 한다. 단, 200mm 보다 좁을 필요는 없다.

정답 16, 48

해설

	역할	주철근의 좌굴방지
		수평력에 대한 전단보강
직사각형 띠기둥 / 원형 띠기둥	수직 간격	주철근의 16배 / 띠철근 지름의 48배 / 기둥 단면 최소치수 × $\dfrac{1}{2}$

최솟값 (단, $\geq 200\text{mm}$)

04

그림과 같은 단순보 (A)와 단순보 (B)의 최대휨모멘트가 같을 때 집중하중 P를 구하시오.

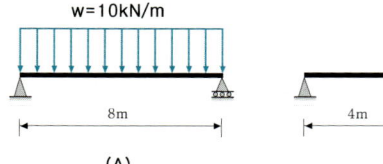

정답 $\dfrac{wL^2}{8} = \dfrac{PL}{4}$ 으로부터 $\dfrac{(10)(8)^2}{8} = \dfrac{P(8)}{4}$ 이므로 $P = 40\text{kN}$

해설

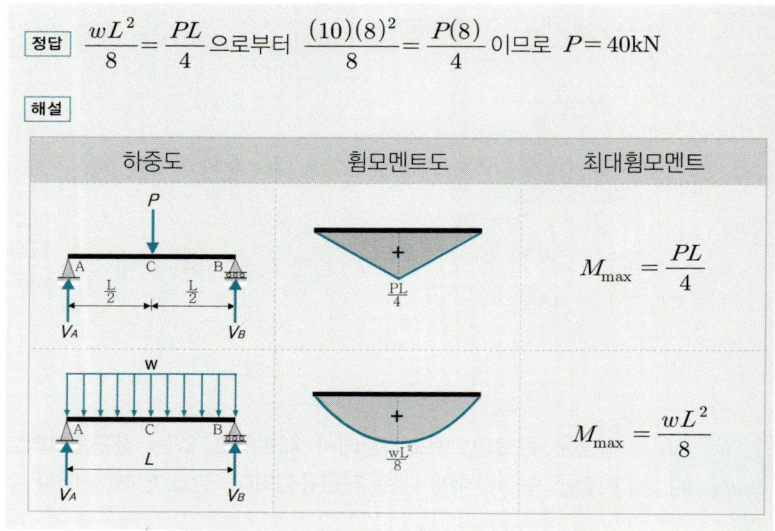

05

콘크리트 설계기준압축강도 $f_{ck} = 30\text{MPa}$일 때 압축응력등가블록의 깊이계수 β_1을 구하시오.

정답 $f_{ck} \leq 40\text{MPa}$ ➡ $\beta_1 = 0.80$

해설

등가직사각형 응력분포 변수 값	f_{ck}(MPa)	≤ 40	50	60	70	80	90
	ϵ_{cu}	0.0033	0.0032	0.0031	0.0030	0.0029	0.0028
	η	1.00	0.97	0.95	0.91	0.87	0.84
	β_1	0.80	0.80	0.76	0.74	0.72	0.70

06. 보기에서 제시하는 형강 치수에 따라 단면을 스케치하고 치수를 기입하시오.

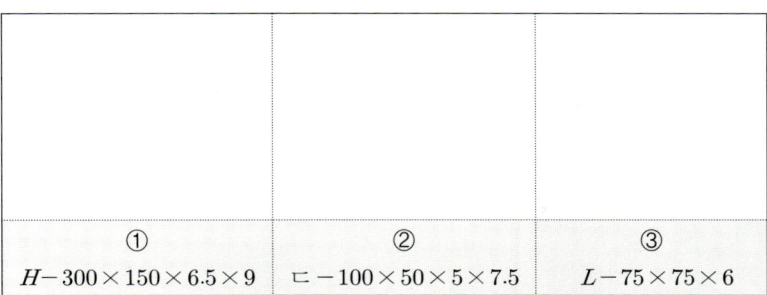

정답

구조용 강재의 단면은 높이 ➡ 폭 ➡ Web의 두께 ➡ Flange의 두께 순서로 표현한다.

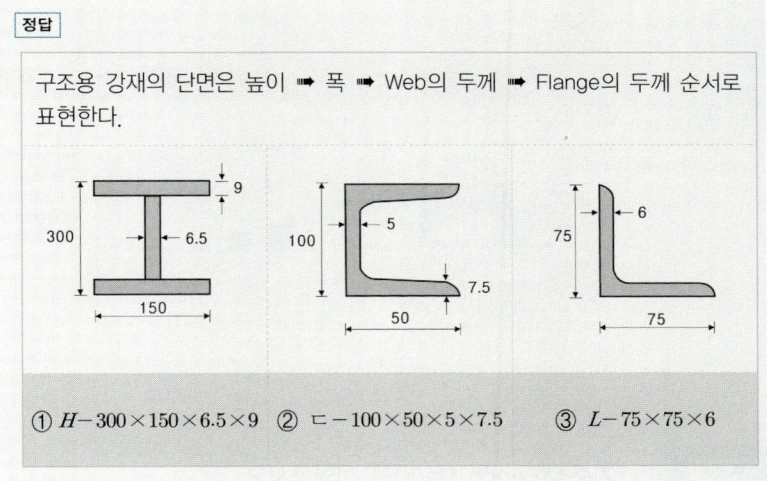

07. BOT(Build-Operate-Transfer) 방식을 설명하시오.

정답

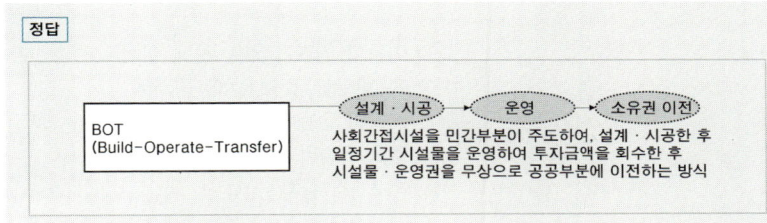

사회간접시설을 민간부분이 주도하여, 설계·시공한 후 일정기간 시설물을 운영하여 투자금액을 회수한 후 시설물·운영권을 무상으로 공공부분에 이전하는 방식

08

TQC의 7도구에 대한 설명이다. 해당되는 도구명을 쓰시오.

(1) 계량치의 데이터가 어떠한 분포를 하고 있는지 알아보기 위하여 작성하는 그림

(2) 불량 등 발생건수를 분류항목별로 나누어 크기 순서대로 나열해 놓은 그림

(3) 결과에 원인이 어떻게 관계하고 있는가를 한 눈에 알 수 있도록 작성한 그림

(1) _____ (2) _____ (3) _____

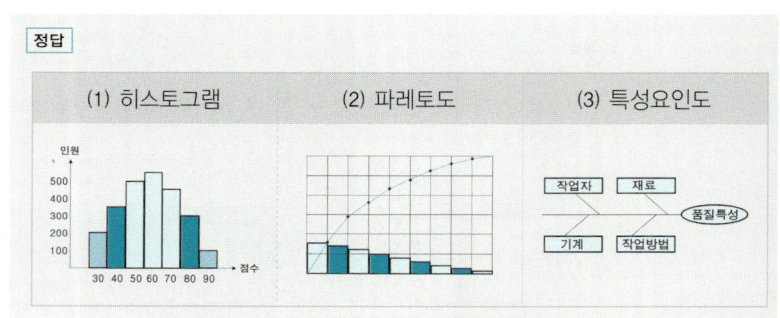

정답
(1) 히스토그램　(2) 파레토도　(3) 특성요인도

09

기준점(Bench Mark)을 설명하시오.

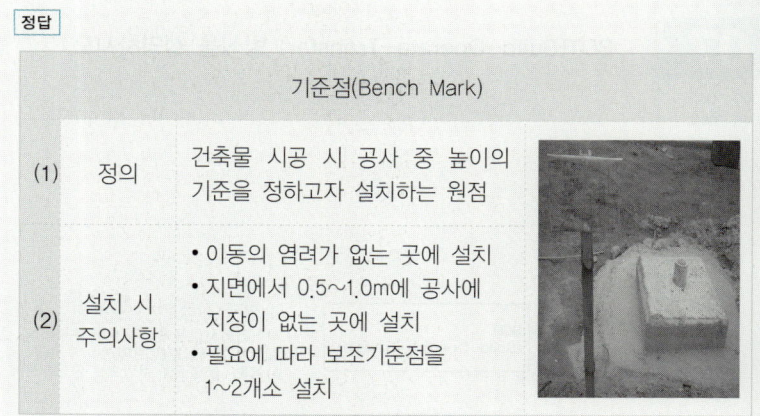

정답

기준점(Bench Mark)

(1) 정의: 건축물 시공 시 공사 중 높이의 기준을 정하고자 설치하는 원점

(2) 설치 시 주의사항:
- 이동의 염려가 없는 곳에 설치
- 지면에서 0.5~1.0m에 공사에 지장이 없는 곳에 설치
- 필요에 따라 보조기준점을 1~2개소 설치

10. 품질관리 계획서 제출 시 필수적으로 기입하여야 하는 항목을 4가지 적으시오.

① _____ ② _____

③ _____ ④ _____

정답 ① 건설공사정보 ② 품질방침 및 목표
③ 현장조직관리 ④ 문서관리

해설

품질관리 계획서 제출 대상공사
(1) • 전면책임감리대상 건설공사로서 총공사비 500억원 이상인 건설공사 • 다중이용건축물의 건설공사로서 연면적 30,000m² 이상인 건축공사 • 공사계약에 품질관리계획의 수립이 명시되어 있는 건설공사
품질관리 계획서 작성내용: 현장 품질방침 및 품질목표 등 26개 항목
(2) 건설공사정보 / 품질방침 및 목표 / 현장조직관리 / 문서관리 / 기록관리 / 자원관리 / 설계관리 / 공사수행준비 / 교육훈련 / 의사소통 / 자재구매관리 / 지급자재관리 / 하도급관리 / 공사관리 / 중점품질관리 / 계약변경 / 식별 및 추적 / 기자재 및 공사목적물의 보존관리 / 검사, 측정 및 시험장비의 관리 / 검사 및 시험, 모니터링 / 부적합 사항관리 / 데이터의 분석관리 / 시정 및 예방조치 / 품질감사 건설공사 운영성과 / 공사준공 및 인계

11. 다음 설명에 해당되는 알맞는 줄눈(Joint)을 적으시오.

> 콘크리트 시공과정 중 휴식시간 등으로 응결하기 시작한 콘크리트에 새로운 콘크리트를 이어칠 때 일체화가 저해되어 생기게 되는 줄눈

정답

콜드 조인트(Cold Joint)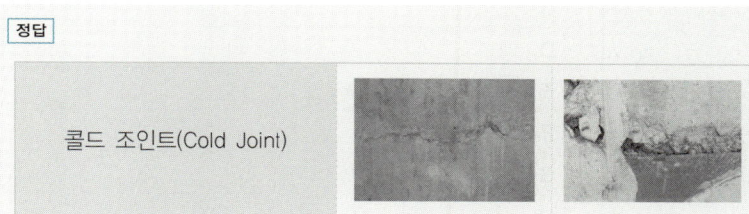

12

다음 데이터를 네트워크공정표로 작성하고, 각 작업의 여유시간을 구하시오.

작업명	작업일수	선행작업	비 고
A	5	없음	
B	6	없음	(1) 결합점에서는 다음과 같이 표시한다. 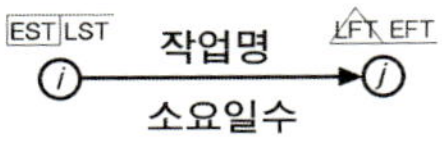
C	5	A, B	
D	7	A, B	
E	3	B	
F	4	B	(2) 주공정선은 굵은선으로 표시한다.
G	2	C, E	
H	4	C, D, E, F	

(1) 네트워크공정표

(2) 일정 및 여유시간 산정

작업명	TF	FF	DF	CP
A				
B				
C				
D				
E				
F				
G				
H				

[정답]

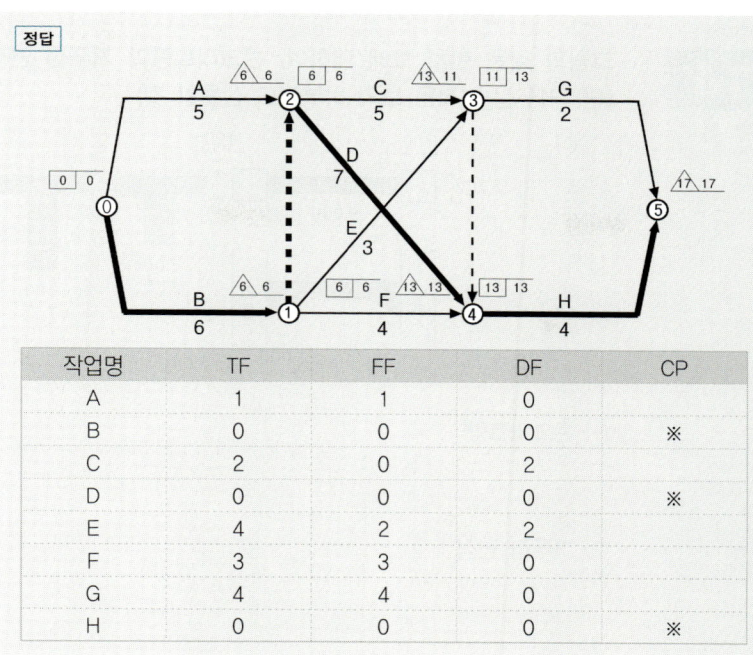

작업명	TF	FF	DF	CP
A	1	1	0	
B	0	0	0	※
C	2	0	2	
D	0	0	0	※
E	4	2	2	
F	3	3	0	
G	4	4	0	
H	0	0	0	※

배점3 □□□

13

03①, 07②, 10①, 12②, 13④, 14①, 22②

철근콘크리트공사를 하면서 철근간격을 일정하게 유지하는 이유를 3가지 쓰시오.

① _____ ② _____ ③ _____

[정답]

철근간격 유지목적

- 콘크리트 유동성 확보
- 재료분리 방지
- 소요강도 확보

구조설계기준(KDS 14 20 50): ①, ②, ③ 중 큰값

보	기둥
① 25mm 이상	① 40mm 이상
② 주철근 공칭직경 이상	② 주철근 공칭직경×1.5 이상
③ 굵은골재 최대치수의 $\frac{4}{3}$배 이상	③ 굵은골재 최대치수의 $\frac{4}{3}$배 이상

14

배점6 □□□

05①, 14①, 20③

그림과 같은 헌치 보에 대하여, 콘크리트량과 거푸집 면적을 구하시오. (단, 거푸집 면적은 보의 하부면도 산출할 것)

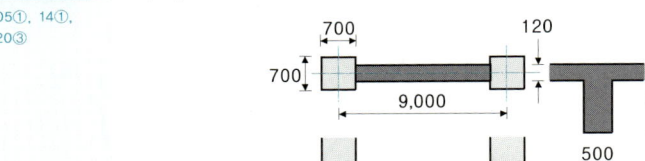
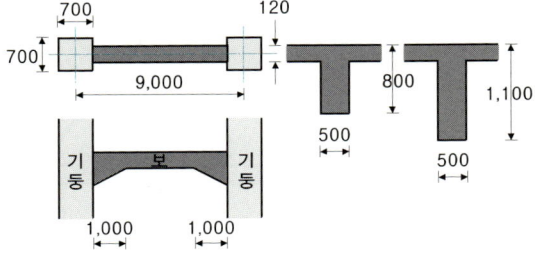

(1) 콘크리트량 :

(2) 거푸집 면적 :

정답
(1) ① 보 부분 : $0.5 \times 0.8 \times 8.3 = 3.32 \mathrm{m}^3$
② 헌치 부분 : $\left(\dfrac{1}{2} \times 0.5 \times 0.3 \times 1\right) \times 2면 = 0.15 \mathrm{m}^3$
∴ 3.32+0.15=3.47m³
(2) ① 보 옆 : $0.68 \times 8.3 \times 2면 = 11.288 \mathrm{m}^2$
② 헌치 옆 : $\left[\left(\dfrac{1}{2} \times 0.3 \times 1\right) \times 2\ 면\right] \times 2면 = 0.6 \mathrm{m}^2$
③ 보 밑 : $6.3 \times 0.5 + \sqrt{1^2 + 0.3^2} \times 0.5 \times 2 = 4.194 \mathrm{m}^2$
∴ 11.288+0.6+4.194=16.082m² ➡ 16.08m²

해설

보 콘크리트량 $V(\mathrm{m}^3)$
① $V(\mathrm{m}^3)$ = 보 폭×보 높이×보 길이
② 헌치(Haunch)가 있는 경우 그 부분만큼 가산한다.
보 거푸집량 $A(\mathrm{m}^2)$
$A(\mathrm{m}^2)$ = (기둥간 안목길이×보 높이)×2

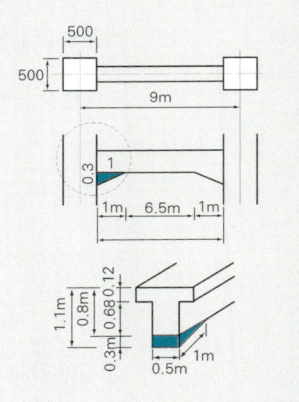

15. 지하구조물은 지하수위에서 구조물 밑면까지의 깊이만큼 부력을 받아 건물이 부상하게 되는데, 이것에 대한 방지대책을 4가지 기술하시오.

① _____ ② _____
③ _____ ④ _____

정답

부력을 받은 지하구조물의 부상 방지대책
① 유입 지하수를 강제로 펌핑(Pumping) 하여 외부로 배수
② 인접한 건물주 승인 후 인접건물에 긴결
③ 구조물의 자중을 증대시켜 부력에 대항하게 함
④ 현장시공 중 구조체에 구멍을 뚫어 지하수 유입

16. 다음 측정기별 용도를 쓰시오.

(1) Washington Meter : _____
(2) Earth Pressure Meter : _____
(3) Piezo Meter : _____
(4) Dispenser : _____

정답

(1) 콘크리트 내 공기량 측정
(2) 토압 측정
(3) 간극수압 측정
(4) AE제의 계량

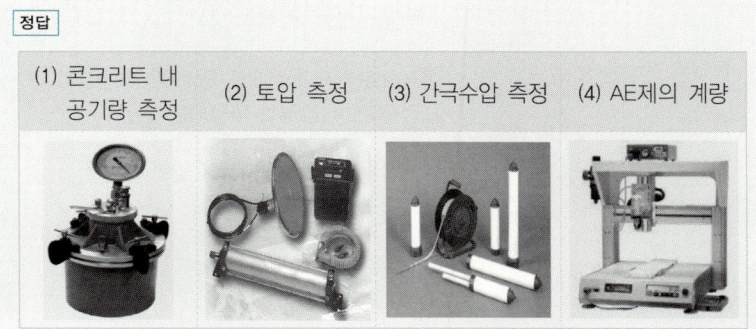

배점3 □□□

17

04②, 08②, 14①

한중콘크리트의 문제점에 대한 대책을 보기에서 골라 번호를 쓰시오.

① AE제 사용
② 응결지연제 사용
③ 보온양생
④ 물시멘트비를 60% 이하로 유지
⑤ 중용열 시멘트 사용
⑥ Pre-Cooling 방법 사용

정답 ①, ③, ④

해설

한중콘크리트(Cold Weather Concrete)

일평균 기온이 4℃ 이하의 동결위험이 있는 기간에 타설하는 콘크리트로서 물시멘트비(W/C)는 60% 이하로 하고 동결위험을 방지하기 위해 AE제를 사용해야 한다.
초기 동해의 방지에 필요한 압축강도 5MPa이 얻어지도록 가열·단열·피막 보온양생을 실시하며, 보온양생 종료 후 콘크리트가 급격히 건조 및 냉각되지 않도록 틈새 없이 덮어 양생을 계속한다.

배점3 □□□

18

14①, 17④, 18①, 20②, 20⑤, 23①

고강도 콘크리트의 폭렬현상에 대하여 설명하시오.

해설

폭렬(Exclosive Fracture)

정의	콘크리트 부재가 화재로 가열되어 표면부가 소리를 내며 급격히 파열되는 현상
방지 대책	① 내화피복을 실시하여 열의 침입을 차단한다.
	② 흡수율이 작고 내화성이 있는 골재를 사용한다.

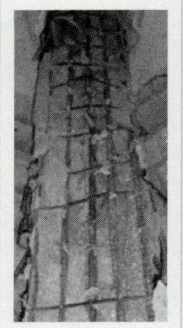

1-178

19 강구조공사에서 철골에 녹막이칠을 하지 않는 부분을 4가지 쓰시오.

① _____ ② _____
③ _____ ④ _____

정답

철골에 녹막이칠을 하지 않는 부분	
①	콘크리트에 매립되는 부분
②	조립에 의해 면맞춤 되는 부분
③	고장력볼트 접합부의 마찰면
④	용접부위 양측 100mm 이내

20 강구조공사 접합방법 중 용접의 장점을 4가지 쓰시오.

① _____ ② _____
③ _____ ④ _____

정답

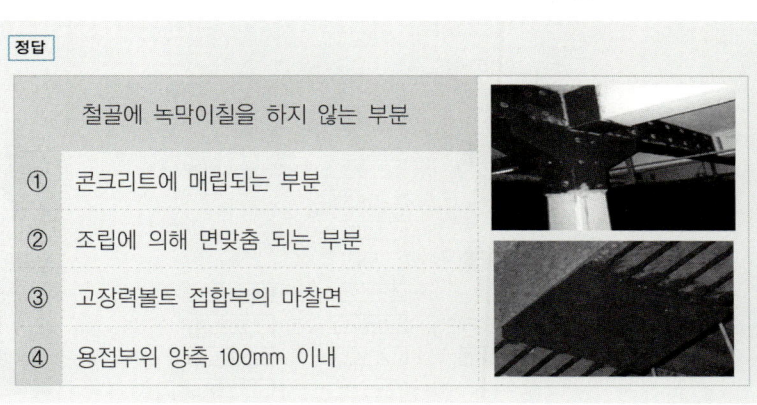

용접접합		
장점	①	응력전달이 확실하다.
	②	접합속도가 빠르다.
	③	이음처리와 작업성이 용이하다.
	④	수밀성 및 기밀성이 유리하다.
단점	①	용접공의 기량 의존도가 높다.
	②	용접부위 결함검사가 어렵다.
	③	응력집중에 민감하다.
	④	급열 및 급냉으로 인한 변형의 우려가 있다.

배점3 ☐☐☐

99④, 03①, 06②, 08①, 11①, 14①, 17④, 20①

강구조공사에서 용접부의 비파괴 시험방법의 종류를 3가지 쓰시오.

① _____ ② _____ ③ _____

> **정답** ① 방사선 투과법 ② 초음파 탐상법 ③ 자기분말 탐상법
>
> **해설**
>
> | 용접 착수 전 | 틈새 모양 |
> | 구속법 |
> | 모아대기법 | 각각의 부재를 정확한 각도와 길이를 맞추어 놓은 후 순서에 맞게 정리하여 모아 놓는 것 |
> | 용접지세 적부 |
>
> 용접 작업 중 — 용접봉 / 운봉 / 전류의 적정
>
> 용접 완료 후 — 외관검사 / 절단검사 / 비파괴검사 → 방사선투과법 / 초음파탐상법 / 자기분말탐상법 / 침투탐상법

배점4 ☐☐☐

14①

T-Tower Crane 대신 Luffing Crane을 사용해야 하는 경우를 2가지 쓰시오.

① _____

② _____

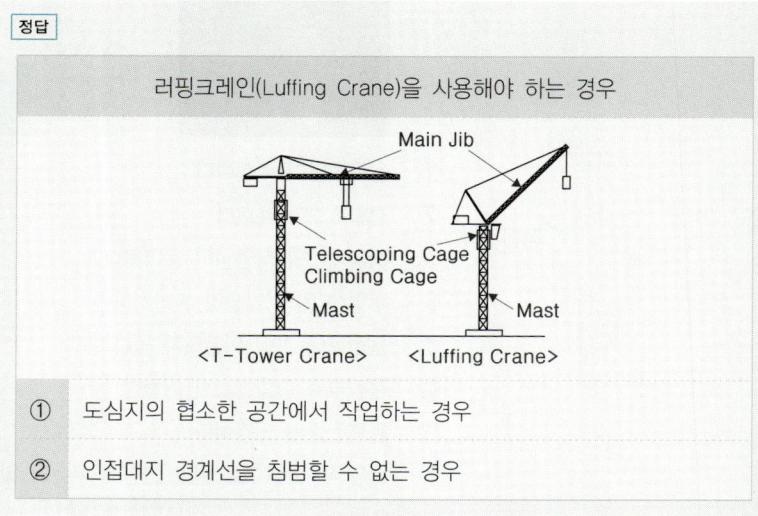

> **정답**
>
> 러핑크레인(Luffing Crane)을 사용해야 하는 경우
>
> ① 도심지의 협소한 공간에서 작업하는 경우
> ② 인접대지 경계선을 침범할 수 없는 경우

23. 강구조공사 습식 내화피복 공법의 종류를 4가지 쓰시오.

① _____   ② _____
③ _____   ④ _____

정답 ① 타설 공법 ② 뿜칠 공법 ③ 미장 공법 ④ 조적 공법

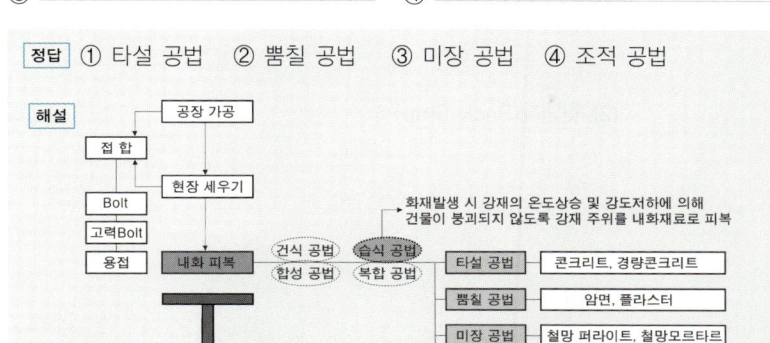

24. 목구조 횡력 보강부재를 3가지 적으시오.

① _____   ② _____   ③ _____

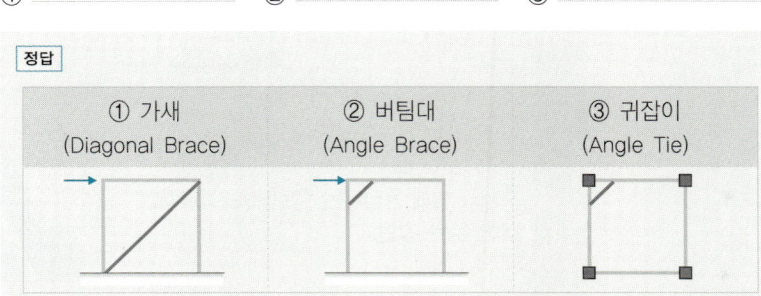

정답
① 가새 (Diagonal Brace)
② 버팀대 (Angle Brace)
③ 귀잡이 (Angle Tie)

25. 철제창호와 비교한 알루미늄 창호의 장점 2가지를 쓰시오

① _____   ② _____

정답 알루미늄(Aluminium) 창호의 특징
① 가볍고 공작이 자유롭다.
② 녹슬지 않고 내구연한이 길다.

26. 다음 용어를 설명하시오.

14①, 16②, 19④, 22②, 22④

(1) 스캘럽(Scallop) :

(2) 뒷댐재(Back Strip) :

정답

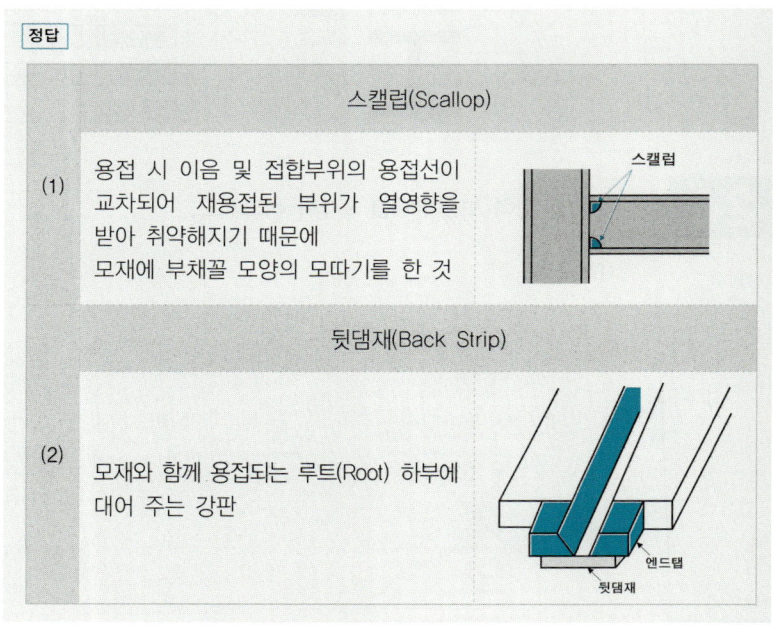

스캘럽(Scallop)

(1) 용접 시 이음 및 접합부위의 용접선이 교차되어 재용접된 부위가 열영향을 받아 취약해지기 때문에 모재에 부채꼴 모양의 모따기를 한 것

뒷댐재(Back Strip)

(2) 모재와 함께 용접되는 루트(Root) 하부에 대어 주는 강판

제2회 2014

건축기사 과년도 기출문제

배점4

01 건축공사표준시방서에 따른 경질 석재의 물갈기 마감공정을 순서대로 적으시오.

① _____ ② _____
③ _____ ④ _____

[정답]

경질 석재 물갈기 마감공정

거친갈기 → 물갈기 → 본갈기 → 정갈기

배점3

02 철근공사에서 철근 선조립 공법의 시공적인 측면에서의 장점 3가지를 쓰시오.

① _____ ② _____ ③ _____

[정답]

철근 선조립 공법
① 시공 정밀도 향상
② 현장 노동력 절감 및 공기단축
③ 품질향상 및 품질관리 용이

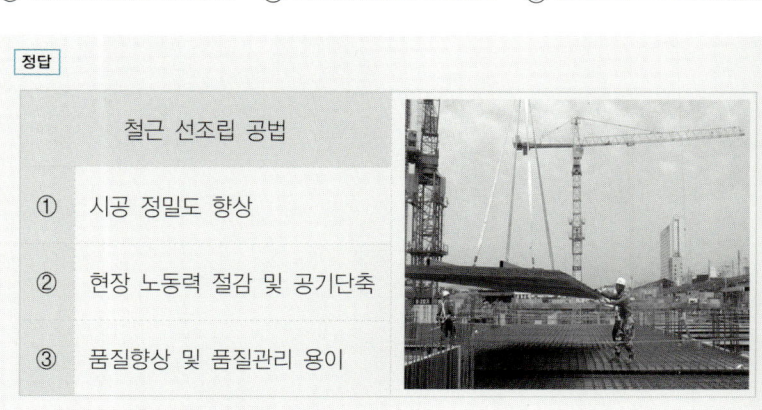

03 미장공사에서 사용되는 다음 용어를 설명하시오.

(1) 손질바름 :

(2) 실러(Sealer)바름 :

> **정답**
>
> | 미장공사 관련 주요용어 | |
> |---|---|
> | 바탕처리 | 요철 또는 변형이 심한 개소를 고르게 손질바름하여 마감 두께가 균등하게 되도록 조정하고 균열 등을 보수하는 것 |
> | 덧먹임 | 바르기의 접합부 또는 균열의 틈새, 구멍 등에 반죽된 재료를 밀어 넣어 때워주는 것 |
> | 손질바름 | 콘크리트(블록) 바탕에서 초벌바름 전에 마감두께를 균등하게 할 목적으로 모르타르 등으로 미리 요철을 조정하는 것 |
> | 실러바름 | 바탕의 흡수 조정, 바름재와 바탕과의 접착력 증진 등을 위해 합성수지 에멀션 희석액 등을 바탕에 바르는 것 |

04 콘크리트 소성수축균열(Plastic Shrinkage Crack)에 관하여 설명하시오.

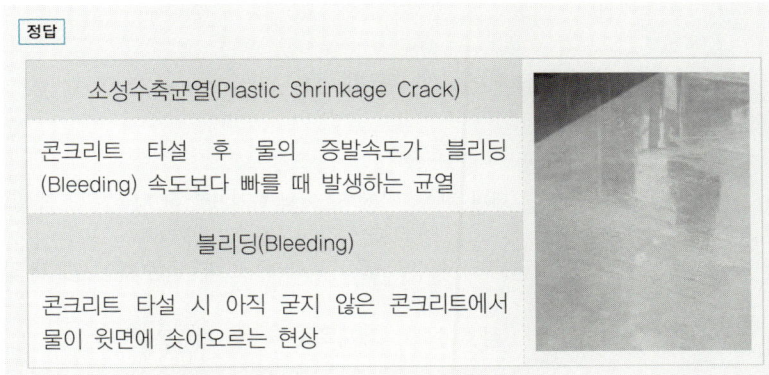

> **정답**
>
> **소성수축균열(Plastic Shrinkage Crack)**
> 콘크리트 타설 후 물의 증발속도가 블리딩(Bleeding) 속도보다 빠를 때 발생하는 균열
>
> **블리딩(Bleeding)**
> 콘크리트 타설 시 아직 굳지 않은 콘크리트에서 물이 윗면에 솟아오르는 현상

콘크리트 타설 중 가수하여 물시멘트비가 큰 콘크리트로 시공하였을 경우 예상되는 결점을 4가지 쓰시오.

① _____
② _____
③ _____
④ _____

정답

콘크리트 타설 시 현장 가수(加水)로 인한 문제점	
① 콘크리트 강도저하	
② 내구성, 수밀성 저하	
③ 재료분리 및 블리딩 현상 증가	
④ 건조수축 및 침강균열 증가	

다음 빈칸에 해당하는 용어를 쓰시오.

목공사에서 목재 단면을 표시한 지정치수는 특기가 없을 때는 구조재, 수장재 모두 (①)치수로 하고, 창호재, 가구재는 (②)치수로 한다.
따라서 제재목의 실제치수는 톱날두께 만큼 작아지고, 이를 다시 대패질 마무리하면 더욱 줄어든다.

① _____ ② _____

정답 ① 제재 ② 마무리

해설

(1)	제재 치수	제재소에서 톱켜기로 한 치수, 구조재 및 수장재에 적용
(2)	마무리 치수	톱질 및 대패질로 마무리한 치수, 창호재 및 가구재에 적용
(3)	정 치수	제재목을 지정된 치수로 한 것

배점3 ☐☐☐

04②, 07④, 14②

07 원가계산과 관련된 다음 설명에 알맞은 용어를 쓰시오.

(1) 공사과정에서 발생하는 재료비, 노무비, 경비의 합계액

(2) 기업의 유지를 위한 관리활동 부분에서 발생하는 제비용

(3) 공사계약 목적물을 완성하기 위하여 직접 작업에 종사하는 종업원 및 기능공에 제공되는 노동력의 댓가

(1) _____ (2) _____ (3) _____

정답 (1) 공사원가 (2) 일반관리비 (3) 직접노무비

해설

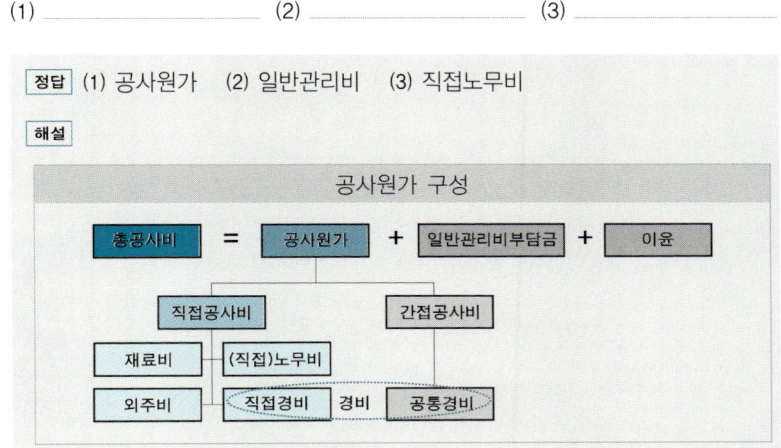

배점4 ☐☐☐

01①, 04①, 11④, 14②, 19①, 23④

08 숏크리트(Shotcrete) 공법의 정의를 기술하고, 그에 대한 장·단점을 1가지씩 쓰시오.

(1) 숏크리트 :

(2) 장점 :

(3) 단점 :

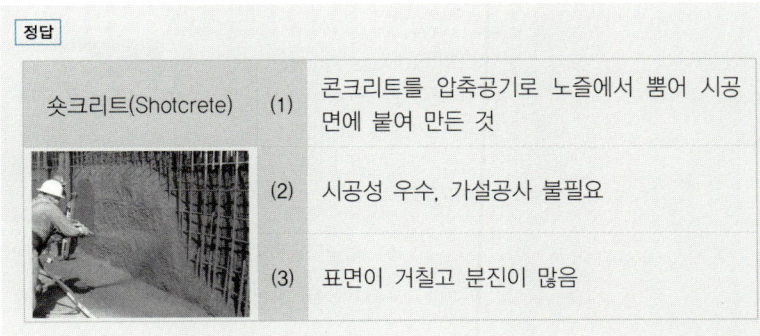

배점3 □□□
10④, 14②, 22①

Ready Mixed Concrete가 현장에 도착하여 타설될 때 시공자가 현장에서 일반적으로 행하여야 하는 품질관리 항목을 보기에서 모두 골라 기호로 쓰시오.

① Slump 시험
② 물의 염소이온량 측정
③ 골재의 반응성
④ 공기량 시험
⑤ 압축강도 측정용 공시체 제작
⑥ 시멘트의 알칼리량

정답 ①, ④, ⑤

해설

레디믹스트 콘크리트(Ready Mixed Concrete, 레미콘) 현장 품질 확인사항

- 염화물 함유량 시험
- 공기량 시험
- 슬럼프(Slump) 시험
- 공시체 압축강도 시험
- 온도측정
- 레미콘 제조시간

배점4 □□□
08④, 14②, 18④, 19④

언더피닝 공법을 시행하는 목적과 그 공법의 종류를 2가지 쓰시오.

(1) 목적 :

(2) 공법의 종류

① _____ ② _____

정답

언더피닝(Under Pinning)

기존 건축물의 기초를 보강하거나 새로운 기초를 설치하여 기존 건축물을 보호하는 보강공사 방법

공법의 종류	• 이중널말뚝박기 공법	• 현장타설콘크리트말뚝 공법
	• 강재말뚝 공법	• 약액주입 공법

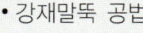

11

강구조 내화피복 공법의 종류에 따른 재료를 각각 2가지씩 쓰시오.

공 법	재 료	
타설공법	①	②
조적공법	③	④
미장공법	⑤	⑥

① _____ ② _____

③ _____ ④ _____

⑤ _____ ⑥ _____

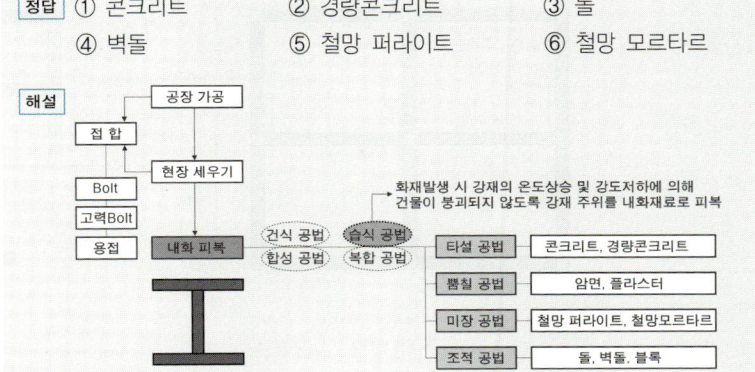

정답 ① 콘크리트 ② 경량콘크리트 ③ 돌 ④ 벽돌 ⑤ 철망 퍼라이트 ⑥ 철망 모르타르

12

밀도 2.65g/cm^3, 단위체적질량이 $1,600\text{kg/m}^3$인 골재가 있다. 이 골재의 공극률(%)을 구하시오.

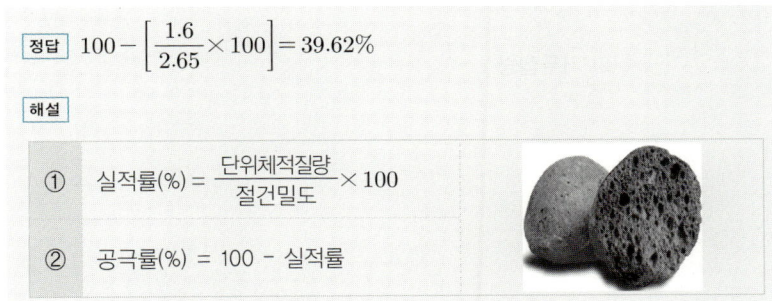

정답 $100 - \left[\dfrac{1.6}{2.65} \times 100\right] = 39.62\%$

해설

① 실적률(%) = $\dfrac{\text{단위체적질량}}{\text{절건밀도}} \times 100$

② 공극률(%) = 100 − 실적률

배점10 □□□

13

10②, 14②, 20①, 23④

다음 그림은 철근콘크리트조 경비실 건물이다. 주어진 평면도 및 단면도를 보고 C_1, G_1, G_2, S_1 에 해당되는 부분의 1층과 2층 콘크리트량과 거푸집량을 산출하시오.

> 단, 1) 기둥 단면 (C_1) : 30cm × 30cm
> 　　2) 보 단면 (G_1, G_2) : 30cm × 60cm
> 　　3) 슬래브 두께 (S_1) : 13cm
> 　　4) 층고 : 단면도 참조
> 단, 단면도에 표기된 1층 바닥선 이하는 계산하지 않는다.

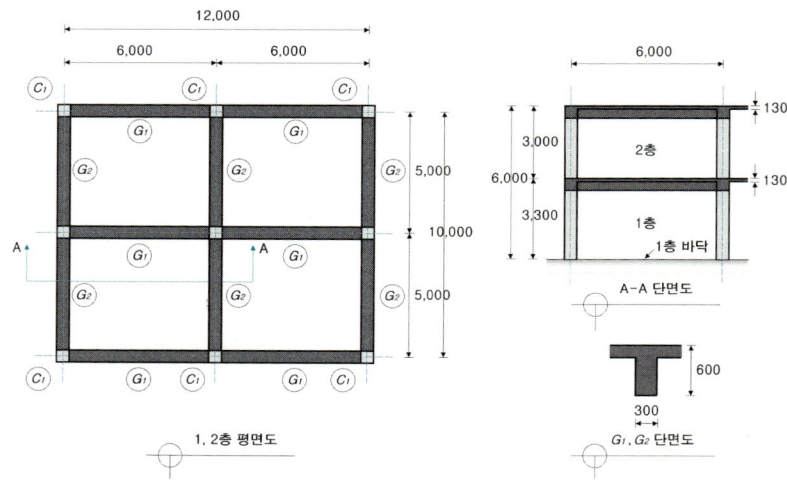

(1) 콘크리트량 :

(2) 거푸집량 :

정답

(1) 콘크리트량
① 기둥(C_1) 1층 : $(0.3 \times 0.3 \times 3.17) \times 9$개 $= 2.567$
　　　　　　2층 : $(0.3 \times 0.3 \times 2.87) \times 9$개 $= 2.324$
② 보(G_1) : 1층+2층 : $(0.3 \times 0.47 \times 5.7) \times 12$개 $= 9.644$
　　보(G_2) : 1층+2층 : $(0.3 \times 0.47 \times 4.7) \times 12$개 $= 7.952$
③ 슬래브(S_1) : 1층+2층 :
　　$(12.3 \times 10.3 \times 0.13) \times 2$개 $= 32.939$
④ 합계 : $2.567 + 2.324 + 9.644 + 7.592 + 32.939 = 55.426$
➡ 55.43m^3

(2) 거푸집량
① 기둥(C_1) 1층 : $(0.3 + 0.3) \times 2 \times 3.17 \times 9$개 $= 34.236$
　　　　　　2층 : $(0.3 + 0.3) \times 2 \times 2.87 \times 9$개 $= 30.996$
② 보(G_1) 1층+2층 : $(0.47 \times 5.7 \times 2) \times 12$개 $= 64.296$
　　보(G_2) 1층+2층 : $(0.47 \times 4.7 \times 2) \times 12$개 $= 53.016$
③ 슬래브(S_1) 1층+2층 :
　　$[(12.3 \times 10.3) + (12.3 + 10.3) \times 2 \times 0.13] \times 2$개 $= 265.132$
④ 합계 :
　　$34.236 + 30.996 + 64.296 + 53.016 + 265.132 = 447.676$
➡ 447.68m^2

14 SPS(Strut as Permanent System) 공법의 특징을 4가지 쓰시오.

① _____　② _____
③ _____　④ _____

정답

SPS
(Strut as Permanent System,
영구 구조물 흙막이 버팀대)

흙막이 버팀대(Strut)를 가설재로 사용하지 않고 굴토 중에는 토압을 지지하고, 슬래브 타설 후에는 수직하중을 지지하는 공법

① 가설지지체 설치 및 해체공정 불필요
② 작업공간의 확보 유리
③ 지반의 상태와 관계없이 시공 가능
④ 지상 공사와 병행이 가능하여 공기단축 가능

15

다음 설명에 해당하는 보링 방법을 쓰시오.

① 충격날을 60~70cm 정도 낙하시키고 그 낙하충격에 의해 파쇄된 토사를 퍼내어 지층상태를 판단하는 방법
② 충격날을 회전시켜 천공하므로 토층이 흐트러질 우려가 적은 방법
③ 오거를 회전시키면서 지중에 압입, 굴착하고 여러 번 오거를 인발하여 교란시료를 채취하는 방법
④ 깊이 30m 정도의 연질층에 사용하며, 외경 50~60mm 관을 이용, 천공하면서 흙과 물을 동시에 배출시키는 방법

① _____ ② _____
③ _____ ④ _____

정답

① 충격식 (Percussion) 보링
② 회전식 (Rotary) 보링
③ 오거 (Auger) 보링
④ 수세식 (Wash) 보링

16

PERT 기법에 의한 기대시간(Expected Time)을 구하시오.

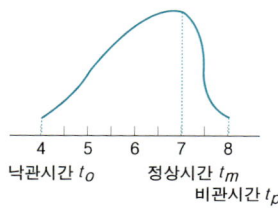

낙관시간 t_o 정상시간 t_m 비관시간 t_p

정답

PERT 3점추정식

$$T_e = \frac{t_o + 4t_m + t_p}{6}$$

$$T_e = \frac{4 + 4 \times 7 + 8}{6} = 6.67$$

T_e : 기대시간, t_o : 낙관시간
t_m : 정상시간, t_p : 비관시간

17 기성말뚝의 타격공법에서 주로 사용하는 디젤해머(Diesel Hammer)의 장점을 3가지 쓰시오.

① _____
② _____
③ _____

정답

기성콘크리트말뚝 타입공법(타격공법, 직타공법)		
장점	①	타격속도가 빠르다.
	②	경비가 저렴하며 기동성 우수
	③	운전이 간단하며 시공성 우수
단점	①	말뚝이 파손될 우려가 있다.
	②	타격음이 크고 비산이 따른다.
	③	연약지반에서는 비효율적이다.

18 목재의 방부처리방법을 3가지 쓰고 간단히 설명하시오.

① _____
② _____
③ _____

정답

목재 방부처리법		
①	도포법	목재를 충분히 건조시킨 후 균열이나 이음부 등에 솔 등으로 방부제를 도포하는 방법
②	주입법	압력용기 속에 목재를 넣어 고압 하에서 방부제를 주입하는 방법
③	침지법	방부제 용액 중에 목재를 몇 시간 또는 며칠 동안 침지하는 방법

19. 다음 데이터를 네트워크공정표로 작성하고, 각 작업의 여유시간을 구하시오.

작업명	작업일수	선행작업	비 고
A	5	없음	(1) 결합점에서는 다음과 같이 표시한다.
B	6	없음	
C	5	A, B	
D	7	A, B	
E	3	B	
F	4	B	(2) 주공정선은 굵은선으로 표시한다.
G	2	C, E	
H	4	C, D, E, F	

(1) 네트워크공정표

(2) 일정 및 여유시간 산정

작업명	TF	FF	DF	CP
A				
B				
C				
D				
E				
F				
G				
H				

정답

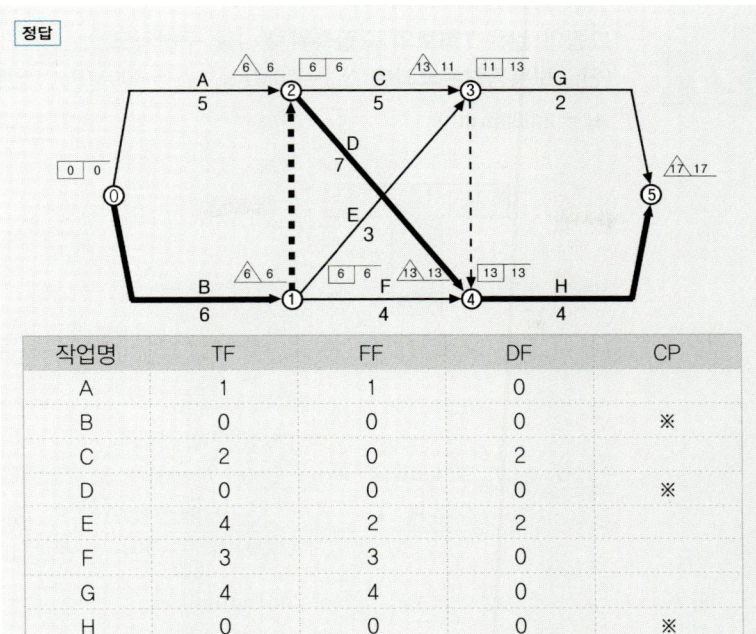

작업명	TF	FF	DF	CP
A	1	1	0	
B	0	0	0	※
C	2	0	2	
D	0	0	0	※
E	4	2	2	
F	3	3	0	
G	4	4	0	
H	0	0	0	※

20

보통골재를 사용한 $f_{ck} = 30\text{MPa}$인 콘크리트의 탄성계수를 구하시오.

정답 (1) $f_{ck} \leq 40\text{MPa}$ ➡ $\Delta f = 4\text{MPa}$

(2) $E_c = 8{,}500 \cdot \sqrt[3]{f_{ck} + \Delta f} = 8{,}500 \cdot \sqrt[3]{(30)+(4)} = 27{,}536.7\text{MPa}$

해설

(1)	탄성계수	철근	\multicolumn{2}{c}{$E_s = 200{,}000\,(\text{MPa})$}	

(1)	탄성계수	콘크리트	$E_c = 8{,}500 \cdot \sqrt[3]{f_{cm}}$		
			콘크리트 평균압축강도 $f_{cm} = f_{ck} + \Delta f(\text{MPa})$		
			$f_{ck} \leq 40\text{MPa}$	$40 < f_{ck} < 60$	$f_{ck} \geq 60\text{MPa}$
			$\Delta f = 4\text{MPa}$	$\Delta f =$ 직선 보간	$\Delta f = 6\text{MPa}$
(2)	탄성계수비		$n = \dfrac{E_s}{E_c} = \dfrac{200{,}000}{8{,}500 \cdot \sqrt[3]{f_{cm}}} = \dfrac{200{,}000}{8{,}500 \cdot \sqrt[3]{f_{ck} + \Delta f}}$		

21

그림과 같은 T형보의 중립축위치(c)를 구하시오.
(단, 보통중량콘크리트 $f_{ck}=30\text{MPa}$, $f_y=400\text{MPa}$, 인장철근 단면적 $A_s=2,000\text{mm}^2$)

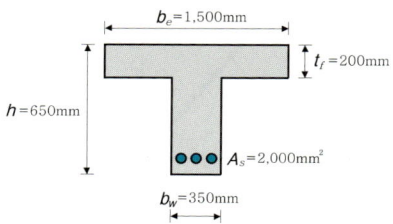

정답 (1) $f_{ck} \le 40\text{MPa}$ ➡ $\eta = 1.00$, $\beta_1 = 0.80$

(2) $a = \dfrac{A_s \cdot f_y}{\eta(0.85f_{ck}) \cdot b} = \dfrac{(2,000)(400)}{(1.00)(0.85 \times 30)(1,500)} = 20.92\text{mm}$

$c = \dfrac{a}{\beta_1} = \dfrac{(20.92)}{(0.80)} = 26.15\text{mm}$

해설

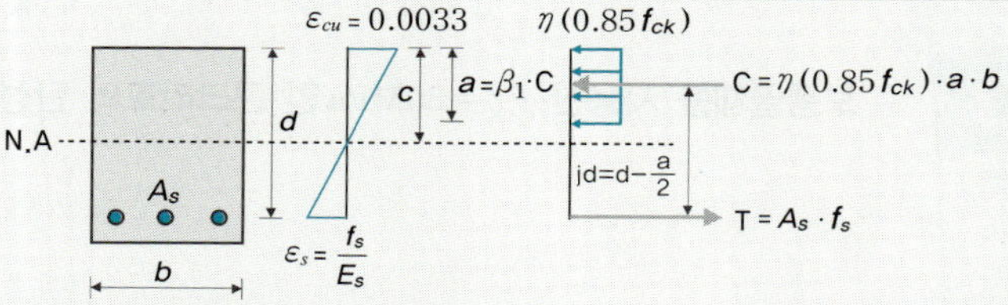

	① 단철근보 :	② T형보 :
(1) 압축응력 등가블록 깊이 a	$a = \dfrac{A_s \cdot f_y}{\eta(0.85f_{ck}) \cdot b}$	$a = \dfrac{A_s \cdot f_y}{\eta(0.85f_{ck}) \cdot b_e}$
	A_s	휨부재의 인장철근량, mm^2
	f_y	철근의 설계기준항복강도, MPa
	f_{ck}	콘크리트의 설계기준압축강도, MPa
	b	단철근보의 압축면의 유효폭, mm
	b_e	T형보의 유효폭, mm
(2) 중립축거리 $c = \dfrac{a}{\beta_1}$	η	콘크리트 등가 직사각형 압축응력블록의 크기를 나타내는 계수 $f_{ck} \le 40\text{MPa}$ ➡ $\eta = 1.00$
	β_1	콘크리트 등가 직사각형 압축응력블록의 깊이를 나타내는 계수 $f_{ck} \le 40\text{MPa}$ ➡ $\beta_1 = 0.80$

22 그림과 같은 철근콘크리트 단순보에서 계수집중하중(P_u)의 최댓값(kN)을 구하시오. (단, 보통중량콘크리트 $f_{ck}=28\text{MPa}$, $f_y=400\text{MPa}$, 인장철근 단면적 $A_s=1{,}500\text{mm}^2$, 휨에 대한 강도감소계수 $\phi=0.85$를 적용한다.)

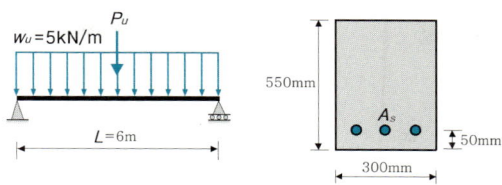

정답 (1) $a=\dfrac{A_s \cdot f_y}{\eta(0.85f_{ck})b}=\dfrac{(1{,}500)(400)}{(1.00)(0.85\times 28)(300)}=84.03\text{mm}$

(2) $\phi M_n = \phi A_s \cdot f_y \cdot \left(d-\dfrac{a}{2}\right)=(0.85)(1{,}500)(400)\left((500)-\dfrac{(84.03)}{2}\right)$

$=233{,}572{,}350\text{N}\cdot\text{mm}=233.572\text{kN}\cdot\text{m}$

(3) $M_u=\dfrac{P_u\cdot L}{4}+\dfrac{w_u\cdot L^2}{8}=\dfrac{P_u(6)}{4}+\dfrac{(5)(6)^2}{8}$

(4) $M_u \leq \phi M_n$ 으로부터 $\dfrac{P_u(6)}{4}+\dfrac{(5)(6)^2}{8}\leq 233.572$ 이므로

$P_u \leq \ 140.715\text{kN}$

해설

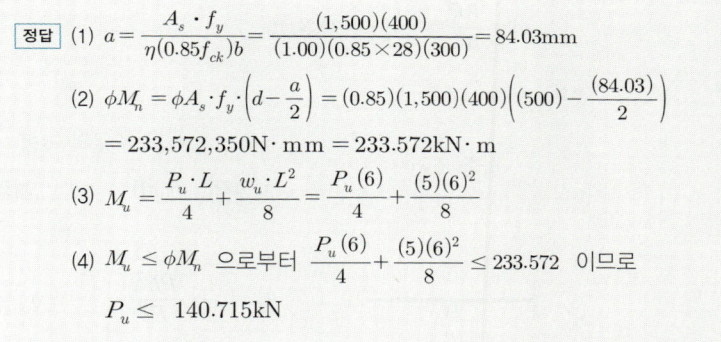

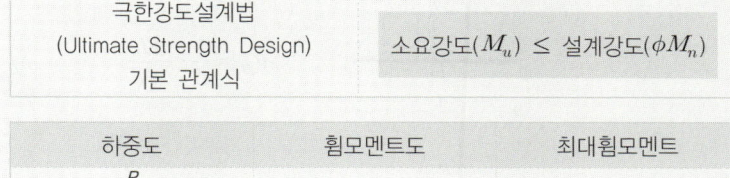

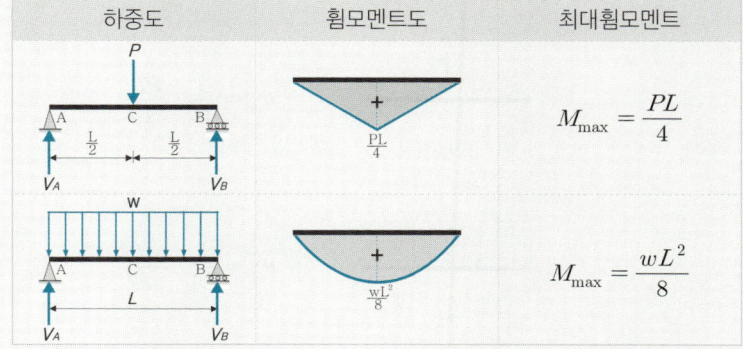

그림과 같은 캔틸레버 보의 자유단 B점의 처짐이 0이 되기 위한 등분포 하중 $w(\text{kN/m})$의 크기를 구하시오. (단, 경간 전체의 휨강성 EI는 일정)

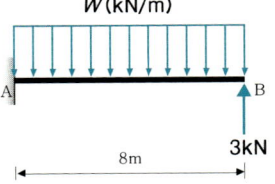

정답 $\delta_B = \dfrac{wL^4}{8EI} - \dfrac{PL^3}{3EI} = 0$ 으로부터 $3wL^4 = 8PL^3$ 이므로

$w = \dfrac{8P}{3L} = \dfrac{8(3)}{3(8)} = 1\text{kN/m}$

해설

하중 조건	구조물의 변형	
	처짐각(θ, rad)	처짐(δ, mm)
캔틸레버 집중하중 (길이 L, 자유단 P)	$\theta_B = \dfrac{1}{2} \cdot \dfrac{PL^2}{EI}$	$\delta_B = \dfrac{1}{3} \cdot \dfrac{PL^3}{EI}$
캔틸레버 등분포하중 w	$\theta_B = \dfrac{1}{6} \cdot \dfrac{wL^3}{EI}$	$\delta_B = \dfrac{1}{8} \cdot \dfrac{wL^4}{EI}$
단순보 중앙 집중하중 P	$\theta_A = \dfrac{1}{16} \cdot \dfrac{PL^2}{EI}$	$\delta_C = \dfrac{1}{48} \cdot \dfrac{PL^3}{EI}$
단순보 등분포하중 w	$\theta_A = \dfrac{1}{24} \cdot \dfrac{wL^3}{EI}$	$\delta_C = \dfrac{5}{384} \cdot \dfrac{wL^4}{EI}$

고장력볼트로 접합된 큰보와 작은보의 접합부의 사용성한계상태에 대한 설계미끄럼강도를 계산하여 $V=450\text{kN}$의 사용하중에 대해 볼트 개수가 적절한지 검토하시오. (단, 사용 고장력볼트는 M22(F10T), 필러를 사용하지 않는 경우이며, 표준구멍을 적용하고, 설계볼트장력 $T_o = 200\text{kN}$, 미끄럼계수 $\mu=0.5$, 고장력볼트 설계미끄럼강도 $\phi R_n = \phi \cdot \mu \cdot h_f \cdot T_o \cdot N_s$ 식으로 검토한다.)

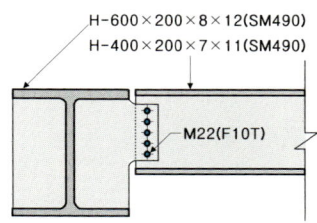

정답 $\phi R_n = (1.0)(0.5)(1.0)(200)(1) \times 5\text{개} = 500\text{kN}$
500kN ≥ 450kN 이므로 고장력볼트의 개수는 적절하다.

해설

고장력볼트 설계미끄럼강도		$\phi R_n = \phi \cdot \mu \cdot h_f \cdot T_o \cdot N_s$
ϕ	설계저항계수	표준구멍 1.0, 대형구멍과 단슬롯구멍 0.85, 장슬롯구멍 0.70
μ	미끄럼계수	페인트 칠하지 않은 블라스트 청소된 마찰면 = 0.5
h_f	필러(Filler) 계수	$h_f = 1.0$: 필러를 사용하지 않는 경우, 필러 내 하중의 분산을 위하여 볼트를 추가한 경우, 필러 내 하중의 분산을 위해 볼트를 추가하지 않은 경우로서 접합되는 재료 사이에 한 개의 필러가 있는 경우
		$h_f = 0.85$: 필러 내 하중의 분산을 위해 볼트를 추가하지 않은 경우로서 접합되는 재료 사이에 2개 이상의 필러가 있는 경우
T_o	설계볼트장력(kN)	
N_s	전단면의 수 (Number of Shear Plane)	1면 전단 / 2면 전단

그림과 같은 용접부의 기호에 대해 기호의 수치를 모두 표기하여 제작 상세를 표시하시오.

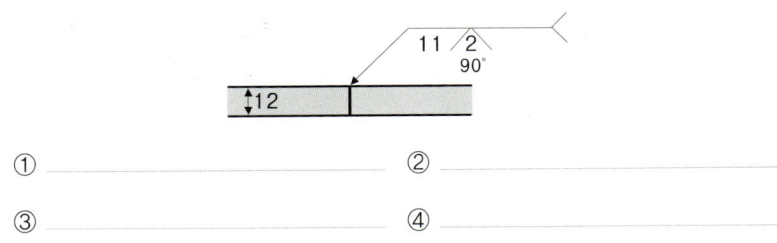

① _____ ② _____

③ _____ ④ _____

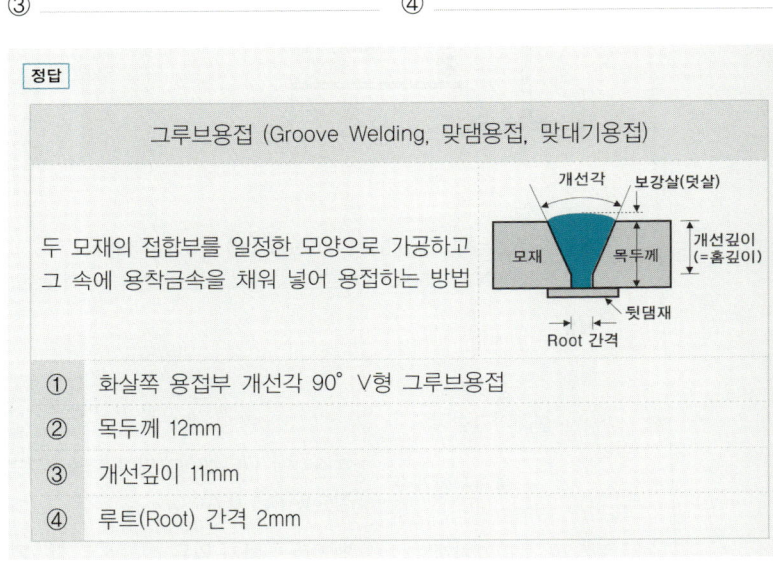

① 화살쪽 용접부 개선각 90° V형 그루브용접
② 목두께 12mm
③ 개선깊이 11mm
④ 루트(Root) 간격 2mm

memo

01

배점2

TQC에 이용되는 다음 도구를 설명하시오.

(1) 특성요인도 :

(2) 산점도 :

정답

(1) 특성요인도 (Characteristics diagram))	(2) 산점도 (Scatter Diagram, 산포도)
결과에 어떤 원인이 관계하는지를 알 수 있도록 작성한 그림	대응되는 두 개의 짝으로 된 데이터를 하나의 점으로 나타낸 그림

02

배점4

BOT(Build-Operate-Transfer) 방식을 설명하시오.

정답

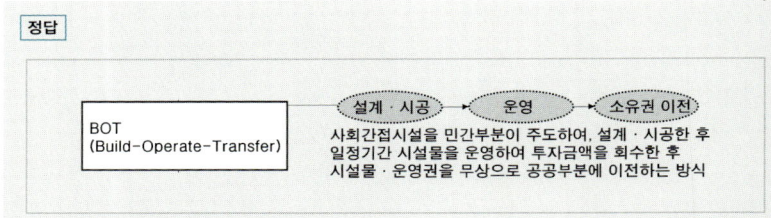

03 건설공사의 원가절감기법 중 Value Engineering의 사고방식 4가지를 쓰시오.

98①, 11④, 14④, 20③

① _____ ② _____

③ _____ ④ _____

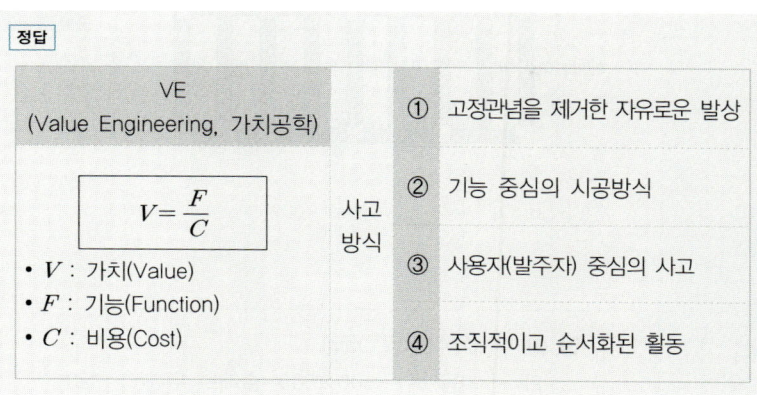

04 x축에 대한 단면2차모멘트를 계산하시오.

14④

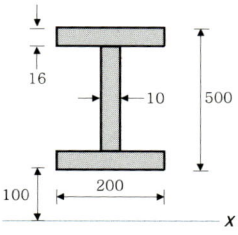

정답
$$I_x = \frac{(200)(16)^3}{12} + (200 \times 16)(592)^2$$
$$+ \frac{(10)(468)^3}{12} + (10 \times 468)(350)^2 + \frac{(200)(16)^3}{12} + (200 \times 16)(108)^2$$
$$= 1.81767 \times 10^9 \,\text{mm}^4$$

해설

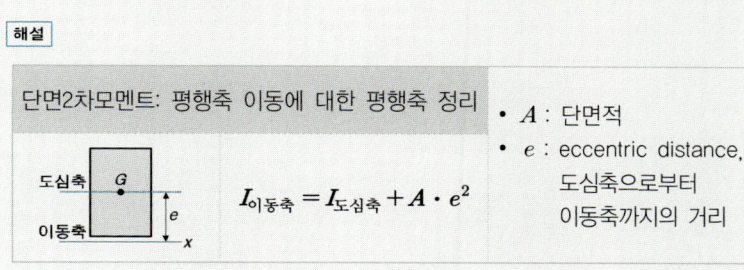

1-203

05

아래 그림에서 한 층 분의 콘크리트량과 거푸집량을 산출하시오.

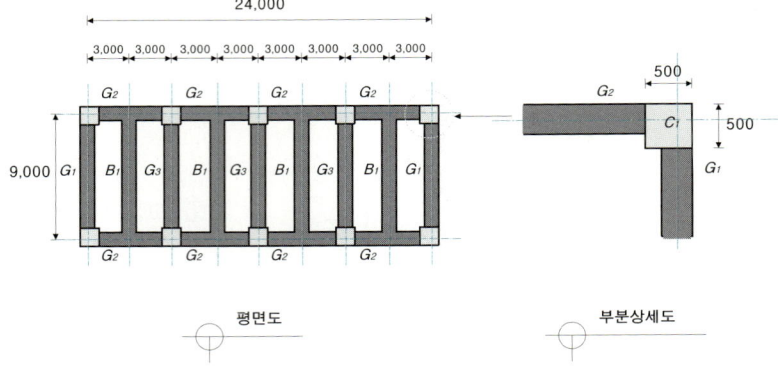

평면도   부분상세도

단, 1) 부재치수(단위 : mm)
2) 전 기둥(C_1) : 500×500, 슬래브 두께(t) : 120
3) G_1, G_2 : 400×600(b×D), G_3 : 400×700, B_1 : 300×600
4) 층고 : 4,000

(1) 콘크리트량 :

(2) 거푸집량 :

[정답]

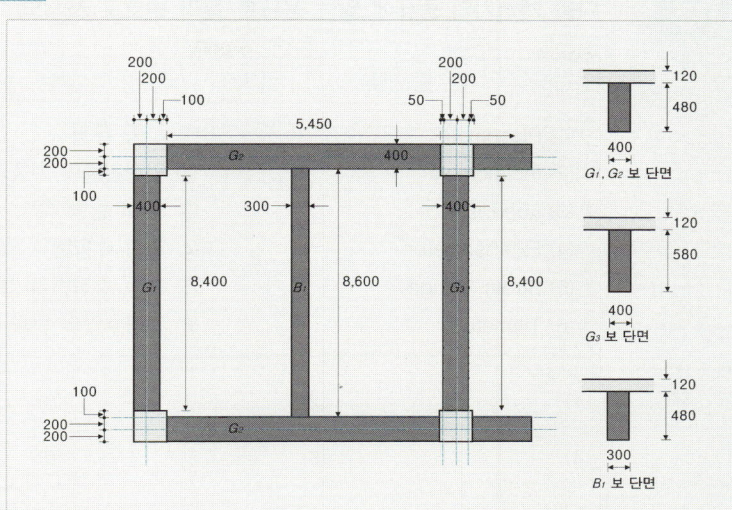

(1) 콘크리트량
 ① 기둥(C_1) : $[0.5 \times 0.5 \times (4-0.12)] \times 10개 = 9.7$
 ② 보 (G_1) : $[0.4 \times 0.48 \times (9-0.6)] \times 2개 = 3.226$
 ③ 보 (G_2) : $[(0.4 \times 0.48 \times 5.45) \times 4개]$
   $+ [(0.4 \times 0.48 \times 5.5) \times 4개] = 8.409$
 ④ 보 (G_3) : $(0.4 \times 0.58 \times 8.4) \times 3개 = 5.846$
 ⑤ 보 (B_1) : $(0.3 \times 0.48 \times 8.6) \times 4개 = 4.953$
 ⑥ 슬래브 : $9.4 \times 24.4 \times 0.12 = 27.523$
 ⑦ 합계 : $9.7 + 3.226 + 8.409 + 5.846 + 4.953 + 27.523$
   $= 59.657 \Rightarrow 59.66 \text{m}^3$

(2) 거푸집량
 ① 기둥 (C_1) : $[(0.5+0.5) \times 2 \times 3.88] \times 10개 = 77.6$
 ② 보 (G_1) : $(0.48 \times 2 \times 8.4) \times 2개 = 16.128$
 ③ 보 (G_2) : $[(0.48 \times 5.45 \times 2) \times 4개]$
   $+ [(0.48 \times 5.5 \times 2) \times 4개] = 42.048$
 ④ 보 (G_3) : $(0.58 \times 8.4 \times 2) \times 3개 = 29.232$
 ⑤ 보 (B_1) : $(0.48 \times 8.6 \times 2) \times 4개 = 33.024$
 ⑥ 슬래브 : $(9.4 \times 24.4) + (9.4 + 24.4) \times 2 \times 0.12 = 237.47$
 ⑦ 합계 : $77.6 + 16.128 + 42.048 + 29.232 + 33.024 + 237.47$
   $= 435.502 \Rightarrow 435.50 \text{m}^2$

06. 다음 계측기의 종류에 맞는 용도를 골라 번호로 쓰시오.

종 류	용 도
(1) Piezometer	① 하중 측정
(2) Inclinometer	② 인접건물의 기울기도 측정
(3) Load Cell	③ Strut 변형 측정
(4) Extensometer	④ 지중 수평변위 측정
(5) Strain Gauge	⑤ 지중 수직변위 측정
(6) Tiltmeter	⑥ 간극수압의 변화 측정

(1) _____   (2) _____   (3) _____

(4) _____   (5) _____   (6) _____

정답

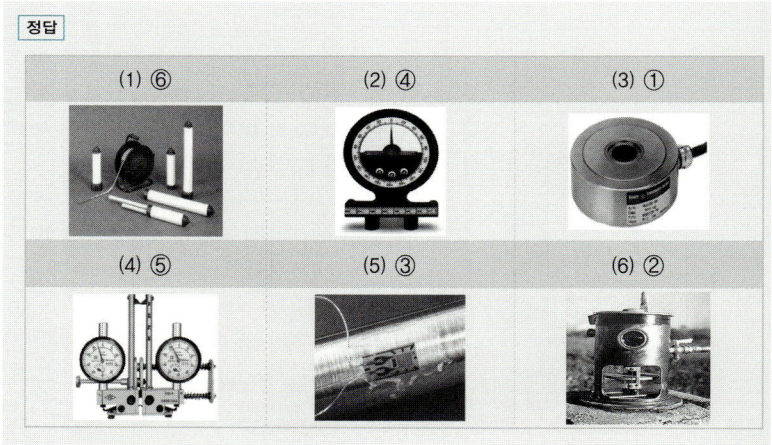

(1) ⑥   (2) ④   (3) ①
(4) ⑤   (5) ③   (6) ②

07. 그림에서 제시하는 볼트의 전단파괴에 대한 명칭을 쓰시오.

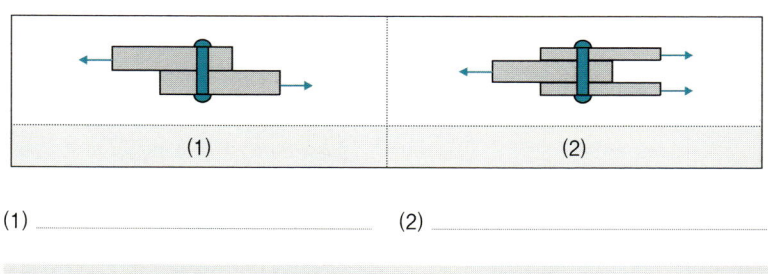

(1) _____   (2) _____

정답 (1) 1면전단파괴   (2) 2면전단파괴

1-206

08. 토질 종류와 지반의 허용응력도에 관해 ( ) 안을 채우시오.

(1) 장기허용지내력도
  ① 경암반 : (　　　　　)KN/m²
  ② 연암반 : (　　　　　)KN/m²
  ③ 자갈과 모래의 혼합물 : (　　　　　)KN/m²
  ④ 모래 : (　　　　　)KN/m²

(2) 단기허용지내력도 = 장기허용지내력도×(　　　　　)

정답 (1) ① 4,000 ② 1,000~2,000 ③ 200 ④ 100
(2) 1.5

해설

	지 반	장기	단기
허용지내력 (kN/m², kPa)	경암반	화성암 및 굳은 역암 등	4,000	장기×1.5
	연암반	판암, 편암 등의 수성암	2,000	
		혈암, 토단반 등의 암반	1,000	
	자갈		300	
	자갈과 모래의 혼합물		200	
	모래섞인 점토 또는 롬토		150	
	모래, 점토		100	

09. 커튼월 공사에서 구조체의 층간변위, 커튼월의 열팽창, 변위 등을 해결하기 위한 긴결방법 3가지를 쓰시오.

①　　　　　　　②　　　　　　　③

정답 ① 수평이동 방식 ② 고정 방식 ③ 회전 방식

해설

Fastener 설치목적	구조체의 층간변위, 커튼월의 열팽창, 변위 등을 해결
Fastener 설치방식	① 수평이동 방식(Sliding Type)
	② 고정 방식(Fixed Type)
	③ 회전 방식(Locking Type)

배점4 □□□

10

00①, 04④,
05①, 09②,
12②, 14④,
17②, 18④,
20②

프리스트레스트 콘크리트(Pre-Stressed Concrete)의 프리텐션(Pre-Tension) 방식과 포스트텐션(Post-Tension) 방식에 대하여 설명하시오.

(1) Pre-Tension 공법 :

(2) Post-Tension 공법 :

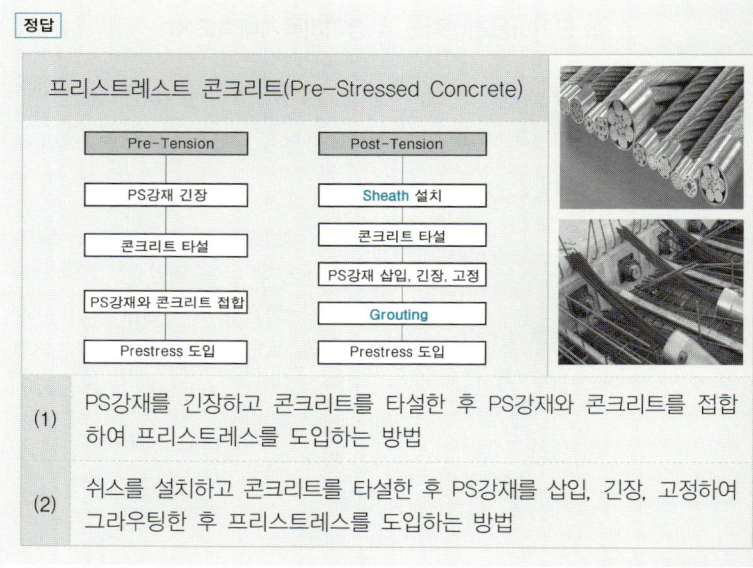

정답

(1) PS강재를 긴장하고 콘크리트를 타설한 후 PS강재와 콘크리트를 접합하여 프리스트레스를 도입하는 방법

(2) 쉬스를 설치하고 콘크리트를 타설한 후 PS강재를 삽입, 긴장, 고정하여 그라우팅한 후 프리스트레스를 도입하는 방법

배점4 □□□

11

98①, 00②,
14④

주열식 지하연속벽 공법의 특징을 4가지 쓰시오.

① _____
② _____
③ _____
④ _____

정답

① H-Pile, Sheet Pile 공법에 비해 진동 및 소음이 작다.
② 흙막이 벽체의 강성이 크다.
③ 지수성(=차수성)을 기대할 수 있다.
④ 슬러리월(Slurry Wall) 공법보다 시공성과 경제성이 좋다.

벽타일 붙이기 시공순서를 쓰시오.

① 바탕처리 → ② → ③ → ④ → ⑤

② _____ ③ _____

④ _____ ⑤ _____

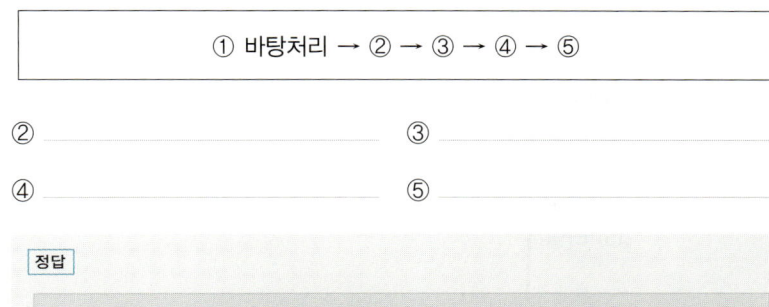

강구조 보-기둥 접합부의 개략적인 그림이다. 각 번호에 해당하는 구성재의 명칭을 쓰시오.

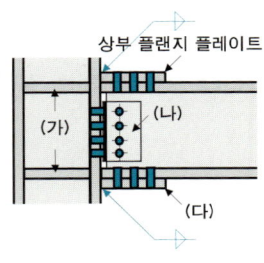

(가) _____ (나) _____ (다) _____

정답 (가) 스티프너(Stiffener)
(나) 전단 플레이트
(다) 하부 플랜지 플레이트

배점6 □□□

14

14④, 16②,
20⑤, 22②

다음 용어를 간단히 설명하시오.

(1) 슬라이딩 폼 :

(2) 와플폼 :

(3) 터널폼 :

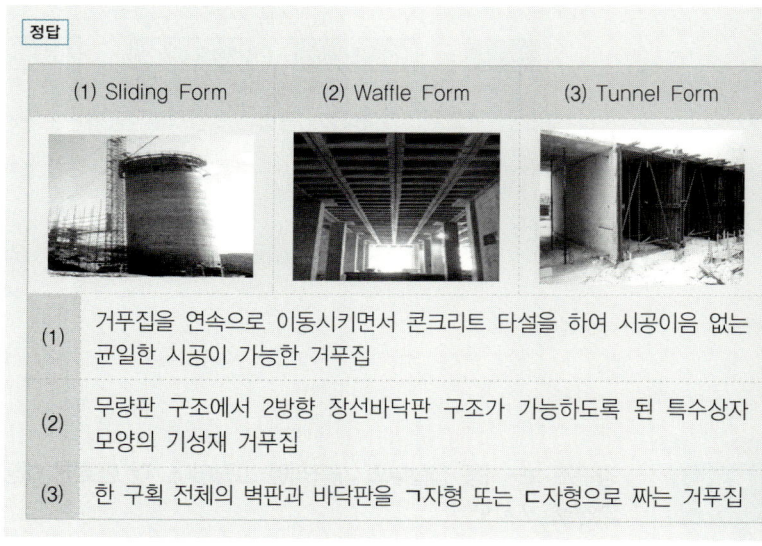

정답

| | (1) Sliding Form | (2) Waffle Form | (3) Tunnel Form |

(1)	거푸집을 연속으로 이동시키면서 콘크리트 타설을 하여 시공이음 없는 균일한 시공이 가능한 거푸집
(2)	무량판 구조에서 2방향 장선바닥판 구조가 가능하도록 된 특수상자 모양의 기성재 거푸집
(3)	한 구획 전체의 벽판과 바닥판을 ㄱ자형 또는 ㄷ자형으로 짜는 거푸집

배점3 □□□

15

98⑤, 08②,
12④, 13④,
14④, 15④

강구조 용접접합에서 발생하는 결함항목을 3가지 쓰시오.

① _____ ② _____ ③ _____

정답

용접결함의 종류		
슬래그(Slag) 감싸들기	언더컷(Under Cut)	오버랩(Over Lap)
블로홀(Blow Hole)	크랙(Crack)	피트(Pit)
용입부족	크레이터(Crater)	은점(Fish Eyes)

16. 매스콘크리트 수화열 저감을 위한 대책을 3가지 쓰시오.

①
②
③

정답

매스콘크리트 (Mass Concrete)

일반적으로 부재 단면 최소치수 80cm 이상(하단이 구속된 경우에는 50cm 이상), 콘크리트 내외부 온도차가 25℃ 이상으로 예상되는 콘크리트

① 단위시멘트량을 낮춘다.
② 수화열이 낮은 플라이애쉬 시멘트를 사용한다.
③ 프리쿨링(Pre Cooling), 파이프쿨링(Pipe Cooling)과 같은 온도균열 제어방법을 이용한다.

17. 조적조를 바탕으로 하는 지상부 건축물의 외부벽면 방수방법의 내용을 3가지 쓰시오.

① ② ③

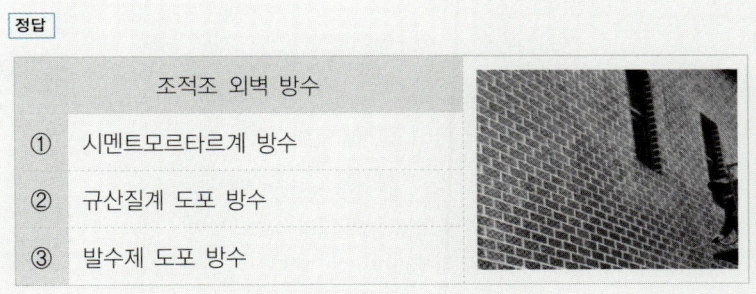

정답

조적조 외벽 방수
① 시멘트모르타르계 방수
② 규산질계 도포 방수
③ 발수제 도포 방수

18

단순보의 C점에서의 최대 휨응력을 구하시오.

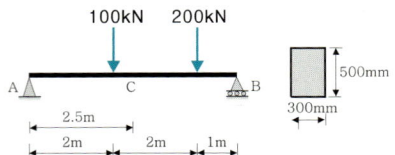

정답

(1) $\sum M_B = 0: +(V_A)(5) - (100)(3) - (200)(1) = 0 \quad \therefore V_A = +100\text{kN}(\uparrow)$

(2)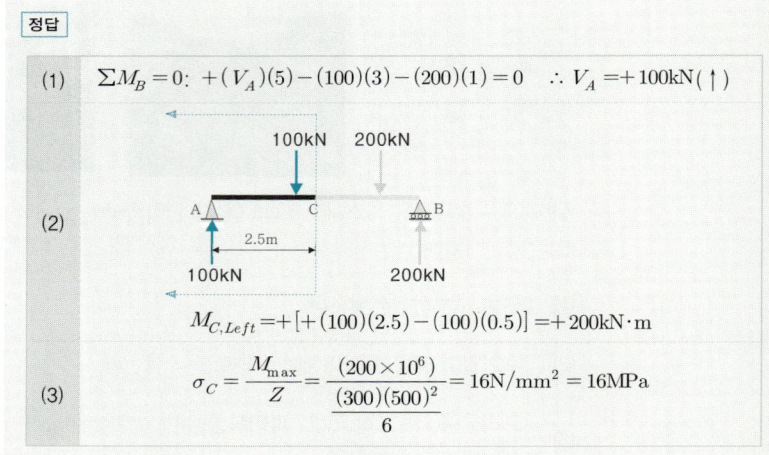

$M_{C,Left} = +[+(100)(2.5) - (100)(0.5)] = +200\text{kN} \cdot \text{m}$

(3) $\sigma_C = \dfrac{M_{\max}}{Z} = \dfrac{(200 \times 10^6)}{\dfrac{(300)(500)^2}{6}} = 16\text{N/mm}^2 = 16\text{MPa}$

19

다음 용어를 간단히 설명하시오.

(1) 블리딩(Bleeding):

(2) 레이턴스(Laitance):

정답

블리딩(Bleeding)	
(1)	콘크리트 타설 시 아직 굳지 않은 콘크리트에 있어서 물이 윗면에 솟아오르는 현상
레이턴스(Laitance)	
(2)	블리딩 수의 증발에 따라 콘크리트면에 침적된 백색의 미세 물질

20. 샌드드레인(Sand Drain) 공법을 설명하시오.

정답

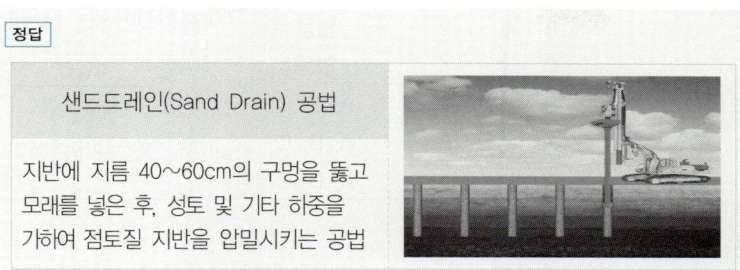

샌드드레인(Sand Drain) 공법
지반에 지름 40~60cm의 구멍을 뚫고 모래를 넣은 후, 성토 및 기타 하중을 가하여 점토질 지반을 압밀시키는 공법

21. 다음 설명에 해당하는 시멘트 종류를 고르시오.

| 조강 시멘트 | 실리카 시멘트 | 내황산염 시멘트 | 백색 시멘트 |
| 중용열 시멘트 | 콜로이드 시멘트 | 고로슬래그 시멘트 | |

(1) 조기강도가 크고 수화열이 많으며 저온에서 강도의 저하율이 낮다. 긴급공사, 한중공사에 쓰임

(2) 석탄 대신 중유를 원료로 쓰며, 제조 시 산화철분이 섞이지 않도록 주의한다. 미장재, 인조석 원료에 쓰임

(3) 내식성이 좋으며 발열량 및 수축률이 작다. 대단면 구조재, 방사성 차단물에 쓰임

(1) _____ (2) _____ (3) _____

정답

| (1) 조강시멘트 | (2) 백색시멘트 | (3) 중용열시멘트 |
| 긴급공사, 한중공사 | 미장재료, 인조석 원료 | 대단면 구조재, 방사성 차단물 |

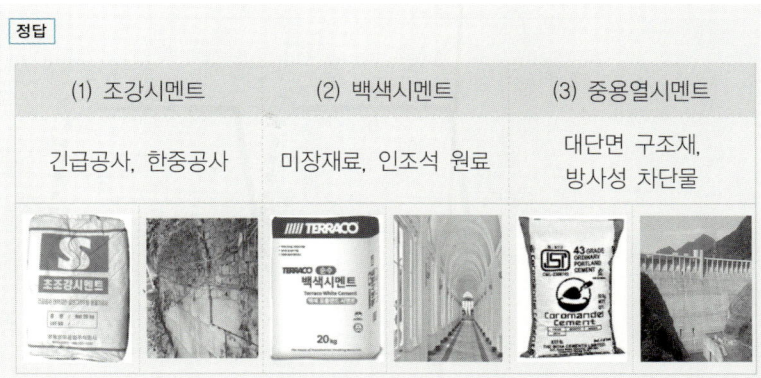

다음 데이터를 네트워크공정표로 작성하고, 각 작업의 여유시간을 구하시오.

작업명	작업일수	선행작업	비 고
A	5	없음	(1) 결합점에서는 다음과 같이 표시한다.
B	2	없음	
C	4	없음	EST LST 작업명 LFT EFT
D	4	A, B, C	ⓘ ─────────► ⓙ
E	3	A, B, C	소요일수
F	2	A, B, C	(2) 주공정선은 굵은선으로 표시한다.

(1) 네트워크공정표

(2) 일정 및 여유시간 산정

작업명	EST	EFT	LST	LFT	TF	FF	DF	CP
A								
B								
C								
D								
E								
F								

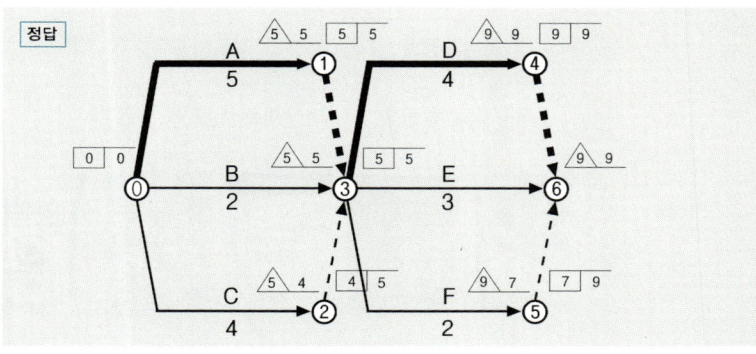

정답

작업명	EST	EFT	LST	LFT	TF	FF	DF	CP
A	0	5	0	5	0	0	0	※
B	0	2	3	5	3	3	0	
C	0	4	1	5	1	1	0	
D	5	9	5	9	0	0	0	※
E	5	8	6	9	1	1	0	
F	5	7	7	9	2	2	0	

해설 【일정 및 여유계산 LIST 답안작성 순서】

(1) TF, FF, DF, CP를 먼저 채운다.

작업명	EST	EFT	LST	LFT	TF	FF	DF	CP
A					0	0	0	※
B					3	3	0	
C					1	1	0	
D					0	0	0	※
E					1	1	0	
F					2	2	0	

(2) 각 작업명 옆에 소요일수를 연필로 기입한다.

작업명	EST	EFT	LST	LFT	TF	FF	DF	CP
A 5					0	0	0	※
B 2					3	3	0	
C 4					1	1	0	
D 4					0	0	0	※
E 3					1	1	0	
F 2					2	2	0	

(3) 공정표를 보고 해당 작업의 앞쪽에 있는 결합점의 네모칸의 숫자를 기입한 것이 EST이며, 이것을 종축으로 전체 기입해 나간다.

작업명	EST	EFT	LST	LFT	TF	FF	DF	CP
A 5	0				0	0	0	※
B 2	0				3	3	0	
C 4	0				1	1	0	
D 4	5				0	0	0	※
E 3	5				1	1	0	
F 2	5				2	2	0	

(4) 각 작업의 소요일수에 EST를 더한 값이 EFT이며, 이것을 종축으로 전체 기입해 나간다.

작업명	EST	EFT	LST	LFT	TF	FF	DF	CP
A 5	0	5			0	0	0	※
B 2	0	2			3	3	0	
C 4	0	4			1	1	0	
D 4	5	9			0	0	0	※
E 3	5	8			1	1	0	
F 2	5	7			2	2	0	

(5) 공정표를 보고 해당 작업의 뒷쪽에 있는 결합점의 세모칸의 숫자를 기입한 것이 LFT이며, 이것을 종축으로 전체 기입해 나간다.

작업명	EST	EFT	LST	LFT	TF	FF	DF	CP
A 5	0	5		5	0	0	0	※
B 2	0	2		5	3	3	0	
C 4	0	4		5	1	1	0	
D 4	5	9		9	0	0	0	※
E 3	5	8		9	1	1	0	
F 2	5	7		9	2	2	0	

(6) 각 작업의 LFT에서 소요일수를 뺀 값이 LST이며, 이것을 종축으로 전체 기입해 나간다.

작업명	EST	EFT	LST	LFT	TF	FF	DF	CP
A 5	0	5	0	5	0	0	0	※
B 2	0	2	3	5	3	3	0	
C 4	0	4	1	5	1	1	0	
D 4	5	9	5	9	0	0	0	※
E 3	5	8	6	9	1	1	0	
F 2	5	7	7	9	2	2	0	

(7) 각 작업명 옆에 소요일수를 지우개로 깨끗이 지운다.

작업명	EST	EFT	LST	LFT	TF	FF	DF	CP
A	0	5	0	5	0	0	0	※
B	0	2	3	5	3	3	0	
C	0	4	1	5	1	1	0	
D	5	9	5	9	0	0	0	※
E	5	8	6	9	1	1	0	
F	5	7	7	9	2	2	0	

23 그림과 같은 철근콘크리트 보의 강도감소계수를 산정하시오.
(단, $f_{ck} = 30\text{MPa}$, $f_y = 400\text{MPa}$, $A_s = 2,820\text{mm}^2$)

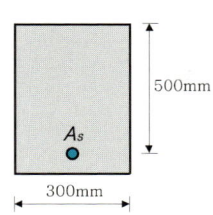

정답 (1) $f_{ck} \leq 40\text{MPa}$ ➡ $\eta = 1.00$, $\beta_1 = 0.80$, $\epsilon_{cu} = 0.0033$

$$a = \frac{A_s \cdot f_y}{\eta(0.85 f_{ck}) \cdot b} = \frac{(2,820)(400)}{(1.00)(0.85 \times 30)(300)} = 147.45\text{mm}$$

$$c = \frac{a}{\beta_1} = \frac{(147.45)}{(0.80)} = 184.31\text{mm}$$

(2) $\epsilon_t = \dfrac{d_t - c}{c} \cdot \epsilon_{cu} = \dfrac{(500) - (184.31)}{(184.31)} \cdot (0.0033)$

$\quad\quad = 0.00565 \geq 0.005$

∴ 인장지배단면 부재이며 $\phi = 0.85$

해설

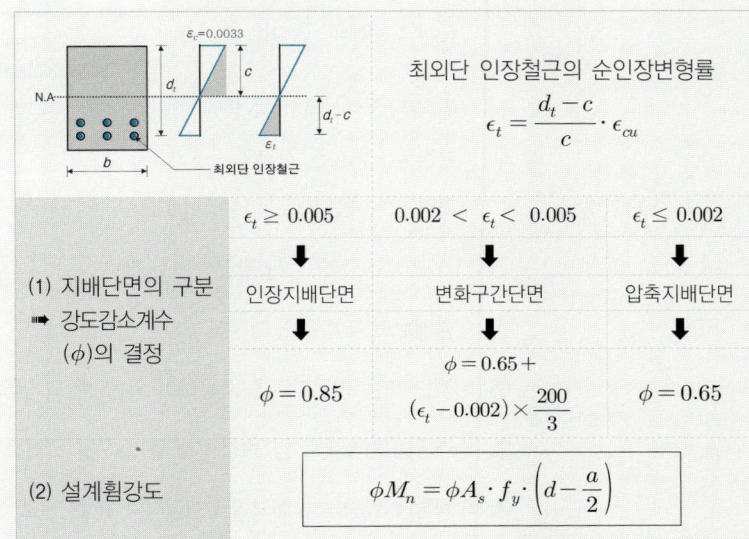

24. 플랫슬래브(플레이트)구조에서 2방향 전단에 대한 보강방법을 4가지 쓰시오.

① _____
② _____
③ _____
④ _____

정답

(1) 2방향 전단(Punching Shear, 뚫림 전단) 위치: 기둥면에서 $\dfrac{d}{2}$ 위치

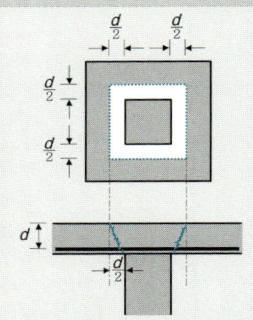

2방향 전단방지를 위한 지판 규정

(2)
① 지판(Drop Panel) 두께 : 슬래브 두께의 $\dfrac{1}{4}$ 이상
② 받침부 중심선에서 각 방향 받침부 : 중심간 경간의 $\dfrac{1}{6}$ 이상을 각 방향으로 연장

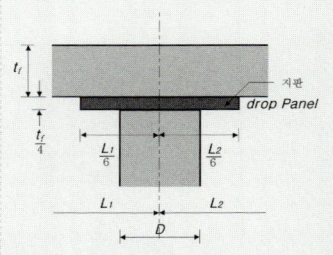

2방향 전단 보강방법

(3)
① 슬래브의 두께를 크게 한다.
② 지판 또는 기둥머리를 사용하여 위험단면의 면적을 늘린다.
③ 기둥을 중심으로 양 방향 기둥열 철근을 스터럽으로 보강
④ 기둥에 얹히는 슬래브를 C형강이나 H형강으로 전단머리 보강

2015년
과년도 기출문제

① 건축기사 제1회 시행 ····· 1-220
② 건축기사 제2회 시행 ····· 1-240
③ 건축기사 제4회 시행 ····· 1-258

제1회 2015 건축기사 과년도 기출문제

01 배점3

조적조 세로규준틀의 설치위치 중 1개소를 쓰고, 세로규준틀 표시사항을 2가지 쓰시오.

(1) 설치위치 :

(2) 표시사항

① _____ ② _____

정답

조적조 세로규준틀(=수직규준틀)		
(1)	설치위치	• 건물 모서리 • 교차 부분 • 벽체가 긴 경우 벽체의 중간
(2)	표시사항	• 쌓기단수 및 줄눈 표시 • 창문틀의 위치 및 치수 표시 • 앵커볼트 및 매립철물 설치위치 • 인방보 및 테두리보의 설치위치

02 배점3

강관파이프 비계에 대한 다음 물음에 답하시오.

(1) 수직, 수평, 경사방향으로 연결 또는 이음 고정시킬 때 사용하는 클램프의 종류 2가지

① _____ ② _____

(2) 지반이 미끄러지지 않도록 지지하거나 잡아주는 비계기둥의 맨 아래에 설치하는 철물

정답 (1) ① 고정 클램프   ② 자동(회전) 클램프   (2) 베이스(Base) 철물

03 흙의 전단강도 식을 쓰고 각 기호가 나타내는 것을 쓰시오.

정답

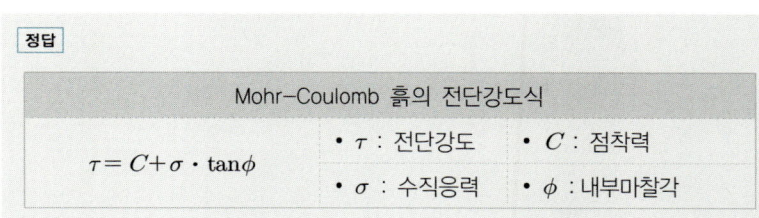

Mohr–Coulomb 흙의 전단강도식

$\tau = C + \sigma \cdot \tan\phi$

- τ : 전단강도
- C : 점착력
- σ : 수직응력
- ϕ : 내부마찰각

04 다음이 설명하는 금속공사의 철물을 쓰시오.

(1) 철선을 꼬아 만든 철망 :

(2) 얇은 철판에 각종 모양을 도려낸 것 :

정답

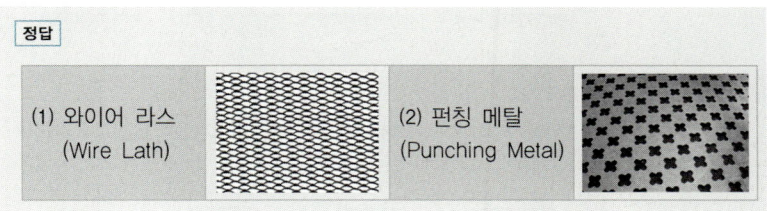

(1) 와이어 라스 (Wire Lath)

(2) 펀칭 메탈 (Punching Metal)

05 기성콘크리트말뚝을 사용한 기초공사에서 사용가능한 무소음·무진동 공법 3가지를 쓰시오.

① _____ ② _____ ③ _____

정답

기성콘크리트말뚝 매입(埋入)공법: 무소음 · 무진동 공법		
①	압입공법	유압기구를 갖춘 압입장치의 반력을 이용하는 방법
②	수사(Water Jet)법	말뚝 선단부에 고압으로 물을 분사시켜 수압에 의해 지반을 무르게 한 후 말뚝을 박는 방법
③	선행굴착 (Pre-Boring) 공법	Auger로 미리 구멍을 뚫고 기성말뚝을 삽입 후 압입 또는 타격에 의해 말뚝을 박는 방법
④	중공굴착공법	말뚝 중공부에 Spiral Auger를 삽입하여 굴착하면서 말뚝을 관입하고, 시멘트 밀크를 주입하는 방법으로 주로 대구경 말뚝에 적용

06

배점4 □□□

06②, 15①

기초 구조물의 부동침하 방지대책 4가지를 쓰시오.

① _____
② _____
③ _____
④ _____

정답

부동침하(Uneven Settlement, 부등침하)의 여러 원인들				
연약층	경사 지반	이질 지층	낭떠러지	증축
지하수위 변경	지하 구멍	메운땅 흙막이	이질 지정	일부 지정

(1)	상부구조에 대한 대책	• 건물의 경량화 및 중량 분배를 고려
		• 건물의 길이를 작게 하고 강성을 높일 것
		• 인접 건물과의 거리를 멀게 할 것
(2)	하부구조에 대한 대책	• 마찰말뚝을 사용하고 서로 다른 종류의 말뚝 혼용을 금지
		• 지하실 설치 : 온통기초(Mat Foundation)가 유효
		• 기초 상호간을 연결 : 지중보 또는 지하연속벽 시공
		• 언더피닝(Under Pinning) 공법의 적용

07 지하구조물 축조 시 인접구조물의 피해를 막기 위해 실시하는 언더피닝(Under Pinning) 공법의 종류를 4가지 쓰시오.

① _____   ② _____
③ _____   ④ _____

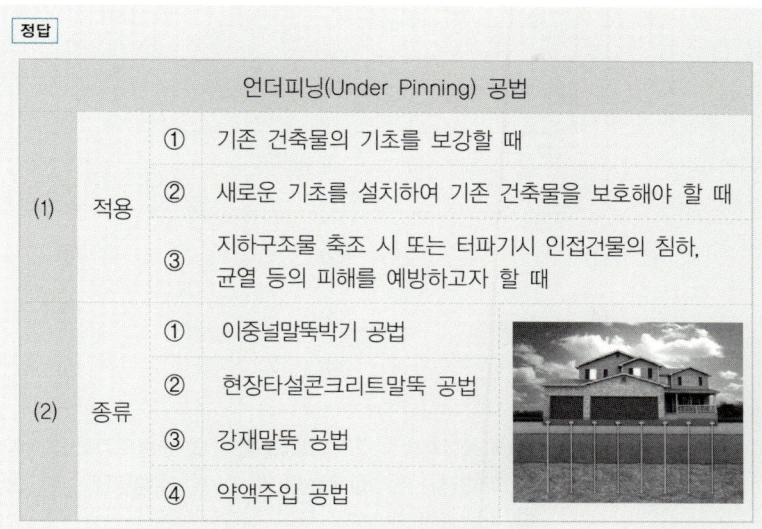

08 콘크리트 헤드(Concrete Head)의 정의를 쓰시오.

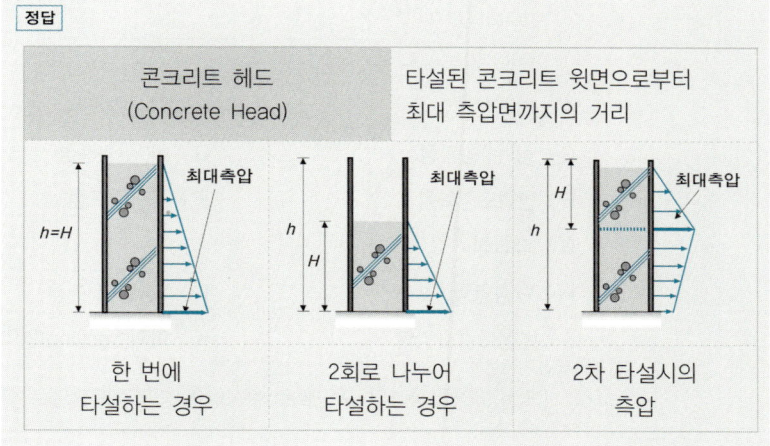

철근의 응력-변형률 곡선에서 해당하는 4개의 주요 영역과 5개의 주요 포인트에 관련된 용어를 쓰시오.

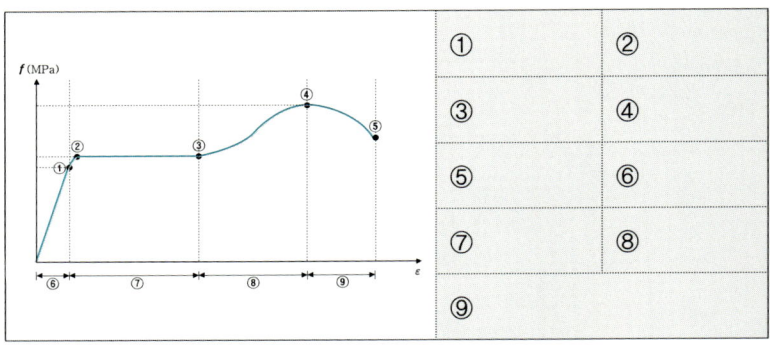

① _____ ② _____ ③ _____
④ _____ ⑤ _____ ⑥ _____
⑦ _____ ⑧ _____ ⑨ _____

정답 ① 비례한계점 ② 항복강도점 ③ 변형도경화점 ④ 극한강도점
⑤ 파괴점 ⑥ 탄성영역 ⑦ 소성영역 ⑧ 변형도경화영역
⑨ 파괴영역

해설

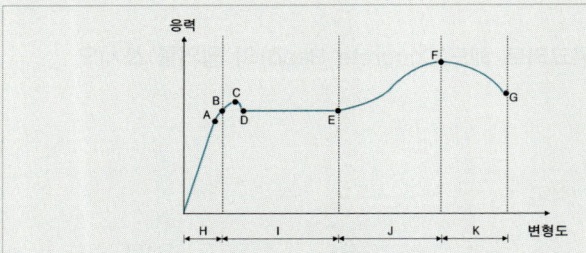

A : 비례한계점	B : 탄성한계점
C : 상(위)항복점	D : 하(위)항복점
E : 변형도경화점	F : 극한강도점
G : 파괴점	
H : 탄성영역	I : 소성영역
J : 변형도경화영역	K : 파괴(Necking)영역

【B, C, D를 하나의 포인트로 설정하여 항복강도점으로 할 수 있다.】

( ) 안을 채우시오.

(1) 기초, 보옆, 기둥 및 벽의 거푸집널 존치기간은 콘크리트의 압축강도가 ( )MPa 이상에 도달한 것이 확인될 때까지로 한다.

(2) 다만 거푸집널 존치기간 중의 평균기온이 10℃ 이상 20℃ 미만이고, 보통 포틀랜드시멘트를 사용할 경우 재령 ( )일 이상이 경과하면 압축강도 시험을 행하지 않고도 거푸집을 제거할 수 있다.

정답 (1) 5 (2) 6

해설
(1) 거푸집 존치기간 : 콘크리트 압축강도 시험을 할 경우

부재		콘크리트 압축강도
기초, 기둥, 벽, 보 등의 측면		5MPa 이상
슬래브 및 보의 밑면, 아치 내면	단층 구조	$f_{ck} \times \dfrac{2}{3}$ 이상 또한 14MPa 이상
	다층 구조	f_{ck} 이상 (필러 동바리 구조를 이용할 경우는 구조계산에 의해 기간을 단축할 수 있지만, 이 경우라도 최소강도는 14MPa 이상으로 하여야 한다.)

(2) 거푸집 존치기간 : 콘크리트 압축강도 시험을 하지 않을 경우
  (기초, 기둥, 벽, 보 등의 측면)

평균기온 \ 시멘트 종류	조강포틀랜드시멘트	보통포틀랜드시멘트 고로슬래그시멘트(1종)	고로슬래그시멘트(2종) 포틀랜드포졸란시멘트(B종)
20℃ 이상	2일	4일	5일
20℃ 미만 10℃ 이상	3일	6일	8일

배점3

11

05①, 08④,
10④, 15①,
19②, 20④,
23②

강구조에서 칼럼 쇼트닝(Column Shortening)에 대하여 기술하시오.

정답

		칼럼 쇼트닝(Column Shortening)
(1)	정의	초고층 건축 시 기둥에 발생되는 축소변위
(2)	원인	• 내·외부의 기둥구조가 다를 경우 • 기둥 재료의 재질 및 응력 차이
(3)	문제점	• 기둥의 축소변위 발생 • 기둥의 변형 및 조립불량 • 창호재의 변형 및 조립불량

배점4

12

00④, 01④,
03②, 09①,
10②, 11④,
13①, 15①,
19②

대형 시스템 거푸집 중에서 갱폼(Gang Form)의 장·단점을 각각 2가지씩 쓰시오.

(1) 장점

　① _____　　② _____

(2) 단점

　① _____　　② _____

정답

	갱 폼(Gang Form)
장점	① 작업 사이클(Cycle)이 단순하여 빠른 조립속도로 공기단축 ② 전용횟수가 많아 고층건물 이용 시 원가절감
단점	① 제작장소 및 해체 후 보관장소 필요 ② 초기 투자비가 재래식보다 높음

13

그림과 같은 기둥 주근의 철근량을 산출하시오. (단, 층고는 3.6m, 주근의 이음길이는 $25D$, 철근의 중량은 $D22 = 3.04\text{kg/m}$, $D19 = 2.25\text{kg/m}$, $D10 = 0.56\text{kg/m}$로 한다.)

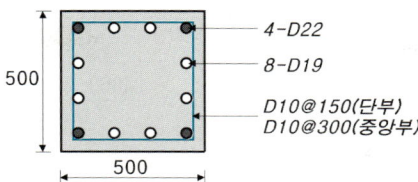

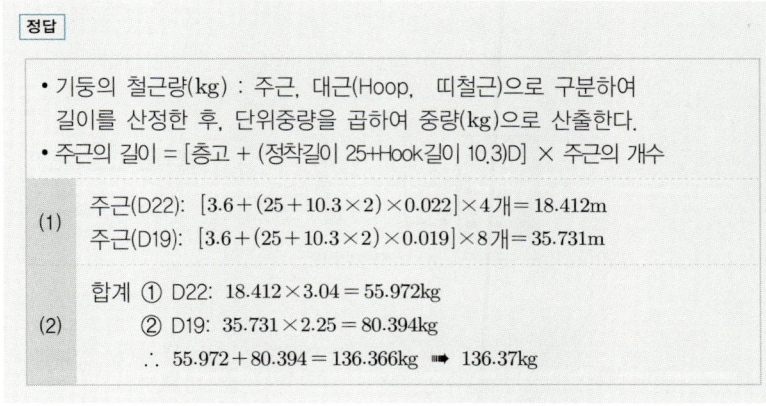

정답

- 기둥의 철근량(kg) : 주근, 대근(Hoop, 띠철근)으로 구분하여 길이를 산정한 후, 단위중량을 곱하여 중량(kg)으로 산출한다.
- 주근의 길이 = [층고 + (정착길이 25+Hook길이 10.3)D] × 주근의 개수

(1) 주근(D22): [3.6+(25+10.3×2)×0.022]×4개= 18.412m
    주근(D19): [3.6+(25+10.3×2)×0.019]×8개= 35.731m

(2) 합계 ① D22: 18.412×3.04 = 55.972kg
        ② D19: 35.731×2.25 = 80.394kg
    ∴ 55.972 + 80.394 = 136.366kg ➡ 136.37kg

14

그림과 같이 단순지지된 철근콘크리트 보의 중앙에 집중하중이 작용할 때 이 보에서의 휨에 대한 강도감소계수를 구하시오.

(단, $E_s = 200,000\text{MPa}$, $f_{ck} = 24\text{MPa}$, $f_y = 400\text{MPa}$, $A_s = 2,100\text{mm}^2$)

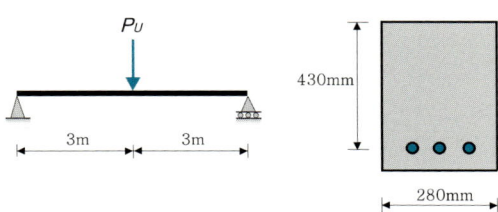

정답 (1) $f_{ck} \leq 40\text{MPa}$ ➡ $\eta = 1.00,\ \beta_1 = 0.80,\ \epsilon_{cu} = 0.0033$

$$a = \frac{A_s \cdot f_y}{\eta(0.85 f_{ck}) \cdot b} = \frac{(2{,}100)(400)}{(1.00)(0.85 \times 24)(280)} = 147.05\text{mm}$$

$$c = \frac{a}{\beta_1} = \frac{(147.05)}{(0.80)} = 183.81\text{mm}$$

(3) $\epsilon_t = \dfrac{d_t - c}{c} \cdot \epsilon_{cu} = \dfrac{(430) - (183.81)}{(183.81)} \cdot (0.0033) = 0.00442$

(4) $0.0020 < \epsilon_t\ (= 0.00442) < 0.005$ 이므로 변화구간단면의 부재이다.

(5) $\phi = 0.65 + (\epsilon_t - 0.002) \times \dfrac{200}{3}$

$\qquad = 0.65 + [(0.00442) - 0.002] \times \dfrac{200}{3} = 0.811$

해설

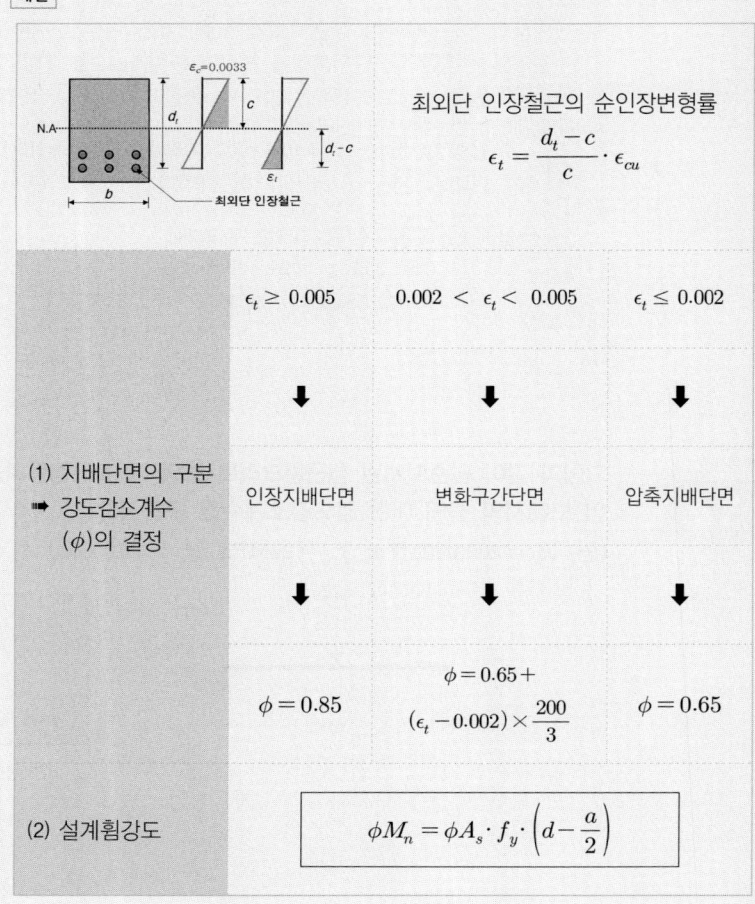

	$\epsilon_t \geq 0.005$	$0.002 < \epsilon_t < 0.005$	$\epsilon_t \leq 0.002$
(1) 지배단면의 구분 ➡ 강도감소계수 (ϕ)의 결정	인장지배단면	변화구간단면	압축지배단면
	$\phi = 0.85$	$\phi = 0.65 + (\epsilon_t - 0.002) \times \dfrac{200}{3}$	$\phi = 0.65$
(2) 설계휨강도	$\phi M_n = \phi A_s \cdot f_y \cdot \left(d - \dfrac{a}{2}\right)$		

15. 목재에 가능한 방부처리법을 4가지 쓰시오.

① _____   ② _____
③ _____   ④ _____

[정답]

	목재 방부처리법	
①	도포법	목재를 충분히 건조시킨 후 균열이나 이음부 등에 솔 등으로 방부제를 도포하는 방법
②	주입법	압력용기 속에 목재를 넣어 고압 하에서 방부제를 주입하는 방법
③	침지법	방부제 용액 중에 목재를 몇 시간 또는 며칠 동안 침지하는 방법
④	표면 탄화법	목재 표면을 3~10mm 정도 태워서 탄화시키는 방법

16. 타일공사에서 압착붙임공법의 단점인 오픈타임(Open Time) 문제를 해결하기 위해 개발된 공법으로, 압착붙임공법과는 달리 타일에도 붙임모르타르를 바르므로 편차가 작은 양호한 접착력을 얻을 수 있고 백화도 거의 발생하지 않는 타일 붙임공법은?

[정답] 개량압착붙임공법

[해설]

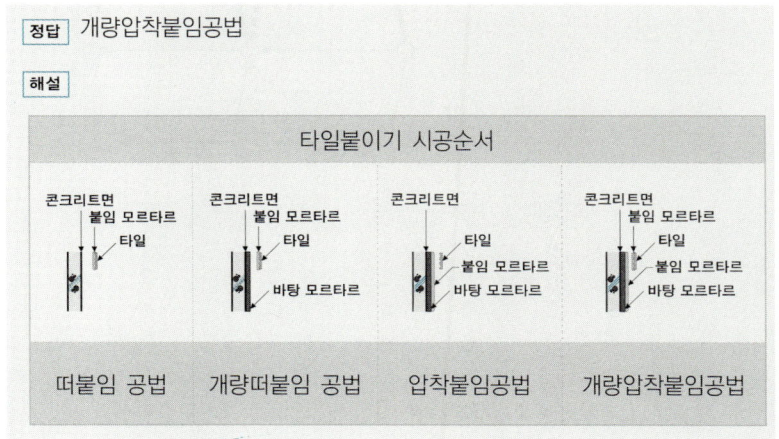

타일붙이기 시공순서 — 떠붙임 공법 / 개량떠붙임 공법 / 압착붙임공법 / 개량압착붙임공법

17

배점10 □□□

00①, 00④,
04①, 10④,
14④, 15①,
20①, 20②

다음 데이터를 네트워크공정표로 작성하고, 각 작업의 여유시간을 구하시오.

작업명	작업일수	선행작업	비 고
A	5	없음	(1) 결합점에서는 다음과 같이 표시한다.
B	2	없음	
C	4	없음	EST LST 작업명 LFT EFT
D	4	A, B, C	ⓘ ─── 소요일수 ───▶ ⓙ
E	3	A, B, C	
F	2	A, B, C	(2) 주공정선은 굵은선으로 표시한다.

(1) 네트워크공정표

(2) 일정시간 및 여유시간(CP는 ※ 표시를 할 것)

작업명	EST	EFT	LST	LFT	TF	FF	DF	CP
A								
B								
C								
D								
E								
F								

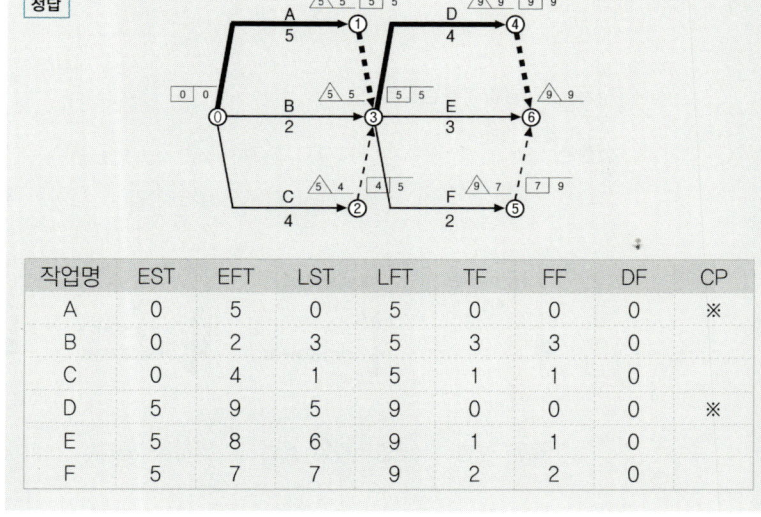

정답

작업명	EST	EFT	LST	LFT	TF	FF	DF	CP
A	0	5	0	5	0	0	0	※
B	0	2	3	5	3	3	0	
C	0	4	1	5	1	1	0	
D	5	9	5	9	0	0	0	※
E	5	8	6	9	1	1	0	
F	5	7	7	9	2	2	0	

[해설] **【일정 및 여유계산 LIST 답안작성 순서】**

(1) TF, FF, DF, CP를 먼저 채운다.

작업명	EST	EFT	LST	LFT	TF	FF	DF	CP
A					0	0	0	※
B					3	3	0	
C					1	1	0	
D					0	0	0	※
E					1	1	0	
F					2	2	0	

(2) 각 작업명 옆에 소요일수를 연필로 기입한다.

작업명	EST	EFT	LST	LFT	TF	FF	DF	CP
A 5					0	0	0	※
B 2					3	3	0	
C 4					1	1	0	
D 4					0	0	0	※
E 3					1	1	0	
F 2					2	2	0	

(3) 공정표를 보고 해당 작업의 앞쪽에 있는 결합점의 네모칸의 숫자를 기입한 것이 EST이며, 이것을 종축으로 전체 기입해 나간다.

작업명	EST	EFT	LST	LFT	TF	FF	DF	CP
A 5	0				0	0	0	※
B 2	0				3	3	0	
C 4	0				1	1	0	
D 4	5				0	0	0	※
E 3	5				1	1	0	
F 2	5				2	2	0	

(4) 각 작업의 소요일수에 EST를 더한 값이 EFT이며, 이것을 종축으로 전체 기입해 나간다.

작업명	EST	EFT	LST	LFT	TF	FF	DF	CP
A 5	0	5			0	0	0	※
B 2	0	2			3	3	0	
C 4	0	4			1	1	0	
D 4	5	9			0	0	0	※
E 3	5	8			1	1	0	
F 2	5	7			2	2	0	

(5) 공정표를 보고 해당 작업의 뒷쪽에 있는 결합점의 세모칸의 숫자를 기입한 것이 LFT이며, 이것을 종축으로 전체 기입해 나간다.

작업명	EST	EFT	LST	**LFT**	TF	FF	DF	CP
A 5	0	5		5	0	0	0	※
B 2	0	2		5	3	3	0	
C 4	0	4		5	1	1	0	
D 4	5	9		9	0	0	0	※
E 3	5	8		9	1	1	0	
F 2	5	7		9	2	2	0	

(6) 각 작업의 LFT에서 소요일수를 뺀 값이 LST이며, 이것을 종축으로 전체 기입해 나간다.

작업명	EST	EFT	**LST**	LFT	TF	FF	DF	CP
A 5	0	5	0	5	0	0	0	※
B 2	0	2	3	5	3	3	0	
C 4	0	4	1	5	1	1	0	
D 4	5	9	5	9	0	0	0	※
E 3	5	8	6	9	1	1	0	
F 2	5	7	7	9	2	2	0	

(7) 각 작업명 옆에 소요일수를 지우개로 깨끗이 지운다.

작업명	EST	EFT	LST	LFT	TF	FF	DF	CP
A 5	0	5	0	5	0	0	0	※
B 2	0	2	3	5	3	3	0	
C 4	0	4	1	5	1	1	0	
D 4	5	9	5	9	0	0	0	※
E 3	5	8	6	9	1	1	0	
F 2	5	7	7	9	2	2	0	

흙막이 버팀대(Strut)를 가설재로 사용하지 않고 굴토 중에는 토압을 지지하고, 슬래브 타설 후에는 수직하중을 지지하는 영구 구조물 흙막이 버팀대를 가리키는 용어를 쓰시오.

정답 SPS(Strut as Permanent System, 영구 구조물 흙막이 버팀대)
➡ 【12①회 28번, 14②회 14번, 20①회 05번 기출문제 해설 참조】

19

강구조 기둥 공사의 작업 흐름도이다. 알맞은 번호를 보기에서 골라 ( )를 채우시오.

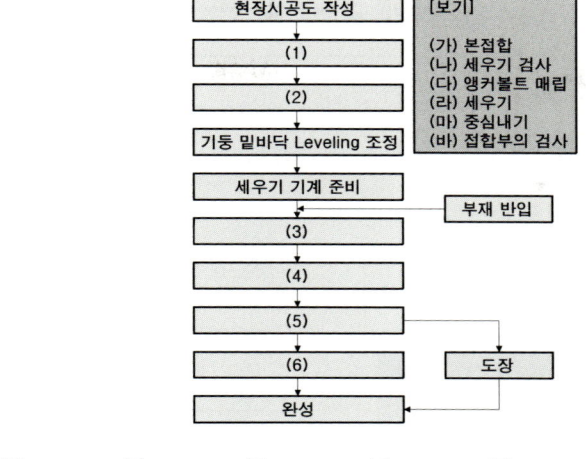

(1)　　　(2)　　　(3)　　　(4)　　　(5)　　　(6)

정답 (1) (마)　(2) (다)　(3) (라)　(4) (나)　(5) (가)　(6) (바)

해설

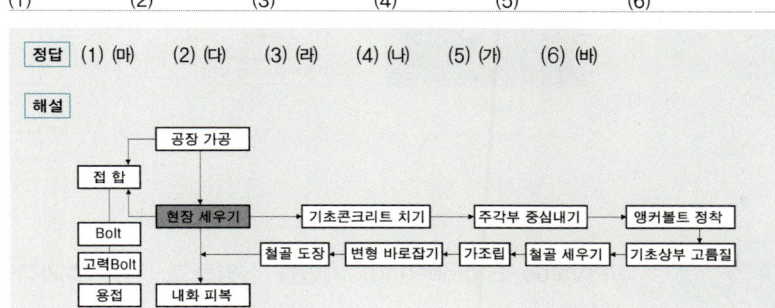

20

다음 용어를 설명하시오.

(1) 물시멘트비 :

(2) 침입도 :

정답

(1)	물시멘트비	시멘트 중량에 대한 유효수량의 중량백분율
(2)	침입도	아스팔트 경도시험으로 25℃, 100g 추를 5초 동안 누를 때 침이 0.1mm 관입되는 것을 침입도 1로 정의한다.

21 시트(Sheet) 방수공법의 시공순서를 쓰시오.

00⑤, 15①, 17②

바탕처리 ➡ (가) ➡ 접착제칠 ➡ (나) ➡ (다)

(가) _____ (나) _____ (다) _____

[정답] (가) 프라이머칠   (나) 시트붙이기   (다) 보호층 설치

[해설]

22 VE(Value Engineering) 기법을 설명하고, 가장 효과적인 적용단계를 쓰시오.

15①

(1) 설명 :

(2) 적용단계 :

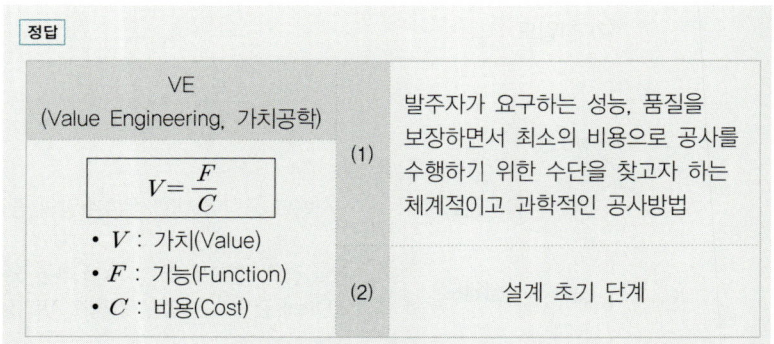

1-234

23

강도설계법으로 설계된 보에서 스터럽이 부담하는 전단력이 $V_s = 265\text{kN}$ 일 경우 수직스터럽의 간격을 구하시오. (단, $f_{yt} = 350\text{MPa}$)

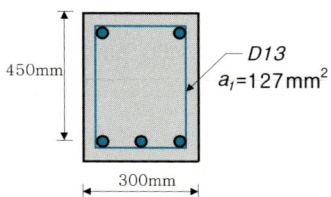

정답
$$s = \frac{A_v \cdot f_{yt} \cdot d}{V_s} = \frac{(2 \times 127)(350)(450)}{(265 \times 10^3)} = 150.962 \text{mm}$$

해설

(1)	전단강도 설계식	소요전단강도(V_u) ≤ 설계전단강도(ϕV_n)			
		전단에 대한 강도감소계수 : $\phi = 0.75$			
(2)	공칭전단강도 $V_n = V_c + V_s$	$V_c = \frac{1}{6}\lambda\sqrt{f_{ck}} \cdot b_w \cdot d$	경량콘크리트계수		
			$\lambda = 1$	$\lambda = 0.85$	$\lambda = 0.75$
			보통중량 콘크리트	모래경량 콘크리트	전경량 콘크리트
			• A_v : Stirrup 2개의 단면적 (mm^2), ➡ Stirrup 1개 조(組)의 단면적으로 산정		
		$V_s = \dfrac{A_v \cdot f_{yt} \cdot d}{s}$	• f_{yt} : Stirrup 항복강도 (MPa)		
			• s : Stirrup 간격(mm) 		

철근의 인장강도(N/mm^2) 실험결과 DATA를 이용하여 다음이 요구하는 통계수치를 구하시오.

【DATA】 460, 540, 450, 490, 470, 500, 530, 480, 490

(1) 표본 산술평균 :

(2) 표본 분산 :

정답 (1) $\bar{x} = \dfrac{\sum x_i}{n}$

$= \dfrac{460+540+450+490+470+500+530+480+490}{9} = 490$

(2) ① 변동 : $S = \sum(x_i - \bar{x})^2 = (460-490)^2 + (540-490)^2$
$+ (450-490)^2 + (490-490)^2 + (470-490)^2$
$+ (500-490)^2 + (530-490)^2 + (480-490)^2$
$+ (490-490)^2 = 7,200$

② 표본 분산 : $s^2 = \dfrac{S}{n-1} = \dfrac{7,200}{9-1} = 900$

해설

통계적 품질관리(SQC)			
(1)	표본 산술평균 $\bar{x} = \dfrac{\sum x_i}{n}$	(2)	범위 $R = x_{\max} - x_{\min}$
(3)	변동 $S = \sum(x_i - \bar{x})^2$	(4)	표본 분산 $s^2 = \dfrac{S}{n-1}$
(5)	표본 표준편차 $s = \sqrt{\dfrac{S}{n-1}}$	(6)	변동계수 $CV = \dfrac{s}{\bar{x}} \times 100(\%)$

배점6

25

15①, 21②

다음 도면을 보고 옥상방수면적(m^2), 누름콘크리트량(m^3), 보호벽돌량(매)를 구하시오. (단, 벽돌의 규격은 190×90×57)

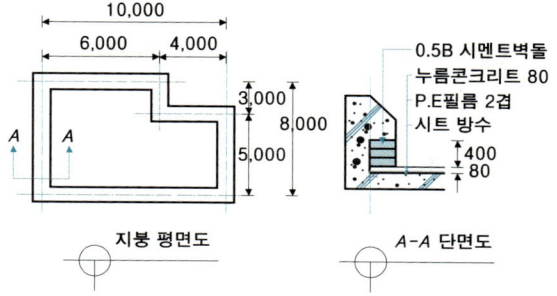

(1) 옥상방수 면적 :

(2) 누름콘크리트량 :

(3) 보호벽돌 정미량 :

정답

방수면적 수량산출 : 시공 장소별(바닥, 벽면, 지하실, 옥상 등), 시공종별(아스팔트방수, 시멘트액체방수, 방수모르타르 등)로 구분하여 면적을 산출한다.

(1) $(6 \times 8) + (4 \times 5) + \{(10+8) \times 2 \times 0.48\} = 85.28 m^2$

(2) $\{(6 \times 8) + (4 \times 5)\} \times 0.08 = 5.44 m^3$

(3) $\{(10-0.09) + (8-0.09)\} \times 2 \times 0.4 \times 75$매 $= 1,069.2$매 ➡ 1,070매

26

배점3

그림과 같은 단순보에서 A점으로부터 최대 휨모멘트가 발생되는 위치까지의 거리를 구하시오.

15①

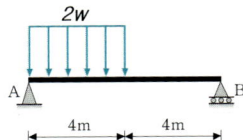

정답

(1) A지점 수직반력 : $\sum M_B = 0: +(V_A)(8) - (2w \times 4)(6) = 0$
∴ $V_A = +6w$ (↑)

(2) A지점에서 우측으로 x위치의 휨모멘트 :
$M_x = +(6w)(x) - (2w \cdot x)\left(\dfrac{x}{2}\right) = +6w \cdot x - w \cdot x^2$

(3) 전단력이 0인 위치에서 최대휨모멘트가 발생한다.
전단력이 0인 위치: $V_x = \dfrac{dM_x}{dx} = +6w - 2w \cdot x = 0$ ∴ $x = 3\text{m}$

27

배점2

그림과 같은 장방형 단면에서 단면2차모멘트의 비 I_x/I_y를 구하시오.

12④, 15①, 18②

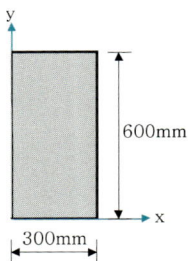

정답

$$\dfrac{I_x}{I_y} = \dfrac{\dfrac{(300)(600)^3}{12} + (300 \times 600)(300)^2}{\dfrac{(600)(300)^3}{12} + (600 \times 300)(150)^2} = 4$$

해설

단면2차모멘트: 평행축 이동에 대한 평행축 정리

- A : 단면적
- e : eccentric distance, 도심축으로부터 이동축까지의 거리

$I_{\text{이동축}} = I_{\text{도심축}} + A \cdot e^2$

memo

제2회 2015

건축기사 과년도 기출문제

01 그림과 같은 라멘에서 A점의 전달모멘트를 구하시오. (단, k 는 강비이다.)

15②

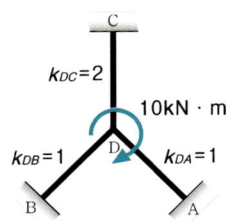

[정답]
$$M_{AD} = \frac{1}{2}M_{DA} = \frac{1}{2}M_D \cdot DF_{DA} = \frac{1}{2}(+10)\left(\frac{1}{1+1+2}\right)$$
$$= +1.25 \text{kN} \cdot \text{m} (\curvearrowright)$$

[해설]

	모멘트분배법 (Moment Distributed Method, 1930)	 Hardy Cross (1885~1959)	
(1)	강도(Stiffness)계수 : $K = \dfrac{I}{L}$	부재의 타단이 Hinge인 경우 수정강도계수 $K^R = \dfrac{3}{4}K$ 을 적용	
(2)	분배율 (Distributed Factor, DF)	$DF = \dfrac{\text{구하려는 부재의 유효강비}}{\text{전체 유효강비의 합}}$	
(3)	분배모멘트 (Distributed Moment)	$M_{OA} = M_O \cdot DF_{OA} = M_O \cdot \dfrac{K_{OA}}{\Sigma K}$	
(4)	전달모멘트 (Carry-Over Moment)	절점에서 분배된 분배모멘트는 지지단 쪽으로 전달되는데, 고정단일 경우에 분배모멘트의 $\dfrac{1}{2}$ 이다.	

02

표준형벽돌 1,000장으로 1.5B 두께로 쌓을 수 있는 벽면적은? (단, 할증률은 고려하지 않는다.)

정답 $1,000 \div 224 = 4.46 \text{m}^2$

해설

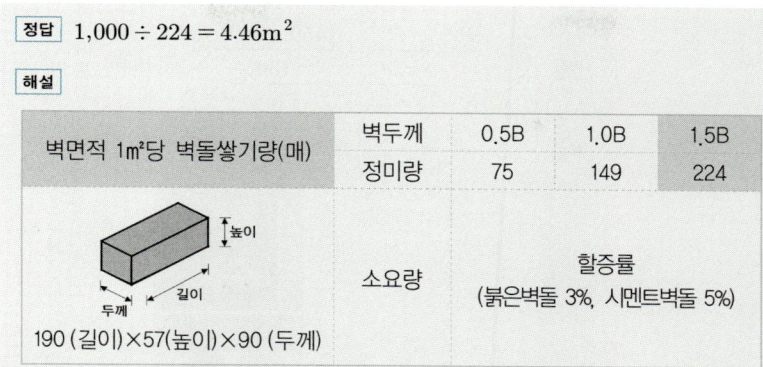

03

파워쇼벨의 1시간당 추정 굴착작업량을 산출하시오.

- $q = 0.8 \text{m}^3$
- $k = 0.8$
- $f = 0.7$
- $E = 0.83$
- $Cm = 40\text{sec}$

정답

Shovel 계열의 굴삭기계 시간당 시공량

$$Q = \frac{3,600 \times q \times k \times f \times E}{Cm} \text{ (m}^3/\text{hr)}$$

- Q : 시간당 작업량(m^3/hr)
- q : 버킷 용량(m^3)
- k : 버킷계수
- f : 토량환산계수
- E : 작업효율
- Cm : 1회 사이클 타임(sec)

$Q = \dfrac{3,600 \times q \times k \times f \times E}{Cm} = \dfrac{3,600 \times 0.8 \times 0.8 \times 0.7 \times 0.83}{15}$

$= 33.465 \Rightarrow 33.47 \text{ m}^3/\text{hr}$

04 배점3

재령 28일 콘크리트 표준공시체($\phi 150\text{mm} \times 300\text{mm}$)에 대한 압축강도시험 결과 파괴하중이 450kN일 때 압축강도 $f_c(\text{MPa})$를 구하시오.

15②, 20①, 21①

정답
$$f_c = \frac{P}{A} = \frac{P}{\frac{\pi D^2}{4}} = \frac{(450 \times 10^3)}{\frac{\pi(150)^2}{4}} = 25.464\text{N/mm}^2 = 25.464\text{MPa}$$

해설

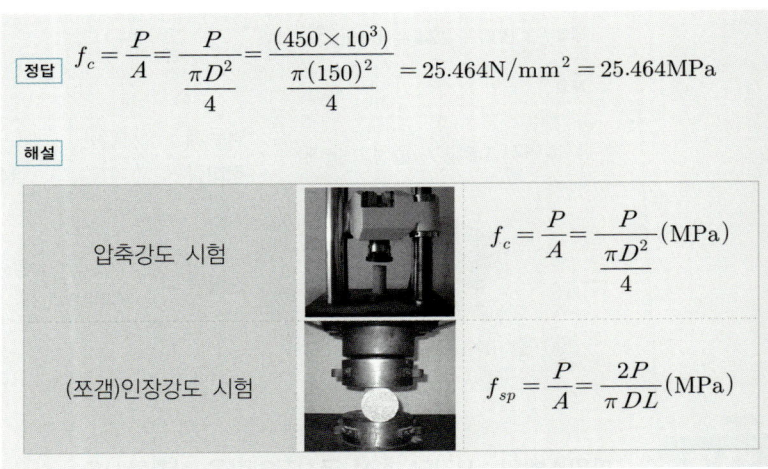

05 배점4

그림과 같은 원형 단면에서 폭 b, 높이 $h = 2b$의 직사각형 단면을 얻기 위한 단면계수 Z를 직경 D의 함수로 표현하시오.

15②, 21④

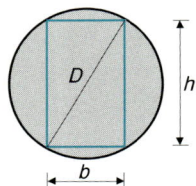

정답

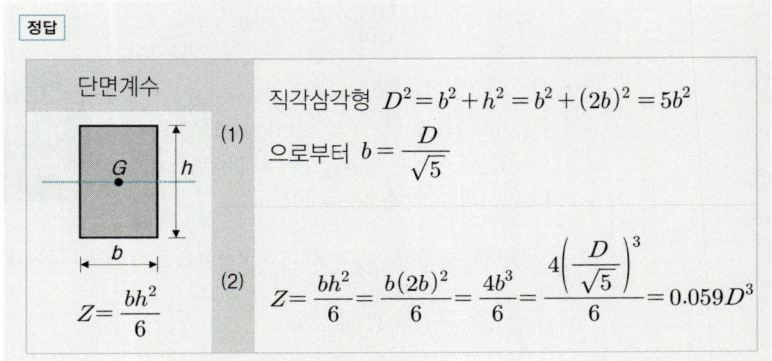

06 (배점4)

인장철근비 $\rho = 0.025$, 압축철근비 $\rho' = 0.016$의 철근콘크리트 직사각형 단면의 보에 하중이 작용하여 순간처짐이 20mm 발생하였다. 3년의 지속하중이 작용할 경우 총처짐량(순간 처짐+장기처짐)을 구하시오. (단, 시간경과계수 ξ는 다음의 표를 참조한다.)

기간(월)	1	3	6	12	18	24	36	48	60 이상
ξ	0.5	1.0	1.2	1.4	1.6	1.7	1.8	1.9	2.0

정답 총처짐 = 탄성처짐 + 탄성처짐 $\times \dfrac{\xi}{1+50\rho'}$

$$= 20 + 20 \times \dfrac{(1.8)}{1+50(0.0016)} = 40\text{mm}$$

해설

(1) 탄성처짐 : 구조부재에 하중이 작용하여 발생하는 처짐으로 하중을 제거하면 원래의 상태로 돌아오는 처짐으로 순간처짐, 즉시처짐이라고도 한다.

(2) 장기처짐

장기처짐 = 지속하중에 의한 탄성처짐 $\times \lambda_\Delta$

【압축철근 배근효과】
① 설계휨강도 증가
② 장기처짐감소
③ 연성 증진

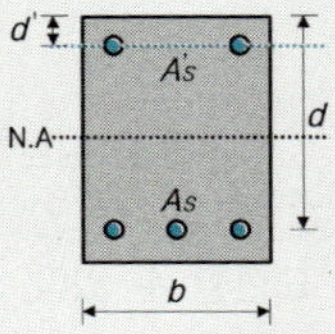

$\lambda_\Delta = \dfrac{\xi}{1+50\rho'}$

• $\rho' = \dfrac{A_s'}{bd}$: 압축철근비

• ξ : 시간경과계수

기간(월)	1	3	6	12	18	24	36	48	60 이상
ξ	0.5	1.0	1.2	1.4	1.6	1.7	1.8	1.9	2.0

(3) 총처짐 = 탄성처짐 + 장기처짐 = 탄성처짐 + 탄성처짐 $\times \dfrac{\xi}{1+50\rho'}$

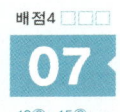

배점4 □□□

07

12②, 15②

1단 자유, 타단 고정인 길이 2.5m인 압축력을 받는 강구조 기둥의 탄성좌굴하중을 구하시오. (단, 단면2차모멘트 $I = 798{,}000\text{mm}^4$, $E = 210{,}000\text{MPa}$)

정답 $P_{cr} = \dfrac{\pi^2 EI}{(KL)^2} = \dfrac{\pi^2(210{,}000)(798{,}000)}{[(2)(2{,}500)]^2} = 66{,}157\text{N} = 66.157\text{kN}$

해설

	회전구속 이동구속	회전자유 이동구속	회전구속 이동자유	회전자유 이동자유		
재단 조건	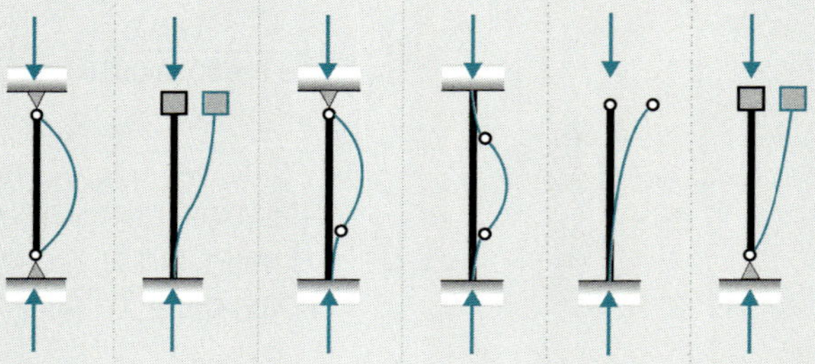					
	①	②	③	④	⑤	⑥
유효 좌굴길이 계수 K	➡ ①의 경우를 양단힌지, ③의 경우를 일단힌지 일단고정 ④의 경우를 양단고정, ⑤의 경우를 일단고정 일단자유로 표현할 수 있다. ➡ 재단조건이 제시되지 않는다면 ①의 양단힌지 조건을 적용한다.					
	1.0	1.0	0.7	0.5	2.0	2.0
좌굴하중 [N]	$P_{cr} = \dfrac{\pi^2 EI}{(KL)^2}$		세장비	$\lambda = \dfrac{KL}{r} = \dfrac{KL}{\sqrt{\dfrac{I}{A}}}$		

08 그림과 같은 인장부재의 순단면적을 구하시오. (단, 판재의 두께는 10mm이며, 구멍크기는 22mm이다.)

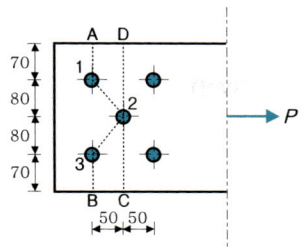

정답 (1) 파단선 : A-1-3-B
$$A_n = A_g - n \cdot d \cdot t = (10 \times 300) - (2)(22)(10) = 2,560 \text{mm}^2$$

(2) 파단선 : A-1-2-3-B
$$A_n = A_g - n \cdot d \cdot t + \sum \frac{S^2}{4g} \cdot t$$
$$= (10 \times 300) - (3)(22)(10) + \frac{(50)^2}{4(80)} \cdot (10) + \frac{(50)^2}{4(80)} \cdot (10)$$
$$= 2,496.25 \text{mm}^2 \quad \Leftarrow \text{지배}$$

해설

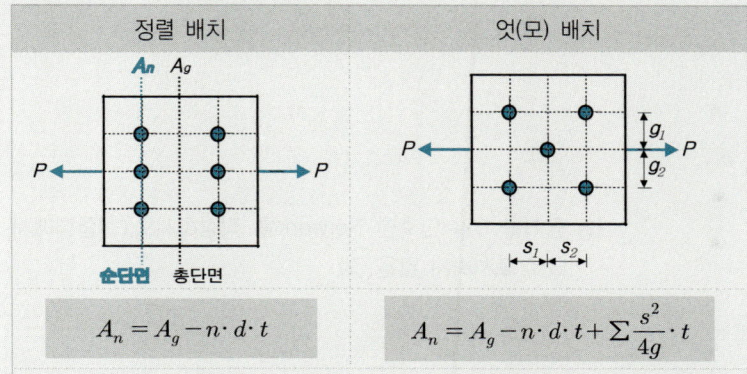

엇모배치의 경우 순단면적 크기가 가장 작은 경우가 실제로 파괴가 일어나는 파단선이며 인장재의 순단면적이 된다.

n	인장력에 의한 파단선상에 있는 구멍의 수		
d	순단면적 산정을 위한 구멍의 여유폭	고장력볼트 직경(M)	
		24mm 미만	24mm 이상
		M + 2mm	M + 3mm
t	부재의 두께[mm]		
s	Pitch : 인접한 2개 구멍의 응력방향 중심간격[mm]		
g	gauge : 파스너 게이지선 사이의 응력 수직방향 중심간격[mm]		

다음 데이터를 이용하여 Normal Time 네트워크 공정표를 작성하고, 3일 공기단축한 네트워크 공정표 및 총공사금액을 산출하시오.

Activity	Normal		Crash		비 고
	Time	Cost(원)	Time	Cost(원)	
A(0→1)	3	20,000	2	26,000	표준 공정표에서의 일정은 다음과 같이 표시하고, 주공정선은 굵은선으로 표시한다.
B(0→2)	7	40,000	5	50,000	
C(1→2)	5	45,000	3	59,000	
D(1→4)	8	50,000	7	60,000	
E(2→3)	5	35,000	4	44,000	
F(2→4)	4	15,000	3	20,000	
G(3→5)	3	15,000	3	15,000	
H(4→5)	7	60,000	7	60,000	

(1) 표준(Normal) Network를 작성하시오.(결합점에서 EST, LST, LFT, EFT를 표시할 것)

(2) 공기를 3일 단축한 Network를 작성하시오.(결합점에서 EST, LST, LFT, EFT 표시하지 않을 것)

(3) 3일 공기단축된 총공사비를 산출하시오.

정답

(1)

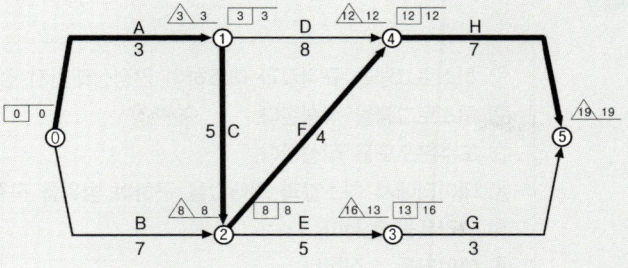

(2)

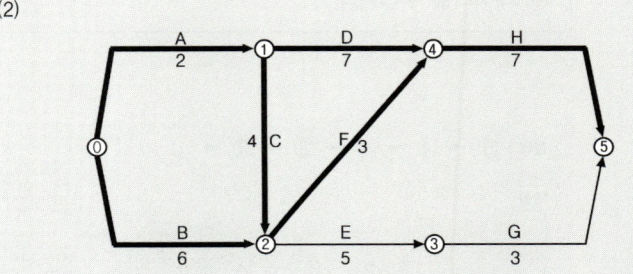

(3) 19일 표준공사비 + 3일 단축 시 추가공사비
= 280,000+33,000 = 313,000원

	단축대상	추가비용
18일	F	5,000
17일	A	6,000
16일	B+C+D	22,000

해설

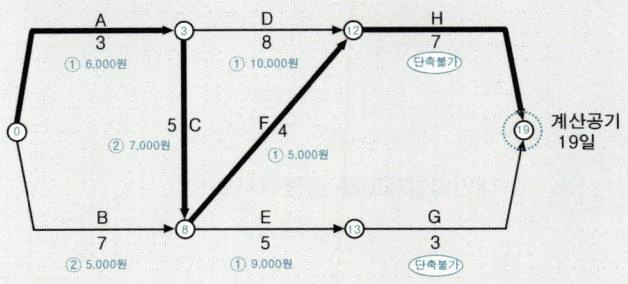

고려되어야 할 CP 및 보조CP		단축대상	추가비용
19일 ☞ 18일	A-C-F-H	F	5,000
18일 ☞ 17일	A-C-F-H, A-D-H	A	6,000
17일 ☞ 16일	A-C-F-H, A-D-H, B-F-H	B+C+D	22,000

10

배점3

04①, 04④,
06④, 09①,
15②, 16②,
20④

히스토그램(Histogram)의 작성순서를 보기에서 골라 번호 순서대로 쓰시오.

① 히스토그램을 규격값과 대조하여 안정상태인지 검토한다.
② 히스토그램을 작성한다.
③ 도수분포도를 작성한다.
④ 데이터에서 최소값과 최대값을 구하여 범위를 구한다.
⑤ 구간폭을 정한다.
⑥ 데이터를 수집한다.

정답 ⑥ ➡ ④ ➡ ⑤ ➡ ③ ➡ ② ➡ ①

해설

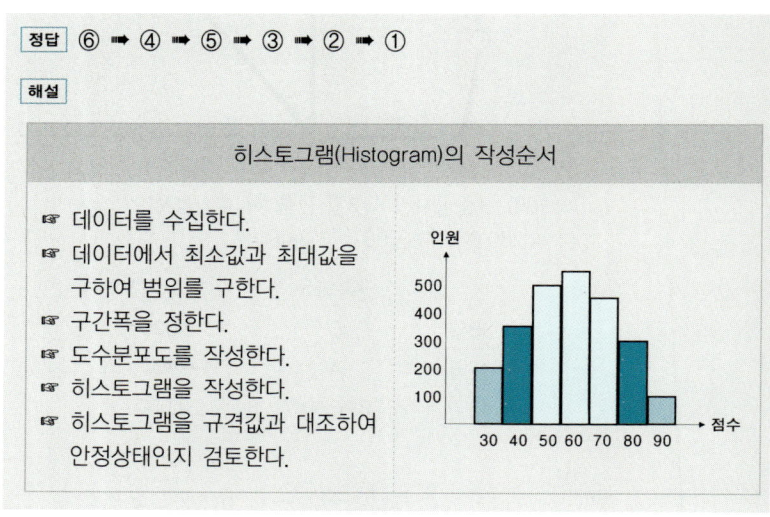

히스토그램(Histogram)의 작성순서

☞ 데이터를 수집한다.
☞ 데이터에서 최소값과 최대값을 구하여 범위를 구한다.
☞ 구간폭을 정한다.
☞ 도수분포도를 작성한다.
☞ 히스토그램을 작성한다.
☞ 히스토그램을 규격값과 대조하여 안정상태인지 검토한다.

11

배점3

06②, 11①,
15②, 20②

대안입찰제도를 설명하시오.

정답 발주자가 제시한 기본설계를 바탕으로 동등 이상의 기능 및 효과를 가진 공법으로 공기단축 및 공사비 절감 등을 내용으로 하는 대안을 도급자가 제시한 제도

12 다음의 용어를 설명하시오.

(1) 슬럼프 플로(Slump Flow) :

(2) 조립률(Fineness Modulus) :

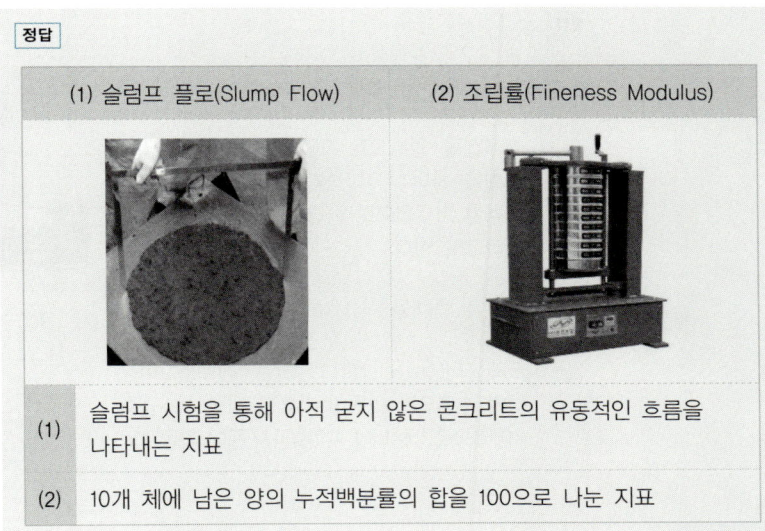

(1) 슬럼프 플로(Slump Flow)	(2) 조립률(Fineness Modulus)
(1)	슬럼프 시험을 통해 아직 굳지 않은 콘크리트의 유동적인 흐름을 나타내는 지표
(2)	10개 체에 남은 양의 누적백분률의 합을 100으로 나눈 지표

13 지내력 시험방법 2가지를 쓰시오.

① _____ ② _____

정답

지내력(Soil Bearing Capacity) 시험 — 지반면에 직접 하중을 가하여 기초 지반의 지지력을 추정하는 시험

① 평판재하시험 ② 말뚝재하시험 ③ 말뚝박기시험

14. 다음의 거푸집 공법을 설명하시오.

(1) 슬립폼(Slip Form) :

(2) 트래블링폼(Traveling Form) :

정답

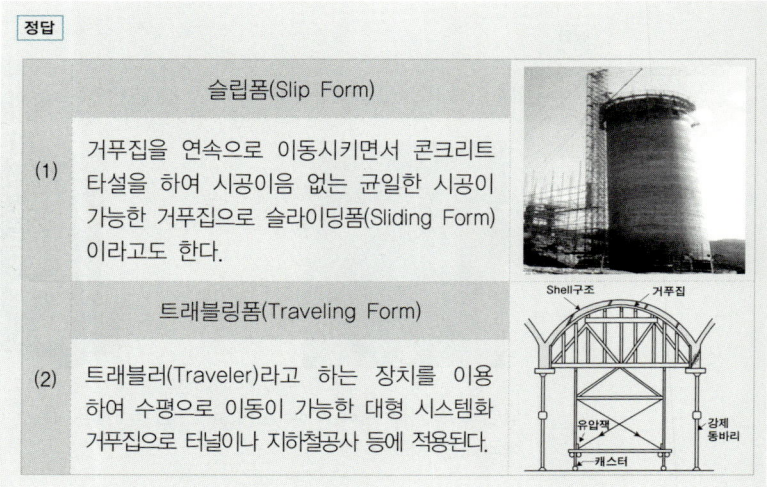

	슬립폼(Slip Form)
(1)	거푸집을 연속으로 이동시키면서 콘크리트 타설을 하여 시공이음 없는 균일한 시공이 가능한 거푸집으로 슬라이딩폼(Sliding Form)이라고도 한다.
	트래블링폼(Traveling Form)
(2)	트래블러(Traveler)라고 하는 장치를 이용하여 수평으로 이동이 가능한 대형 시스템화 거푸집으로 터널이나 지하철공사 등에 적용된다.

15. 토질과 관련된 다음 용어를 간단히 설명하시오.

(1) 압밀 :

(2) 예민비 :

정답

(1)	압밀 (壓密, Consolidation)	하중이 커지면 재하판 아래의 흙이 압축되어 하중을 제거해도 압축된 부분의 침하가 남아 있는 현상
(2)	예민비 (銳敏比, Sensitivty Ratio)	자연적인 점토의 강도를 이긴 점토의 강도로 나누었을 때의 비율

16. 다음 용어를 설명하시오.

(1) 접합 유리(Laminated Glass) :

(2) Low-E 유리(Low-Emissivity Glass) :

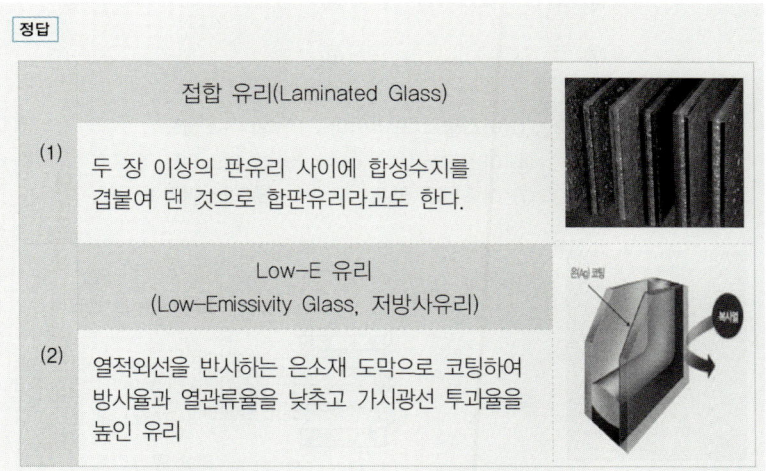

정답

(1) 접합 유리(Laminated Glass)
두 장 이상의 판유리 사이에 합성수지를 겹붙여 댄 것으로 합판유리라고도 한다.

(2) Low-E 유리 (Low-Emissivity Glass, 저방사유리)
열적외선을 반사하는 은소재 도막으로 코팅하여 방사율과 열관류율을 낮추고 가시광선 투과율을 높인 유리

17. 가설공사의 슈평규준틀 설치목적을 2가지 쓰시오.

① _____ ② _____

정답

규준틀 (Batter Board)	설치 목적	①	건축물 각부 위치 및 높이의 기준을 표시
		②	터파기폭 및 기둥 및 기초의 중심선 표시
	설치 위치	③	귀규준틀 : 외벽코너 요철 부분
		④	평규준틀 : 내벽간막이벽의 양끝

배점4

18

15②

옥상 8층 아스팔트 방수공사의 표준 시공순서를 쓰시오. (단, 아스팔트 종류는 구분하지 않고 아스팔트로 하며, 펠트와 루핑도 구분하지 않고 아스팔트 펠트로 표기한다.)

> 바탕처리 - (①) - (②) - (③) - (④) - (⑤) - (⑥) - (⑦) - (⑧)

① _____ ② _____ ③ _____
④ _____ ⑤ _____ ⑥ _____
⑦ _____ ⑧ _____

정답 ① 아스팔트 프라이머 ② 아스팔트 ③ 아스팔트 펠트
④ 아스팔트 ⑤ 아스팔트 펠트 ⑥ 아스팔트
⑦ 아스팔트 펠트 ⑧ 아스팔트

해설

아스팔트 8층 방수 구조: 방수층 누름 콘크리트 - Asphalt - Asphalt 펠트 또는 Asphalt 루핑 - Asphalt - Asphalt 펠트 또는 Asphalt 루핑 - Asphalt - Asphalt 펠트 또는 Asphalt 루핑 - Asphalt - Asphalt 프라이머 - Slab 콘크리트

배점2

19

09①, 11④, 15②, 20⑤

온도조절 철근(Temperature Bar)의 배근목적에 대하여 간단히 설명하시오.

정답 건조수축 또는 온도변화에 의해 콘크리트에 발생하는 균열을 방지하기 위한 목적으로 배치되는 철근

해설

수축온도철근비	$f_y = 400\text{MPa}$ 이하	$f_y = 400\text{MPa}$ 초과
	$\rho = 0.0020$	$\rho = 0.0020 \times \dfrac{400}{f_y} \geq 0.0014$

지하연속벽(Slurry Wall) 공법에서 가이드월(Guide Wall)을 스케치하고, 설치목적을 2가지 쓰시오.

(1) 스케치 :

(2) Guide Wall 설치목적

① _____ ② _____

[정답]

(1) 스케치	(2) Guide Wall 설치목적
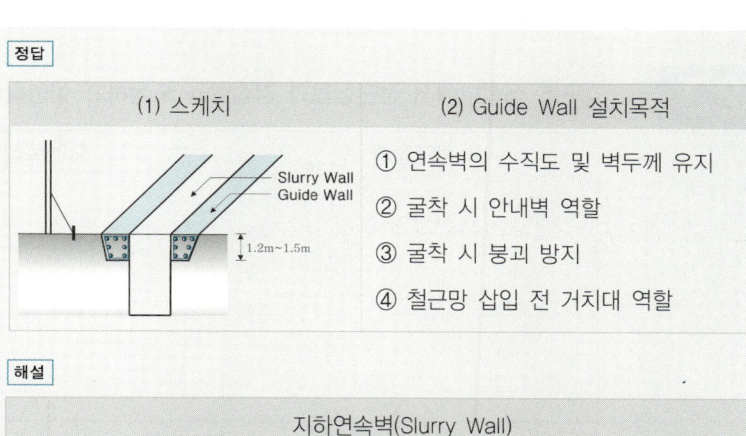	① 연속벽의 수직도 및 벽두께 유지 ② 굴착 시 안내벽 역할 ③ 굴착 시 붕괴 방지 ④ 철근망 삽입 전 거치대 역할

[해설]

	지하연속벽(Slurry Wall)		
(1)	지수벽·구조체 등으로 이용하기 위해 지하로 크고 깊은 트렌치를 굴착하여 철근망을 삽입 후 콘크리트를 타설한 Panel을 연속으로 축조해 나가는 공법		
(2)	장점	• 벽체의 강성 및 차수성이 크다. • 흙막이를 본구조체로 사용	단점	• Panel간 Joint로 수평연속성이 부족하다. • 공사비가 비교적 고가이다.
(3)		가이드 월(Guide Wall) 역할		
		• 연속벽의 수직도 및 벽두께 유지 • 안정액의 수위유지, 우수침투 방지 등		
(4)	안정액(Bentonite) 기능		
	• 굴착벽면 붕괴 방지	• 굴착토사 분리·배출	• 부유물의 침전방지

21. 다음이 설명하는 콘크리트의 줄눈 명칭을 쓰시오.

지반 등 안정된 위치에 있는 바닥판이 수축에 의하여 표면에 균열이 생길 수 있는데 이러한 균열을 방지하기 위해 설치하는 줄눈

정답

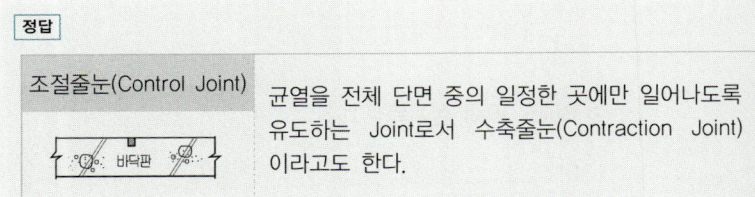

조절줄눈(Control Joint)

균열을 전체 단면 중의 일정한 곳에만 일어나도록 유도하는 Joint로서 수축줄눈(Contraction Joint)이라고도 한다.

22. 강구조 접합부에서 전단접합과 강접합을 도식하고 설명하시오.

전단접합	모멘트접합

정답

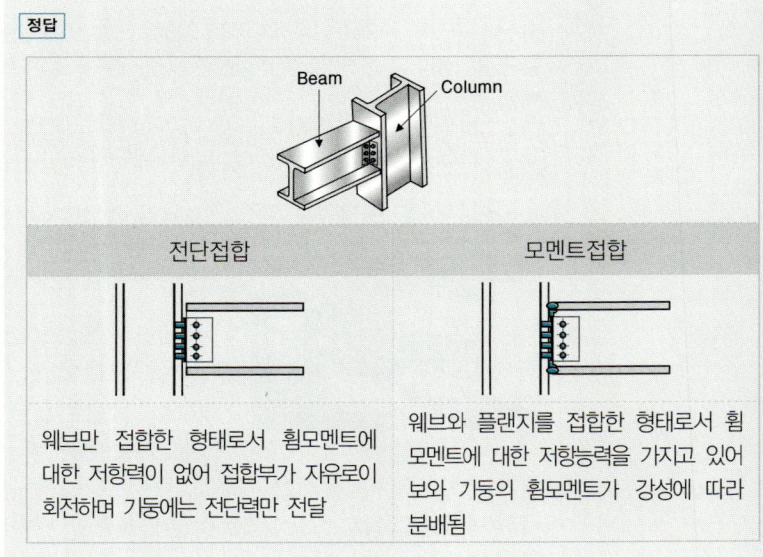

전단접합	모멘트접합
웨브만 접합한 형태로서 휨모멘트에 대한 저항력이 없어 접합부가 자유로이 회전하며 기둥에는 전단력만 전달	웨브와 플랜지를 접합한 형태로서 휨모멘트에 대한 저항능력을 가지고 있어 보와 기둥의 휨모멘트가 강성에 따라 분배됨

배점3 □□□

23 파이프 구조에서 파이프 절단면 단부는 녹막이를 고려하여 밀폐하여야 하는데, 이때 실시하는 밀폐 방법에 대하여 3가지 쓰시오.

01②, 04①,
04④, 08①,
15②

①
②
③

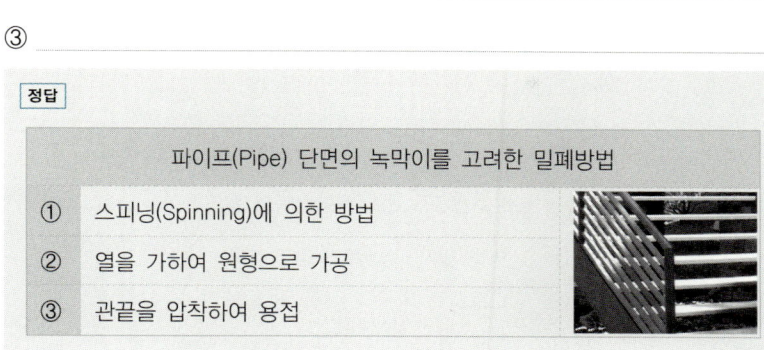

정답	파이프(Pipe) 단면의 녹막이를 고려한 밀폐방법
①	스피닝(Spinning)에 의한 방법
②	열을 가하여 원형으로 가공
③	관끝을 압착하여 용접

배점2 □□□

24 흙의 함수량 변화와 관련하여 ( ) 안을 채우시오.

08④, 11①,
15②, 21①

흙이 소성상태에서 반고체 상태로 옮겨지는 경계의 함수비를 (①)라 하고, 액성상태에서 소성상태로 옮겨지는 함수비를 (②)라고 한다.

①   ②

정답 ① 소성한계   ② 액성한계

해설

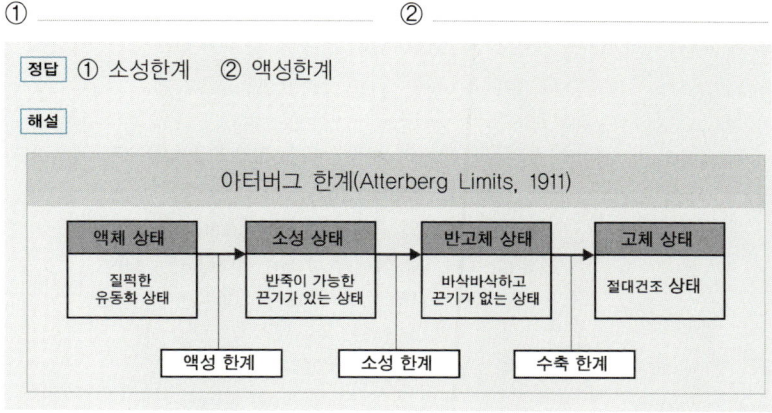

아터버그 한계(Atterberg Limits, 1911)

액체 상태	소성 상태	반고체 상태	고체 상태
질퍽한 유동화 상태	반죽이 가능한 끈기가 있는 상태	바삭바삭하고 끈기가 없는 상태	절대건조 상태

액성 한계 — 소성 한계 — 수축 한계

배점3 □□□

25 강구조공사의 절단가공에서 절단방법의 종류를 3가지 쓰시오.

98④, 99⑤,
06①, 12②,
15②, 20⑤

①   ②   ③

정답 ① 가스절단   ② 전단절단   ③ 톱절단

26. 조적조 블록벽체의 습기침투의 원인을 4가지 쓰시오.

① _____
② _____
③ _____
④ _____

정답

조적조 블록벽체의 습기침투의 원인
① 벽돌 및 모르타르의 강도 부족
② 모르타르 바름의 신축 및 들뜨기
③ 온도 및 습기에 의한 재료의 신축성
④ 이질재와 접합부 불완전 시공

27. 트럭 적재한도의 중량이 6t일 때 비중 0.6, 부피 300,000(才)의 목재 운반 트럭 대수를 구하시오. (단, 6t 트럭의 적재가능 중량은 6ton, 부피는 $8.3m^3$, 최종답은 정수로 표기하시오.)

정답

(1) 목재 전체의 체적 : 목재 300才를 $1m^3$으로 계산하므로
  $300,000 \div 300 = 1,000m^3$
(2) 목재 전체의 중량 : $1,000m^3 \times 0.6t/m^3 = 600t$
(3) 6t 트럭 1대 적재량 : $8.3m^3 \times 0.6t/m^3 = 4.98t$
  ∴ $600t \div 4.98t = 120.48$대 ➡ 121대

해설

목재 수량산출		
(1)	1才(재, 사이)  $1m^3 = 300才$	① $1才 = 1寸 \times 1寸 \times 12尺$ $= 3.03cm \times 3.03cm \times 12 \times 30.3cm = 0.00333m^3$ ② $1m^3 = \dfrac{1}{0.00033} = 299.59 ≒ 300才$
(2)	6t 화물자동차 1대의 적재량 ➡ $7.7m^3$(원목) ~ $9.0m^3$(제재목)	

28

강구조 접합부의 용접결함 중 슬래그(Slag) 감싸들기의 원인 및 방지대책을 2가지 쓰시오.

(1) 원인 :

(2) 방지대책

① _____ ② _____

정답

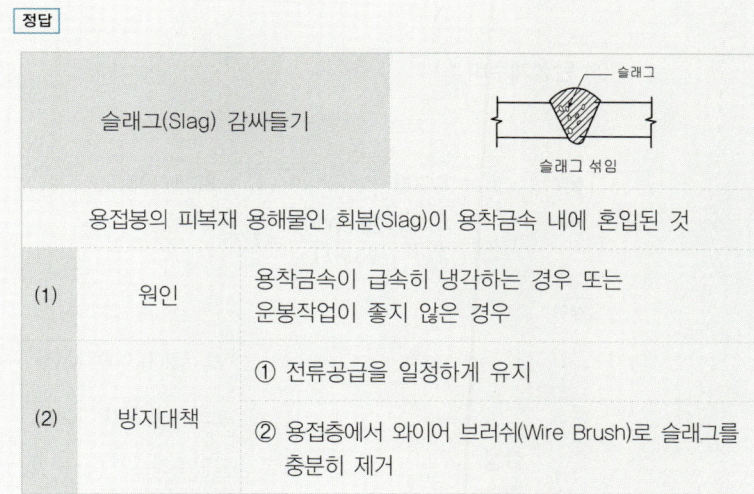

슬래그(Slag) 감싸들기		
용접봉의 피복재 용해물인 회분(Slag)이 용착금속 내에 혼입된 것		
(1)	원인	용착금속이 급속히 냉각하는 경우 또는 운봉작업이 좋지 않은 경우
(2)	방지대책	① 전류공급을 일정하게 유지 ② 용접층에서 와이어 브러쉬(Wire Brush)로 슬래그를 충분히 제거

제4회 2015 건축기사 과년도 기출문제

01
배점4
11④, 15④, 20⑤

보통골재를 사용한 콘크리트 설계기준강도 $f_{ck}=24\text{MPa}$, 철근의 탄성계수 $E_s=200{,}000\text{MPa}$ 일 때 콘크리트 탄성계수 및 탄성계수비를 구하시오.

(1) 콘크리트 탄성계수 :

(2) 탄성계수비 :

정답
(1) $E_c = 8{,}500 \cdot \sqrt[3]{(24)+(4)} = 25{,}811\text{MPa}$

(2) $n = \dfrac{E_s}{E_c} = \dfrac{(200{,}000)}{(25{,}811)} = 7.75$

해설

(1)	탄성계수	철근	$E_s = 200{,}000\,(\text{MPa})$		
		콘크리트	$E_c = 8{,}500 \cdot \sqrt[3]{f_{cm}}$		
			콘크리트 평균압축강도 $f_{cm} = f_{ck} + \Delta f(\text{MPa})$		
			$f_{ck} \leq 40\text{MPa}$	$40 < f_{ck} < 60$	$f_{ck} \geq 60\text{MPa}$
			$\Delta f = 4\text{MPa}$	$\Delta f =$ 직선 보간	$\Delta f = 6\text{MPa}$
(2)	탄성계수비		$n = \dfrac{E_s}{E_c} = \dfrac{200{,}000}{8{,}500 \cdot \sqrt[3]{f_{cm}}} = \dfrac{200{,}000}{8{,}500 \cdot \sqrt[3]{f_{ck}+\Delta f}}$		

02
배점3
03②, 15④, 18①

바닥 미장면적이 $1{,}000\text{m}^2$일 때, 1일 10인 작업 시 작업소요일을 구하시오. (단, 아래와 같은 품셈을 기준으로 하며 계산과정을 쓰시오.)

바닥미장 품셈(m^2)		
구분	단위	수량
미장공	인	0.05

정답 1m^2당 품셈이 0.05인이므로 작업소요일은 $1{,}000 \times 0.05 \div 10 = 5$일

03

거푸집 측압에 영향을 주는 요소는 여러 가지가 있지만, 건축현장의 콘크리트 부어넣기 과정에서 거푸집 측압에 영향을 줄 수 있는 요인을 4가지 쓰시오.

① _____
② _____
③ _____
④ _____

정답

거푸집 측압에 영향을 주는 요소	
①	슬럼프(Slump)값이 클수록 측압이 크다.
②	벽두께가 두꺼울수록 측압이 크다.
③	타설속도가 빠를수록 측압이 크다.
④	습도가 높을수록 측압이 크다.

콘크리트 헤드(Concrete Head)
➡ 타설된 콘크리트 윗면으로부터 최대 측압면까지의 거리

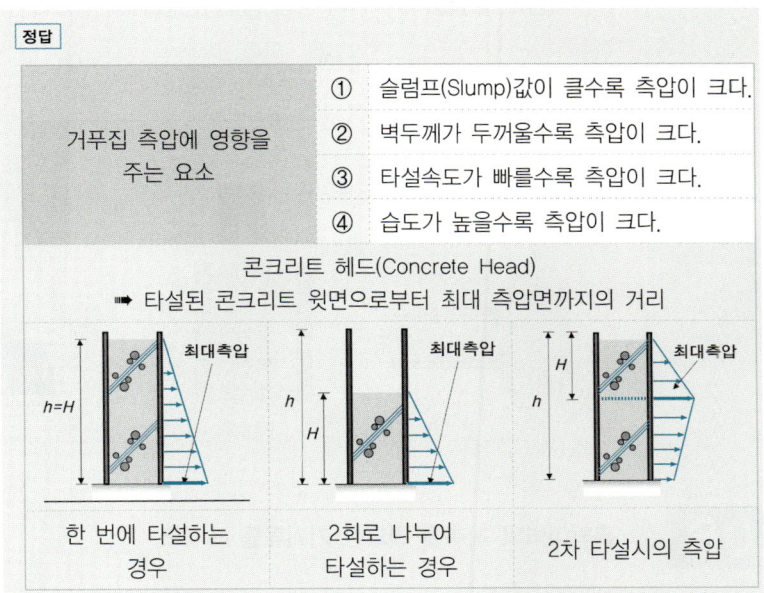

04

TQC에 이용되는 7가지 도구 중 4가지를 쓰시오.

① _____ ② _____
③ _____ ④ _____

정답

① 히스토그램 ② 파레토도 ③ 특성요인도 ④ 체크시트

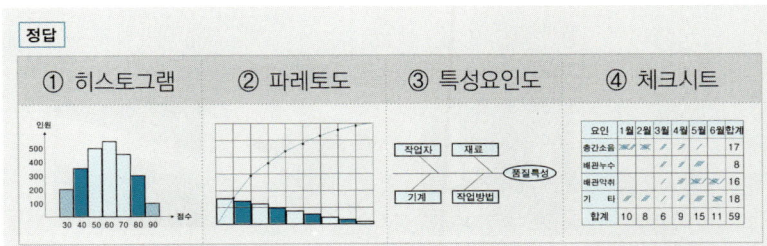

05 강구조공사에 사용되는 알맞은 용어를 쓰시오.

(1) 강구조 부재 용접 시 이음 및 접합부위의 용접선이 교차되어 재용접된 부위가 열영향을 받아 취약해지기 때문에 모재에 부채꼴 모양의 모따기를 한 것

(2) 강구조 기둥의 이음부를 가공하여 상하부 기둥 밀착을 좋게 하며 축력의 50%까지 하부 기둥 밀착면에 직접 전달시키는 이음방법

(3) Blow Hole, Crater 등의 용접결함이 생기기 쉬운 용접 Bead의 시작과 끝 지점에 용접을 하기 위해 용접 접합하는 모재의 양단에 부착하는 보조강판

(1) _____ (2) _____ (3) _____

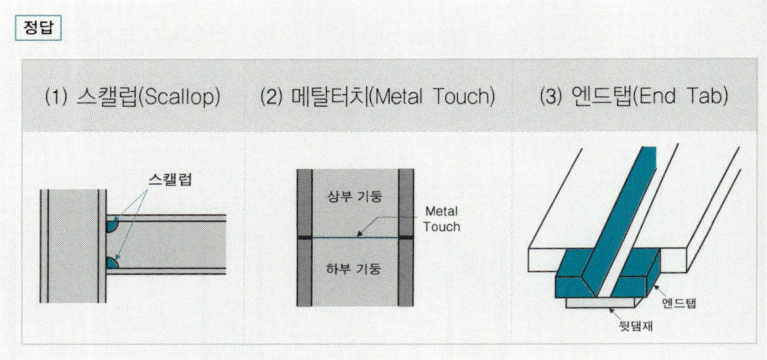

정답
(1) 스캘럽(Scallop) (2) 메탈터치(Metal Touch) (3) 엔드탭(End Tab)

06 흙막이벽의 계측에 필요한 기기류를 쓰시오.

(1) 수압 측정 :

(2) 하중 측정 :

(3) 휨변형 측정 :

(4) 수평변위 측정 :

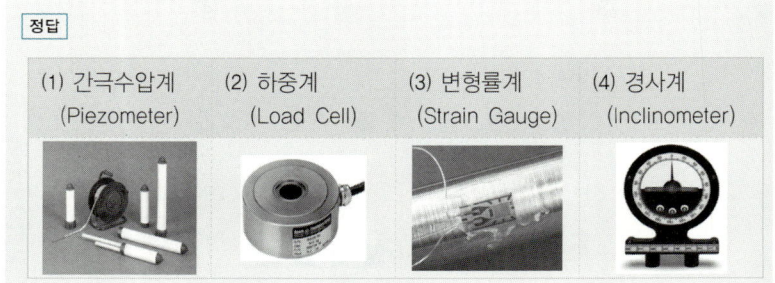

정답
(1) 간극수압계 (Piezometer) (2) 하중계 (Load Cell) (3) 변형률계 (Strain Gauge) (4) 경사계 (Inclinometer)

07. BTO(Build-Transfer-Operate) 방식을 설명하시오.

정답

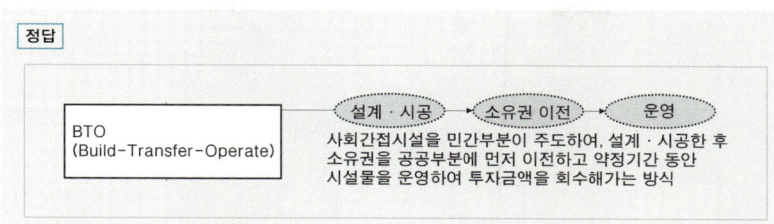

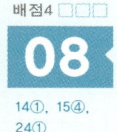

08. 품질관리 계획서 제출 시 필수적으로 기입하여야 하는 항목을 4가지 쓰시오.

① _____ ② _____
③ _____ ④ _____

정답 ① 건설공사정보 ② 품질방침 및 목표
③ 현장조직관리 ④ 문서관리

해설

품질관리 계획서 제출 대상공사	
(1)	• 전면책임감리대상 건설공사로서 총공사비 500억원 이상인 건설공사 • 다중이용건축물의 건설공사로서 연면적 30,000m^2 이상인 건축공사 • 공사계약에 품질관리계획의 수립이 명시되어 있는 건설공사
(2)	품질관리 계획서 작성내용: 현장 품질방침 및 품질목표 등 26개 항목 건설공사정보 / 품질방침 및 목표 / 현장조직관리 / 문서관리 / 기록관리 / 자원관리 / 설계관리 / 공사수행준비 / 교육훈련 / 의사소통 / 자재구매관리 / 지급자재관리 / 하도급관리 / 공사관리 / 중점품질관리 / 계약변경 / 식별 및 추적 / 기자재 및 공사목적물의 보존관리 / 검사, 측정 및 시험장비의 관리 / 건사 및 시험, 모니터링 / 부적합 사항관리 / 데이터의 분석관리 / 시정 및 예방조치 / 품질감사 건설공사 운영성과 / 공사준공 및 인계

09

Value Engineering 개념에서 $V=\dfrac{F}{C}$ 식의 각 기호를 설명하시오.

(1) V : _____   (2) C : _____

(3) F : _____

정답

VE (Value Engineering, 가치공학)		사고 방식	① 고정관념을 제거한 자유로운 발상
$V=\dfrac{F}{C}$			② 기능 중심의 시공방식
• V : 가치(Value)			③ 사용자(발주자) 중심의 사고
• F : 기능(Function)			
• C : 비용(Cost)			④ 조직적이고 순서화된 활동

10

다음 괄호 내에 각 재료의 할증률을 쓰시오.

① 유리 : (　　)%　　　　② 단열재 : (　　)%
③ 시멘트벽돌 : (　　)%　　④ 붉은 벽돌 : (　　)%

정답 ① 1　② 10　③ 5　④ 3

해설

주요 건축재료	할증률
유리	1%
타일	
이형철근, 고장력볼트	3%
내화벽돌, 붉은벽돌	
시멘트벽돌	
원형철근, 일반볼트, 강관, 경량형강	5%
기와	
대형 형강	7%
강판, 동판	10%
단열재	

다음 데이터를 네트워크공정표로 작성하고, 각 작업의 여유시간을 구하시오.

작업명	작업일수	선행작업	비 고
A	3	없음	(1) 결합점에서는 다음과 같이 표시한다.
B	4	없음	
C	5	없음	
D	6	A, B	
E	7	B	
F	4	D	
G	5	D, E	(2) 주공정선은 굵은선으로 표시한다.
H	6	C, F, G	
I	7	F, G	

(1) 네트워크공정표

(2) 일정 및 여유시간 산정

작업명	TF	FF	DF	CP
A				
B				
C				
D				
E				
F				
G				
H				
I				

정답

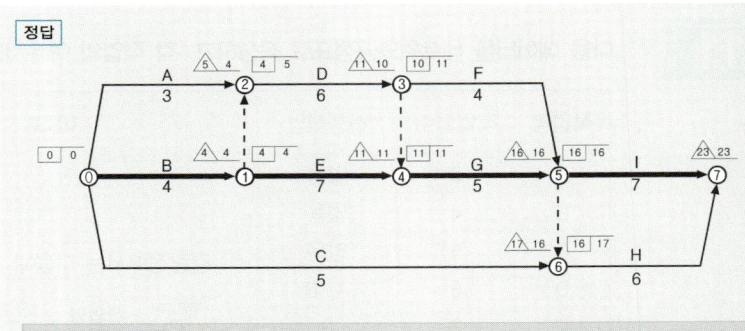

작업명	TF	FF	DF	CP
A	2	1	1	
B	0	0	0	※
C	12	11	1	
D	1	0	1	
E	0	0	0	※
F	2	2	0	
G	0	0	0	※
H	1	1	0	
I	0	0	0	※

배점3 □□□

12

98⑤, 08②, 12④, 13④, 14④, 15④

강구조 용접접합에서 발생하는 결함항목을 3가지 쓰시오.

① _____ ② _____ ③ _____

정답

용접결함의 종류		
슬래그(Slag) 감싸들기	언더컷(Under Cut)	오버랩(Over Lap)
블로홀(Blow Hole)	크랙(Crack)	피트(Pit)
용입부족	크레이터(Crater)	은점(Fish Eyes)

배점2 □□□

13

98③, 09②, 11②, 15④, 20①, 22①, 23④

콘크리트에서 크리프(Creep) 현상에 대하여 설명하시오.

정답 하중의 증가 없이도 시간경과 후 변형이 증가되는 굳은 콘크리트의 소성 변형 현상

14. 다음이 설명하는 콘크리트의 종류를 쓰시오.

(1) 거푸집을 제거한 후 노출된 콘크리트면 그대로를 마감면으로 하는 콘크리트
(2) 보통 부재 단면 최소치수 80cm 이상(하단이 구속된 경우에는 50cm 이상), 콘크리트 내외부 온도차가 25℃ 이상으로 예상되는 콘크리트
(3) 콘크리트설계기준강도가 일반콘크리트 40MPa 이상, 경량콘크리트 27MPa 이상인 콘크리트

(1) _____ (2) _____ (3) _____

정답

(1) 외장용 노출콘크리트 (Exposed Concrete)
(2) 매스콘크리트 (Mass Concrete)
(3) 고강도콘크리트 (High Strength Concrete)

15. 어떤 골재의 밀도가 2.65g/cm^3, 단위체적질량 $1,800\text{kg/m}^3$이라면 이 골재의 실적률을 구하시오.

정답 $\dfrac{1.8}{2.65} \times 100 = 67.92\%$

해설

① 실적률(%) = $\dfrac{\text{단위체적질량}}{\text{절건밀도}} \times 100$

② 공극률(%) = 100 − 실적률

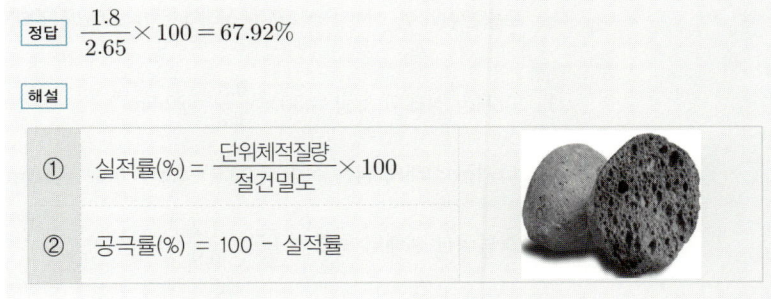

배점4 □□□

16

08①, 10④,
11②, 13④,
15④, 20③,
20⑤, 21②,
21④, 24③

벽돌벽 표면에 생기는 백화현상의 방지대책을 4가지 쓰시오.

① _____   ② _____
③ _____   ④ _____

정답

		백화(Efflorescence)	
(1)	정의	시멘트 중의 수산화칼슘이 공기 중의 탄산가스와 반응하여 벽체의 표면에 생기는 흰 결정체	
(2)	방지대책	• 흡수율이 작은 소성이 잘된 벽돌 사용 • 처마 또는 차양의 설치로 빗물 차단 • 벽체 표면에 발수제 첨가 및 도포 • 줄눈모르타르에 방수제를 혼합	

배점3 □□□

17

00③, 15④,
18①, 22②

흐트러진 상태의 흙 $30m^3$를 이용하여 $30m^2$의 면적에 다짐 상태로 60cm 두께를 터돋우기할 때 시공완료된 다음의 흐트러진 상태의 토량을 산출하시오. (단, 이 흙의 $L=1.2$, $C=0.9$이다.)

정답

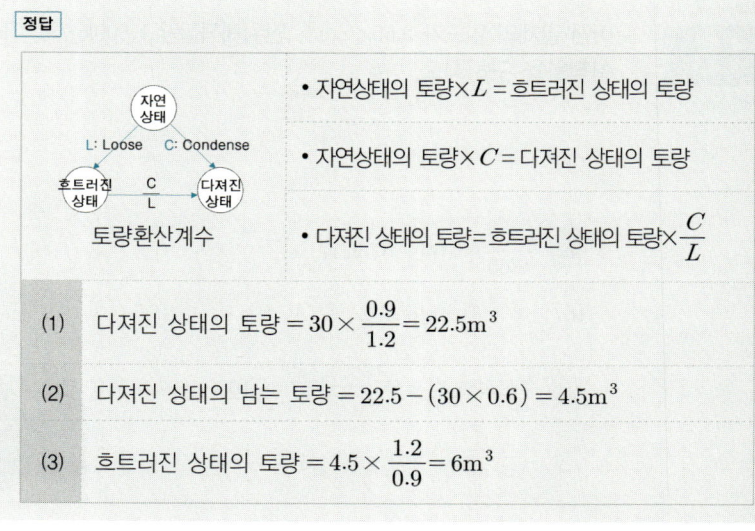

- 자연상태의 토량×L = 흐트러진 상태의 토량
- 자연상태의 토량×C = 다져진 상태의 토량
- 다져진 상태의 토량 = 흐트러진 상태의 토량×$\dfrac{C}{L}$

(1) 다져진 상태의 토량 $= 30 \times \dfrac{0.9}{1.2} = 22.5m^3$

(2) 다져진 상태의 남는 토량 $= 22.5 - (30 \times 0.6) = 4.5m^3$

(3) 흐트러진 상태의 토량 $= 4.5 \times \dfrac{1.2}{0.9} = 6m^3$

18. 강재의 종류 중 SM355에서 SM의 의미와 355가 의미하는 바를 각각 쓰시오.

(1) SM :

(2) 355 :

정답 (1) Steel Marine(용접구조용 압연강재)　(2) 항복강도 $F_y = 355\text{MPa}$

해설

- 첫 번째 문자 S는 Steel을 의미한다.
- 두 번째 문자는 제품의 형상이나 용도 및 강종을 나타낸다.
- 세 번째 숫자는 각 강종의 항복강도 (N/mm^2, MPa), 재료의 종류 또는 번호를 표시한다.
- 마지막의 A는 충격흡수에너지에 의한 강재의 품질을 의미하며 A ➡ B ➡ C ➡ D 순으로 A보다는 D가 충격특성이 향상되는 고품질의 강을 의미한다. 특히 C, D 강재는 저온에서 사용되는 구조물과 취성파괴가 문제가 되는 특수한 부위에 사용된다.

S → Steel
M → 제품의 형상이나 용도 및 강종
355 → 강종의 최저 항복강도
A → 충격흡수에너지에 대한 강재의 품질

19. 시공된 콘크리트 구조물에서 경화콘크리트의 강도 추정을 위해 이용되고 있는 비파괴시험 방법의 명칭을 3가지 쓰시오.

①　　　　　　　② 　　　　　　　③

정답

강도추정을 위한 콘크리트 비파괴 검사법

① 슈미트해머법　② 초음파 속도법
③ 인발법　　　　④ 조합법

20

Remicon(25-30-180)은 Ready Mixed Concerte의 규격에 대한 수치이다. 이 3가지의 수치가 뜻하는 바를 간단히 쓰시오.

(1) 25 : _____   (2) 30 : _____

(3) 180 : _____

정답

Remicon [25 – 30 – 180]
　　　　　(1)　(2)　(3)

(1) 굵은골재 최대치수 25mm

(2) 호칭강도 30MPa

(3) 슬럼프(Slump) 180mm

21

알칼리골재반응의 정의를 설명하고 방지대책을 3가지 적으시오.

(1) 정의 :

(2) 방지대책

① _____

② _____

③ _____

정답

알칼리골재반응(Alkali Aggregate Reaction)		
정의	시멘트의 알칼리 성분과 골재의 실리카(Silica) 성분이 반응하여 수분을 지속적으로 흡수팽창하는 현상	
대책	①	알칼리 함량 0.6% 이하의 시멘트 사용
	②	알칼리골재반응에 무해한 골재 사용
	③	양질의 혼화재 (고로 Slag, Fly Ash 등) 사용

22

강구조공사 습식 내화피복 공법의 종류를 4가지 쓰시오.

① _____   ② _____

③ _____   ④ _____

정답 ① 타설 공법 ② 뿜칠 공법 ③ 미장 공법 ④ 조적 공법

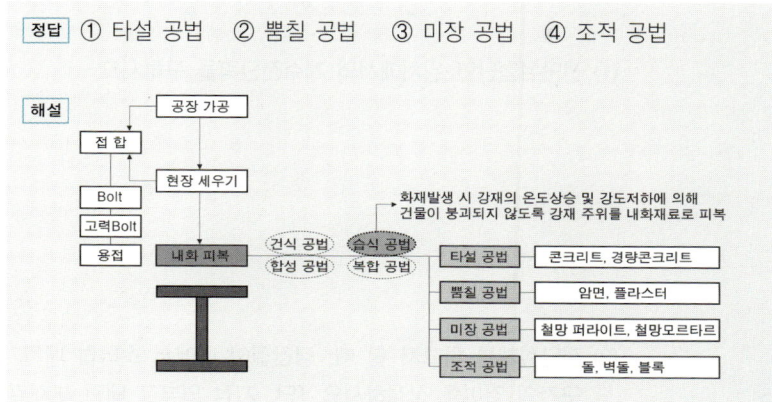

23

Jack Support의 정의 및 설치위치를 2군데 쓰시오.

(1) 정의 :

(2) 설치위치 :

① _____   ② _____

정답

잭 서포트(Jack Support)
지하주차장 거푸집 동바리 해체 후, 하중 및 차량 진동으로 인한 균열 방지를 위해 사용하는 가설지주
설치 위치
① 바닥판(Slab) 중앙부
② 보(Beam) 중앙부

그림과 같은 철근콘크리트보를 보고 물음에 답하시오.

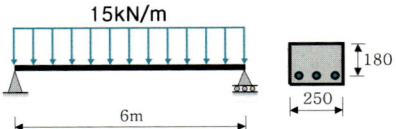

(1) 전단위험단면 위치에서의 계수전단력을 구하시오.

(2) 전단설계를 하고자 할 때, 경간길이 내에서 스터럽 배치가 필요하지 않은 구간의 길이를 산정하시오. (단, 지점 외부로 내민 부재길이는 무시, 보통중량콘크리트 $f_{ck} = 21\text{MPa}$)

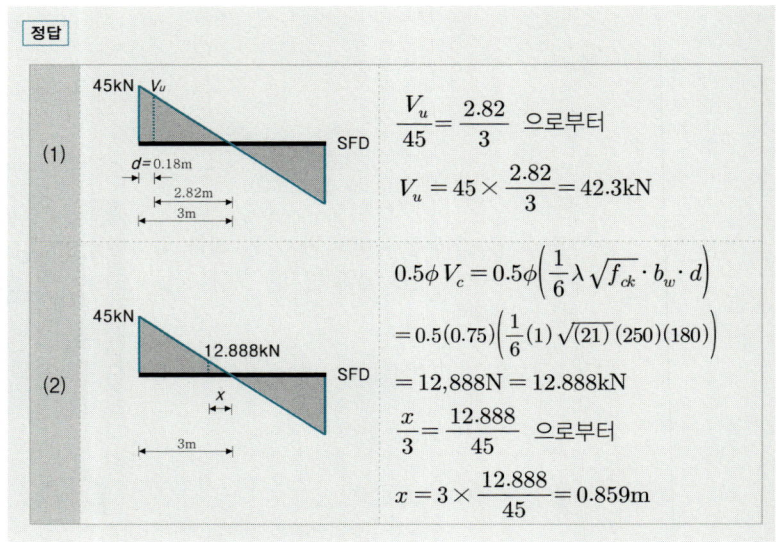

해설

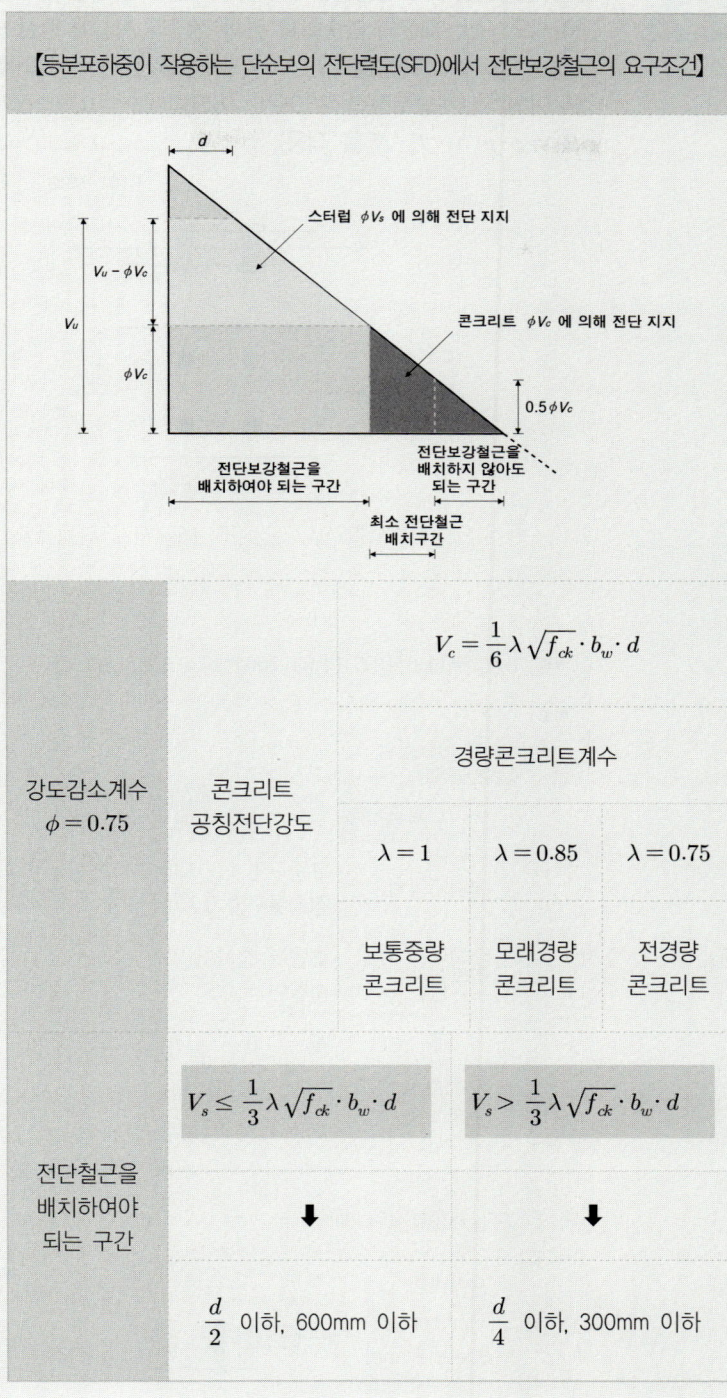

【등분포하중이 작용하는 단순보의 전단력도(SFD)에서 전단보강철근의 요구조건】

강도감소계수 $\phi = 0.75$	콘크리트 공칭전단강도	$V_c = \dfrac{1}{6} \lambda \sqrt{f_{ck}} \cdot b_w \cdot d$		
		경량콘크리트계수		
		$\lambda = 1$	$\lambda = 0.85$	$\lambda = 0.75$
		보통중량 콘크리트	모래경량 콘크리트	전경량 콘크리트
전단철근을 배치하여야 되는 구간		$V_s \leq \dfrac{1}{3} \lambda \sqrt{f_{ck}} \cdot b_w \cdot d$		$V_s > \dfrac{1}{3} \lambda \sqrt{f_{ck}} \cdot b_w \cdot d$
		↓		↓
		$\dfrac{d}{2}$ 이하, 600mm 이하		$\dfrac{d}{4}$ 이하, 300mm 이하

25

단순 인장접합부의 사용성한계상태에 대한 고장력볼트의 설계미끄럼강도를 구하시오. (단, 계산의 단순화를 위해 전단과 지압에 관한 안전검토는 생략, 강재는 SS275, 고장력볼트는 M22(F10T 표준구멍), 필러를 사용하지 않는 경우이며, 설계볼트장력 200kN, 미끄럼계수 = 0.5, 설계미끄럼강도 식 $\phi R_n = \phi \cdot \mu \cdot h_f \cdot T_o \cdot N_s$을 적용)

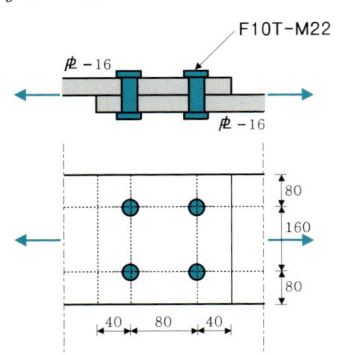

정답 $\phi R_n = (1.0)(0.5)(1.0)(200)(1) \times 4개 = 400 \text{kN}$

해설

고장력볼트 설계미끄럼강도		$\phi R_n = \phi \cdot \mu \cdot h_f \cdot T_o \cdot N_s$
ϕ	설계저항계수	표준구멍 1.0, 대형구멍과 단슬롯구멍 0.85, 장슬롯구멍 0.70
μ	미끄럼계수	페인트 칠하지 않은 블라스트 청소된 마찰면 = 0.5
h_f	필러(Filler) 계수	$h_f = 1.0$ 필러를 사용하지 않는 경우
		$h_f = 0.85$ 필러 내 하중의 분산을 위해 볼트를 추가하지 않은 경우로서 접합되는 재료 사이에 2개 이상의 필러가 있는 경우
T_o	설계볼트장력(kN)	
N_s	전단면의 수 (Number of Shear Plane)	1면 전단 / 2면 전단

26. 다음의 주의사항을 통해 그림상에 용접기호를 도식화하시오.

[주의사항]
① 필릿 용접
② 현장 용접
③ 필릿 치수 3mm

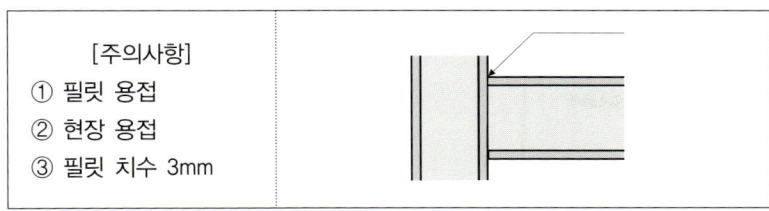

정답

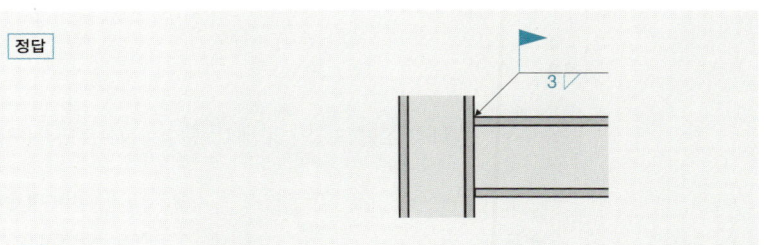

해설

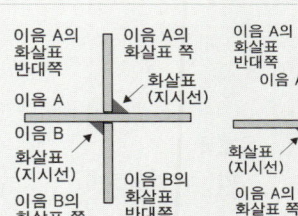

① 용접기호는 접합부를 지시하는 지시선과 기선에 기재한다. 기선은 수평선이고 필요시에는 꼬리를 붙인다. 지시선은 기선에 대해 60° 또는 120°의 직선이다.

② V형, K형 등에서 개선이 있는 쪽의 부재면을 지시할 필요가 있으면 개선을 낸 부재 쪽에 기선을 긋고 지시선을 절선으로 하며 개선을 낸 면에 화살 끝을 둔다.

③ 기호 및 사이즈는 용접하는 쪽이 화살이 있는 쪽 또는 앞쪽인 때는 기선의 아래 쪽에, 화살의 반대쪽이거나 뒤쪽이면 기선의 위쪽에 밀착하여 기재한다.

④ 현장 용접(▶), 일주 용접(○ : 전체 둘레 용접), 현장 일주 용접(⚑) 등의 보조기호는 기준선과 화살표의 교점에 표시한다. 현장 용접이란 구조물 등을 설치하는 현장에서 용접을 하라는 의미이고, 전체 둘레 용접이란 용접기호가 있는 부분만의 용접이 아니라 원형이나 사각 용접부 전체를 용접하라는 의미이다.

27

철근콘크리트 기초판 크기가 2m×4m일 때 단변방향으로의 소요 전체 철근량이 2400mm²이다. 유효폭 내에 배근하여야 할 철근량을 구하시오.

정답

$$A_s' = A_s \times \frac{2}{\beta+1} = (2,400) \cdot \frac{2}{\left(\frac{4}{2}\right)+1} = 1,600 \text{mm}^2$$

해설

2방향 기초판 휨철근의 배치: 단변방향으로의 철근량 A_{sL}

유효폭 내	$A_{s1} = A_{sL} \times \dfrac{2}{\beta+1}$	A_{sL} : 단변방향의 전체철근량 B (유효폭): 기초판 단변길이의 폭 $\beta = \dfrac{L}{B}$
유효폭 외	$A_{s2} = A_{sL} \times \dfrac{1-\dfrac{2}{\beta+1}}{2}$	

2016년
과년도 기출문제

① 건축기사 제1회 시행 …… 1-276
② 건축기사 제2회 시행 …… 1-294
③ 건축기사 제4회 시행 …… 1-312

제1회 2016 건축기사 과년도 기출문제

01 배점3

09②, 11②, 11④, 12④, 16①, 16④, 20④, 23①, 23②

지반조사 방법 중 보링(Boring)의 종류 3가지를 쓰시오.

① _____ ② _____ ③ _____

정답

① 오거(Auger) 보링 ② 수세식(Wash) 보링 ③ 회전식(Rotary) 보링

02 배점3

05①, 10②, 16①

프리스트레스트 콘크리트에 이용되는 긴장재의 종류를 3가지 쓰시오.

① _____ ② _____ ③ _____

정답

PS강재

프리스트레스트 콘크리트에 이용되는 응력도입을 위한 고강도 강재의 총칭으로 여러 개를 다발로 사용할 때는 긴장재(Tendon)라고도 한다.

①	PC강선 및 PC강연선
②	PC경강선
③	PC강봉

03

수평버팀대식 흙막이에 작용하는 응력이 아래의 그림과 같을 때 각각의 번호가 의미하는 것을 보기에서 골라 기호로 쓰시오.

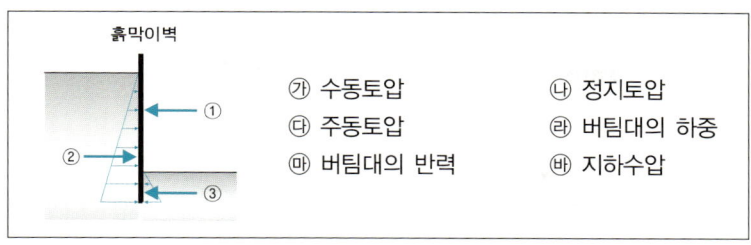

㉮ 수동토압　　㉯ 정지토압
㉰ 주동토압　　㉱ 버팀대의 하중
㉲ 버팀대의 반력　㉳ 지하수압

① _____　② _____　③ _____

정답 ① ㉲　② ㉰　③ ㉮

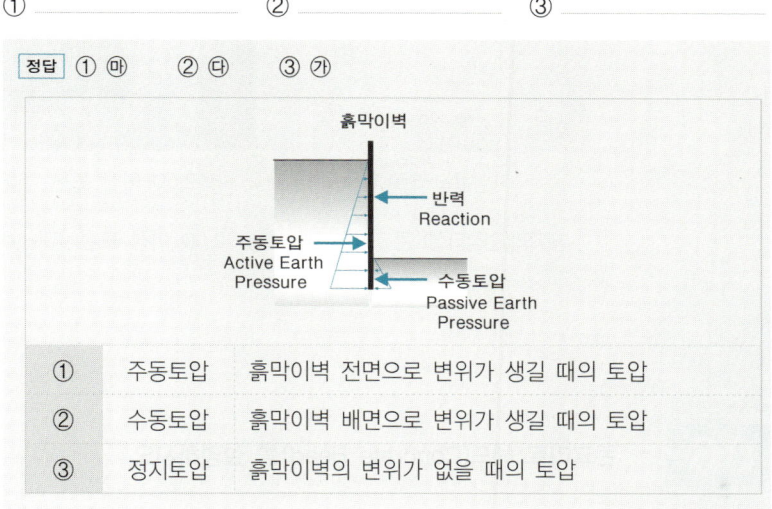

①	주동토압	흙막이벽 전면으로 변위가 생길 때의 토압
②	수동토압	흙막이벽 배면으로 변위가 생길 때의 토압
③	정지토압	흙막이벽의 변위가 없을 때의 토압

04

철근배근 시 철근이음 방식 3가지를 쓰시오.

① _____　② _____　③ _____

정답 철근의 대표적 이음: 겹침이음, 기계적이음, 용접이음

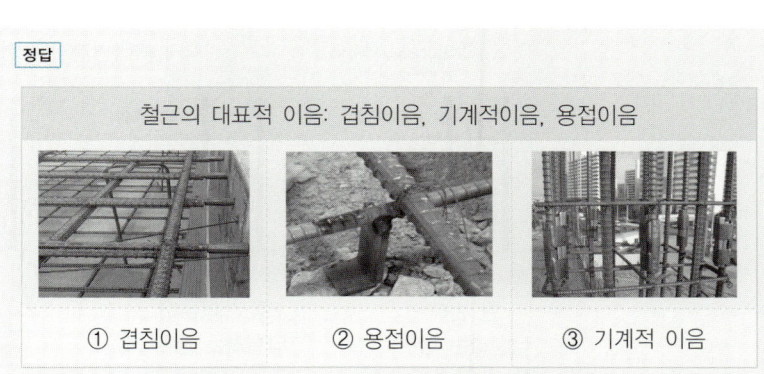

① 겹침이음　② 용접이음　③ 기계적 이음

05

다음 ( ) 안에 숫자를 기입하시오.

> 기성콘크리트 말뚝을 타설할 때 그 중심간격은 말뚝지름의 ( )배 이상 또한 ( )mm 이상으로 한다.

06

콘크리트 헤드(Concrete Head)를 설명하시오.

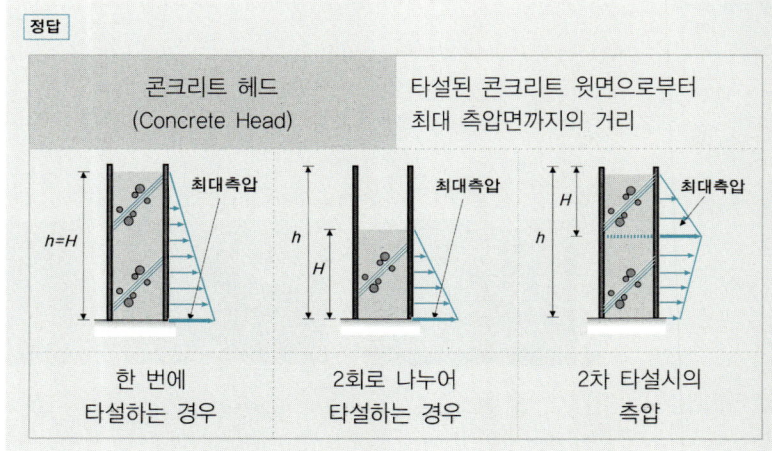

배점2 ☐☐☐

13④, 16①

전기로에서 페로실리콘 등 규소합금 제조과정 중 부산물로 생성되는 매우 미세한 입자로써 고강도콘크리트 제조 시 사용되는 이산화규소(SiO_2)를 주성분으로 하는 혼화재의 명칭을 쓰시오.

정답

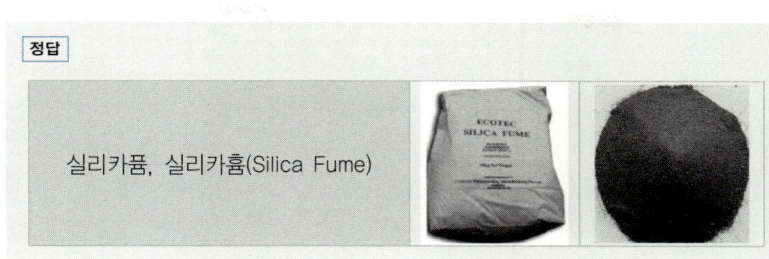

실리카퓸, 실리카흄(Silica Fume)

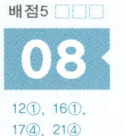

배점5 ☐☐☐

12①, 16①, 17④, 21④

콘크리트충전강관(CFT) 구조를 설명하고 장단점을 각각 2가지씩 쓰시오.

(1) CFT :

(2) 장점
　① _____　② _____

(3) 단점
　① _____　② _____

정답

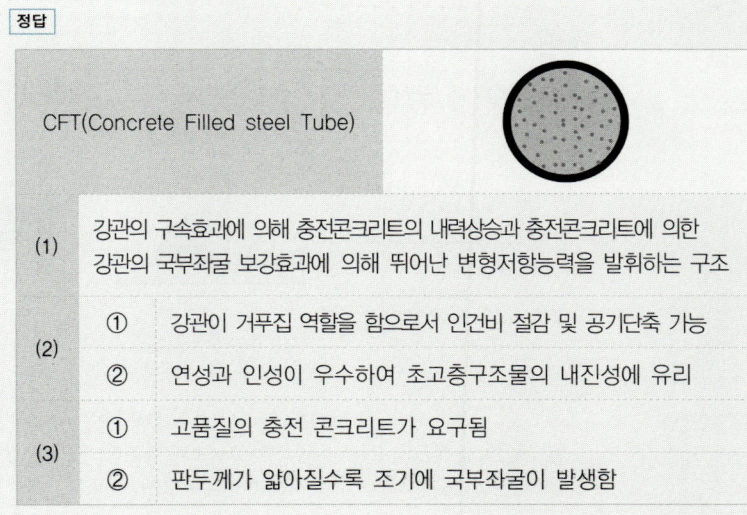

	CFT(Concrete Filled steel Tube)	
(1)	강관의 구속효과에 의해 충전콘크리트의 내력상승과 충전콘크리트에 의한 강관의 국부좌굴 보강효과에 의해 뛰어난 변형저항능력을 발휘하는 구조	
(2)	①	강관이 거푸집 역할을 함으로서 인건비 절감 및 공기단축 가능
	②	연성과 인성이 우수하여 초고층구조물의 내진성에 유리
(3)	①	고품질의 충전 콘크리트가 요구됨
	②	판두께가 얇아질수록 조기에 국부좌굴이 발생함

09 프리팩트 콘크리트 말뚝의 종류를 3가지 쓰시오.

① _____ ② _____ ③ _____

정답 ① Cast In Place ② Mixed In Place ③ Packed In Place

해설

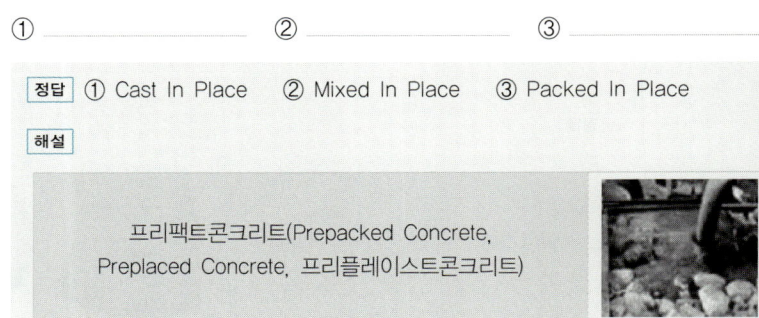

프리팩트콘크리트(Prepacked Concrete, Preplaced Concrete, 프리플레이스트콘크리트)

거푸집 안에 미리 굵은 골재를 채워 넣은 후 그 공극 속으로 특수한 모르타르를 주입하여 만든 콘크리트

10 그림과 같은 용접부의 설계강도를 구하시오. (단, 모재는 SM275, 용접재 (KS D 7004 연강용 피복아크 용접봉)의 인장강도 $F_{uw} = 420\text{N/mm}^2$, 모재의 강도는 용접재의 강도보다 크다.)

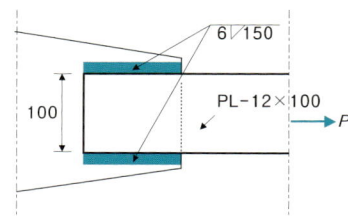

정답

용접기호 표시	유효 목두께(a)	용접 유효길이(L_e)

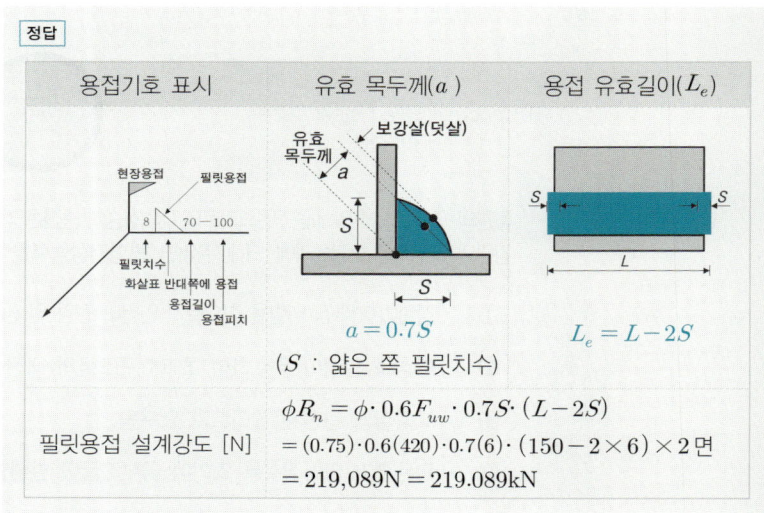

$a = 0.7S$
(S : 얇은 쪽 필릿치수)

$L_e = L - 2S$

필릿용접 설계강도 [N]

$\phi R_n = \phi \cdot 0.6 F_{uw} \cdot 0.7S \cdot (L - 2S)$
$= (0.75) \cdot 0.6(420) \cdot 0.7(6) \cdot (150 - 2 \times 6) \times 2$ 면
$= 219,089\text{N} = 219.089\text{kN}$

폭 $b=500\text{mm}$, 유효깊이 $d=750\text{mm}$ 인 철근콘크리트 단철근 직사각형 보의 균형철근비 및 최대철근량을 계산하시오. (단, $f_{ck}=27\text{MPa}$, $f_y=300\text{MPa}$)

정답

(1) $f_{ck} \leq 40\text{MPa}$ ➡ $\eta = 1.00$, $\beta_1 = 0.80$

(2) $\rho_b = \dfrac{\eta(0.85f_{ck})}{f_y} \cdot \beta_1 \cdot \dfrac{660}{660+f_y}$

$= \dfrac{(1.00)(0.85 \times 27)}{(300)} \cdot (0.80) \cdot \dfrac{(660)}{(660)+(300)} = 0.04207$

(3) $\rho_{\max} = 0.658\rho_b = 0.658(0.04207) = 0.02768$

(4) $A_{s,\max} = \rho_{\max} \cdot b \cdot d = (0.02768)(500)(750) = 10{,}380\text{mm}^2$

해설

균형철근비(ρ_b, Balance Steel Ratio)		
(1)	\multicolumn{2}{c}{$\rho_b = \dfrac{\eta(0.85f_{ck})}{f_y} \cdot \beta_1 \cdot \dfrac{660}{660+f_y}$}	
	f_y	철근의 설계기준항복강도, MPa
	f_{ck}	콘크리트의 설계기준압축강도, MPa
	η	콘크리트 등가직사각형 압축응력블록의 크기를 나타내는 계수 $f_{ck} \leq 40\text{MPa}$ ➡ $\eta = 1.00$
	β_1	콘크리트 등가직사각형 압축응력블록의 깊이를 나타내는 계수 $f_{ck} \leq 40\text{MPa}$ ➡ $\beta_1 = 0.80$

최대철근비($\rho_{\max}$, Maximum Steel Ratio)			
	f_y(MPa)	최소 허용변형률	해당 철근비
(2)	300	0.004	$0.658\rho_b$
	350	0.004	$0.692\rho_b$
	400	0.004	$0.726\rho_b$
	500	0.005 ($2\epsilon_y$)	$0.699\rho_b$
	600	0.006 ($2\epsilon_y$)	$0.677\rho_b$

12. 가설건축물을 축조할 때 제출하여야 하는 서류를 3가지 쓰시오.

① _____ ② _____ ③ _____

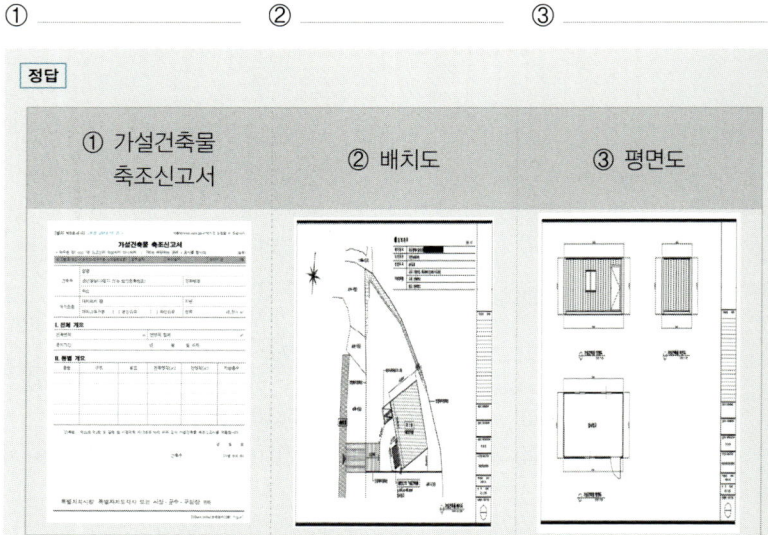

정답: ① 가설건축물 축조신고서 ② 배치도 ③ 평면도

13. 벽타일 붙이기공법의 종류를 4가지 적으시오.

① _____ ② _____
③ _____ ④ _____

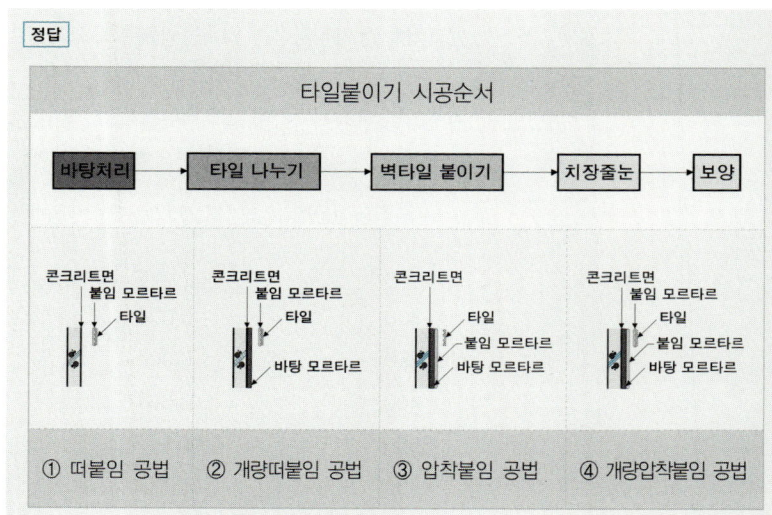

정답: ① 떠붙임 공법 ② 개량떠붙임 공법 ③ 압착붙임 공법 ④ 개량압착붙임 공법

14. LCC(Life Cycle Cost)를 설명하시오.

정답

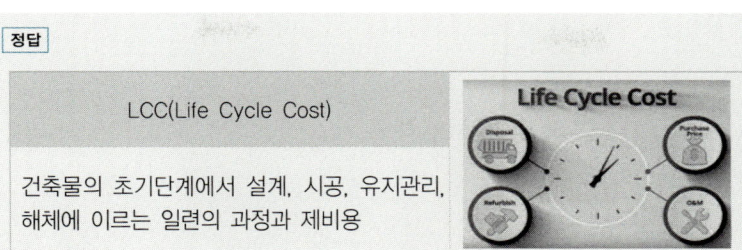

LCC(Life Cycle Cost)

건축물의 초기단계에서 설계, 시공, 유지관리, 해체에 이르는 일련의 과정과 제비용

15. 다음 용어를 설명하시오.

(1) AE 감수제 :

(2) 쉬링크 믹스트 콘크리트 :

정답

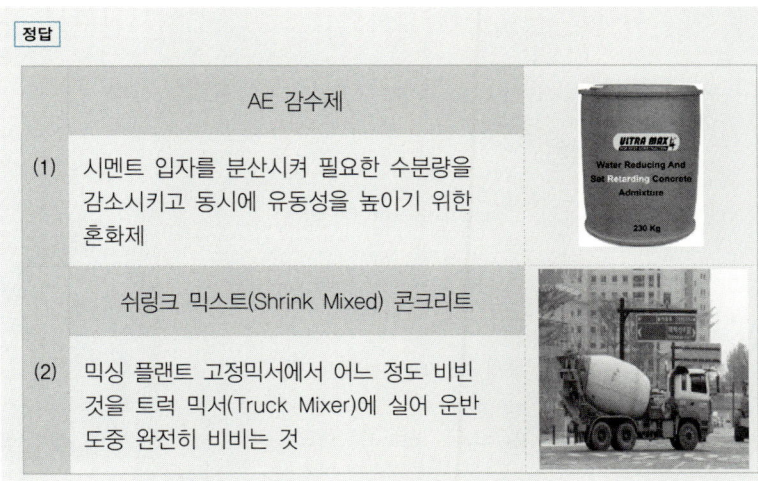

AE 감수제

(1) 시멘트 입자를 분산시켜 필요한 수분량을 감소시키고 동시에 유동성을 높이기 위한 혼화제

쉬링크 믹스트(Shrink Mixed) 콘크리트

(2) 믹싱 플랜트 고정믹서에서 어느 정도 비빈 것을 트럭 믹서(Truck Mixer)에 실어 운반 도중 완전히 비비는 것

배점6

터파기한 흙이 $12,000\text{m}^3$ ($L=1.25$)이고, 이 중 되메우기를 $5,000\text{m}^3$으로 하고, 잔토처리를 8톤 트럭으로 운반시 트럭에 적재할 수 있는 운반토량과 차량 대수를 구하시오. (단, 파낸 후 흐트러진 상태의 흙의 단위중량은 $1,800\text{kg/m}^3$)

(1) 8톤 덤프트럭에 적재할 수 있는 운반토량 :

(2) 8t 덤프트럭의 대수 :

정답

(1) $\dfrac{8t}{1.8t/\text{m}^3} = 4.44\text{m}^3$

(2) $\dfrac{(12,000-5,000) \times 1.25}{4.444}$
$= 1,968.95 \Rightarrow 1,969$ 대

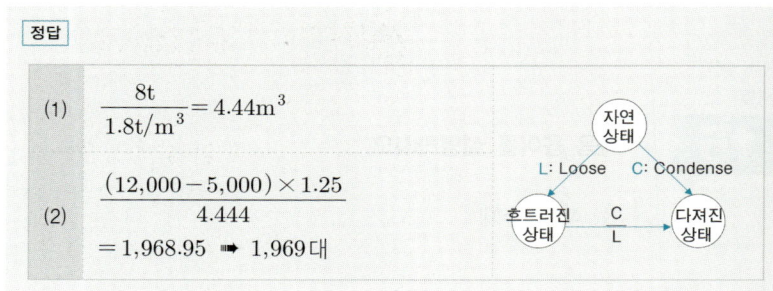

배점3

17

목재의 난연처리 방법 3가지를 쓰시오.

①
②
③

정답

목재의 난연처리 방법
① 몰리브덴, 인산과 같은 방화제를 도포 또는 주입
② 목재 표면에 방화페인트를 도포
③ 플라스터, 모르타르 등으로 피복

대표적인 고층건물의 비내력벽 구조로써 사용이 증가되고 있는 커튼월공법은 재료에 의한 분류, 구조형식, 조립방식별 분류 등 다양한 분류방식이 존재하는데, 구조형식과 조립방식에 의한 커튼월공법을 각각 2가지씩 쓰시오.

(1) 구조형식에 따른 분류

① _____   ② _____

(2) 조립방식에 의한 분류

① _____   ② _____

정답 (1) ① 멀리언(Mullion) 방식　② 패널(Panel) 방식
(2) ① 스틱월(Stick Wall) 방식　② 유닛월(Unit Wall) 방식

해설

커튼월(Curtain Wall) 조립방식에 의한 분류

- Stick Wall 방식
  - 구성 부재를 현장에서 조립·연결하여 창틀이 구성되는 형식
  - 현장 적응력이 우수하여 공기조절이 가능
- Unit Wall 방식
  - 창호와 유리, 패널의 일괄발주 방식
  - 구성 부재 모두가 공장에서 조립된 프리패브(Pre-Fab) 형식
  - 업체의 의존도가 높아서 현장상황에 융통성을 발휘하기가 어려움
- Window Wall 방식
  - 창호와 유리, 패널의 개별발주 방식
  - 창호구조가 패널 트러스에 연결할 수 있어서 재료의 사용 효율이 높아 비교적 경제적인 시스템 구성이 가능한 방식

커튼월(Curtain Wall) 구조형식에 의한 분류

Mullion 방식　　Panel 방식

커튼월(Curtain Wall) 입면에 의한 분류

- 샛기둥(Mullion) 방식
  - 수직기둥을 노출시키고, 그 사이에 유리창이나 스팬드럴 패널을 끼우는 방식
- 스팬드럴(Spandrel) 방식
  - 수평선을 강조하는 창과 스팬드럴 조합으로 이루어지는 방식
- 격자(Grid) 방식
  - 수직, 수평의 격자형 외관을 보여주는 방식
- 피복(Sheath) 방식
  - 구조체를 외부에 노출시키지 않고 패널로 은폐시키고 새시는 패널 안에서 끼워지는 방식

19 주문제작되어 조립되는 콘크리트 대형구조물 방식으로 건설되는 프리캐스트(PC) 생산방식을 쓰시오.

정답: 클로즈드 시스템(Closed System)

20 다음 용어를 설명하시오.

(1) BOT(Build-Operate-Transfer) :

(2) 파트너링(Partnering) 계약방식 :

정답:

(1) BOT(Build-Operate-Transfer)
설계·시공 → 운영 → 소유권 이전
사회간접시설을 민간부분이 주도하여, 설계·시공한 후 일정기간 시설물을 운영하여 투자금액을 회수한 후 시설물·운영권을 무상으로 공공부분에 이전하는 방식

(2) 파트너링(Partnering) 계약방식
발주자가 직접 설계·시공에 참여하고 사업 관련자들이 상호신뢰를 바탕으로 팀(Team)을 구성하여 사업성공과 상호 이익확보를 목표로 사업을 집행 관리하는 방식

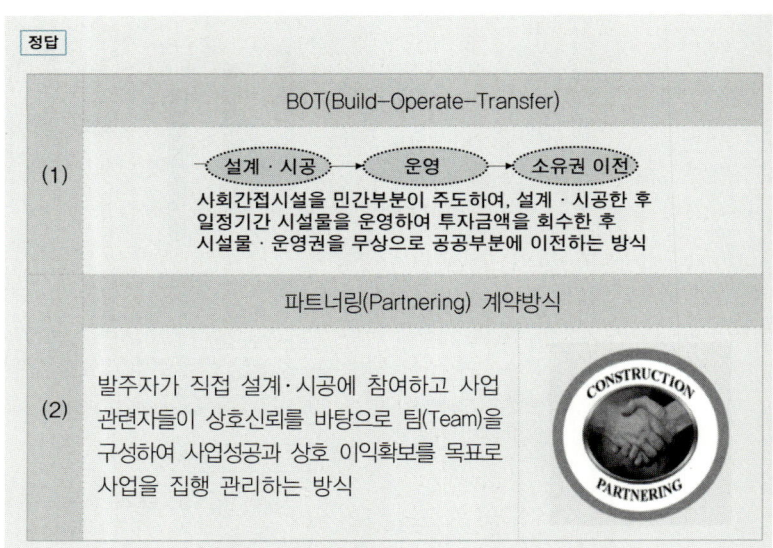

21 다음 구조물의 전단력도와 휨모멘트도를 그리고, 최대전단력과 최대휨모멘트값을 구하시오.

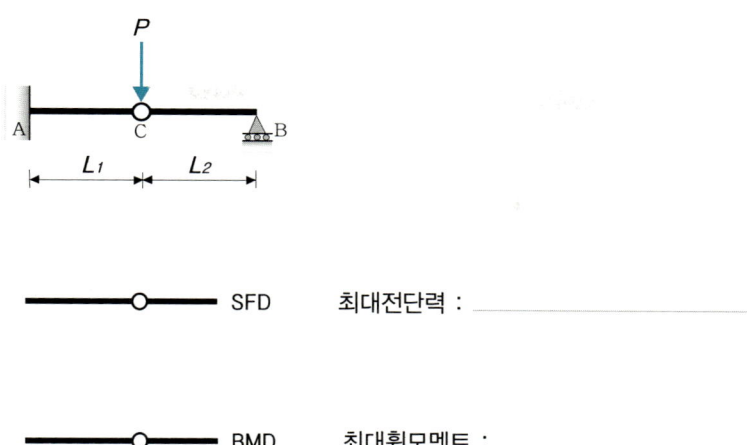

———○——— SFD   최대전단력 : _____

———○——— BMD   최대휨모멘트 : _____

정답

(1) 전단력도(SFD, Shear Force Diagram)

➡ 지점반력을 계산한 후 좌측 기선에서 수직의 화살표의 방향에 따라 크기는 상관없이 임의의 직선을 그린다.
➡ 수직하중이 없는 구간은 수평으로 연속해서 직선을 이어나가고, 구간 내에 수직하중이 작용하는 위치에서 수직의 화살표의 방향에 따라 직선을 상하로 조정한다. 등분포하중이 작용하는 구간은 1차 직선의 경사형태로 직선을 연속해서 이어나간다.

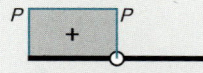

최대전단력 : P

(2) 휨모멘트도(BMD, Bending Moment Diagram)

➡ 지점반력을 계산한다.
➡ 하중작용점, 보 또는 라멘 구조물의 지지단과 같은 특정의 위치에서 휨모멘트를 각각 계산한 후 포인트를 설정해 놓는다.
➡ 집중하중이 작용하는 구간은 1차직선, 등분포하중이 작용하는 구간은 2차곡선의 형태로 해당 포인트를 연결한다.

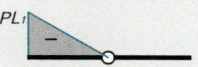

최대휨모멘트 : PL_1

22

콘크리트 골재가 가져야 하는 요구품질 사항을 4가지 쓰시오.

① _____ ② _____
③ _____ ④ _____

정답

콘크리트 골재가 가져야 하는 요구품질
① 표면이 거칠고 둥근 모양일 것
② 견고하고 강도가 클 것
③ 실적률이 클 것
④ 입도가 적당하고 좋을 것

23

그림과 같은 구조물에서 OA부재의 분배율을 모멘트 분배법으로 계산하시오.

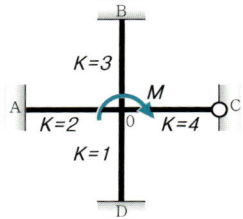

정답

$$DF_{OA} = \frac{2}{2+3+4\times\frac{3}{4}+1} = \frac{2}{9}$$

해설

모멘트분배법 (Moment Distributed Method, 1930)	Hardy Cross (1885~1959)

(1) 강도(Stiffness)계수 : $K = \dfrac{I}{L}$ 부재의 타단이 Hinge인 경우 수정강도계수 $K^R = \dfrac{3}{4}K$ 을 적용

(2) 분배율 (Distributed Factor, DF) $DF = \dfrac{\text{구하려는 부재의 유효강비}}{\text{전체 유효강비의 합}}$

24

그림과 같은 보의 단면에서 휨균열을 제어하기 위한 인장철근의 간격을 구하고 적합여부를 판단하시오. (단, $f_y = 400\text{MPa}$ 이며 사용철근의 응력은 $f_s = \dfrac{2}{3}f_y$ 근사식을 적용한다.)

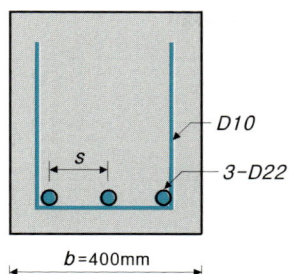

정답

(1) 순피복두께 : $C_c = 40 + 10 = 50\text{mm}$,

철근의 응력 : $f_s = \dfrac{2}{3}f_y = \dfrac{2}{3}(400) = 267\text{MPa}$

(2) 구조기준에 의한 인장철근 중심간격 제한값 $s_{\max}$

① $s_{\max} = 375\left(\dfrac{210}{(267)}\right) - 2.5(50) = 170\text{mm}$ ← 지배

② $s_{\max} = 300\left(\dfrac{210}{(267)}\right) = 236\text{mm}$

(3) 주어진 간격 $= \dfrac{1}{2}\left[400 - 2\left(40 + 10 + \dfrac{22}{2}\right)\right] = 139\text{mm} < s_{\max}$

➡ 균열이 발생되지 않음

해설

휨균열 제어를 위한 인장철근의 중심간격 산정

콘크리트 인장연단에 가장 가까이에 배치되는 철근의 중심간격(s)은 다음 두 값 중 작은값 이하로 결정한다.

$$s = 375\left(\dfrac{\kappa_{cr}}{f_s}\right) - 2.5 C_c \qquad s = 300\left(\dfrac{\kappa_{cr}}{f_s}\right)$$

- $\kappa_{cr} = 280$: 건조환경에 노출되는 경우
- $\kappa_{cr} = 210$: 그 외의 경우
- C_c : 인장철근 표면과 콘크리트 표면 사이의 최소두께
- f_s : 사용하중 상태에서 인장연단에서 가장 가까이에 위치한 철근의 응력(근사값 : $f_s = \dfrac{2}{3}f_y$)

25

현장에서 상대밀도는 표준관입시험으로 추정할 수 있다. 표준관입시험 N값에 따른 지반의 상태를 쓰시오.

타격회수 N값	모래 밀도
0~5	
5~10	
10~30	
30~50 이상	

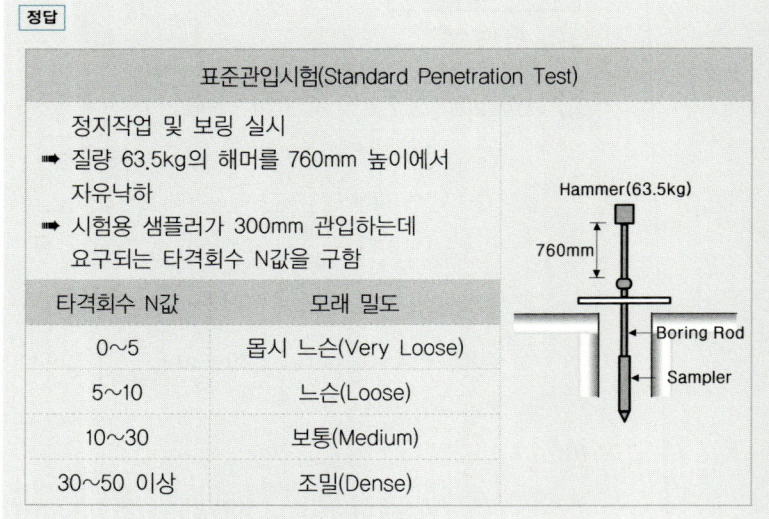

26

샌드드레인(Sand Drain) 공법을 설명하시오.

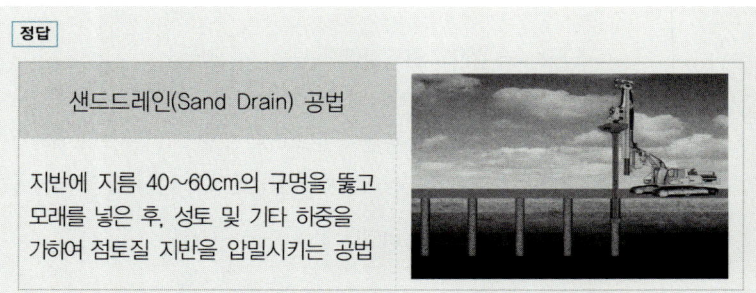

다음 데이터를 이용하여 표준네트워크 공정표를 작성하고, 7일 공기단축한 상태의 네트워크 공정표를 작성하시오.

작업명	작업일수	선행작업	비용경사 (천원)	비 고
A(①→②)	2	없음	50	
B(①→③)	3	없음	40	(1) 결합점에서는 다음과 같이 표시한다.
C(①→④)	4	없음	30	
D(②→⑤)	5	A, B, C	20	EST|LST 작업명 LFT|EFT
E(②→⑥)	6	A, B, C	10	ⓘ─소요일수─ⓙ
F(③→⑤)	4	B, C	15	
G(④→⑥)	3	C	23	(2) 공기단축은 작업일수의
H(⑤→⑦)	6	D, F	37	1/2을 초과할 수 없다.
I(⑥→⑦)	7	E, G	45	

(1) 표준 Network 공정표

(2) 7일 공기단축한 Network 공정표

[정답] (1) 표준 Network 공정표

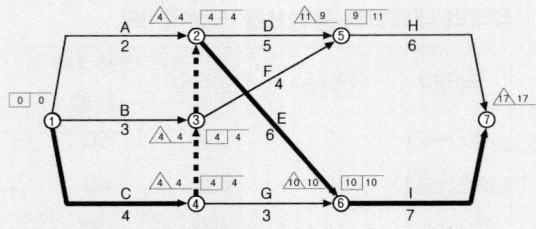

(2) 7일 공기단축한 Network 공정표

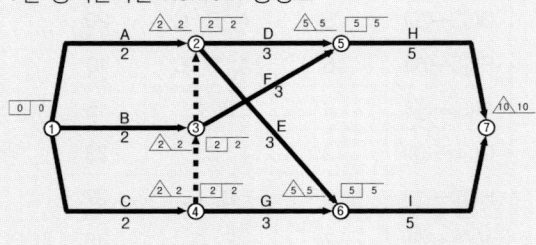

[해설]

	고려되어야 할 CP 및 보조CP				단축대상	추가 비용
17일 ☞ 16일	C-E-I				E	10
16일 ☞ 15일	C-E-I				E	10
15일 ☞ 14일	C-E-I	C-D-H			C	30
14일 ☞ 13일	C-E-I	C-D-H	B-E-I	B-D-H	D+E	30
13일 ☞ 12일	C̶-̶E̶-̶I̶ B-F-H	C-D-H C-G-I	B̶-̶E̶-̶I̶ C-F-H	B-D-H	B+C	70
12일 ☞ 11일	C̶-̶E̶-̶I̶ B̶-̶F̶-̶H̶ A̶-̶E̶-̶I̶	C̶-̶D̶-̶H̶ C̶-̶G̶-̶I̶	B̶-̶E̶-̶I̶ C̶-̶F̶-̶H̶	B̶-̶D̶-̶H̶ A-D-H	D+F+I	80
11일 ☞ 10일	C̶-̶E̶-̶I̶ B-F-H A̶-̶E̶-̶I̶	C̶-̶D̶-̶H̶ C̶-̶G̶-̶I̶	B̶-̶E̶-̶I̶ C̶-̶F̶-̶H̶	B̶-̶D̶-̶H̶ A-D̶-H	H+I	82

memo

제2회 2016 건축기사 과년도 기출문제

01 [배점4]

16②, 20④, 23④

다음 평면도에서 평규준틀과 귀규준틀의 개수를 구하시오.

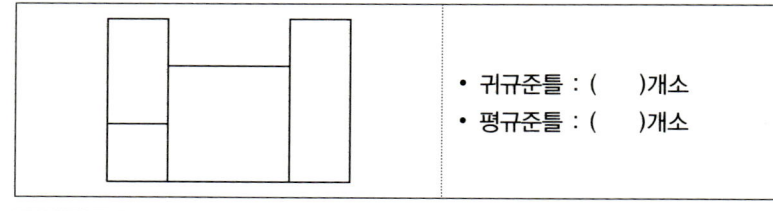

- 귀규준틀 : (   )개소
- 평규준틀 : (   )개소

정답

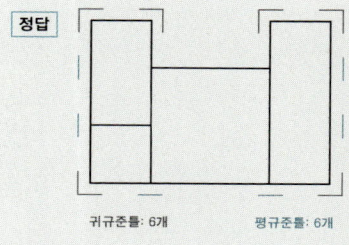

귀규준틀: 6개   평규준틀: 6개

해설

규준틀 (Batter Board)	설치 목적	①	건축물 각부 위치 및 높이의 기준을 표시
		②	터파기폭 및 기둥 및 기초의 중심선 표시
	설치 위치	③	귀규준틀 : 외벽코너 요철 부분
		④	평규준틀 : 내벽간막이벽의 양끝

02 [배점3]

16②

다음 설명에 해당되는 알맞는 줄눈(Joint)을 적으시오.

미경화 콘크리트의 건조수축에 의한 균열을 감소시킬 목적으로 구조물의 일정 부위를 남겨 놓고 콘크리트를 타설한 후 초기건조수축이 완료되면 나머지 부분을 타설할 목적으로 설치하는 줄눈

정답 지연줄눈(Delay Joint)

03. 흙막이공사에서 역타설 공법(Top-Down Method)의 장점을 4가지 쓰시오.

① _____ ② _____
③ _____ ④ _____

정답

탑다운 공법(Top-Down Method, 역타 공법, 역구축 공법)

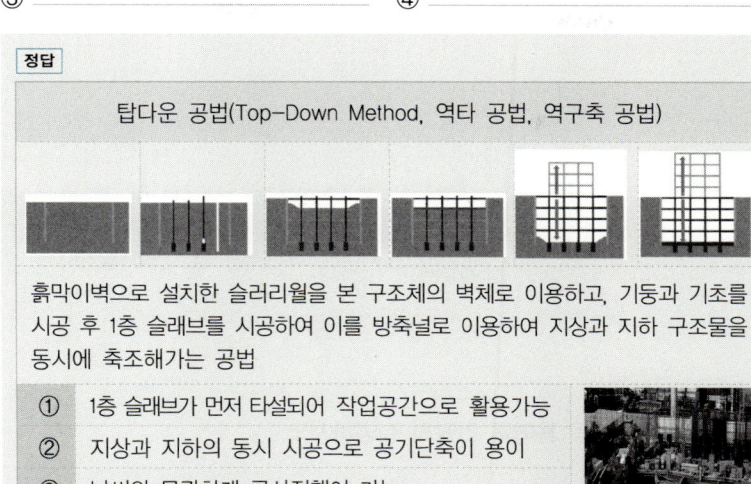

흙막이벽으로 설치한 슬러리월을 본 구조체의 벽체로 이용하고, 기둥과 기초를 시공 후 1층 슬래브를 시공하여 이를 방축널로 이용하여 지상과 지하 구조물을 동시에 축조해가는 공법

① 1층 슬래브가 먼저 타설되어 작업공간으로 활용가능
② 지상과 지하의 동시 시공으로 공기단축이 용이
③ 날씨와 무관하게 공사진행이 가능
④ 주변 지반에 대한 영향이 없음

04. 토량 $2,000\text{m}^3$, 2대의 불도저가 삽날용량 0.6m^3, 토량환산계수 0.7, 작업효율 0.9, 1회 사이클시간 15분일 때 작업완료시간을 계산하시오.

정답

Bulldozer 굴삭기계 시간당 시공량

$$Q = \frac{60 \times q \times f \times E}{Cm} \ (\text{m}^3/\text{hr})$$

- Q : 시간당 작업량(m^3/hr)
- q : 삽날 용량(m^3)
- f : 토량환산계수 • E : 작업효율
- Cm : 1회 사이클 타임(min)

$$Q = \frac{60 \times q \times f \times E}{Cm} = \frac{60 \times 0.6 \times 0.7 \times 0.9}{15} = 1.512$$

$$\frac{2,000}{1.512 \times 2\text{대}} = 661.376 \ \Rightarrow \ 661.38 \ \text{hr}$$

05 점토지반 개량공법 2가지를 제시하고 그 중에서 1가지를 선택하여 간단히 설명하시오.

(1) 점토지반 개량공법 :

(2) 설명 :

정답

	(1)	(2)
①	치환공법	연약층의 흙을 양질의 흙으로 교체하는 방법
②	고결공법	지반에 파이프를 박고 액체질소나 프레온가스를 주입하여 지하수를 동결시켜 차단하는 방법

06 다음 용어를 간단히 설명하시오.

(1) 슬라이딩 폼(Sliding Form) :

(2) 터널 폼(Tunnel Form) :

정답

(1) 슬라이딩 폼(Sliding Form)	(2) 터널 폼(Tunnel Form)
(1) 거푸집을 연속으로 이동시키면서 콘크리트 타설을 하여 시공이음 없는 균일한 시공이 가능한 거푸집	
(2) 한 구획 전체의 벽판과 바닥판을 ㄱ자형 또는 ㄷ자형으로 짜는 거푸집	

07

KDS 구조설계기준에서 규정하고 있는 철근 간격결정 원칙 중 보기의 ( ) 안에 들어갈 알맞는 수치를 쓰시오.

> 철근과 철근의 순간격은 굵은골재 최대치수의 ( )배 이상, ( )mm 이상, 이형철근 공칭직경의 1배 이상으로 한다.

정답

철근간격 유지목적

- 콘크리트 유동성 확보
- 재료분리 방지
- 소요강도 확보

구조설계기준(KDS 14 20 50): ①, ②, ③ 중 큰값

보	기둥
① 25mm 이상	① 40mm 이상
② 주철근 공칭직경 이상	② 주철근 공칭직경×1.5 이상
③ 굵은골재 최대치수의 $\frac{4}{3}$배 이상	③ 굵은골재 최대치수의 $\frac{4}{3}$배 이상

08

다음이 설명하는 구조의 명칭을 쓰시오.

> 건축물의 기초 부분 등에 적층고무 또는 미끄럼받이 등을 넣어서 지진에 대한 건축물의 흔들림을 감소시키는 구조

정답

면진(免震) 구조

구조물과 지반을 분리시켜 지반진동으로 인한 지진력이 직접적으로 구조물로 전달되는 양을 감소시킨 건축물

콘크리트 펌프에서 실린더의 안지름 18cm, 스트로크 길이 1m, 스트로크수 24회/분, 효율 90% 조건으로 7m³의 콘크리트를 타설할 때 펌프의 작업시간(분)을 구하시오.

정답

(1) $\dfrac{\pi \times (0.18)^2}{4} \times 1 \times 24 \times 0.9 = 0.549 \text{m}^3/\text{분}$

(2) $\dfrac{7}{0.549} = 12.75\text{분}$

주어진 색에 알맞은 콘크리트용 착색제를 보기에서 골라 번호로 쓰시오.

① 카본블랙   ② 군청   ③ 크롬산바륨   ④ 산화크롬
⑤ 산화제2철   ⑥ 이산화망간

(1) 초록색 – (　　)　　(2) 빨강색 – (　　)
(3) 노랑색 – (　　)　　(4) 갈 색 – (　　)

정답

(1) ④ 산화크롬   (2) ⑤ 산화제2철   (3) ③ 크롬산바륨   (4) ⑥ 이산화망간

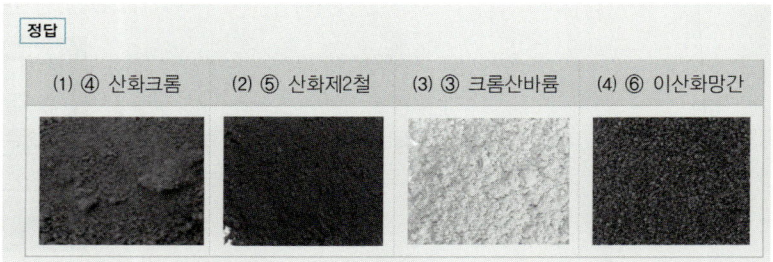

11

한중콘크리트에 관한 내용 중 (　)을 적당히 채우시오.

(1) 한중콘크리트는 초기강도 (　　)MPa까지는 보양을 실시한다.

(2) 한중콘크리트 물시멘트비(W/C)는 (　　)% 이하로 한다.

정답 (1) 5　　(2) 60

해설

한중콘크리트(Cold Weather Concrete)

일평균 기온이 4℃ 이하의 동결위험이 있는 기간에 타설하는 콘크리트로서 물시멘트비(W/C)는 60% 이하로 하고 동결위험을 방지하기 위해 AE제를 사용해야 한다.
초기 동해의 방지에 필요한 압축강도 5MPa이 얻어지도록 가열·단열·피막 보온양생을 실시하며, 보온양생 종료 후 콘크리트가 급격히 건조 및 냉각되지 않도록 틈새 없이 덮어 양생을 계속한다.

12

폴리머시멘트콘크리트의 특성을 보통시멘트콘크리트와 비교하여 4가지 서술하시오.

① _____　② _____
③ _____　④ _____

정답

폴리머시멘트콘크리트(Polymer Cement Concrete)

대표적인 건설재료로써 사용되는 포틀랜드시멘트를 사용한 콘크리트는 구조특성 및 경제성의 장점을 가지고 있지만 결합체가 시멘트수화물이기 때문에 늦은 경화, 작은 인장강도, 큰 건조수축, 내약품성 취약 등의 단점을 가지고 있다. 이러한 단점을 개선하기 위해 콘크리트 제조시 사용하는 결합재의 일부 또는 전부를 고분자 화학구조를 가지는 폴리머(Polymer)로 대체시켜 제조한 콘크리트를 말한다.

①	시공연도 향상
②	단위수량 감소
③	블리딩(Bleeding) 및 재료분리 감소
④	건조수축 및 탄성계수 감소

13

배점3

99④, 99⑤, 05②, 08④, 11①, 14①, 15④, 16②, 19②, 21④, 22④, 24③

강구조공사 습식 내화피복 공법의 종류를 3가지 쓰시오.

① _____ ② _____ ③ _____

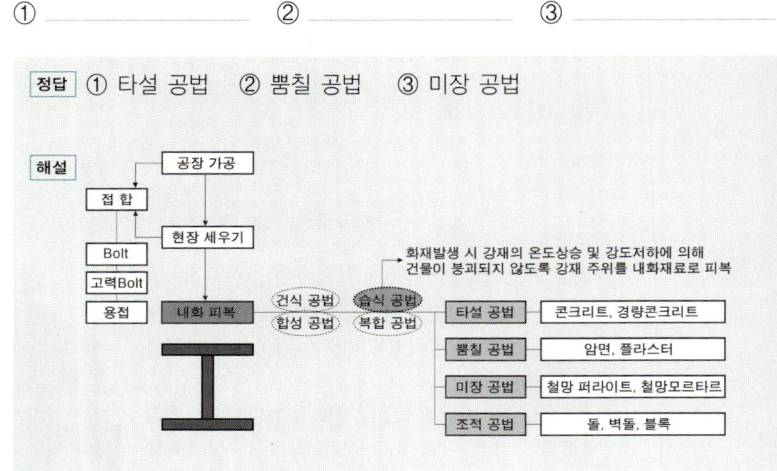

14

배점3

06④, 16②, 23②

목재면 바니쉬칠 공정의 작업순서를 기호로 쓰시오.

| ① 색올림 | ② 왁스 문지름 | ③ 바탕처리 | ④ 눈먹임 |

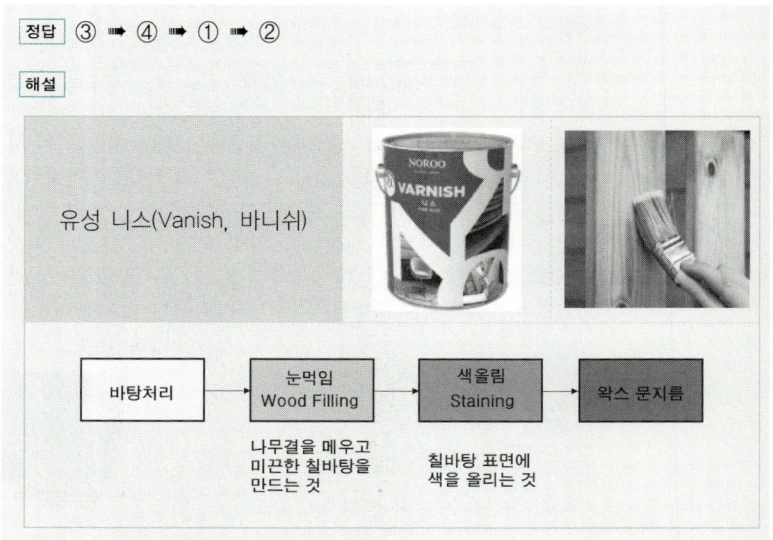

15

다음 그림을 보고 물음에 답하시오.

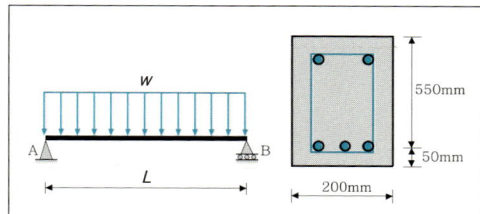

- $w = 5\text{kN/m}$ (자중 포함)
- 경간(Span) : 12m
- $f_{ck} = 24\text{MPa}$, $f_y = 400\text{MPa}$
- 보통중량콘크리트 사용

(1) 최대휨모멘트를 구하시오.

(2) 균열모멘트를 구하고 균열발생 여부를 판정하시오.

정답 (1) $M_{\max} = \dfrac{wL^2}{8} = \dfrac{(5)(12)^2}{8} = 90\text{kN}\cdot\text{m}$

(2) $M_{cr} = 0.63\lambda\sqrt{f_{ck}}\cdot\dfrac{bh^2}{6} = 0.63(1)\sqrt{(24)}\cdot\dfrac{(200)(600)^2}{6}$

$= 37,036,284\text{N}\cdot\text{mm} = 37.036\text{kN}\cdot\text{m}$

➡ $M_{\max} > M_{cr}$ 이므로 균열이 발생됨

해설

하중도	휨모멘트도	최대휨모멘트
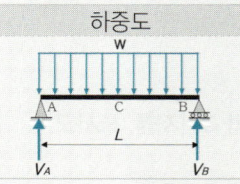	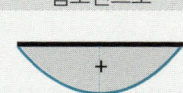	$M_{\max} = \dfrac{wL^2}{8}$

RC 보의 (휨)균열모멘트

$$M_{cr} = f_r \cdot \dfrac{I_g}{y_t} = f_r \cdot Z$$

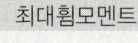

- f_r : 파괴계수 $(= 0.63\lambda\sqrt{f_{ck}})$

f_{ck} : 콘크리트 설계기준압축강도		
λ : 경량콘크리트 계수		
보통중량	모래경량	전경량
$\lambda = 1$	$\lambda = 0.85$	$\lambda = 0.75$

- I_g : 보의 전체 단면에 대한 단면2차모멘트
- y_t : 도심에서 인장측 외단까지의 거리
- Z : 단면계수$(= \dfrac{bh^2}{6})$

16

배점4 □□□

14①, 16②, 19④, 22②, 22④

철골부재 용접과 관련된 다음 용어를 설명하시오.

(1) 스캘럽(Scallop) :

(2) 엔드탭(End Tab) :

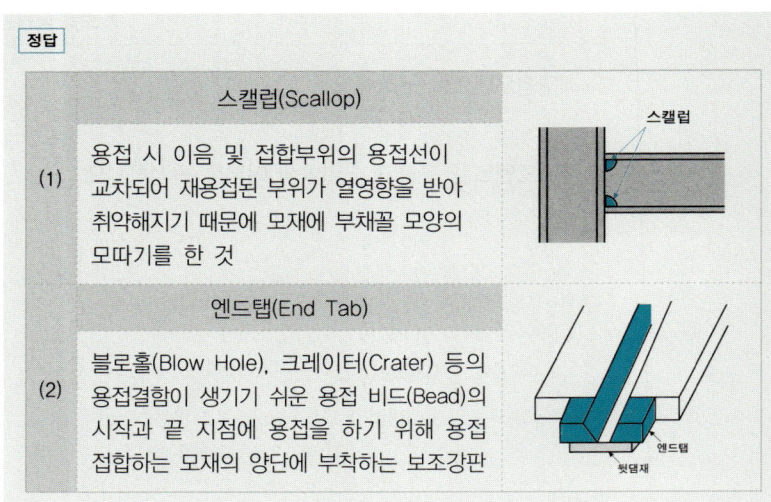

정답		
(1)	스캘럽(Scallop)	
	용접 시 이음 및 접합부위의 용접선이 교차되어 재용접된 부위가 열영향을 받아 취약해지기 때문에 모재에 부채꼴 모양의 모따기를 한 것	
(2)	엔드탭(End Tab)	
	블로홀(Blow Hole), 크레이터(Crater) 등의 용접결함이 생기기 쉬운 용접 비드(Bead)의 시작과 끝 지점에 용접을 하기 위해 용접 접합하는 모재의 양단에 부착하는 보조강판	

17

배점3 □□□

11①, 16②

금속재 바탕처리법 중 화학적 방법 3가지를 쓰시오.

① _____ ② _____ ③ _____

정답		
금속재 화학적 바탕처리법		
①	용제에 의한 방법	헝겊에 용제를 묻혀 닦아냄
②	산처리법	인산을 사용하여 닦아내는 방법
③	인산염피막법	인산철(아연, 아연철, 아연칼슘, 수산철, 망간)의 피막을 형성하는 방법

18 트럭 적재한도의 중량이 6t일 때 비중 0.8, 부피 30,000(才)의 목재 운반 트럭 대수를 구하시오. (단, 6t 트럭의 적재가능 중량은 6t, 부피는 9.5m³, 최종 답은 정수로 표기하시오.)

[정답] (1) 목재 전체의 체적 : 목재 300才를 1m³으로 계산하므로
30,000÷300=100m³
(2) 목재 전체의 중량 : 100m³×0.8t/m³=80t
(3) 6t 트럭 1대 적재량 :
① 9.5m³×0.8t/m³=7.6t ➡ N.G
② 6t 트럭의 적재가능 중량은 6t을 적용
∴ 80t÷6t=13.333대 ➡ 14대

[해설]

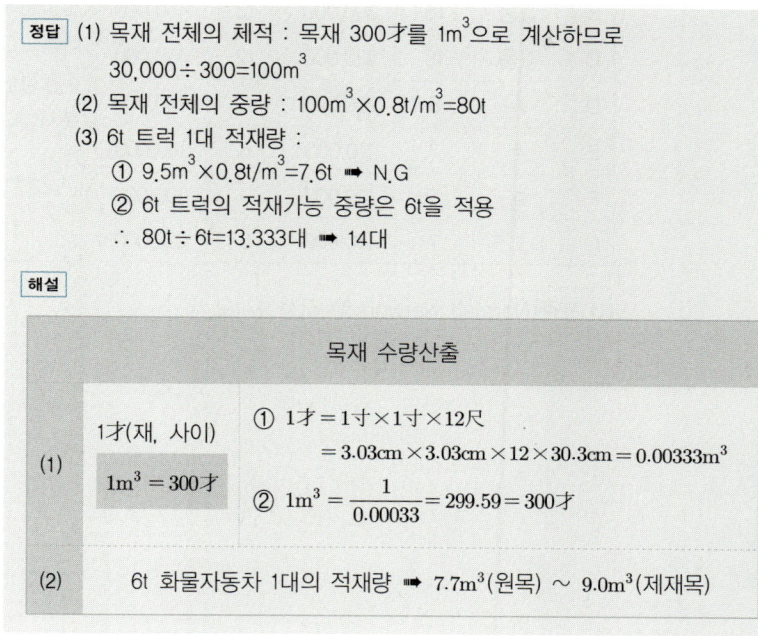

19 건축공사 벽체 단열공법의 종류를 3가지 쓰시오.

① _____ ② _____ ③ _____

[정답] ① 내단열 ② 중단열 ③ 외단열

20

09②, 16②, 23④

주어진 자료(DATA)에 의하여 다음 물음에 답하시오.

작업명	선행작업	표준(Normal)		급속(Crash)		비 고
		공기(일)	공비(원)	공기(일)	공비(원)	
A	없음	5	170,000	4	210,000	결합점에서의 일정은 다음과 같이 표시하고, 주공정선은 굵은선으로 표시한다.
B	없음	18	300,000	13	450,000	
C	없음	16	320,000	12	480,000	
D	A	8	200,000	6	260,000	
E	A	7	110,000	6	140,000	
F	A	6	120,000	4	200,000	
G	D,E,F	7	150,000	5	220,000	

(1) 표준(Normal) Network를 작성하시오.

(2) 표준공기 시 총공사비를 산출하시오.

(3) 4일 공기단축된 총공사비를 산출하시오.

정답

(1)

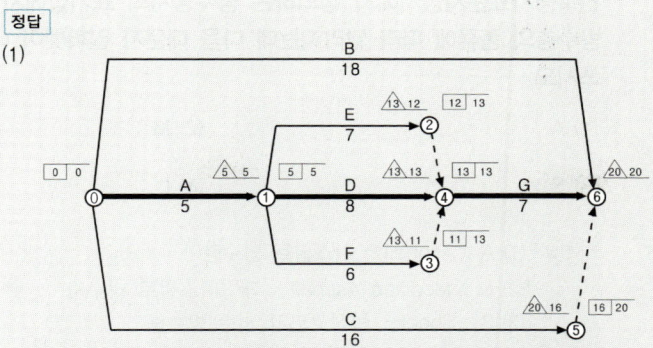

(2) 170,000+300,000+320,000+200,000+10,000+120,000+150,000
= 1,370,000원

(3) 20일 표준공사비 + 4일 단축 시 추가공사비
= 1,370,000 + 200,000 = 1,570,000원

	단축대상	추가비용
19일	D	30,000
18일	G	35,000
17일	B+G	65,000
16일	A+B	70,000

해설

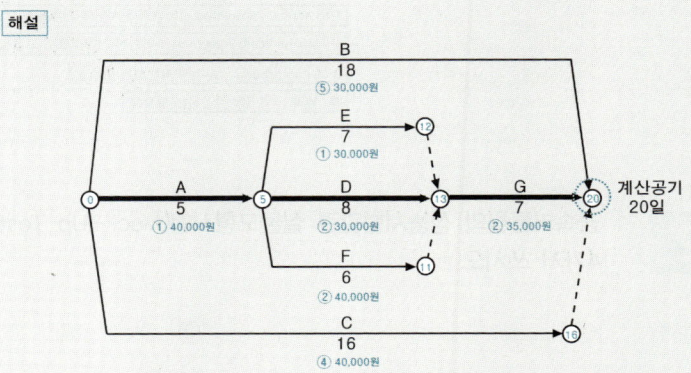

고려되어야 할 CP 및 보조CP			단축대상	추가비용
20일☞19일	A-D-G		D	30,000
19일☞18일	A-D-G A-E-G		G	35,000
18일☞17일	A-D-G A-E-G	B	B+G	65,000
17일☞16일	A-D-G̸ A-E-G̸	B	A+B	70,000

배점4 □□□

21

16②

건축공사표준시방서에서 정의하는 방수공사의 표기법에서 최초의 문자는 방수층의 종류에 따라 달라지는데 다음 대문자 알파벳이 나타내는 의미를 쓰시오.

(1) A : ______________ (2) M : ______________

(3) S : ______________ (4) L : ______________

정답 (1) A : Asphalt - 아스팔트 방수층

(2) M : Modified Asphalt - 개량아스팔트 방수층

(3) S : Sheet - 합성고분자 시트 방수층

(4) L : Liquid - 도막 방수층

해설

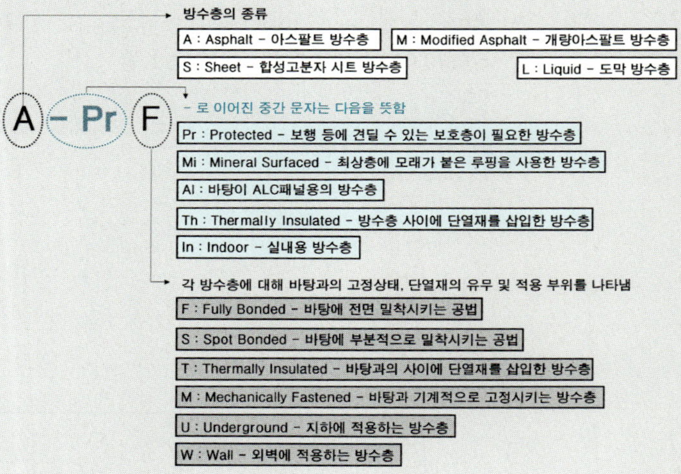

방수층의 종류
A : Asphalt - 아스팔트 방수층
M : Modified Asphalt - 개량아스팔트 방수층
S : Sheet - 합성고분자 시트 방수층
L : Liquid - 도막 방수층
A - Pr F
- 로 이어진 중간 문자는 다음을 뜻함
Pr : Protected - 보행 등에 견딜 수 있는 보호층이 필요한 방수층
Mi : Mineral Surfaced - 최상층에 모래가 붙은 루핑을 사용한 방수층
Al : 바탕이 ALC패널용의 방수층
Th : Thermally Insulated - 방수층 사이에 단열재를 삽입한 방수층
In : Indoor - 실내용 방수층
각 방수층에 대해 바탕과의 고정상태, 단열재의 유무 및 적용 부위를 나타냄
F : Fully Bonded - 바탕에 전면 밀착시키는 공법
S : Spot Bonded - 바탕에 부분적으로 밀착시키는 공법
T : Thermally Insulated - 바탕과의 사이에 단열재를 삽입한 방수층
M : Mechanically Fastened - 바탕과 기계적으로 고정시키는 방수층
U : Underground - 지하에 적용하는 방수층
W : Wall - 외벽에 적용하는 방수층

배점4 □□□

22

04①, 08①, 13④, 16②, 18④, 19①, 21①

금속커튼월의 성능시험관련 실물모형시험(Mock-Up Test)의 시험항목을 4가지 쓰시오.

① ______________ ② ______________

③ ______________ ④ ______________

정답

(1)	정의	대형 시험장치를 이용하여 시험소에서 실제와 같은 실물을 설치하여 성능을 평가하는 시험
(2)	시험항목	• 기밀성능 시험 • 정압·동압 수밀 시험 • 구조성능 시험 • 영구변형 시험

배점3

23

05②, 12①, 16②

통합공정관리(EVMS : Earned Value Management System) 용어를 설명한 것 중 맞는 것을 보기에서 선택하여 번호로 쓰시오.

① 프로젝트의 모든 작업내용을 계층적으로 분류한 것으로 가계도와 유사한 형성을 나타낸다.
② 성과측정시점까지 투입예정된 공사비
③ 공사착수일로부터 추정준공일까지의 실투입비에 대한 추정치
④ 성과측정시점까지 지불된 공사비(BCWP)에서 성과측정시점까지 투입예정된 공사비를 제외한 비용
⑤ 성과측정시점까지 실제로 투입된 금액
⑥ 성과측정시점까지 지불된 공사비(BCWP)에서 성과측정시점까지 실제로 투입된 금액을 제외한 비용
⑦ 공정공사비 통합 성과측정 분석의 기본단위

(1) CA(Cost Account) : _____

(2) CV(Cost Variance) : _____

(3) ACWP(Actual Cost for Work Performed) : _____

정답 (1) ⑦   (2) ⑥   (3) ⑤

해설

통합공정관리(EVMS: Earned Value Management System) 주요 용어

	WBS(Work Breakdown Structure)
①	프로젝트의 모든 작업내용을 계층적으로 분류한 것으로 가계도와 유사한 형성을 나타낸다.
	CA(Cost Account)
②	공정·공사비 통합 성과측정 분석의 기본단위
	BCWS(Budgeted Cost for Work Scheduled)
③	성과측정시점까지 투입예정된 공사비
	ACWP(Actual Cost for Work Performed)
④	성과측정시점까지 실제로 투입된 금액
	SV(Schedule Variance)
⑤	성과측정시점까지 지불된 공사비(BCWP)에서 성과측정 시점까지 투입예정된 공사비를 제외한 비용
	CV(Cost Variance)
⑥	성과측정시점까지 지불된 공사비(BCWP)에서 성과측정 시점까지 실제로 투입된 금액을 제외한 비용

24

다음 그림을 보고 물음에 답하시오. (단, 축하중 $P=1,000\text{kN}$)

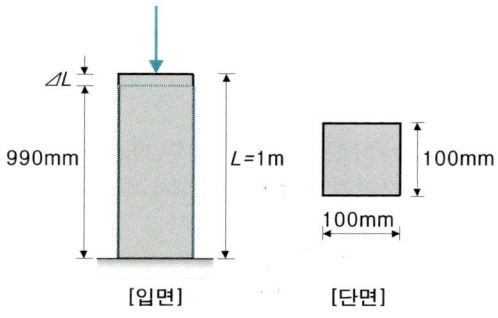

[입면]　　　[단면]

(1) 압축응력 :

(2) 길이방향 변형률 :

(3) 탄성계수 :

정답 (1) $\sigma_c = \dfrac{P}{A} = \dfrac{(1,000 \times 10^3)}{(100 \times 100)} = 100\text{N/mm}^2 = 100\text{MPa}$

(2) $\epsilon = \dfrac{\Delta L}{L} = \dfrac{(10)}{(1 \times 10^3)} = 0.01$

(3) $E = \dfrac{\sigma}{\epsilon} = \dfrac{(100)}{(0.01)} = 10,000\text{MPa}$

해설

수직응력(σ)에 대한 후크의 법칙

$\sigma_L = E \cdot \epsilon_L$ ➡ $\dfrac{P}{A} = E \cdot \dfrac{\Delta L}{L}$

Robert Hooke (1635~1703)

배점3 ☐☐☐

H형강을 사용한 그림과 같은 단순지지 철골보의 최대 처짐(mm)을 구하시오.
(단, 철골보의 자중은 무시한다.)

16②, 20①

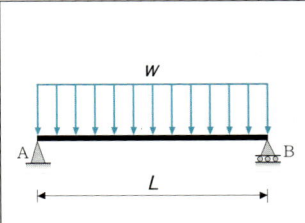

- $H-500 \times 200 \times 10 \times 16 (SS275)$
- 탄성단면계수 $S_x = 1,910 \text{cm}^3$
- 단면2차모멘트 $I = 4,780 \text{cm}^4$
- 탄성계수 $E = 210,000 \text{MPa}$
- $L = 7\text{m}$
- 고정하중 : 10kN/m, 활하중 : 18kN/m

정답

(1) $w = 1.0w_D + 1.0w_L = 1.0(10) + 1.0(18) = 28\text{kN/m} = 28\text{N/mm}$

(2) $\delta_{max} = \dfrac{5}{384} \cdot \dfrac{wL^4}{EI} = \dfrac{5}{384} \cdot \dfrac{(28)(7 \times 10^3)^4}{(210,000)(4,780 \times 10^4)}$

$= 87.21\text{mm}$

해설

하중도	휨모멘트도	공액보

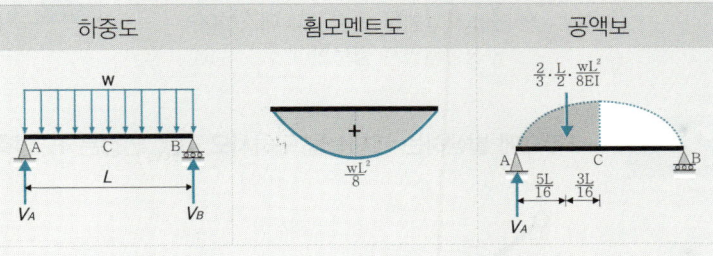

A점의 처짐각 : $\theta_A = V_A = \dfrac{2}{3} \cdot \dfrac{L}{2} \cdot \dfrac{wL^2}{8EI} = \dfrac{1}{24} \cdot \dfrac{wL^3}{EI}$

C점의 처짐 $\delta_C = M_C = \left(\dfrac{2}{3} \cdot \dfrac{L}{2} \cdot \dfrac{wL^2}{8EI}\right)\left(\dfrac{L}{2} \cdot \dfrac{5}{8}\right) = \dfrac{5}{384} \cdot \dfrac{wL^4}{EI}$

사용성(Serviceability, 처짐 및 균열 등)

처짐의 계산 및 검토는 하중계수를 적용한
계수하중($U = 1.2D + 1.6L$)이 아니라
사용하중($U = 1.0D + 1.0L$)을 적용함에 주의한다.

26

배점3

04①, 04④,
06④, 09①,
15②, 16②,
20④

히스토그램(Histogram)의 작성순서를 보기에서 골라 번호 순서대로 쓰시오.

① 히스토그램을 규격값과 대조하여 안정상태인지 검토한다.
② 히스토그램을 작성한다.
③ 도수분포도를 작성한다.
④ 데이터에서 최소값과 최대값을 구하여 범위를 구한다.
⑤ 구간폭을 정한다.
⑥ 데이터를 수집한다.

정답 ⑥ → ④ → ⑤ → ③ → ② → ①

해설

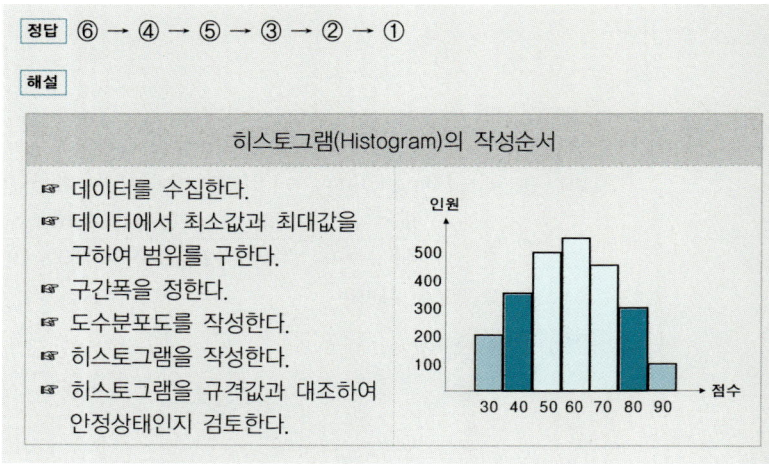

27

배점3

16②, 20③

T부재에 발생하는 부재력을 구하시오. (단, 인장은 +, 압축은 -로 표시한다.)

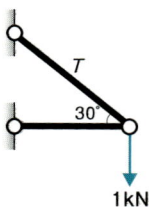

정답

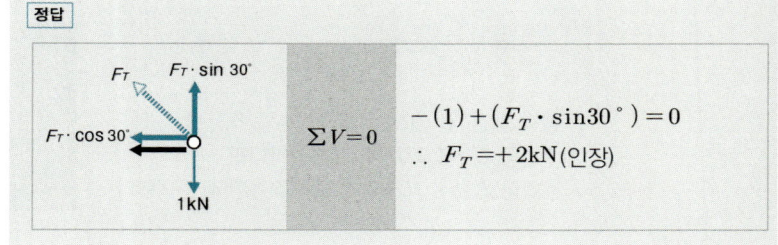

$\sum V = 0$

$-(1) + (F_T \cdot \sin 30°) = 0$

$\therefore F_T = +2\text{kN}(인장)$

memo

01

목공사에서 활용되는 이음, 맞춤에 대해 설명하시오.

(1) 이음 :

(2) 맞춤 :

정답

(1) 이음(Connection) : 길이를 늘이기 위하여 길이방향으로 접합하는 것

(2) 맞춤(Joint) : 경사지거나 직각으로 만나는 부재 사이에서 양 부재를 가공하여 끼워 맞추는 접합

【연귀맞춤 : 모서리 구석에 표면마구리가 보이지 않게 45°로 빗잘라 대는 맞춤】

(3) 쪽매(Joint) : 마루널을 붙여대는 것과 같이 판재 등을 가로로 넓게 접합시키는 것

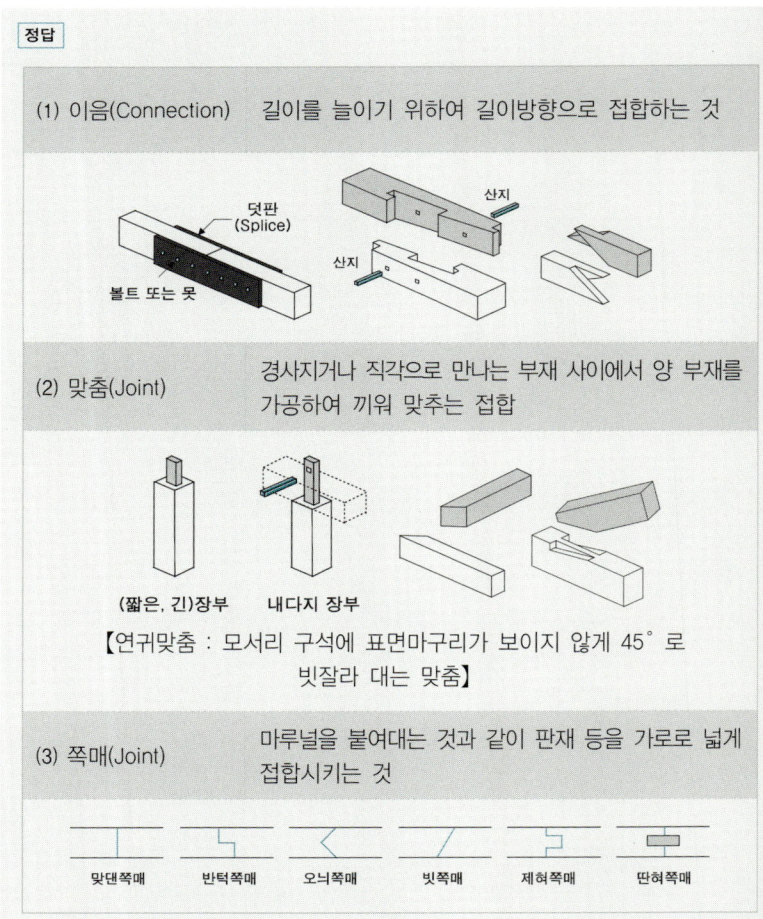

배점4

02

16④, 17②, 24③

타일의 탈락 원인에 대해 4가지를 쓰시오.

① _____ ② _____

③ _____ ④ _____

정답

타일의 탈락 원인
① 붙임모르타르의 접착강도 부족
② 붙임시간(Open Time)의 불이행
③ 바탕재와 타일의 신축 및 변형도 차이
④ 붙임 후 양생 및 경화 불량

배점2

03

09②, 12④, 16④

금속재료의 녹을 방지하는 방청도장 재료의 종류를 2가지 쓰시오.

① _____ ② _____

정답

금속재료 녹막이용 도장재료[KS M 6030]
① 광명단 조합 페인트
② 크롬산아연 방청 페인트

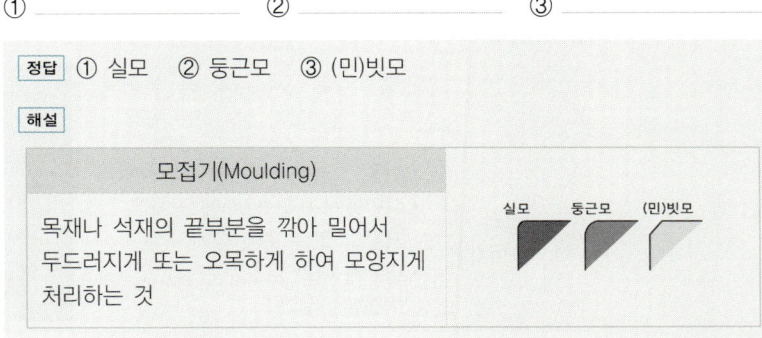

배점3

04

11①, 16④

목공사 마무리 중 모접기의 종류를 3가지 쓰시오.

① _____ ② _____ ③ _____

정답 ① 실모 ② 둥근모 ③ (민)빗모

해설

모접기(Moulding)

목재나 석재의 끝부분을 깎아 밀어서 두드러지게 또는 오목하게 하여 모양지게 처리하는 것

실모 둥근모 (민)빗모

05. 제자리콘크리트 말뚝시공 종류명을 3가지 쓰시오.

① _____ ② _____ ③ _____

정답 ① 컴프레솔(Compressol) ② 프랭키(Franky) ③ 페데스탈(Pedestal)

해설

말뚝(Pile)
- 기능상 분류
  - 지지 말뚝
  - 마찰 말뚝
  - 다짐 말뚝(=무리 말뚝)
- 재료상 분류
  - 나무 말뚝
  - 강재 말뚝
    - 강관 말뚝
    - H형강 말뚝
  - 기성콘크리트 말뚝
    - 원심력 RC 말뚝
    - PC 말뚝
    - PHC 말뚝
  - 현장타설콘크리트 말뚝
    - 관입공법
      - Compressol 말뚝
      - Franky 말뚝
      - Pedestal 말뚝
      - Raymond 말뚝
      - Simplex 말뚝
    - 굴착공법
      - Earth Drill 공법
      - Benoto 공법
      - RCD 공법
    - 프리플레이스트
      - Cast In Place
      - Mixed In Place
      - Packed In Place

06. 기준점(Bench Mark)을 설명하시오.

정답

	기준점(Bench Mark)	
(1)	정의	건축물 시공 시 공사 중 높이의 기준을 정하고자 설치하는 원점
(2)	설치 시 주의사항	• 이동의 염려가 없는 곳에 설치 • 지면에서 0.5~1.0m에 공사에 지장이 없는 곳에 설치 • 필요에 따라 보조기준점을 1~2개소 설치

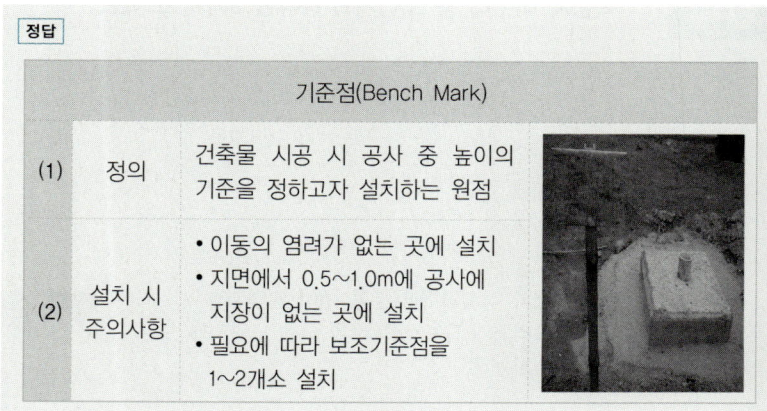

07. 다음 용어를 설명하시오.

(1) 거셋플레이트(Gusset Plate) :

(2) 데크플레이트(Deck Plate) :

(3) 강재앵커(Shear Connector) :

정답

	거셋플레이트(Gusset Plate)	
(1)	트러스의 부재, 스트럿 또는 가새재를 보 또는 기둥에 연결하는 판요소	

	데크플레이트(Deck Plate)	
(2)	구조용 강판을 절곡하여 제작하며, 바닥콘크리트 타설을 위한 슬래브 하부 거푸집판	

	강재앵커(Shear Connector)	
(3)	합성부재의 두 가지 다른 재료 사이의 전단력을 전달하도록 강재에 용접되고 콘크리트 속에 매입된 스터드 앵커(Stud Anchor)와 같은 강재	

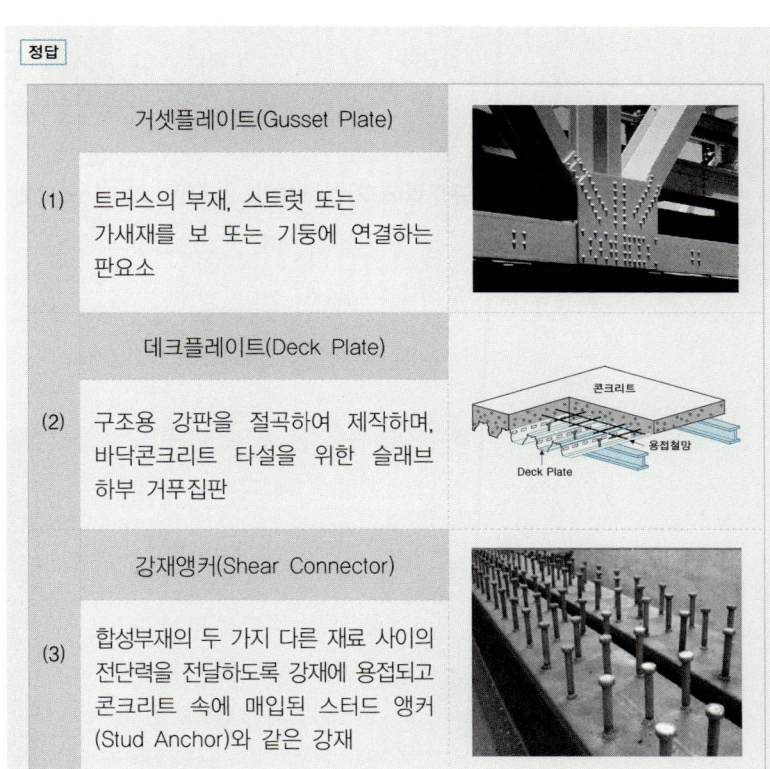

08 천장이나 벽체에 주로 사용되는 일반 석고보드의 장·단점을 2가지씩 쓰시오.

(1) 장점

①_____ ②_____

(2) 단점

①_____ ②_____

정답

석고보드	
장점	• 방화성능, 단열성능 우수 • 시공성 용이, 공기단축 가능
단점	• 습기에 취약하여 지하공사나 덕트 주위에 사용 금지 • 시공시 온도 및 습도변화에 민감하여 동절기 사용이 곤란

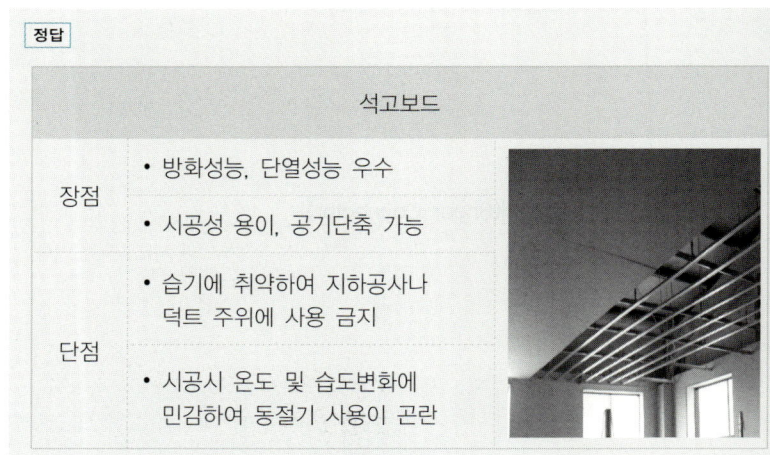

09 조적공사 세로규준틀에 기입해야 할 사항을 4가지 쓰시오.

①_____ ②_____

③_____ ④_____

정답

조적조 세로규준틀(=수직규준틀)		
(1)	설치위치	• 건물 모서리 • 교차 부분 • 벽체가 긴 경우 벽체의 중간
(2)	표시사항	• 쌓기단수 및 줄눈 표시 • 창문틀의 위치 및 치수 표시 • 앵커볼트 및 매립철물 설치위치 • 인방보 및 테두리보의 설치위치

10. 다음 용어를 설명하시오.

(1) BOT(Build-Operate-Transfer) :

(2) 파트너링(Partnering) 계약방식 :

정답

BOT(Build-Operate-Transfer)
(1) 설계·시공 → 운영 → 소유권 이전
사회간접시설을 민간부분이 주도하여, 설계·시공한 후 일정기간 시설물을 운영하여 투자금액을 회수한 후 시설물·운영권을 무상으로 공공부분에 이전하는 방식

파트너링(Partnering) 계약방식
(2) 발주자가 직접 설계·시공에 참여하고 사업 관련자들이 상호신뢰를 바탕으로 팀(Team)을 구성하여 사업성공과 상호 이익확보를 목표로 사업을 집행 관리하는 방식

11. 혼합시멘트 중 플라이애쉬 시멘트의 특징을 3가지 쓰시오.

① _____ ② _____ ③ _____

정답

플라이애쉬(Fly Ash)

석탄이나 중유 등을 연소했을 때에 생성되는 미세한 입자의 재

① 시공연도 개선
② 초기강도 감소, 장기강도 증진
③ 화학적 저항성 증진

배점5

12

12①, 16④

시멘트 주요 화합물을 4가지 쓰고, 그 중 28일 이후 장기강도에 관여하는 화합물을 쓰시오.

(1) 주요화합물

① _____   ② _____

③ _____   ④ _____

(2) 콘크리트 28일 이후의 장기강도에 관여하는 화합물

_____

정답 (1) ① C_2S(규산2석회)   ② C_3S(규산3석회)
      ③ C_3A(알루민산3석회)   ④ C_4AF(알루민산철4석회)
   (2) C_2S(규산2석회)

해설

시멘트 주요 화합물	C_2S(규산2석회)	4주 이후의 장기강도에 기여
	C_3S(규산3석회)	4주 이전의 조기강도에 기여
	C_3A(알루민산3석회)	수화작용이 가장 빠르다.
	C_4AF(알루민산철4석회)	수화작용이 느리고 강도에 영향이 거의 없다.

배점3

13

02①, 03①, 16④

콘크리트 타설시 현장 가수로 인한 문제점을 3가지 쓰시오.

① _____   ② _____   ③ _____

정답

콘크리트 타설 시 현장 가수(加水)로 인한 문제점		
①	콘크리트 강도저하	
②	내구성, 수밀성 저하	
③	재료분리 및 블리딩 현상 증가	
④	건조수축 및 침강균열 증가	

14. 다음 콘크리트의 균열보수법에 대하여 설명하시오.

(1) 표면처리법 :

(2) 주입공법 :

정답

	표면처리법
(1)	0.2mm 이하의 미세한 균열 표면에 수지계 또는 시멘트계의 재료를 주입하여 피막층을 만드는 방법

	주입공법
(2)	균열폭 0.2mm 이상의 경우에 주입용 Pipe를 10~30cm 간격으로 설치하고 저점도의 에폭시(Epoxy) 수지로 충전하는 방법

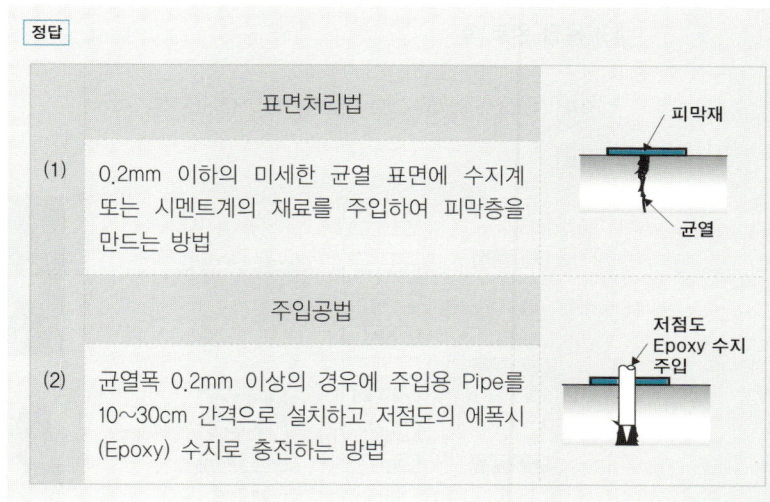

15. 목재의 섬유포화점을 설명하고, 함수율 증가에 따른 목재의 강도 변화에 대하여 설명하시오.

정답

섬유포화점(Fiber Saturation Point)

목재의 함수율이 30% 정도일 때를 말하며, 섬유포화점 이상에서는 강도가 일정하지만 이하가 되면 강도가 급속도로 증가한다.

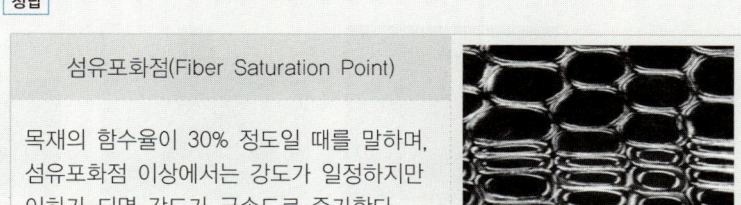

16

용접부 검사항목이다. 보기에서 골라 알맞은 공정에 해당번호를 써 넣으시오.

① 아크 전압　　　　② 용접 속도　　　　③ 청소 상태
④ 홈 각도, 간격 및 치수　⑤ 부재의 밀착　　　⑥ 필릿의 크기
⑦ 균열, 언더컷 유무　　⑧ 밑면 따내기

(1) 용접 착수 전 : ＿＿＿＿＿＿＿　　(2) 용접 작업 중 : ＿＿＿＿＿＿＿

(3) 용접 완료 후 : ＿＿＿＿＿＿＿

정답 (1) ③, ④, ⑤　(2) ①, ②, ⑧　(3) ⑥, ⑦

해설

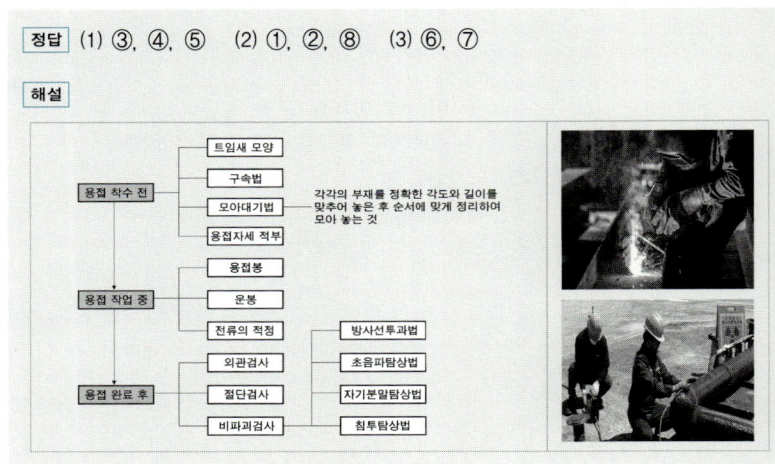

17

지반조사 방법 중 보링(Boring)의 종류를 3가지 쓰시오.

① ＿＿＿＿＿＿＿　② ＿＿＿＿＿＿＿　③ ＿＿＿＿＿＿＿

정답　① 오거(Auger) 보링　② 수세식(Wash) 보링　③ 회전식(Rotary) 보링

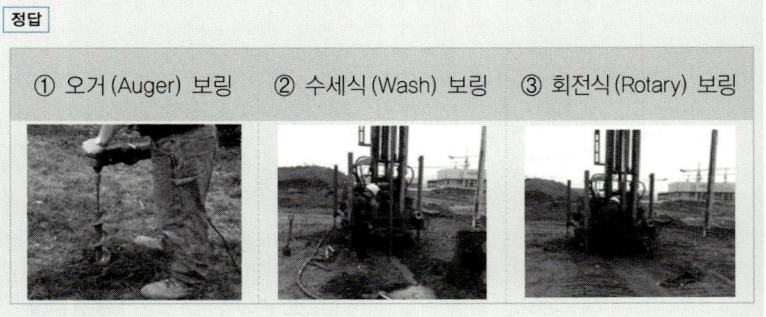

다음 조건으로 요구하는 산출량을 구하시오. (단, $L=1.3$, $C=0.9$)

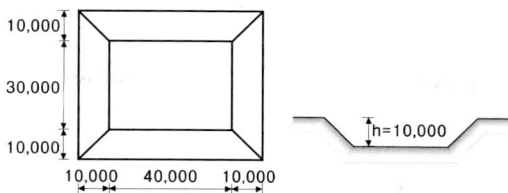

(1) 터파기량을 산출하시오.

(2) 운반대수를 산출하시오. (운반대수는 1대, 적재량은 12m^3)

(3) $5,000\text{m}^2$의 면적을 가진 성토장에 성토하여 다짐할 때 표고는 몇 m인지 구하시오. (비탈면은 수직으로 가정한다.)

정답

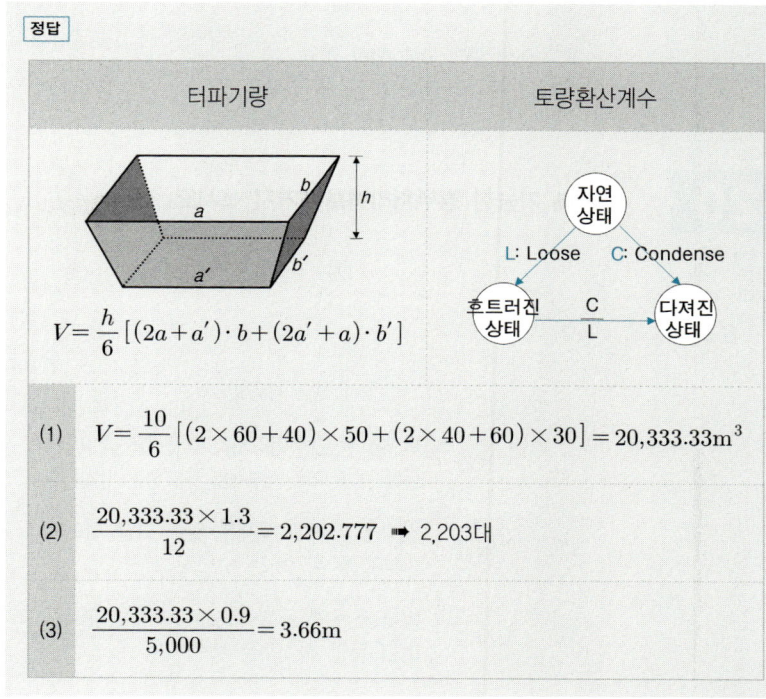

터파기량: $V = \dfrac{h}{6}[(2a+a')\cdot b + (2a'+a)\cdot b']$

토량환산계수: L: Loose, C: Condense (자연상태 → 흐트러진 상태 C/L → 다져진 상태)

(1) $V = \dfrac{10}{6}[(2\times 60+40)\times 50 + (2\times 40+60)\times 30] = 20,333.33\text{m}^3$

(2) $\dfrac{20,333.33\times 1.3}{12} = 2,202.777$ ➡ 2,203대

(3) $\dfrac{20,333.33\times 0.9}{5,000} = 3.66\text{m}$

19

배점3 □□□

16④, 19②

슬러리월(Slurry wall) 공법에 대한 정의를 설명한 것이다. 다음 빈칸을 채우시오.

> 특수 굴착기와 공벽붕괴방지용 (①)을(를) 이용, 지중굴착하여 여기에 (②)을(를) 세우고 (③)을(를) 타설하여 연속적으로 벽체를 형성하는 공법이다. 타 흙막이벽에 비하여 차수효과가 높으며 역타공법 적용 시 또는 인접 건축물에 피해가 예상될 때 적용하는 저소음, 저진동 공법이다.

① _____ ② _____ ③ _____

정답 ① 안정액(Bentonite) ② 철근망 ③ 콘크리트

해설

지하연속벽(Slurry. Wall)		
(1)		지수벽·구조체 등으로 이용하기 위해 지하로 크고 깊은 트렌치를 굴착하여 철근망을 삽입 후 콘크리트를 타설한 Panel을 연속으로 축조해 나가는 공법
(2)	가이드 월(Guide Wall) 역할	연속벽의 수직도 및 벽두께 유지, 안정액의 수위유지, 우수침투 방지
(3)	안정액(Bentonite) 기능	굴착벽면 붕괴 방지, 굴착토사 분리·배출 부유물의 침전방지

20

배점3 □□□

99②, 11②, 15①, 16④, 18①, 21④ 24③

목재에 가능한 방부처리법을 3가지 쓰시오.

① _____ ② _____ ③ _____

정답

목재 방부처리법		
①	도포법	목재를 충분히 건조시킨 후 균열이나 이음부 등에 솔 등으로 방부제를 도포하는 방법
②	주입법	압력용기 속에 목재를 넣어 고압 하에서 방부제를 주입하는 방법
③	침지법	방부제 용액 중에 목재를 몇 시간 또는 며칠 동안 침지하는 방법

철골공사 고장력볼트의 마찰접합 및 인장접합에서는 설계볼트장력 및 표준볼트장력과 미끄럼계수의 확보가 반드시 보장되어야 한다. 이에 대한 방법을 서술하시오.

(1) 설계볼트장력 :

(2) 미끄럼계수의 확보를 위한 마찰면 처리 :

정답

(1) 설계볼트장력은 고장력볼트 설계미끄럼강도를 구하기 위한 값이며, 현장 시공에서의 표준볼트장력은 설계볼트장력에 10%를 할증한 값으로 한다.

(2) 구멍을 중심으로 지름의 2배 이상 범위의 흑피를 숏블라스트(Shot Blast) 또는 샌드블라스트(Sand Blast)로 제거한 후 도료, 기름, 오물 등이 없도록 하며, 들뜬 녹은 와이어 브러쉬로 제거한다.

휨부재의 공칭강도에서 최외단 인장철근의 순인장변형률 $\epsilon_t = 0.004$일 경우 강도감소계수 ϕ를 구하시오.

정답 $\phi = 0.65 + [(0.004) - 0.002] \times \dfrac{200}{3} = 0.783$

해설

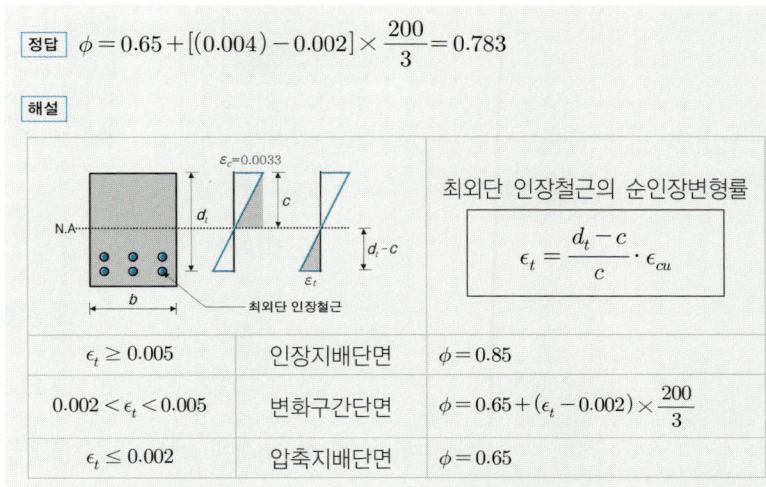

23

다음과 같은 조건을 갖는 철근콘크리트 보의 총처짐(mm)을 구하시오.

- 즉시처짐 20mm
- 단면 : $b \times d = 400\text{mm} \times 500\text{mm}$
- 지속하중에 따른 시간경과계수 : $\xi = 2.0$
- 압축철근량 $A_s' = 1,000\text{mm}^2$

정답 총처짐=탄성처짐+탄성처짐 $\times \dfrac{\xi}{1+50\rho'}$

$$= 20 + 20 \times \dfrac{(2.0)}{1+50\left(\dfrac{1,000}{400 \times 500}\right)} = 52\text{mm}$$

해설

(1) 탄성처짐 : 구조부재에 하중이 작용하여 발생하는 처짐으로 하중을 제거하면 원래의 상태로 돌아오는 처짐으로 순간처짐, 즉시처짐이라고도 한다.

(2) 장기처짐 : 장기처짐 = 지속하중에 의한 탄성처짐 $\times \lambda_\Delta$

【압축철근 배근효과】
① 설계휨강도 증가
② 장기처짐감소
③ 연성 증진

$\lambda_\Delta = \dfrac{\xi}{1+50\rho'}$

- $\rho' = \dfrac{A_s'}{bd}$: 압축철근비

- ξ : 시간경과계수

기간(월)	1	3	6	12	18	24	36	48	60 이상
ξ	0.5	1.0	1.2	1.4	1.6	1.7	1.8	1.9	2.0

(3) 총처짐=탄성처짐+장기처짐=탄성처짐+탄성처짐 $\times \dfrac{\xi}{1+50\rho'}$

24

그림과 같은 단순보의 최대 전단응력을 구하시오.

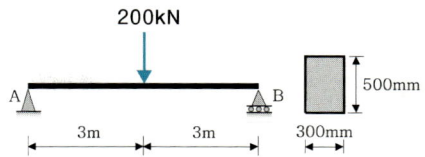

정답 (1) $V_{\max} = V_A = V_B = +\dfrac{P}{2} = +\dfrac{(200)}{2} = 100\text{kN}$

(2) $\tau_{\max} = k \cdot \dfrac{V_{\max}}{A} = \left(\dfrac{3}{2}\right) \cdot \dfrac{(100 \times 10^3)}{(300 \times 500)} = 1\text{N/mm}^2 = 1\text{MPa}$

해설

보의 최대전단응력	$\tau_{\max} = k \cdot \dfrac{V_{\max}}{A}$	
하중도	전단력도	최대전단력
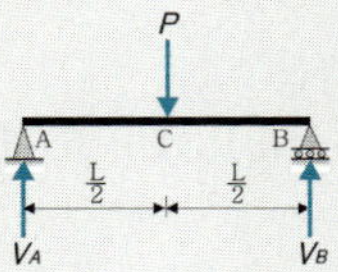 (P 중앙집중하중)	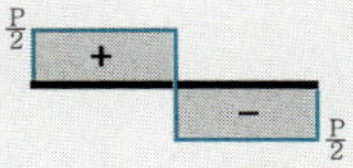	$V_{\max} = \dfrac{P}{2}$
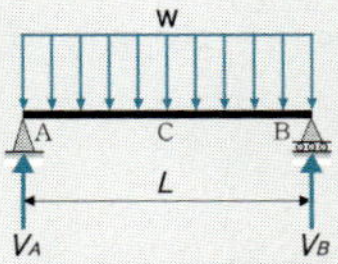 (w 등분포하중)		$V_{\max} = \dfrac{wL}{2}$
전단계수		
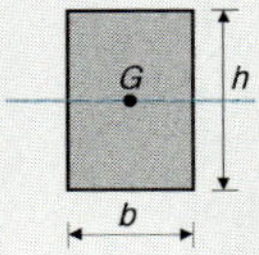 (직사각형 단면) $k = \dfrac{3}{2}$	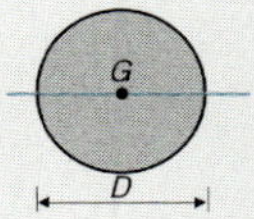	(원형 단면) $k = \dfrac{4}{3}$

배점3 □□□

25

16④, 20②

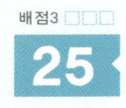

그림과 같은 라멘구조의 A지점 반력을 구하시오. (단, 반력의 방향을 화살표로 반드시 표현하시오.)

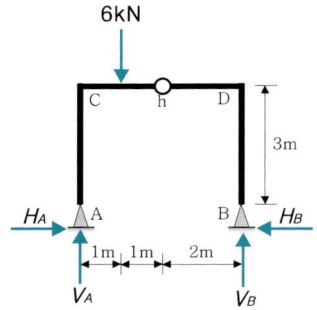

6kN
C
h
D
3m
HA
A
B
HB
1m
1m
2m
VA
VB

정답

(1)

평형조건식($\sum H=0$, $\sum V=0$, $\sum M=0$)

➡ $\sum H=0$: $+(H_A)+(H_B)=0$

➡ $\sum V=0$: $+(V_A)+(V_B)-(6)=0$

➡ $\sum M_B=0$: $+(V_A)(4)-(6)(3)=0$

∴ $V_A=+4.5\text{kN}(\uparrow)$

(2)

h절점 : $M=0$ 이라는 조건방정식

➡ $M_{h,Left}=0$: $+(V_A)(2)-(H_A)(3)-(6)(1)=0$

∴ $H_A=+1\text{kN}$ $(\rightarrow)$

(3)

$R_A=\sqrt{V_A^2+H_A^2}=\sqrt{(4.5^2)+(1)^2}=4.61\text{kN}(\nearrow)$

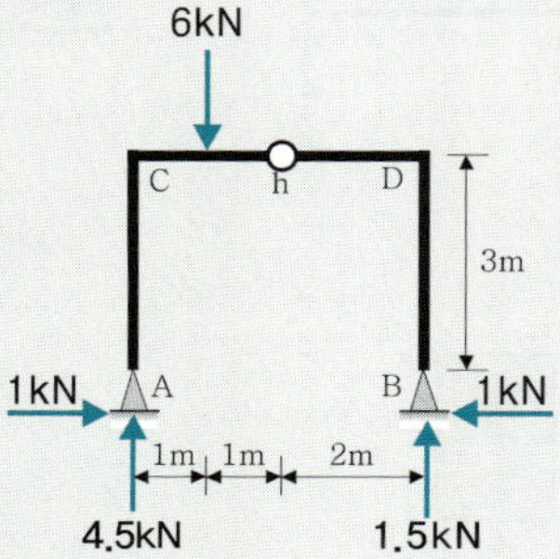

6kN
C
h
D
3m
1kN
A
B
1kN
1m
1m
2m
4.5kN
1.5kN

다음 데이터를 이용하여 정상공기를 산출한 결과 지정공기보다 3일이 지연되는 결과이었다. 공기를 조정하여 3일의 공기를 단축한 네트워크공정표를 작성하고 아울러 총공사금액을 산출하시오.

작업명	선행작업	정상(Normal) 공기(일)	정상(Normal) 공비(원)	특급(Crash) 공기(일)	특급(Crash) 공비(원)	비고
A	없음	3	7,000	3	7,000	단축된 공정표에서 CP는 굵은선으로 표시하고, 결합점에서는 다음과 같이 표시한다.
B	A	5	5,000	3	7,000	
C	A	6	9,000	4	12,000	
D	A	7	6,000	4	15,000	
E	B	4	8,000	3	8,500	
F	B	10	15,000	6	19,000	
G	C, E	8	6,000	5	12,000	
H	D	9	10,000	7	18,000	
I	F, G, H	2	3,000	2	3,000	

(1) 3일 공기단축한 공정표

(2) 총공사금액

정답

(1)

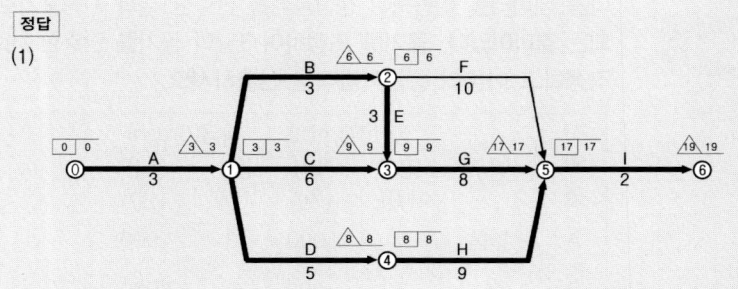

(2) 22일 표준공사비 + 3일 단축 시 추가공사비 = 69,000+8,500=77,500원

단축대상		추가비용
21일	E	500
20일	B+D	4,000
19일	B+D	4,000

해설

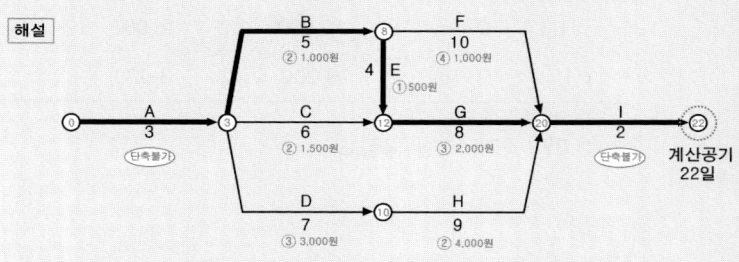

고려되어야 할 CP 및 보조CP		단축대상	추가비용
22일 ☞ 21일	A̶-B-E-G-I̶	E	500
21일 ☞ 20일	A̶-B-E̶-G-I̶ A̶-D-H-I̶	B+D	4,000
20일 ☞ 19일	A̶-B-E̶-G-I̶ A̶-D-H-I̶	B+D	4,000

2017년
과년도 기출문제

① 건축기사 제1회 시행 ········ 1-330
② 건축기사 제2회 시행 ········ 1-346
③ 건축기사 제4회 시행 ········ 1-364

제1회 2017 건축기사 과년도 기출문제

01 배점4

09②, 12②, 17①, 18①, 20②, 23②, 24②

건축공사표준시방서에 따른 거푸집널 존치기간 중의 평균기온이 10℃ 이상인 경우에 콘크리트의 압축강도 시험을 하지 않고 거푸집을 떼어낼 수 있는 콘크리트의 재령(일)을 나타낸 표이다. 빈 칸에 알맞은 숫자를 표기하시오.

〈기초, 보옆, 기둥 및 벽의 거푸집널 존치기간을 정하기 위한 콘크리트의 재령(일)〉

평균기온 \ 시멘트 종류	조강포틀랜드시멘트	보통포틀랜드시멘트 고로슬래그시멘트(1종)	고로슬래그시멘트(2종) 포틀랜드포졸란시멘트(B종)
20℃ 이상			
20℃ 미만 10℃ 이상			

정답

평균기온 \ 시멘트 종류	조강포틀랜드시멘트	보통포틀랜드시멘트 고로슬래그시멘트(1종)	고로슬래그시멘트(2종) 포틀랜드포졸란시멘트(B종)
20℃ 이상	2일	4일	5일
20℃ 미만 10℃ 이상	3일	6일	8일

02 배점4

03①, 11④, 17①

철근콘크리트 공사에서 헛응결(False Set)에 대하여 기술하시오.

정답 시멘트에 물을 주입하면 10~20분 정도에 굳어졌다가 다시 묽어지고 이후 순조롭게 경화되는 현상

03 커튼월 조립방식에 의한 분류에서 각 설명에 해당하는 방식을 번호로 쓰시오.

① Stick Wall 방식　② Window Wall 방식　③ Unit Wall 방식

(1) 구성 부재 모두가 공장에서 조립된 프리패브(Pre-Fab) 형식으로 창호와 유리, 패널의 일괄발주 방식으로, 이 방식은 업체의 의존도가 높아서 현장 상황에 융통성을 발휘하기가 어려움

(2) 구성 부재를 현장에서 조립·연결하여 창틀이 구성되는 형식으로 유리는 현장에서 주로 끼우며, 현장적응력이 우수하여 공기조절이 가능

(3) 창호와 유리, 패널의 개별발주 방식으로 창호 주변이 패널로 구성됨으로써 창호의 구조가 패널 트러스에 연결할 수 있어서 재료의 사용 효율이 높아 비교적 경제적인 시스템 구성이 가능한 방식

(1) _____　(2) _____　(3) _____

정답 (1) ③　(2) ①　(3) ②

다음 데이터를 네트워크공정표로 작성하시오.

작업명	작업일수	선행작업	비 고
A	5	없음	
B	2	없음	
C	4	없음	(1) 결합점에서는 다음과 같이 표시한다.
D	5	A, B, C	
E	3	A, B, C	
F	2	A, B, C	
G	2	D, E	(2) 주공정선은 굵은선으로 표시한다.
H	5	D, E, F	
I	4	D, F	

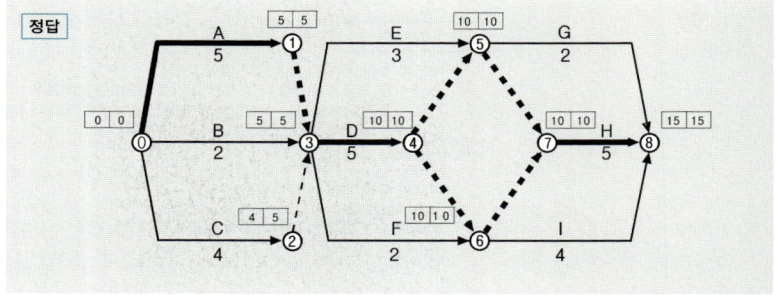

배점6

05. 강구조의 맞댐용접, 필릿용접을 개략적으로 도시하고 설명하시오.

맞댐용접	필릿용접

정답

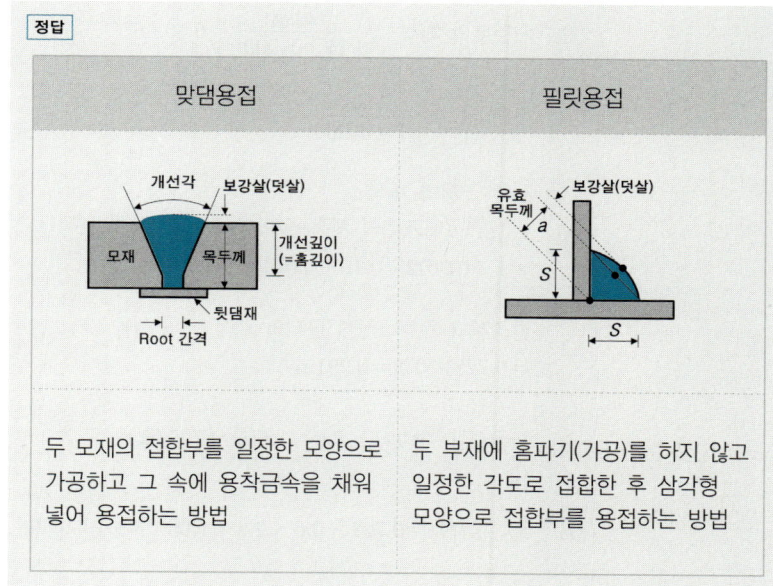

맞댐용접: 두 모재의 접합부를 일정한 모양으로 가공하고 그 속에 용착금속을 채워 넣어 용접하는 방법

필릿용접: 두 부재에 홈파기(가공)를 하지 않고 일정한 각도로 접합한 후 삼각형 모양으로 접합부를 용접하는 방법

배점6 ☐☐☐

08④, 17①, 20①, 24①

다음 조건의 콘크리트 $1m^3$를 생산하는데 필요한 시멘트, 모래, 자갈의 중량을 산출하시오.

① 단위수량 : $160kg/m^3$ ② 물시멘트비 : 50% ③ 잔골재율 : 40%
④ 시멘트 비중 : 3.15 ⑤ 잔골재 비중 : 2.6 ⑥ 굵은골재 비중 : 2.6
⑦ 공기량 : 1%

(1) 단위시멘트량 :

(2) 시멘트의 체적 :

(3) 물의 체적 :

(4) 전체 골재의 체적 :

(5) 잔골재의 체적 :

(6) 잔골재량 :

(7) 굵은골재량 :

정답

(1) 단위시멘트량 : $160 \div 0.50 = 320kg/m^3$

(2) 시멘트의 체적 : $\dfrac{320kg}{3.15 \times 1,000l} = 0.102m^3$

(3) 물의 체적 : $\dfrac{160kg}{1 \times 1,000l} = 0.16m^3$

(4) 전체 골재의 체적
$= 1m^3 -$ (시멘트의 체적+물의 체적+공기량의 체적)
$= 1 - (0.102 + 0.16 + 0.01) = 0.728m^3$

(5) 잔골재의 체적 = 전체 골재의 체적 × 잔골재율
$= 0.728 \times 0.4 = 0.291m^3$

(6) 잔골재량 $= 0.291 \times 2.6 \times 1,000 = 756.6kg$

(7) 굵은골재량 $= 0.728 \times 0.6 \times 2.6 \times 1,000 = 1,135.68kg$

07

지하실 바깥방수 시공순서를 번호로 쓰시오.

① 밑창(버림)콘크리트 ② 잡석다짐 ③ 바닥콘크리트
④ 보호누름 벽돌쌓기 ⑤ 외벽콘크리트 ⑥ 외벽방수
⑦ 되메우기 ⑧ 바닥방수층 시공

정답 ② → ① → ⑧ → ③ → ⑤ → ⑥ → ④ → ⑦

해설

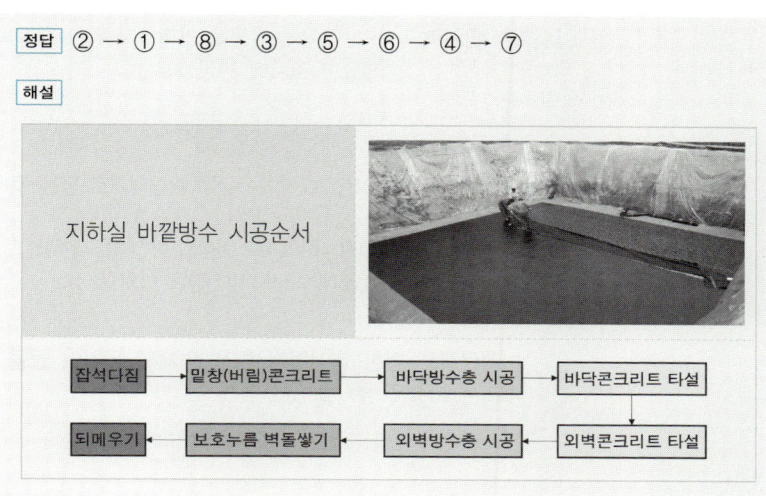

08

기준점(Bench Mark) 설치 시 주의사항을 2가지 쓰시오.

① _____   ② _____

정답

기준점(Bench Mark)		
(1)	정의	건축물 시공 시 공사 중 높이의 기준을 정하고자 설치하는 원점
(2)	설치 시 주의사항	• 이동의 염려가 없는 곳에 설치 • 지면에서 0.5~1.0m에 공사에 지장이 없는 곳에 설치 • 필요에 따라 보조기준점을 1~2개소 설치

09

비산먼지 발생 억제를 위한 방진시설을 설치할 때 야적(분체상 물질을 야적하는 경우에 한함) 시 조치사항 3가지를 쓰시오.

① _____
② _____
③ _____

정답

【대기환경보전법 : 비산먼지의 발생을 억제하기 위한 시설의 설치 및 필요한 조치에 관한 기준】

	시설의 설치 및 조치에 관한 기준	설치 및 조치내역
①	야적물질을 1일 이상 보관하는 경우 방진덮개로 덮을 것	방진덮개
②	야적물질의 최고저장높이의 1/3 이상의 방진벽을 설치하고, 최고 저장높이의 1.25배 이상의 방진망을 설치할 것	방진벽 방진망 또는 방진막
③	야적물질로 인한 비산먼지 발생 억제를 위하여 물을 뿌리는 시설을 설치할 것	이동식 살수시설 설치

10

PERT 기법에 의한 기대시간(Expected Time)을 구하시오.

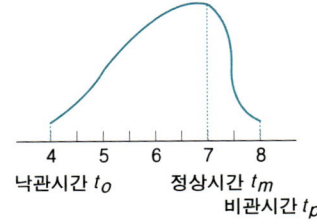

낙관시간 t_o 정상시간 t_m 비관시간 t_p

정답

PERT 3점추정식

$$T_e = \frac{t_o + 4t_m + t_p}{6}$$

$$T_e = \frac{4 + 4 \times 7 + 8}{6} = 6.67$$

T_e : 기대시간, t_o : 낙관시간
t_m : 정상시간, t_p : 비관시간

배점3 □□□

11 보기에 주어진 강구조공사에서의 용접결함 종류 중 과대전류에 의한 결함을 모두 골라 기호로 적으시오.

10②, 17①

① 슬래그 감싸들기	② 언더컷	③ 오버랩
④ 블로홀	⑤ 크랙	⑥ 피트
⑦ 용입부족	⑧ 크레이터	⑨ 피쉬아이

정답 ②, ⑤, ⑧

해설

(1)	슬래그(Slag) 감싸들기	용접봉의 피복재 용해물인 회분(Slag)이 용착금속 내에 혼입된 것		
		①	원인	용착금속이 급속히 냉각하는 경우 또는 운봉작업이 좋지 않은 경우
		②	대책	용접층에서 와이어브러시(Wire Brush)로 슬래그를 충분히 제거, 전류공급을 일정하게 유지
(2)	언더컷 (Under Cut)	용접상부에 모재가 녹아 용착금속이 채워지지 않고 흠으로 남게 된 부분		
(3)	오버랩 (Over Lap)	용융된 금속만 녹고 모재는 함께 녹지 않아서 모재 표면을 단순히 덮고만 있는 상태		
(4)	블로홀 (Blow Hole)	용융금속이 응고할 때 방출되었어야 할 가스가 남아서 생기는 용접부의 빈자리		
(5)	크랙(Crack)	과대전류, 과대속도 시 생기는 갈라짐		
(6)	피트(Pit)	모재의 화학 성분 불량 등으로 생기는 미세한 흠		
(7)	용입부족	모재가 녹지 않고 용착금속이 채워지지 않고 흠으로 남음		
(8)	크레이터 (Crater)	아크 용접 시 끝부분이 항아리 모양으로 패임		
(9)	은점 (Fish Eyes)	생선눈알 모양의 은색 반점		

【※ 과대전류에 의한 결함 : 언더컷(Under Cut), 크랙(Crack), 크레이터(Crater)】

12. 철근콘크리트구조 휨부재에서 압축철근의 역할과 특징을 3가지 쓰시오.

① _____ ② _____ ③ _____

정답

압축철근의 역할
① 설계휨강도 증가
② 장기처짐 감소
③ 연성 증진

13. 다음 보기가 설명하는 명칭을 쓰시오.

철근콘크리트 슬래브와 강재 보의 전단력을 전달하도록 강재에 용접되고 콘크리트 속에 매입된 시어커넥터(Shear Connector)에 사용되는 것

정답

강재 앵커(Steel Anchor)

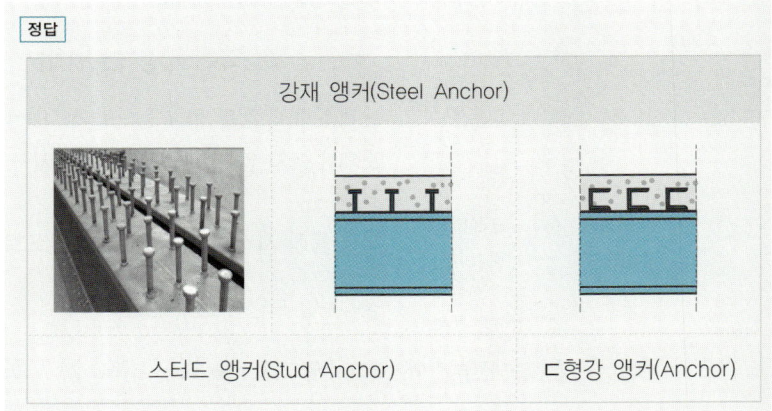

스터드 앵커(Stud Anchor) | ㄷ형강 앵커(Anchor)

배점3 □□□

14

02①, 06①, 12①, 17①, 20③

콘크리트 구조물의 균열발생 시 균열의 보수와 보강이 있는데, 구조보강법의 종류를 3가지 쓰시오.

① ______ ② ______ ③ ______

정답

① 단면증대공법	② 강판접착공법	③ 철물매입공법 또는 강재앵커공법

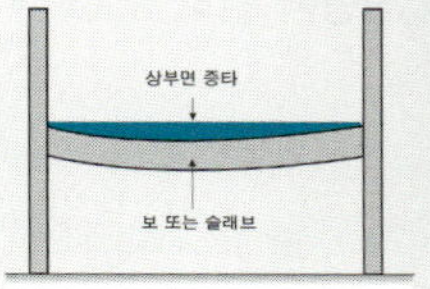

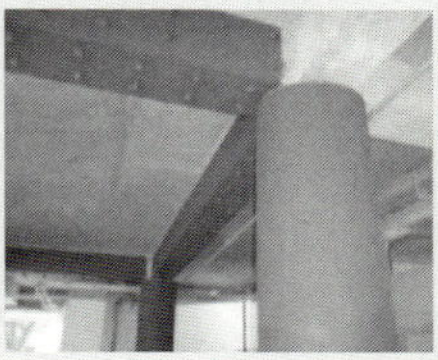

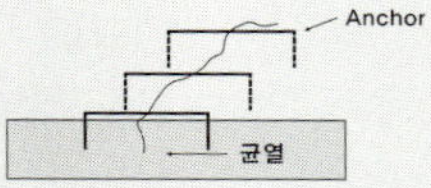

배점4 □□□

15

00④, 12②, 17①

AE제에 의해 생성된 Entrained Air의 목적을 4가지를 쓰시오.

① ______ ② ______

③ ______ ④ ______

정답

인트레인드 에어 (Entrained Air)의 효과	①	단위수량 감소	②	재료분리 감소
	③	동결융해저항성 증대	④	워커빌리티 (Workability) 개선

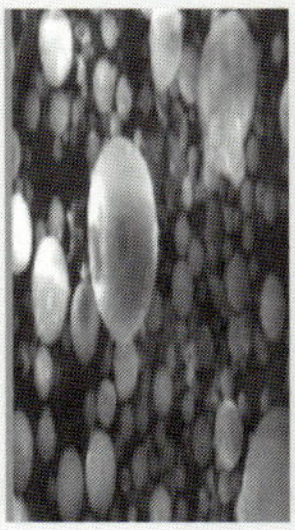

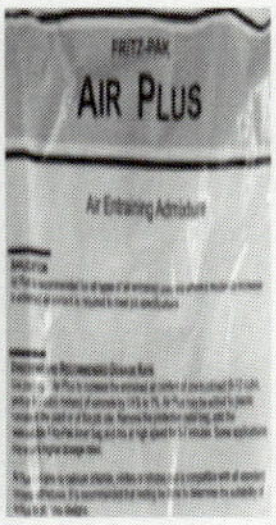

인트랩트 에어(Entraped Air)
일반 콘크리트에 1~2% 정도 자연적으로 형성되는 부정형의 기포
인트레인드 에어(Entrained Air) :
AE제에 의해 생성된 0.025~0.25mm 정도의 지름을 갖는 기포

2017 제1회

16

흙막이벽에 발생하는 히빙(Heaving) 파괴 방지대책을 3가지 쓰시오.

① _____

② _____

③ _____

정답
① 흙막이벽의 근입장을 증가
② 굴착 예정지역의 지반을 개량하여 전단강도 증대
③ 배면 부분 굴착으로 지반의 중량차 감소

해설

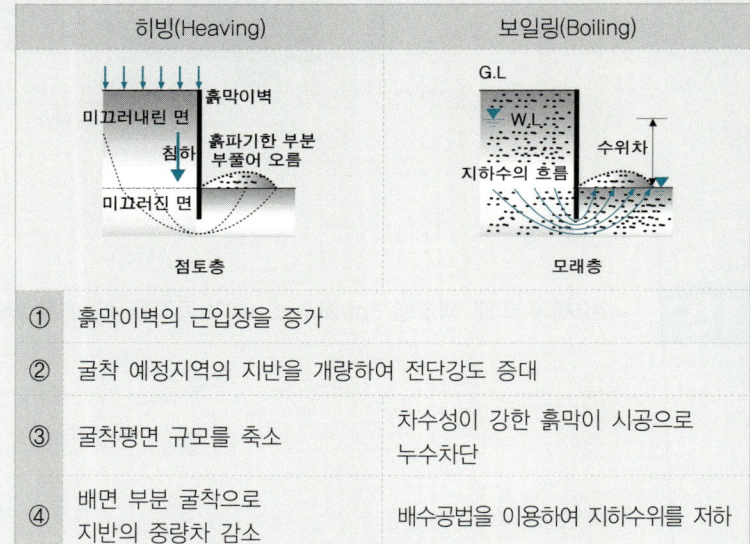

17

품질관리 도구 중 특성요인도(Characteristics Diagram)에 대해 설명하시오.

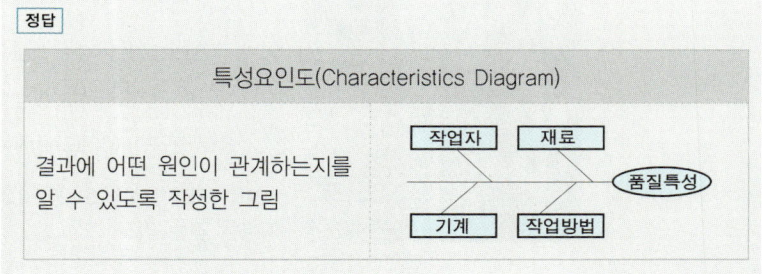

정답: 결과에 어떤 원인이 관계하는지를 알 수 있도록 작성한 그림

18

BOT (Build-Operate-Transfer) 방식을 설명하시오.

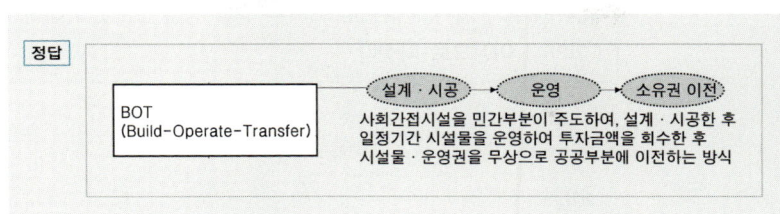

19

다음이 설명하는 콘크리트의 종류를 쓰시오.

(1) 콘크리트 제작 시 골재는 전혀 사용하지 않고 물, 시멘트, 발포제만으로 만든 경량콘크리트

(2) 콘크리트 타설후 Mat, Vacuum Pump 등을 이용하여 콘크리트 속에 잔류해 있는 잉여수 및 기포 등을 제거함을 목적으로 하는 콘크리트

(3) 거푸집 안에 미리 굵은골재를 채워넣은 후 그 공극 속으로 특수한 모르타르를 주입하여 만든 콘크리트

(1) _____ (2) _____ (3) _____

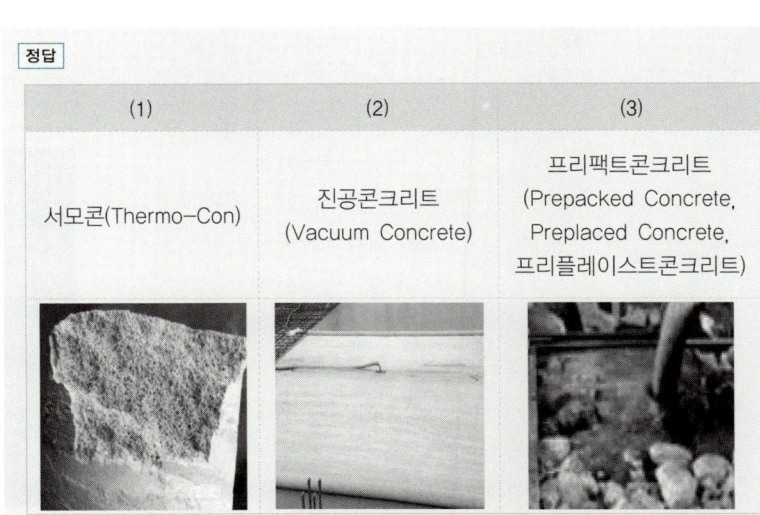

(1)	(2)	(3)
서모콘(Thermo-Con)	진공콘크리트 (Vacuum Concrete)	프리팩트콘크리트 (Prepacked Concrete, Preplaced Concrete, 프리플레이스트콘크리트)

20 17①, 24①

다음 보기는 건축공사표준시방서의 규정이다. 빈칸에 들어갈 알맞은 수치를 쓰시오.

> 터파기 공사에서 모래로 되메우기할 경우 충분한 물다짐을 실시하고, 흙 되메우기 시 일반흙으로 되메우기 할 경우 ((1)) 마다 다짐밀도 ((2)) 이상으로 다진다.

(1) _____ (2) _____

정답

| (1) | 300mm |
| (2) | 95% |

21 17①, 22①

WBS(Work Breakdown Structure)의 용어를 간단하게 기술하시오.

정답 프로젝트의 모든 작업내용을 계층적으로 분류한 작업분류체계

해설

공사내용의 분류(Breakdown Structure)

① 작업분류체계
  WBS(Work Breakdown Structure)
  공사내용을 작업의 공종별로 분류한 것

② 조직분류체계
  OBS(Organization Breakdown Structure)
  공사내용을 관리조직에 따라 분류한 것

③ 원가분류체계
  CBS(Cost Breakdown Structure)
  공사내용을 원가발생요소의 관점으로 분류한 것

22 [배점4]

단순 인장접합부의 강도한계상태에 따른 고장력볼트의 설계전단강도를 구하시오. (단, 강재의 재질은 SS275, 고장력볼트 F10T-M22, 공칭전단강도 $F_{nv} = 450\text{N/mm}^2$)

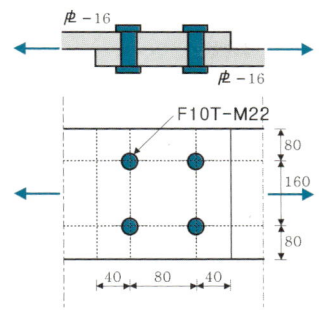

[정답] $\phi \cdot R_n = (0.75)(450)\left(\dfrac{\pi(22)^2}{4}\right)(1) \times 4\text{개} = 513{,}179\text{N} = 513.179\text{kN}$

[해설]

고장력볼트 설계전단강도	
$\phi R_n = \phi \cdot F_{nv} \cdot A_b \cdot N_s$	• $\phi = 0.75$ • F_{nv} : 공칭전단강도 • A_b : 볼트 단면적 • N_s : 전단면(Shear Plane)의 수

23 [배점3]

$f_{ck} = 30\text{MPa}$, $f_y = 400\text{MPa}$, D22(공칭지름 22.2mm) 인장이형철근의 기본정착길이를 구하시오. (단, 경량콘크리트계수 $\lambda = 1$)

[정답] $l_{db} = \dfrac{0.6 d_b \cdot f_y}{\lambda \sqrt{f_{ck}}} = \dfrac{0.6(22.2)(400)}{(1)\sqrt{(30)}} = 972.76\text{mm}$

[해설]

	인장이형철근	압축이형철근
기본정착길이 약산식	$l_{db} = \dfrac{0.6 d_b \cdot f_y}{\lambda \sqrt{f_{ck}}}$	$l_{db} = \dfrac{0.25 d_b \cdot f_y}{\lambda \sqrt{f_{ck}}} \geq 0.043 d_b \cdot f_y$

24

벽돌쌓기 방식 중 영식 쌓기의 구조적 특성을 간단히 설명하시오.

정답

영식쌓기 (English Bond)

길이쌓기와 마구리쌓기를 번갈아 가며 쌓는 방법으로 마구리쌓기 켜의 모서리부분에 반절과 이오토막을 사용하여 통줄눈이 발생하지 않는 견고한 쌓기법이다.

25

$H-400\times200\times8\times13$ (필릿반지름 $r=16\text{mm}$) 형강의 플랜지와 웨브의 판폭두께비를 구하시오.

(1) 플랜지 :   (2) 웨브 :

정답 (1) $\lambda_f = \dfrac{(200)/2}{(13)} = 7.69$

(2) $\lambda_w = \dfrac{(400)-2(13)-2(16)}{(8)} = 42.75$

해설

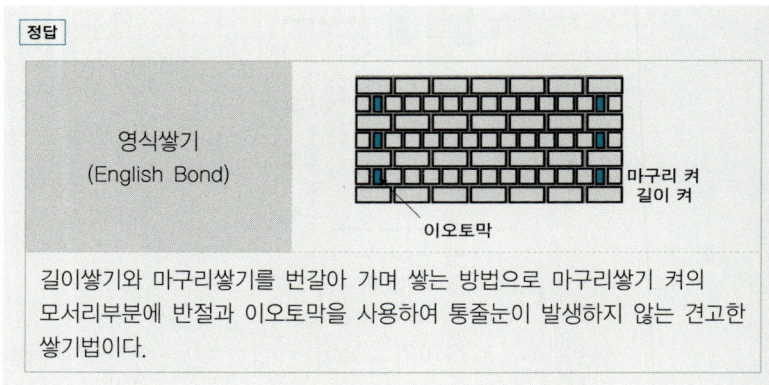

- t_f : 플랜지(Flange)의 두께
- t_w : 웨브(Web)의 두께

플랜지 : $\lambda_f = \dfrac{b}{t_f}$

웨브 : $\lambda_w = \dfrac{h}{t_w}$

배점4 □□□

26

17①, 19②

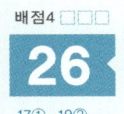

철근콘크리트 벽체의 설계축하중(ϕP_{nw})을 계산하시오.

- 유효벽길이 $b_e = 2{,}000\text{mm}$, 벽두께 $h = 200\text{mm}$, 벽높이 $l_c = 3{,}200\text{mm}$
- $0.55\phi \cdot f_{ck} \cdot A_g \cdot \left[1-\left(\dfrac{k \cdot l_c}{32h}\right)^2\right]$ 식을 적용하고, $\phi = 0.65$, $k = 0.8$, $f_{ck} = 24\text{MPa}$, $f_y = 400\text{MPa}$을 적용한다.

정답 $\phi P_{nw} = 0.55(0.65)(24)(2{,}000 \times 200)\left[1-\left(\dfrac{(0.8)(3{,}200)}{32(200)}\right)^2\right]$

$= 2{,}882{,}880\text{N} = 2{,}882.880\text{kN}$

해설

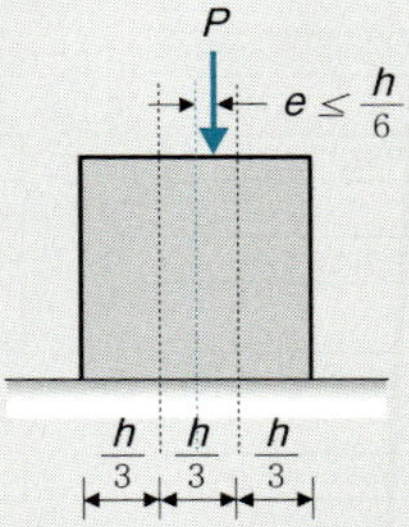

실용설계법이 적용되는 벽체

$$P_u \le \phi P_{nw} = 0.55\phi \cdot f_{ck} \cdot A_g \cdot \left[1-\left(\frac{k \cdot l_c}{32h}\right)^2\right]$$

- P_u : 계수축하중, ϕP_{nw} : 설계축하중
- $\phi = 0.65$
- $1-\left(\dfrac{k \cdot l_c}{32h}\right)^2$: 세장효과 고려함수

- k : 유효길이계수

구 분		k
횡구속 벽체	벽체 상하단 중 한쪽 또는 양쪽이 회전구속	0.8
	벽체 상하 양단의 회전이 비구속	1.0
비횡구속 벽체		2.0

제2회 2017

건축기사 과년도 기출문제

배점4

01

00①, 04④,
05①, 09②,
12②, 14④,
17②, 18④,
20②

프리스트레스트 콘크리트(Pre-Stressed Concrete)의 프리텐션(Pre-Tension) 방식과 포스트텐션(Post-Tension) 방식에 대하여 설명하시오.

(1) Pre-Tension 공법 :

(2) Post-Tension 공법 :

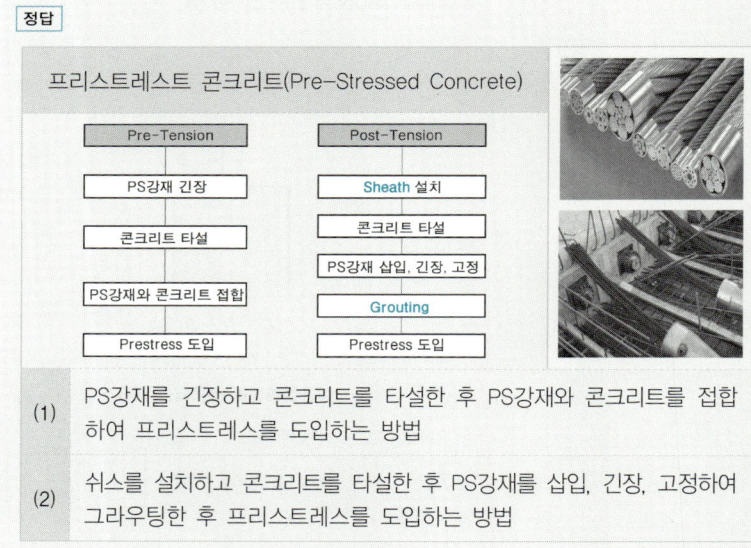

배점2

02

17②

BTL(Build-Transfer-Lease) 계약방식을 설명하시오.

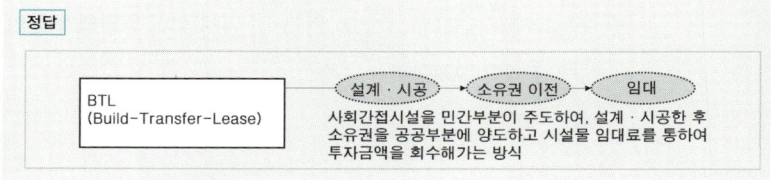

1-346

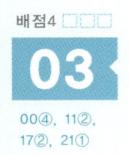

03 굵은골재 최대치수 25mm, 4kg을 물속에서 채취하여 표면건조내부포수상태의 질량이 3.95kg, 절대건조질량이 3.60kg, 수중에서의 질량이 2.45kg일 때 흡수율과 밀도를 구하시오. (단, 물의 밀도: $1\text{g}/\text{cm}^3$)

00④, 11②, 17②, 21①

(1) 흡수율 :

(2) 표건밀도 :

(3) 절건밀도 :

(4) 겉보기밀도 :

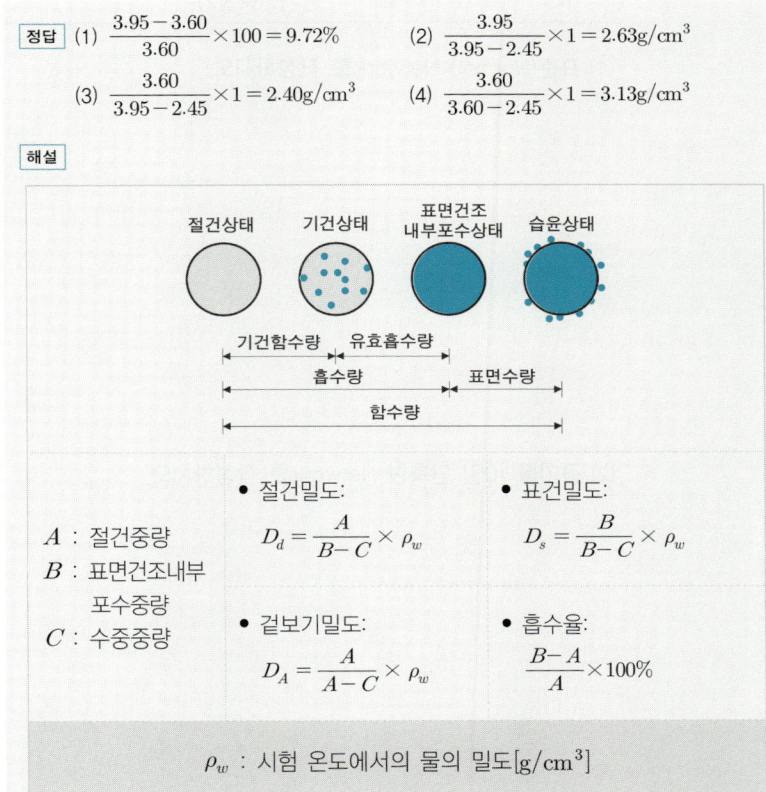

정답 (1) $\dfrac{3.95 - 3.60}{3.60} \times 100 = 9.72\%$ (2) $\dfrac{3.95}{3.95 - 2.45} \times 1 = 2.63\text{g}/\text{cm}^3$

(3) $\dfrac{3.60}{3.95 - 2.45} \times 1 = 2.40\text{g}/\text{cm}^3$ (4) $\dfrac{3.60}{3.60 - 2.45} \times 1 = 3.13\text{g}/\text{cm}^3$

04

다음 데이터를 이용하여 물음에 답하시오.

작업명	선행작업	작업일수	비용경사(원)	비고
A	없음	5	10,000	(1) 결합점에서의 일정은 다음과 같이 표시하고, 주공정선은 굵은선으로 표시한다.
B	없음	8	15,000	
C	없음	15	9,000	
D	A	3	공기단축불가	
E	A	6	25,000	
F	B, D	7	30,000	(2) 공기단축은 Activity I에서 2일, Activity H에서 3일, Activity C에서 5일
G	B, D	9	21,000	
H	C, E	10	8,500	
I	H, F	4	9,500	
J	G	3	공기단축불가	(3) 표준공기 시 총공사비는 1,000,000원이다.
K	I, J	2	공기단축불가	

(1) 표준(Normal) Network를 작성하시오.

(2) 공기를 10일 단축한 Network를 작성하시오.

(3) 공기단축된 총공사비를 산출하시오.

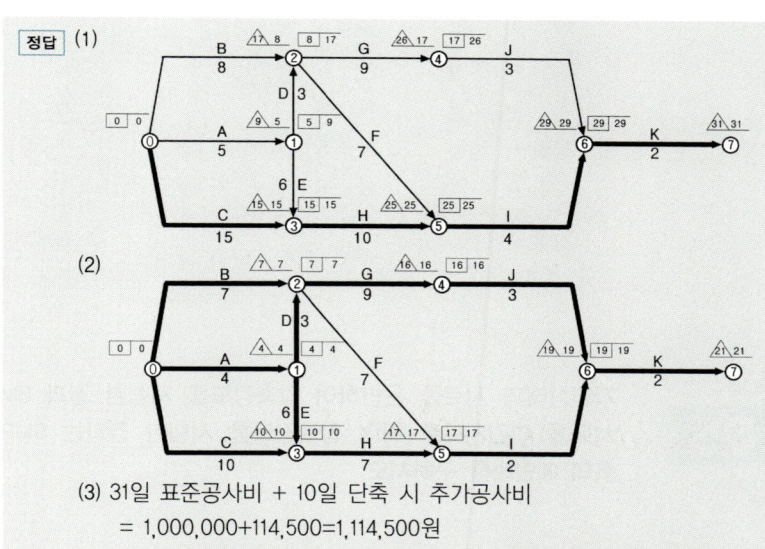

(3) 31일 표준공사비 + 10일 단축 시 추가공사비
   = 1,000,000+114,500=1,114,500원

	단축대상	추가비용
30일	H	8,500
29일	H	8,500
28일	H	8,500
27일	C	9,000
26일	C	9,000
25일	C	9,000
24일	C	9,000
23일	I	9,500
22일	I	9,500
21일	A+B+C	34,000

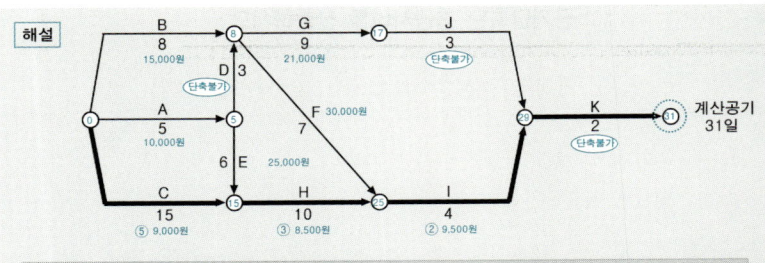

고려되어야 할 CP 및 보조CP		단축대상	추가비용
31일 ☞ 30일	C-H-I-K	H	8,500
30일 ☞ 29일	C-H-I-K	H	8,500
29일 ☞ 28일	C-H-I-K	H	8,500
28일 ☞ 27일	C-H-I-K	C	9,000
27일 ☞ 26일	C-H-I-K	C	9,000
26일 ☞ 25일	C-H-I-K	C	9,000
25일 ☞ 24일	C-H-I-K	C	9,000
24일 ☞ 23일	C-H-I-K A-E-H-I-K	I	9,500
23일 ☞ 22일	C-H-I-K A-E-H-I-K	I	9,500
22일 ☞ 21일	C-H-I-K A-E-H-I-K A-D-G-J-K B-G-J-K	A+B+C	34,000

05
17②, 23①

자연상태의 시료를 운반하여 압축강도를 시험한 결과 8MPa이었고, 그 시료를 이긴시료로 하여 압축강도를 시험한 결과는 5MPa이었다면 이 흙의 예민비를 구하시오.

정답 예민비 = $\dfrac{\text{자연시료강도}}{\text{이긴시료강도}} = \dfrac{8}{5} = 1.6$

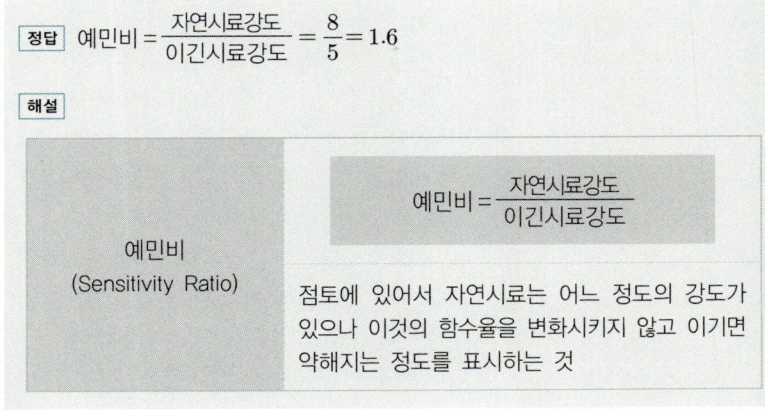

지름이 D인 원형의 단면계수를 Z_A, 한변의 길이가 a인 정사각형의 단면계수를 Z_B라고 할 때 $Z_A : Z_B$를 구하시오. (단, 두 재료의 단면적은 같고, Z_A를 1로 환산한 Z_B의 값으로 표현하시오.)

정답 (1) $\dfrac{\pi D^2}{4} = a^2$ 으로부터 $D = \sqrt{\dfrac{4a^2}{\pi}} = 1.128a$

(2) $Z_A = \dfrac{\pi}{32}D^3 = \dfrac{\pi}{32}(1.128a)^3 = 0.141a^3$, $Z_B = \dfrac{1}{6}a^3$ 이므로

$Z_A : Z_B = 1 : 1.182$

해설

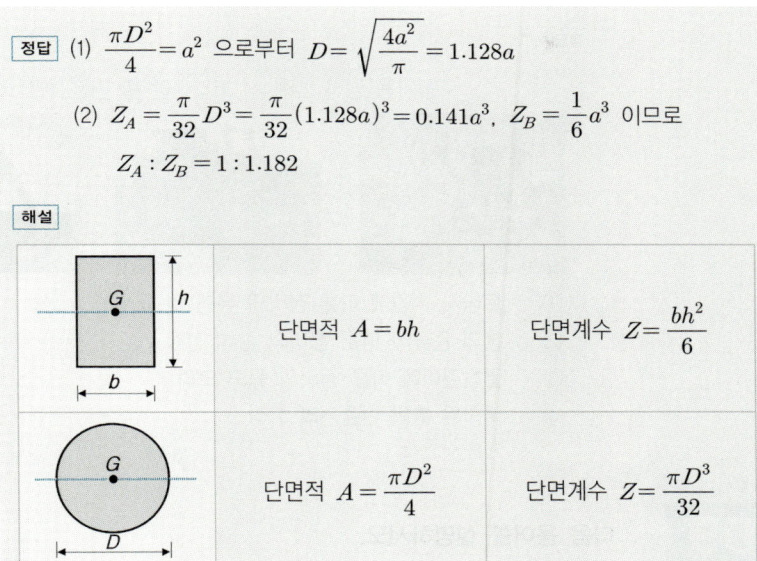

특명입찰(수의계약)의 장·단점을 2가지씩 쓰시오.

(1) 장점

① _____ ② _____

(2) 단점

① _____ ② _____

정답

특명입찰(Individual Negotiation, 수의계약)				
(1)	장점	① 입찰수속 간단	②	공사 보안유지 유리
(2)	단점	① 부적격 업체선정의 문제	②	공사비 결정 불명확

08 토공장비 선정 시 고려해야 할 기본적인 요소 3가지를 기술하시오.

① _____
② _____
③ _____

정답

토공사용 장비 선정 시 고려해야 할 기본적인 요소

① 토공사 기간에 따른 장비의 유형 및 개수
② 흙의 종류에 따른 장비의 종류 선정
③ 굴착깊이에 따른 장비의 규모 고려
④ 굴착된 흙의 반출거리 고려

09 다음 용어를 설명하시오.

(1) 복층 유리 :

(2) 배강도 유리 :

정답

복층 유리(Pair Glass)

(1) 건조공기층을 사이에 두고 판유리를 이중으로 접합하여 테두리를 밀봉한 유리로서 단열 및 소음 차단성능을 향상시킨 유리

배강도 유리(Heat Strengthened Glass)

(2) 판유리를 연화점(Softening Point) 정도로 가열 후 서냉하여 유리표면에 24MPa 이상의 압축응력층을 갖도록 한 유리로서 일반유리의 2~3배 정도의 강도를 갖는다.

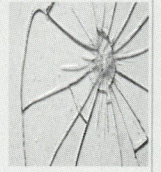

배점4 □□□

10

12②, 17②, 20①, 23②

기초의 부동침하는 구조적으로 문제를 일으키게 된다. 이러한 기초의 부동침하를 방지하기 위한 대책 중 기초구조 부분에 처리할 수 있는 사항을 4가지 기술하시오.

① ______________________

② ______________________

③ ______________________

④ ______________________

정답

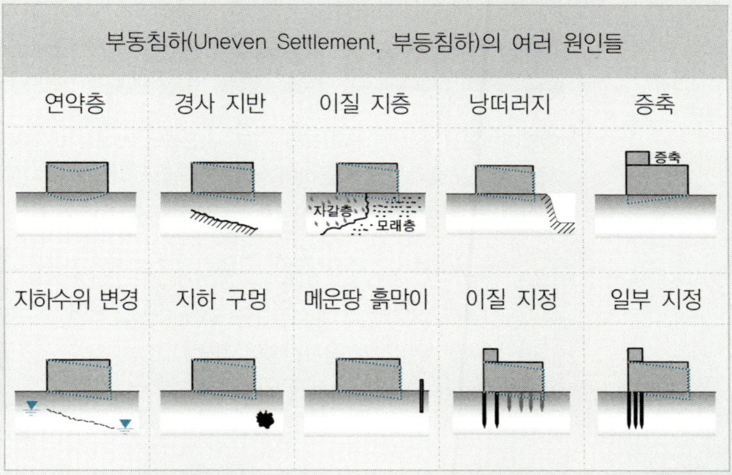
부동침하(Uneven Settlement, 부등침하)의 여러 원인들
연약층
경사 지반
이질 지층
자갈층
모래층
낭떠러지
증축
증축
지하수위 변경
지하 구멍
메운땅 흙막이
이질 지정
일부 지정

(1)	상부구조에 대한 대책	• 건물의 경량화 및 중량 분배를 고려
		• 건물의 길이를 작게 하고 강성을 높일 것
		• 인접 건물과의 거리를 멀게 할 것
(2)	하부구조에 대한 대책	• 마찰말뚝을 사용하고 서로 다른 종류의 말뚝 혼용을 금지
		• 지하실 설치 : 온통기초(Mat Foundation)가 유효
		• 기초 상호간을 연결 : 지중보 또는 지하연속벽 시공
		• 언더피닝(Under Pinning) 공법의 적용

11

배점3

탑다운 공법(Top-Down Method)은 지하구조물의 시공순서를 지상에서부터 시작하여 점차 깊은 지하로 진행하며 완성하는 공법으로서 여러 장점이 있다. 이 중 작업공간이 협소한 부지를 넓게 쓸 수 있는 이유를 기술하시오.

05①, 06②, 12②, 17②, 20⑤

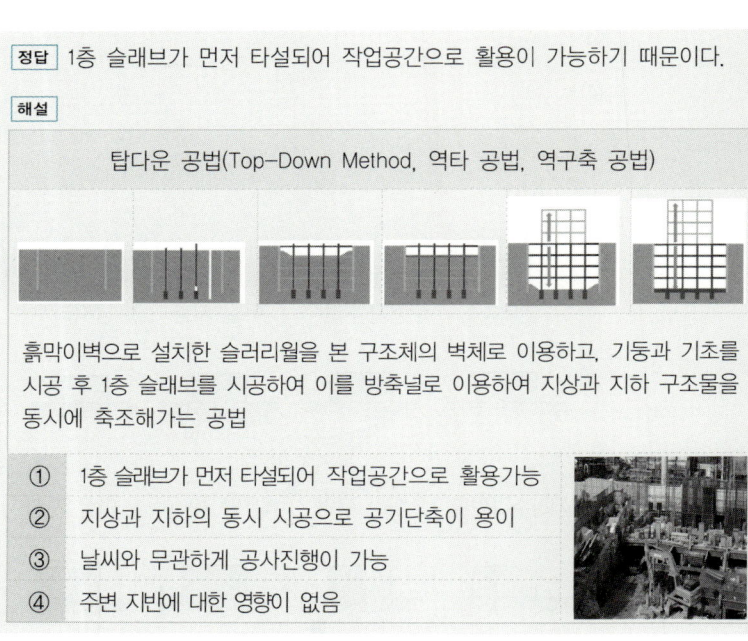

정답 1층 슬래브가 먼저 타설되어 작업공간으로 활용이 가능하기 때문이다.

해설

탑다운 공법(Top-Down Method, 역타 공법, 역구축 공법)

흙막이벽으로 설치한 슬러리월을 본 구조체의 벽체로 이용하고, 기둥과 기초를 시공 후 1층 슬래브를 시공하여 이를 방축널로 이용하여 지상과 지하 구조물을 동시에 축조해가는 공법

① 1층 슬래브가 먼저 타설되어 작업공간으로 활용가능
② 지상과 지하의 동시 시공으로 공기단축이 용이
③ 날씨와 무관하게 공사진행이 가능
④ 주변 지반에 대한 영향이 없음

12

배점3

아일랜드컷(Island Cut) 공법을 설명하시오.

17②

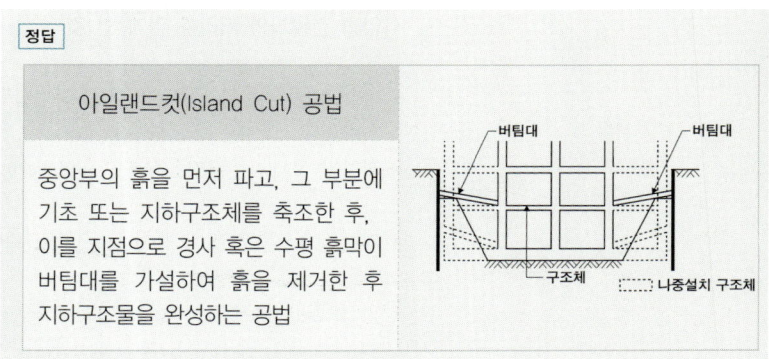

정답

아일랜드컷(Island Cut) 공법

중앙부의 흙을 먼저 파고, 그 부분에 기초 또는 지하구조체를 축조한 후, 이를 지점으로 경사 혹은 수평 흙막이 버팀대를 가설하여 흙을 제거한 후 지하구조물을 완성하는 공법

13. 강구조 내화피복 공법의 종류에 따른 재료를 각각 2가지씩 쓰시오.

공법	재료	
타설공법	①	②
조적공법	③	④
미장공법	⑤	⑥

① _____ ② _____ ③ _____

④ _____ ⑤ _____ ⑥ _____

정답 ① 콘크리트 ② 경량콘크리트 ③ 돌
④ 벽돌 ⑤ 철망 퍼라이트 ⑥ 철망 모르타르

해설

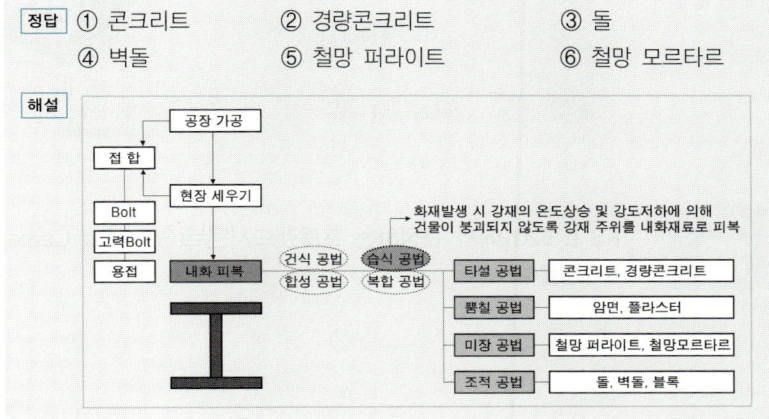

14. 특수고장력볼트(T.S볼트)의 부위별 명칭을 쓰시오.

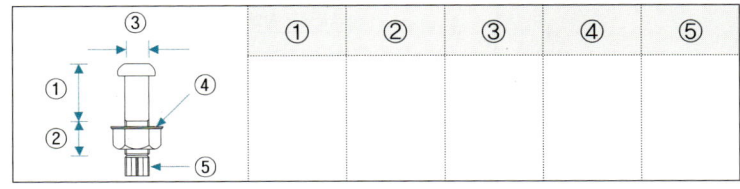

정답

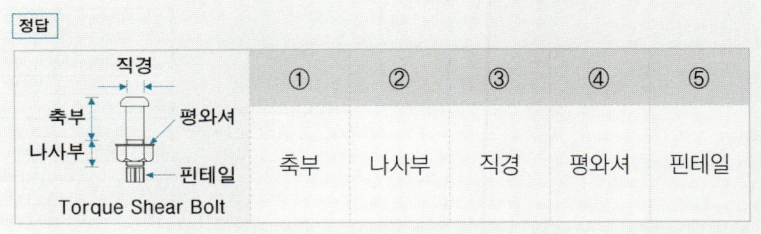

15 강구조공사의 기초 Anchor Bolt는 구조물 전체의 집중하중을 지탱하는 중요한 부분이다. Anchor Bolt 매입공법의 종류 3가지를 쓰시오.

① _____ ② _____ ③ _____

정답

앵커볼트 정착공법	
①	고정 매입공법
②	가동 매입공법
③	나중 매입공법

16 KS L 5201에서 규정하는 포틀랜드시멘트(Portland Cement)의 종류 5가지를 쓰시오.

① _____ ② _____ ③ _____
④ _____ ⑤ _____

정답

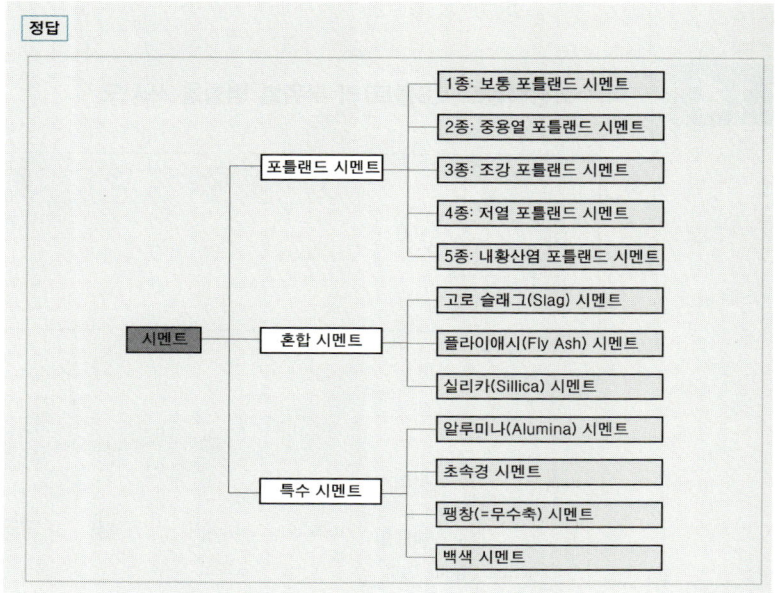

- 포틀랜드 시멘트
  - 1종: 보통 포틀랜드 시멘트
  - 2종: 중용열 포틀랜드 시멘트
  - 3종: 조강 포틀랜드 시멘트
  - 4종: 저열 포틀랜드 시멘트
  - 5종: 내황산염 포틀랜드 시멘트
- 혼합 시멘트
  - 고로 슬래그(Slag) 시멘트
  - 플라이애시(Fly Ash) 시멘트
  - 실리카(Sillica) 시멘트
- 특수 시멘트
  - 알루미나(Alumina) 시멘트
  - 초속경 시멘트
  - 팽창(=무수축) 시멘트
  - 백색 시멘트

17 커튼월 구조의 스팬드럴(Spandrel) 방식을 설명하시오.

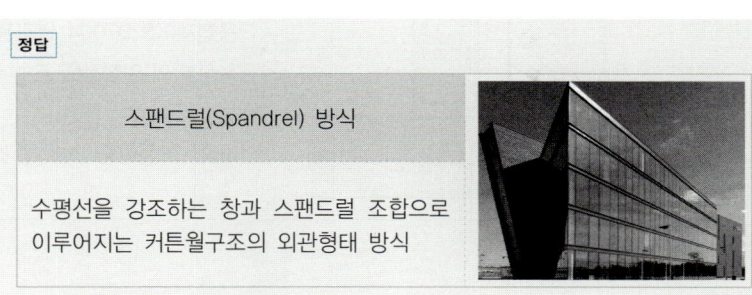

정답

스팬드럴(Spandrel) 방식

수평선을 강조하는 창과 스팬드럴 조합으로 이루어지는 커튼월구조의 외관형태 방식

18 다음 용어에 대해 설명하시오.

(1) 인트랩트 에어(Entraped Air) :

(2) 인트레인드 에어(Entrained Air) :

정답

(1)	인트랩트 에어 (Entraped Air)	일반 콘크리트에 1~2% 정도 자연적으로 형성되는 부정형의 기포
(2)	인트레인드 에어 (Entrained Air)	AE제에 의해 생성된 0.025~0.25mm 정도의 지름을 갖는 기포

인트레인드 에어(Entrained Air)의 효과

- 단위수량 감소
- 재료분리 감소
- 동결융해저항성 증대
- 워커빌리티(Workability) 개선

19

다음 조건에서의 용접유효길이(L_e)를 산출하시오.

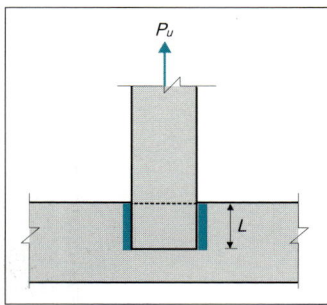

- 모재는 SM355($F_u = 490\text{MPa}$), 용접재(KS D7004 연강용 피복아크 용접봉)의 인장강도 $F_{uw} = 420\text{N/mm}^2$
- 필릿치수 $S = 5\text{mm}$
- 하중: 고정하중 20kN, 활하중 30kN

정답

용접기호 표시	유효 목두께(a)	용접 유효길이(L_e)
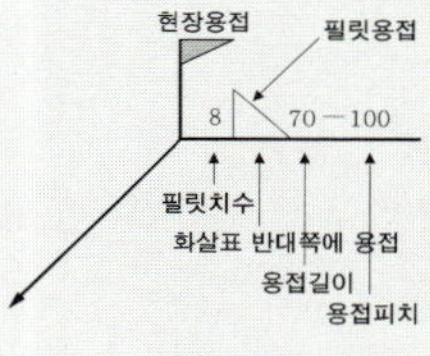 (현장용접, 필릿용접, 8, 70−100, 필릿치수, 화살표 반대쪽에 용접, 용접길이, 용접피치)	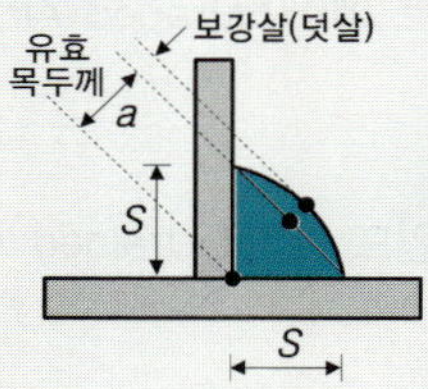 $a = 0.7S$ (S : 얇은 쪽 필릿치수)	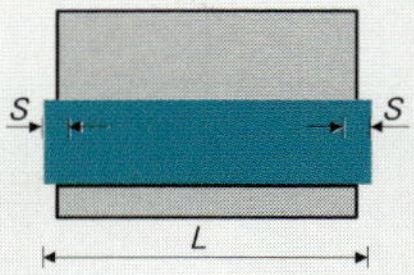 $L_e = L - 2S$

(1) $P_u = 1.2P_D + 1.6P_L = 1.2(20) + 1.6(30) = 72\text{kN}$

(2) ① 유효목두께 $a = 0.7S = 0.7(5) = 3.5\text{mm}$
② 용접유효길이 L_e를 알 수 없는 상태이므로 단위길이 1에 대한
즉, $L_e = 1\text{mm}$에 대한 용접면적 A_w를 산정해본다. $A_w = a \times 1 = 3.5 \times 1 = 3.5\text{mm}^2$

(3) $\phi R_n = \phi(0.6F_{uw}) \cdot A_w = (0.75)(0.6 \times 420)(3.5)$
$= 661.5\text{N/mm}$

$L_e = \dfrac{P_U}{\phi P_w} = \dfrac{(72 \times 10^3)}{(661.5)} = 108.844\text{mm}$

20 타일공사에서 타일의 박리원인을 2가지만 쓰시오.

① _____ ② _____

> **정답**
>
> 타일의 탈락 원인
> ① 붙임모르타르의 접착강도 부족
> ② 붙임시간(Open Time)의 불이행
> ③ 바탕재와 타일의 신축 및 변형도 차이
> ④ 붙임 후 양생 및 경화 불량

21 시트(Sheet) 방수공법의 시공순서를 쓰시오.

바탕처리 ➡ (가) ➡ 접착제칠 ➡ (나) ➡ (다)

(가) _____ (나) _____ (다) _____

> **정답** (가) 프라이머칠 (나) 시트붙이기 (다) 보호층 설치
>
> **해설**

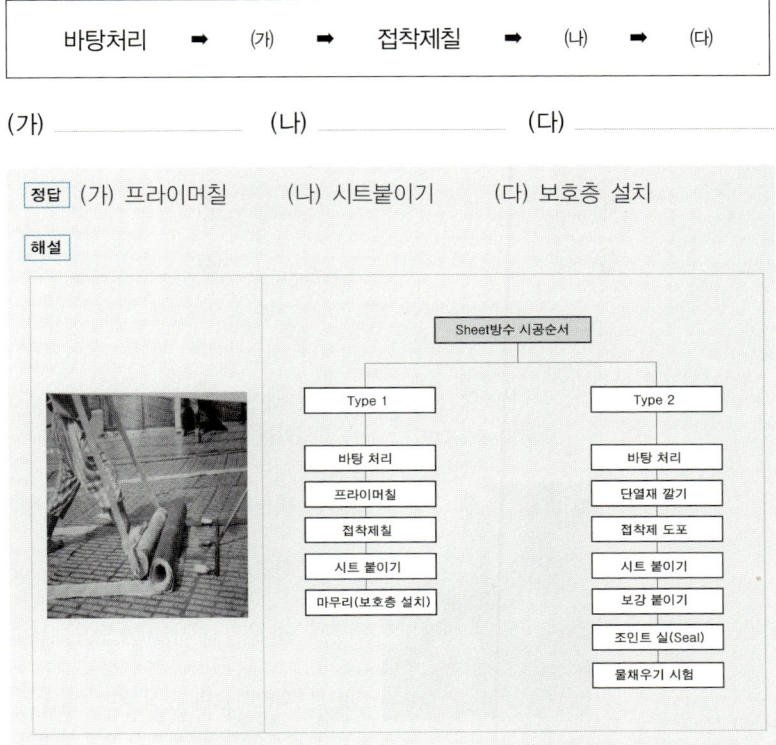

배점4

22
08①, 17②

공개경쟁입찰의 순서를 보기에서 골라 번호로 쓰시오.

| ① 입찰 | ② 현장설명 | ③ 낙찰 | ④ 계약 | ⑤ 견적 |
| ⑥ 입찰등록 | ⑦ 입찰공고 | | | |

정답 ⑦ ➡ ② ➡ ⑤ ➡ ⑥ ➡ ① ➡ ③ ➡ ④

해설

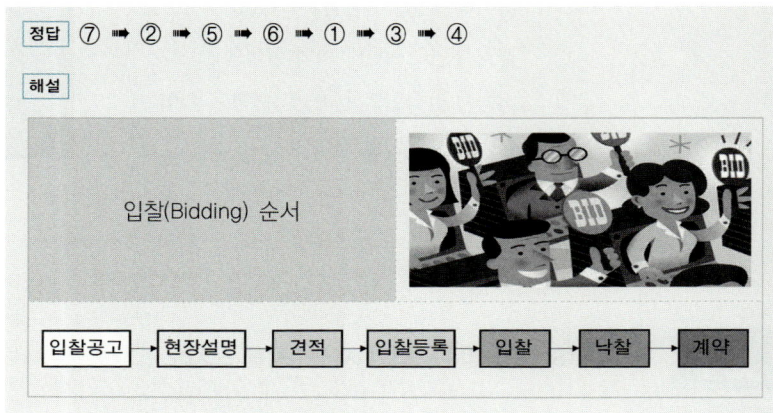

배점4

23
11④, 17②, 24①

흙막이 공사에 사용하는 어스앵커(Earth Anchor) 공법의 특징을 4가지 쓰시오.

① _____ ② _____
③ _____ ④ _____

정답

어스 앵커 (Earth Anchor)	흙막이 배면을 천공 후 Anchor체를 설치하여 주변지반을 지지하는 흙막이 공법
	① 버팀대가 없어 굴착공간을 넓게 활용
	② 작업공간이 좁은 곳에서도 시공 가능
	③ 굴착공간 내 가설재가 없어 대형기계의 반입 용이
	④ 지하매설관 간섭 검토 필요

1-360

24

그림과 같은 독립기초의 2방향 뚫림전단(Punching Shear) 응력산정을 위한 저항면적(cm^2)을 구하시오.

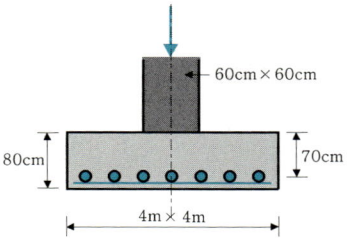

정답

2방향 전단(Punching Shear, 뚫림 전단)
➡ 기둥면에서 $\dfrac{d}{2}$ 위치

(1) 위험단면의 둘레길이 :
$b_o = [(35+60+35) \times 2] \times 2 = 520 \, cm$

(2) 저항면적 :
$A = b_o \cdot d = (520)(70) = 36{,}400 \, cm^2$

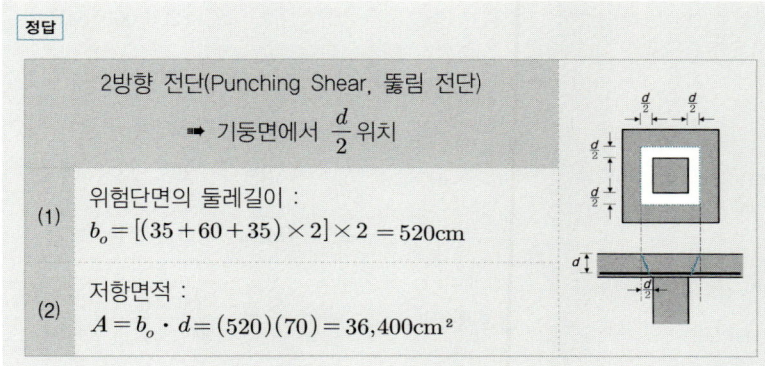

25

다음 측정기별 용도를 쓰시오.

(1) Washington Meter :

(2) Earth Pressure Meter :

(3) Piezo Meter :

(4) Dispenser :

정답

(1) 콘크리트 내 공기량 측정
(2) 토압 측정
(3) 간극수압 측정
(4) AE제의 계량

보통골재를 사용한 $f_{ck}=30\text{MPa}$인 콘크리트의 탄성계수를 구하시오.

정답
(1) $f_{ck} \leq 40\text{MPa}$ ➡ $\Delta f = 4\text{MPa}$
(2) $E_c = 8,500 \cdot \sqrt[3]{f_{ck}+\Delta f} = 8,500 \cdot \sqrt[3]{(30)+(4)} = 27,536.7\text{MPa}$

해설

(1) 탄성계수	철근	$E_s = 200,000\,(\text{MPa})$		
	콘크리트	$E_c = 8,500 \cdot \sqrt[3]{f_{cm}}$		
		콘크리트 평균압축강도 $f_{cm} = f_{ck} + \Delta f (\text{MPa})$		
		$f_{ck} \leq 40\text{MPa}$	$40 < f_{ck} < 60$	$f_{ck} \geq 60\text{MPa}$
		$\Delta f = 4\text{MPa}$	$\Delta f =$ 직선 보간	$\Delta f = 6\text{MPa}$
(2) 탄성계수비		$n = \dfrac{E_s}{E_c} = \dfrac{200,000}{8,500 \cdot \sqrt[3]{f_{cm}}} = \dfrac{200,000}{8,500 \cdot \sqrt[3]{f_{ck}+\Delta f}}$		

memo

그림과 같은 용접부의 설계강도를 구하시오. (단, 모재는 SM275, 용접재 (KS D 7004 연강용 피복아크 용접봉)의 인장강도 $F_{uw} = 420\text{N/mm}^2$, 모재의 강도는 용접재의 강도보다 크다.)

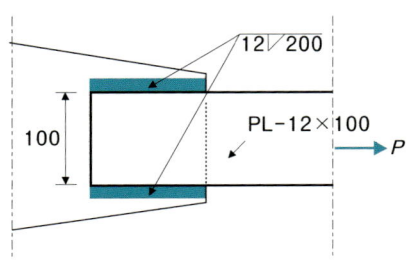

정답

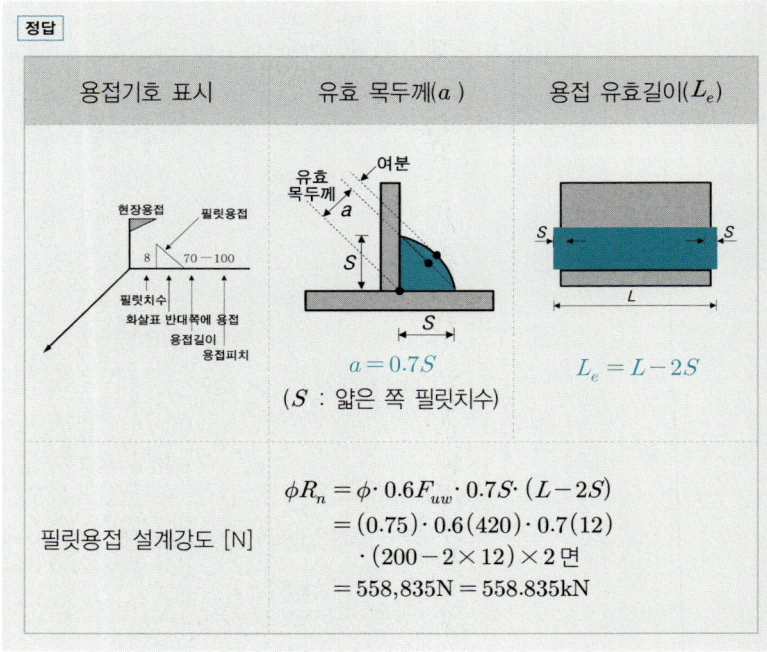

필릿용접 설계강도 [N]

$$\phi R_n = \phi \cdot 0.6 F_{uw} \cdot 0.7S \cdot (L-2S)$$
$$= (0.75) \cdot 0.6(420) \cdot 0.7(12)$$
$$\cdot (200 - 2 \times 12) \times 2\text{면}$$
$$= 558,835\text{N} = 558.835\text{kN}$$

민간 주도하에 Project(시설물) 완공 후 발주처(정부)에게 소유권을 양도하고 발주처의 시설물 임대료를 통하여 투자비가 회수되는 민간투자사업 계약방식의 명칭은?

13④, 17④, 20④, 20⑤, 24①

정답 BTL(Build-Transfer-Lease)

해설

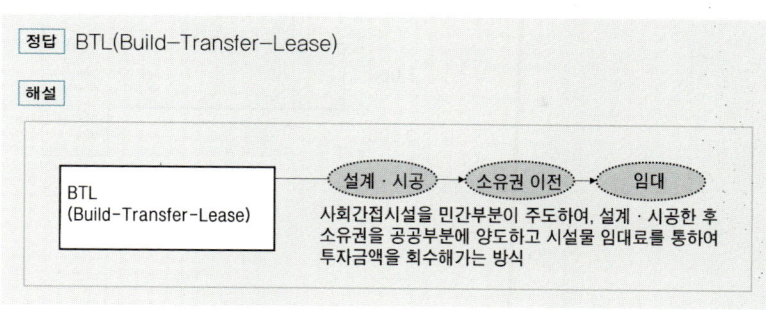

다음의 콘크리트 용어에 대해 간단히 설명하시오.

08④, 17④

(1) 알칼리골재반응 :

(2) 인트랩트 에어(Entrapped Air) :

(3) 배처플랜트(Batcher Plant) :

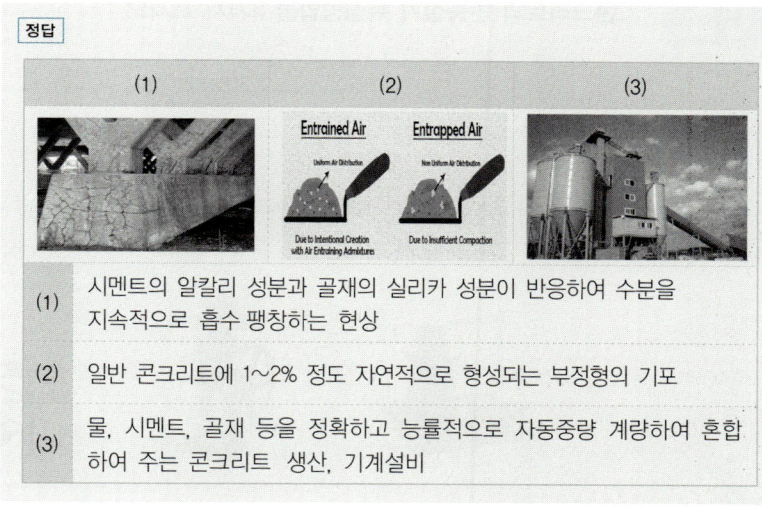

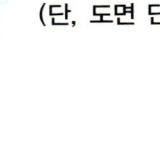

배점5

04 다음 평면의 건물높이가 13.5m일 때 비계면적을 산출하시오.
(단, 도면 단위는 mm이며, 비계형태는 쌍줄비계로 한다.)

17④, 23②

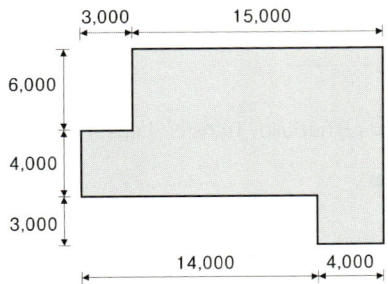

정답 $A = 13.5 \times \{(18+13) \times 2 + 8 \times 0.9\} = 934.2 \text{m}^2$

해설

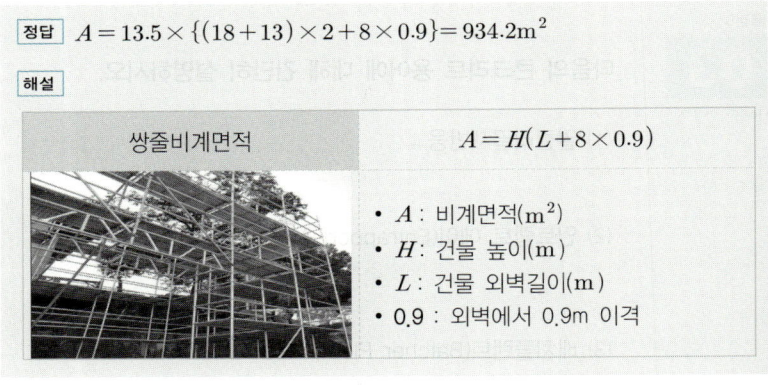

쌍줄비계면적

$$A = H(L + 8 \times 0.9)$$

- A : 비계면적(m^2)
- H : 건물 높이(m)
- L : 건물 외벽길이(m)
- 0.9 : 외벽에서 0.9m 이격

배점3

05 콘크리트의 반죽질기 측정방법을 3가지 쓰시오.

17④

① _____ ② _____ ③ _____

정답

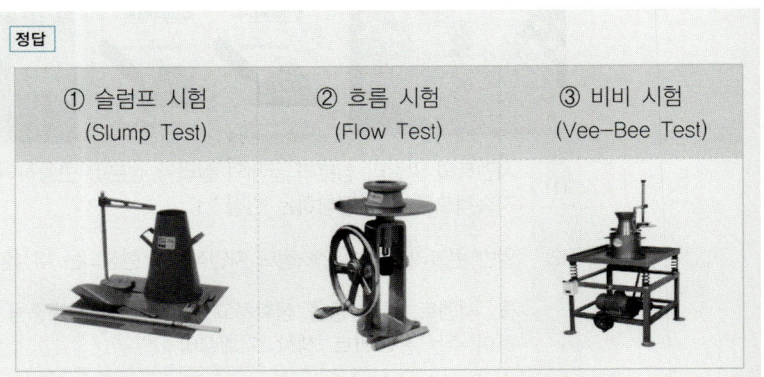

① 슬럼프 시험 (Slump Test)   ② 흐름 시험 (Flow Test)   ③ 비비 시험 (Vee-Bee Test)

06

Network 공정표에서 작업상호간의 연관 관계만을 나타내는 명목상의 작업인 더미(Dummy)의 종류를 3가지 쓰시오.

① _____ ② _____ ③ _____

> **정답**
>
> | 더미(Dummy) | ⓪--------▶① |
> |---|---|
>
> Network 공정표에서 작업 상호간의 연관 관계만을 나타내는 명목상의 작업으로 점선의 화살표 위에 작업의 이름과 작업의 소요일수가 기입되어서는 안 된다.
>
> - 넘버링더미(Numbering Dummy)
> - 로지컬더미(Logical Dummy)
> - 타임랙더미(Time-Lag Dummy)
> - 커넥션더미(Connection Dummy)

07

$L-100\times100\times7$ 인장재의 순단면적(mm²)을 구하시오.

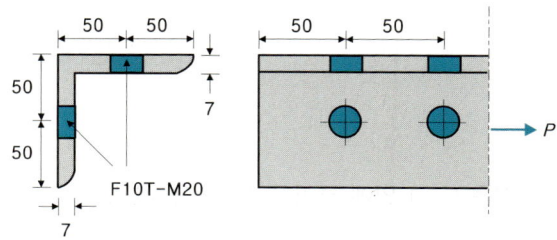

> **정답** $A_n = A_g - n\cdot d\cdot t = [(7)(200-7)] - (2)(20+2)(7) = 1,043\text{mm}^2$
>
> **해설**
>
> 정렬배치 순단면적
>
> $$A_n = A_g - n\cdot d\cdot t$$
>
>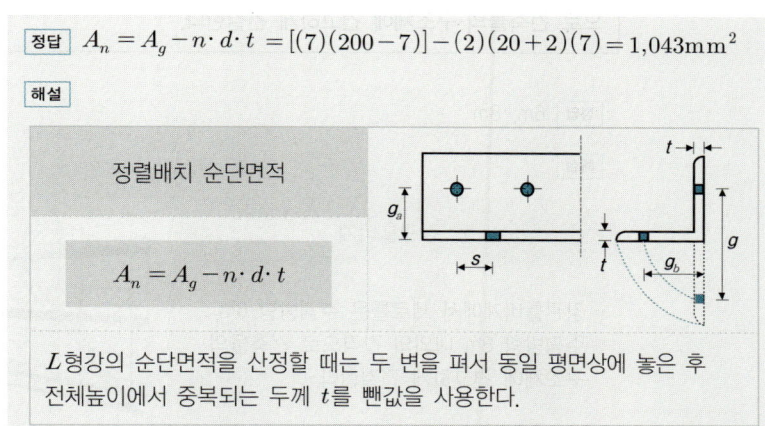
>
> L형강의 순단면적을 산정할 때는 두 변을 펴서 동일 평면상에 놓은 후 전체높이에서 중복되는 두께 t를 뺀값을 사용한다.

08

다음 설명이 뜻하는 용어를 쓰시오.

(1) 보링 구멍을 이용하여 +자 날개를 지반에 때려 박고 회전하여 그 회전력에 의하여 지반의 점착력을 판별하는 지반조사 시험

(2) 블로운 아스팔트에 광물성, 동식물섬유, 광물질가루 등을 혼합하여 유동성을 부여한 것

(1) _____ (2) _____

정답

(1)	베인 테스트 (Vane Test)	
(2)	아스팔트 컴파운드 (Asphalt Compound)	

09

다음 ( ) 안에 들어갈 수치를 쓰시오.

강관틀비계에서 세로틀은 수직방향 (　　), 수평방향 (　　) 내외의 간격으로 건축물의 구조체에 견고하게 긴결한다.

정답 6m, 8m

해설

강관틀비계

강관틀비계에서 세로틀은 수직방향 6m, 수평방향 8m 내외의 간격으로 건축물의 구조체에 견고하게 긴결한다.

10. 시멘트 분말도 시험법을 2가지 쓰시오.

① _____ ② _____

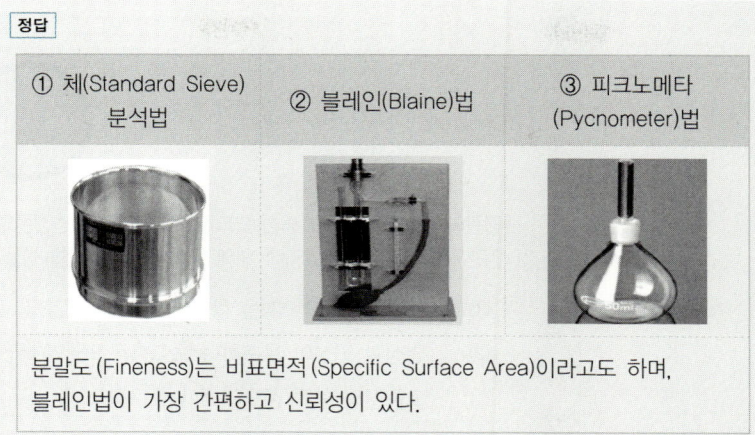

정답
① 체(Standard Sieve) 분석법
② 블레인(Blaine)법
③ 피크노메타(Pycnometer)법

분말도(Fineness)는 비표면적(Specific Surface Area)이라고도 하며, 블레인법이 가장 간편하고 신뢰성이 있다.

11. 다음 용어를 간단히 설명하시오.

(1) 콜드 죠인트(Cold Joint) :

(2) 조절줄눈(Control Joint) :

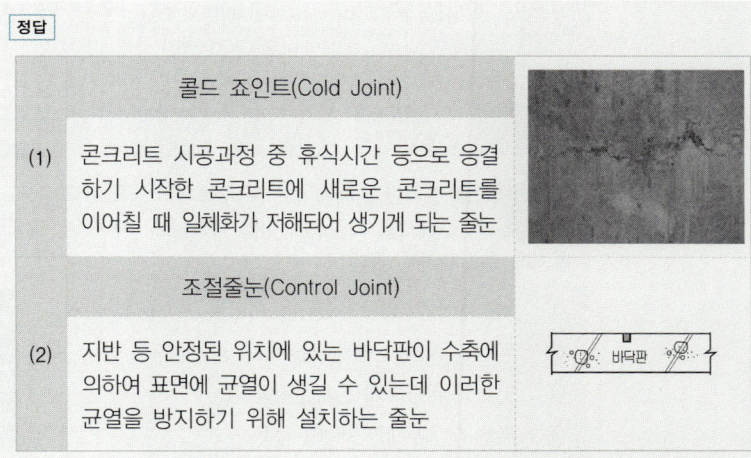

정답

콜드 죠인트(Cold Joint)
(1) 콘크리트 시공과정 중 휴식시간 등으로 응결하기 시작한 콘크리트에 새로운 콘크리트를 이어칠 때 일체화가 저해되어 생기게 되는 줄눈

조절줄눈(Control Joint)
(2) 지반 등 안정된 위치에 있는 바닥판이 수축에 의하여 표면에 균열이 생길 수 있는데 이러한 균열을 방지하기 위해 설치하는 줄눈

12. CFT 구조를 간단히 설명하시오.

정답

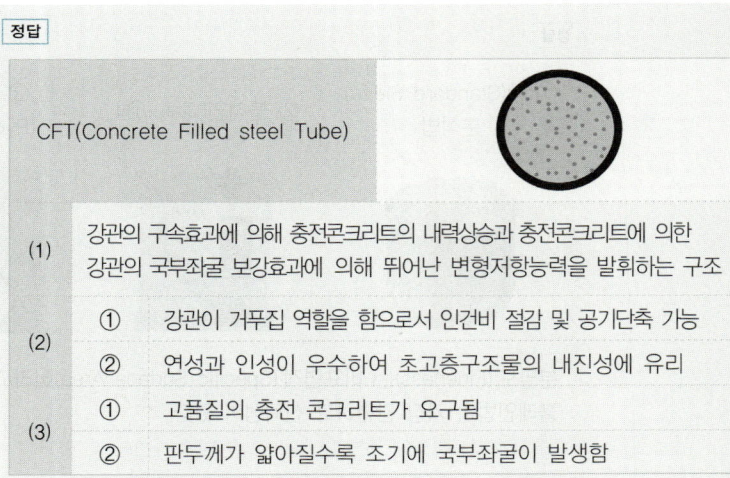

CFT(Concrete Filled steel Tube)

(1) 강관의 구속효과에 의해 충전콘크리트의 내력상승과 충전콘크리트에 의한 강관의 국부좌굴 보강효과에 의해 뛰어난 변형저항능력을 발휘하는 구조

(2)
① 강관이 거푸집 역할을 함으로서 인건비 절감 및 공기단축 가능
② 연성과 인성이 우수하여 초고층구조물의 내진성에 유리

(3)
① 고품질의 충전 콘크리트가 요구됨
② 판두께가 얇아질수록 조기에 국부좌굴이 발생함

13. 역타설 공법(Top-Down Method)의 장점을 3가지 쓰시오.

①
②
③

정답

탑다운 공법(Top-Down Method, 역타 공법, 역구축 공법)

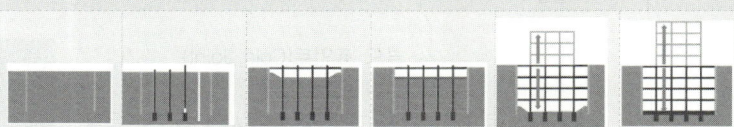

흙막이벽으로 설치한 슬러리월을 본 구조체의 벽체로 이용하고, 기둥과 기초를 시공 후 1층 슬래브를 시공하여 이를 방축널로 이용하여 지상과 지하 구조물을 동시에 축조해가는 공법

① 1층 슬래브가 먼저 타설되어 작업공간으로 활용가능
② 지상과 지하의 동시 시공으로 공기단축이 용이
③ 날씨와 무관하게 공사진행이 가능
④ 주변 지반에 대한 영향이 없음

14 다음 설명이 의미하는 거푸집 관련 용어를 쓰시오.

(1) 철근의 피복두께를 유지하기 위해 벽이나 바닥 철근에 대어주는 것
(2) 벽 거푸집 간격을 일정하게 유지하여 격리와 긴장재 역할을 하는 것
(3) 기둥 거푸집의 고정 및 측압 버팀용으로 주로 합판 거푸집에서 사용되는 것
(4) 거푸집의 탈형과 청소를 용이하게 만들기 위해 합판 거푸집 표면에 미리 바르는 것

(1) _____ (2) _____
(3) _____ (4) _____

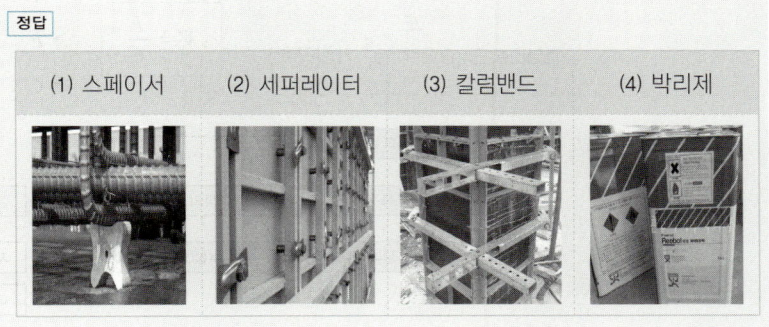

정답: (1) 스페이서 (2) 세퍼레이터 (3) 칼럼밴드 (4) 박리제

15 PERT에 의한 공정관리 방법에서 낙관시간이 4일, 정상시간이 5일, 비관시간이 6일 일 때, 공정상의 기대시간(T_e)을 구하시오.

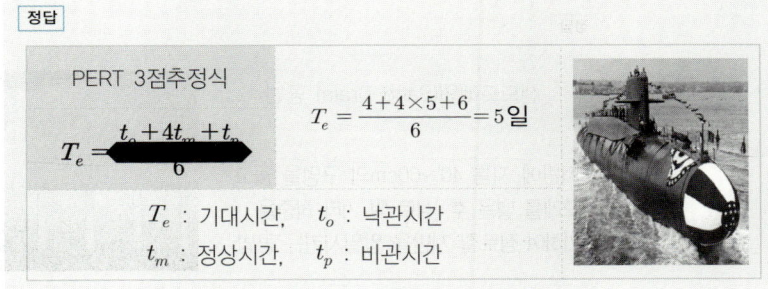

정답:
PERT 3점추정식
$$T_e = \frac{t_o + 4t_m + t_p}{6}$$
$$T_e = \frac{4 + 4 \times 5 + 6}{6} = 5일$$

T_e : 기대시간, t_o : 낙관시간
t_m : 정상시간, t_p : 비관시간

16. 가치공학(Value Engineering)의 기본추진절차를 순서대로 나열하시오.

㉮ 정보수집   ㉯ 기능정리   ㉰ 아이디어 발상
㉱ 기능정의   ㉲ 대상선정   ㉳ 제안
㉴ 기능평가   ㉵ 평가   ㉶ 실시

정답 ㉲ ➡ ㉮ ➡ ㉱ ➡ ㉯ ➡ ㉴ ➡ ㉰ ➡ ㉵ ➡ ㉳ ➡ ㉶

해설

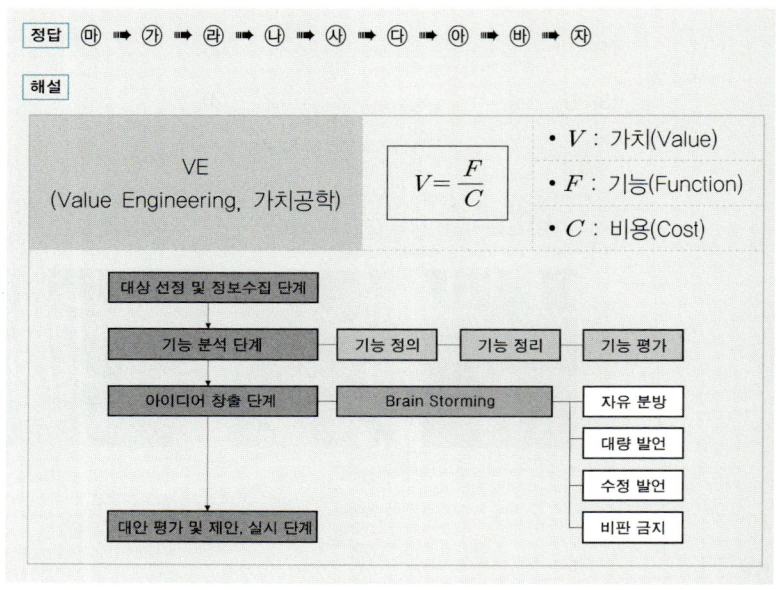

17. 샌드드레인(Sand Drain) 공법을 설명하시오.

정답

샌드드레인(Sand Drain) 공법

지반에 지름 40~60cm의 구멍을 뚫고 모래를 넣은 후, 성토 및 기타 하중을 가하여 점토질 지반을 압밀시키는 공법

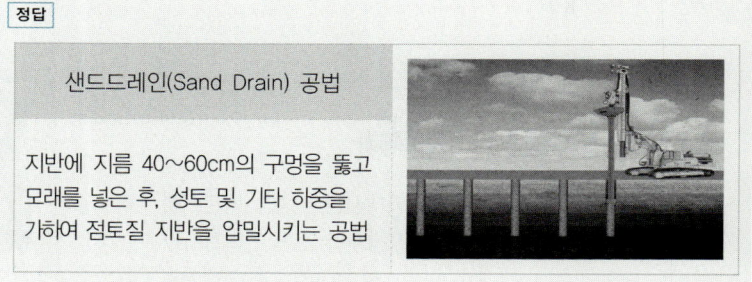

18. 강구조공사에서 용접부의 비파괴 시험방법의 종류를 3가지 쓰시오.

① _____ ② _____ ③ _____

정답 ① 방사선 투과법 ② 초음파 탐상법 ③ 자기분말 탐상법

해설

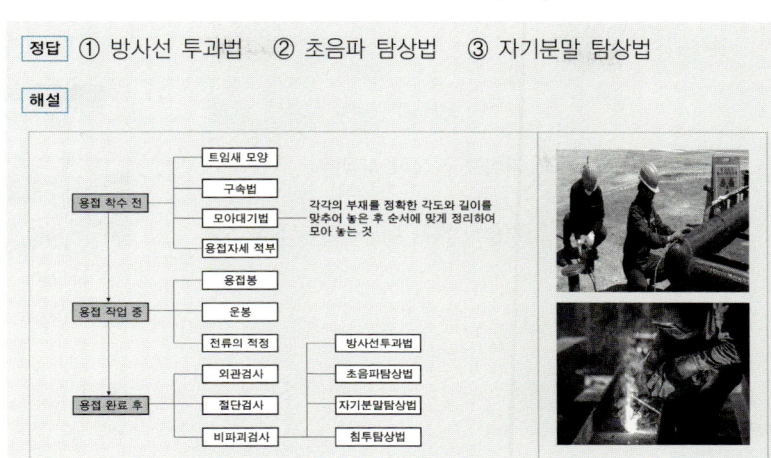

19. 그림과 같은 캔틸레버 보의 A점의 반력을 구하시오.

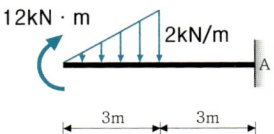

정답

지점반력 계산 ➡ 평형조건식($\Sigma H=0$, $\Sigma M=0$, $\Sigma V=0$) 적용

(1) $\Sigma H=0 : H_A=0$

(2) $\Sigma V=0 : -\left(\dfrac{1}{2}\times 2\times 3\right)+(V_A)=0$ ∴ $V_A=+3\text{kN}(\uparrow)$

(3) $\Sigma M_A=0 : +(M_A)+(12)-\left(\dfrac{1}{2}\times 2\times 3\right)\left(3+3\times\dfrac{1}{3}\right)=0$ ∴ $M_A=0$

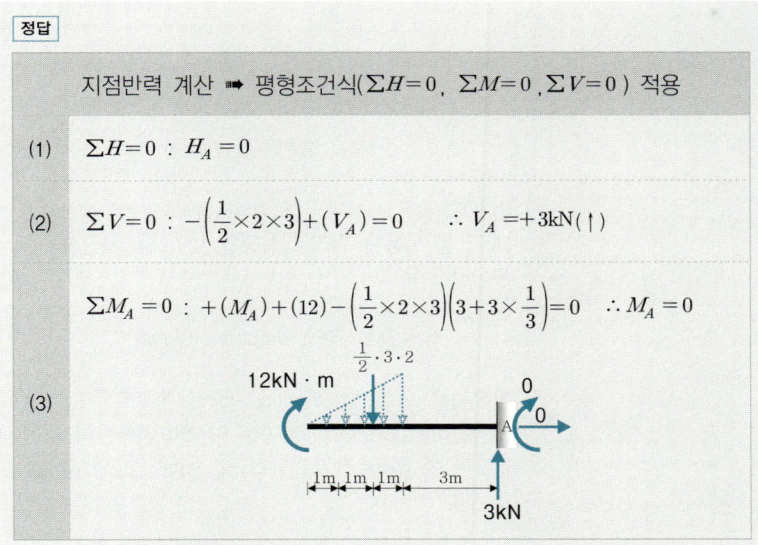

배점4 □□□

20

14①, 17④

금속재료로서의 알루미늄의 장점을 2가지 쓰시오.

① _____ ② _____

[정답]

알루미늄(Aluminium) 재료의 특징
① 가볍고 공작이 자유롭다.
② 녹슬지 않고 내구연한이 길다.

배점4 □□□

21

13①, 17②, 17④, 22②

다음 용어를 설명하시오.

(1) 복층 유리 :

(2) 강화 유리 :

[정답]

복층 유리(Pair Glass)
(1) 건조공기층을 사이에 두고 판유리를 이중으로 접합하여 테두리를 밀봉한 유리로서 단열 및 소음 차단성능을 향상시킨 유리

강화 유리(Tempered Glass)
(2) 판유리를 연화점(Softening Point) 정도로 가열 후 급냉하여 유리표면에 69MPa 이상의 압축응력 층을 갖도록 한 유리로서 일반유리의 3~5배 정도의 강도를 갖는다.

1-374

22

철근콘크리트 공사에서 철근이음을 하는 방법 중 가스압접으로 이음 할 수 없는 경우를 3가지 쓰시오.

① _____ ② _____ ③ _____

정답

가스압접(Gas Press Welding)으로 이음할 수 없는 경우
① 철근의 직경이 6mm 이상 차이가 나는 경우
② 철근의 재질이 서로 다른 경우
③ 철근의 항복강도가 서로 다른 경우

23

거푸집 측압에 영향을 주는 요소는 여러 가지가 있지만, 건축현장의 콘크리트 부어넣기 과정에서 거푸집 측압에 영향을 줄 수 있는 요인을 4가지 쓰시오.

① _____ ② _____
③ _____ ④ _____

정답

거푸집 측압에 영향을 주는 요소	① 슬럼프(Slump)값이 클수록 측압이 크다.
	② 벽두께가 두꺼울수록 측압이 크다.
	③ 타설속도가 빠를수록 측압이 크다.
	④ 습도가 높을수록 측압이 크다.

콘크리트 헤드(Concrete Head)
➡ 타설된 콘크리트 윗면으로부터 최대 측압면까지의 거리

한 번에 타설하는 경우 | 2회로 나누어 타설하는 경우 | 2차 타설시의 측압

24. 고강도 콘크리트의 폭렬현상에 대하여 설명하시오.

해설

폭렬(Exclosive Fracture)		
정의		콘크리트 부재가 화재로 가열되어 표면부가 소리를 내며 급격히 파열되는 현상
방지대책	①	내화피복을 실시하여 열의 침입을 차단한다.
	②	흡수율이 작고 내화성이 있는 골재를 사용한다.

25. 그림과 같은 단면의 단면2차모멘트 $I=64{,}000\text{cm}^4$, 단면2차반경 $r=\dfrac{20}{\sqrt{3}}\text{cm}$ 일 때 폭 b와 높이 h를 구하시오.

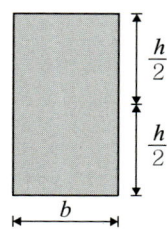

정답

(1) $r=\sqrt{\dfrac{I}{A}}$ 로부터 $A=\dfrac{I}{r^2}=\dfrac{(64{,}000)}{\left(\dfrac{20}{\sqrt{3}}\right)^2}=480\text{cm}^2$

(2) $I=\dfrac{bh^3}{12}=\dfrac{A\cdot h^2}{12}$ 으로부터 $h=\sqrt{\dfrac{12I}{A}}=\sqrt{\dfrac{12(64{,}000)}{(480)}}=40\text{cm}$

(3) $A=bh$ 로부터 $b=\dfrac{A}{h}=\dfrac{(480)}{(40)}=12\text{cm}$

해설

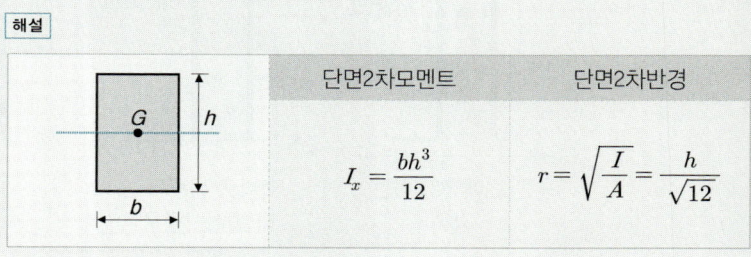

단면2차모멘트	단면2차반경
$I_x=\dfrac{bh^3}{12}$	$r=\sqrt{\dfrac{I}{A}}=\dfrac{h}{\sqrt{12}}$

다음에 제시된 화살표형 네트워크 공정표를 통해 일정계산 및 여유시간, 주공정선(CP)과 관련된 빈칸을 모두 채우시오.(단, CP에 해당하는 작업은 ※표시를 하시오.)

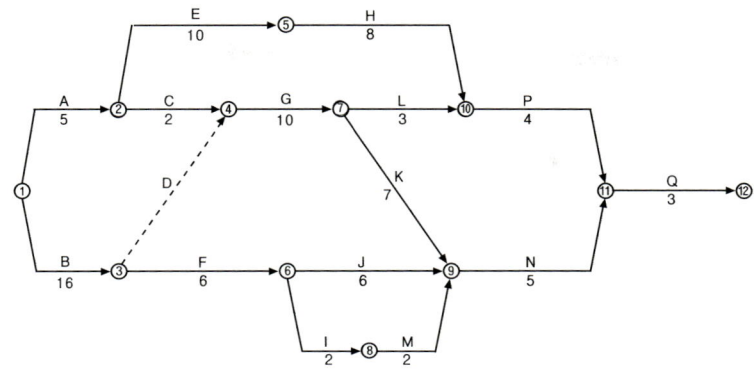

작업명	EST	EFT	LST	LFT	TF	FF	DF	CP
A								
B								
C								
D								
E								
F								
G								
H								
I								
J								
K								
L								
M								
N								
P								
Q								

정답

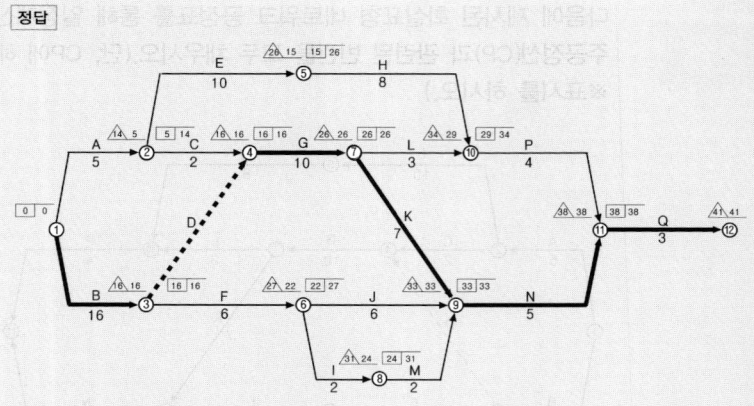

작업명	EST	EFT	LST	LFT	TF	FF	DF	CP
A	0	5	9	14	9	0	9	
B	0	16	0	16	0	0	0	※
C	5	7	14	16	9	9	0	
D	16	16	16	16	0	0	0	※
E	5	15	16	26	11	0	11	
F	16	22	21	27	5	0	5	
G	16	26	16	26	0	0	0	※
H	15	23	26	34	11	6	5	
I	22	24	29	31	7	0	7	
J	22	28	27	33	5	5	0	
K	26	33	26	33	0	0	0	※
L	26	29	31	34	5	0	5	
M	24	26	31	33	7	7	0	
N	33	38	33	38	0	0	0	※
P	29	33	34	38	5	5	0	
Q	38	41	38	41	0	0	0	※

[해설] 【일정 및 여유계산 LIST 답안작성 순서】

(1) TF, FF, DF, CP를 먼저 채운다.

작업명	EST	EFT	LST	LFT	TF	FF	DF	CP
A					9	0	9	
B					0	0	0	※
C					9	9	0	
D					0	0	0	※
E					11	0	11	
F					5	0	5	
G					0	0	0	※
H					11	6	5	
I					7	0	7	
J					5	5	0	
K					0	0	0	※
L					5	0	5	
M					7	7	0	
N					0	0	0	※
P					5	5	0	
Q					0	0	0	※

(2) 각 작업명 옆에 소요일수를 연필로 기입한다.

작업명	EST	EFT	LST	LFT	TF	FF	DF	CP
A 5					9	0	9	
B 16					0	0	0	※
C 2					9	9	0	
D 0					0	0	0	※
E 10					11	0	11	
F 6					5	0	5	
G 10					0	0	0	※
H 8					11	6	5	
I 2					7	0	7	
J 6					5	5	0	
K 7					0	0	0	※
L 3					5	0	5	
M 2					7	7	0	
N 5					0	0	0	※
P 4					5	5	0	
Q 3					0	0	0	※

(3) 공정표를 보고 해당 작업의 앞쪽에 있는 결합점의 네모칸의 숫자를 기입한 것이 EST이며, 이것을 종축으로 전체 기입해 나간다.

작업명	EST	EFT	LST	LFT	TF	FF	DF	CP
A 5	0				9	0	9	
B 16	0				0	0	0	※
C 2	5				9	9	0	
D 0	16				0	0	0	※
E 10	5				11	0	11	
F 6	16				5	0	5	
G 10	16				0	0	0	※
H 8	15				11	6	5	
I 2	22				7	0	7	
J 6	22				5	5	0	
K 7	26				0	0	0	※
L 3	26				5	0	5	
M 2	24				7	7	0	
N 5	33				0	0	0	※
P 4	29				5	5	0	
Q 3	38				0	0	0	※

(4) 각 작업의 소요일수에 EST를 더한 값이 EFT이며, 이것을 종축으로 전체 기입해 나간다.

작업명	EST	EFT	LST	LFT	TF	FF	DF	CP
A 5	0	5			9	0	9	
B 16	0	16			0	0	0	※
C 2	5	7			9	9	0	
D 0	16	16			0	0	0	※
E 10	5	15			11	0	11	
F 6	16	22			5	0	5	
G 10	16	26			0	0	0	※
H 8	15	23			11	6	5	
I 2	22	24			7	0	7	
J 6	22	28			5	5	0	
K 7	26	33			0	0	0	※
L 3	26	29			5	0	5	
M 2	24	26			7	7	0	
N 5	33	38			0	0	0	※
P 4	29	33			5	5	0	
Q 3	38	41			0	0	0	※

(5) 공정표를 보고 해당 작업의 뒷쪽에 있는 결합점의 세모칸의 숫자를 기입한 것이 LFT이며, 이것을 종축으로 전체 기입해 나간다.

작업명	EST	EFT	LST	LFT	TF	FF	DF	CP
A 5	0	5		14	9	0	9	
B 16	0	16		16	0	0	0	※
C 2	5	7		16	9	9	0	
D 0	16	16		16	0	0	0	※
E 10	5	15		26	11	0	11	
F 6	16	22		27	5	0	5	
G 10	16	26		26	0	0	0	※
H 8	15	23		34	11	6	5	
I 2	22	24		31	7	0	7	
J 6	22	28		33	5	5	0	
K 7	26	33		33	0	0	0	※
L 3	26	29		34	5	0	5	
M 2	24	26		33	7	7	0	
N 5	33	38		38	0	0	0	※
P 4	29	33		38	5	5	0	
Q 3	38	41		41	0	0	0	※

(6) 각 작업의 LFT에서 소요일수를 뺀 값이 LST이며, 이것을 종축으로 전체 기입해 나간다.

작업명	EST	EFT	LST	LFT	TF	FF	DF	CP
A 5	0	5	9	14	9	0	9	
B 16	0	16	0	16	0	0	0	※
C 2	5	7	14	16	9	9	0	
D 0	16	16	16	16	0	0	0	※
E 10	5	15	16	26	11	0	11	
F 6	16	22	21	27	5	0	5	
G 10	16	26	16	26	0	0	0	※
H 8	15	23	26	34	11	6	5	
I 2	22	24	29	31	7	0	7	
J 6	22	28	27	33	5	5	0	
K 7	26	33	26	33	0	0	0	※
L 3	26	29	31	34	5	0	5	
M 2	24	26	31	33	7	7	0	
N 5	33	38	33	38	0	0	0	※
P 4	29	33	34	38	5	5	0	
Q 3	38	41	38	41	0	0	0	※

(7) 각 작업명 옆에 소요일수를 지우개로 깨끗이 지운다.

작업명	EST	EFT	LST	LFT	TF	FF	DF	CP
A	0	5	9	14	9	0	9	
B	0	16	0	16	0	0	0	※
C	5	7	14	16	9	9	0	
D	16	16	16	16	0	0	0	※
E	5	15	16	26	11	0	11	
F	16	22	21	27	5	0	5	
G	16	26	16	26	0	0	0	※
H	15	23	26	34	11	6	5	
I	22	24	29	31	7	0	7	
J	22	28	27	33	5	5	0	
K	26	33	26	33	0	0	0	※
L	26	29	31	34	5	0	5	
M	24	26	31	33	7	7	0	
N	33	38	33	38	0	0	0	※
P	29	33	34	38	5	5	0	
Q	38	41	38	41	0	0	0	※

14개년 과년도
건축기사 실기 ❶권 [2011년~2017년]

저 자	안광호 · 백종엽
	이병억
발행인	이 종 권

2023年 3月 15日 초 판 발 행
2023年 6月 12日 초판2쇄발행
2024年 3月 27日 1차개정발행
2025年 3月   5日 2차개정발행

發行處 (주) 한솔아카데미

(우)06775 서울시 서초구 마방로10길 25 트윈타워 A동 2002호
TEL : (02)575-6144/5   FAX : (02)529-1130
〈1998. 2. 19 登錄 第16-1608號〉

※ 본 교재의 내용 중에서 오타, 오류 등은 발견되는 대로 한솔아카데미 인터넷 홈페이지를 통해 공지하여 드리며 보다 완벽한 교재를 위해 끊임없이 최선의 노력을 다하겠습니다.

※ 파본은 구입하신 서점에서 교환해 드립니다.

www.inup.co.kr / www.bestbook.co.kr

ISBN 979-11-6654-659-4 14540
ISBN 979-11-6654-658-7 (세트)

한솔아카데미 건축분야 도서안내

▶ 완벽대비 동영상 교재

건축기사실기(전 3권)

2025년 국가기술자격 완벽대비서 (전3권 : 개정판)

- ❶권 : 건축시공(건축공사 표준시방서 완전개정)
- ❷권 : 건축적산, 공정관리, 품질관리, 건축구조
- ❸권 : 최근 20년 과년도 기출문제(2005~2024)

한규대, 김형중, 안광호, 이병억 공저
1,708쪽 | 52,000원

▶ 완벽대비 동영상 교재

[The Bible] 건축기사 실기 & 건축산업기사 실기

건축기사 실기 The Bible
안광호, 백종엽, 이병억 공저
980쪽 | 40,000원

건축산업기사 실기 The Bible
안광호, 백종엽, 이병억 공저
436쪽 | 29,000원

본 도서를 구매하시는 분께 드리는 혜택

① 출제 경향 분석 3개월 무료제공 ② 최근 기출문제 3개월 무료제공
③ 시험 2주 전 자율모의고사 ④ 동영상강좌 할인혜택

무료쿠폰번호 HPT0-E64E-8PXK

 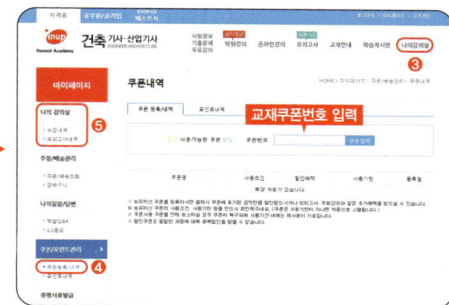

01 사이트 접속
인터넷 주소창에 **https://www.inup.co.kr** 을 입력하여 한솔아카데미 홈페이지에 접속합니다.

02 회원가입 로그인
홈페이지 우측 상단에 있는 **회원가입** 또는 아이디로 **로그인** 을 한 후, [건축] 사이트로 접속을 합니다.

03 나의 강의실
나의강의실로 접속하여 왼쪽 메뉴에 있는 [**쿠폰/포인트관리**]-[**쿠폰등록/내역**]을 클릭합니다.

04 쿠폰 등록
도서에 기입된 **인증번호 12자리** 입력(-표시 제외)이 완료되면 [**나의강의실**]에서 학습가이드 관련 응시가 가능합니다.

■ **모바일 동영상 수강방법 안내**

① QR코드 이미지를 모바일로 촬영합니다.
② 회원가입 및 로그인 후, 쿠폰 인증번호를 입력합니다.
③ 인증번호 입력이 완료되면 [나의강의실]에서 강의 수강이 가능합니다.

※ QR코드를 찍을 수 있는 앱을 다운받으신 후 진행하시길 바랍니다.

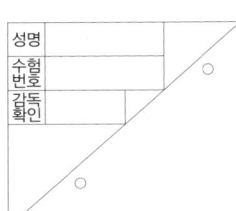

수험자 답안작성시 유의사항

* 수험자 유의사항

1. 시험장 입실시 반드시 **신분증**(주민등록증, 운전면허증, 여권, 모바일 신분증, 한국산업인력공단 발행 자격증 등)을 지참하여야 한다.
2. 계산기는 『**공학용 계산기 기종 허용군**』내에서 준비하여 사용한다.
3. 시험 중에는 핸드폰 및 스마트워치 등을 지참하거나 사용할 수 없다.
4. 시험문제 내용과 관련된 메모지 사용 등은 부정행위자로 처리된다.
- 당해시험을 중지하거나 무효처리된다.
- 3년간 국가 기술자격 검정에 응시자격이 정지된다.

** 채점사항

1. 수험자 인적사항 및 계산식을 포함한 답안 작성은 **검은색** 필기구만 사용해야 하며, 그 외 연필류, 빨간색, 청색 등 필기구로 작성한 답항은 0점 처리된다.
2. 답안과 관련 없는 특수한 표시를 하거나 특정임을 암시하는 경우 답안지 전체를 0점 처리된다.
3. 계산문제는 반드시 『**계산과정과 답란**』에 기재하여야 한다.
- 계산과정이 틀리거나 없는 경우 0점 처리된다.
- 정답도 반드시 답란에 기재하여야 한다.
4. 답에 단위가 없으면 오답으로 처리된다.
- 문제에서 단위가 주어진 경우는 제외
5. 계산문제의 소수점처리는 최종결과값에서 요구사항을 따르면 된다.
- 소수점 처리에 따라 최종답에서 오차범위 내에서 상이할 수 있다.
6. 문제에서 요구하는 가지 수(항수)는 요구하는 대로, 3가지를 요구하면 3가지만, 4가지를 요구하면 4가지만 기재하면 된다.
7. 단답형은 여러 가지를 기재해도 한 가지로 보며, 오답과 정답이 함께 기재되어 있으면 오답으로 처리된다.
8. 답안 정정 시에는 두 줄(=)로 그어 표시하거나, 수정테이프(수정액은 제외)로 답안을 정정하여야 한다.
9. 수험자 유의사항 미준수로 인해 발생되는 채점상의 불이익은 본인에게 책임이 있다.
10. 답안지 및 채점기준표는 절대로 공개하지 않는다.

머리말

『과거를 잊지 않는 것... 그것이 미래를 부르는 유일한 힘이다.』

과거의 역사가 미래의 거울이듯, 시험을 준비하는 수험생은 과거의 기출문제를 통하여 미래에 출제될 문제를 예상하고 대비할 수 있습니다.
이 책은 현재 시행되고 있는 한국산업인력공단 국가기술자격검정에 의한 건축기사 실기시험 분야의 2011년~2024년까지의 14년 동안의 출제되었던 문제를 현재의 국가표준인 국가건설기준 [KDS(Korean Design Standard)] 관련규정에 맞게 군더더기 없는 답안과 문제해설로 정리하였습니다.

건축기사를 준비하는 수험생들이 어떻게 하면 보다 더 빠르고 보다 더 쉽게 합격할 수 있는가를 20년간의 대학강의 및 학원강의를 통한 강의기법 및 Know-How를 바탕으로 『건축기사실기 The Bible과년도』 교재를 제작하였으므로 수험생들이 신뢰할 수 있는 합격의 지름길을 제공하는 교재가 될 것으로 확신합니다.

이 책의 특징은 다음과 같습니다.

> Ⅰ. [KDS(Korean Design Standard), 건축공사 및 건축구조 및 콘크리트 통합기준] 관련 내용의 적용
> Ⅱ. 시험에 출제되지 않는 일반사항들을 모두 배제하고 2011년~2024년 동안 출제되어 왔던 기출문제들을 최적의 답안 Point를 제시하여 수험생이 직접 작성할 수 있도록 유도

이 책의 제작을 위해 최선의 노력을 기울였지만 오탈자 등은 지속적으로 수정 및 보완해 나갈 것을 약속드리겠습니다.
끝으로 본 교재의 출간을 위해 애써주신 한솔아카데미 출판부 이종권 전무님과 편집부 안주현 부장님, 문수진 과장님에게 깊은 감사를 드립니다.
세상을 올바른 눈으로 볼 수 있도록 길러주신 부모님에게 항상 감사드리며 사랑하는 아들 준혁, 재혁 그리고 불의의 사고로 하늘나라로 먼저 간 사랑하는 나의 딸 시현에게 감사의 마음을 글로 대신합니다.

건축수험연구회 저자 안광호 드림

【2011.1회~2024.3회 기출문제 배점 분석】

- 일반 시공 53.8%
- 구조 일반 23.7%
- 적산 8.1%
- 공정 10.3%
- 품질+재료시험 4.1%

	일반 시공		구조 일반		적산		공정		품질 + 재료시험	
2011.①	19문제	66점	9문제	27점	–	–	–	–	2문제	7점
2011.②	16문제	55점	7문제	23점	1문제	4점	1문제	10점	2문제	8점
2011.④	14문제	53점	8문제	27점	2문제	9점	2문제	7점	1문제	4점
2012.①	15문제	48점	9문제	31점	1문제	3점	3문제	16점	1문제	2점
2012.②	16문제	54점	10문제	30점	1문제	4점	1문제	6점	2문제	6점
2012.④	16문제	50점	8문제	23점	1문제	9점	2문제	14점	1문제	4점
2013.①	14문제	48점	8문제	27점	2문제	13점	1문제	10점	1문제	2점
2013.②	17문제	57점	6문제	21점	3문제	12점	1문제	10점	–	–
2013.④	16문제	55점	6문제	19점	2문제	13점	1문제	10점	1문제	3점
2014.①	14문제	47점	8문제	30점	1문제	6점	1문제	10점	2문제	7점
2014.②	14문제	49점	6문제	23점	2문제	13점	2문제	12점	1문제	3점
2014.④	13문제	50점	7문제	25점	1문제	10점	1문제	10점	2문제	5점
2015.①	16문제	53점	6문제	19점	2문제	10점	1문제	10점	2문제	8점
2015.②	15문제	49점	8문제	28점	3문제	10점	1문제	10점	1문제	3점
2015.④	13문제	47점	7문제	24점	3문제	10점	1문제	10점	3문제	9점
2016.①	19문제	60점	6문제	24점	1문제	6점	1문제	10점	–	–
2016.②	16문제	56점	5문제	16점	3문제	12점	2문제	13점	1문제	3점
2016.④	20문제	68점	4문제	13점	1문제	9점	1문제	10점	–	–
2017.①	14문제	49점	7문제	27점	1문제	6점	3문제	15점	1문제	3점
2017.②	19문제	64점	4문제	15점	–	–	1문제	10점	2문제	9점
2017.④	16문제	54점	5문제	20점	1문제	5점	3문제	17점	1문제	4점

【2011.1회~2024.3회 기출문제 배점 분석】

2권

- 일반 시공 53.8%
- 구조 일반 23.7%
- 적산 8.1%
- 공정 10.3%
- 품질+재료시험 4.1%

	일반 시공		구조 일반		적산		공정		품질 + 재료시험	
2018.①	15문제	52점	6문제	25점	3문제	10점	1문제	10점	1문제	3점
2018.②	17문제	62점	6문제	21점	1문제	4점	1문제	8점	1문제	5점
2018.④	18문제	61점	5문제	21점	2문제	8점	1문제	10점	–	–
2019.①	16문제	60점	8문제	26점	1문제	4점	1문제	10점	–	–
2019.②	14문제	50점	8문제	27점	2문제	9점	1문제	10점	1문제	4점
2019.④	18문제	61점	5문제	17점	1문제	8점	1문제	10점	1문제	4점
2020.①	15문제	48점	7문제	23점	2문제	16점	1문제	10점	1문제	3점
2020.②	16문제	56점	7문제	21점	1문제	9점	2문제	14점	–	–
2020.③	15문제	51점	7문제	29점	2문제	10점	1문제	6점	1문제	4점
2020.④	14문제	50점	8문제	29점	2문제	8점	1문제	10점	1문제	3점
2020.⑤	16문제	57점	7문제	21점	1문제	10점	1문제	8점	1문제	3점
2021.①	18문제	56점	4문제	16점	1문제	9점	1문제	10점	2문제	9점
2021.②	14문제	48점	7문제	27점	2문제	9점	2문제	13점	1문제	3점
2021.④	16문제	54점	7문제	27점	1문제	5점	1문제	10점	1문제	4점
2022.①	12문제	43점	9문제	31점	2문제	9점	2문제	13점	1문제	4점
2022.②	17문제	65점	6문제	18점	1문제	3점	1문제	10점	1문제	4점
2022.④	16문제	55점	5문제	18점	1문제	6점	1문제	10점	3문제	11점
2023.①	15문제	51점	7문제	23점	1문제	6점	2문제	15점	1문제	5점
2023.②	14문제	47점	9문제	29점	2문제	14점	1문제	10점	–	–
2023.④	15문제	51점	7문제	24점	2문제	11점	1문제	10점	1문제	4점
2024.①	15문제	52점	7문제	27점	2문제	10점	1문제	8점	1문제	3점
2024.②	14문제	48점	6문제	23점	2문제	9점	1문제	10점	3문제	10점
2024.③	16문제	56점	7문제	24점	1문제	6점	1문제	10점	1문제	4점
평균	688	2,366	299	1,039	68	357	57	453	51	177
	15.6	53.8	6.8	23.7	1.5	8.1	1.3	10.3	1.2	4.1

CONTENTS

2권

08. 2018년도 과년도기출문제 — 2-1
① 건축기사 2018년 제1회 시행 — 2-2
② 건축기사 2018년 제2회 시행 — 2-18
③ 건축기사 2018년 제4회 시행 — 2-34

09. 2019년도 과년도기출문제 — 2-49
① 건축기사 2019년 제1회 시행 — 2-50
② 건축기사 2019년 제2회 시행 — 2-66
③ 건축기사 2019년 제4회 시행 — 2-84

10. 2020년도 과년도기출문제 — 2-101
① 건축기사 2020년 제1회 시행 — 2-102
② 건축기사 2020년 제2회 시행 — 2-120
③ 건축기사 2020년 제3회 시행 — 2-140
④ 건축기사 2020년 제4회 시행 — 2-156
⑤ 건축기사 2020년 제5회 시행 — 2-170

11. 2021년도 과년도기출문제 — 2-187
① 건축기사 2021년 제1회 시행 — 2-188
② 건축기사 2021년 제2회 시행 — 2-204
③ 건축기사 2021년 제4회 시행 — 2-222

12. 2022년도 과년도기출문제 — 2-241
① 건축기사 2022년 제1회 시행 — 2-242
② 건축기사 2022년 제2회 시행 — 2-258
③ 건축기사 2022년 제4회 시행 — 2-280

13. 2023년도 과년도기출문제 — 2-297
① 건축기사 2023년 제1회 시행 — 2-298
② 건축기사 2023년 제2회 시행 — 2-314
③ 건축기사 2023년 제4회 시행 — 2-330

14. 2024년도 과년도기출문제 — 2-347
① 건축기사 2024년 제1회 시행 — 2-348
② 건축기사 2024년 제2회 시행 — 2-364
③ 건축기사 2024년 제3회 시행 — 2-382

2018년
과년도 기출문제

① 건축기사 제1회 시행 ……… 2-2
② 건축기사 제2회 시행 ……… 2-18
③ 건축기사 제4회 시행 ……… 2-34

제1회 2018 건축기사 과년도 기출문제

01 배점4

다음 용어를 설명하시오.

(1) 이형철근 :

(2) 배력근 :

정답

(1) 이형철근(Deformed Bar)
콘크리트와의 부착력 증진을 위해 표면에 리브와 마디 등의 돌기가 있는 봉강

(2) 배력철근(Distributing Bar)
하중을 분포시키거나 균열을 제어할 목적으로 주철근과 직각에 가까운 방향으로 배치한 보조철근

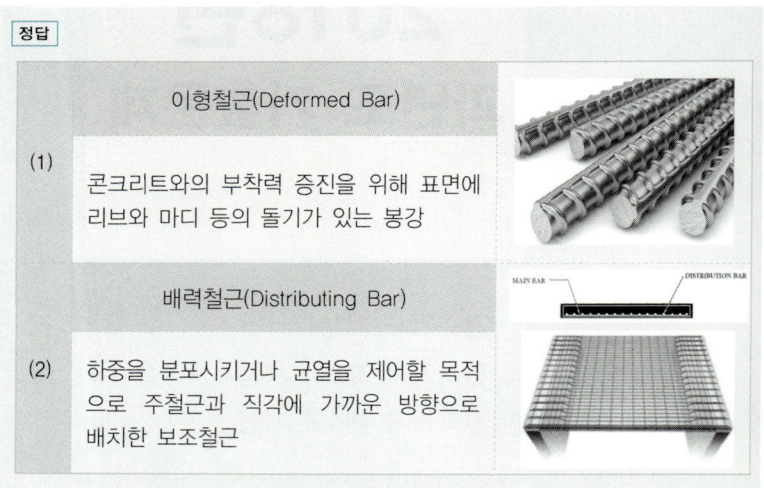

02 배점3

바닥 미장면적이 $1,000\text{m}^2$일 때, 1일 10인 작업 시 작업 소요일을 구하시오. (단, 아래와 같은 품셈을 기준으로 하며 계산과정을 쓰시오.)

바닥미장 품셈(m^2)		
구분	단위	수량
미장공	인	0.05

정답 1m^2당 품셈이 0.05인이므로 작업소요일은 $1,000 \times 0.05 \div 10 = 5$일

03 열가소성 수지와 열경화성 수지의 종류를 각각 2가지씩 쓰시오.

(1) 열가소성 수지

① _____ ② _____

(2) 열경화성 수지

① _____ ② _____

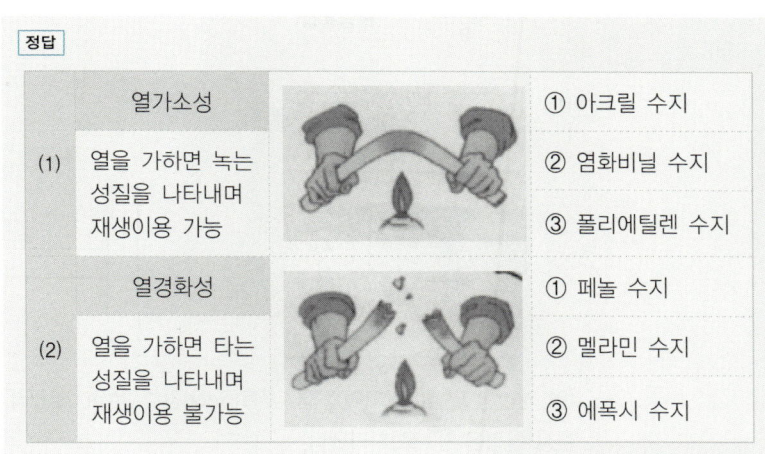

04 금속공사에서 사용되는 다음 철물이 뜻하는 용어를 설명하시오.

(1) Metal Lath :

(2) Punching Metal :

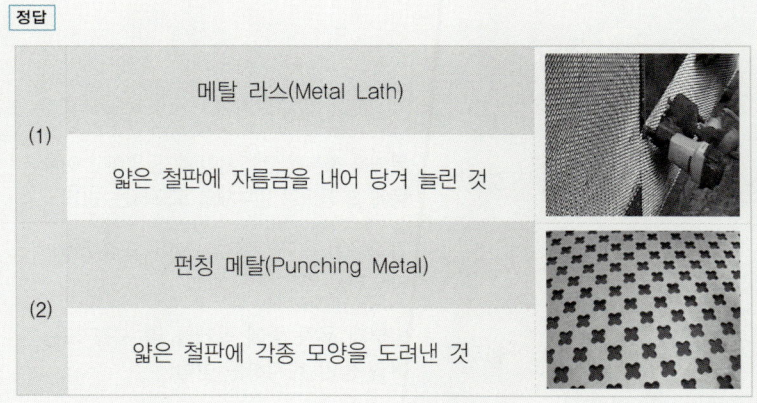

05

그림과 같은 맞댐용접(Groove Welding)을 용접기호를 사용하여 표현하시오.

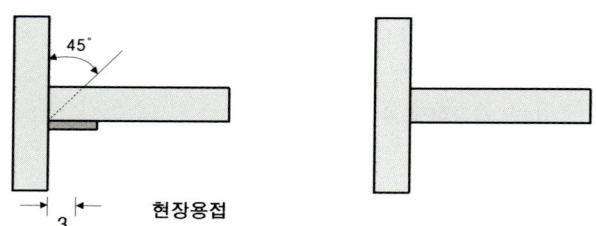

정답

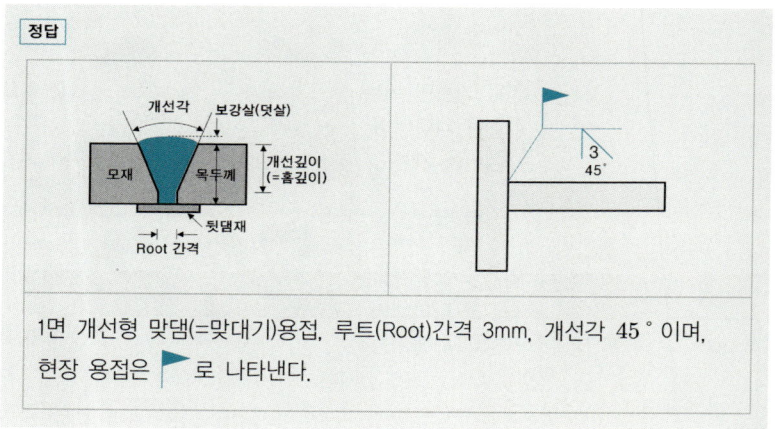

1면 개선형 맞댐(=맞대기)용접, 루트(Root)간격 3mm, 개선각 45°이며, 현장 용접은 🚩 로 나타낸다.

06

목재의 방부처리방법을 3가지 쓰시오.

① _____ ② _____ ③ _____

정답

	목재 방부처리법	
①	도포법	목재를 충분히 건조시킨 후 균열이나 이음부 등에 솔 등으로 방부제를 도포하는 방법
②	주입법	압력용기 속에 목재를 넣어 고압 하에서 방부제를 주입하는 방법
③	침지법	방부제 용액 중에 목재를 몇 시간 또는 며칠 동안 침지하는 방법

07 보링(Boring)의 목적을 3가지 쓰시오.

① _____ ② _____ ③ _____

[정답] ① 시료 채취(Sampling, 샘플링) ② 지하수위 측정 ③ 토질주상도 작성

[해설]

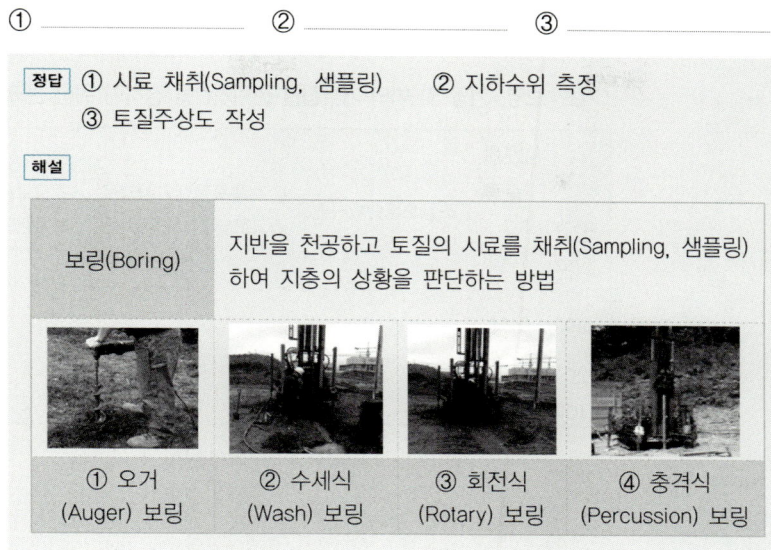

08 아일랜드 컷(Island Cut) 공법의 시공을 위한 ( ) 안에 들어갈 알맞은 내용을 순서별로 적으시오.

흙막이 설치 – ( ) – ( ) – ( ) – 주변부 흙파기 – 지하구조물 완성

[정답] 중앙부 굴착, 중앙부 기초구조물 축조, 버팀대 설치

[해설]

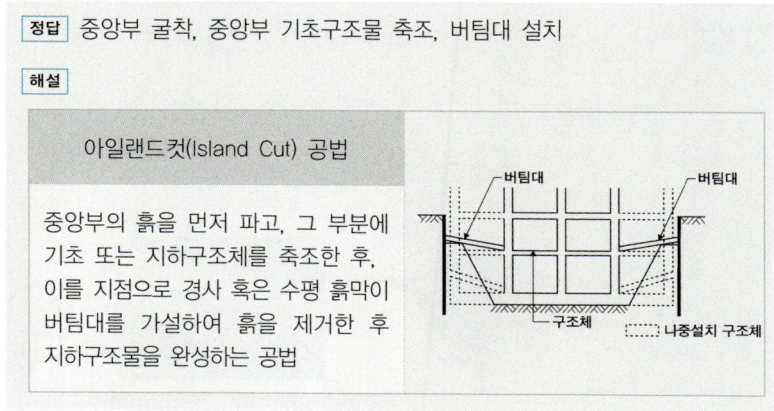

배점4

09

09②, 12②, 17①, 18①, 20②, 23②, 24②

건축공사표준시방서에 따른 거푸집널 존치기간 중의 평균기온이 10℃ 이상인 경우에 콘크리트의 압축강도 시험을 하지 않고 거푸집을 떼어 낼 수 있는 콘크리트의 재령(일)을 나타낸 표이다. 빈 칸에 알맞은 숫자를 표기하시오.

〈기초, 보옆, 기둥 및 벽의 거푸집널 존치기간을 정하기 위한 콘크리트의 재령(일)〉

시멘트 종류 평균 기온	조강포틀랜드시멘트	보통포틀랜드시멘트 고로슬래그시멘트(1종)	고로슬래그시멘트(2종) 포틀랜드포졸란시멘트(B종)
20℃ 이상			
20℃ 미만 10℃ 이상			

정답

시멘트 종류 평균 기온	조강포틀랜드시멘트	보통포틀랜드시멘트 고로슬래그시멘트(1종)	고로슬래그시멘트(2종) 포틀랜드포졸란시멘트(B종)
20℃ 이상	2일	4일	5일
20℃ 미만 10℃ 이상	3일	6일	8일

배점3

10

06④, 12②, 18①, 20④

흙막이벽의 계측에 필요한 기기류를 3가지 쓰시오.

① _____ ② _____ ③ _____

정답

① 하중계 (Load Cell) ② 변형률계 (Strain Gauge) ③ 지중침하계 (Extension Meter)

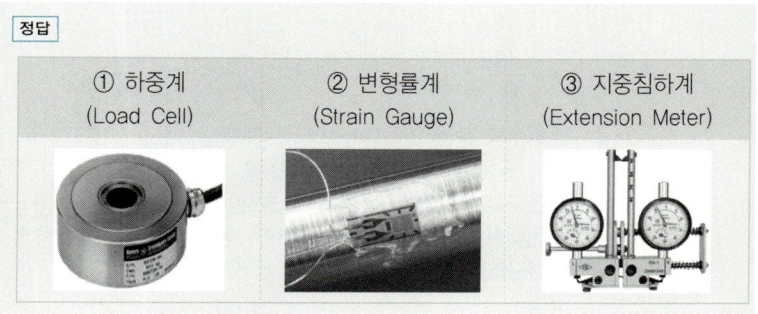

2-6

11. 다음이 설명하는 용어를 쓰시오.

> 드라이비트라는 일종의 못박기총을 사용하여 콘크리트나 강재 등에 박는 특수못으로 머리가 달린 것을 H형, 나사로 된 것을 T형이라고 한다.

정답

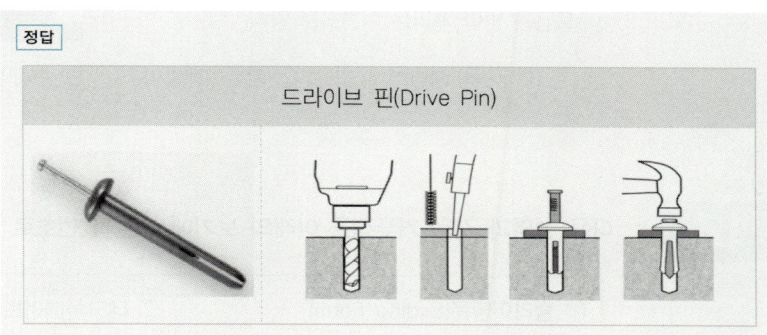

드라이브 핀(Drive Pin)

12. 언더피닝(Under Pinning) 공법을 적용해야 하는 경우를 2가지 쓰시오.

① _____
② _____

정답

언더피닝(Under Pinning) 공법		
(1)	적용	① 기존 건축물의 기초를 보강할 때
		② 새로운 기초를 설치하여 기존 건축물을 보호해야 할 때
		③ 지하구조물 축조 시 또는 터파기시 인접건물의 침하, 균열 등의 피해를 예방하고자 할 때
(2)	종류	① 이중널말뚝박기 공법
		② 현장타설콘크리트말뚝 공법
		③ 강재말뚝 공법
		④ 약액주입 공법

13 공동도급(Joint Venture)의 운영방식 종류를 3가지 쓰시오.

① _____ ② _____ ③ _____

> [정답]
>
> 공동도급(Joint Venture)
> 2개 이상의 사업자가 하나의 사업을 가지고 공동으로 도급을 받아 계약을 이행하는 방식
>
> ① 공동이행방식   ② 분담이행방식   ③ 주계약자형 공동도급

14 다음 설명과 같은 거푸집을 아래의 보기에서 골라 번호로 쓰시오.

> ① 슬라이딩폼(Sliding Form)   ② 데크플레이트(Deck Plate)
> ③ 트래블링폼(Traveling Form)   ④ 와플폼(Waffle Form)

(1) 무량판 구조에서 2방향 장선 바닥판 구조가 가능하도록 된 특수상자 모양의 기성재 거푸집 : _____

(2) 대형 시스템화 거푸집으로서 한 구간 콘크리트 타설 후 다음 구간으로 수평이동이 가능한 거푸집 : _____

(3) 유닛(Unit) 거푸집을 설치하여 요크(York)로 거푸집을 끌어올리면서 연속해서 콘크리트를 타설가능한 수직활동 거푸집 : _____

(4) 아연도 철판을 절곡 제작하여 거푸집으로 사용하며, 콘크리트 타설 후 마감재로 사용하는 철판 : _____

> [정답]
>
> (1) ④   (2) ③   (3) ①   (4) ②
>
>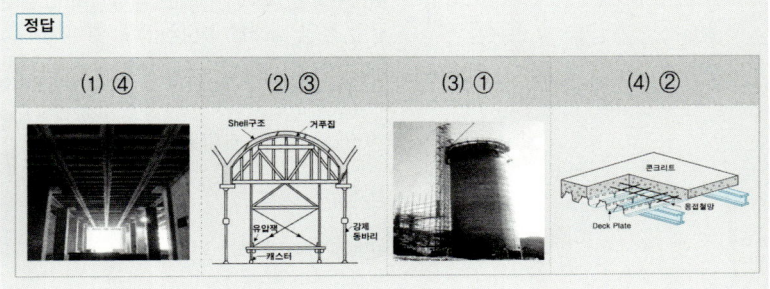

15

흐트러진 상태의 흙 $30m^3$를 이용하여 $30m^2$의 면적에 다짐 상태로 60cm 두께를 터돋우기할 때 시공완료된 다음의 흐트러진 상태의 토량을 산출하시오. (단, 이 흙의 $L=1.2$, $C=0.9$이다.)

정답

토량환산계수
- 자연상태의 토량 × L = 흐트러진 상태의 토량
- 자연상태의 토량 × C = 다져진 상태의 토량
- 다져진 상태의 토량 = 흐트러진 상태의 토량 × $\dfrac{C}{L}$

(1) 다져진 상태의 토량 $= 30 \times \dfrac{0.9}{1.2} = 22.5m^3$

(2) 다져진 상태의 남는 토량 $= 22.5 - (30 \times 0.6) = 4.5m^3$

(3) 흐트러진 상태의 토량 $= 4.5 \times \dfrac{1.2}{0.9} = 6m^3$

16

벽면적 $100m^2$에 표준형벽돌 1.5B 쌓기 시 붉은벽돌 소요량을 산출하시오.

정답 $100 \times 224 \times 1.03 = 23,072$매

해설

벽면적 1m²당 벽돌쌓기량(매)	벽두께	0.5B	1.0B	1.5B
	정미량	75	149	224
190(길이)×57(높이)×90(두께)	소요량	할증률 (붉은벽돌 3%, 시멘트벽돌 5%)		

콘크리트 블록의 압축강도가 8N/mm^2 이상으로 규정되어 있다. $390 \times 190 \times 190\text{mm}$ 블록의 압축강도를 시험한 결과 600,000N, 500,000N, 550,000N에서 파괴되었을 때 합격 및 불합격 여부를 판정하시오.

정답 (1) $f_1 = \dfrac{600,000}{390 \times 190} = 8.097$, $f_2 = \dfrac{500,000}{390 \times 190} = 6.747$,

$f_3 = \dfrac{550,000}{390 \times 190} = 7.422$

(2) $f = \dfrac{8.097 + 6.747 + 7.422}{3} = 7.42\text{N/mm}^2 < 8.0\text{N/mm}^2$ 이므로 불합격

해설

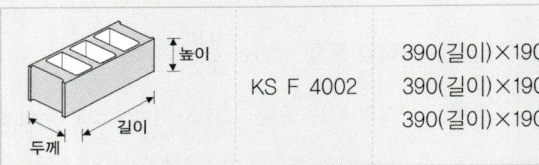

	KS F 4002	390(길이)×190(높이)×100(두께)
		390(길이)×190(높이)×150(두께)
		390(길이)×190(높이)×190(두께)

블록(Block)의 압축강도 시험에 적용되는 면적은 길이와 두께이다.

---

18 고강도 콘크리트의 폭렬현상에 대하여 설명하시오.

해설

폭렬(Exclosive Fracture)		
정의		콘크리트 부재가 화재로 가열되어 표면부가 소리를 내며 급격히 파열되는 현상
방지 대책	①	내화피복을 실시하여 열의 침입을 차단한다.
	②	흡수율이 작고 내화성이 있는 골재를 사용한다.

19

다음 그림을 보고 해당되는 줄눈의 명칭을 적으시오.

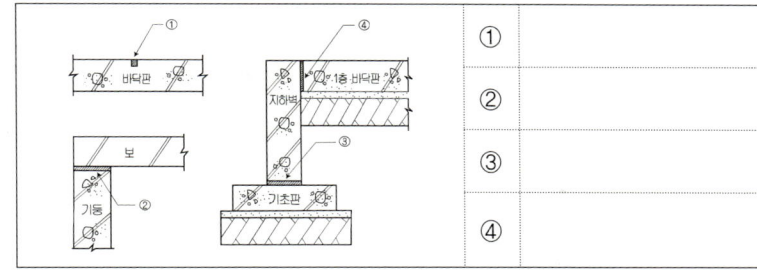

정답 ① 조절줄눈 ② 미끄럼줄눈 ③ 시공줄눈 ④ 신축줄눈

해설

①	조절줄눈 (Control Joint)	균열을 전체 단면 중의 일정한 곳에만 일어나도록 유도하는 줄눈
②	미끄럼줄눈 (Sliding Joint)	슬래브나 보가 단순지지 방식이고, 직각방향에서의 하중이 예상될 때 미끄러질 수 있게 한 줄눈
③	시공줄눈 (Construction Joint)	콘크리트 작업관계로 경화된 콘크리트에 새로 콘크리트를 타설할 경우 발생하는 계획된 줄눈
④	신축줄눈 (Expansion Joint)	온도변화에 따른 팽창·수축 또는 부동침하·진동 등에 의해 균열이 예상되는 위치에 설치하는 줄눈

20

그림과 같은 구조물에서 T부재에 발생하는 부재력을 구하시오.

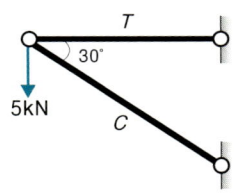

정답

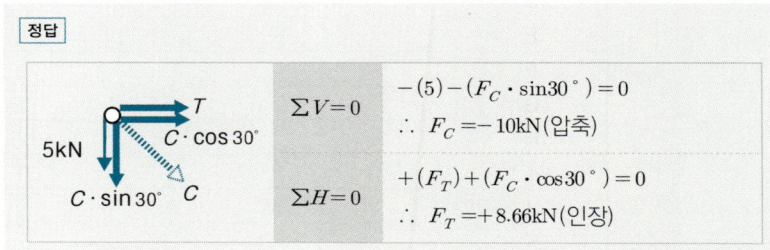

$\sum V = 0$
$-(5) - (F_C \cdot \sin 30°) = 0$
$\therefore F_C = -10\text{kN}(압축)$

$\sum H = 0$
$+(F_T) + (F_C \cdot \cos 30°) = 0$
$\therefore F_T = +8.66\text{kN}(인장)$

다음 데이터를 네트워크공정표로 작성하고, 각 작업의 여유시간을 구하시오.

작업명	작업일수	선행작업	비고
A	5	없음	
B	8	A	
C	4	A	(1) 결합점에서는 다음과 같이 표시한다.
D	6	A	
E	7	B	
F	8	B, C, D	
G	4	D	
H	6	E	(2) 주공정선은 굵은선으로 표시한다.
I	4	E, F	
J	8	E, F, G	
K	4	H, I, J	

(1) 네트워크공정표

(2) 여유시간 산정

작업명	TF	FF	DF	CP
A				
B				
C				
D				
E				
F				
G				
H				
I				
J				
K				

정답

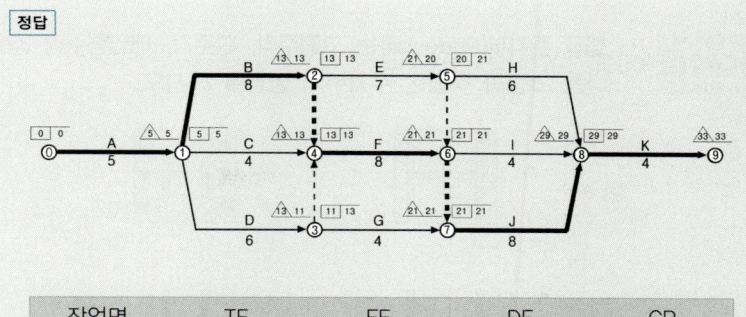

작업명	TF	FF	DF	CP
A	0	0	0	※
B	0	0	0	※
C	4	4	0	
D	2	0	2	
E	1	0	1	
F	0	0	0	※
G	6	6	0	
H	3	3	0	
I	4	4	0	
J	0	0	0	※
K	0	0	0	※

배점4 □□□

22

기준점(Bench Mark)의 정의 및 설치 시 주의사항을 3가지 쓰시오.

(1) 정의 :

(2) 설치 시 주의사항

① _____

② _____

③ _____

정답

		기준점(Bench Mark)	
(1)	정의	건축물 시공 시 공사 중 높이의 기준을 정하고자 설치하는 원점	
(2)	설치 시 주의사항	• 이동의 염려가 없는 곳에 설치 • 지면에서 0.5~1.0m에 공사에 지장이 없는 곳에 설치 • 필요에 따라 보조기준점을 1~2개소 설치	

배점6

23

18①, 20④

철골 주각부(Pedestal)는 고정주각, 핀주각, 매입형주각 3가지로 구분된다. 다음 그림과 적합한 주각부의 명칭을 쓰시오.

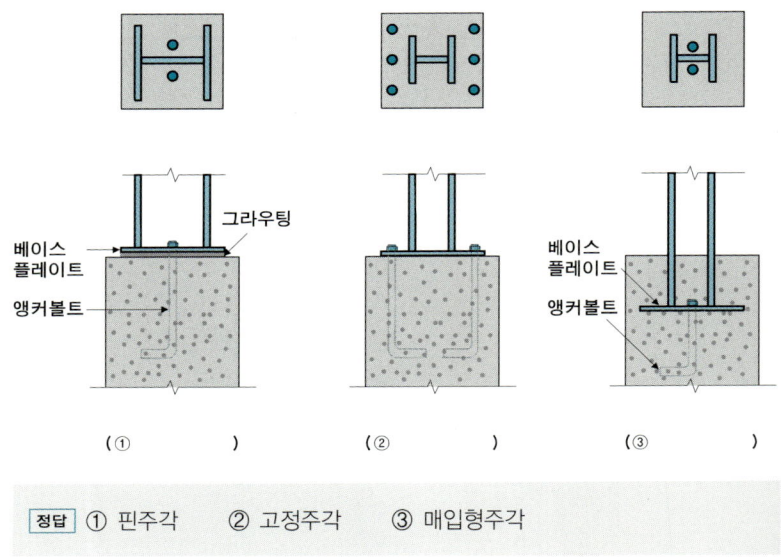

정답 ① 핀주각   ② 고정주각   ③ 매입형주각

배점4

24

18①

$H-400\times300\times9\times14$ 형강의 플랜지의 판폭두께비를 구하시오.

정답 $\lambda_f = \dfrac{(300)/2}{(14)} = 10.71$

해설

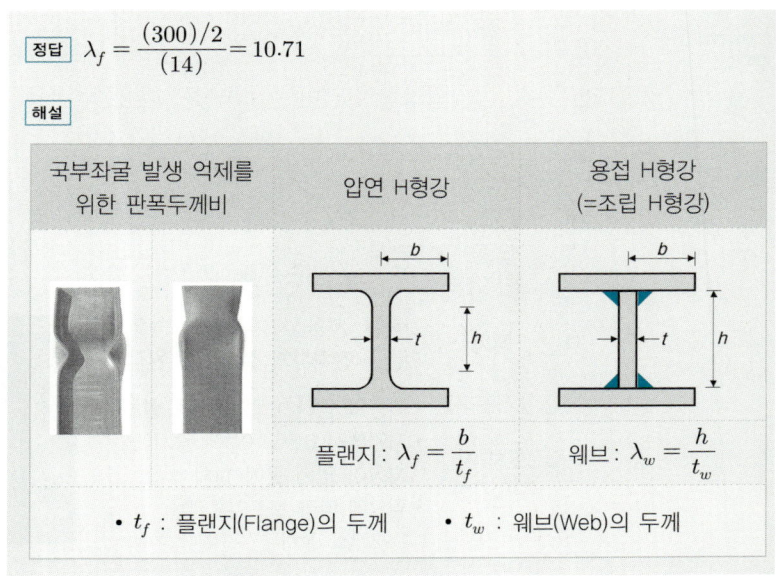

그림과 같은 독립기초의 2방향 전단(Punching Shear) 위험단면 둘레 길이(mm)를 구하시오. (단, 위험단면의 위치는 기둥면에서 $0.75d$ 위치를 적용한다.)

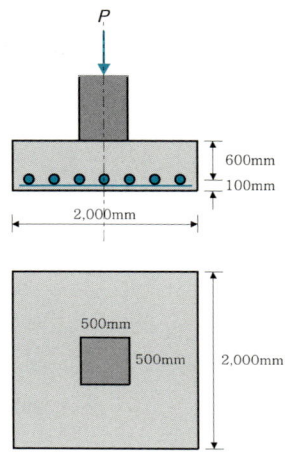

[정답] $b_o = [(0.75(600) + 500 + 0.75(600)] \times 4 = 5,600\text{mm}$

[해설]

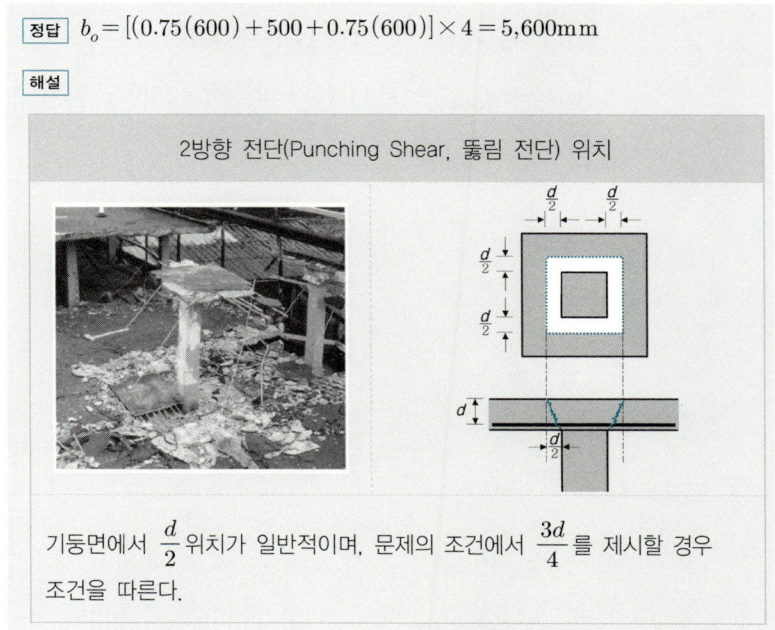

기둥면에서 $\dfrac{d}{2}$ 위치가 일반적이며, 문제의 조건에서 $\dfrac{3d}{4}$ 를 제시할 경우 조건을 따른다.

그림과 같은 캔틸레버 보의 A점으로부터 우측으로 4m 위치인 C점의 전단력과 휨모멘트를 구하시오.

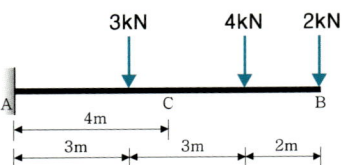

정답

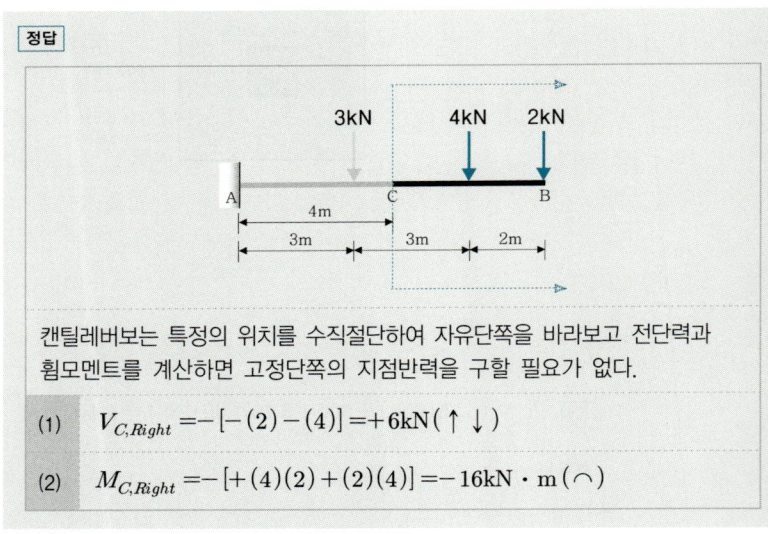

캔틸레버보는 특정의 위치를 수직절단하여 자유단쪽을 바라보고 전단력과 휨모멘트를 계산하면 고정단쪽의 지점반력을 구할 필요가 없다.

(1) $V_{C,Right} = -[-(2)-(4)] = +6\text{kN}(\uparrow\downarrow)$

(2) $M_{C,Right} = -[+(4)(2)+(2)(4)] = -16\text{kN}\cdot\text{m}(\frown)$

memo

제2회 2018 건축기사 과년도 기출문제

배점6

01
17④, 18②

다음 용어를 간단히 설명하시오.

(1) 콜드 죠인트(Cold Joint) :

(2) 조절줄눈(Control Joint) :

(3) 신축줄눈(Expansion Joint) :

정답

(1) 콜드 죠인트(Cold Joint)
콘크리트 시공과정 중 휴식시간 등으로 응결하기 시작한 콘크리트에 새로운 콘크리트를 이어칠 때 일체화가 저해되어 생기게 되는 줄눈

(2) 조절줄눈(Control Joint)
지반 등 안정된 위치에 있는 바닥판이 수축에 의하여 표면에 균열이 생길 수 있는데 이러한 균열을 방지하기 위해 설치하는 줄눈

(3) 신축줄눈(Expansion Joint)
온도변화에 따른 팽창·수축 또는 부동침하·진동 등에 의해 균열이 예상되는 위치에 설치하는 Joint

02

다음이 설명하는 시공기계를 쓰시오.

(1) 사질지반의 굴착이나 지하연속벽, 케이슨 기초 같은 좁은 곳의 수직굴착에 사용되며, 토사채취에도 사용된다. 최대 18m 정도 깊이까지 굴착이 가능하다.
(2) 지반보다 높은 곳(기계의 위치보다 높은 곳)의 굴착에 적합한 토공장비

(1) _____   (2) _____

> **정답**
> (1) 클램쉘(Clam Shell)   (2) 파워쇼벨(Power Shovel)

03

강구조 내화피복 공법 중 습식공법을 설명하고 습식공법의 종류 2가지와 사용되는 재료를 적으시오.

(1) 습식공법 :

(2) 공법의 종류와 사용 재료

① _____

② _____

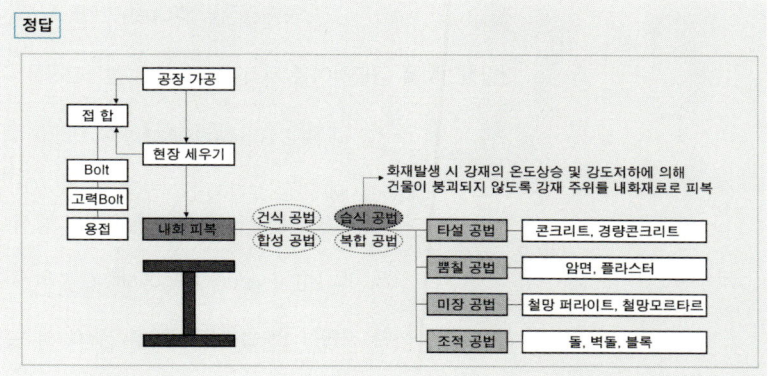

04 조적조 블록벽체의 습기침투의 원인을 4가지 쓰시오.

① _____ ② _____
③ _____ ④ _____

정답

조적조 블록벽체의 습기침투의 원인
① 벽돌 및 모르타르의 강도 부족
② 모르타르 바름의 신축 및 들뜨기
③ 온도 및 습기에 의한 재료의 신축성
④ 이질재와 접합부 불완전 시공

05 다음의 입찰방법을 간단히 설명하시오.

(1) 공개경쟁입찰 :

(2) 지명경쟁입찰 :

(3) 특명입찰 :

정답

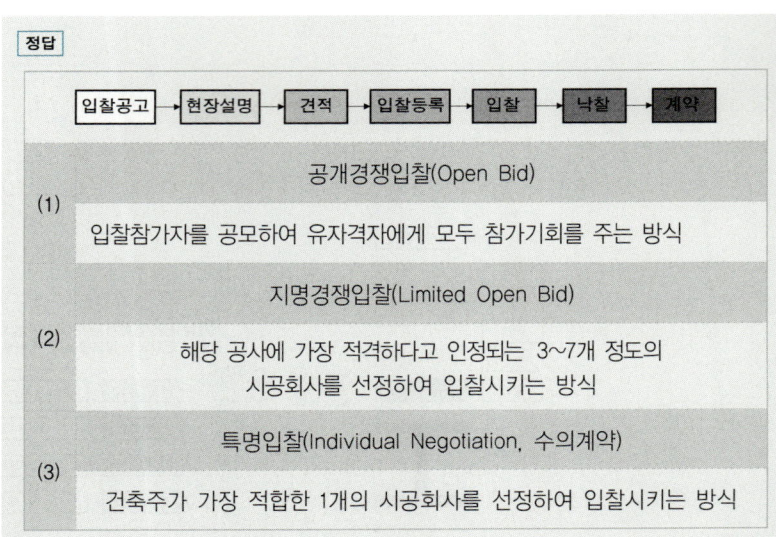

(1) 공개경쟁입찰(Open Bid)
입찰참가자를 공모하여 유자격자에게 모두 참가기회를 주는 방식

(2) 지명경쟁입찰(Limited Open Bid)
해당 공사에 가장 적격하다고 인정되는 3~7개 정도의 시공회사를 선정하여 입찰시키는 방식

(3) 특명입찰(Individual Negotiation, 수의계약)
건축주가 가장 적합한 1개의 시공회사를 선정하여 입찰시키는 방식

06

다음이 설명하는 용어를 쓰시오.

수장공사 시 바닥에서 1m~1.5m 정도의 높이까지 널을 댄 것

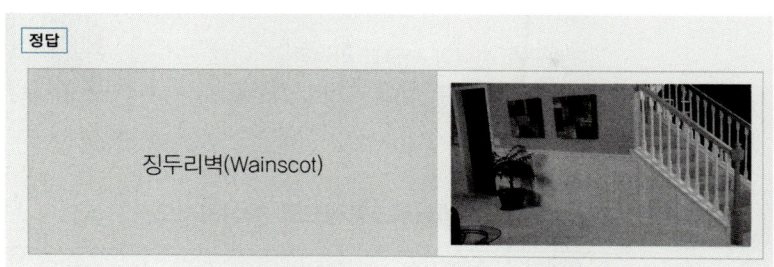

정답: 징두리벽(Wainscot)

07

철근의 인장강도가 240MPa 이상으로 규정되어 있다고 할 때, 현장에 반입된 철근(중앙부 지름 14mm, 표점거리 50mm)의 인장강도를 시험 파괴하중이 37.20kN, 40.57kN, 38.15kN 이었다. 평균인장강도를 구하고 합격여부를 판정하시오.

(1) 평균인장강도 :

(2) 판정 :

정답:

철근 인장시험

(1) $$f_t = \frac{\frac{P_1}{A} + \frac{P_2}{A} + \frac{P_3}{A}}{3} = \frac{\frac{37.20 \times 10^3 + 40.57 \times 10^3 + 38.15 \times 10^3}{\frac{\pi \times 14^2}{4}}}{3} = 251.01 \text{MPa}$$

(2) 251.01MPa ≥ 240MPa 이므로 합격

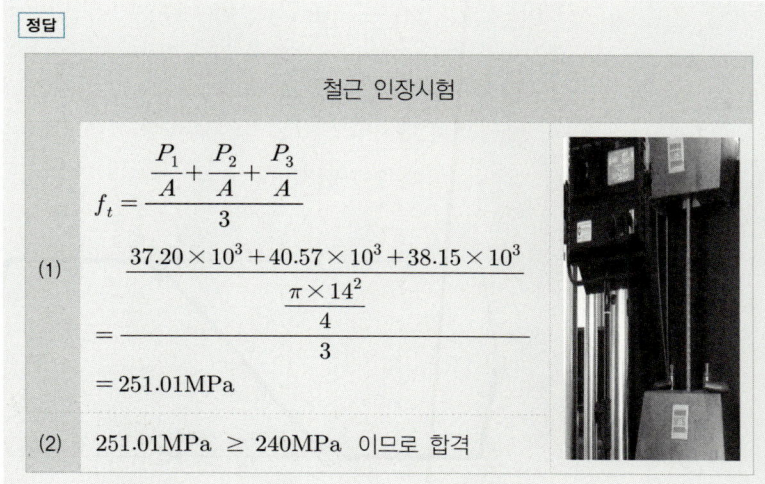

08

System 거푸집 중 터널폼(Tunnel Form)을 설명하시오.

정답

터널폼(Tunnel Form)

한 구획 전체의 벽판과 바닥판을
ㄱ자형 또는 ㄷ자형으로 짜는 거푸집

09

다음 데이터를 네트워크공정표로 작성하시오.

작업명	작업일수	선행작업	비고
A	2	없음	(1) 결합점에서는 다음과 같이 표시한다.
B	3	없음	
C	5	A	
D	5	A, B	
E	2	A, B	
F	3	C, D, E	(2) 주공정선은 굵은선으로 표시한다.
G	5	E	

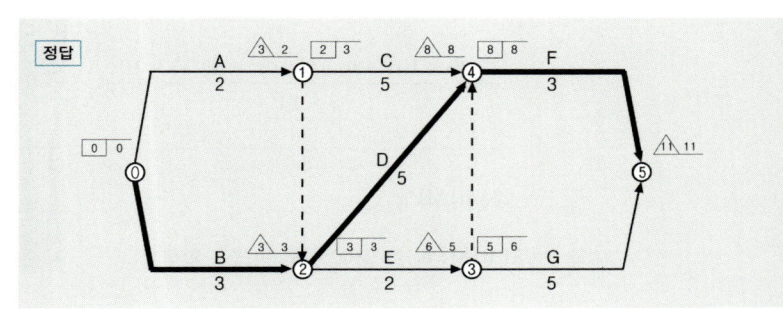

10

일반적인 철근콘크리트(RC) 구조물의 최하부부터 2층 바닥부분까지의 철근 조립순서를 보기에서 골라 번호로 쓰시오.

① 기둥철근　② 기초철근　③ 보철근　④ 바닥철근　⑤ 벽철근

정답 ② ➡ ① ➡ ⑤ ➡ ③ ➡ ④

해설

RC 건축물의 철근 조립순서

기초철근 ↓ 기둥철근 ↓ 벽철근 ↓ 보철근 ↓ 바닥철근

11

예민비(Sensitivity Ratio)의 식을 쓰고 간단히 설명하시오.

(1) 식 :

(2) 설명 :

정답

예민비(Sensitivity Ratio)
(1) 예민비 = $\dfrac{\text{자연시료강도}}{\text{이긴시료강도}}$
(2) 점토에 있어서 자연시료는 어느 정도의 강도가 있으나 이것의 함수율을 변화시키지 않고 이기면 약해지는 정도를 표시하는 것

12

다음 그림과 같은 독립기초에 발생하는 최대압축응력[MPa]을 구하시오.

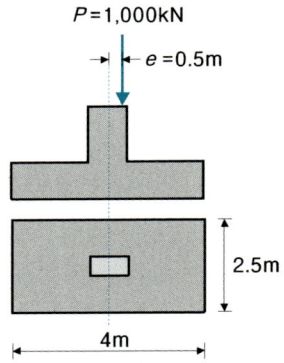

정답

(1) 편심축하중이 작용하고 있는 상태이므로 휨응력($\mp \dfrac{M}{Z}$)도 같이 발생되는 상태이다. 최대응력이므로 순수압축응력($-\dfrac{P}{A}$)과 휨압축응력($-\dfrac{M}{Z}$)을 더한다.

(2)
$$\sigma_{max} = -\dfrac{P}{A} - \dfrac{M}{Z}$$
$$= -\dfrac{(1{,}000 \times 10^3)}{(2{,}500 \times 4{,}000)} - \dfrac{(1{,}000 \times 10^3)(500)}{\dfrac{(2{,}500)(4{,}000)^2}{6}}$$
$$= -0.175 \text{N/mm}^2 = -0.175 \text{MPa}(압축)$$

13

콘크리트 슬럼프손실(Slump Loss)의 원인을 2가지 쓰시오.

① _____ ② _____

정답

슬럼프손실 (Slump Loss)	콘크리트 슬럼프가 시멘트의 응결이나 공기 중의 수분이 없어져서 저하하는 것			
주요 원인	①	콘크리트 수화작용	②	증발에 의한 자유수 감소
	③	운반시간이 긴 경우	④	타설시간이 긴 경우

14

다음이 설명하는 용어를 쓰시오.

> 특수화학제를 첨가한 레디믹스트모르타르(Ready Mixed Mortar)에 대리석 분말이나 세라믹분말제를 혼합한 재료를 물과 혼합하여 1~3mm 두께로 바르는 것

정답

합성수지 플라스터 바름

15

목재의 인공건조법의 종류를 3가지 쓰시오.

① _____ ② _____ ③ _____

정답

목재의 인공건조법	①	증기법
	②	열기법
	③	훈연법

16

섬유보강 콘크리트에 사용되는 섬유의 종류를 3가지 쓰시오.

① _____ ② _____ ③ _____

정답

① 강(Steel)섬유   ② 유리(Glass)섬유   ③ 탄소(Carbon)섬유

배점3 □□□

17

18②, 23④

다음이 설명하는 용어를 쓰시오.

> 건축주와 시공자가 공사실비를 확인정산하고 정해진 보수율에 따라 시공자에게 지급하는 방식

정답 실비비율 보수가산식

해설

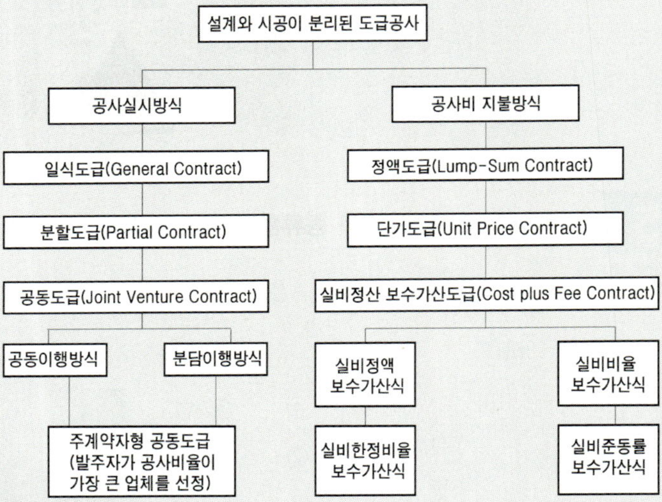

```
                    설계와 시공이 분리된 도급공사
                   /                            \
            공사실시방식                        공사비 지불방식
                |                                   |
        일식도급(General Contract)           정액도급(Lump-Sum Contract)
                |                                   |
        분할도급(Partial Contract)           단가도급(Unit Price Contract)
                |                                   |
        공동도급(Joint Venture Contract)     실비정산 보수가산도급(Cost plus Fee Contract)
           /          \                         /            \
    공동이행방식   분담이행방식          실비정액           실비비율
                       |                보수가산식         보수가산식
              주계약자형 공동도급             |                 |
              (발주자가 공사비율이       실비한정비율        실비준동률
               가장 큰 업체를 선정)      보수가산식         보수가산식
```

실비정산 보수가산 도급(Cost Plus Fee Contract)

(1)	실비정액 보수가산식	$A + F$	
(2)	실비비율 보수가산식	$A + A \cdot f$	• A: 공사실비
(3)	실비한정비율 보수가산식	$A' + A' \cdot f$	• A': 한정된 실비 • F: 정액보수
(4)	실비준동률 보수가산식	$A + A' \cdot f$	• f: 비율보수

18

다음 보기 중 매스콘크리트의 온도균열을 방지할 수 있는 기본적인 대책을 모두 골라 쓰시오.

① 응결촉진제 사용 ② 중용열시멘트 사용
③ Pre-Cooling 방법 사용 ④ 단위시멘트량 감소
⑤ 잔골재율 증가 ⑥ 물시멘트비 증가

정답 ②, ③, ④

매스콘크리트
(Mass Concrete)

일반적으로 부재 단면 최소치수 80cm 이상(하단이 구속된 경우에는 50cm 이상), 콘크리트 내외부 온도차가 25℃ 이상으로 예상되는 콘크리트

① 단위시멘트량을 낮춘다.
② 수화열이 낮은 플라이애쉬 시멘트를 사용한다.
③ 프리쿨링(Pre Cooling), 파이프쿨링(Pipe Cooling)과 같은 온도균열 제어방법을 이용한다.

19

다음 괄호 안에 알맞은 숫자를 쓰시오.

보강콘크리트블록조의 세로철근은 기초보 하단에서 윗층까지 잇지 않고 (   )D 이상 정착시키고, 피복두께는 (   )cm 이상으로 한다.

정답

보강콘크리트블록조의 세로철근

기초보 하단에서 윗층까지 잇지 않고
40D 이상 정착시키고,
피복두께는 2cm 이상으로 한다.

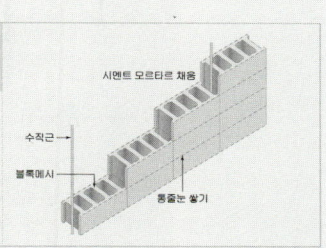

20 깨진 석재를 붙일 수 있는 접착제를 1가지 쓰시오.

정답: 에폭시(Epoxy)

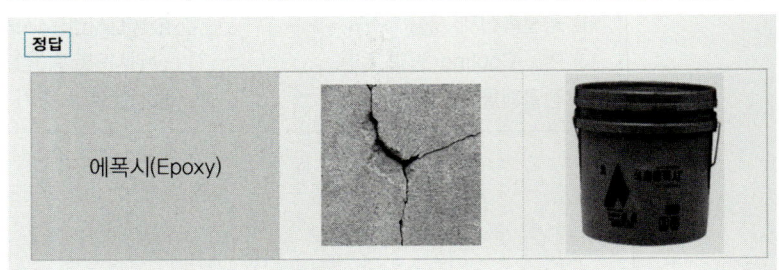

21 재질과 단면적 및 길이가 같은 다음 4개의 장주에 대해 유효좌굴길이가 가장 큰 기둥을 순서대로 쓰시오.

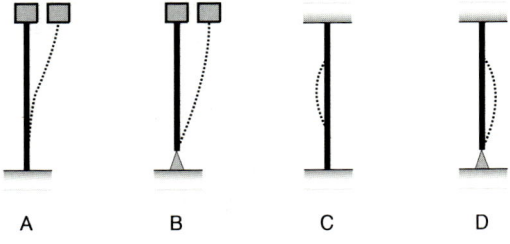

정답: B ➡ A ➡ D ➡ C

해설:

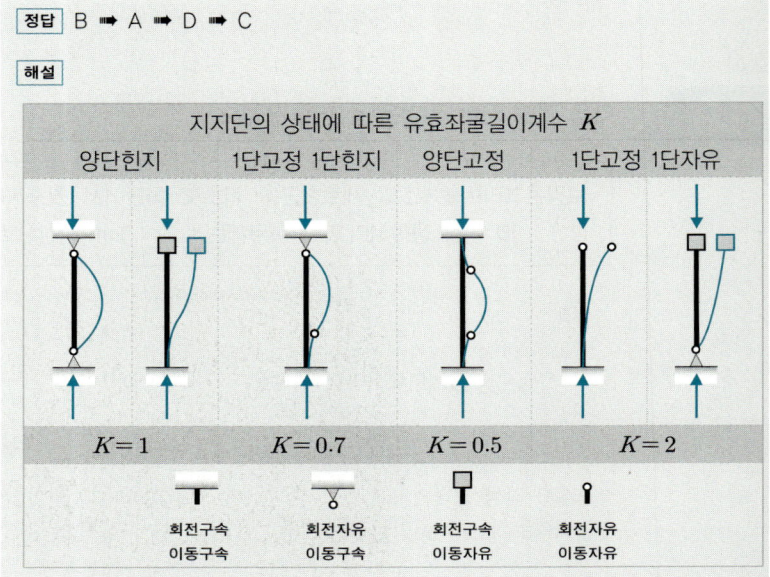

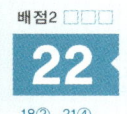

배점2 □□□

22

18②, 21④

다음이 설명하는 용어를 쓰시오.

> 콘크리트 설계기준압축강도 f_{ck}가 40MPa 이하의 압축연단 콘크리트가 가정된 극한변형률 0.0033에 도달할 때 최외단 인장철근의 순인장변형률 ϵ_t가 0.005 이상인 단면

정답 인장지배단면

해설

최외단 인장철근의 순인장변형률

$$\epsilon_t = \frac{d_t - c}{c} \cdot \epsilon_{cu}$$

⬇

지배단면의 구분

⬇

강도감소계수(ϕ)의 결정

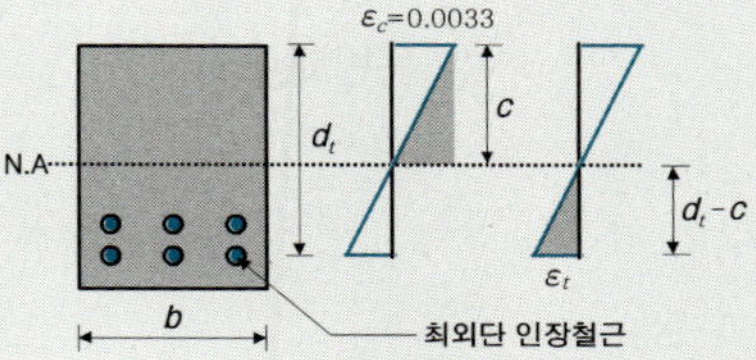

$\epsilon_t \geq 0.005$	$0.002 < \epsilon_t < 0.005$	$\epsilon_t \leq 0.002$
⬇	⬇	⬇
인장지배단면	변화구간단면	압축지배단면
⬇	⬇	⬇
$\phi = 0.85$	$\phi = 0.65 + (\epsilon_t - 0.002) \times \frac{200}{3}$	$\phi = 0.65$
설계휨강도	$\phi M_n = \phi A_s \cdot f_y \cdot \left(d - \frac{a}{2}\right)$	

그림과 같은 줄기초를 터파기 할 때 필요한 6톤 트럭의 필요 대수를 구하시오.
(단, 자연상태 흙의 단위중량 $1,600 kg/m^3$이며, 흙의 할증 25%를 고려한다.)

(1) 토량 :

(2) 운반대수 :

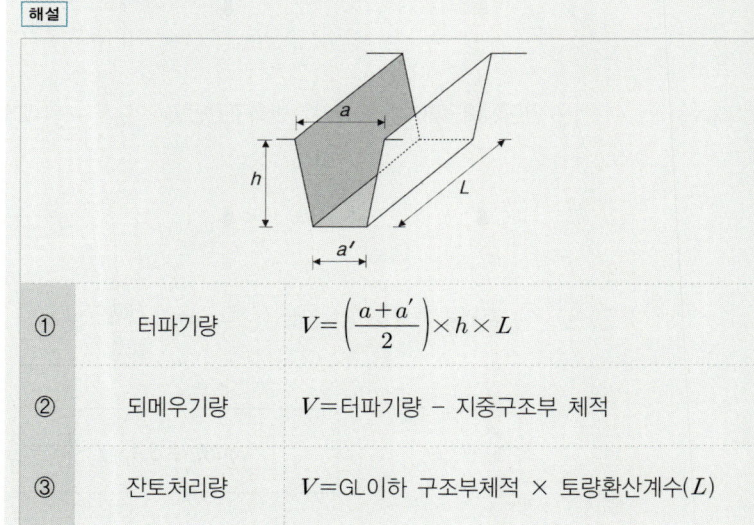

[정답] (1) 토량 : $V = \dfrac{1.2+0.8}{2} \times 1.8 \times (13+7) \times 2 = 72 m^3$

(2) ① 1대 당 토량 : $\dfrac{6}{1.6} \times 1.25 = 4.687 m^3$

② 운반대수 : $\dfrac{72 \times 1.25}{4.687} = 19.20$ ➡ 20대

[해설]

①	터파기량	$V = \left(\dfrac{a+a'}{2}\right) \times h \times L$
②	되메우기량	$V = $ 터파기량 − 지중구조부 체적
③	잔토처리량	$V = $ GL이하 구조부체적 × 토량환산계수(L)

24

그림과 같은 인장부재의 순단면적을 구하시오. (단, 판재의 두께는 10mm이며, 구멍크기는 22mm이다.)

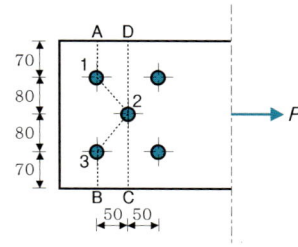

정답

(1) 파단선 : A-1-3-B
$$A_n = A_g - n \cdot d \cdot t = (10 \times 300) - (2)(22)(10) = 2,560 mm^2$$

(2) 파단선 : A-1-2-3-B
$$A_n = A_g - n \cdot d \cdot t + \sum \frac{S^2}{4g} \cdot t$$
$$= (10 \times 300) - (3)(22)(10) + \frac{(50)^2}{4(80)} \cdot (10) + \frac{(50)^2}{4(80)} \cdot (10)$$
$$= 2,496.25 mm^2 \quad \Leftarrow \text{지배}$$

해설

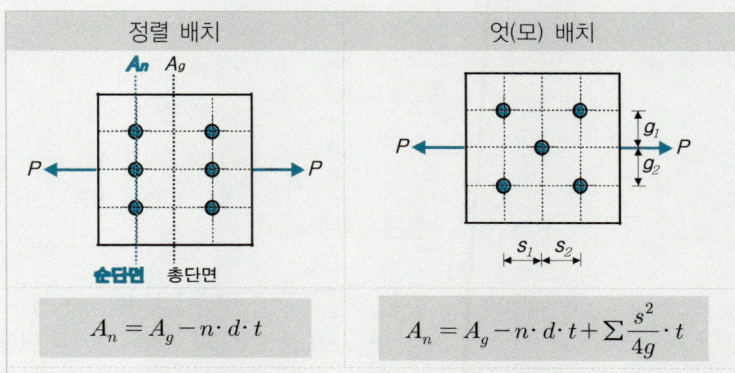

엇모배치의 경우 순단면적 크기가 가장 작은 경우가 실제로 파괴가 일어나는 파단선이며 인장재의 순단면적이 된다.

n	인장력에 의한 파단선상에 있는 구멍의 수		
d	순단면적 산정을 위한 구멍의 여유폭	고장력볼트 직경(M)	
		24mm 미만	24mm 이상
		M + 2mm	M + 3mm
t	부재의 두께 [mm]		
s	Pitch : 인접한 2개 구멍의 응력방향 중심간격 [mm]		
g	gauge : 파스너 게이지선 사이의 응력 수직방향 중심간격 [mm]		

25 인장이형철근의 정착길이를 다음과 같은 정밀식으로 계산할 때 α, β, γ, λ가 의미하는 바를 쓰시오.

$$l_d = \frac{0.9 d_b \cdot f_y}{\lambda \sqrt{f_{ck}}} \cdot \frac{\alpha \cdot \beta \cdot \gamma}{\left(\frac{c + K_{tr}}{d_b}\right)}$$

① α :

② β :

③ γ :

④ λ :

정답 ① α : 철근배치 위치계수 ② β : 철근 도막계수
③ γ : 철근 또는 철선의 크기 계수 ④ λ : 경량콘크리트계수

해설

인장이형철근 정착길이 정밀식		$l_d = \frac{0.9 d_b \cdot f_y}{\lambda \sqrt{f_{ck}}} \cdot \frac{\alpha \cdot \beta \cdot \gamma}{\left(\frac{c + K_{tr}}{d_b}\right)}$
d_b		철근의 직경
f_y		철근의 설계기준항복강도
α	철근배치 위치계수	• 상부철근…1.3 • 기타 철근…1.0
β	철근 도막계수	• 피복두께가 $3d_b$ 미만 또는 순간격이 $6d_b$ 미만인 에폭시 도막철근…1.5 • 그 밖의 에폭시 도막철근…1.2 • 도막되지 않은 철근…1.0
γ	철근 또는 철선의 크기 계수	• D19 이하의 철근과 이형철선…0.8 • D22 이상의 철근…1.0
λ	경량콘크리트계수	• 보통중량콘크리트…1 • 모래경량콘크리트…0.85 • 전경량콘크리트…0.75
f_{ck}		콘크리트 설계기준압축강도
c		철근간격 또는 피복두께에 관련된 치수
K_{tr}		횡방향 철근지수 횡방향철근이 배치되어 있더라도 설계를 간편하게 하기 위해 $K_{tr} = 0$으로 사용할 수 있다.

26

그림과 같은 장방형 단면에서 각 축에 대한 단면2차모멘트의 비 I_x/I_y 를 구하시오.

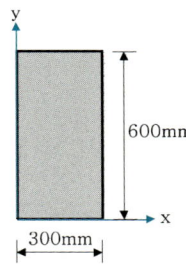

정답

$$\frac{I_x}{I_y} = \frac{\dfrac{(300)(600)^3}{12} + (300 \times 600)(300)^2}{\dfrac{(600)(300)^3}{12} + (600 \times 300)(150)^2} = 4$$

해설

단면2차모멘트: 평행축 이동에 대한 평행축 정리

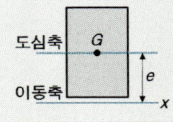

$$I_{이동축} = I_{도심축} + A \cdot e^2$$

- A : 단면적
- e : eccentric distance, 도심축으로부터 이동축까지의 거리

제4회 2018 건축기사 과년도 기출문제

배점3

01
99①, 00④, 18④

강구조 공사에서 철골세우기용 기계설비를 3가지 쓰시오.

① _____ ② _____ ③ _____

정답

철골세우기용 기계설비	①	가이 데릭(Guy Derrick)
	②	스티프레그 데릭(Stiff Leg Derrick)
	③	타워 크레인(Tower Crane)

배점4

02
13②, 18④

다음 용어를 설명하시오.

(1) 적산(積算) :

(2) 견적(見積) :

정답

(1)	적산(積算)	재료 및 품의 수량과 같은 공사량을 산출하는 기술활동
(2)	견적(見積)	공사량에 단가를 곱하여 공사비를 산출하는 기술활동

배점3

03
18④

종합건설제도(Genecon)에 대하여 간단히 설명하시오.

정답

종합건설(General Construction)의 약자로서, 종합적인 건설관리만 맡고 부분별 공사는 하청업자에게 넘겨주어 공사를 진행하는 형태를 말한다.

04

목재의 방부처리방법을 3가지 쓰고 간단히 설명하시오.

① _____
② _____
③ _____

정답

①	도포법	목재를 충분히 건조시킨 후 균열이나 이음부 등에 솔 등으로 방부제를 도포하는 방법
②	주입법	압력용기 속에 목재를 넣어 고압 하에서 방부제를 주입하는 방법
③	침지법	방부제 용액 중에 목재를 몇 시간 또는 며칠 동안 침지하는 방법

05

프리스트레스트 콘크리트(Pre-Stressed Concrete)의 프리텐션(Pre-Tension) 방식과 포스트텐션(Post-Tension) 방식에 대하여 설명하시오.

(1) Pre-Tension 공법 :

(2) Post-Tension 공법 :

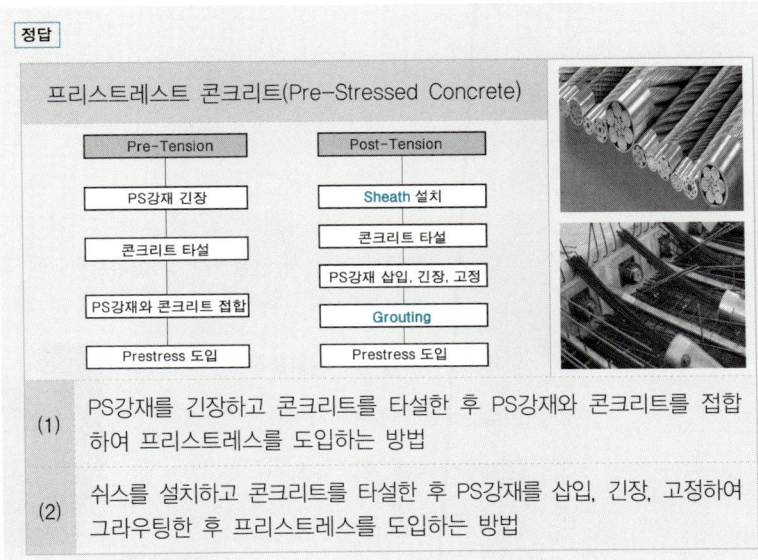

정답

프리스트레스트 콘크리트(Pre-Stressed Concrete)

Pre-Tension: PS강재 긴장 → 콘크리트 타설 → PS강재와 콘크리트 접합 → Prestress 도입

Post-Tension: Sheath 설치 → 콘크리트 타설 → PS강재 삽입, 긴장, 고정 → Grouting → Prestress 도입

(1) PS강재를 긴장하고 콘크리트를 타설한 후 PS강재와 콘크리트를 접합하여 프리스트레스를 도입하는 방법

(2) 쉬스를 설치하고 콘크리트를 타설한 후 PS강재를 삽입, 긴장, 고정하여 그라우팅한 후 프리스트레스를 도입하는 방법

06

다음 조건의 철근콘크리트 부재의 부피와 중량을 구하시오.

(1) 보 : 단면 300mm×400mm, 길이 1m, 150개

① 부피 :

② 중량 :

(2) 기둥 : 단면 450mm×600mm, 길이 4m, 50개

① 부피 :

② 중량 :

정답		
(1)	보	① 부피 : $0.3 \times 0.4 \times 1 \times 150 = 18\text{m}^3$ ② 중량 : $18 \times 2,400 = 43,200\text{kg}$
(2)	기둥	① 부피 : $0.45 \times 0.6 \times 4 \times 50 = 54\text{m}^3$ ② 중량 : $54 \times 2,400 = 129,600\text{kg}$

07

시공계획서 제출 시 환경관리 및 친환경관리에 대해 제출해야 할 서류에 포함될 내용을 4가지 쓰시오

① _____ ② _____

③ _____ ④ _____

정답

시공계획서 제출 시 환경관리 및 친환경관리에 대해
제출해야 할 서류에 포함될 내용

① 건설폐기물 저감 및 재활용계획
② 산업부산물 재활용계획
③ 온실가스 배출 저감 계획
④ 천연자원 사용 저감 계획

08

시멘트의 응결시간에 영향을 미치는 요소를 3가지 설명하시오. (단, 다음의 예시와 같은 형식으로 답을 작성하시오.)

【예시】 습도가 높을수록 응결속도가 늦어진다.

① _____
② _____
③ _____

정답

① 온도가 높을수록 응결속도가 빠르다.
② 시멘트 분말도가 크면 응결속도가 빠르다.
③ 알루민산3석회(C_3A)가 많을수록 응결속도가 빠르다.

09

단순보의 전단력도가 그림과 같을 때 최대 휨모멘트를 구하시오.

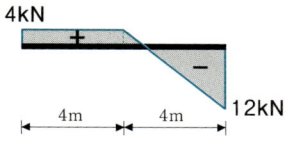

정답

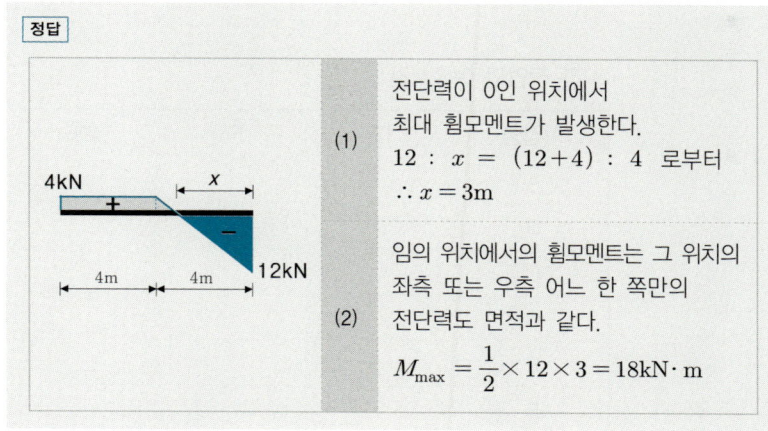

(1) 전단력이 0인 위치에서 최대 휨모멘트가 발생한다.
12 : x = (12+4) : 4 로부터
∴ $x = 3\text{m}$

(2) 임의 위치에서의 휨모멘트는 그 위치의 좌측 또는 우측 어느 한 쪽만의 전단력도 면적과 같다.

$$M_{\max} = \frac{1}{2} \times 12 \times 3 = 18\text{kN} \cdot \text{m}$$

다음 데이터를 네트워크공정표로 작성하고, 각 작업의 여유시간을 구하시오.

작업명	작업일수	선행작업	비고
A	2	없음	(1) 결합점에서는 다음과 같이 표시한다.
B	3	없음	
C	5	없음	
D	4	없음	
E	7	A, B, C	(2) 주공정선은 굵은선으로 표시한다.
F	4	B, C, D	

(1) 네트워크공정표

(2) 각 작업의 여유시간

작업명	TF	FF	DF	CP
A				
B				
C				
D				
E				
F				

2-38

정답

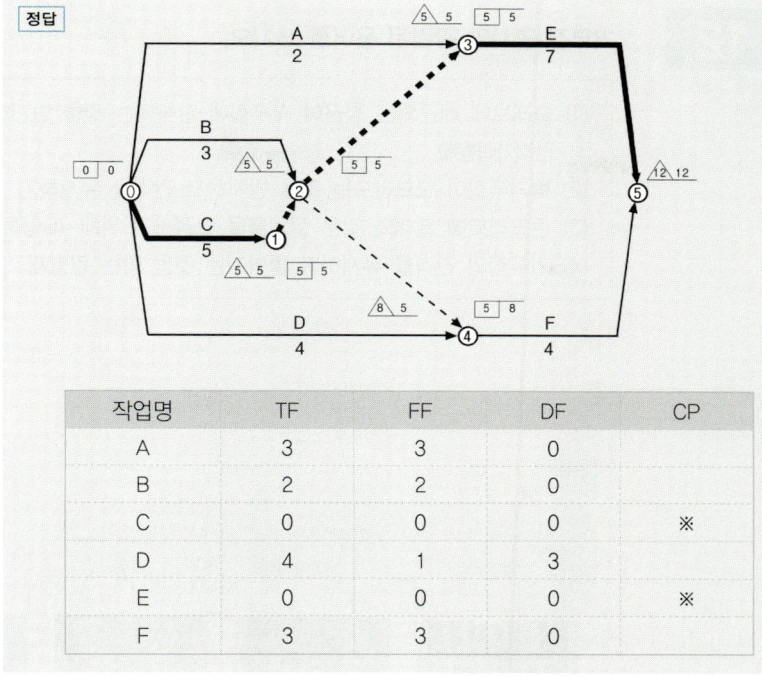

작업명	TF	FF	DF	CP
A	3	3	0	
B	2	2	0	
C	0	0	0	※
D	4	1	3	
E	0	0	0	※
F	3	3	0	

---

11 두께 0.15m, 폭 6m, 길이 100m 도로를 6m³ 레미콘을 이용하여 하루 8시간 작업 시 레미콘 배차간격은 몇 분(min)인가?

정답 32분

	레미콘 배차간격	
(1)	소요 콘크리트량	$0.15 \times 6 \times 100 = 90\text{m}^3$
(2)	6m³ 레미콘 차량대수	$\dfrac{90}{6} = 15$ 대
(3)	배차간격	$\dfrac{8 \times 60}{15} = 32$ 분

【배차간격을 15-1=14로 하면 8시간 작업 내에 콘크리트 타설을 할 수 없다.】

배점4 □□□

12

09④, 13①, 18④

거푸집 공사와 관련된 용어를 쓰시오.

(1) 슬래브에 배근되는 철근이 거푸집에 밀착되는 것을 방지하기 위한 간격재(굄재)
(2) 벽거푸집이 오므라드는 것을 방지하고 간격을 유지하기 위한 격리재
(3) 콘크리트에 달대와 같은 설치물을 고정하기 위해 매입하는 철물
(4) 거푸집의 간격을 유지하며 벌어지는 것을 막는 긴장재

(1) _____ (2) _____
(3) _____ (4) _____

정답

| (1) 스페이서 | (2) 세퍼레이터 | (3) 인서트 | (4) 폼타이 |
| (Spacer) | (Separater) | (Insert) | (Form Tie) |

배점2 □□□

13

01①, 18④

공사현장에서 절단이 불가능하여 사용치수로 주문 제작해야 하는 유리의 명칭 2가지를 쓰시오.

① _____ ② _____

정답

① 복층 유리 (Pair Glass)　② 배강도 유리 (Heat Strengthened Glass)　③ 유리블록 (Glass Block)

2-40

14 공동도급(Joint Venture Contract)의 장점을 4가지 쓰시오.

① _____ ② _____
③ _____ ④ _____

정답

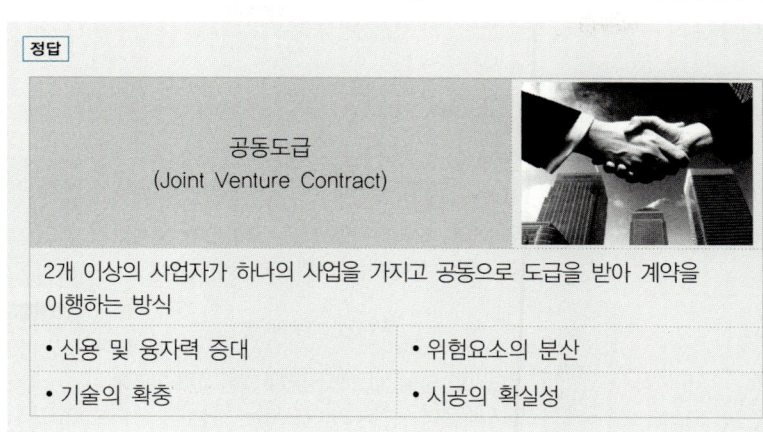

공동도급
(Joint Venture Contract)

2개 이상의 사업자가 하나의 사업을 가지고 공동으로 도급을 받아 계약을 이행하는 방식

- 신용 및 융자력 증대
- 위험요소의 분산
- 기술의 확충
- 시공의 확실성

15 그림과 같은 콘크리트 기둥이 양단힌지로 지지되었을 때 약축에 대한 세장비가 150이 되기 위한 기둥의 길이(m)를 구하시오.

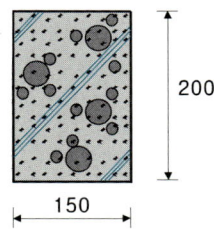

정답

(1) 양단 힌지 ➡ $K=1$을 적용, 약축에 대한 단면2차모멘트
$I_y = \dfrac{200 \times 150^3}{12}$ 적용

(2) $\lambda = \dfrac{KL}{\sqrt{r}} = \dfrac{KL}{\sqrt{\dfrac{I}{A}}} = \dfrac{(1)L}{\sqrt{\dfrac{(200)(150)^3}{12}{(200 \times 150)}}} = 150$ 으로부터

$L = 6{,}495\,\text{mm} = 6.495\,\text{m}$

16

콘크리트공사와 관련된 다음 용어를 간단히 설명하시오.

(1) 콜드조인트(Cold Joint) :

(2) 블리딩(Bleeding) :

> **정답**
>
> (1) **콜드조인트(Cold Joint)**
> 콘크리트 이어치기할 때 콘크리트가 일체화되지 않아 발생하는 계획되지 않은 Joint
>
> (2) **블리딩(Bleeding)**
> 콘크리트 타설 시 아직 굳지 않은 콘크리트에 있어서 물이 윗면에 솟아오르는 현상

17

다음의 거푸집 공법을 설명하시오.

(1) 슬립폼(Slip Form) :

(2) 트래블링폼(Traveling Form) :

> **정답**
>
> (1) **슬립폼(Slip Form)**
> 거푸집을 연속으로 이동시키면서 콘크리트 타설을 하여 시공이음 없는 균일한 시공이 가능한 거푸집으로 슬라이딩폼(Sliding Form)이라고도 한다.
>
> (2) **트래블링폼(Traveling Form)**
> 트래블러(Traveler)라고 하는 장치를 이용하여 수평으로 이동이 가능한 대형 시스템화 거푸집으로 터널이나 지하철공사 등에 적용된다.

배점4 □□□
18
06④, 18④

콘크리트 내의 철근의 내구성에 영향을 주는 부식방지를 억제할 수 있는 방법을 4가지 쓰시오.

① _____   ② _____
③ _____   ④ _____

정답

철근 부식에 대한 방청상 유효한 조치
① 철근 표면에 아연도금 처리
② 골재에 제염제 혼입
③ 콘크리트에 방청제 혼입
④ 에폭시 코팅 철근 사용

배점2 □□□
19
10①, 12④, 18④

조적구조 기준 내용의 괄호를 채우시오.

(1) 조적식구조 내력벽의 길이는 (　　)m를 넘을 수 없다.
(2) 조적식구조 내력벽으로 둘러싸인 부분의 바닥면적은 (　　)m^2를 넘을 수 없다.

정답　① 10　　② 80

배점3 □□□
20
98①, 98④,
99①, 01④,
03④, 06④,
14①, 18④,
19④, 22①

강구조공사에서 철골에 녹막이칠을 하지 않는 부분을 3가지 쓰시오.

① _____   ② _____
③ _____

정답

철골에 녹막이칠을 하지 않는 부분
① 콘크리트에 매립되는 부분
② 조립에 의해 면맞춤 되는 부분
③ 고장력볼트 접합부의 마찰면
④ 용접부위 양측 100mm 이내

08④, 14②,
18④, 19④

21 언더피닝 공법을 시행하는 목적과 그 공법의 종류를 2가지 쓰시오.

(1) 목적 :

(2) 공법의 종류 :

① _____ ② _____

> 정답
>
> | 언더피닝(Under Pinning) | |
> |---|---|
> | 기존 건축물의 기초를 보강하거나 새로운 기초를 설치하여 기존 건축물을 보호하는 보강공사 방법 | |
> | 공법의 종류 | • 이중널말뚝박기 공법
• 강재말뚝 공법 • 현장타설콘크리트말뚝 공법
• 약액주입 공법 |

04①, 08①,
13④, 16②,
18④, 19①,
21①

22 금속커튼월의 성능시험관련 실물모형시험(Mock-Up Test)의 시험항목을 4가지 쓰시오.

① _____ ② _____

③ _____ ④ _____

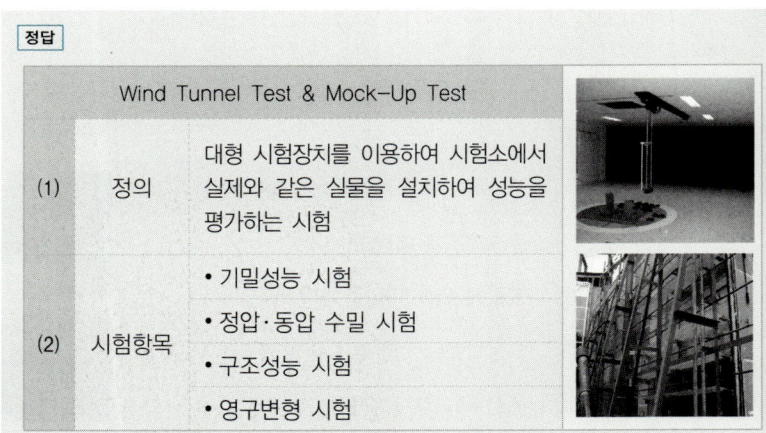

2-44

23

조적조를 바탕으로 하는 지상부 건축물의 외부벽면 방수방법의 내용을 3가지 쓰시오.

① _____ ② _____ ③ _____

정답

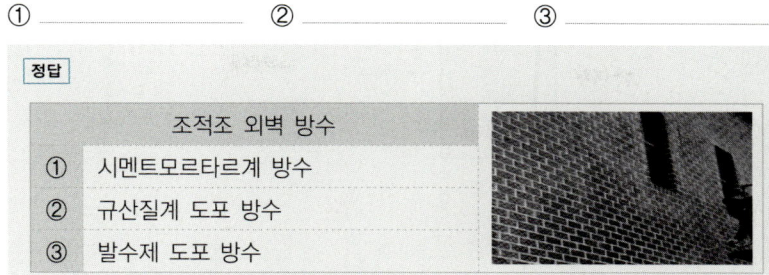

조적조 외벽 방수
① 시멘트모르타르계 방수
② 규산질계 도포 방수
③ 발수제 도포 방수

24

인장철근만 배근된 철근콘크리트 직사각형 단순보에 하중이 작용하여 순간처짐이 5mm 발생하였다. 5년 이상 지속하중이 작용할 경우 총처짐량(순간처짐+장기처짐)을 구하시오. (단, 장기처짐계수 $\lambda_\Delta = \dfrac{\xi}{1+50\rho'}$ 을 적용하며 시간경과계수는 2.0으로 한다.)

정답 총처짐 = 탄성처짐 + 탄성처짐 × $\dfrac{\xi}{1+50\rho'}$ = $5 + 5 \times \dfrac{(2.0)}{1+50(0)}$ = 15mm

해설

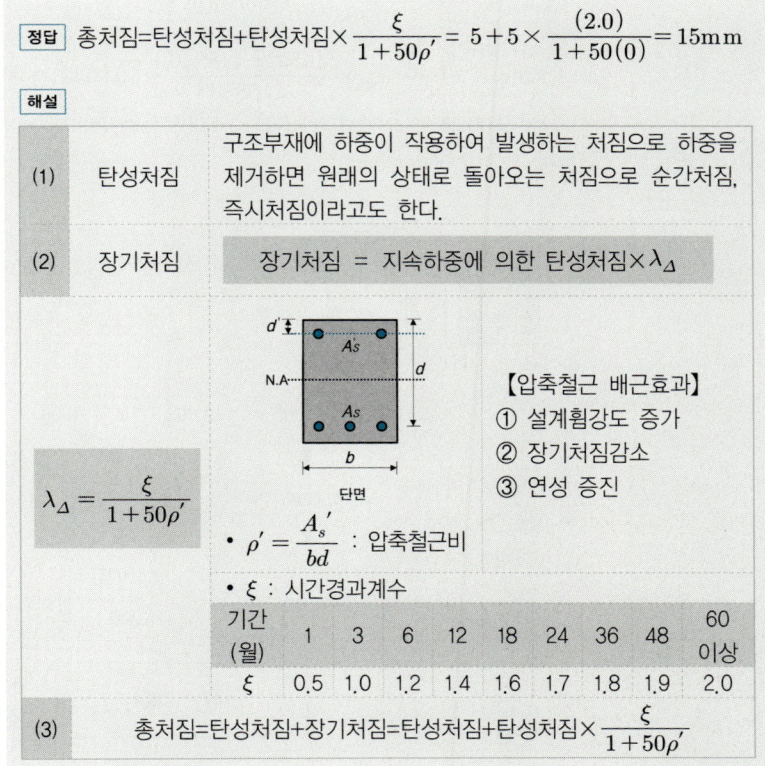

(1)	탄성처짐	구조부재에 하중이 작용하여 발생하는 처짐으로 하중을 제거하면 원래의 상태로 돌아오는 처짐으로 순간처짐, 즉시처짐이라고도 한다.
(2)	장기처짐	장기처짐 = 지속하중에 의한 탄성처짐 × λ_Δ

$\lambda_\Delta = \dfrac{\xi}{1+50\rho'}$

【압축철근 배근효과】
① 설계휨강도 증가
② 장기처짐감소
③ 연성 증진

- $\rho' = \dfrac{A_s'}{bd}$: 압축철근비
- ξ : 시간경과계수

기간(월)	1	3	6	12	18	24	36	48	60 이상
ξ	0.5	1.0	1.2	1.4	1.6	1.7	1.8	1.9	2.0

(3) 총처짐 = 탄성처짐 + 장기처짐 = 탄성처짐 + 탄성처짐 × $\dfrac{\xi}{1+50\rho'}$

25

그림과 같은 RC보에서 최외단 인장철근의 순인장변형률(ϵ_t)를 산정하고, 지배단면(인장지배단면, 압축지배단면, 변화구간단면)을 구분하시오.
(단, $A_s = 1,927\text{mm}^2$, $f_{ck} = 24\text{MPa}$, $f_y = 400\text{MPa}$, $E_s = 200,000\text{MPa}$)

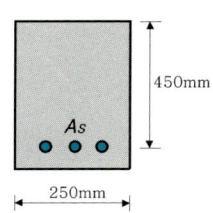

정답

(1) $f_{ck} \leq 40\text{MPa}$ ➡ $\eta = 1.00$, $\beta_1 = 0.80$, $\epsilon_{cu} = 0.0033$

(2) $a = \dfrac{A_s \cdot f_y}{\eta \cdot 0.85 f_{ck} \cdot b} = \dfrac{(1,927)(400)}{(1.00)(0.85 \times 24)(250)} = 151.13\text{mm}$

$c = \dfrac{a}{\beta_1} = \dfrac{(151.13)}{(0.80)} = 188.91\text{mm}$

(3) $\epsilon_t = \dfrac{d_t - c}{c} \cdot \epsilon_{cu} = \dfrac{(450) - (188.91)}{(188.91)} \cdot (0.0033) = 0.00456$

(4) $0.0020 < \epsilon_t \,(= 0.00456) < 0.005$ ➡ 변화구간단면

해설

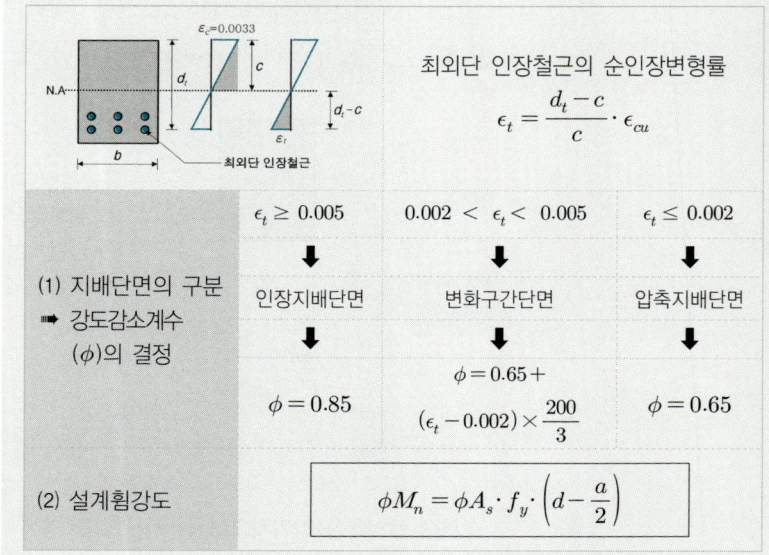

그림과 같은 트러스의 D_2, U_2, L_2,의 부재력(kN)을 절단법으로 구하시오.
(단, $-$는 압축력, $+$는 인장력으로 부호를 반드시 표시하시오.)

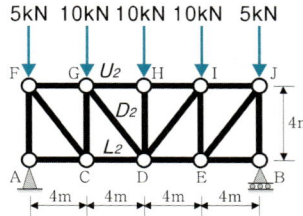

해설

절단법(Method of Sections)

➡ 부재력을 구하고자 하는 임의의 복재(수직재 또는 경사재)를 포함하여 3개 이내로 절단한 상태의 자유물체도상에서 전단력이 발생하지 않는 조건 $V=0$을 이용하여 특정 부재의 부재력을 계산한다.

➡ 부재력을 구하고자 하는 임의의 현재(상현재 또는 하현재)를 포함하여 3개 이내로 절단한 상태의 자유물체도상에서 휨모멘트가 발생하지 않는 조건 $M=0$을 이용하여 특정 부재의 부재력을 계산한다.

Karl Culmann
(1821~1881)

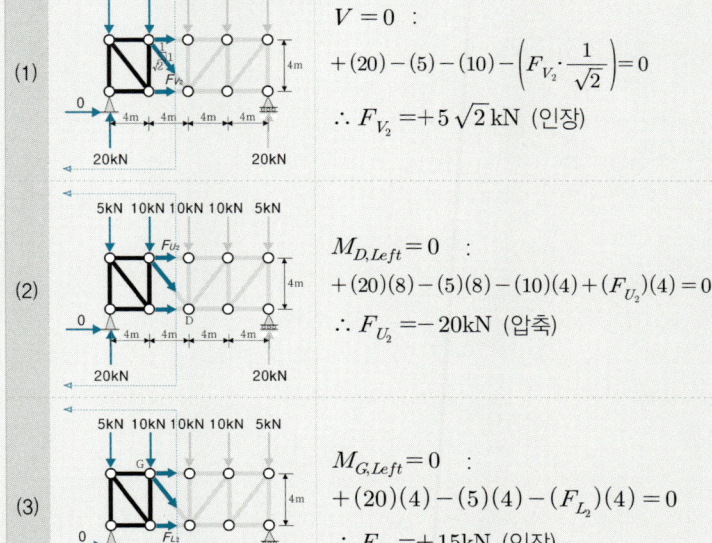

(1) $V=0$:
$+(20)-(5)-(10)-\left(F_{V_2}\cdot\dfrac{1}{\sqrt{2}}\right)=0$
$\therefore F_{V_2}=+5\sqrt{2}\,\text{kN}$ (인장)

(2) $M_{D,Left}=0$:
$+(20)(8)-(5)(8)-(10)(4)+(F_{U_2})(4)=0$
$\therefore F_{U_2}=-20\text{kN}$ (압축)

(3) $M_{G,Left}=0$:
$+(20)(4)-(5)(4)-(F_{L_2})(4)=0$
$\therefore F_{L_2}=+15\text{kN}$ (인장)

memo

2019년
과년도 기출문제

① 건축기사 제1회 시행 ⋯⋯ 2-50
② 건축기사 제2회 시행 ⋯⋯ 2-66
③ 건축기사 제4회 시행 ⋯⋯ 2-84

제1회 2019

건축기사 과년도 기출문제

배점3
01
19①, 22②

철골부재의 접합에 사용되는 고장력볼트 중 볼트의 장력 관리를 손쉽게 하기 위한 목적으로 개발된 것으로 본조임 시 전용조임기를 사용하여 볼트의 핀테일이 파단될 때까지 조임시공하는 볼트의 명칭을 쓰시오.

정답 TS(Torque Shear) Bolt

해설

TS(Torque Shear) Bolt 시공순서
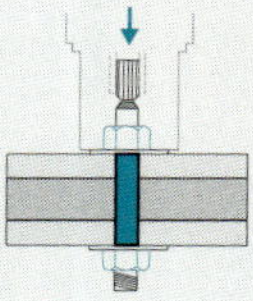 핀테일(Pin Tail)에 내측 소켓(Socket)을 끼우고 렌치(Wrench)를 살짝 걸어 너트(Nut)에 외측 소켓(Socket)이 맞춰지도록 함
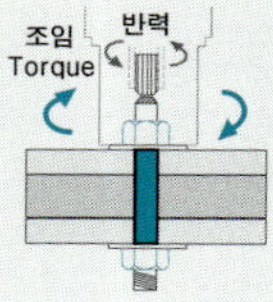 렌치의 스위치를 켜 외측 소켓이 회전하며 볼트를 체결
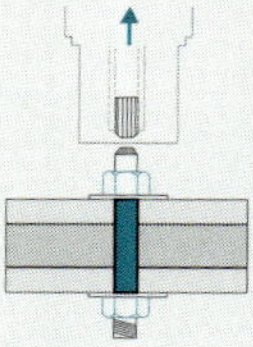 핀테일이 절단되었을 때 외측 소켓이 너트로부터 분리되도록 렌치를 잡아당김
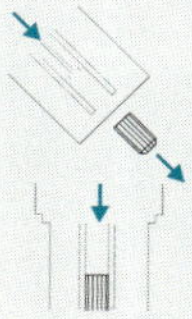 팁 레버(Tip Lever)를 잡아당겨 내측 소켓에 들어있는 핀테일을 제거

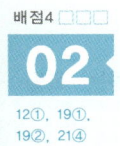

02 방수공사에 활용되는 시트(Sheet) 방수공법의 장단점을 각각 2가지씩 쓰시오.

12①, 19①, 19②, 21④

(1) 장점

① _____ ② _____

(2) 단점

① _____ ② _____

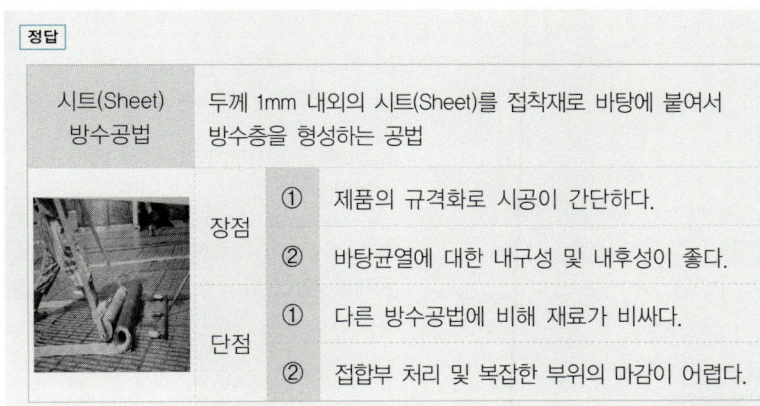

시트(Sheet) 방수공법	두께 1mm 내외의 시트(Sheet)를 접착재로 바탕에 붙여서 방수층을 형성하는 공법	
장점	①	제품의 규격화로 시공이 간단하다.
	②	바탕균열에 대한 내구성 및 내후성이 좋다.
단점	①	다른 방수공법에 비해 재료가 비싸다.
	②	접합부 처리 및 복잡한 부위의 마감이 어렵다.

03 목재를 천연건조(자연건조)할 때의 장점을 2가지 쓰시오.

19①, 22②

① _____

② _____

정답

목재의 인공건조

① 인공건조에 비해 비교적 균일한 건조가 가능하다.

② 건조에 의한 결함이 감소되며 시설투자비용 및 작업비용이 적다.

04 콘크리트 구조물의 화재 시 급격한 고열현상에 의하여 발생하는 폭렬(Exclosive Fracture) 현상 방지대책을 2가지 쓰시오.

① _____
② _____

> **해설**
>
> | | 폭렬(Exclosive Fracture) | |
> |---|---|---|
> | 정의 | 콘크리트 부재가 화재로 가열되어 표면부가 소리를 내며 급격히 파열되는 현상 | |
> | 방지 대책 | ① | 내화피복을 실시하여 열의 침입을 차단한다. |
> | | ② | 흡수율이 작고 내화성이 있는 골재를 사용한다. |

05 다음 설명에 해당되는 용접결함의 용어를 쓰시오.

(1) 용접금속과 모재가 융합되지 않고 단순히 겹쳐지는 것
(2) 용접상부에 모재가 녹아 용착금속이 채워지지 않고 홈으로 남게 된 부분
(3) 용접봉의 피복재 용해물인 회분이 용착금속 내에 혼입된 것
(4) 용융금속이 응고할 때 방출되었어야 할 가스가 남아서 생기는 용접부의 빈 자리

(1) _____ (2) _____
(3) _____ (4) _____

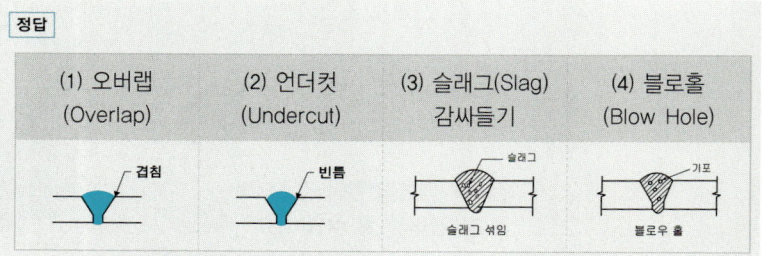

정답
(1) 오버랩 (Overlap)
(2) 언더컷 (Undercut)
(3) 슬래그(Slag) 감싸들기
(4) 블로홀 (Blow Hole)

06. 굳지않은 콘크리트의 시공연도(Workability)를 측정하는 시험 종류를 3가지 쓰시오.

① _____ ② _____ ③ _____

정답
① 슬럼프 시험 (Slump Test)
② 흐름 시험 (Flow Test)
③ 비비 시험 (Vee-Bee Test)

07. 강구조공사와 관련된 다음 용어를 설명하시오.

(1) 밀 시트(Mill Sheet) :

(2) 뒷댐재(Back Strip) :

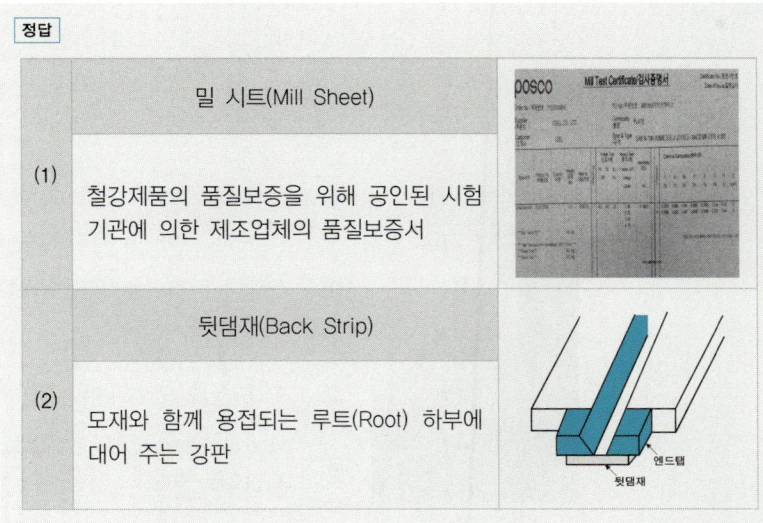

	밀 시트(Mill Sheet)
(1)	철강제품의 품질보증을 위해 공인된 시험기관에 의한 제조업체의 품질보증서
	뒷댐재(Back Strip)
(2)	모재와 함께 용접되는 루트(Root) 하부에 대어 주는 강판

배점3 □□□

08

13①, 19①

철근콘크리트구조 띠철근 기둥의 설계축하중 ϕP_n (kN)을 구하시오.
(조건: $f_{ck}=24\text{MPa}$, $f_y=400\text{MPa}$, D22 철근 한 개의 단면적은 387mm², 강도감소계수 $\phi=0.65$)

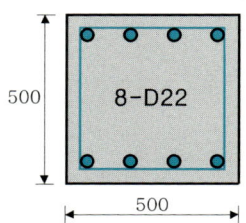

> **정답**
> $$\phi P_n = (0.65)(0.80)[0.85(24) \cdot \{(500 \times 500)-(8 \times 387)\}+(400)(8 \times 387)]$$
> $$= 3,263,125\text{N} = 3,263.125\text{kN}$$

> **해설**

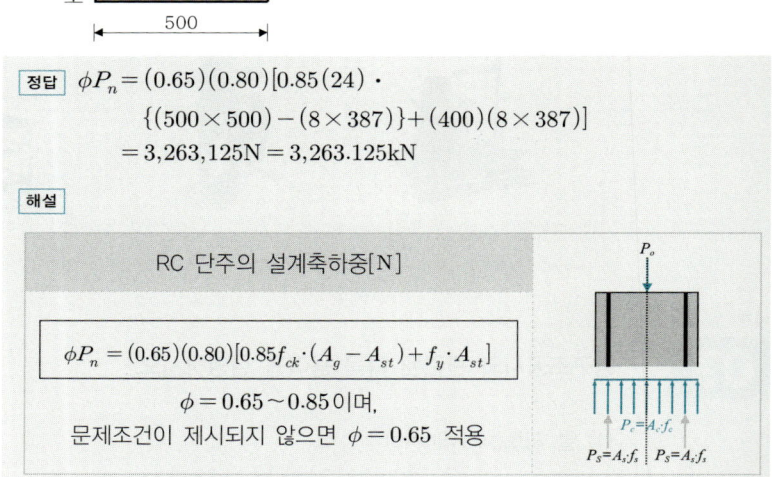

RC 단주의 설계축하중[N]

$$\phi P_n = (0.65)(0.80)[0.85 f_{ck} \cdot (A_g - A_{st}) + f_y \cdot A_{st}]$$

$\phi = 0.65 \sim 0.85$이며,
문제조건이 제시되지 않으면 $\phi = 0.65$ 적용

배점3 □□□

09

98⑤, 12④, 19①

흙막이공법 중 어스앵커(Earth Anchor) 공법에 대하여 설명하시오.

> **정답**

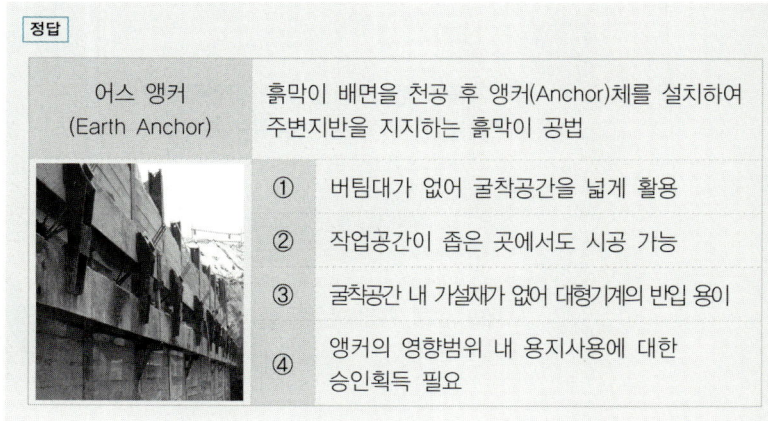

어스 앵커 (Earth Anchor)	흙막이 배면을 천공 후 앵커(Anchor)체를 설치하여 주변지반을 지지하는 흙막이 공법
	① 버팀대가 없어 굴착공간을 넓게 활용
	② 작업공간이 좁은 곳에서도 시공 가능
	③ 굴착공간 내 가설재가 없어 대형기계의 반입 용이
	④ 앵커의 영향범위 내 용지사용에 대한 승인획득 필요

10. 다음 보기에서 설명하는 구조의 명칭을 쓰시오.

> 강구조물 주위에 철근배근을 하고 그 위에 콘크리트가 타설되어 일체가 되도록 한 것으로서, 초고층 구조물 하층부의 복합구조로 많이 채택되는 구조

정답

매입형(埋入形) 합성기둥
(Composite Column)

11. 지반조사 방법 중 사운딩(Sounding)시험의 정의를 간략히 설명하고 종류를 2가지 쓰시오.

(1) 정의 :

(2) 종류

　① _____　② _____

정답

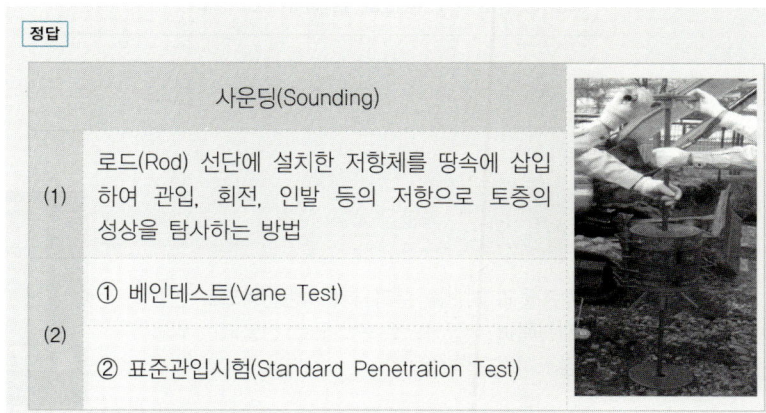

사운딩(Sounding)

(1) 로드(Rod) 선단에 설치한 저항체를 땅속에 삽입하여 관입, 회전, 인발 등의 저항으로 토층의 성상을 탐사하는 방법

(2) ① 베인테스트(Vane Test)
　　② 표준관입시험(Standard Penetration Test)

배점4 ☐☐☐

12

04①, 08①,
13④, 16②,
18④, 19①,
21①

금속커튼월의 성능시험관련 실물모형시험(Mock-Up Test)의 시험항목을 4가지 쓰시오.

① _____   ② _____
③ _____   ④ _____

> **정답**
>
> | | Wind Tunnel Test & Mock-Up Test |
> |---|---|
> | (1) 정의 | 대형 시험장치를 이용하여 시험소에서 실제와 같은 실물을 설치하여 성능을 평가하는 시험 |
> | (2) 시험항목 | • 기밀성능 시험
• 정압·동압 수밀 시험
• 구조성능 시험
• 영구변형 시험 |

배점2 ☐☐☐

13

11①, 16②,
19①, 21④,
24③

다음이 설명하는 구조의 명칭을 쓰시오.

> 건축물의 기초 부분 등에 적층고무 또는 미끄럼받이 등을 넣어서 지진에 대한 건축물의 흔들림을 감소시키는 구조

> **정답**
>
> 면진(免震) 구조
>
> 구조물과 지반을 분리시켜 지반진동으로 인한 지진력이 직접적으로 구조물로 전달되는 양을 감소시킨 건축물

14

숏크리트(Shotcrete) 공법의 정의를 기술하고, 그에 대한 장·단점을 2가지씩 쓰시오.

(1) 숏크리트 :

(2) 장점 :

　① _____　② _____

(3) 단점 :

　① _____　② _____

정답

숏크리트(Shotcrete)	(1)	콘크리트를 압축공기로 노즐에서 뿜어 시공면에 붙여 만든 것
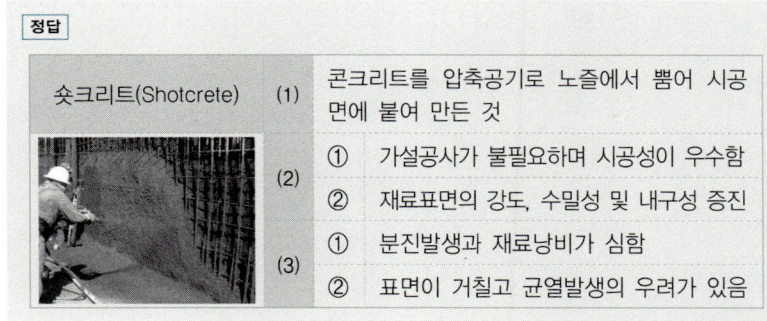	(2)	① 가설공사가 불필요하며 시공성이 우수함 ② 재료표면의 강도, 수밀성 및 내구성 증진
	(3)	① 분진발생과 재료낭비가 심함 ② 표면이 거칠고 균열발생의 우려가 있음

15

다음 조건 하에서 파워쇼벨의 1시간당 추정 굴착작업량을 산출하시오.

- $q = 0.8 \text{m}^3$
- $k = 0.8$
- $f = 0.7$
- $E = 0.83$
- $Cm = 40 \sec$

정답

Shovel 계열의 굴삭기계 시간당 시공량

$$Q = \frac{3,600 \times q \times k \times f \times E}{Cm} \ (\text{m}^3/\text{hr})$$

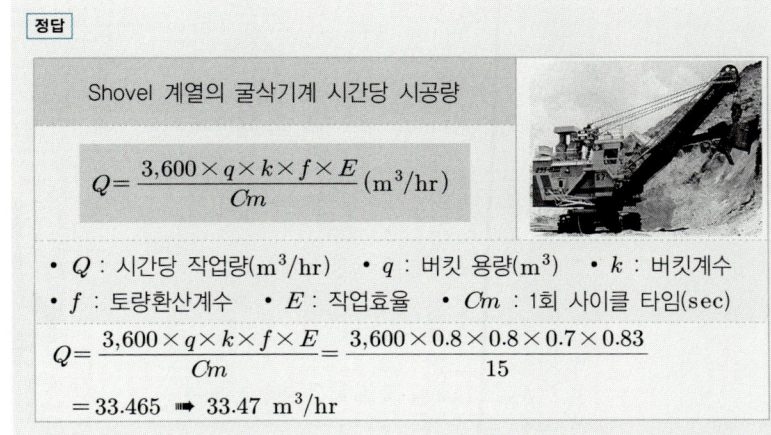

- Q : 시간당 작업량(m^3/hr)　• q : 버킷 용량(m^3)　• k : 버킷계수
- f : 토량환산계수　• E : 작업효율　• Cm : 1회 사이클 타임(sec)

$$Q = \frac{3,600 \times q \times k \times f \times E}{Cm} = \frac{3,600 \times 0.8 \times 0.8 \times 0.7 \times 0.83}{15}$$

$$= 33.465 \ \Rightarrow \ 33.47 \ \text{m}^3/\text{hr}$$

16

다음이 설명하는 콘크리트의 줄눈 명칭을 쓰시오.

> 콘크리트 경화 시 수축에 의한 균열을 방지하고 슬래브에서 발생하는 수평 움직임을 조절하기 위하여 설치한다. 벽과 슬래브 외기에 접하는 부분 등 균열이 예상되는 위치에 약한 부분을 인위적으로 만들어 다른 부분의 균열을 억제하는 역할을 한다.

정답

조절줄눈(Control Joint)

균열을 전체 단면 중의 일정한 곳에만 발생하도록 유도하는 Joint로서 수축줄눈(Contraction Joint)이라고도 한다.

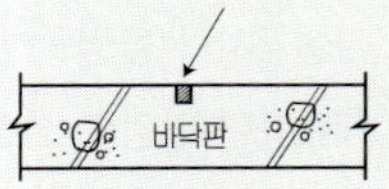

17

커튼월(Curtain Wall)의 알루미늄바에서 누수방지 대책을 시공적 측면에서 4가지 쓰시오.

① _____   ② _____
③ _____   ④ _____

정답

커튼월(Curtain Wall)의 알루미늄바에서 시공적 측면의 누수방지 대책

① 알루니늄바 접합부위 실런트 처리
② 스크류 고정부위 실런트 처리
③ 벽패널과 알루미늄바 틈새 실런트 처리
④ Weep Hole을 통해 물을 외부로 배출

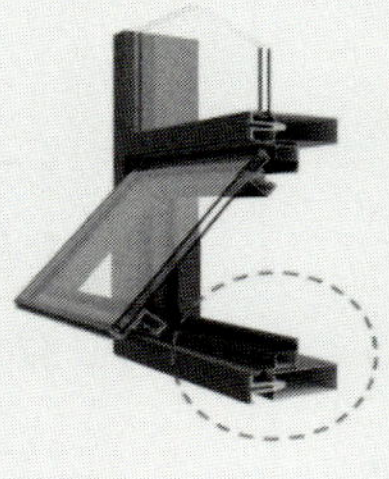

기초와 지정의 차이점을 기술하시오.

(1) 기초 :

(2) 지정 :

정답

(1) 기초(基礎)
건축물의 최하부에서 건축물의 하중을 지반에 안전하게 전달시키는 구조부

(2) 지정(地定)
기초판을 지지하기 위해서 그 아래에 설치하는 버림콘크리트, 잡석, 말뚝 등

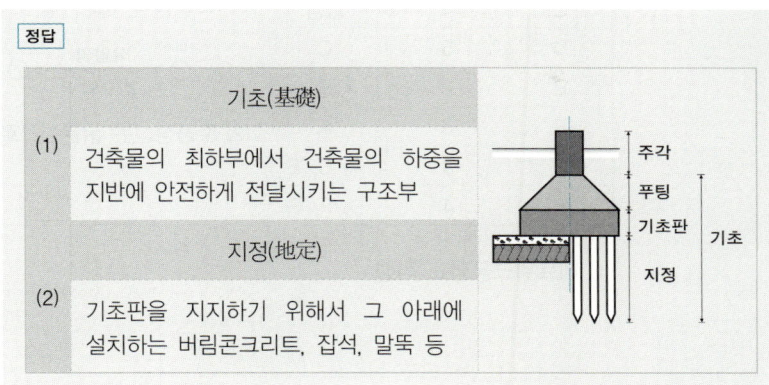

콘크리트의 압축강도 시험을 하지 않을 경우 거푸집널의 해체시기를 나타낸 표이다. 빈칸에 알맞은 기간을 써 넣으시오. (단, 기초, 보, 기둥 및 벽의 측면의 경우)

평균 기온 \ 시멘트 종류	조강포틀랜드시멘트	보통포틀랜드시멘트
20℃ 이상	( )일	( )일
20℃ 미만 10℃ 이상	( )일	( )일

정답

평균 기온 \ 시멘트 종류	조강포틀랜드시멘트	보통포틀랜드시멘트
20℃ 이상	(2)일	(4)일
20℃ 미만 10℃ 이상	(3)일	(6)일

배점10 □□□

20 다음 데이터를 네트워크공정표로 작성하고, 각 작업의 여유시간을 구하시오.

08①, 13①, 19①, 22①

작업명	작업일수	선행작업	비 고
A	3	없음	
B	2	없음	
C	4	없음	(1) 결합점에서는 다음과 같이 표시한다.
D	5	C	
E	2	B	
F	3	A	(2) 주공정선은 굵은선으로 표시한다.
G	3	A, C, E	
H	4	D, F, G	

(1) 네트워크공정표 작성

(2) 각 작업의 여유시간

작업명	TF	FF	DF	CP
A				
B				
C				
D				
E				
F				
G				
H				

2-60

정답

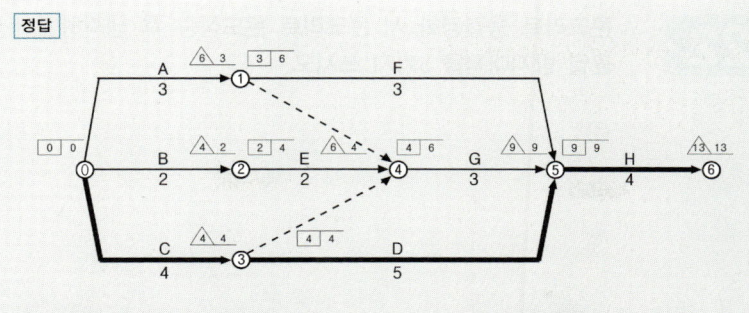

작업명	TF	FF	DF	CP
A	3	0	3	
B	2	0	2	
C	0	0	0	※
D	0	0	0	※
E	2	0	2	
F	3	3	0	
G	2	2	0	
H	0	0	0	※

21 다음 용어를 설명하시오.

(1) 접합 유리(Laminated Glass) :

(2) Low-E 유리(Low-Emissivity Glass) :

정답

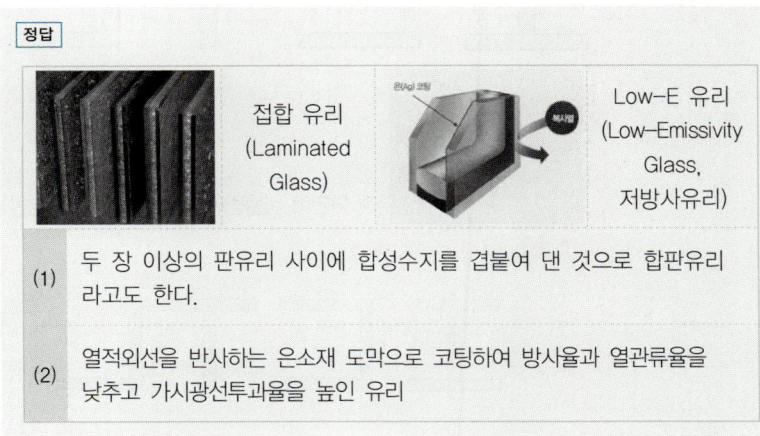

(1)	두 장 이상의 판유리 사이에 합성수지를 겹붙여 댄 것으로 합판유리라고도 한다.
(2)	열적외선을 반사하는 은소재 도막으로 코팅하여 방사율과 열관류율을 낮추고 가시광선투과율을 높인 유리

22 콘크리트 응결경화 시 콘크리트 온도상승 후 냉각하면서 발생하는 온도균열 방지대책을 3가지 쓰시오.

① _____

② _____

③ _____

정답

콘크리트 온도균열 방지대책
① 단위시멘트량을 낮춘다.
② 수화열이 낮은 플라이애쉬 시멘트를 사용한다.
③ 선행냉각(Pre Cooling, 프리쿨링), 관로식 냉각(Pipe Cooling, 파이프쿨링)과 같은 온도균열 제어방법을 이용한다.

23 강구조 부재에서 비틀림이 생기지 않고 휨변형만 유발하는 위치를 전단중심(Shear Center)이라 한다. 다음 형강들에 대하여 전단중심의 위치를 각 단면에 표기하시오.

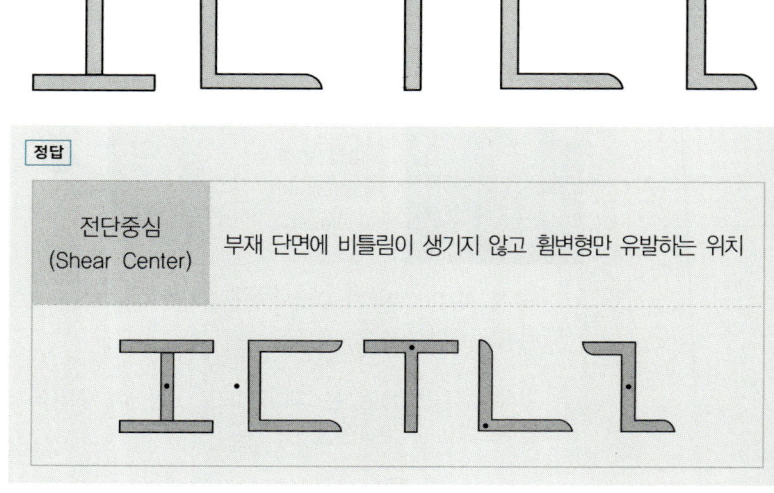

큰 처짐에 의하여 손상되기 쉬운 칸막이벽이나 기타 구조물을 지지 또는 부착하지 않은 부재의 경우, 다음 표에서 정한 최소두께를 적용하여야 한다. 표의 ( ) 안에 알맞은 숫자를 써 넣으시오. (단, 표의 값은 보통중량 콘크리트와 설계기준항복강도 400MPa 철근을 사용한 부재에 대한 값임)

【처짐을 계산하지 않는 경우의 보 또는 1방향 슬래브의 최소 두께기준】

단순지지된 1방향 슬래브	L / ( )
1단연속된 보	L / ( )
양단연속된 리브가 있는 1방향 슬래브	L / ( )

정답 20, 18.5, 21

해설

처짐을 계산하지 않는 경우 보 또는 1방향 슬래브의 최소두께($h_{\min}$)

l : 경간(Span) 길이

	단순지지	1단연속	양단연속	캔틸레버
보 및 리브가 있는 1방향 슬래브	$\dfrac{l}{16}$	$\dfrac{l}{18.5}$	$\dfrac{l}{21}$	$\dfrac{l}{8}$
1방향 슬래브	$\dfrac{l}{20}$	$\dfrac{l}{24}$	$\dfrac{l}{28}$	$\dfrac{l}{10}$

l : 경간 길이(mm), $f_y = 400\text{MPa}$ 기준

- f_y 가 400MPa에 대한 규정값이며, f_y 가 400MPa 이외인 경우 계산된 $h_{\min}$ 값에 $\left(0.43 + \dfrac{f_y}{700}\right)$ 를 곱하여야 한다.
- 1,500~2,000kg/m³ 범위의 단위질량을 갖는 구조용 경량콘크리트에 대해서는 계산된 $h_{\min}$ 값에 $(1.65 - 0.00031 \cdot m_c)$ 를 곱해야 하나, 1.09 이상이어야 한다.

25 그림과 같은 3-Hinge라멘에서 A지점의 수평반력을 구하시오.

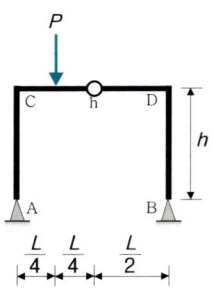

정답

(1) 평형조건식

$$\sum M_B = 0 : +(V_A)(L) - (P)\left(\frac{3L}{4}\right) = 0 \quad \therefore V_A = +\frac{3P}{4}(\uparrow)$$

(2) h절점 : $M=0$ 이라는 조건방정식

$$M_{h,Left} = 0 : +\left(\frac{3P}{4}\right)\left(\frac{L}{2}\right) - (P)\left(\frac{L}{4}\right) - (H_A)(h) = 0$$

$$\therefore H_A = +\frac{PL}{8h} \; (\rightarrow)$$

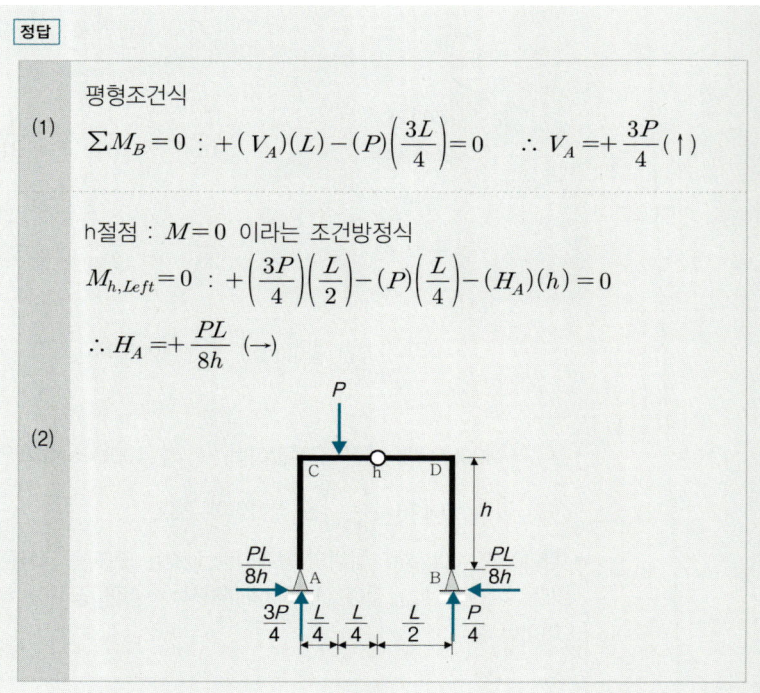

철근콘크리트 보의 춤이 700mm이고, 부모멘트를 받는 상부단면에 HD25철근이 배근되어 있을 때, 철근의 인장정착길이(l_d)를 구하시오. (단, $f_{ck}=25\text{MPa}$, $f_y=400\text{MPa}$, 철근의 순간격과 피복두께는 철근직경 이상이고, 상부철근 보정계수는 1.3을 적용, 도막되지 않은 철근, 보통중량 콘크리트를 사용)

정답 $l_d = \dfrac{0.6(25)(400)}{(1.0)\sqrt{(25)}} \times 1.3 \times 1.0 = 1,560\text{mm}$

해설

인장이형철근 정착길이	$l_d = l_{db} \times$ 보정계수
기본정착길이	$l_{db} = \dfrac{0.6 d_b \cdot f_y}{\lambda \sqrt{f_{ck}}}$
보정계수	α : 철근배근 위치계수 ➡ $\alpha = 1.3$: 상부철근 ➡ $\alpha = 1.0$: 기타 철근 β : 철근 도막계수 ➡ $\beta = 1.5$: 피복두께가 $3d_b$ 미만 또는 순간격이 $6d_b$ 미만인 에폭시 도막철근 ➡ $\beta = 1.2$: 기타 에폭시 도막철근 ➡ $\beta = 1.0$: 도막되지 않은 철근, 아연도금 철근

제2회 2019
건축기사
과년도 기출문제

배점3 □□□

01

98②, 12④, 19②

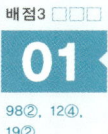

그림에서와 같이 터파기를 했을 경우, 인접 건물의 주위 지반이 침하할 수 있는 원인을 3가지 쓰시오. (단, 일반적으로 인접하는 건물보다 깊게 파는 경우)

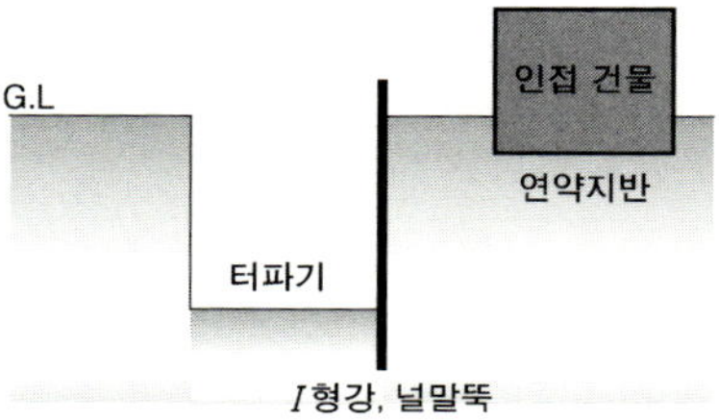

① .... ② .... ③ ....

정답 ① 히빙(Heaving) ② 보일링(Boiling) ③ 파이핑(Piping)

해설

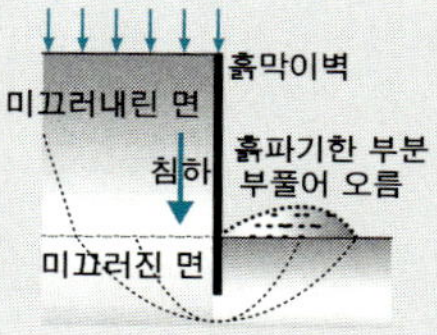

점토층

①

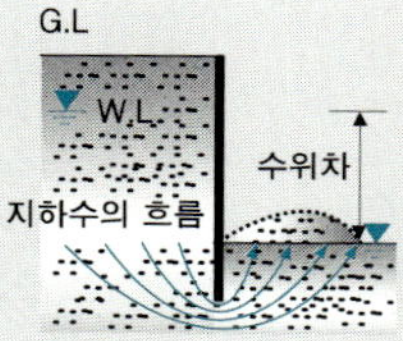

모래층

②

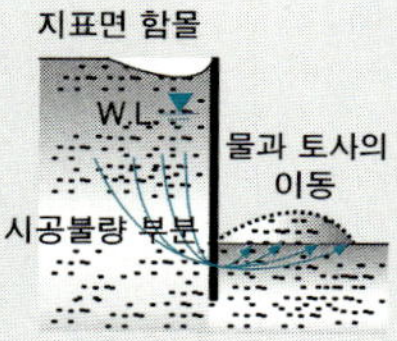

모래층

③

① 히빙 (Heaving)	Sheet Pile 등의 흙막이 벽의 좌측과 우측의 토압의 차에 의해 흙막이벽 밑으로 흙이 미끄러져 들어오는 현상
② 보일링 (Boiling)	흙막이벽 뒷면 수위가 높아 지하수가 흙막이벽 밑으로 공사장 안 바닥에서 물이 솟아오르는 현상
③ 파이핑 (Piping)	수위차가 있는 흙막이 배면에서 파이프(Pipe) 형태의 통로(수맥)가 형성되어 사질층의 흙과 물이 배출되는 현상

02 다음 설명이 뜻하는 계약방식의 용어를 쓰시오.

(1) 사회간접시설의 확충을 위해 민간이 자금조달과 공사를 완성하여 투자액의 회수를 위해 일정기간 운영하고 시설물과 운영권을 발주측에 이전하는 방식
(2) 사회간접시설의 확충을 위해 민간이 자금조달과 공사를 완성하여 소유권을 공공부분에 먼저 이양하고, 약정기간 동안 그 시설물을 운영하여 투자금액을 회수하는 방식
(3) 사회간접시설의 확충을 위해 민간이 자금조달과 공사를 완성하여 시설물의 운영과 함께 소유권도 민간에 이전되는 방식
(4) 발주자는 설계에서 시공까지 건물의 요구성능만을 제시하고 시공자가 재료나 시공방법을 선택하여 요구성능을 실현하는 방식

(1) _____ (2) _____
(3) _____ (4) _____

정답
(1) BOT(Build-Operate-Transfer)
(2) BTO(Build-Transfer-Own)
(3) BOO(Build-Operate-Own)
(4) 성능발주방식

해설

SOC(Social Overhead Capital) 시설: 도로, 철도, 항만, 공항 등

BOO (Build-Operate-Own): 설계·시공 → 운영 → 소유권 획득
사회간접시설을 민간부분이 주도하여, 설계·시공한 후 시설의 운영권과 함께 소유권도 민간에 이전하는 방식

BOT (Build-Operate-Transfer): 설계·시공 → 운영 → 소유권 이전
사회간접시설을 민간부분이 주도하여, 설계·시공한 후 일정기간 시설물을 운영하여 투자금액을 회수한 후 시설물·운영권을 무상으로 공공부분에 이전하는 방식

BTO (Build-Transfer-Operate): 설계·시공 → 소유권 이전 → 운영
사회간접시설을 민간부분이 주도하여, 설계·시공한 후 소유권을 공공부분에 먼저 이전하고 약정기간 동안 시설물을 운영하여 투자금액을 회수해가는 방식

BTL (Build-Transfer-Lease): 설계·시공 → 소유권 이전 → 임대
사회간접시설을 민간부분이 주도하여, 설계·시공한 후 소유권을 공공부분에 양도하고 시설물 임대료를 통하여 투자금액을 회수해가는 방식

배점3 □□□
03
08④, 10②, 19②, 22①

벽면적 20m²에 표준형벽돌 1.5B 쌓기 시 붉은벽돌 소요량을 산출하시오.

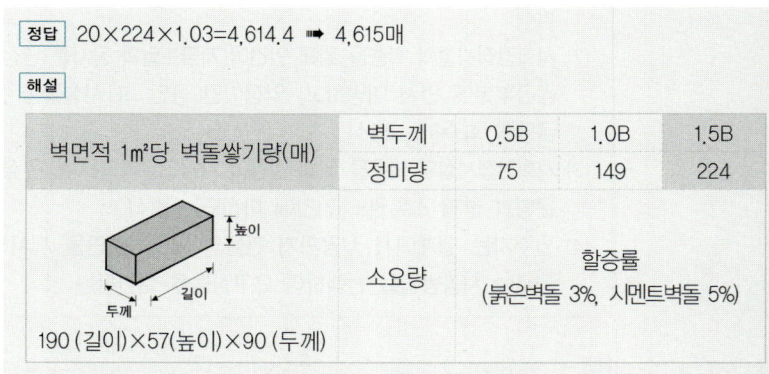

정답 20×224×1.03=4,614.4 ➡ 4,615매

해설

벽면적 1m²당 벽돌쌓기량(매)	벽두께	0.5B	1.0B	1.5B
	정미량	75	149	224
190(길이)×57(높이)×90(두께)	소요량		할증률 (붉은벽돌 3%, 시멘트벽돌 5%)	

배점4 □□□
04
98③, 00②, 01②, 02①, 06④, 09②, 11①, 16②, 17④, 19②, 21②, 22②

흙막이공사에서 역타설 공법(Top-Down Method)의 장점을 4가지 쓰시오.

① _____ ② _____
③ _____ ④ _____

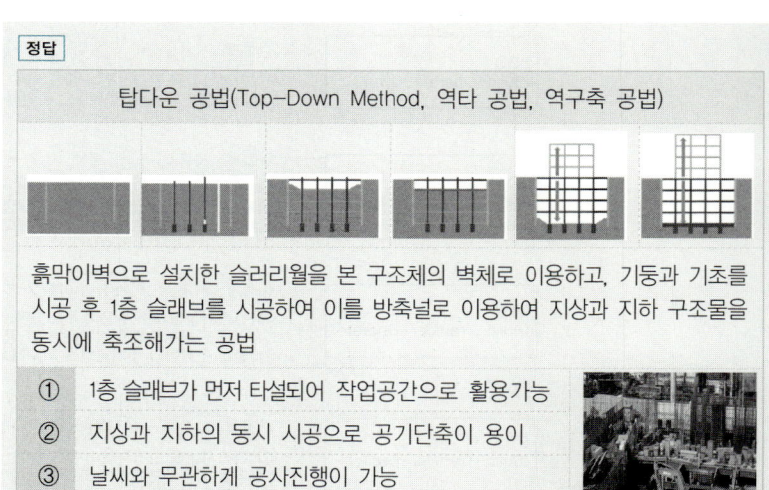

정답

탑다운 공법(Top-Down Method, 역타 공법, 역구축 공법)

흙막이벽으로 설치한 슬러리월을 본 구조체의 벽체로 이용하고, 기둥과 기초를 시공 후 1층 슬래브를 시공하여 이를 방축널로 이용하여 지상과 지하 구조물을 동시에 축조해가는 공법

① 1층 슬래브가 먼저 타설되어 작업공간으로 활용가능
② 지상과 지하의 동시 시공으로 공기단축이 용이
③ 날씨와 무관하게 공사진행이 가능
④ 주변 지반에 대한 영향이 없음

05. TS(Torque Shear)형 고력볼트의 시공순서를 번호로 나열하시오.

① 팁 레버를 잡아당겨 내측 소켓에 들어있는 핀테일을 제거
② 렌치의 스위치를 켜 외측 소켓이 회전하며 볼트를 체결
③ 핀테일이 절단되었을 때 외측 소켓이 너트로부터 분리되도록 렌치를 잡아당김
④ 핀테일에 내측 소켓을 끼우고 렌치를 살짝 걸어 너트에 외측 소켓이 맞춰지도록 함

[정답] ④ → ② → ③ → ①

[해설]

TS(Torque Shear) Bolt 시공순서

그림	설명
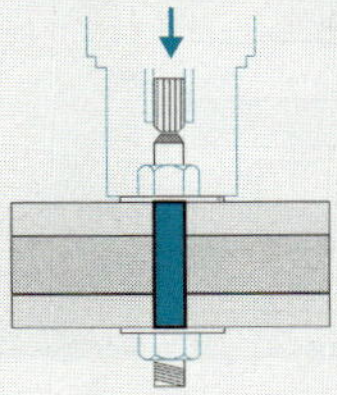	핀테일(Pin Tail)에 내측 소켓(Socket)을 끼우고 렌치(Wrench)를 살짝 걸어 너트(Nut)에 외측 소켓(Socket)이 맞춰지도록 함
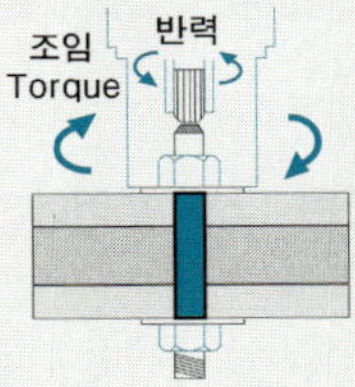 조임 Torque / 반력	렌치의 스위치를 켜 외측 소켓이 회전하며 볼트를 체결
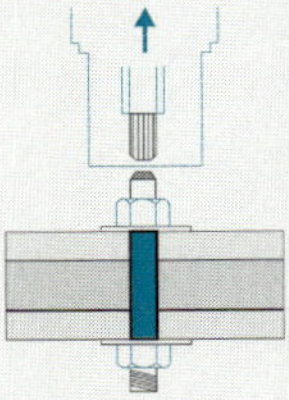	핀테일이 절단되었을 때 외측 소켓이 너트로부터 분리되도록 렌치를 잡아당김
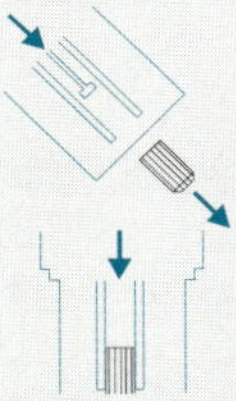	팁 레버(Tip Lever)를 잡아당겨 내측 소켓에 들어있는 핀테일을 제거

06 금속판 지붕공사에서 금속기와의 설치순서를 번호로 나열하시오.

배점3

12①, 19②

① 서까래 설치(방부처리를 할 것)
② 금속기와 Size에 맞는 간격으로 기와걸이 미송각재를 설치
③ 경량철골 설치
④ Purlin 설치(지붕 레벨 고려)
⑤ 부식방지를 위한 철골 용접부위 방청도장 실시
⑥ 금속기와 설치

정답 ③ → ④ → ⑤ → ① → ② → ⑥

해설

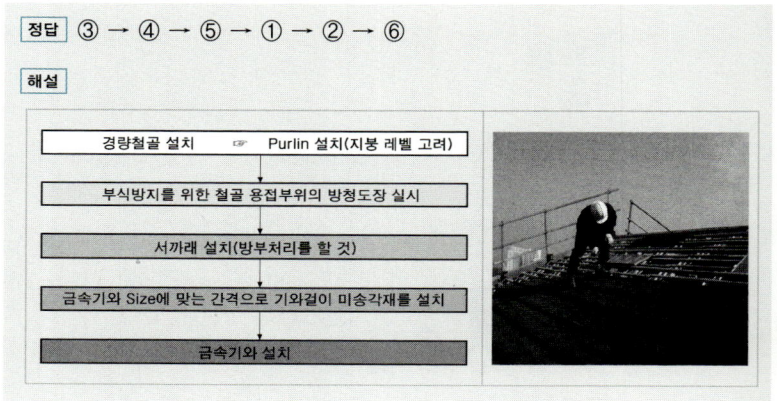

07 커튼월 공사 시 누수 방지대책과 관련된 다음 용어에 대해 설명하시오.

배점4

13②, 19②

(1) Closed Joint :

(2) Open Joint :

정답

(1)	커튼월의 개별접합부를 실(Seal)재로 완전히 밀폐시켜 틈새를 없애는 방법
(2)	벽의 외측면과 내측면 사이에 공간을 두고 외기압과 등압을 유지하여 압력차를 없애는 방법

배점4 □□□

08

12①, 19②, 23②

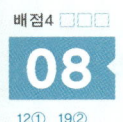

기둥의 재질과 단면 크기가 모두 같은 그림과 같은 4개의 장주의 좌굴 길이를 쓰시오.

2L
4L
L
L/2

① ② ③ ④

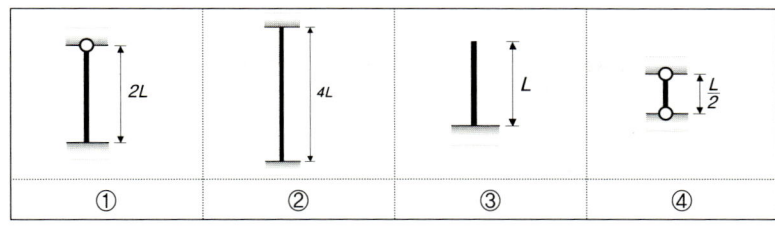

① ______________ ② ______________

③ ______________ ④ ______________

정답 ① $0.7\times 2L=1.4L$ ② $0.5\times 4L=2L$

③ $2\times L=2L$ ④ $1\times \dfrac{L}{2}=0.5L$

해설

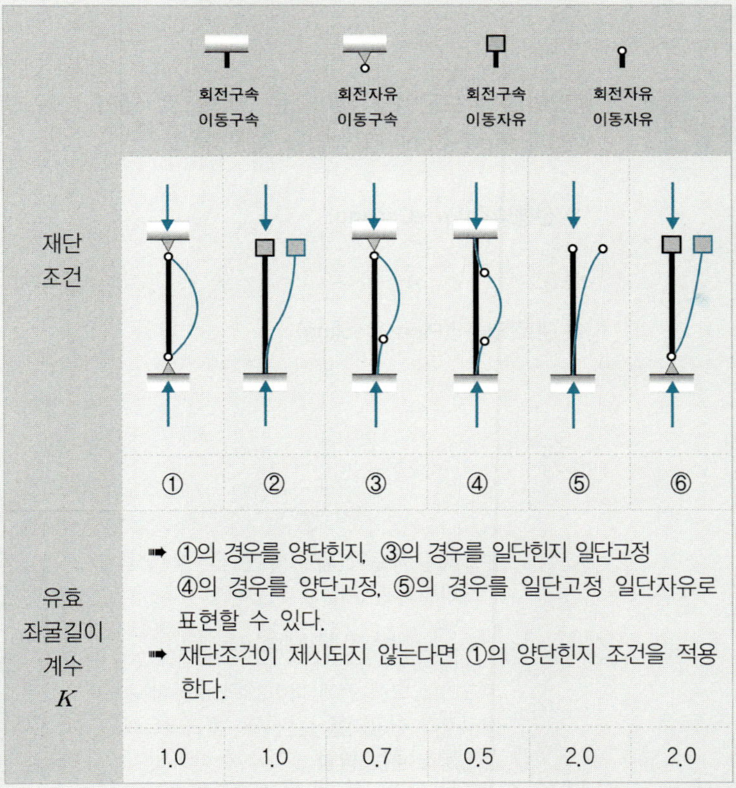

회전구속 이동구속
회전자유 이동구속
회전구속 이동자유
회전자유 이동자유
재단 조건
① ② ③ ④ ⑤ ⑥
유효 좌굴길이 계수 K
➡ ①의 경우를 양단힌지, ③의 경우를 일단힌지 일단고정 ④의 경우를 양단고정, ⑤의 경우를 일단고정 일단자유로 표현할 수 있다.
➡ 재단조건이 제시되지 않는다면 ①의 양단힌지 조건을 적용한다.
1.0 1.0 0.7 0.5 2.0 2.0

09

한중(寒中)콘크리트의 동결 저하 방지대책을 대한 대책을 2가지만 쓰시오.

① _____
② _____

정답

한중콘크리트(Cold Weather Concrete)

① AE제, AE감수제, 고성능AE감수제 중 한 가지를 사용
② 초기강도 5MPa을 발현할 때까지 보온양생 실시
③ 보온양생 종료 후 콘크리트가 급격히 건조 및 냉각되지 않도록 틈새 없이 덮어 양생을 계속함

10

콘크리트 온도균열을 제어하는 방법으로 널리 사용되는 Pre-Cooling 방법과 Pipe-Cooling 방법을 설명하시오.

(1) 선행냉각(Pre-Cooling) :

(2) 관로식냉각(Pipe-Cooling) :

정답

선행냉각(Pre-Cooling)
(1) 콘크리트 재료의 일부 또는 전부를 냉각시켜 콘크리트의 온도를 낮추는 방법

관로식냉각(Pipe-Cooling)
(2) 콘크리트 타설 전에 파이프(Pipe)를 배관하여 냉각수나 찬공기를 순환시켜 콘크리트의 온도를 낮추는 방법

11

슬러리월(Slurry wall) 공법에 대한 정의를 설명한 것이다. 다음 빈칸을 채우시오.

특수 굴착기와 공벽붕괴방지용 (①)을(를) 이용, 지중굴착하여 여기에 (②)을(를) 세우고 (③)을(를) 타설하여 연속적으로 벽체를 형성하는 공법이다. 타 흙막이벽에 비하여 차수효과가 높으며 역타공법 적용 시 또는 인접 건축물에 피해가 예상될 때 적용하는 저소음, 저진동 공법이다.

① _____ ② _____ ③ _____

정답 ① 안정액(Bentonite)   ② 철근망   ③ 콘크리트

해설

지하연속벽(Slurry Wall)		
(1)		지수벽·구조체 등으로 이용하기 위해 지하로 크고 깊은 트렌치를 굴착하여 철근망을 삽입 후 콘크리트를 타설한 Panel을 연속으로 축조해 나가는 공법
(2)	가이드 월(Guide Wall) 역할	연속벽의 수직도 및 벽두께 유지, 안정액의 수위유지, 우수침투 방지
(3)	안정액(Bentonite) 기능	굴착벽면 붕괴 방지, 굴착토사 분리·배출, 부유물의 침전방지

12

시트(Sheet) 방수공법의 단점을 2가지 쓰시오.

① _____
② _____

정답

시트(Sheet) 방수공법		두께 1mm 내외의 시트(Sheet)를 접착재로 바탕에 붙여서 방수층을 형성하는 공법	
	장점	①	제품의 규격화로 시공이 간단하다.
		②	바탕균열에 대한 내구성 및 내후성이 좋다.
	단점	①	다른 방수공법에 비해 재료가 비싸다.
		②	접합부 처리 및 복잡한 부위의 마감이 어렵다.

13. 기둥축소(Column Shortening) 현상에 대한 다음 항목을 기술하시오.

(1) 원인

  ① _____ ② _____

(2) 기둥축소에 따른 영향 3가지

  ① _____ ② _____ ③ _____

정답

		칼럼 쇼트닝(Column Shortening)
(1)	정의	초고층 건축 시 기둥에 발생되는 축소변위
(2)	원인	• 내·외부의 기둥구조가 다를 경우 • 기둥 재료의 재질 및 응력 차이
(3)	문제점	• 기둥의 축소변위 발생 • 기둥의 변형 및 조립불량 • 창호재의 변형 및 조립불량

14. 철근콘크리트구조에서 균열모멘트를 구하기 위한 콘크리트의 파괴계수 f_r을 구하시오. (단, 모래경량콘크리트 사용, $f_{ck}=21\text{MPa}$)

정답 $f_r = 0.63\lambda\sqrt{f_{ck}} = 0.63(0.85)\sqrt{(21)} = 2.45\text{MPa}$

해설

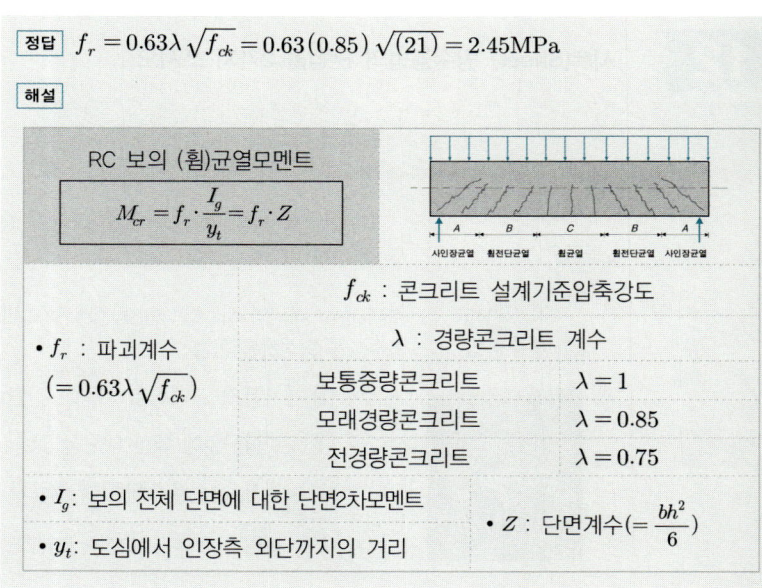

RC 보의 (휨)균열모멘트
$$M_{cr} = f_r \cdot \frac{I_g}{y_t} = f_r \cdot Z$$

- f_r : 파괴계수 ($=0.63\lambda\sqrt{f_{ck}}$)
- f_{ck} : 콘크리트 설계기준압축강도
- λ : 경량콘크리트 계수
  - 보통중량콘크리트 $\lambda=1$
  - 모래경량콘크리트 $\lambda=0.85$
  - 전경량콘크리트 $\lambda=0.75$
- I_g : 보의 전체 단면에 대한 단면2차모멘트
- y_t : 도심에서 인장측 외단까지의 거리
- Z : 단면계수 ($=\frac{bh^2}{6}$)

15

그림과 같은 단순보의 최대 휨응력을 구하시오. (단, 보의 자중은 무시한다.)

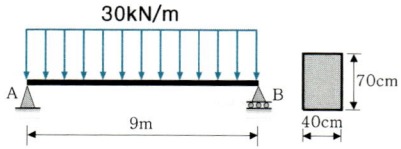

정답

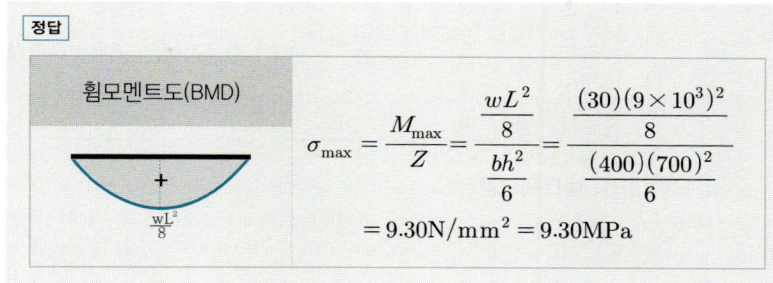

휨모멘트도(BMD)

$$\sigma_{max} = \frac{M_{max}}{Z} = \frac{\dfrac{wL^2}{8}}{\dfrac{bh^2}{6}} = \frac{\dfrac{(30)(9\times 10^3)^2}{8}}{\dfrac{(400)(700)^2}{6}}$$
$$= 9.30\text{N/mm}^2 = 9.30\text{MPa}$$

16

수중에 있는 골재의 질량이 1,300g, 표면건조내부포화상태의 질량은 2,000g, 이 시료를 완전히 건조시켰을 때의 질량이 1,992g일 때 흡수율을 구하시오.

정답 $\dfrac{2{,}000 - 1{,}992}{1{,}992} \times 100 = 0.40(\%)$

해설

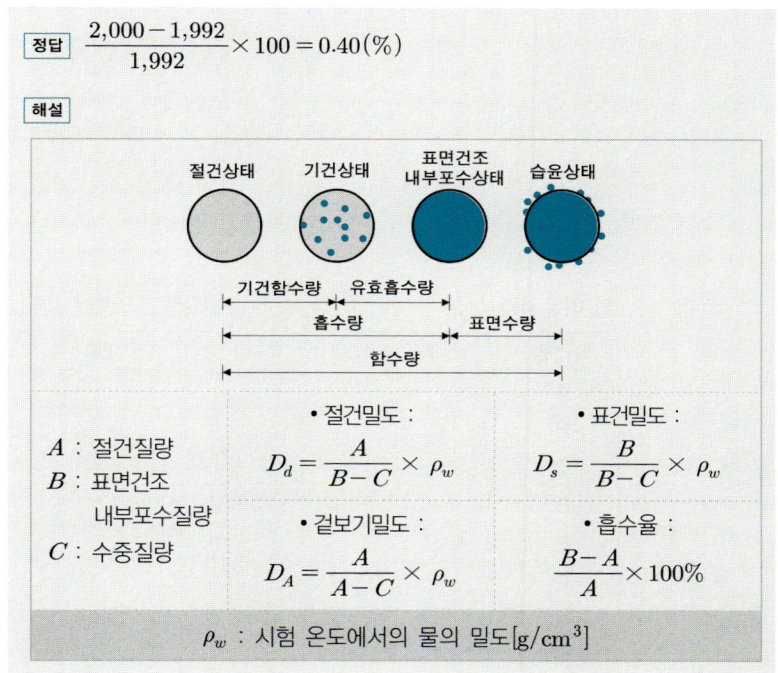

다음 데이터를 네트워크공정표로 작성하고, 각 작업의 여유시간을 구하시오.

작업명	작업일수	선행작업	비 고
A	5	없음	
B	6	없음	(1) 결합점에서는 다음과 같이 표시한다.
C	5	A	
D	2	A, B	
E	3	A	
F	4	C, E	(2) 주공정선은 굵은선으로 표시한다.
G	2	D	
H	3	F, G	

(1) 네트워크공정표

(2) 여유시간 산정

작업명	TF	FF	DF	CP
A				
B				
C				
D				
E				
F				
G				
H				

[정답]

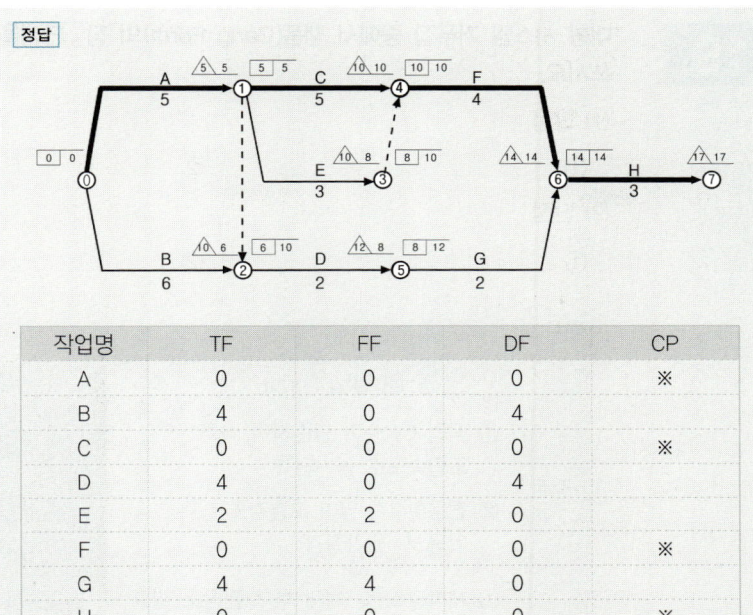

작업명	TF	FF	DF	CP
A	0	0	0	※
B	4	0	4	
C	0	0	0	※
D	4	0	4	
E	2	2	0	
F	0	0	0	※
G	4	4	0	
H	0	0	0	※

18

강구조공사 습식 내화피복 공법의 종류를 3가지 쓰시오.

① _____ ② _____ ③ _____

[정답] ① 타설 공법 ② 뿜칠 공법 ③ 미장 공법

[해설]
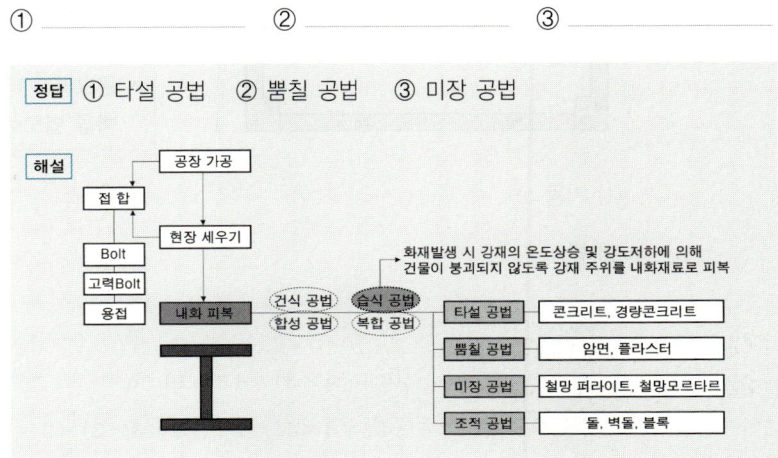

배점4

19

00④, 01④,
03②, 09①,
10②, 11④,
13①, 15①,
19②

대형 시스템 거푸집 중에서 갱폼(Gang Form)의 장·단점을 각각 2가지씩 쓰시오.

(1) 장점

① _____ ② _____

(2) 단점

① _____ ② _____

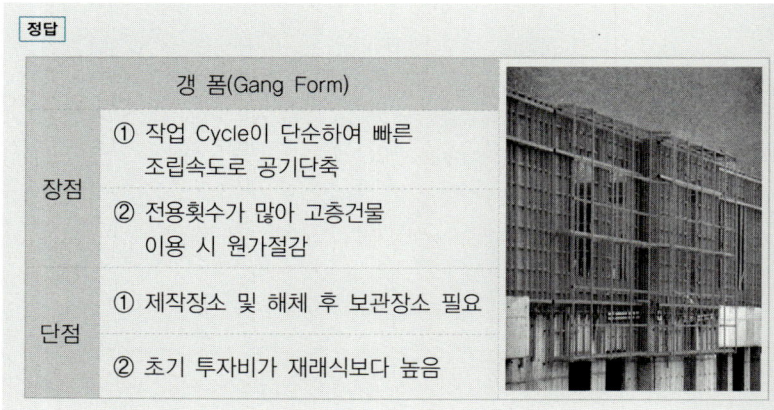

갱 폼(Gang Form)	
장점	① 작업 Cycle이 단순하여 빠른 조립속도로 공기단축
	② 전용횟수가 많아 고층건물 이용 시 원가절감
단점	① 제작장소 및 해체 후 보관장소 필요
	② 초기 투자비가 재래식보다 높음

배점6

20

19②, 22①

다음 그림과 같은 철근콘크리트조 건물에서 기둥과 벽체의 거푸집량을 산출하시오.

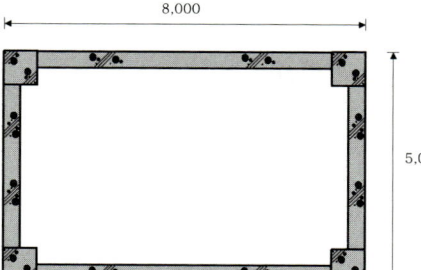

- 기둥 : 400mm × 400mm
- 벽두께 : 200mm
- 높이 : 3m
- 치수는 바깥치수 : 8,000mm × 5,000mm
- 콘크리트 타설은 기둥과 벽을 별도로 타설한다.

(1) 기둥 :

(2) 벽 :

정답		
(1)	기둥	$(0.4 \times 4 \times 3) \times 4개 = 19.2 m^2$
(2)	벽	$(4.2 \times 3 \times 2) \times 2 + (7.2 \times 3 \times 2) \times 2 = 136.8 m^2$

배점3

21

99④, 00①,
06②, 10①,
10④, 12④,
13②, 15④,
19②, 21④,
24②

콘크리트의 알칼리골재반응을 방지하기 위한 대책을 3가지 쓰시오.

① _____

② _____

③ _____

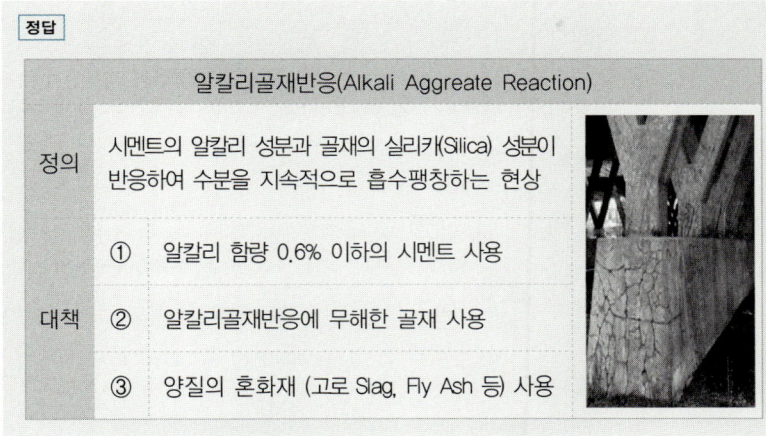

[정답]

알칼리골재반응(Alkali Aggreate Reaction)		
정의		시멘트의 알칼리 성분과 골재의 실리카(Silica) 성분이 반응하여 수분을 지속적으로 흡수팽창하는 현상
대책	①	알칼리 함량 0.6% 이하의 시멘트 사용
	②	알칼리골재반응에 무해한 골재 사용
	③	양질의 혼화재 (고로 Slag, Fly Ash 등) 사용

배점2

22

19②, 22①

강재의 항복비(Yield Strength Ratio)를 설명하시오.

[정답] 강재가 항복에서 파단에 이르기까지를 나타내는 기계적 성질의 지표로서, 인장강도에 대한 항복강도의 비

[해설]

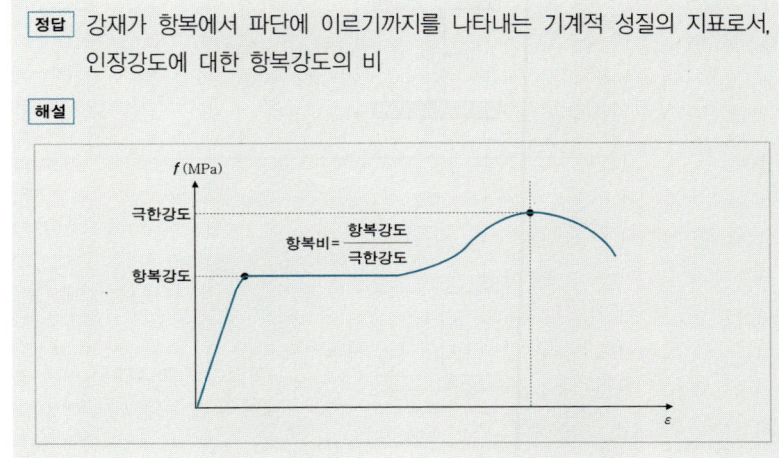

23

배점4

19②, 24②

다음 ( ) 안에 알맞은 내용을 쓰시오.

> KDS(Korea Design Standard)에서는 재령 28일의 보통중량골재를 사용한 콘크리트의 탄성계수를 $E_c = 8,500 \cdot \sqrt[3]{f_{cm}}$ [MPa]로 제시하고 있는데 여기서, $f_{cm} = f_{ck} + \Delta f$ 이고, Δf는 f_{ck}가 40MPa 이하이면 (①), 60MPa 이상이면 (②)이고, 그 사이는 직선보간으로 구한다.

① _____ ② _____

정답 ① 4MPa ② 6MPa

해설

(1)	탄성계수	철근	$E_s = 200,000$ (MPa)		
		콘크리트	$E_c = 8,500 \cdot \sqrt[3]{f_{cm}}$ 콘크리트 평균압축강도 $f_{cm} = f_{ck} + \Delta f$ (MPa)		
			$f_{ck} \le 40\text{MPa}$	$40 < f_{ck} < 60$	$f_{ck} \ge 60\text{MPa}$
			$\Delta f = 4\text{MPa}$	$\Delta f =$ 직선 보간	$\Delta f = 6\text{MPa}$
(2)	탄성계수비		$n = \dfrac{E_s}{E_c} = \dfrac{200,000}{8,500 \cdot \sqrt[3]{f_{cm}}} = \dfrac{200,000}{8,500 \cdot \sqrt[3]{f_{ck} + \Delta f}}$		

24

배점2

11①, 19②

다음 형강을 단면 형상의 표시방법에 따라 표시하시오.

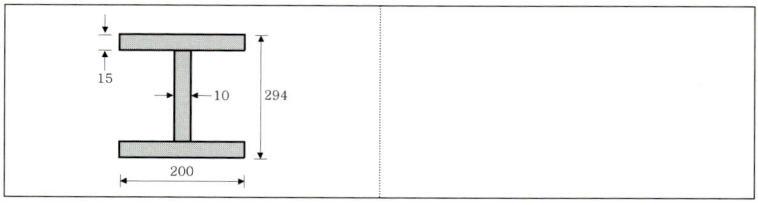

정답

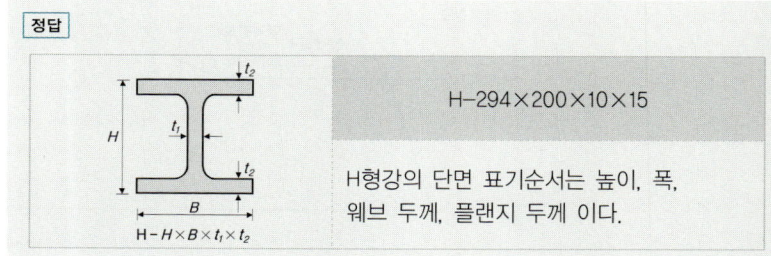

H−294×200×10×15

H형강의 단면 표기순서는 높이, 폭, 웨브 두께, 플랜지 두께 이다.

배점4 □□□

25

19②

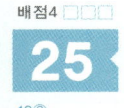

그림과 같은 연속보의 지점반력 V_A, V_B, V_C를 구하시오.

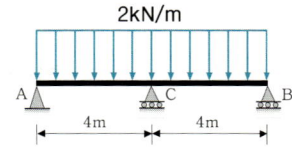

정답 (1) 적합조건 : $\delta_C = \dfrac{5wL^4}{384EI} - \dfrac{V_C \cdot L^3}{48EI} = 0$ 으로부터

$$V_C = +\frac{5}{8}wL = +\frac{5}{8}(2)(8) = +10\text{kN}(\uparrow)$$

(2) 평형조건 : $V_A = V_B = +\dfrac{1.5}{8}wL = +\dfrac{1.5}{8}(2)(8) = +3\text{kN}(\uparrow)$

해설

변위일치법(Method of Consistent Displacement

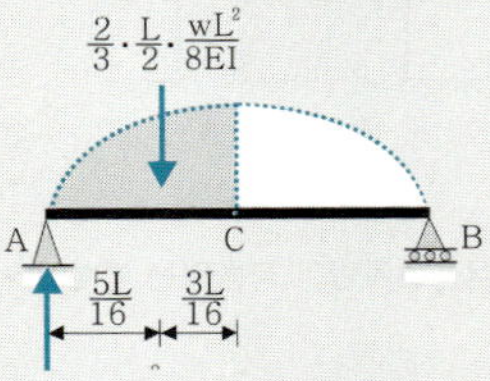

$$\delta_{C1} = \frac{5wL^4}{384EI}(\downarrow)$$

정정 기본계 :
등분포하중에 의한 처짐

$$\delta_{C2} = \frac{V_C \cdot L^3}{48EI}(\uparrow)$$

정정 기본계 :
반력 V_C에 의한 처짐

적합조건식 $\delta_C = \delta_{C1}(\downarrow) + \delta_{C2}(\uparrow) = 0$

$$\delta_C = \frac{5wL^4}{384EI} - \frac{V_C \cdot L^3}{48EI} = 0 \quad \therefore V_C = +\frac{5wL}{8}\ (\uparrow)$$

평형조건식 $\Sigma V = 0$:

$$+(V_A) + (V_B) + (V_C) - wL = 0 \quad \therefore V_A = V_B = +\frac{1.5wL}{8}\ (\uparrow)$$

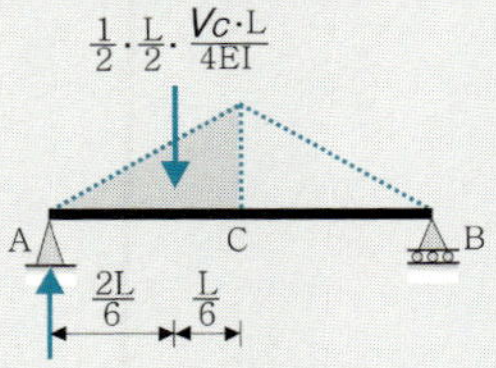

26. 철근콘크리트 벽체의 설계축하중(ϕP_{nw})을 계산하시오.

- 유효벽길이 $b_e = 2,000\text{mm}$, 벽두께 $h = 200\text{mm}$, 벽높이 $l_c = 3,200\text{mm}$
- $0.55\phi \cdot f_{ck} \cdot A_g \cdot \left[1 - \left(\dfrac{k \cdot l_c}{32h}\right)^2\right]$ 식을 적용하고, $\phi = 0.65$, $k = 0.8$, $f_{ck} = 24\text{MPa}$, $f_y = 400\text{MPa}$을 적용한다.

정답
$$\phi P_{nw} = 0.55(0.65)(24)(2,000 \times 200)\left[1 - \left(\dfrac{(0.8)(3,200)}{32(200)}\right)^2\right]$$
$$= 2,882,880\text{N} = 2,882.880\text{kN}$$

해설

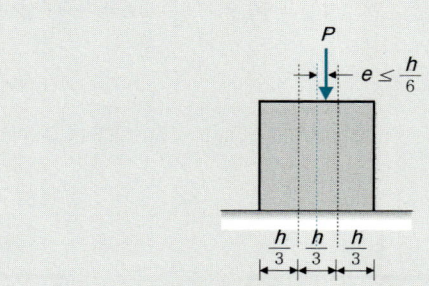

실용설계법이 적용되는 벽체

$$P_u \leq \phi P_{nw} = 0.55\phi \cdot f_{ck} \cdot A_g \cdot \left[1 - \left(\dfrac{k \cdot l_c}{32h}\right)^2\right]$$

- P_u : 계수축하중, ϕP_{nw} : 설계축하중
- $\phi = 0.65$
- $1 - \left(\dfrac{k \cdot l_c}{32h}\right)^2$: 세장효과 고려함수

- k : 유효길이계수

구 분		k
횡구속 벽체	벽체 상하단 중 한쪽 또는 양쪽이 회전구속	0.8
	벽체 상하 양단의 회전이 비구속	1.0
비횡구속 벽체		2.0

memo

제4회 2019 건축기사 과년도 기출문제

01 배점4

98④, 09④, 19④

안방수 공법과 바깥방수 공법의 특징을 우측 보기에서 골라 번호로 표기하시오.

비교항목	안방수	바깥방수	보 기
(1) 사용 환경			① 수압이 작은 얕은 지하실 ② 수압이 큰 깊은 지하실
(2) 바탕만들기			① 만들 필요 없음 ② 따로 만들어야 함
(3) 공사용이성			① 간단하다. ② 상당히 어렵다.
(4) 본공사 추진			① 자유롭다. ② 본공사에 선행
(5) 경제성			① 비교적 싸다. ② 비교적 고가이다.
(6) 보호누름			① 필요하다. ② 없어도 무방하다.

정답

비교항목	안방수	바깥방수	보 기
(1) 사용 환경	①	②	① 수압이 작은 얕은 지하실 ② 수압이 큰 깊은 지하실
(2) 바탕만들기	①	②	① 만들 필요 없음 ② 따로 만들어야 함
(3) 공사용이성	①	②	① 간단하다. ② 상당히 어렵다.
(4) 본공사 추진	①	②	① 자유롭다. ② 본공사에 선행
(5) 경제성	①	②	① 비교적 싸다. ② 비교적 고가이다.
(6) 보호누름	①	②	① 필요하다. ② 없어도 무방하다.

02

언더피닝 공법을 시행하는 목적과 그 공법의 종류를 2가지 쓰시오.

(1) 목적 :

(2) 공법의 종류 :

① _____ ② _____

정답

언더피닝(Under Pinning)	
기존 건축물의 기초를 보강하거나 새로운 기초를 설치하여 기존 건축물을 보호하는 보강공사 방법	
공법의 종류	• 이중널말뚝박기 공법 • 강재말뚝 공법 • 현장타설콘크리트말뚝 공법 • 약액주입 공법

03

철골부재 용접과 관련된 다음 용어를 설명하시오.

(1) 스캘럽(Scallop) :

(2) 엔드탭(End Tab) :

정답

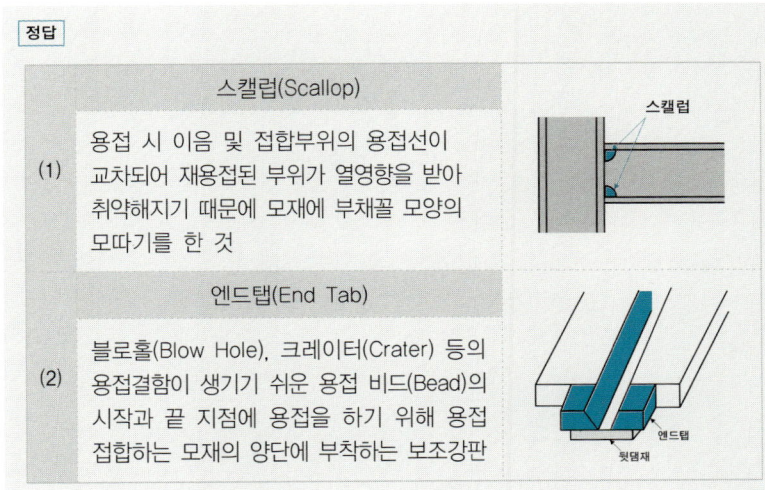

	스캘럽(Scallop)
(1)	용접 시 이음 및 접합부위의 용접선이 교차되어 재용접된 부위가 열영향을 받아 취약해지기 때문에 모재에 부채꼴 모양의 모따기를 한 것
	엔드탭(End Tab)
(2)	블로홀(Blow Hole), 크레이터(Crater) 등의 용접결함이 생기기 쉬운 용접 비드(Bead)의 시작과 끝 지점에 용접을 하기 위해 용접 접합하는 모재의 양단에 부착하는 보조강판

04

다음 그림에서 한 층 분의 콘크리트량을 산출하시오. (단, 기둥은 층고를 물량에 반영한다.)

단, 1) 부재치수(단위 : mm)
2) 전 기둥(C_1) : 500×500, 슬래브 두께(t) : 120
3) G_1, G_2 : 400×600(b×D), G_3 : 400×700, B_1 : 300×600
4) 층고 : 3,600

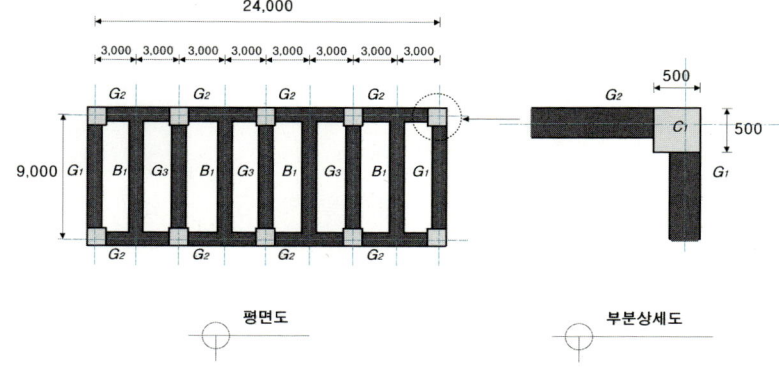

정답

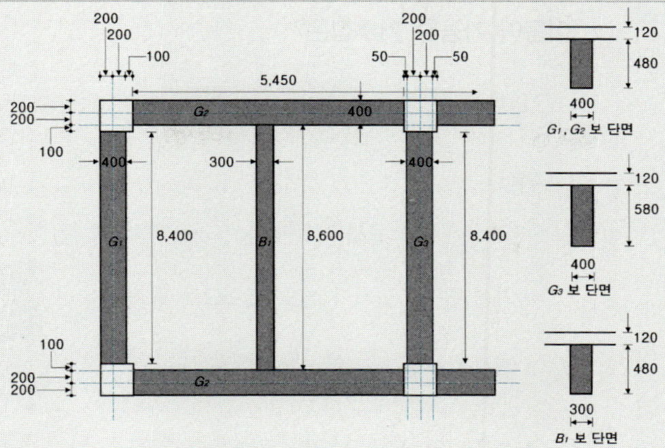

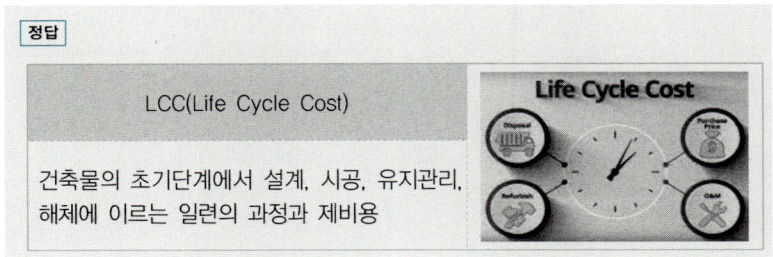

①	기둥 (C_1) : $[0.5\times0.5\times3.6]\times10$개 $=9m^3$
②	보 (G_1) : $[0.4\times0.48\times(9-0.6)]\times2$개 $=3.226m^3$
③	보 (G_2) : $[(0.4\times0.48\times5.45)\times4$개$]+[(0.4\times0.48\times5.5)\times4$개$]$ $=8.409m^3$
④	보 (G_3) : $(0.4\times0.58\times8.4)\times3$개 $=5.846m^3$
⑤	보 (B_1) : $(0.3\times0.48\times8.6)\times4$개 $=4.953m^3$
⑥	슬래브 : $9.4\times24.4\times0.12=27.523m^3$
⑦	합계 : $9+3.226+8.409+5.846+4.953+27.523=58.957$ ➡ $58.96m^3$

배점2 □□□

05

10①, 12④, 16①, 19④, 22①

LCC(Life Cycle Cost)의 정의를 간단히 기술하시오.

정답

LCC(Life Cycle Cost)
건축물의 초기단계에서 설계, 시공, 유지관리, 해체에 이르는 일련의 과정과 제비용

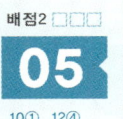

06 배점2

19④

시스템거푸집 중에 바닥슬래브의 콘크리트를 타설하기 위한 대형거푸집으로써 거푸집널, 장선, 멍에, 서포트를 일체로 제작하여 수평 및 수직 이동이 가능한 거푸집은?

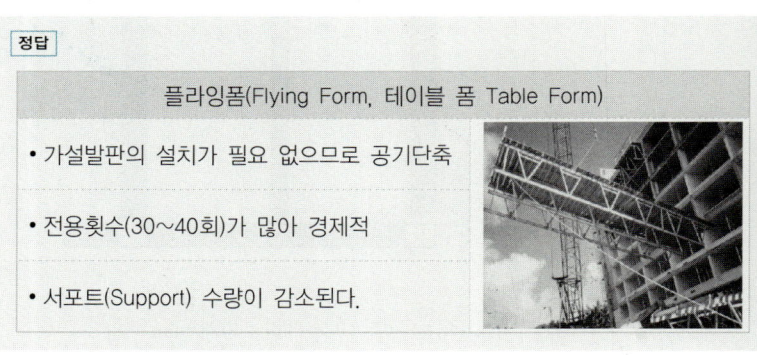

정답
플라잉폼(Flying Form, 테이블 폼 Table Form)
- 가설발판의 설치가 필요 없으므로 공기단축
- 전용횟수(30~40회)가 많아 경제적
- 서포트(Support) 수량이 감소된다.

07 배점4

98②, 05①,
09①, 12②
19④, 22②

골재의 상태는 절대건조상태, 기건상태, 표면건조내부포화상태, 습윤상태가 있는데 이것과 관련 있는 골재의 흡수량과 함수량을 간단히 설명하시오.

(1) 흡수량 :

(2) 함수량 :

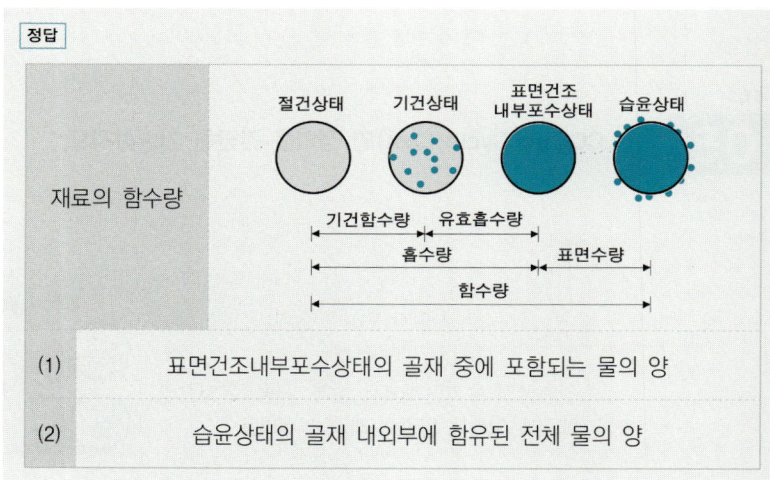

정답
(1) 표면건조내부포수상태의 골재 중에 포함되는 물의 양
(2) 습윤상태의 골재 내외부에 함유된 전체 물의 양

2-88

08 액세스 플로어(Acess Floor)를 간단히 설명하시오.

[정답]

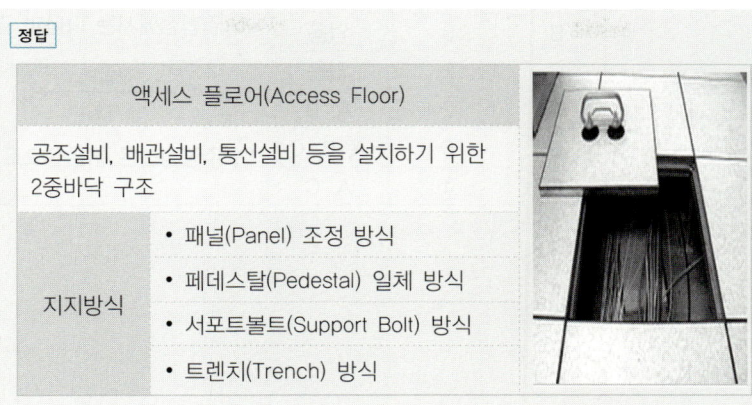

액세스 플로어(Access Floor)	
공조설비, 배관설비, 통신설비 등을 설치하기 위한 2중바닥 구조	
지지방식	• 패널(Panel) 조정 방식 • 페데스탈(Pedestal) 일체 방식 • 서포트볼트(Support Bolt) 방식 • 트렌치(Trench) 방식

09 다음 용어를 설명하시오.

(1) 코너비드 :

(2) 차폐용 콘크리트 :

[정답]

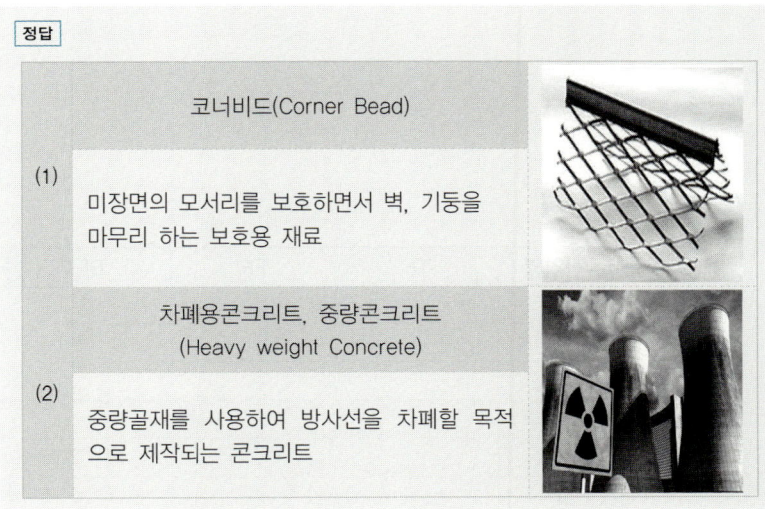

코너비드(Corner Bead)	
(1)	미장면의 모서리를 보호하면서 벽, 기둥을 마무리 하는 보호용 재료
차폐용콘크리트, 중량콘크리트 (Heavy weight Concrete)	
(2)	중량골재를 사용하여 방사선을 차폐할 목적으로 제작되는 콘크리트

다음 데이터를 네트워크공정표로 작성하고, 각 작업의 여유시간을 구하시오.

작업명	작업일수	선행작업	비고
A	5	없음	(1) 결합점에서는 다음과 같이 표시한다.
B	3	없음	
C	2	없음	
D	2	A, B	
E	5	A, B, C	(2) 주공정선은 굵은선으로 표시한다.
F	4	A, C	

작업명	TF	FF	DF	CP
A				
B				
C				
D				
E				
F				

[정답]

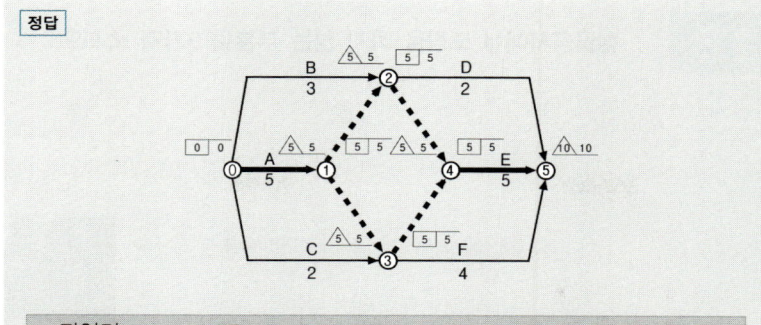

작업명	TF	FF	DF	CP
A	0	0	0	※
B	2	2	0	
C	3	3	0	
D	3	3	0	
E	0	0	0	※
F	1	1	0	

11 다음 용어를 설명하시오.

(1) 예민비 :

(2) 지내력 시험 :

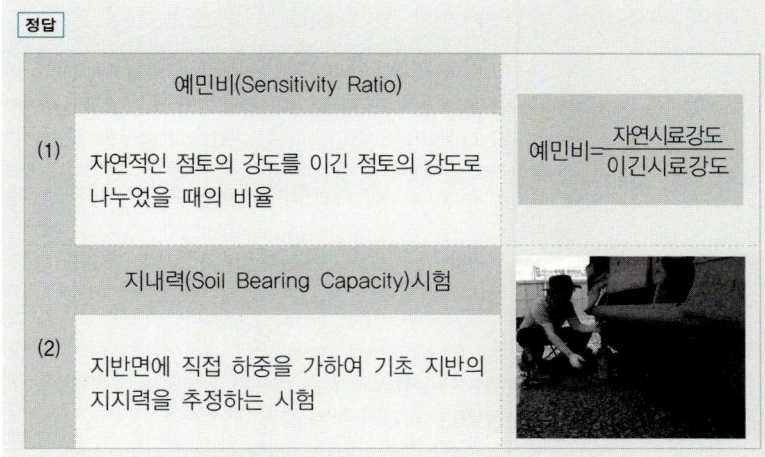

12

배점3

98①, 98④,
99①, 01④,
03④, 06④,
14①, 18④,
19④, 22①

철골공사에서 도장을 하지 않는 부분을 3가지 쓰시오.

① _____ ② _____ ③ _____

> **정답**
>
> 철골에 녹막이칠을 하지 않는 부분
>
> ① 콘크리트에 매립되는 부분
> ② 조립에 의해 면맞춤 되는 부분
> ③ 고장력볼트 접합부의 마찰면
> ④ 용접부위 양측 100mm 이내

13

배점3

19④, 22①

구조물을 안전하게 설계하고자 할 때 강도한계상태(Strength Limit State)에 대한 안전을 확보해야 한다. 뿐만 아니라 사용성한계상태(Serviceability Limit State)를 고려하여야 하는데 여기서 사용성한계상태란 무엇인지 간단히 설명하시오.

> **정답** 구조체가 붕괴되지는 않더라도 구조기능이 저하되어 외관, 유지관리, 내구성 및 사용에 매우 부적합하게 되는 상태
>
> **해설**
>
> 극한한계상태(Ultimate Limit State)
> (1) 구조물의 전체 또는 부분이 붕괴되어 하중 지지능력을 잃는 상태. 전도, 미끄러짐, 휨인장파괴, 구조체의 불안정 등
>
> 사용성한계상태(Serviceability Limit State)
> (2) 구조물이 붕괴되지는 않았으나 구조기능의 감소로 사용에 부적합한 상태. 과도한 처짐, 과도한 균열, 진동 등
>
> 특수한계상태(Special Limit State)
> (3) 화재, 폭발, 테러와 같은 특수한 상태에서 발생할 수 있는 하중에 의한 손상 또는 파괴의 한계상태

14. 목재의 방부처리방법을 3가지 쓰고 간단히 설명하시오.

① _____
② _____
③ _____

정답

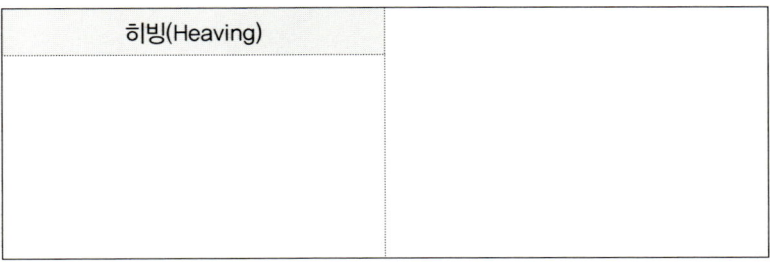

	목재 방부처리법	
①	도포법	목재를 충분히 건조시킨 후 균열이나 이음부 등에 솔 등으로 방부제를 도포하는 방법
②	주입법	압력용기 속에 목재를 넣어 고압 하에서 방부제를 주입하는 방법
③	침지법	방부제 용액 중에 목재를 몇 시간 또는 며칠 동안 침지하는 방법

15. 히빙(Heaving)현상에 대해 현장의 모식도(模式圖)를 간략히 그려서 설명하시오.

히빙(Heaving)	

정답

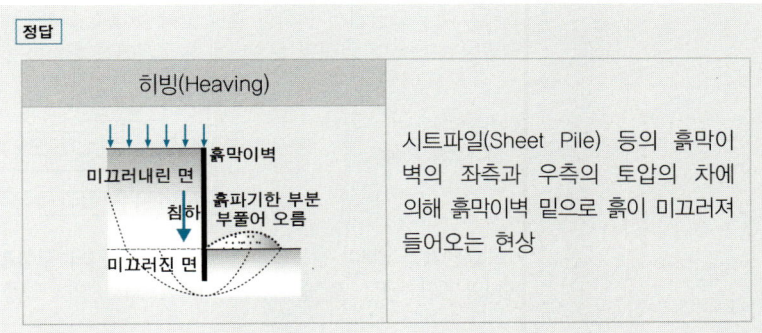

시트파일(Sheet Pile) 등의 흙막이벽의 좌측과 우측의 토압의 차에 의해 흙막이벽 밑으로 흙이 미끄러져 들어오는 현상

16

이어치기 시간이란 1층에서 콘크리트 타설, 비비기부터 시작해서 2층에 콘크리트를 마감하는 데까지 소요되는 시간이다. 계속 타설 중의 이어치기 시간간격의 한도는 외기온이 25℃ 미만일 때는 (①)분, 25℃ 이상에서는 (②)분으로 한다. (   ) 안을 채우시오.

① _____ ② _____

정답 ① 150   ② 120

해설

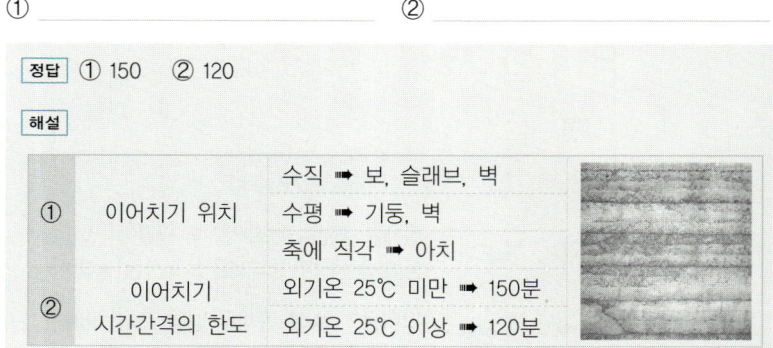

17

다음의 공사관리 계약방식에 대하여 설명하시오.

(1) CM for Fee 방식 :

(2) CM at Risk 방식 :

정답

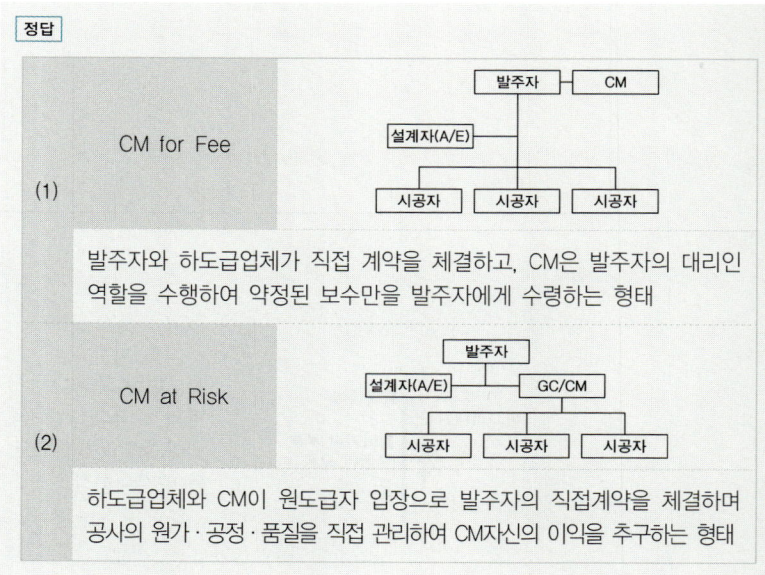

18. 연약지반 개량공법을 3가지만 쓰시오.

① _____ ② _____ ③ _____

정답

① 연직배수공법 ② 고결공법 ③ 진동다짐공법

19. 강재 시험성적서(Mill Sheet)로 확인할 수 있는 사항을 1가지만 쓰시오.

정답

밀 시트(Mill Sheet)

철강제품의 품질보증을 위해 공인된 시험기관에 의한 제조업체의 품질보증서

- 제품의 치수(Size)
- 제품의 고유번호(Product No)
- 제품의 제조사항
  (제조사, 제조년월일, 공장, 제품번호)
- 제품의 기계적 성능
  (인장강도, 항복강도, 연신율)
- 제품의 화학성분(C, Si, Mn, P, S, C_{eq})
- 시험종류와 기준
  (시험방법, 시험기관, 시험기준)

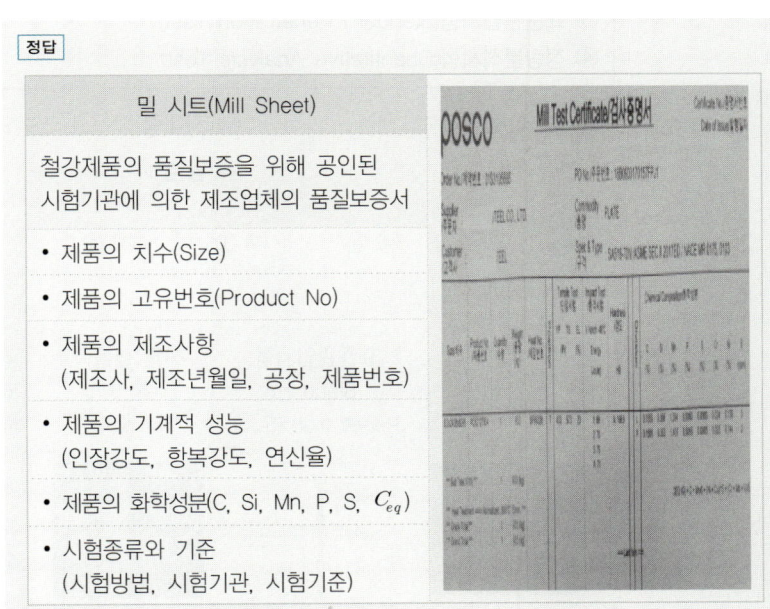

20 배점3 □□□
08②, 15④, 19④, 23①

Remicon(25-30-180)은 Ready Mixed Concerte의 규격에 대한 수치이다. 이 3가지의 수치가 뜻하는 바를 간단히 쓰시오.

(1) 25 : _____ (2) 30 : _____

(3) 180 : _____

> **정답**
>
> Remicon [25 – 30 – 180]
>   (1)   (2)   (3)
>
> (1) 굵은골재 최대치수 25mm
>
> (2) 호칭강도 30MPa
>
> (3) 슬럼프(Slump) 180mm

21 배점4 □□□
04①, 10③, 19④, 24①

시험에 관계되는 것을 보기에서 골라 번호를 쓰시오.

① 신월 샘플링(Thin Wall Sampling)
② 베인시험(Vane Test)
③ 표준관입시험(Standard Penetration Test)
④ 정량분석시험(Quantitative Analysis Test)

(가) 진흙의 점착력 :   (나) 지내력 :

(다) 연한 점토 :   (라) 염분 :

> **정답** (가) ②   (나) ③   (다) ①   (라) ④
>
> **해설**

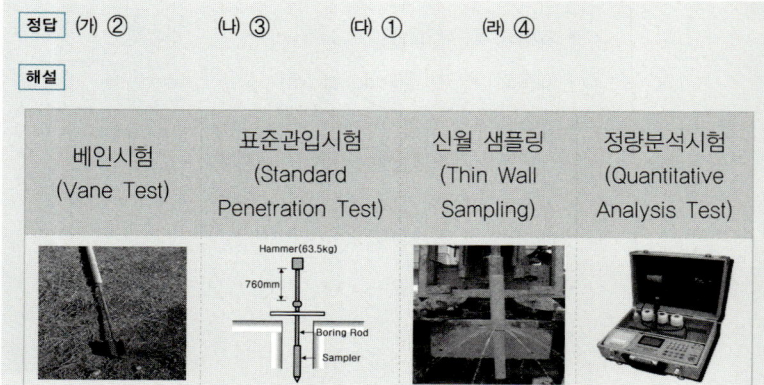

22 시멘트 중의 수산화칼슘이 공기 중의 탄산가스와 반응하여 벽체 표면에 생기는 흰 결정체를 무엇이라 하는가?

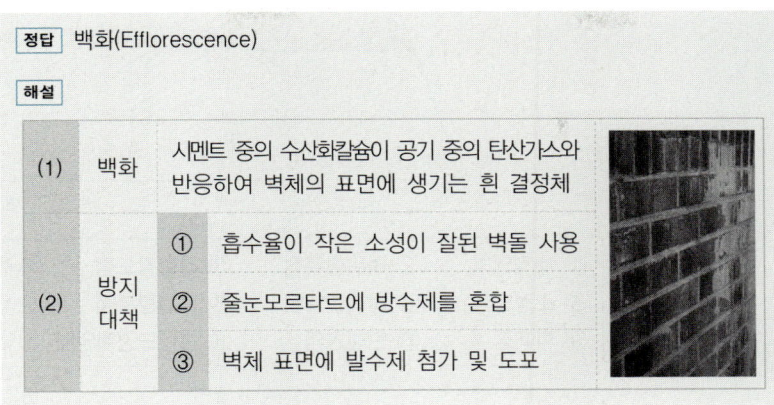

23 철근콘크리트 구조의 1방향 슬래브와 2방향 슬래브를 구분하는 기준에 대해 설명하시오.

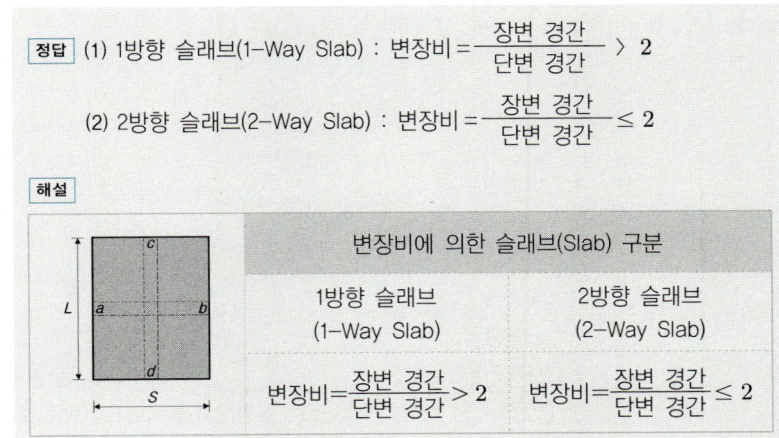

철근의 응력-변형도 곡선과 관련하여 각각이 의미하는 용어를 보기에서 골라 번호로 쓰시오.

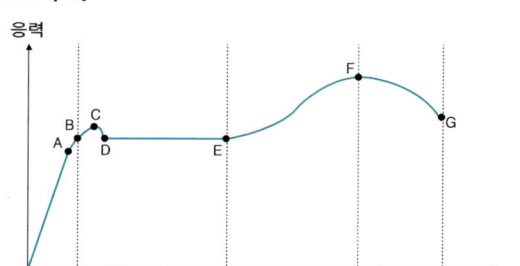

① 네킹영역 ② 하위항복점 ③ 극한강도점 ④ 변형도경화점
⑤ 소성영역 ⑥ 비례한계점 ⑦ 상위항복점 ⑧ 탄성한계점
⑨ 파괴점   ⑩ 탄성영역   ⑪ 변형도경화영역

A: _____ B: _____ C: _____ D: _____
E: _____ F: _____ G: _____ H: _____
I: _____ J: _____ K: _____

정답 A : ⑥ B : ⑧ C : ⑦ D : ② E : ④ F : ③
G : ⑨ H : ⑩ I : ⑤ J : ⑪ K : ①

해설

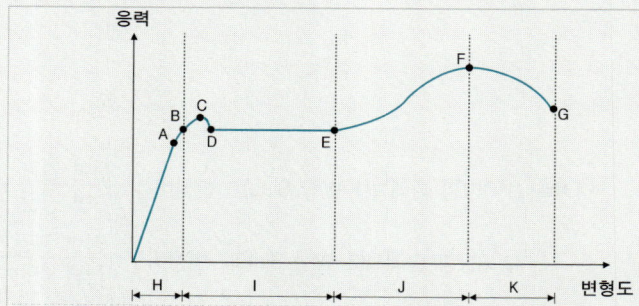

A : 비례한계점   B : 탄성한계점
C : 상(위)항복점   D : 하(위)항복점
E : 변형도경화(개시)점   F : 극한강도점
G : 파괴점
H : 탄성영역   I : 소성영역
J : 변형도경화영역   K : 파괴(Necking)영역

【B, C, D를 하나의 포인트로 설정하여 항복강도점으로 할 수 있다.】

25

전단철근의 전단강도 V_s 값의 산정결과, $V_s > \frac{1}{3}\lambda\sqrt{f_{ck}}\cdot b_w \cdot d$ 로 검토되었다. 다음 그림에서 S_2 구간에 적용되는 수직스터럽(Stirrup)의 최대간격을 구하시오. (단, 보의 유효깊이 $d=550\text{mm}$ 이다.)

정답
① $\dfrac{d}{4} = \dfrac{(550)}{4} = 137.5\text{mm}$ 이하 ← 지배
② 300mm 이하

해설

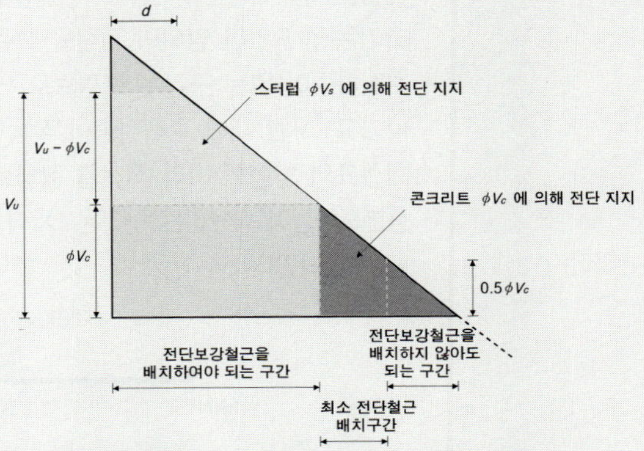

【등분포하중이 작용하는 단순보의 전단력도(SFD)에서 전단보강철근의 요구조건】

전단철근을 배치하여야 되는 구간	
$V_s \leq \dfrac{1}{3}\lambda\sqrt{f_{ck}}\cdot b_w \cdot d$	$V_s > \dfrac{1}{3}\lambda\sqrt{f_{ck}}\cdot b_w \cdot d$
↓	↓
$\dfrac{d}{2}$ 이하, 600mm 이하	$\dfrac{d}{4}$ 이하, 300mm 이하

26

그림과 같은 내민보의 전단력도(SFD)와 휨모멘트도(BMD)를 그리시오.

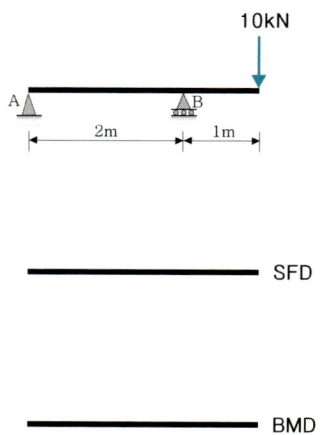

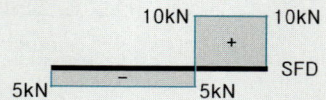 SFD

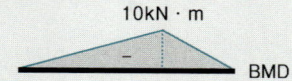 BMD

정답

전단력도(SFD, Shear Force Diagram)

(1)
- 지점반력을 계산한 후 좌측 기선에서 수직의 화살표의 방향에 따라 크기는 상관없이 임의의 직선을 그린다.
- 수직하중이 없는 구간은 수평으로 연속해서 직선을 이어 나가고, 구간 내에 수직하중이 작용하는 위치에서 수직의 화살표의 방향에 따라 직선을 상하로 조정한다.
등분포하중이 작용하는 구간은 1차직선의 경사형태로 직선을 연속해서 이어나간다.

휨모멘트도(BMD, Bending Moment Diagram)

(2)
- 지점반력을 계산한다.
- 하중작용점, 보 또는 라멘 구조물의 지지단과 같은 특정의 위치에서 휨모멘트를 각각 계산한 후 포인트를 설정해 놓는다.
- 집중하중이 작용하는 구간은 1차직선, 등분포하중이 작용하는 구간은 2차곡선의 형태로 해당 포인트를 연결한다.

2020년
과년도 기출문제

① 건축기사 제1회 시행 …… 2-102
② 건축기사 제2회 시행 …… 2-120
③ 건축기사 제3회 시행 …… 2-140
④ 건축기사 제4회 시행 …… 2-156
⑤ 건축기사 제5회 시행 …… 2-170

제1회 2020 건축기사 과년도 기출문제

배점3

01

11①, 13④, 17①, 20①

커튼월 조립방식에 의한 분류에서 각 설명에 해당하는 방식을 번호로 쓰시오.

① Stick Wall 방식　　② Window Wall 방식　　③ Unit Wall 방식

(1) 구성 부재 모두가 공장에서 조립된 프리패브(Pre-Fab) 형식으로 창호와 유리, 패널의 일괄발주 방식으로, 이 방식은 업체의 의존도가 높아서 현장 상황에 융통성을 발휘하기가 어려움

(2) 구성 부재를 현장에서 조립·연결하여 창틀이 구성되는 형식으로 유리는 현장에서 주로 끼우며, 현장적응력이 우수하여 공기조절이 가능

(3) 창호와 유리, 패널의 개별발주 방식으로 창호 주변이 패널로 구성됨으로써 창호의 구조가 패널 트러스에 연결할 수 있어서 재료의 사용 효율이 높아 비교적 경제적인 시스템 구성이 가능한 방식

(1) _____　(2) _____　(3) _____

정답 (1) ③　(2) ①　(3) ②

해설

커튼월(Curtain Wall) 조립방식에 의한 분류

- **Stick Wall 방식**
  - 구성 부재를 현장에서 조립·연결하여 창틀이 구성되는 형식
  - 현장 적응력이 우수하여 공기조절이 가능

- **Unit Wall 방식**
  - 창호와 유리, 패널의 일괄발주 방식
  - 구성 부재 모두가 공장에서 조립된 프리패브(Pre-Fab) 형식
  - 업체의 의존도가 높아서 현장상황에 융통성을 발휘하기가 어려움

- **Window Wall 방식**
  - 창호와 유리, 패널의 개별발주 방식
  - 창호구조가 패널 트러스에 연결할 수 있어서 재료의 사용 효율이 높아 비교적 경제적인 시스템 구성이 가능한 방식

02 BOT(Build-Operate-Transfer Contract) 방식을 설명하고 이와 유사한 방식을 2가지만 쓰시오.

(1) BOT 방식 :

(2) 유사한 방식

① _____ ② _____

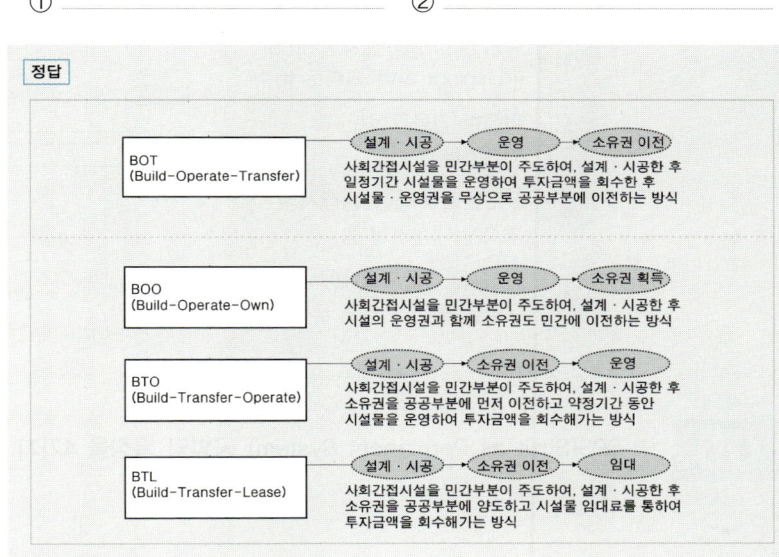

03 목구조 횡력 보강부재를 3가지 적으시오.

① _____ ② _____ ③ _____

| ① 가새 | ② 버팀대 | ③ 귀잡이 |
| (Diagonal Brace) | (Angle Brace) | (Angle Tie) |

배점2 □□□

04④, 09②, 12①, 14①, 20①, 22④, 23①, 23②

04

지하구조물은 지하수위에서 구조물 밑면까지의 깊이만큼 부력을 받아 건물이 부상하게 되는데, 이것에 대한 방지대책을 2가지 기술하시오.

① _____

② _____

정답

부력을 받은 지하구조물의 부상 방지대책

① 유입 지하수를 강제로 펌핑(Pumping) 하여 외부로 배수
② 인접한 건물주 승인 후 인접건물에 긴결
③ 구조물의 자중을 증대시켜 부력에 대항하게 함
④ 현장시공 중 구조체에 구멍을 뚫어 지하수 유입

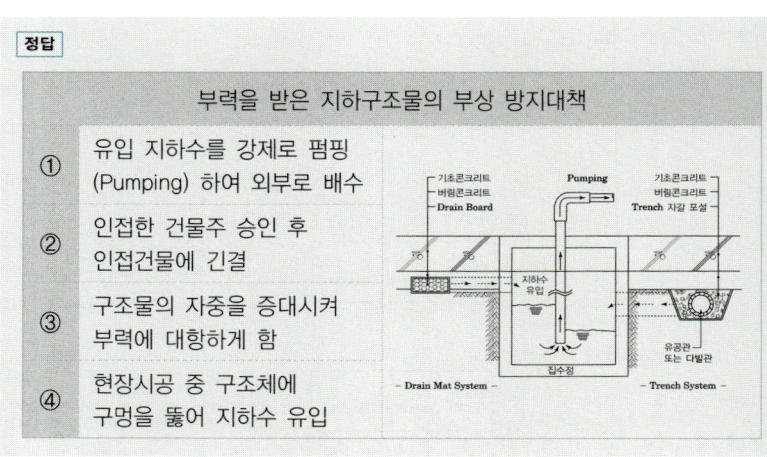

배점4 □□□

12①, 14②, 20①

05

SPS(Strut as Permanent System) 공법의 특징을 4가지 쓰시오.

① _____ ② _____

③ _____ ④ _____

정답

SPS
(Strut as Permanent System, 영구 구조물 흙막이 버팀대)

흙막이 버팀대(Strut)를 가설재로 사용하지 않고 굴토 중에는 토압을 지지하고, 슬래브 타설 후에는 수직하중을 지지하는 공법

① 가설지지체 설치 및 해체공정 불필요
② 작업공간의 확보 유리
③ 지반의 상태와 관계없이 시공 가능
④ 지상 공사와 병행이 가능하여 공기단축 가능

배점8 □□□
08④, 17①, 20①, 24①

다음 조건의 콘크리트 1m³를 생산하는데 필요한 시멘트, 모래, 자갈의 중량을 산출하시오.

① 단위수량 : 160kg/m³ ② 물시멘트비 : 50% ③ 잔골재율 : 40%
④ 시멘트 비중 : 3.15 ⑤ 잔골재 비중 : 2.6 ⑥ 굵은골재 비중 : 2.6
⑦ 공기량 : 1%

(1) 단위시멘트량 :

(2) 시멘트의 체적 :

(3) 물의 체적 :

(4) 전체 골재의 체적 :

(5) 잔골재의 체적 :

(6) 잔골재량 :

(7) 굵은골재량 :

정답

(1) 단위시멘트량 : $160 \div 0.50 = 320 \text{kg/m}^3$

(2) 시멘트의 체적 : $\dfrac{320 \text{kg}}{3.15 \times 1,000 l} = 0.102 \text{m}^3$

(3) 물의 체적 : $\dfrac{160 \text{kg}}{1 \times 1,000 l} = 0.16 \text{m}^3$

(4) 전체 골재의 체적 $= 1\text{m}^3 - (\text{시멘트의 체적} + \text{물의 체적} + \text{공기량의 체적})$
$= 1 - (0.102 + 0.16 + 0.01) = 0.728 \text{m}^3$

(5) 잔골재의 체적 = 전체 골재의 체적 × 잔골재율
$= 0.728 \times 0.4 = 0.291 \text{m}^3$

(6) 잔골재량 $= 0.291 \times 2.6 \times 1,000 = 756.6 \text{kg}$

(7) 굵은골재량 $= 0.728 \times 0.6 \times 2.6 \times 1,000 = 1,135.68 \text{kg}$

배점2 □□□
07
05④, 20①

벽, 기둥 등의 모서리는 손상되기 쉬우므로 별도의 마감재를 감아 대거나 미장면의 모서리를 보호하면서 벽, 기둥을 마무리 하는 보호용 재료를 무엇이라고 하는가?

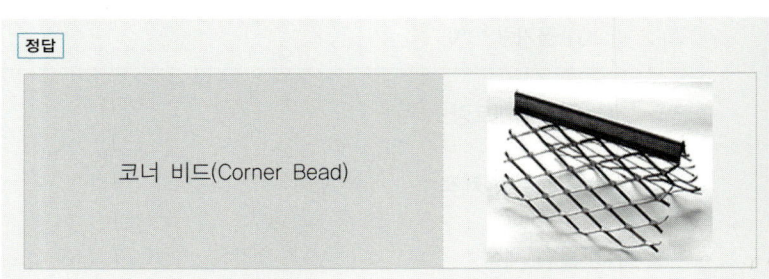

정답: 코너 비드(Corner Bead)

배점4 □□□
08
20①

ALC(Autoclaved Lightweight Concrete, 경량기포콘크리트) 제조 시 필요한 재료를 2가지만 쓰시오.

① _____ ② _____

정답 ① 규사(규산질 재료) ② 생석회(석회질 재료)

해설

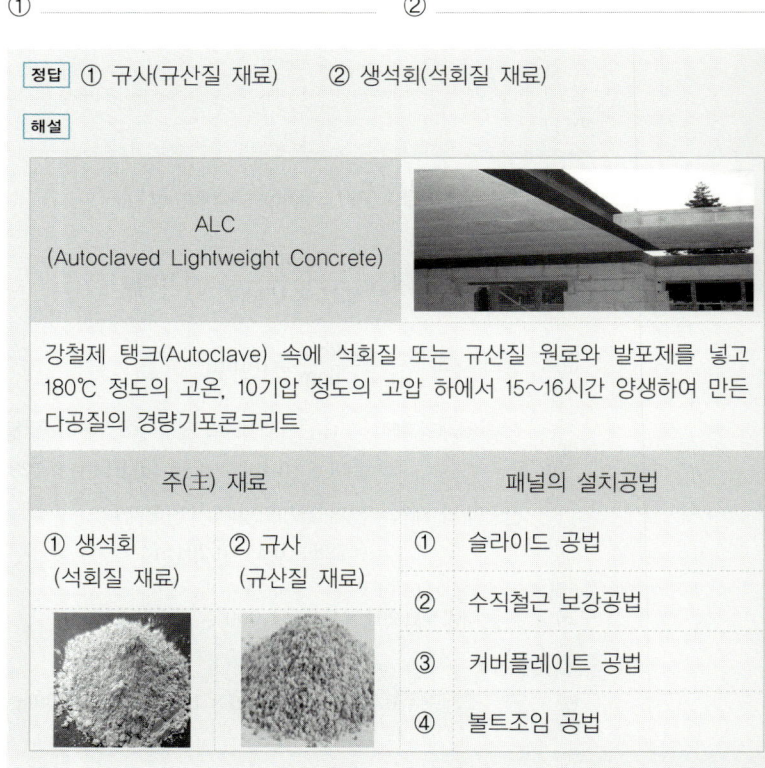

2-106

09 다음 용어를 간단히 설명하시오.

(1) 레이턴스(Laitance) :

(2) 크리프(Creep) :

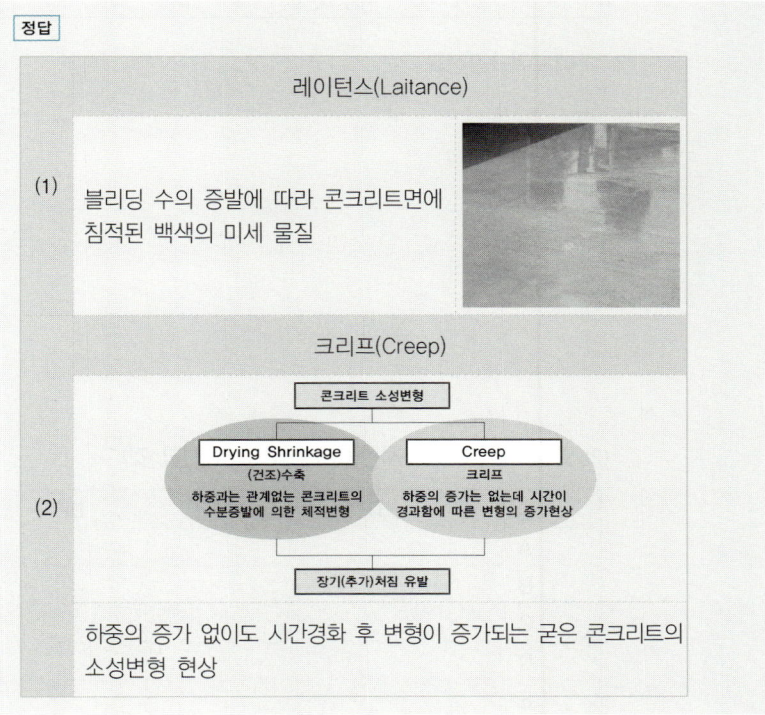

10 압밀(Consolidation)과 다짐(Compaction)의 차이점을 비교하여 설명하시오

[정답] 압밀은 점토지반에 외력을 가하여 흙 속의 간극수를 제거하는 것을 말하며, 다짐은 사질지반에 외력이 가해져 공기가 빠지면서 압축되는 현상을 말한다.

11

다음 데이터를 네트워크공정표로 작성하고, 각 작업의 여유시간을 구하시오.

작업명	작업일수	선행작업	비 고
A	5	없음	(1) 결합점에서는 다음과 같이 표시한다.
B	2	없음	
C	4	없음	
D	4	A, B, C	(2) 주공정선은 굵은선으로 표시한다.
E	3	A, B, C	
F	2	A, B, C	

(1) 네트워크공정표

(2) 일정시간 및 여유시간(CP는 ※ 표시를 할 것)

작업명	TF	FF	DF	CP
A				
B				
C				
D				
E				
F				

정답

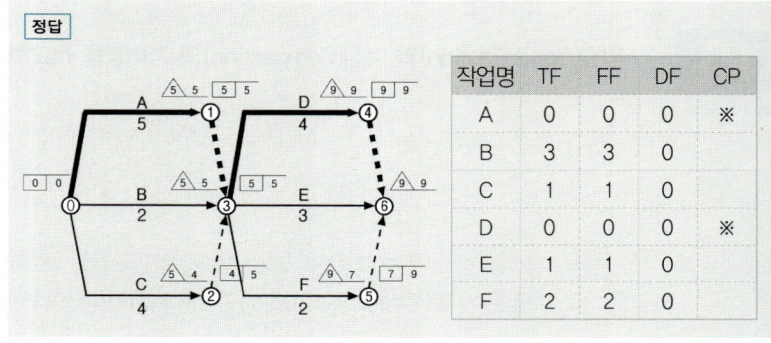

작업명	TF	FF	DF	CP
A	0	0	0	※
B	3	3	0	
C	1	1	0	
D	0	0	0	※
E	1	1	0	
F	2	2	0	

배점3 □□□

12. 매스콘크리트 수화열 저감을 위한 대책을 3가지 쓰시오.

12①, 14④, 20①

① _____

② _____

③ _____

정답

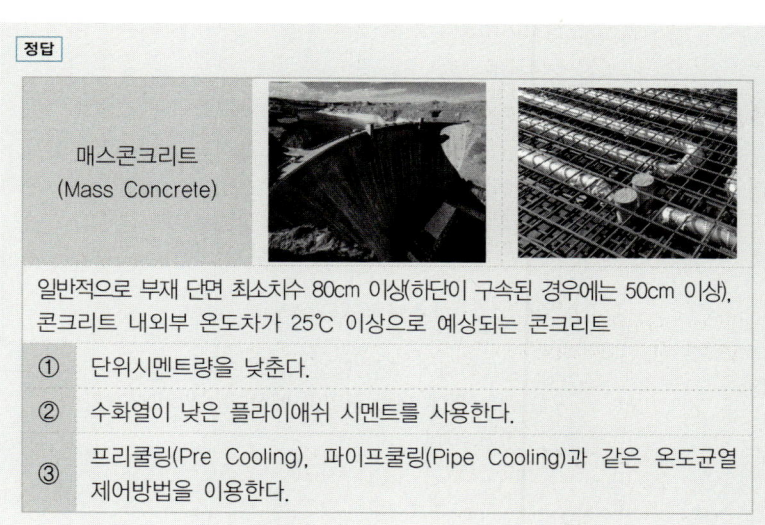

매스콘크리트
(Mass Concrete)

일반적으로 부재 단면 최소치수 80cm 이상(하단이 구속된 경우에는 50cm 이상), 콘크리트 내외부 온도차가 25℃ 이상으로 예상되는 콘크리트

① 단위시멘트량을 낮춘다.
② 수화열이 낮은 플라이애쉬 시멘트를 사용한다.
③ 프리쿨링(Pre Cooling), 파이프쿨링(Pipe Cooling)과 같은 온도균열 제어방법을 이용한다.

배점2 □□□

13. 입찰방식 중 적격낙찰제도에 관하여 간단히 설명하시오.

20①, 24①

정답

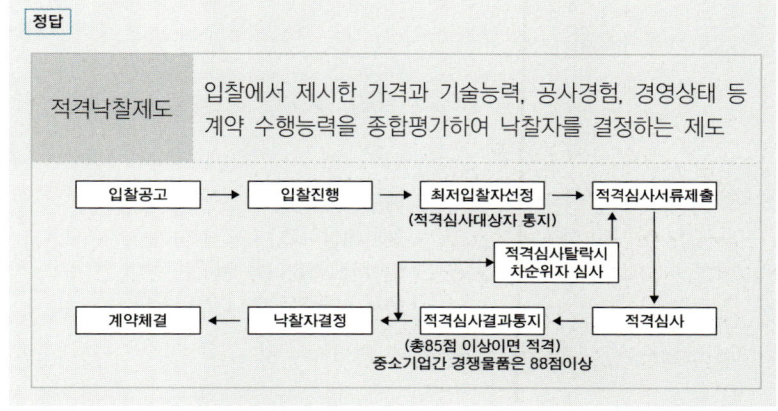

적격낙찰제도: 입찰에서 제시한 가격과 기술능력, 공사경험, 경영상태 등 계약 수행능력을 종합평가하여 낙찰자를 결정하는 제도

입찰공고 → 입찰진행 → 최저입찰자선정 (적격심사대상자 통지) → 적격심사서류제출 → 적격심사 → 적격심사결과통지 (총85점 이상이면 적격) 중소기업간 경쟁물품은 88점이상 → 낙찰자결정 → 계약체결
(적격심사탈락시 차순위자 심사)

14

다음 용어를 간단히 설명하시오.

(1) 시공줄눈(Construction Joint) :

(2) 신축줄눈(Expansion Joint) :

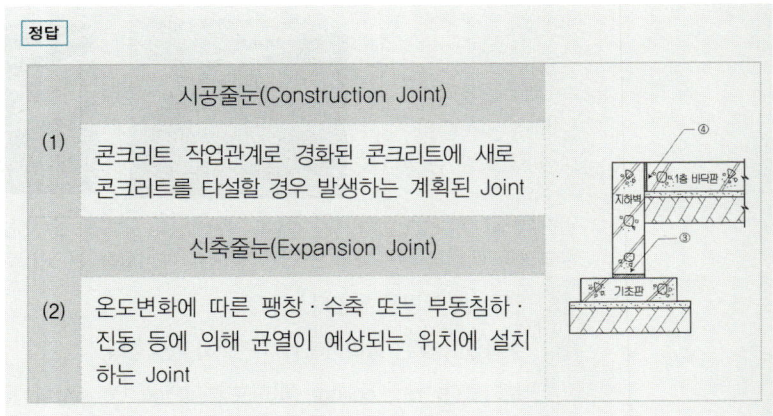

정답

(1) 시공줄눈(Construction Joint)
콘크리트 작업관계로 경화된 콘크리트에 새로 콘크리트를 타설할 경우 발생하는 계획된 Joint

(2) 신축줄눈(Expansion Joint)
온도변화에 따른 팽창·수축 또는 부동침하·진동 등에 의해 균열이 예상되는 위치에 설치하는 Joint

15

인장력을 받는 이형철근 및 이형철선의 겹침이음길이는 A급과 B급으로 분류되며, 다음 값 이상 또한 300mm 이상이어야 한다. ( ) 안에 알맞은 수치를 쓰시오. (단, l_d 는 인장이형철근의 정착길이)

(1) A급 이음 : ( ) l_d (2) B급 이음 : ( ) l_d

정답 (1) 1.0 (2) 1.3

해설

【인장 이형철근 및 이형철선의 겹침이음길이의 분류】

구분	내용	이음 길이
• A급 이음	배근된 철근량이 소요철근량의 2배 이상이고, 소요 겹침이음 길이 내 겹침이음 된 철근량이 전체 철근량의 1/2 이하인 경우	$1.0\, l_d \geq 300\mathrm{mm}$
• B급 이음	그 외 경우	$1.3\, l_d \geq 300\mathrm{mm}$

16. 품질관리 도구 중 특성요인도(Characteristics Diagram)에 대해 설명하시오.

정답

특성요인도(Characteristics Diagram)

결과에 어떤 원인이 관계하는지를 알 수 있도록 작성한 그림

(작업자, 재료, 기계, 작업방법 → 품질특성)

17. 다음에 해당되는 콘크리트에 사용되는 굵은골재의 최대치수를 기재하시오.

| (가) 일반 콘크리트 ······················ ( ) mm |
| (나) 무근 콘크리트 ······················ ( ) mm |
| (다) 단면이 큰 콘크리트 ················ ( ) mm |

정답 (가) 20 또는 25   (나) 40   (다) 40

18. 강구조공사에서 용접부의 비파괴 시험방법의 종류를 3가지 쓰시오.

① _____ ② _____ ③ _____

정답 ① 방사선 투과법 ② 초음파 탐상법 ③ 자기분말 탐상법

해설

- 용접 착수 전: 틈새 모양, 구속법, 모아대기법, 용접자세 적부 (각각의 부재를 정확한 각도와 길이를 맞추어 놓은 후 순서에 맞게 정리하여 모아 놓는 것)
- 용접 작업 중: 용접봉, 운봉, 전류의 적정
- 용접 완료 후: 외관검사, 절단검사, 비파괴검사 (방사선투과법, 초음파탐상법, 자기분말탐상법, 침투탐상법)

19 배점4 □□□
12②, 17②, 20①, 23②

기초의 부동침하는 구조적으로 문제를 일으키게 된다. 이러한 기초의 부동침하를 방지하기 위한 대책 중 기초구조 부분에 처리할 수 있는 사항을 4가지 기술하시오.

① _____
② _____
③ _____
④ _____

정답

부동침하(Uneven Settlement, 부등침하)의 여러 원인들				
연약층 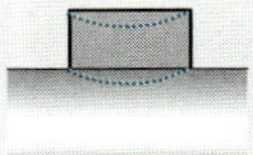	경사 지반 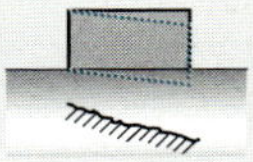	이질 지층 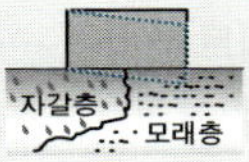	낭떠러지 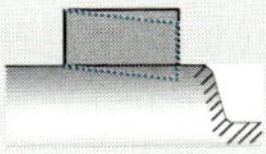	증축 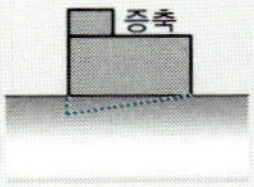
지하수위 변경 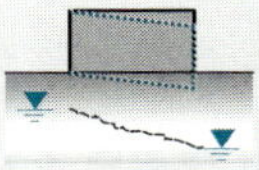	지하 구멍 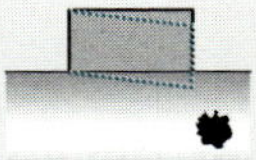	메운땅 흙막이 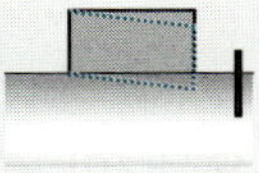	이질 지정 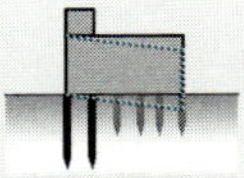	일부 지정 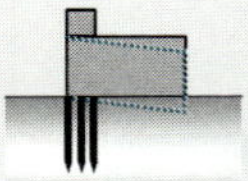

(1)	상부구조에 대한 대책	• 건물의 경량화 및 중량 분배를 고려 • 건물의 길이를 작게 하고 강성을 높일 것 • 인접 건물과의 거리를 멀게 할 것
(2)	하부구조에 대한 대책	• 마찰말뚝을 사용하고 서로 다른 종류의 말뚝 혼용을 금지 • 지하실 설치 : 온통기초(Mat Foundation)가 유효 • 기초 상호간을 연결 : 지중보 또는 지하연속벽 시공 • 언더피닝(Under Pinning) 공법의 적용

20 다음 강재의 구조적 특성을 간단히 설명하시오.

(1) SN강 :

(2) TMCP강 :

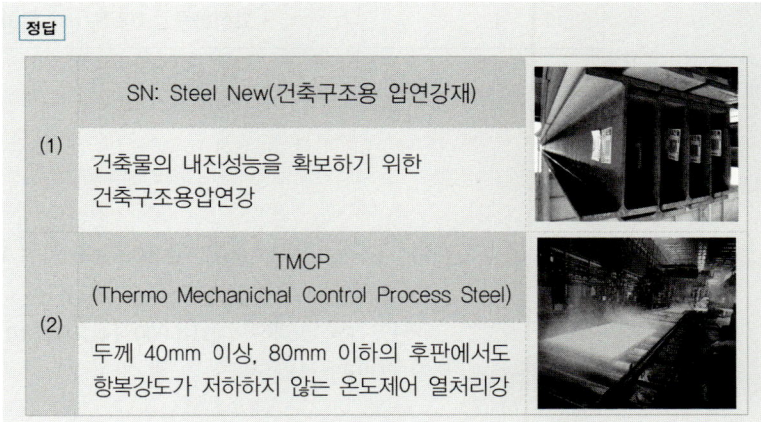

21 재령 28일 콘크리트 표준공시체($\phi 150\text{mm} \times 300\text{mm}$)에 대한 압축강도시험 결과 파괴하중이 450kN일 때 압축강도 $f_c(\text{MPa})$를 구하시오.

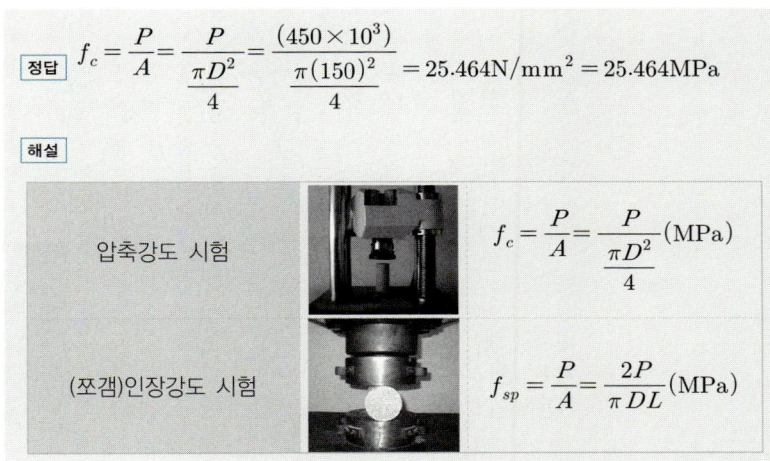

22

H형강을 사용한 그림과 같은 단순지지 철골보의 최대 처짐(mm)을 구하시오. (단, 철골보의 자중은 무시한다.)

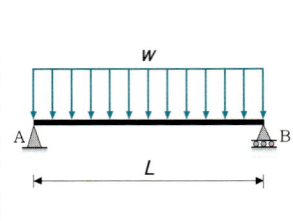

- $H-500 \times 200 \times 10 \times 16$ (SS275)
- 탄성단면계수 $S_x = 1,910 \text{cm}^3$
- 단면2차모멘트 $I = 4,780 \text{cm}^4$
- 탄성계수 $E = 210,000 \text{MPa}$
- $L = 7\text{m}$
- 고정하중 : 10kN/m, 활하중 : 18kN/m

정답

(1) $w = 1.0w_D + 1.0w_L = 1.0(10) + 1.0(18) = 28\text{kN/m} = 28\text{N/mm}$

(2) $\delta_{\max} = \dfrac{5}{384} \cdot \dfrac{wL^4}{EI} = \dfrac{5}{384} \cdot \dfrac{(28)(7 \times 10^3)^4}{(210,000)(4,780 \times 10^4)}$
$= 87.21\text{mm}$

해설

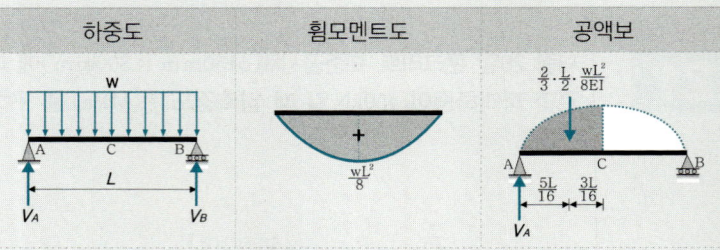

A점의 처짐각 : $\theta_A = V_A = \dfrac{2}{3} \cdot \dfrac{L}{2} \cdot \dfrac{wL^2}{8EI} = \dfrac{1}{24} \cdot \dfrac{wL^3}{EI}$

C점의 처짐 $\delta_C = M_C = \left(\dfrac{2}{3} \cdot \dfrac{L}{2} \cdot \dfrac{wL^2}{8EI} \right) \left(\dfrac{L}{2} \cdot \dfrac{5}{8} \right) = \dfrac{5}{384} \cdot \dfrac{wL^4}{EI}$

사용성(Serviceability, 처짐 및 균열 등)

처짐의 계산 및 검토는 하중계수를 적용한 계수하중($U = 1.2D + 1.6L$)이 아니라 사용하중($U = 1.0D + 1.0L$)을 적용함에 주의한다.

23

그림과 같은 캔틸레버 보의 A점의 반력을 구하시오.

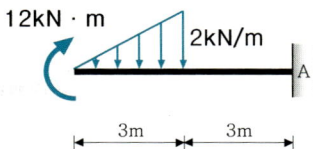

정답

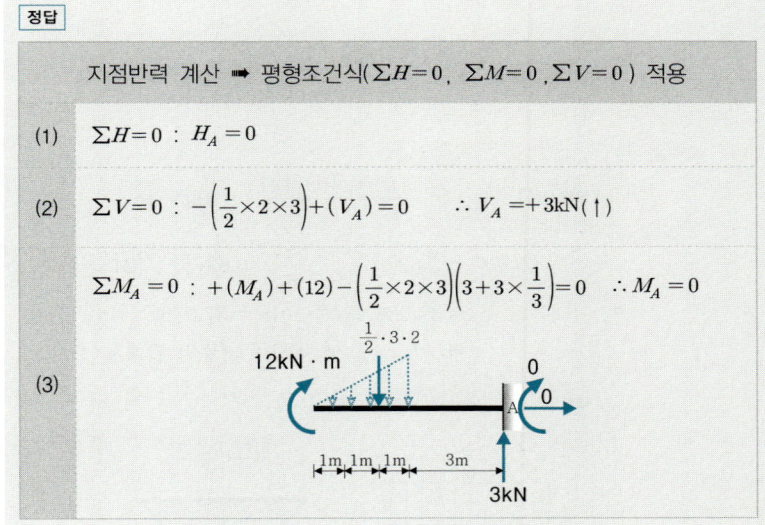

24

강구조에서 메탈터치(Metal Touch)에 대한 용어의 정의를 간단히 설명하시오.

정답

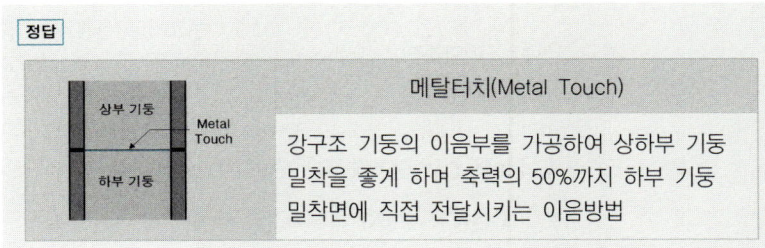

다음 그림을 보고 물음에 답하시오.

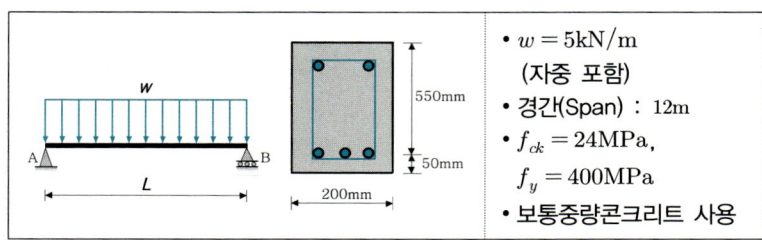

(1) 최대휨모멘트를 구하시오.

(2) 균열모멘트를 구하고 균열발생 여부를 판정하시오.

정답 (1) $M_{max} = \dfrac{wL^2}{8} = \dfrac{(5)(12)^2}{8} = 90 \text{kN} \cdot \text{m}$

(2) $M_{cr} = 0.63\lambda\sqrt{f_{ck}} \cdot \dfrac{bh^2}{6} = 0.63(1)\sqrt{(24)} \cdot \dfrac{(200)(600)^2}{6}$

$= 37,036,284 \text{N} \cdot \text{mm} = 37.036 \text{kN} \cdot \text{m}$

➡ $M_{max} > M_{cr}$ 이므로 균열이 발생됨

해설

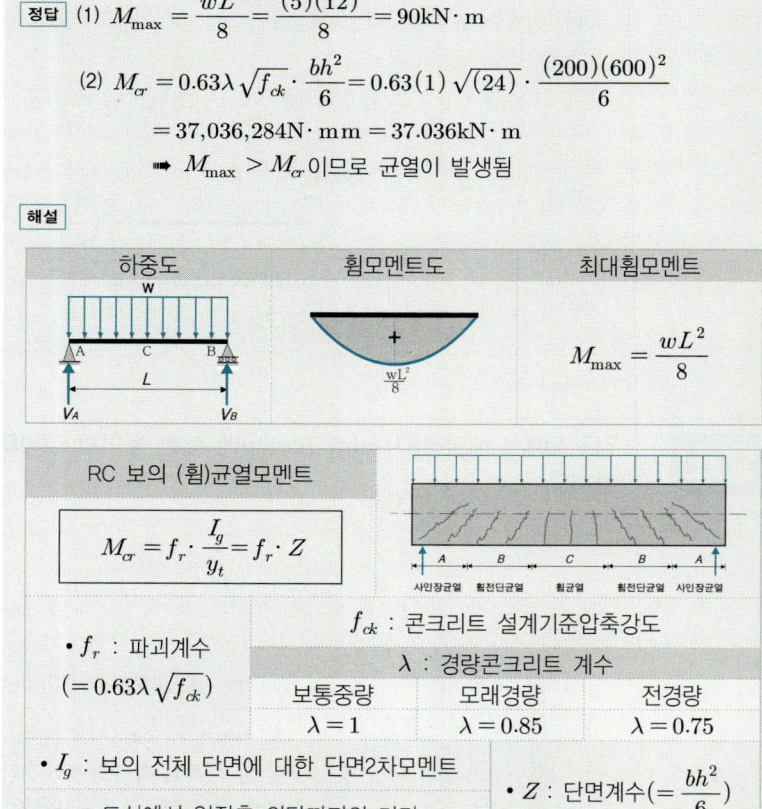

다음 그림은 철근콘크리트조 경비실 건물이다. 주어진 평면도 및 단면도를 보고 C_1, G_1, G_2, S_1에 해당되는 부분의 1층과 2층 콘크리트량과 거푸집량을 산출하시오.

단, 1) 기둥 단면 (C_1) : 30cm × 30cm
    2) 보 단면 (G_1, G_2) : 30cm × 60cm
    3) 슬래브 두께 (S_1) : 13cm
    4) 층고 : 단면도 참조
단, 단면도에 표기된 1층 바닥선 이하는 계산하지 않는다.

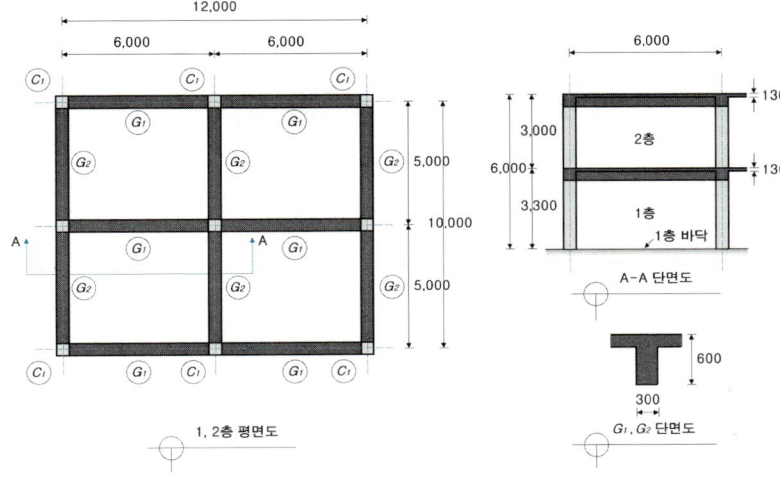

(1) 콘크리트량 :

(2) 거푸집량 :

정답		
(1)	콘크리트량	① 기둥(C_1) 1층 : $(0.3 \times 0.3 \times 3.17) \times 9$개 $= 2.567$ 　　　　　　2층 : $(0.3 \times 0.3 \times 2.87) \times 9$개 $= 2.324$ ② 보(G_1) : 1층+2층 : $(0.3 \times 0.47 \times 5.7) \times 12$개 $= 9.644$ 　보(G_2) : 1층+2층 : $(0.3 \times 0.47 \times 4.7) \times 12$개 $= 7.952$ ③ 슬래브(S_1) : 1층+2층 : 　$(12.3 \times 10.3 \times 0.13) \times 2$개 $= 32.939$ ④ 합계 : $2.567 + 2.324 + 9.644 + 7.592 + 32.939 = 55.426$ ➡ 55.43m^3
(2)	거푸집량	① 기둥(C_1) 1층 : $(0.3 + 0.3) \times 2 \times 3.17 \times 9$개 $= 34.236$ 　　　　　　2층 : $(0.3 + 0.3) \times 2 \times 2.87 \times 9$개 $= 30.996$ ② 보(G_1) 1층+2층 : $(0.47 \times 5.7 \times 2) \times 12$개 $= 64.296$ 　보(G_2) 1층+2층 : $(0.47 \times 4.7 \times 2) \times 12$개 $= 53.016$ ③ 슬래브(S_1) 1층+2층 : 　$[(12.3 \times 10.3) + (12.3 + 10.3) \times 2 \times 0.13] \times 2$개 $= 265.132$ ④ 합계 : 　$34.236 + 30.996 + 64.296 + 53.016 + 265.132 = 447.676$ ➡ 447.68m^2

01. 슬러리월(Slurry Wall) 공법의 장점과 단점을 각각 2가지씩 쓰시오.

(1) 장점

① _____ ② _____

(2) 단점

① _____ ② _____

정답

(1)	슬러리월 (Slurry Wall)	지수벽·구조체 등으로 이용하기 위해 지하로 크고 깊은 트렌치를 굴착하여 철근망을 삽입 후 콘크리트를 타설한 패널(Panel)을 연속으로 축조해 나가는 공법	
(2)	주요 특징	장점	• 벽체의 강성 및 차수성이 크다. • 소음 및 진동이 적다.
		단점	• 패널(Panel)간 조인트(Joint)로 수평연속성이 부족하다. • 공사비가 비교적 고가이다.
(3)	가이드 월 (Guide Wall)	• 연속벽의 수직도 및 벽두께 유지	• 안정액의 수위유지, 우수침투 방지 등
(4)	안정액 (Bentonite)	• 굴착벽면 붕괴 방지 • 굴착토사 분리·배출 • 부유물의 침전방지	

02 콘크리트를 타설할 때 거푸집의 측압이 증가되는 요인을 4가지 쓰시오.

① _____ ② _____

③ _____ ④ _____

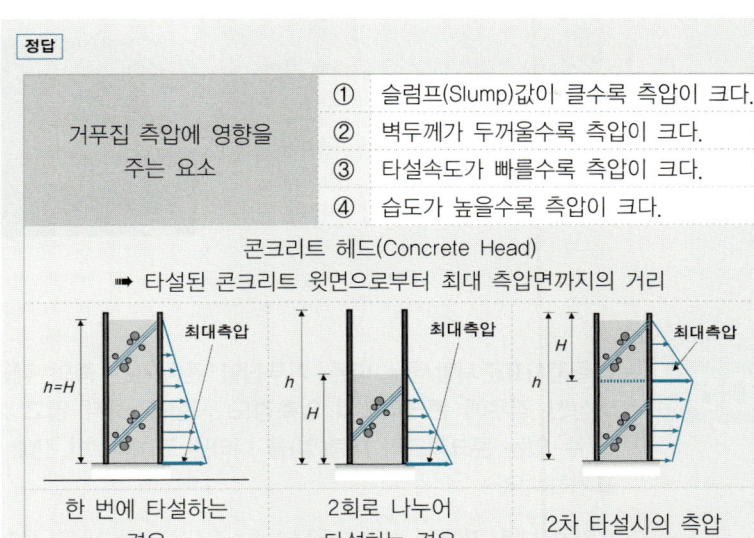

거푸집 측압에 영향을 주는 요소	① 슬럼프(Slump)값이 클수록 측압이 크다.
	② 벽두께가 두꺼울수록 측압이 크다.
	③ 타설속도가 빠를수록 측압이 크다.
	④ 습도가 높을수록 측압이 크다.

콘크리트 헤드(Concrete Head)
➡ 타설된 콘크리트 윗면으로부터 최대 측압면까지의 거리

03 강관말뚝 지정의 특징을 3가지만 쓰시오.

① _____ ② _____

③ _____

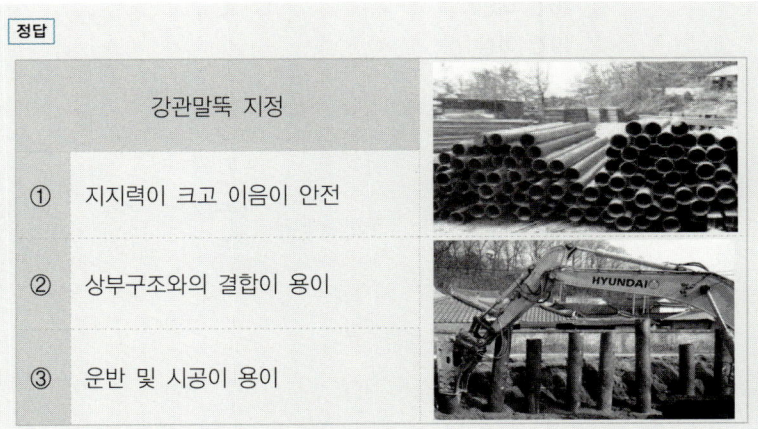

강관말뚝 지정	
①	지지력이 크고 이음이 안전
②	상부구조와의 결합이 용이
③	운반 및 시공이 용이

배점3 ☐☐☐

04

08④, 09②,
10①, 12②,
14④, 16①,
17④, 20②,
21②

샌드드레인(Sand Drain) 공법을 설명하시오.

> **정답**
>
> **샌드드레인(Sand Drain) 공법**
>
> 지반에 지름 40~60cm의 구멍을 뚫고 모래를 넣은 후, 성토 및 기타 하중을 가하여 점토질 지반을 압밀시키는 공법

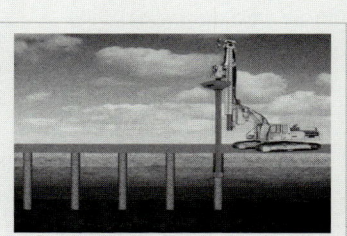

배점4 ☐☐☐

05

09②, 12②,
17①, 18①,
20②, 23②,
24②

건축공사표준시방서에 따른 거푸집널 존치기간 중의 평균기온이 10℃ 이상인 경우에 콘크리트의 압축강도 시험을 하지 않고 거푸집을 떼어 낼 수 있는 콘크리트의 재령(일)을 나타낸 표이다. 빈 칸에 알맞은 숫자를 표기하시오.

〈기초, 보옆, 기둥 및 벽의 거푸집널 존치기간을 정하기 위한 콘크리트의 재령(일)〉

평균 기온 \ 시멘트 종류	조강포틀랜드시멘트	보통포틀랜드시멘트 고로슬래그시멘트(1종)	고로슬래그시멘트(2종) 포틀랜드포졸란시멘트(B종)
20℃ 이상			
20℃ 미만 10℃ 이상			

> **정답**
>
> | 평균
기온 \ 시멘트
종류 | 조강포틀랜드시멘트 | 보통포틀랜드시멘트
고로슬래그시멘트(1종) | 고로슬래그시멘트(2종)
포틀랜드포졸란시멘트(B종) |
> |---|---|---|---|
> | 20℃ 이상 | 2일 | 4일 | 5일 |
> | 20℃ 미만
10℃ 이상 | 3일 | 6일 | 8일 |

06 열가소성 수지와 열경화성 수지의 종류를 각각 2가지씩 쓰시오.

(1) 열가소성 수지

① _____ ② _____

(2) 열경화성 수지

① _____ ② _____

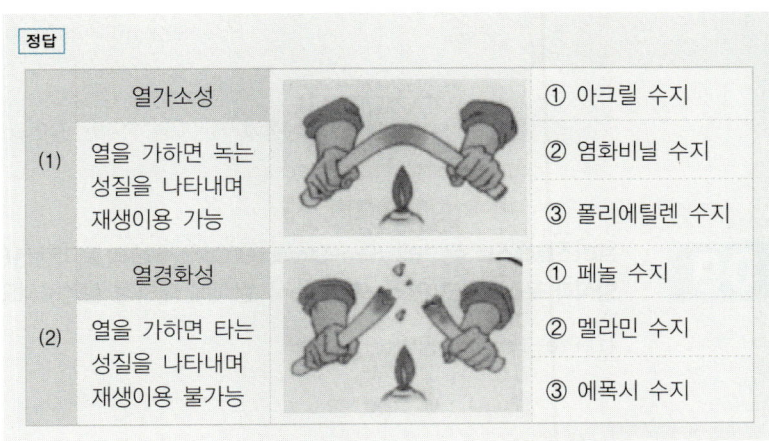

07 다음이 설명하는 용어를 쓰시오.

> 드라이비트라는 일종의 못박기총을 사용하여 콘크리트나 강재 등에 박는 특수못으로 머리가 달린 것을 H형, 나사로 된 것을 T형이라고 한다.

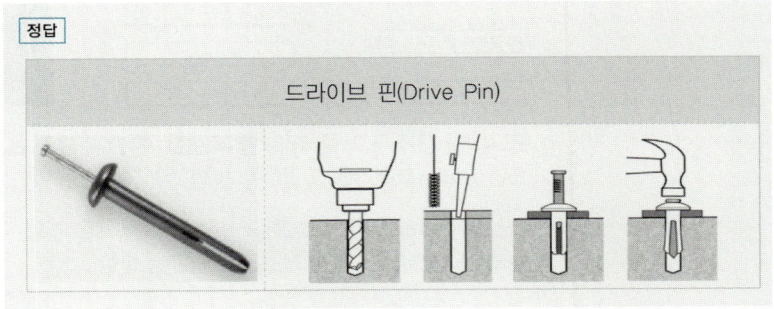

08 한국산업규격(KS)에 명시된 속빈블록의 치수를 3가지 쓰시오.

① _____ ② _____ ③ _____

> **정답**
>
> KS F 4002
> 390(길이)×190(높이)×100(두께)
> 390(길이)×190(높이)×150(두께)
> 390(길이)×190(높이)×190(두께)
>
> 블록(Block)의 압축강도 시험에 적용되는 면적은 길이와 두께이다.

09 프리스트레스트 콘크리트(Pre-Stressed Concrete)의 프리텐션(Pre-Tension) 방식과 포스트텐션(Post-Tension) 방식에 대하여 설명하시오.

(1) Pre-Tension 공법 :

(2) Post-Tension 공법 :

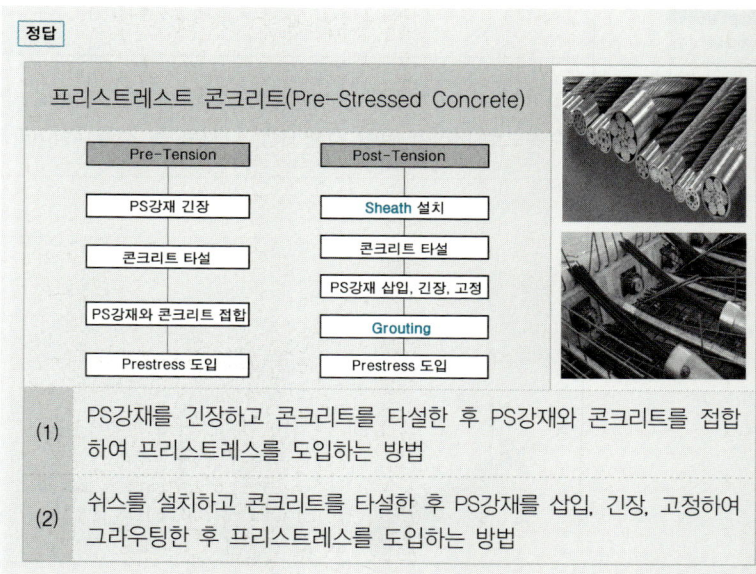

2-124

배점3

10

강구조 내화피복 공법의 종류에 따른 재료를 각각 2가지씩 쓰시오.

공 법	재 료	
타설공법	①	②
조적공법	③	④
미장공법	⑤	⑥

① _____   ② _____   ③ _____

④ _____   ⑤ _____   ⑥ _____

정답 ① 콘크리트   ② 경량콘크리트   ③ 돌
④ 벽돌   ⑤ 철망 펄라이트   ⑥ 철망 모르타르

해설

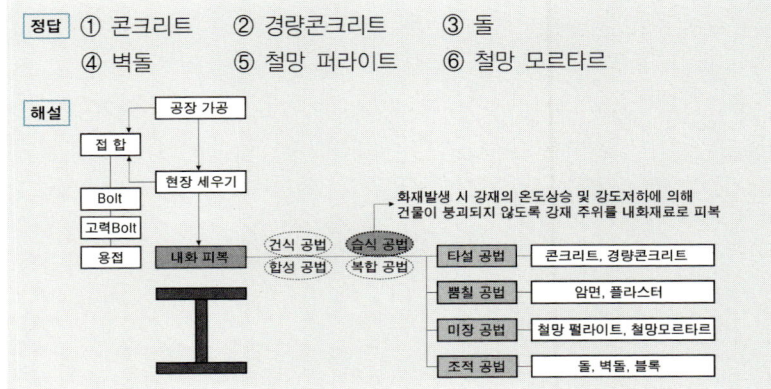

배점3

11

고강도 콘크리트의 폭렬현상에 대하여 설명하시오.

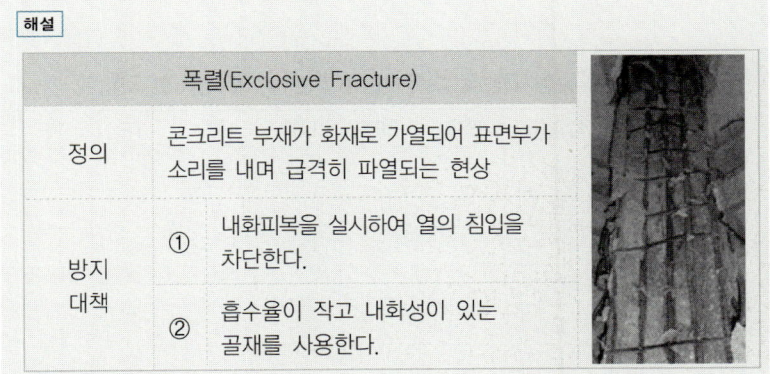

12

다음 데이터를 네트워크공정표로 작성하고, 각 작업의 여유시간을 구하시오.

작업명	작업일수	선행작업	비 고
A	5	없음	(1) 결합점에서는 다음과 같이 표시한다.
B	2	없음	
C	4	없음	EST LST 작업명 LFT EFT
D	4	A, B, C	ⓘ ─── 소요일수 ─── ⓙ
E	3	A, B, C	(2) 주공정선은 굵은선으로 표시한다.
F	2	A, B, C	

(1) 네트워크공정표

(2) 일정시간 및 여유시간 (CP는 ※ 표시를 할 것)

작업명	EST	EFT	LST	LFT	TF	FF	DF	CP
A								
B								
C								
D								
E								
F								

[정답]

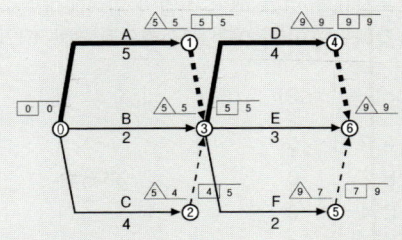

작업명	EST	EFT	LST	LFT	TF	FF	DF	CP
A	0	5	0	5	0	0	0	※
B	0	2	3	5	3	3	0	
C	0	4	1	5	1	1	0	
D	5	9	5	9	0	0	0	※
E	5	8	6	9	1	1	0	
F	5	7	7	9	2	2	0	

[해설] 【일정 및 여유계산 LIST 답안작성 순서】

(1) TF, FF, DF, CP를 먼저 채운다.

작업명	EST	EFT	LST	LFT	TF	FF	DF	CP
A					0	0	0	※
B					3	3	0	
C					1	1	0	
D					0	0	0	※
E					1	1	0	
F					2	2	0	

(2) 각 작업명 옆에 소요일수를 연필로 기입한다.

작업명	EST	EFT	LST	LFT	TF	FF	DF	CP
A 5					0	0	0	※
B 2					3	3	0	
C 4					1	1	0	
D 4					0	0	0	※
E 3					1	1	0	
F 2					2	2	0	

(3) 공정표를 보고 해당 작업의 앞쪽에 있는 결합점의 네모칸의 숫자를 기입한 것이 EST이며, 이것을 종축으로 전체 기입해 나간다.

작업명	EST	EFT	LST	LFT	TF	FF	DF	CP
A 5	0				0	0	0	※
B 2	0				3	3	0	
C 4	0				1	1	0	
D 4	5				0	0	0	※
E 3	5				1	1	0	
F 2	5				2	2	0	

(4) 각 작업의 소요일수에 EST를 더한 값이 EFT이며, 이것을 종축으로 전체 기입해 나간다.

작업명	EST	EFT	LST	LFT	TF	FF	DF	CP
A 5	0	5			0	0	0	※
B 2	0	2			3	3	0	
C 4	0	4			1	1	0	
D 4	5	9			0	0	0	※
E 3	5	8			1	1	0	
F 2	5	7			2	2	0	

(5) 공정표를 보고 해당 작업의 뒷쪽에 있는 결합점의 세모칸의 숫자를 기입한 것이 LFT이며, 이것을 종축으로 전체 기입해 나간다.

작업명	EST	EFT	LST	LFT	TF	FF	DF	CP
A 5	0	5		5	0	0	0	※
B 2	0	2		5	3	3	0	
C 4	0	4		5	1	1	0	
D 4	5	9		9	0	0	0	※
E 3	5	8		9	1	1	0	
F 2	5	7		9	2	2	0	

(6) 각 작업의 LFT에서 소요일수를 뺀 값이 LST이며, 이것을 종축으로 전체 기입해 나간다.

작업명	EST	EFT	LST	LFT	TF	FF	DF	CP
A 5	0	5	0	5	0	0	0	※
B 2	0	2	3	5	3	3	0	
C 4	0	4	1	5	1	1	0	
D 4	5	9	5	9	0	0	0	※
E 3	5	8	6	9	1	1	0	
F 2	5	7	7	9	2	2	0	

(7) 각 작업명 옆에 소요일수를 지우개로 깨끗이 지운다.

작업명	EST	EFT	LST	LFT	TF	FF	DF	CP
A	0	5	0	5	0	0	0	※
B	0	2	3	5	3	3	0	
C	0	4	1	5	1	1	0	
D	5	9	5	9	0	0	0	※
E	5	8	6	9	1	1	0	
F	5	7	7	9	2	2	0	

13

그림과 같은 용접 표시에서 알 수 있는 사항을 기입하시오.

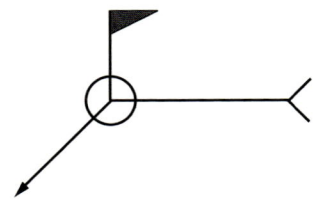

정답 현장 일주(一周) 용접

해설

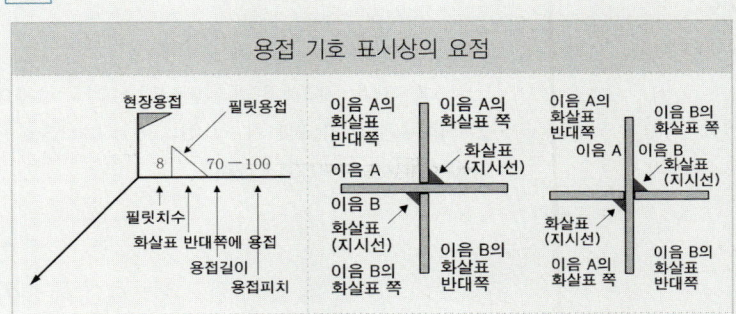

현장 용접(▶), 일주 용접(○ : 전체 둘레 용접), 현장 일주 용접(⚑) 등의 보조기호는 기준선과 화살표의 교점에 표시한다.
현장 용접이란 구조물 등을 설치하는 현장에서 용접을 하라는 의미이고, 전체 둘레 용접이란 용접기호가 있는 부분만의 용접이 아니라 원형이나 사각 용접부 전체를 용접하라는 의미이다.

14 그림과 같은 온통기초에서 터파기량, 되메우기량, 잔토처리량을 산출하시오. (단, 토량환산계수 $L=1.3$으로 한다.)

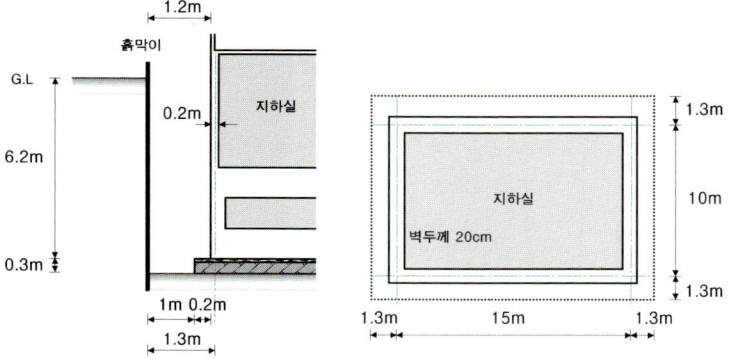

(1) 터파기량 :

(2) 되메우기량 :

(3) 잔토처리량 :

정답 (1) $V = (15 + 1.3 \times 2) \times (10 + 1.3 \times 2) \times 6.5 = 1,441.44 \text{m}^3$

(2) ① GL 이하의 구조부 체적
$[0.3 \times (15 + 0.3 \times 2) \times (10 + 0.3 \times 2)]$
$+ [6.2 \times (15 + 0.1 \times 2) \times (10 + 0.1 \times 2)] = 1,010.86 \text{m}^3$

② 되메우기량 : $1,441.44 - 1,010.86 = 430.58 \text{m}^3$

(3) $1,010.86 \times 1.3 = 1,314.12 \text{m}^3$

해설

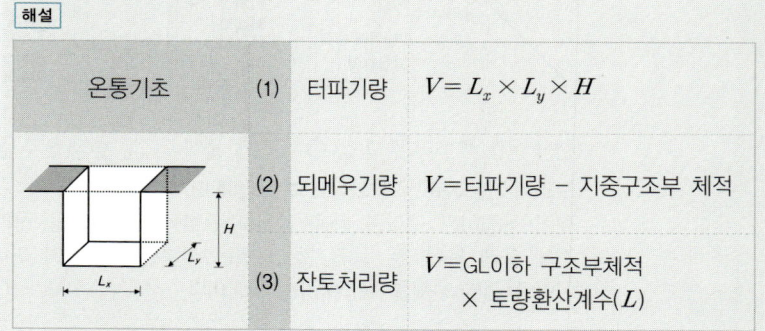

15. 목재의 섬유포화점을 설명하고, 함수율 증가에 따른 목재의 강도 변화에 대하여 설명하시오.

정답

섬유포화점(Fiber Saturation Point)

목재의 함수율이 30% 정도일 때를 말하며, 섬유포화점 이상에서는 강도가 일정하지만 이하가 되면 강도가 급속도로 증가한다.

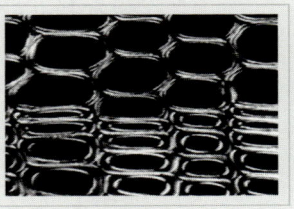

16. 공기단축 기법에서 MCX(Minimum Cost eXpediting) 기법의 순서를 보기에서 골라 기호로 쓰시오.

① 주공정선상의 작업 선택
② 비용경사가 최소인 작업을 단축
③ 보조주공정선의 확인
④ 단축한계까지 단축
⑤ 보조주공정선의 동시 단축경로의 고려

정답 ① → ② → ④ → ③ → ⑤

해설

MCX(Minimum Cost eXpediting) 공기단축 기법의 순서

① 최초주공정선(CP) 상의 작업을 선택하되, 단축가능한 작업이어야 한다.
② 비용경사(=비용구배)가 최소인 작업을 단축한계까지 단축한다.
③ 보조주공정선(보조CP)의 발생을 확인한 후, 보조주공정선의 동시단축 경로를 고려한다.
④ ②, ③, ④ 의 순서를 반복 시행한다.

배점3 ☐☐☐

17

용접부의 검사항목이다. 보기에서 골라 알맞은 공정에 해당번호를 써 넣으시오.

① 아크 전압　　② 용접 속도　　③ 청소 상태
④ 홈 각도, 간격 및 치수　　⑤ 부재의 밀착　　⑥ 필릿의 크기
⑦ 균열, 언더컷 유무　　⑧ 밑면 따내기

(1) 용접 착수 전 : _____　　(2) 용접 작업 중 : _____

(3) 용접 완료 후 : _____

> **정답** (1) ③, ④, ⑤　(2) ①, ②, ⑧　(3) ⑥, ⑦
>
> **해설**

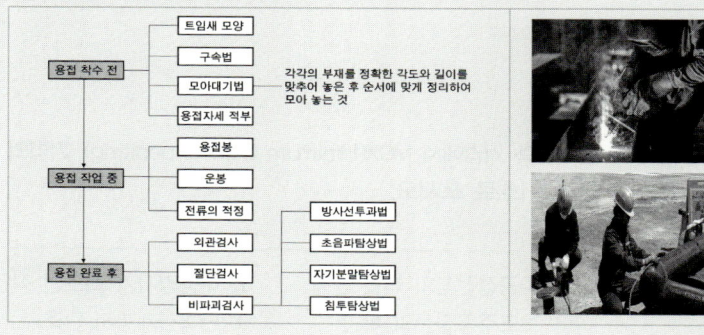

배점2 ☐☐☐

18

다음 괄호 안에 알맞은 수치를 쓰시오.

> 벽체 또는 슬래브에서 휨주철근의 간격은 벽체나 슬래브 두께의 (　　)배 이하로 하여야 하고, 또한 (　　)mm 이하로 하여야 한다.
> 다만, 콘크리트 장선구조의 경우 이 규정이 적용되지 않는다.

> **정답**
>
> **벽체 또는 슬래브에서 휨주철근의 간격**
>
> 벽체나 슬래브 두께의 3배 이하로 하여야 하고, 또한 450mm 이하로 하여야 한다. 다만, 콘크리트 장선구조의 경우 이 규정이 적용되지 않는다.

배점3 □□□

19

20②

시스템(system) 비계에 설치하는 일체형 작업 발판의 장점을 3가지만 적으시오.

① ______

② ______

③ ______

정답

	시스템(System) 비계
①	일체화 조립으로 안정성 증가
②	넓은 작업공간 확보로 작업능률 향상
③	부재(수직, 수평, 계단 등)의 공장제작으로 균일품질 확보

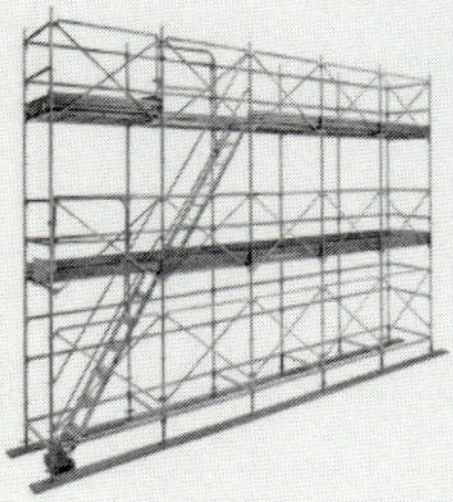

배점4 □□□

20

06②, 11①, 15②, 20②

다음 용어를 간단히 설명하시오.

(1) 부대입찰제도 :

(2) 대안입찰제도 :

정답

	부대입찰제도
①	발주처에서 하도급 공종별로 금액비율을 미리 정하여 입찰참가자에게 통보하고, 그 비율 이상으로 계약될 하도급계약서를 입찰 시 입찰서류에 첨부해서 입찰하는 제도 ➠ **【현행 제도 폐지】**
	대안입찰제도
②	발주자가 제시한 기본설계를 바탕으로 동등 이상의 기능 및 효과를 가진 공법으로 공기단축 및 공사비 절감 등을 내용으로 하는 대안을 도급자가 제시한 제도

그림과 같은 3-Hinge 라멘에서 A지점의 반력을 구하시오.
(단, $P = 6\text{kN}$, $L = 4\text{m}$, $h = 3\text{m}$이고, 반력의 방향을 화살표로 반드시 표현하시오.)

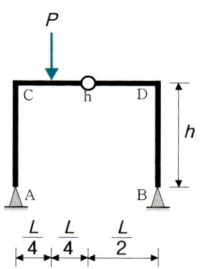

정답

(1) 평형조건식
$$\sum M_B = 0: +(V_A)(L) - (P)\left(\frac{3L}{4}\right) = 0$$
$$\therefore V_A = +\frac{3P}{4} = +\frac{3(6)}{4} = +4.5\text{kN}(\uparrow)$$

(2) h절점 : $M = 0$ 이라는 조건방정식
$$M_{h,Left} = 0 : +\left(\frac{3P}{4}\right)\left(\frac{L}{2}\right) - (P)\left(\frac{L}{4}\right) - (H_A)(h) = 0$$
$$\therefore H_A = +\frac{PL}{8h} = +\frac{(6)(4)}{8(3)} = +1\text{kN}(\rightarrow)$$

$$R_A = \sqrt{V_A^2 + H_A^2} = \sqrt{(4.5^2) + (1)^2} = 4.61\text{kN}(\nearrow)$$

(3)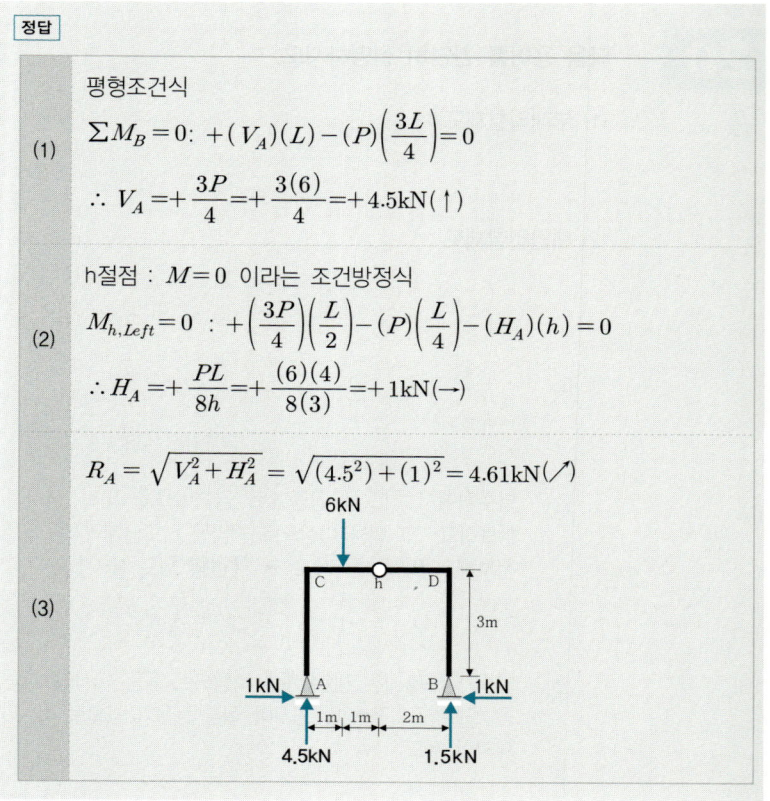

그림과 같은 단순보의 A지점의 처짐각, 보의 중앙 C점의 최대처짐량을 계산하시오. (단, $E=206\text{GPa}$, $I=1.6\times10^8\text{mm}^4$)

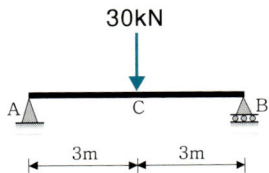

(1) A지점의 처짐각 :

(2) C점의 최대처짐 :

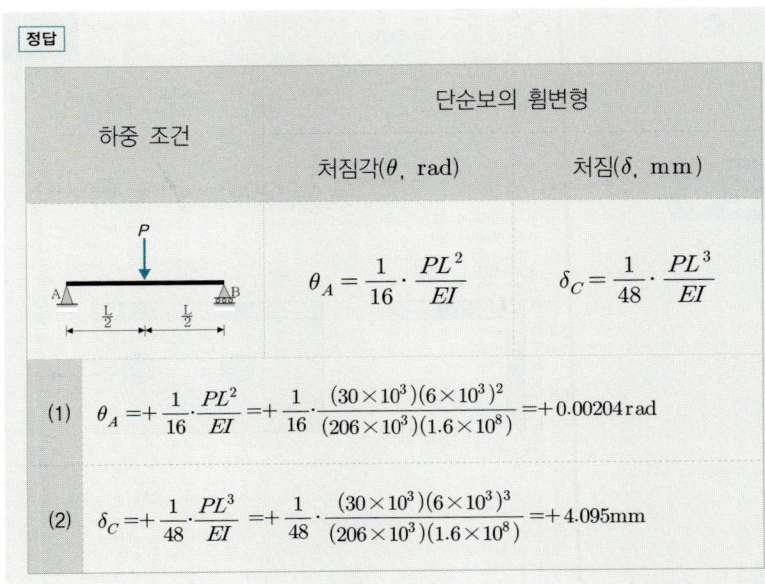

23

그림과 같은 150mm × 150mm 단면을 갖는 무근콘크리트 보가 경간길이 450mm로 단순지지되어 있다. 3등분점에서 2점 재하 하였을 때 하중 $P = 12$kN 에서 균열이 발생함과 동시에 파괴되었다. 이때 무근콘크리트의 휨균열강도(휨파괴계수)를 구하시오.

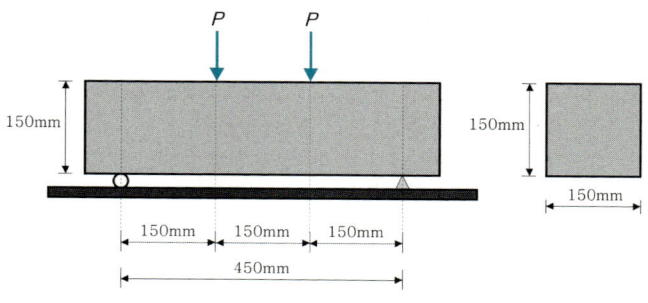

정답 $f_r = \dfrac{PL}{bh^2} = \dfrac{(12 \times 10^3)(450)}{(150)(150)^2} = 1.6 \text{N/mm}^2 = 1.6 \text{MPa}$

해설

휨강도시험(KS F 2408)

파괴계수(Modulus of Rupture) : $f_r = \dfrac{PL}{bh^2}$

- P : 시험기가 나타내는 최대 하중(N)
- L : 경간(mm)
- b : 단면의 폭(mm)
- h : 단면의 높이(mm)

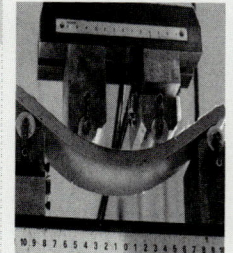

24

$L - 100 \times 100 \times 7$ 인장재의 순단면적(mm^2)을 구하시오.

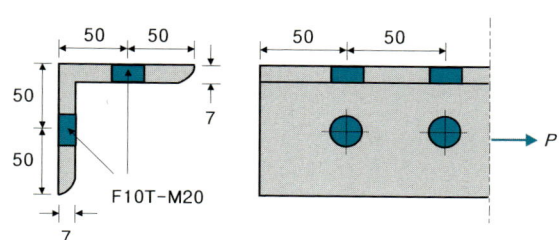

정답 $A_n = A_g - n \cdot d \cdot t = [(7)(200-7)] - (2)(20+2)(7) = 1,043 \text{mm}^2$

해설

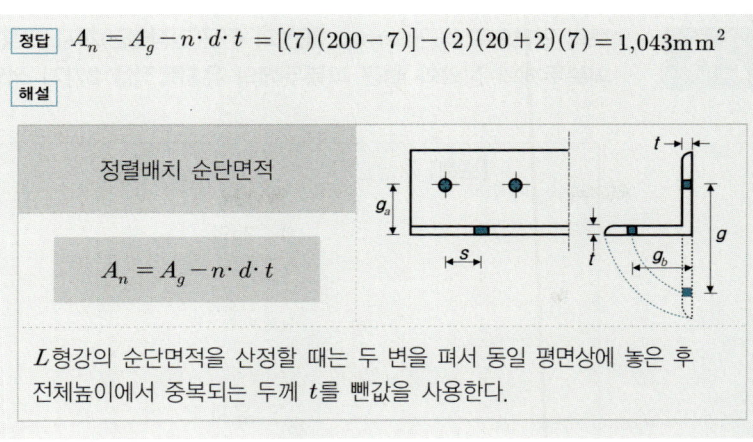

정렬배치 순단면적

$A_n = A_g - n \cdot d \cdot t$

L형강의 순단면적을 산정할 때는 두 변을 펴서 동일 평면상에 놓은 후 전체높이에서 중복되는 두께 t를 뺀값을 사용한다.

25

철근콘크리트구조에서 최대철근비 규정은 철근의 항복강도 f_y를 기준으로 두 가지로 구분된다. 다음 표의 빈칸을 최외단 인장철근의 순인장변형률 ϵ_t, 항복변형률 ϵ_y로 표현하시오.

$f_y \leq 400\text{MPa}$	$f_y > 400\text{MPa}$

정답

$f_y \leq 400\text{MPa}$	$f_y > 400\text{MPa}$
$\epsilon_t = 0.004$	$\epsilon_t = 2 \cdot \epsilon_y$

해설

휨부재의 최소 허용변형률 및 해당 철근비

	f_y(MPa)	최소 허용변형률	해당 철근비
최대철근비 $\rho_{\max}$	300	0.004	$0.658\rho_b$
	350	0.004	$0.692\rho_b$
	400	0.004	$0.726\rho_b$
	500	0.005 ($2\epsilon_y$)	$0.699\rho_b$
	600	0.006 ($2\epsilon_y$)	$0.677\rho_b$

보의 단면으로 늑근(Stirrup 철근)과 주근(인장철근)까지 그림으로 도시한 후 피복두께의 정의와 철근 피복두께의 유지목적을 2가지 적으시오.

【도해】	(1) 정의	
	(2) 유지목적	①
		②

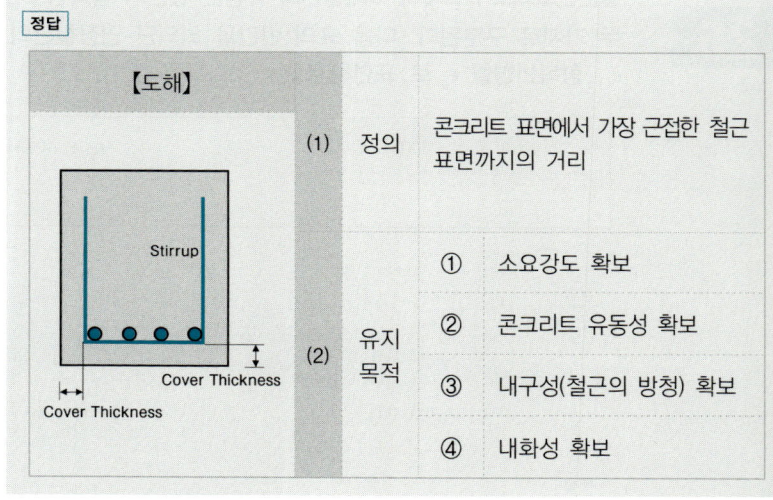

제3회 2020 건축기사 과년도 기출문제

배점3

01

02①, 06①, 12①, 17①, 20③

콘크리트 구조물의 균열발생 시 실시하는 보강공법을 3가지 쓰시오.

① _____ ② _____ ③ _____

정답
① 단면증대공법
② 강판접착공법
③ 철물매입공법 또는 강재앵커공법

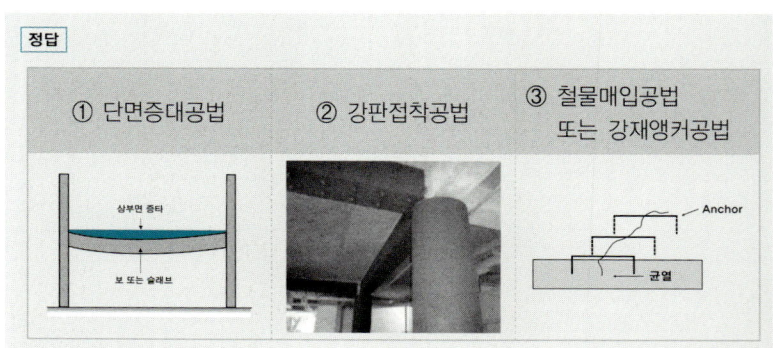

배점3

02

17①, 20③

다음 보기가 설명하는 명칭을 쓰시오.

> 철근콘크리트 슬래브와 강재 보의 전단력을 전달하도록 강재에 용접되고 콘크리트 속에 매입된 시어커넥터(Shear Connector)에 사용되는 것

정답

강재 앵커(Steel Anchor)

스터드 앵커(Stud Anchor) | ㄷ형강 앵커(Anchor)

03 탈수공법 중 다음 공법에 대하여 기술하시오.

(1) 페이퍼 드레인(Paper Drain) 공법 :

(2) 생석회 말뚝(Chemico Pile) 공법 :

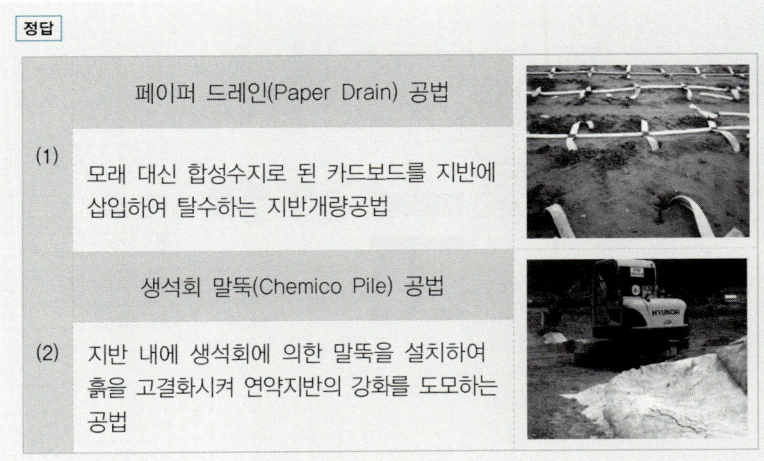

정답		
(1)	페이퍼 드레인(Paper Drain) 공법	
	모래 대신 합성수지로 된 카드보드를 지반에 삽입하여 탈수하는 지반개량공법	
(2)	생석회 말뚝(Chemico Pile) 공법	
	지반 내에 생석회에 의한 말뚝을 설치하여 흙을 고결화시켜 연약지반의 강화를 도모하는 공법	

04 석재공사 진행 중 석재가 깨진 경우 이것을 접착할 수 있는 대표적인 접착제를 1가지 쓰시오.

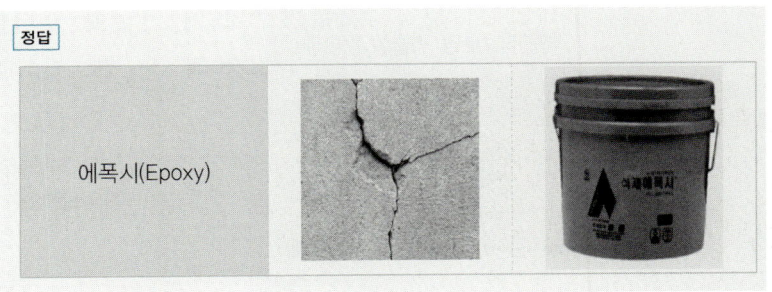

정답: 에폭시(Epoxy)

05

09②, 18②, 20③

강구조 내화피복 공법 중 습식공법을 설명하고 습식공법의 종류 2가지와 사용되는 재료를 적으시오.

(1) 습식공법 :

(2) 공법의 종류와 사용 재료

① _____ ② _____

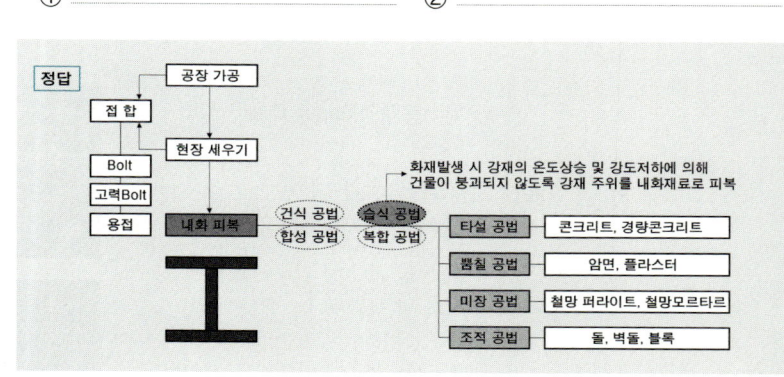

06

07①, 08②, 12②, 15②, 20③

표준형벽돌 1,000장으로 1.5B 두께로 쌓을 수 있는 벽면적은?
(단, 할증률은 고려하지 않는다.)

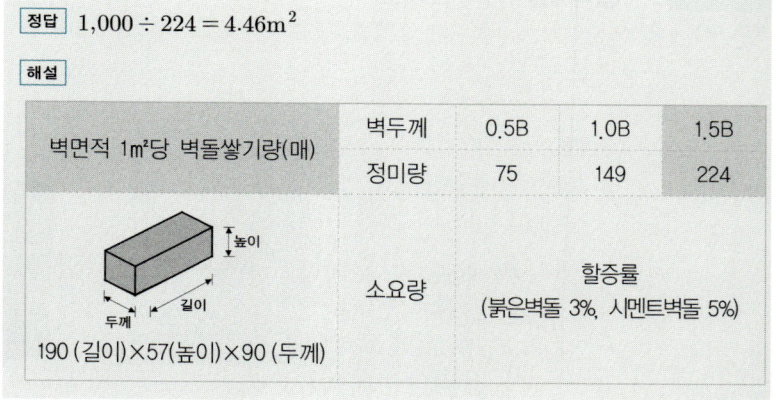

그림과 같은 헌치 보에 대하여, 콘크리트량과 거푸집 면적을 구하시오.
(단, 거푸집 면적은 보의 하부면도 산출할 것)

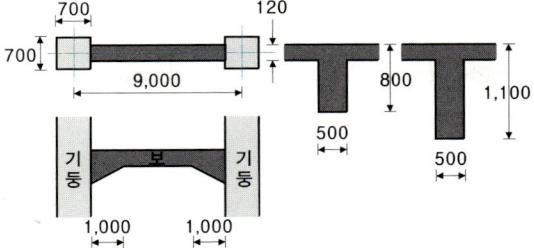

(1) 콘크리트량 :

(2) 거푸집 면적 :

정답 (1) ① 보 부분 : $0.5 \times 0.8 \times 8.3 = 3.32 \text{m}^3$

② 헌치 부분 : $\left(\dfrac{1}{2} \times 0.5 \times 0.3 \times 1\right) \times 2$면 $= 0.15 \text{m}^3$

∴ 3.32+0.15=3.47m³

(2) ① 보 옆 : $0.68 \times 8.3 \times 2$면 $= 11.288 \text{m}^2$

② 헌치 옆 : $\left[\left(\dfrac{1}{2} \times 0.3 \times 1\right) \times 2 \text{ 면}\right] \times 2$면 $= 0.6 \text{m}^2$

③ 보 밑 : $6.3 \times 0.5 + \sqrt{1^2 + 0.3^2} \times 0.5 \times 2 = 4.194 \text{m}^2$

∴ 11.288+0.6+4.194=16.082m² ➡ 16.08m²

해설

보 콘크리트량 $V(\text{m}^3)$

① $V(\text{m}^3)$ = 보 폭×보 높이×보 길이

② 헌치(Haunch)가 있는 경우 그 부분만큼 가산한다.

보 거푸집량 $A(\text{m}^2)$

$A(\text{m}^2)$ = (기둥간 안목길이×보 높이)×2

08

금속공사에서 사용되는 다음 철물이 뜻하는 용어를 설명하시오.

(1) Metal Lath :

(2) Punching Metal :

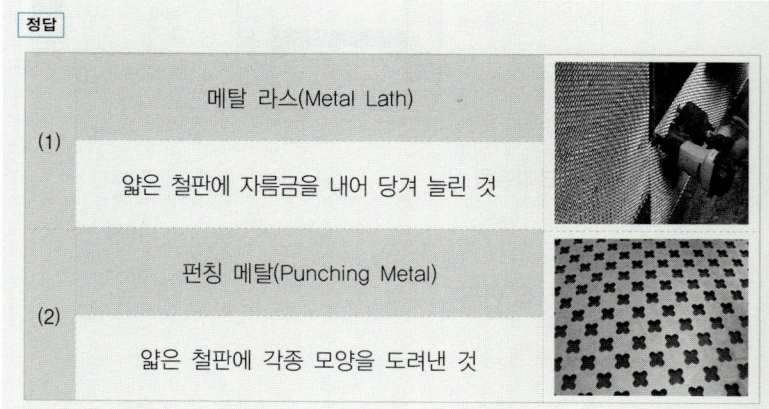

09

히빙 파괴(Heaving Failure)와 보일링 파괴(Bailing Failure)의 방지대책을 쓰시오.

(1) 히빙 파괴 방지대책 :

(2) 보일링 파괴 방지대책 :

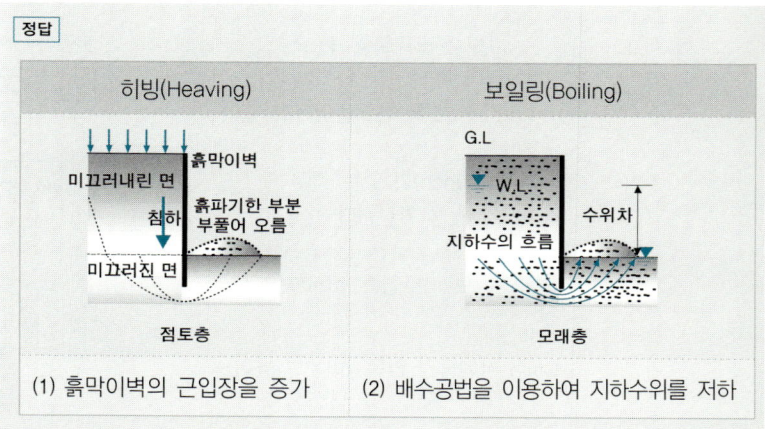

10

건설공사의 원가절감기법 중 Value Engineering의 사고방식 4가지를 쓰시오.

① _____ ② _____

③ _____ ④ _____

정답

VE (Value Engineering, 가치공학)	사고방식	① 고정관념을 제거한 자유로운 발상
$V = \dfrac{F}{C}$ • V : 가치(Value) • F : 기능(Function) • C : 비용(Cost)		② 기능 중심의 시공방식
		③ 사용자(발주자) 중심의 사고
		④ 조직적이고 순서화된 활동

11

철근의 인장강도가 240MPa 이상으로 규정되어 있다고 할 때, 현장에 반입된 철근(중앙부 지름 14mm, 표점거리 50mm)의 인장강도를 시험 파괴하중이 37.20kN, 40.57kN, 38.15kN 이었다. 평균인장강도를 구하고 합격여부를 판정하시오.

(1) 평균인장강도 :

(2) 판정 :

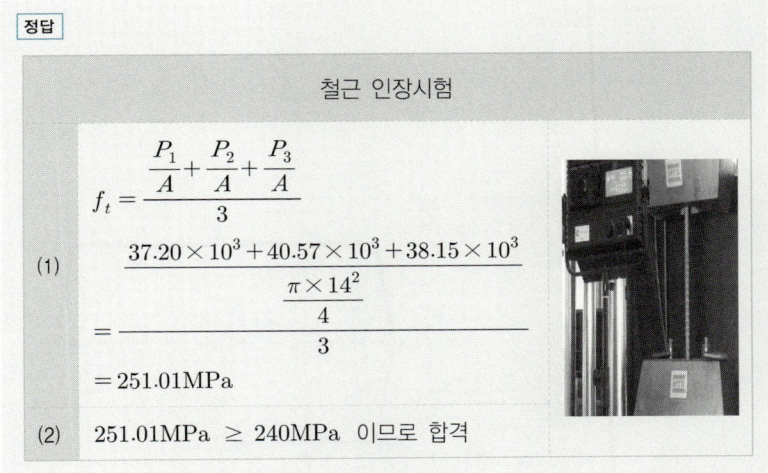

정답

철근 인장시험

(1) $f_t = \dfrac{\dfrac{P_1}{A} + \dfrac{P_2}{A} + \dfrac{P_3}{A}}{3}$

$= \dfrac{\dfrac{37.20 \times 10^3 + 40.57 \times 10^3 + 38.15 \times 10^3}{\dfrac{\pi \times 14^2}{4}}}{3}$

$= 251.01 \text{MPa}$

(2) 251.01MPa ≥ 240MPa 이므로 합격

다음 데이터를 네트워크공정표로 작성하시오.

작업명	작업일수	선행작업	비 고
A	5	없음	(1) 결합점에서는 다음과 같이 표시한다.
B	4	A	
C	2	없음	
D	4	없음	(2) 주공정선은 굵은선으로 표시한다.
E	3	C, D	

정답

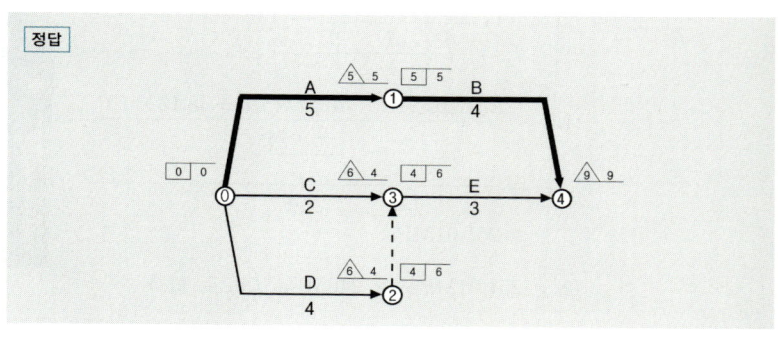

13 ALC(Autoclaved Lightweight Concrete)를 제조하기 위한 주재료 2가지와 기포 제조방법을 쓰시오.

(1) 주재료

① _____ ② _____

(2) 기포 제조방법 :

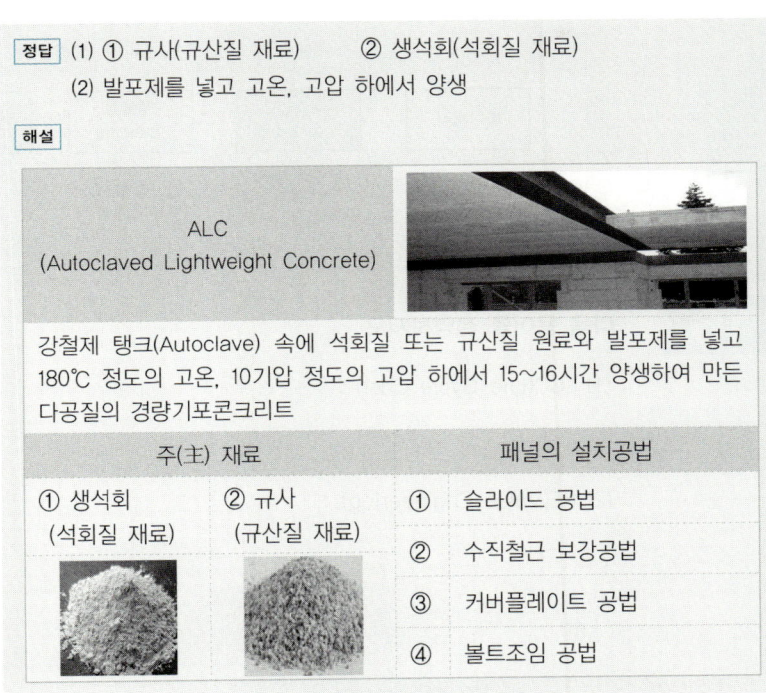

14 밀도 $2.65g/cm^3$, 단위체적질량이 $1,600kg/m^3$인 골재가 있다. 이 골재의 공극률(%)을 구하시오.

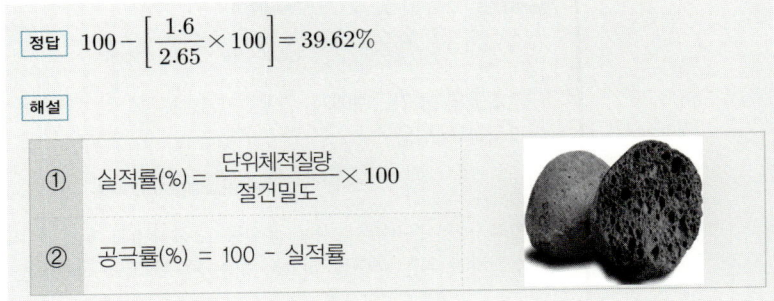

15. 도장공사에서 유성 니스(Vanish)에 사용되는 재료 2가지를 쓰시오.

① _____ ② _____

정답 ① 건성유 ② 희석제

해설

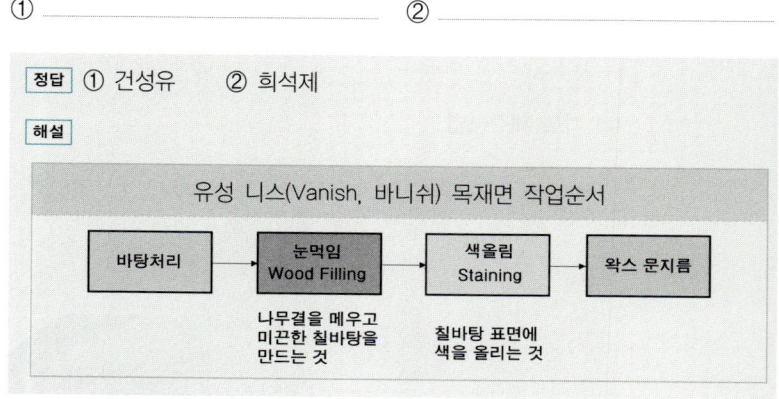

16. 다음 용어를 설명하시오.

(1) LCC(Life Cycle Cost) :

(2) VE(Value Engineering) :

정답

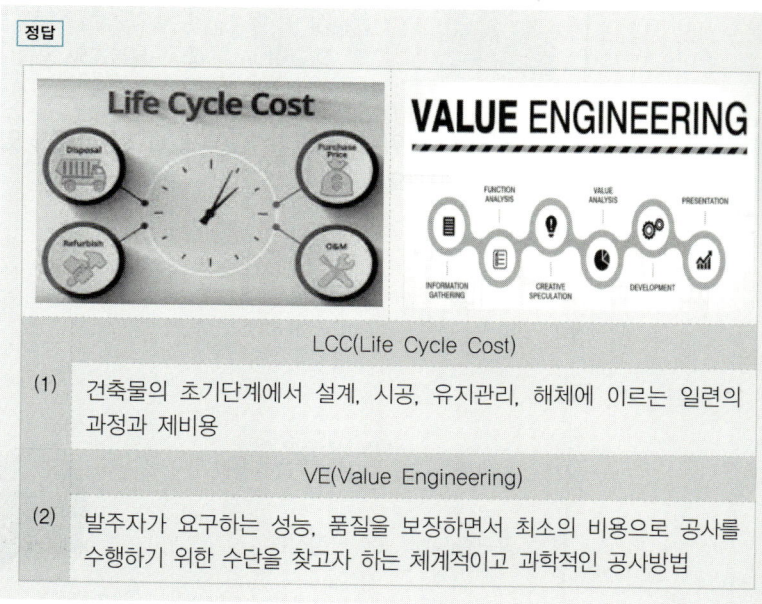

LCC(Life Cycle Cost)
(1) 건축물의 초기단계에서 설계, 시공, 유지관리, 해체에 이르는 일련의 과정과 제비용

VE(Value Engineering)
(2) 발주자가 요구하는 성능, 품질을 보장하면서 최소의 비용으로 공사를 수행하기 위한 수단을 찾고자 하는 체계적이고 과학적인 공사방법

배점3 □□□

17

08①, 10④, 11②, 13④, 15④, 20③, 20⑤, 21②, 21④, 24③

벽돌벽의 표면에 생기는 백화현상의 발생방지 대책을 3가지 쓰시오.

①

②

③

정답

	백화(Efflorescence)	
(1)	정의	시멘트 중의 수산화칼슘이 공기 중의 탄산가스와 반응하여 벽체의 표면에 생기는 흰 결정체
(2)	방지대책	• 흡수율이 작은 소성이 잘된 벽돌 사용 • 처마 또는 차양의 설치로 빗물 차단 • 벽체 표면에 발수제 첨가 및 도포

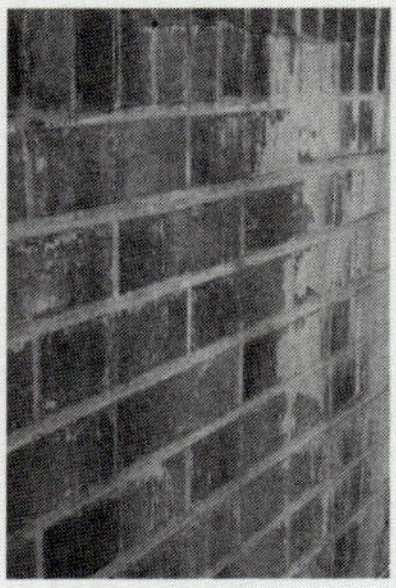

배점3 □□□

18

20③, 24①

레미콘 공장을 현장에서 선정할 때 고려해야 할 유의사항을 3가지 쓰시오.

①

②

③

정답

	레미콘 공장을 현장에서 선정할 때 고려해야 할 유의사항
①	현장까지의 운반시간 및 배출시간
②	콘크리트 제조능력
③	레미콘 운반차 대수

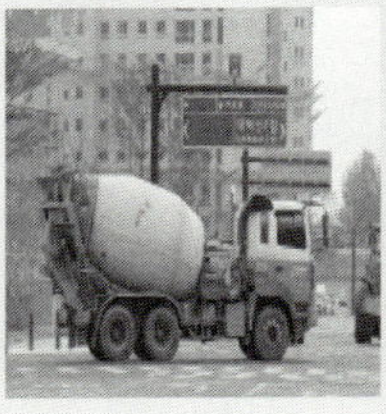

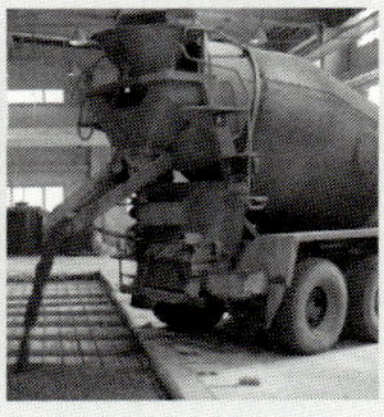

19

기준점(Bench Mark)의 정의를 간단히 쓰시오.

정답

	기준점(Bench Mark)	
(1)	정의	건축물 시공 시 공사 중 높이의 기준을 정하고자 설치하는 원점
(2)	설치 시 주의사항	• 이동의 염려가 없는 곳에 설치 • 지면에서 0.5~1.0m에 공사에 지장이 없는 곳에 설치 • 필요에 따라 보조기준점을 1~2개소 설치

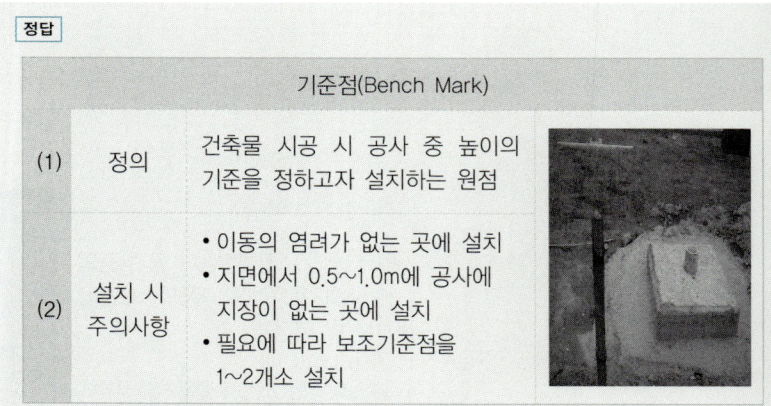

20

$H-400 \times 200 \times 8 \times 13$ (필릿반지름 $r=16\text{mm}$) 형강의 플랜지와 웨브의 판폭두께비를 구하시오.

(1) 플랜지 :   (2) 웨브 :

정답 (1) $\lambda_f = \dfrac{(200)/2}{(13)} = 7.69$

(2) $\lambda_w = \dfrac{(400) - 2(13) - 2(16)}{(8)} = 42.75$

해설

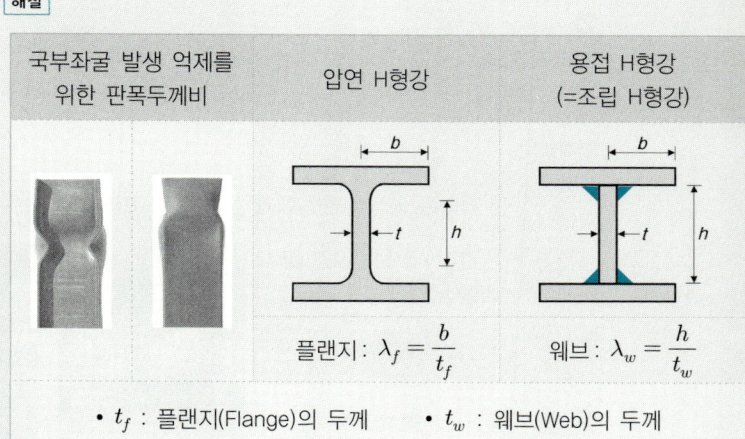

21 콘크리트로 마감된 옥상에 시트방수 시 하단부터 상단까지의 시공순서를 보기에서 골라 번호로 쓰시오.

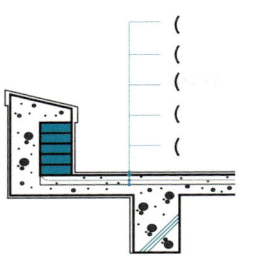

① 무근콘크리트
② 고름모르타르
③ 목재 데크
④ 보호모르타르
⑤ 시트방수

[정답] ② ➡ ⑤ ➡ ④ ➡ ① ➡ ③

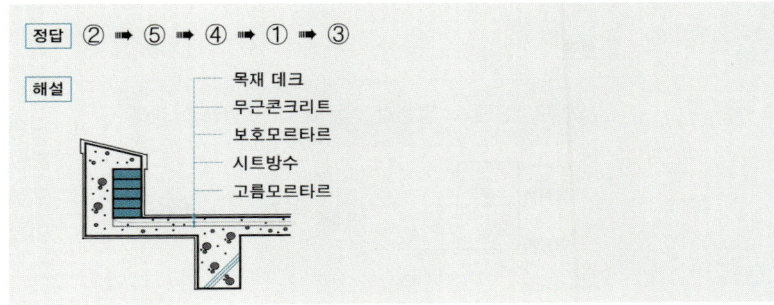

[해설]
― 목재 데크
― 무근콘크리트
― 보호모르타르
― 시트방수
― 고름모르타르

22 그림과 같은 구조물에서 T부재에 발생하는 부재력을 구하시오.
(단, 인장은 +, 압축은 -로 표시한다.)

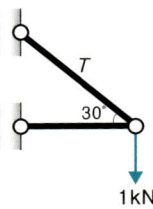

[정답]

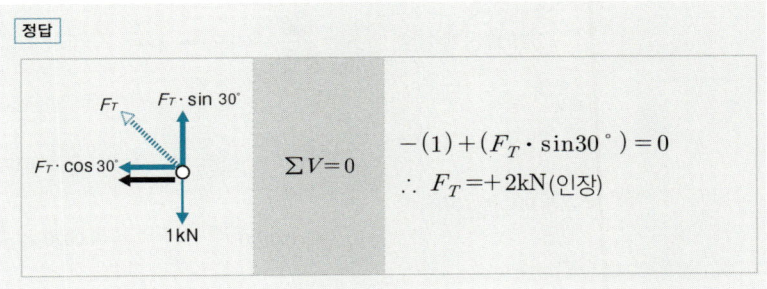

$\Sigma V = 0$

$-(1) + (F_T \cdot \sin 30°) = 0$

$\therefore F_T = +2\text{kN}(인장)$

배점3 ☐☐☐

23

14①, 20③

다음 그림의 x축에 대한 단면2차모멘트를 계산하시오.

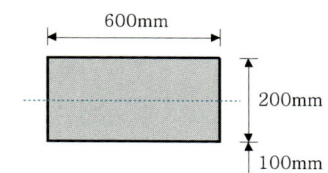

정답 $I_x = \dfrac{(600)(200)^3}{12} + (600 \times 200)(200)^2 = 5.2 \times 10^9 \text{mm}^4$

해설

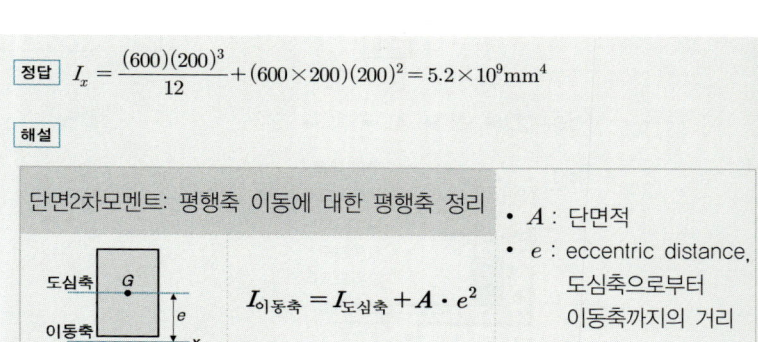

배점4 ☐☐☐

24

20③

1방향슬래브의 두께가 250mm일 때 단위폭 1m에 대한 수축온도철근량과 D13($a_1 = 127\text{mm}^2$) 철근을 배근할 때 요구되는 배근개수를 구하시오. (단, $f_y = 400\text{MPa}$)

정답 (1) $\rho = \dfrac{A_s}{bd}$ 로부터 $A_s = \rho \cdot bd = (0.0020)(1{,}000)(250) = 500 \text{mm}^2$

(2) 배근개수 $n = \dfrac{A_s}{a_1} = \dfrac{500}{127} = 3.937$ ➡ 4개

해설

수축온도철근비	$f_y = 400\text{MPa}$ 이하	$f_y = 400\text{MPa}$ 초과
	$\rho = 0.0020$	$\rho = 0.0020 \times \dfrac{400}{f_y} \geq 0.0014$

그림과 같은 철근콘크리트 보에서 중립축거리(c)가 250mm일 때 강도감소계수 ϕ를 산정하시오. (단, $f_{ck} = 28\text{MPa}$, ϕ의 계산값은 소수셋째자리에서 반올림하여 소수 둘째자리까지 표현하시오.)

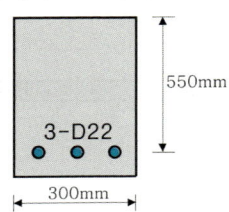

[정답] (1) $f_{ck} \leq 40\text{MPa}$ ➡ $\epsilon_{cu} = 0.0033$

(2) $\epsilon_t = \dfrac{d_t - c}{c} \cdot \epsilon_{cu} = \dfrac{(550) - (250)}{(250)} \cdot (0.0033) = 0.00396$

$0.002 < \epsilon_t (= 0.00396) < 0.005$ 이므로 변화구간 단면의 부재이다.

(3) $\phi = 0.65 + (\epsilon_t - 0.002) \times \dfrac{200}{3} = 0.65 + [(0.00396) - 0.002] \times \dfrac{200}{3}$

$= 0.78$

[해설]

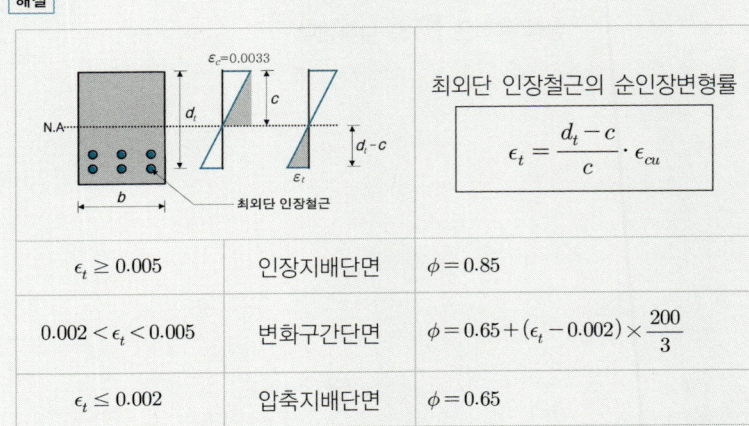

$\epsilon_t \geq 0.005$	인장지배단면	$\phi = 0.85$
$0.002 < \epsilon_t < 0.005$	변화구간단면	$\phi = 0.65 + (\epsilon_t - 0.002) \times \dfrac{200}{3}$
$\epsilon_t \leq 0.002$	압축지배단면	$\phi = 0.65$

배점6 □□□

26

20③

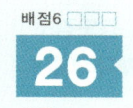

철골공사에서 다음 상황에 맞는 용접기호를 완성하시오.

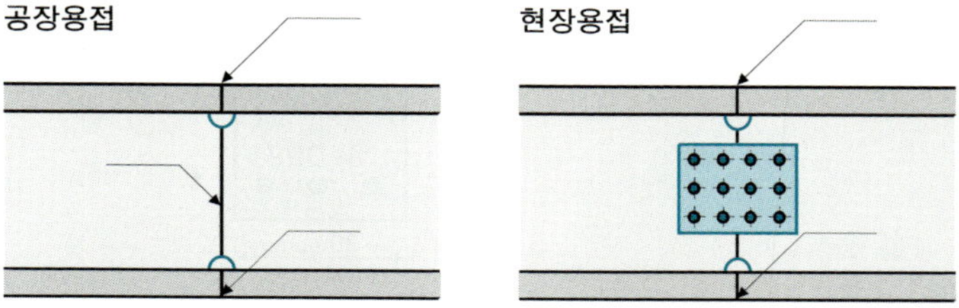

정답

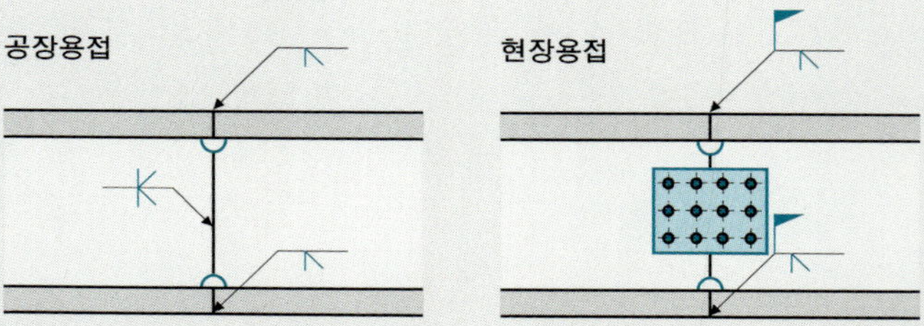

해설

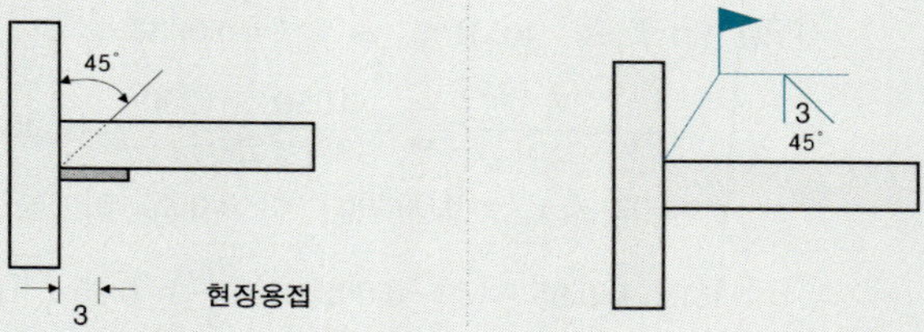

1면 개선형 맞댐(=맞대기)용접, 루트(Root)간격 3mm, 개선각 45 ° 이며,
현장 용접은 로 나타낸다.

memo

제4회 2020 건축기사 과년도 기출문제

배점4

01
16②, 20④, 23④

다음 평면도에서 평규준틀과 귀규준틀의 개수를 구하시오.

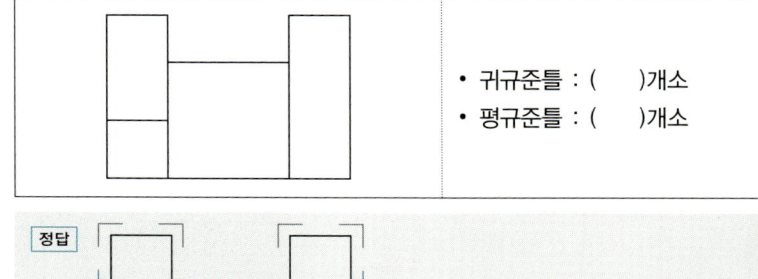

- 귀규준틀 : (   )개소
- 평규준틀 : (   )개소

정답

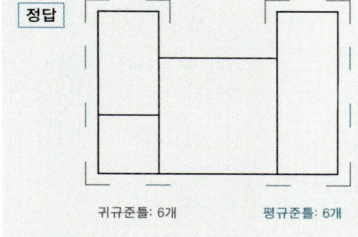

귀규준틀: 6개   평규준틀: 6개

해설

규준틀(Batter Board) 설치 위치	
①	귀규준틀 : 외벽코너 요철 부분
②	평규준틀 : 내벽간막이벽의 양끝

배점3

02

05②, 20④, 22①

지름 300mm, 길이 500mm 콘크리트 공시체의 쪼갬인장강도 시험에서 최대하중이 100kN으로 나타났다면 이 시험체의 인장강도를 구하시오.

정답

콘크리트 공시체의 쪼갬인장강도 시험

$$f_{sp} = \frac{P}{A} = \frac{2P}{\pi DL} = \frac{2(100 \times 10^3)}{\pi(300)(500)} = 0.42\text{MPa}$$

03 지반조사 시 실시하는 보링(Boring)의 종류를 3가지 쓰시오.

① _____ ② _____ ③ _____

정답

① 오거(Auger) 보링 ② 수세식(Wash) 보링 ③ 회전식(Rotary) 보링

04 다음의 공사관리 계약방식에 대하여 설명하시오.

(1) CM for Fee 방식 :

(2) CM at Risk 방식 :

정답

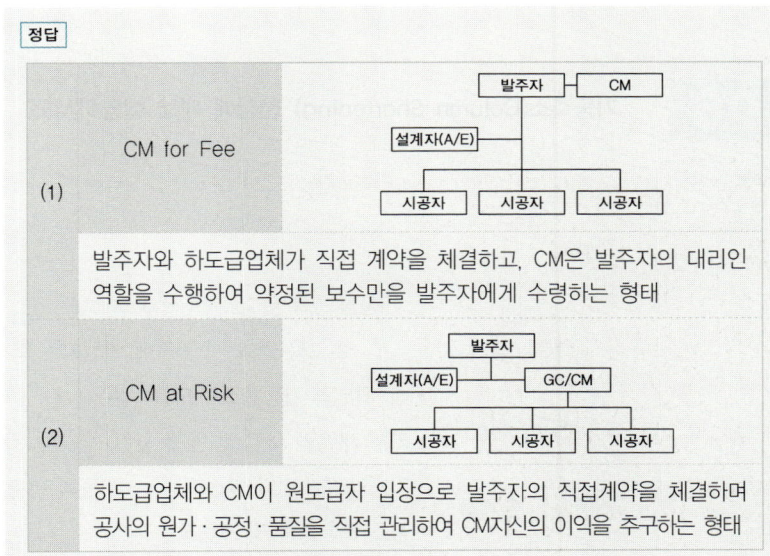

(1) CM for Fee : 발주자와 하도급업체가 직접 계약을 체결하고, CM은 발주자의 대리인 역할을 수행하여 약정된 보수만을 발주자에게 수령하는 형태

(2) CM at Risk : 하도급업체와 CM이 원도급자 입장으로 발주자의 직접계약을 체결하며 공사의 원가·공정·품질을 직접 관리하여 CM자신의 이익을 추구하는 형태

배점3 □□□

05

04①, 04④,
06④, 09①,
15②, 16②,
20④

히스토그램(Histogram)의 작성순서를 보기에서 골라 번호 순서대로 쓰시오.

① 히스토그램을 규격값과 대조하여 안정상태인지 검토한다.
② 히스토그램을 작성한다.
③ 도수분포도를 작성한다.
④ 데이터에서 최소값과 최대값을 구하여 범위를 구한다.
⑤ 구간폭을 정한다.
⑥ 데이터를 수집한다.

정답 ⑥ ➡ ④ ➡ ⑤ ➡ ③ ➡ ② ➡ ①

해설

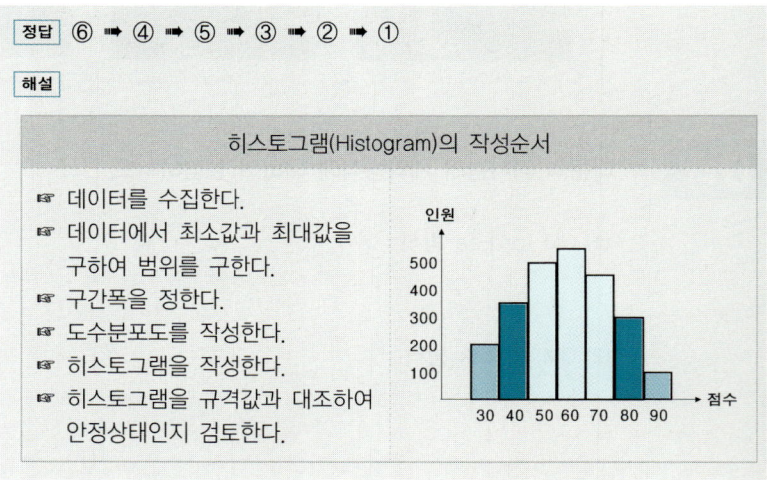

히스토그램(Histogram)의 작성순서

☞ 데이터를 수집한다.
☞ 데이터에서 최소값과 최대값을 구하여 범위를 구한다.
☞ 구간폭을 정한다.
☞ 도수분포도를 작성한다.
☞ 히스토그램을 작성한다.
☞ 히스토그램을 규격값과 대조하여 안정상태인지 검토한다.

배점3 □□□

06

05①, 08④,
10④, 15①,
19②, 20④,
23②

기둥축소(Column Shortening) 현상에 대해 설명하시오.

정답

칼럼 쇼트닝(Column Shortening)		
(1)	정의	초고층 건축 시 기둥에 발생되는 축소변위
(2)	원인	• 내·외부의 기둥구조가 다를 경우 • 기둥 재료의 재질 및 응력 차이
(3)	문제점	• 기둥의 축소변위 발생　　• 기둥의 변형 및 조립불량 • 창호재의 변형 및 조립불량

07 철골 주각부(Pedestal)는 고정주각, 핀주각, 매입형주각 3가지로 구분된다. 다음 그림과 적합한 주각부의 명칭을 쓰시오.

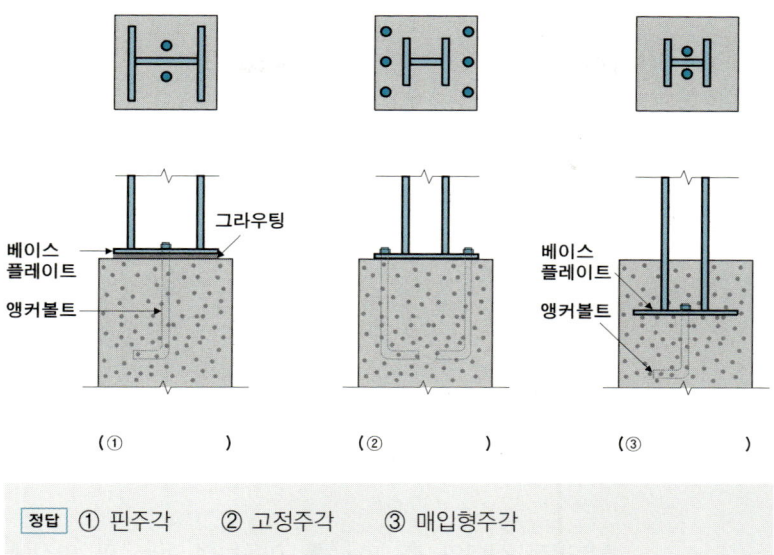

[정답] ① 핀주각 ② 고정주각 ③ 매입형주각

08 매스콘크리트(Mass Concrete) 시공에서 콘크리트 재료의 일부 또는 전부를 냉각시켜 콘크리트의 온도를 낮추는 방법을 무엇이라 하는가?

[정답] 프리쿨링(Pre-Cooling, 선행 냉각)

[해설]

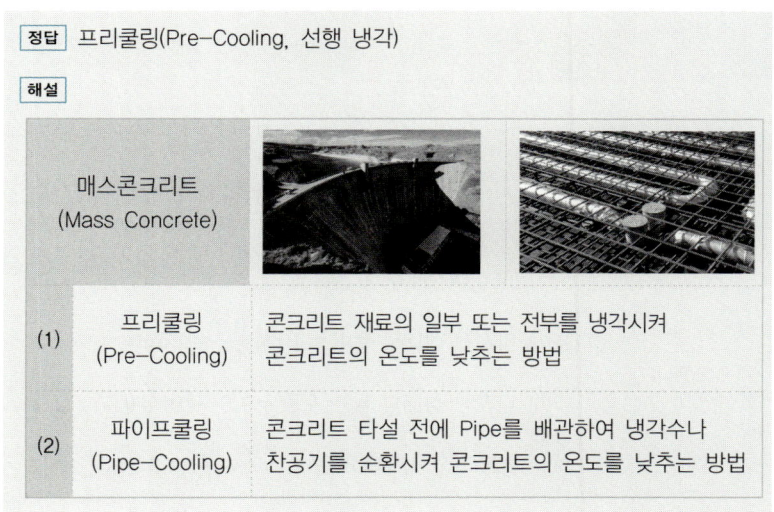

	매스콘크리트 (Mass Concrete)	
(1)	프리쿨링 (Pre-Cooling)	콘크리트 재료의 일부 또는 전부를 냉각시켜 콘크리트의 온도를 낮추는 방법
(2)	파이프쿨링 (Pipe-Cooling)	콘크리트 타설 전에 Pipe를 배관하여 냉각수나 찬공기를 순환시켜 콘크리트의 온도를 낮추는 방법

09 조적조 블록벽체의 습기침투의 원인을 4가지 쓰시오.

① _____ ② _____
③ _____ ④ _____

정답

조적조 블록벽체의 습기침투의 원인
① 벽돌 및 모르타르의 강도 부족
② 모르타르 바름의 신축 및 들뜨기
③ 온도 및 습기에 의한 재료의 신축성
④ 이질재와 접합부 불완전 시공

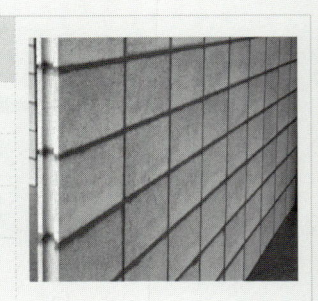

10 흐트러진 상태의 흙 10m^3를 이용하여 10m^2의 면적에 다짐 상태로 50cm 두께를 터돋우기 할 때 시공완료된 다음의 흐트러진 상태의 토량을 산출하시오. (단, 이 흙의 $L=1.2$, $C=0.9$이다.)

정답

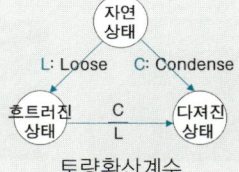
토량환산계수

- 자연상태의 토량 $\times L =$ 흐트러진 상태의 토량
- 자연상태의 토량 $\times C =$ 다져진 상태의 토량
- 다져진 상태의 토량 = 흐트러진 상태의 토량 $\times \dfrac{C}{L}$

(1) 다져진 상태의 토량 $= 10 \times \dfrac{0.9}{1.2} = 7.5\text{m}^3$

(2) 다져진 상태의 남는 토량 $= 7.5 - (10 \times 0.5) = 2.5\text{m}^3$

(3) 흐트러진 상태의 토량 $= 2.5 \times \dfrac{1.2}{0.9} = 3.33\text{m}^3$

11

염분을 포함한 바다모래를 골재로 사용하는 경우 철근 부식에 대한 방청상 유효한 조치를 4가지 쓰시오.

① _____ ② _____
③ _____ ④ _____

> **정답**
>
> | 철근 부식에 대한 방청상 유효한 조치 |
> |---|
> | ① 철근 표면에 아연도금 처리 |
> | ② 골재에 제염제 혼입 |
> | ③ 콘크리트에 방청제 혼입 |
> | ④ 에폭시 코팅 철근 사용 |

12

다음이 설명하는 철골공사 용접방법을 기재하시오.

(1) 한쪽 또는 양쪽 부재의 끝을 용접이 양호하게 될 수 있도록 끝단면을 비스듬히 절단(개선)하여 용접하는 방법
(2) 두 부재를 일정한 각도로 접합한 후 2장의 판재를 겹치거나 T자형, ╋자형의 교차부를 등변 삼각형 모양으로 접합부을 용접하는 방법

(1) _____ (2) _____

> **정답**
>
> (1) 그루브용접 (Groove Welding, 맞댄용접, 맞댐용접, 맞대기용접)
> (2) 필릿용접 (Fillet Welding, 모살용접)

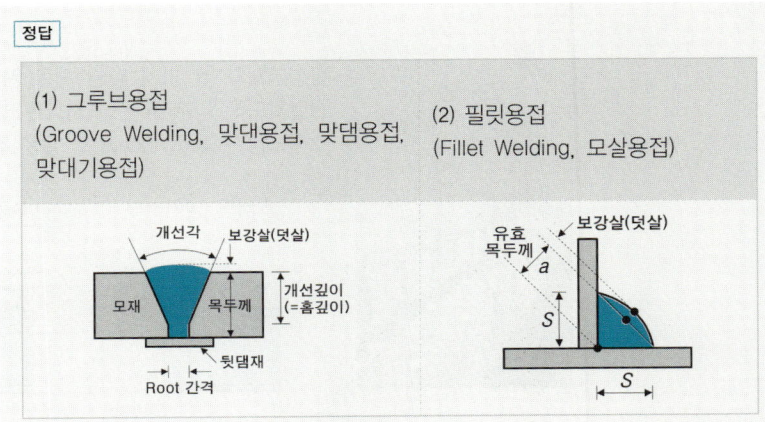

13 기초와 지정의 차이점을 기술하시오.

(1) 기초 :

(2) 지정 :

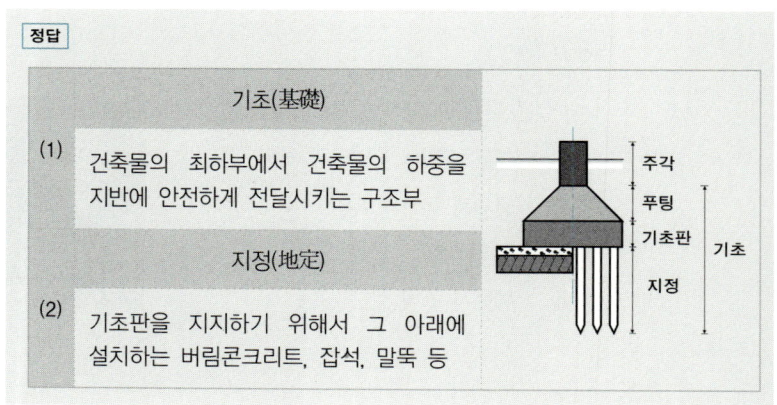

14 강합성 데크플레이트 구조에 사용되는 시어커넥터(Shear Connector)의 역할에 대하여 설명하시오.

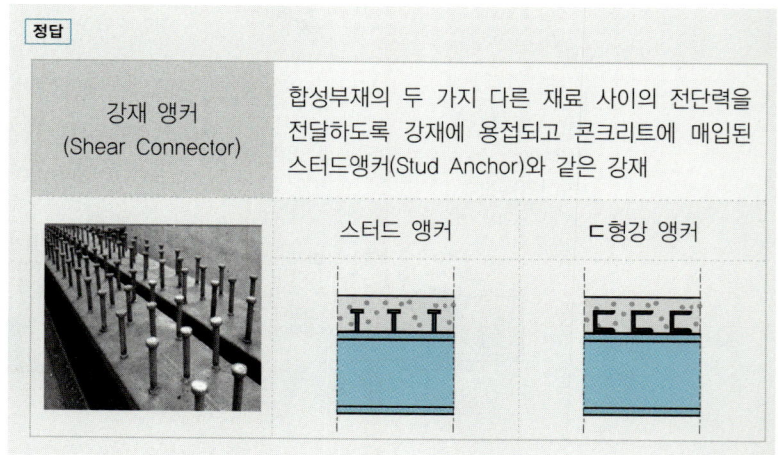

15 (배점2)

민간 주도하에 Project(시설물) 완공 후 발주처(정부)에게 소유권을 양도하고 발주처의 시설물 임대료를 통하여 투자비가 회수되는 민간투자사업 계약방식의 명칭은?

13④, 17④, 20④, 20⑤, 24①

정답 BTL(Build · Transfer · Lease) 방식

해설

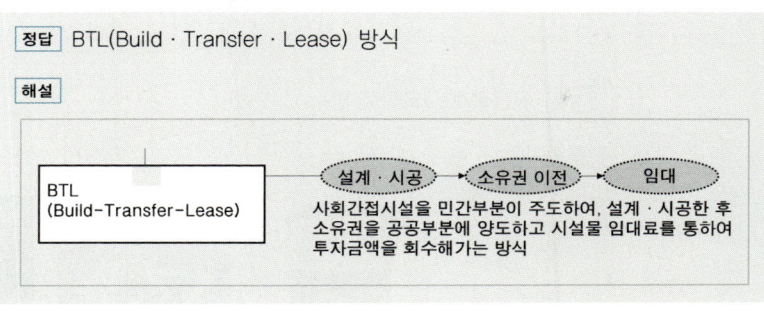

16 (배점4)

흙막이공사의 지하연속벽(Slurry Wall)공법에 사용되는 안정액의 기능을 2가지 쓰시오.

99⑤, 02④, 10④, 20④, 23①, 23④

① _____ ② _____

정답 ① 굴착벽면 붕괴 방지 ② 굴착토사 분리·배출

해설

지하연속벽(Slurry Wall)	
지수벽·구조체 등으로 이용하기 위해 지하로 크고 깊은 트렌치를 굴착하여 철근망을 삽입 후 콘크리트를 타설한 패널(Panel)을 연속으로 축조해 나가는 공법	
(1) 가이드 월(Guide Wall) 역할	연속벽의 수직도 및 벽두께 유지, 굴착 시 안내벽 역할, 굴착 시 붕괴 방지, 철근망 삽입 전 거치대 역할
(2) 안정액(Bentonite) 기능	굴착벽면 붕괴 방지, 굴착토사 분리·배출, 부유물의 침전방지

배점3

17
20④, 21④

기존의 멤브레인(Membrane) 계통의 방수를 하지 않고 수중, 지하구조물의 콘크리트 강도 증진 및 수밀성, 내구성 향상과 콘크리트 성능개선 효과 등을 동시에 얻고자 콘크리트 구조물 단면 전체를 방수화하는 공법의 명칭을 쓰시오.

> **정답** 규산질계 모르타르 방수
>
> **해설**
>
> 규산질계 모르타르 방수
>
> 콘크리트 타설 시 혼화제처럼 방수제를 섞어 타설하는 과정을 거친 후 이를 이용해 지하수나 빗물 등의 침투수를 방지하는 역할을 하는 방수공법을 말하며, 현장에서는 구체방수라고도 한다.

배점3

18
06④, 12②,
18①, 20④

흙막이벽의 계측에 필요한 기기류를 3가지 쓰시오.

① _____ ② _____ ③ _____

> **정답**
>
> ① 하중계 (Load Cell)　② 변형률계 (Strain Gauge)　③ 지중침하계 (Extension Meter)
>
> 　　

2-164

배점3 □□□

섬유보강 콘크리트에 사용되는 섬유의 종류를 3가지 쓰시오.

① _____ ② _____ ③ _____

정답: ① 강(Steel)섬유 ② 유리(Glass)섬유 ③ 탄소(Carbon)섬유

배점5 □□□

철골부재 용접접합부에 있어서 용접이음새나 받침쇠의 관통을 위해 또한 용접이음새끼리 교차를 피하기 위해 설치하는 원호상의 구멍을 무엇이라 하는지 용어를 쓰고, 기둥과 보의 강접합에 대해 간략히 도해하시오.

(1)	용어 :	(2)	도해 :

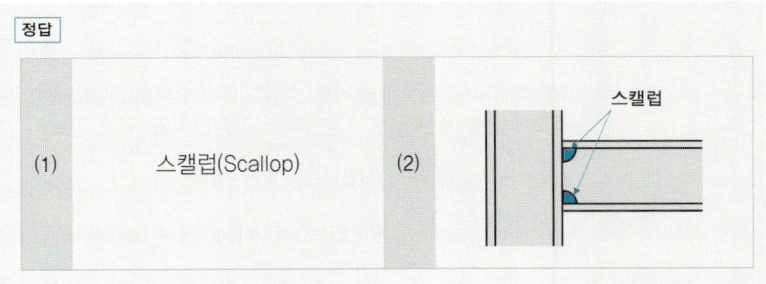

정답: (1) 스캘럽(Scallop) (2) 스캘럽 도해

배점3 □□□

20④, 21①, 24①

커튼월공사에서 발생될 수 있는 유리의 열파손 매커니즘에 대해 설명하시오.

정답

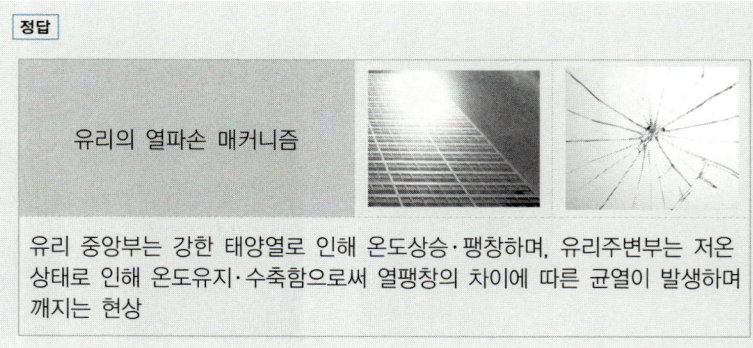

유리의 열파손 매커니즘

유리 중앙부는 강한 태양열로 인해 온도상승·팽창하며, 유리주변부는 저온 상태로 인해 온도유지·수축함으로써 열팽창의 차이에 따른 균열이 발생하며 깨지는 현상

배점4 □□□

18①, 20④

그림과 같은 캔틸레버 보의 A점으로부터 우측으로 4m 위치인 C점의 전단력과 휨모멘트를 구하시오.

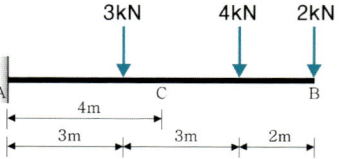

정답

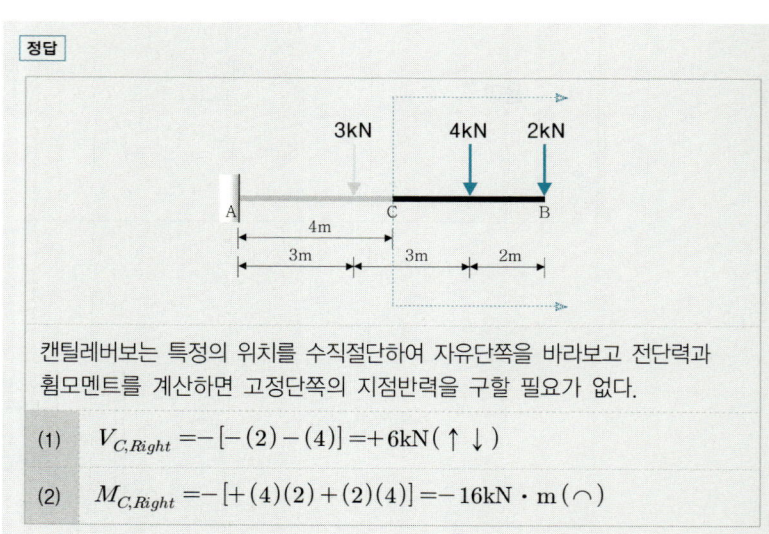

캔틸레버보는 특정의 위치를 수직절단하여 자유단쪽을 바라보고 전단력과 휨모멘트를 계산하면 고정단쪽의 지점반력을 구할 필요가 없다.

(1) $V_{C,Right} = -[-(2)-(4)] = +6\text{kN}(\uparrow\downarrow)$

(2) $M_{C,Right} = -[+(4)(2)+(2)(4)] = -16\text{kN}\cdot\text{m}(\frown)$

다음 데이터를 이용하여 정상공기를 산출한 결과 지정공기보다 3일이 지연되는 결과이었다. 공기를 조정하여 3일의 공기를 단축한 네트워크공정표를 작성하고 아울러 총공사금액을 산출하시오.

작업명	선행작업	정상(Normal) 공기(일)	정상(Normal) 공비(원)	특급(Crash) 공기(일)	특급(Crash) 공비(원)	비고
A	없음	3	7,000	3	7,000	단축된 공정표에서 CP는 굵은선으로 표시하고, 결합점에서는 다음과 같이 표시한다.
B	A	5	5,000	3	7,000	
C	A	6	9,000	4	12,000	
D	A	7	6,000	4	15,000	
E	B	4	8,000	3	8,500	
F	B	10	15,000	6	19,000	
G	C, E	8	6,000	5	12,000	
H	D	9	10,000	7	18,000	
I	F, G, H	2	3,000	2	3,000	

(1) 3일 공기단축한 공정표

(2) 총공사금액

정답

(1)

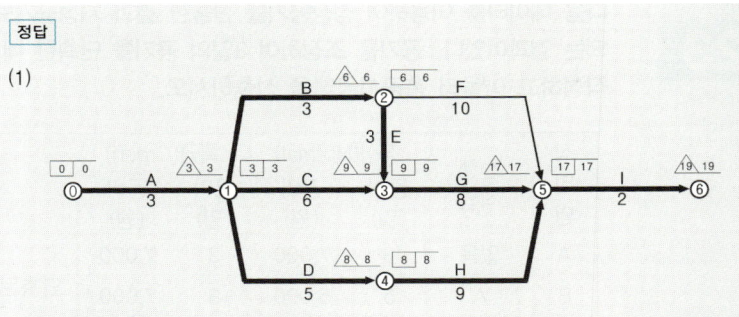

(2) 22일 표준공사비 + 3일 단축 시 추가공사비 = 69,000+8,500=77,500원

	단축대상	추가비용
21일	E	500
20일	B+D	4,000
19일	B+D	4,000

해설

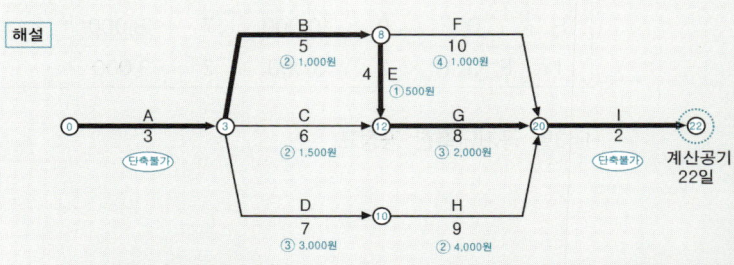

	고려되어야 할 CP 및 보조CP		단축대상	추가비용
22일 ☞ 21일	A̶-̶B̶-̶E̶-̶G̶		E	500
21일 ☞ 20일	A̶-̶B̶-̶E̶-̶G̶	A̶-̶D̶-̶H̶	B+D	4,000
20일 ☞ 19일	A̶-̶B̶-̶E̶-̶G̶	A̶-̶D̶-̶H̶	B+D	4,000

배점3 □□□

24

02④, 05④, 20④

철근의 이음방법에는 콘크리트와의 부착력에 의한 (①) 외에 (②) 또는 연결재(Coupler, 커플러)를 사용한 (③)이 있다.

① _____ ② _____ ③ _____

정답

2-168

25

철근콘크리트로 설계된 보에서 압축을 받는 D22 철근의 기본정착길이를 구하시오. (단, 경량콘크리트계수 $\lambda=1$, $f_{ck}=24\text{MPa}$, $f_y=400\text{MPa}$)

정답 (1) $l_{db} = \dfrac{0.25(22)(400)}{(1)\sqrt{(24)}} = 449.07\text{mm}$ ← 지배

(2) $l_{db} = 0.043(22)(400) = 378.40\text{mm}$

해설

기본정착길이 약산식	인장이형철근	압축이형철근
	$l_{db} = \dfrac{0.6 d_b \cdot f_y}{\lambda \sqrt{f_{ck}}}$	$l_{db} = \dfrac{0.25 d_b \cdot f_y}{\lambda \sqrt{f_{ck}}} \geq 0.043 d_b \cdot f_y$

26

철근콘크리트 기초판 크기가 $2\text{m} \times 4\text{m}$ 일 때 단변방향으로의 소요 전체 철근량이 $2,400\text{mm}^2$ 이다. 유효폭 내에 배근하여야 할 철근량을 구하시오.

정답 $A_s{'} = A_s \times \dfrac{2}{\beta+1} = (2,400) \cdot \dfrac{2}{\left(\dfrac{4}{2}\right)+1} = 1,600\text{mm}^2$

해설

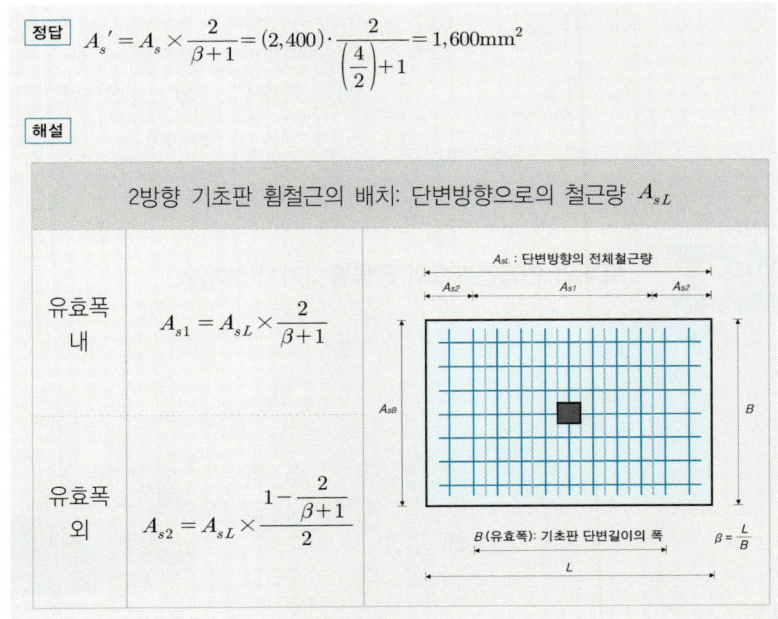

제5회 2020 건축기사 과년도 기출문제

배점4

01

11④, 15④, 20⑤

보통골재를 사용한 콘크리트 설계기준강도 $f_{ck}=24\text{MPa}$, 철근의 탄성계수 $E_s=200,000\text{MPa}$ 일 때 콘크리트 탄성계수 및 탄성계수비를 구하시오.

(1) 콘크리트 탄성계수 :

(2) 탄성계수비 :

정답
(1) $E_c = 8,500 \cdot \sqrt[3]{(24)+(4)} = 25,811\text{MPa}$
(2) $n = \dfrac{E_s}{E_c} = \dfrac{(200,000)}{(25,811)} = 7.75$

해설

(1) 탄성계수	철근	$E_s = 200,000\,(\text{MPa})$		
	콘크리트	$E_c = 8,500 \cdot \sqrt[3]{f_{cm}}$ 콘크리트 평균압축강도 $f_{cm} = f_{ck} + \Delta f\,(\text{MPa})$		
		$f_{ck} \leq 40\text{MPa}$	$40 < f_{ck} < 60$	$f_{ck} \geq 60\text{MPa}$
		$\Delta f = 4\text{MPa}$	$\Delta f =$ 직선 보간	$\Delta f = 6\text{MPa}$
(2) 탄성계수비		$n = \dfrac{E_s}{E_c} = \dfrac{200,000}{8,500 \cdot \sqrt[3]{f_{cm}}} = \dfrac{200,000}{8,500 \cdot \sqrt[3]{f_{ck}+\Delta f}}$		

배점3

02

18②, 20⑤

목재의 인공건조법의 종류를 3가지 쓰시오.

① _____ ② _____ ③ _____

정답

목재의 인공건조법	①	증기법
	②	열기법
	③	훈연법

배점4

03

시공계획서 제출 시 환경관리 및 친환경관리에 대해 제출해야 할 서류에 포함될 내용을 4가지 쓰시오

① _____ ② _____

③ _____ ④ _____

정답

시공계획서 제출 시 환경관리 및 친환경관리에 대해 제출해야 할 서류에 포함될 내용
① 건설폐기물 저감 및 재활용계획
② 산업부산물 재활용계획
③ 온실가스 배출 저감 계획
④ 천연자원 사용 저감 계획

배점2

04

수중콘크리트 타설 시 콘크리트 피복두께를 얼마 이상으로 하여야 하는가?

정답

구 분			피복두께
수중에서 치는 콘크리트			100mm
흙에 접하여 콘크리트를 친 후 영구히 흙에 묻혀 있는 콘크리트			75mm
흙에 접하거나 옥외의 공기에 직접 노출되는 콘크리트	D19 이상의 철근		50mm
	D16 이하 철근, 지름 16mm 이하의 철선		40mm
옥외의 공기나 흙에 직접 접하지 않는 콘크리트	슬래브, 벽체, 장선	D35 초과 철근	40mm
		D35 이하 철근	20mm
	보, 기둥		40mm
	쉘, 절판부재		20mm

배점4

05
벽돌에 나타나는 일반적인 백화현상에 대해 설명하시오.

08①, 10④,
11②, 13④,
15④, 20③,
20⑤, 21②,
21④, 24③

> **정답**
>
> | | 백화(Efflorescence) | |
> |---|---|---|
> | (1) | 정의 | 시멘트 중의 수산화칼슘이 공기 중의 탄산가스와 반응하여 벽체의 표면에 생기는 흰 결정체 |
> | (2) | 방지대책 | • 흡수율이 작은 소성이 잘된 벽돌 사용
• 처마 또는 차양의 설치로 빗물 차단
• 벽체 표면에 발수제 첨가 및 도포 |

배점4

06
미장공사에서 사용되는 다음 용어를 설명하시오.

14②, 20⑤

(1) 손질바름 :

(2) 실러(Sealer)바름 :

> **해설**
>
> | 미장공사 관련 주요용어 | |
> |---|---|
> | 바탕처리 | 요철 또는 변형이 심한 개소를 고르게 손질바름하여 마감두께가 균등하게 되도록 조정하고 균열 등을 보수하는 것 |
> | 덧먹임 | 바르기의 접합부 또는 균열의 틈새, 구멍 등에 반죽된 재료를 밀어 넣어 때워주는 것 |
> | 손질바름 | 콘크리트(블록) 바탕에서 초벌바름 전에 마감두께를 균등하게 할 목적으로 모르타르 등으로 미리 요철을 조정하는 것 |
> | 실러바름 | 바탕의 흡수 조정, 바름재와 바탕과의 접착력 증진 등을 위해 합성수지 에멀션 희석액 등을 바탕에 바르는 것 |

07 강구조공사의 절단가공에서 절단방법의 종류를 3가지 쓰시오.

① _____ ② _____ ③ _____

정답 ① 가스절단 ② 전단절단 ③ 톱절단

08 다음과 같은 연속 대칭 T형보의 유효폭(b_e)을 구하시오.
(단, 보 경간(Span): 6,000mm, 복부폭(b_w): 300mm)

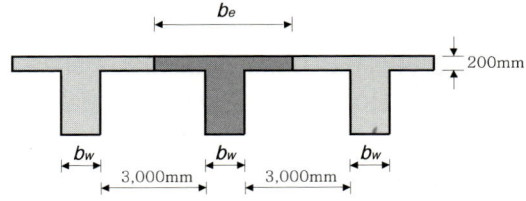

정답
① $16t_f + b_w = 16(200) + 300 = 3,500\text{mm}$

② $\dfrac{\left(\dfrac{300}{2} + 3,000 + \dfrac{300}{2}\right)}{2} + \dfrac{\left(\dfrac{300}{2} + 3,000 + \dfrac{300}{2}\right)}{2} = 3,300\text{mm}$

③ $6,000 \times \dfrac{1}{4} = 1,500\text{mm}$ ◀ 지배

해설

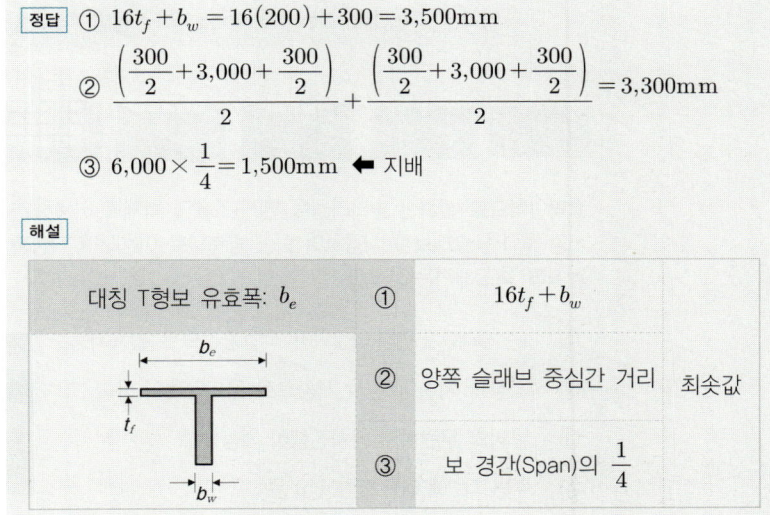

배점3

09

어떤 골재의 밀도가 2.65g/cm^3, 단위체적질량 $1,800 \text{kg/m}^3$ 이라면 이 골재의 실적률을 구하시오.

00①, 09④, 15④, 20⑤

정답 $\dfrac{1.8}{2.65} \times 100 = 67.92\%$

해설

① 실적률(%) = $\dfrac{\text{단위체적질량}}{\text{절건밀도}} \times 100$

② 공극률(%) = 100 − 실적률

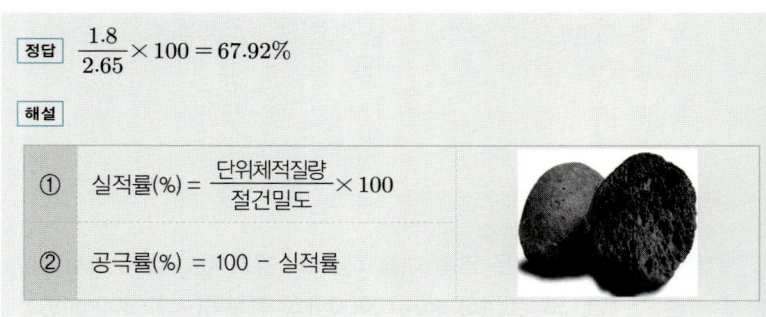

배점3

10

탑다운 공법(Top-Down Method)은 지하구조물의 시공순서를 지상에서부터 시작하여 점차 깊은 지하로 진행하며 완성하는 공법으로서 여러 장점이 있다. 이 중 작업공간이 협소한 부지를 넓게 쓸 수 있는 이유를 기술하시오.

05①, 06②, 12②, 17②, 20⑤

정답 1층 슬래브가 먼저 타설되어 작업공간으로 활용이 가능하기 때문이다.

해설

탑다운 공법(Top-Down Method, 역타 공법, 역구축 공법)

흙막이벽으로 설치한 슬러리월을 본 구조체의 벽체로 이용하고, 기둥과 기초를 시공 후 1층 슬래브를 시공하여 이를 방축널로 이용하여 지상과 지하 구조물을 동시에 축조해가는 공법

① 1층 슬래브가 먼저 타설되어 작업공간으로 활용가능
② 지상과 지하의 동시 시공으로 공기단축이 용이
③ 날씨와 무관하게 공사진행이 가능
④ 주변 지반에 대한 영향이 없음

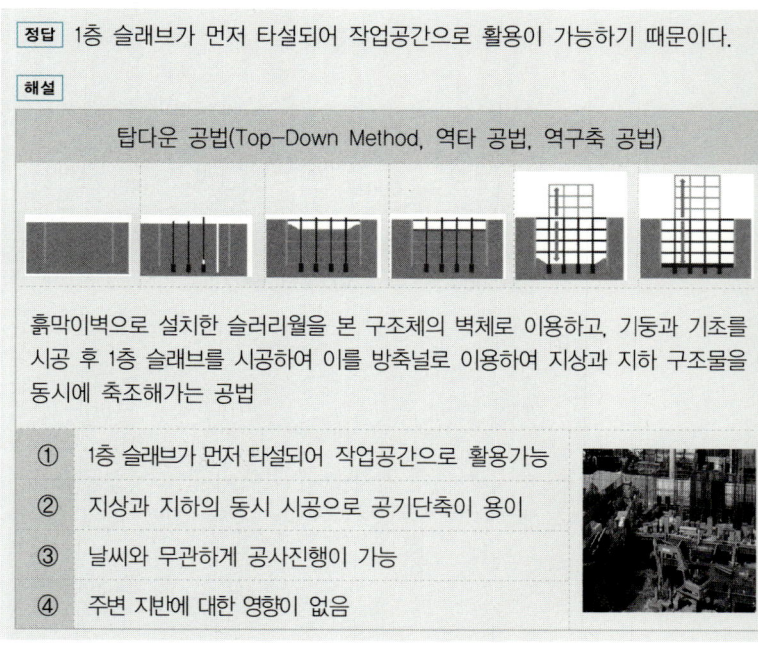

11. 다음이 설명하는 용어를 쓰시오.

특수화학제를 첨가한 레디믹스트모르타르(Ready Mixed Mortar)에 대리석 분말이나 세라믹분말제를 혼합한 재료를 물과 혼합하여 1~3mm 두께로 바르는 것

정답 합성수지 플라스터 바름

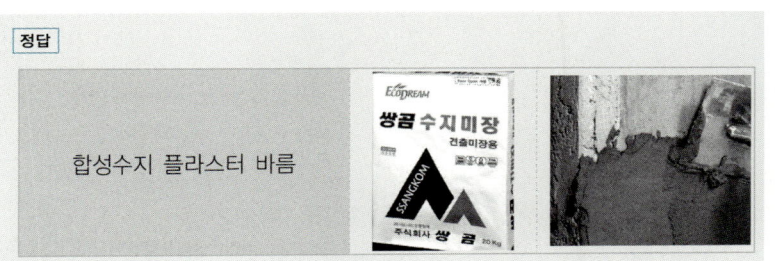

12. 온도조절 철근(Temperature Bar)의 배근목적에 대하여 간단히 설명하시오.

정답 건조수축 또는 온도변화에 의해 콘크리트에 발생하는 균열을 방지하기 위한 목적으로 배치되는 철근

해설 수축온도철근 (Shrinkage and Temperature Reinforcement)이 정식 명칭이며 다음과 같은 철근비를 갖는다.

수축온도철근비	$f_y = 400\text{MPa}$ 이하	$f_y = 400\text{MPa}$ 초과
	$\rho = 0.0020$	$\rho = 0.0020 \times \dfrac{400}{f_y} \geq 0.0014$

배점4 □□□

20⑤, 24③

매입말뚝 중에서 마이크로 말뚝의 정의와 장점 두 가지를 쓰시오.

(1) 정의 :

(2) 장점

① _____

② _____

해설

마이크로 말뚝 (Micro Pile)	(그림: FOUNDATION, LOCK NUT, STEEL PLATE, THREAD BAR, COUPLER, GROUT HOUSE, CENTRALIZER, STEEL CASING, 연약층(Casing 설치), 토사층 마찰력 무시, 지지층, 지지층에서의 마찰력 = 설계지지력, 선단지지력 무시)

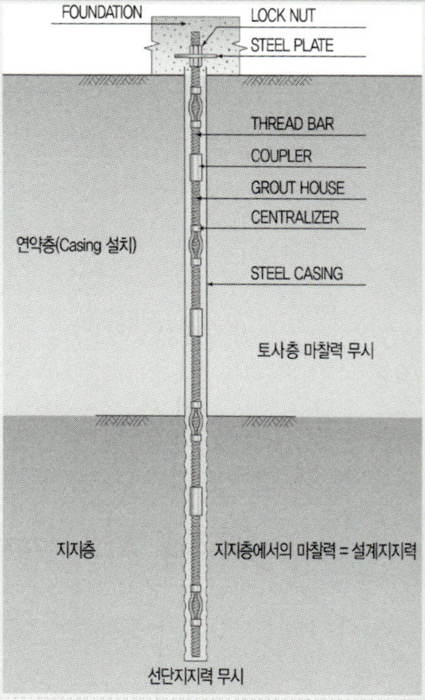

(1)	구조물의 기초, 기초의 보강, 리모델링 등의 목적으로 사용되는 직경 30cm 이하의 강재로 보강된 비변위 말뚝	
(2)	①	소형 시공장비를 사용하기 때문에 접근하기 어려운 환경에서 시공가능하며 대부분의 토질조건에 적용 가능
	②	시공과정에서 진동과 소음이 작고, 기존 말뚝공법 적용이 곤란한 소규모 현장에서 적용 및 대응이 가능

14. 민간 주도하에 Project(시설물) 완공 후 발주처(정부)에게 소유권을 양도하고 발주처의 시설물 임대료를 통하여 투자비가 회수되는 민간투자사업 계약방식의 명칭은?

정답 BTL(Build-Transfer-Lease)

해설

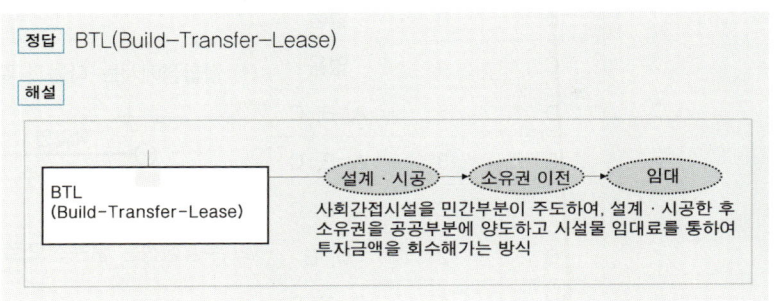

15. 다음 용어를 간단히 설명하시오.

(1) 슬라이딩폼(Sliding Form) :

(2) 터널폼(Tunnel Form) :

정답

(1)	거푸집을 연속으로 이동시키면서 콘크리트 타설을 하여 시공이음 없는 균일한 시공이 가능한 거푸집
(2)	한 구획 전체의 벽판과 바닥판을 ㄱ자형 또는 ㄷ자형으로 짜는 거푸집

16

다음 데이터를 네트워크공정표로 작성하시오.

작업명	작업일수	선행작업	비 고
A	5	없음	
B	2	없음	
C	4	없음	(1) 결합점에서는 다음과 같이 표시한다.
D	5	A, B, C	
E	3	A, B, C	
F	2	A, B, C	
G	2	D, E	(2) 주공정선은 굵은선으로 표시한다.
H	5	D, E, F	
I	4	D, F	

정답

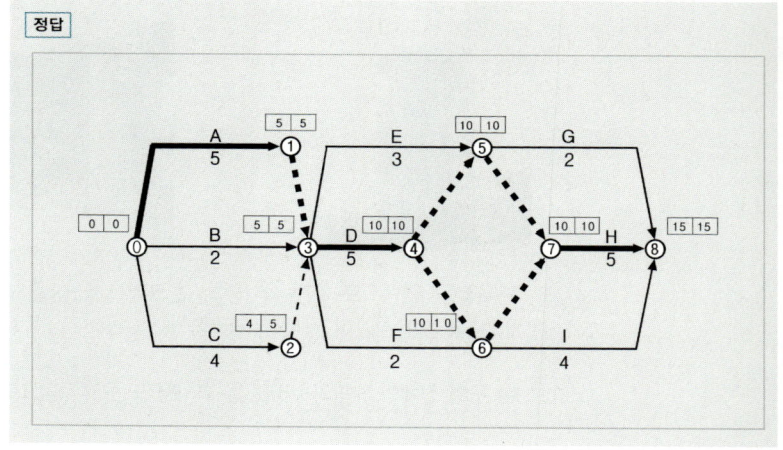

17

다음이 설명하는 시공기계를 쓰시오.

(1) 사질지반의 굴착이나 지하연속벽, 케이슨 기초 같은 좁은 곳의 수직굴착에 사용되며, 토사채취에도 사용된다. 최대 18m 정도 깊이까지 굴착이 가능하다.
(2) 지반보다 낮은 곳(기계의 위치보다 낮은 곳)의 굴착에 적합한 토공장비

(1) _____ (2) _____

정답

(1) 클램쉘(Clam Shell)　　(2) 드래그라인(Drag Line) 또는 백호(Backhoe)

18

보기의 미장재료를 기경성과 수경성으로 구분하여 쓰시오.

진흙, 시멘트 모르타르, 회반죽, 무수석고 플라스터, 돌로마이트 플라스터, 석고플라스터

(1) 기경성 미장재료 :

(2) 수경성 미장재료 :

정답

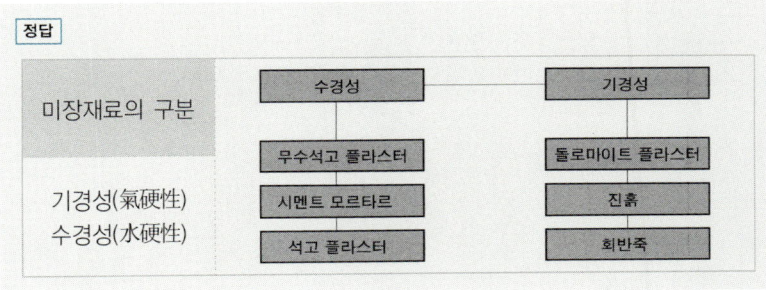

19 그림과 같은 창고를 시멘트벽돌로 신축하고자 할 때 벽돌쌓기량(매)과 내외벽 시멘트 미장할 때 미장면적을 구하시오.

09①, 13①, 20⑤

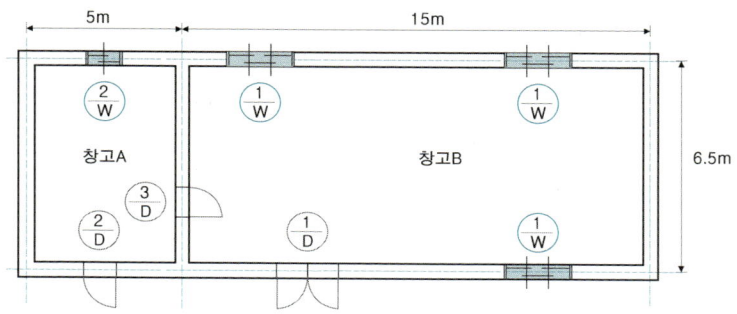

단, 1) 벽두께는 외벽 1.5B 쌓기, 칸막이벽 1.0B 쌓기로 하고 벽높이는 안팎 3.6m로 가정하며, 벽돌은 표준형(190×90×57)으로 할증률은 5%.
2) 창문틀 규격 :
①/D : 2.2×2.4m   ②/D : 0.9×2.4m   ③/D : 0.9×2.1m
①/W : 1.8×1.2m   ②/W : 1.2×1.2m

(1) 벽돌량 :

(2) 미장면적 :

해설				
• 벽면적 1m² 당 벽돌쌓기	벽두께	0.5B	1.0B	1.5B
	정미량	75	149	224
	소요량	할증률(붉은벽돌 3%, 시멘트벽돌 5%) 적용		
• 미장면적 수량산출	벽, 바닥, 천장 등의 장소별 또는 마무리 종류별로 면적을 산출한다.			

(1) 벽돌량:

① 1.5B : $[\{(20+6.5) \times 2 \times 3.6\} - \{(1.8 \times 1.2 \times 3개) + (1.2 \times 1.2) + (2.2 \times 2.4) + (0.9 \times 2.4)\}] \times 224$
 $= 39,298.51$

② 1.0B : $\{(6.5-0.29) \times 3.6 - (0.9 \times 2.1)\} \times 149$
 $= 3,049.4$

③ 소요 벽돌량 : $(39,298.5 + 3,049.4) \times 1.05 = 44,465.2$
 ➡ 44,466매

(2) 미장면적:

① 외부 : $[\{(20+0.29)+(6.5+0.29)\} \times 2 \times 3.6]$
 $-\{(1.8 \times 1.2 \times 3개)+(1.2 \times 1.2)+2.2 \times 2.4)\}$
 $+(0.9 \times 2.4)\} = 179.616$

② 내부 : $\{(14.76+6.21) \times 2+(4.76+6.21) \times 2\} \times 3.6$
 $-\{(1.8 \times 1.2 \times 3개)+(1.2 \times 1.2)+2.2 \times 2.4)$
 $+(0.9 \times 2.4)+(0.9 \times 2.1 \times 2개)\} = 210.828$

③ 합계 : $179.616 + 210.828 = 390.444$ ➡ $390.44m^2$

부재 단면에 비틀림이 생기지 않고 휨변형만 유발하는 위치를 무엇이라 하는가?

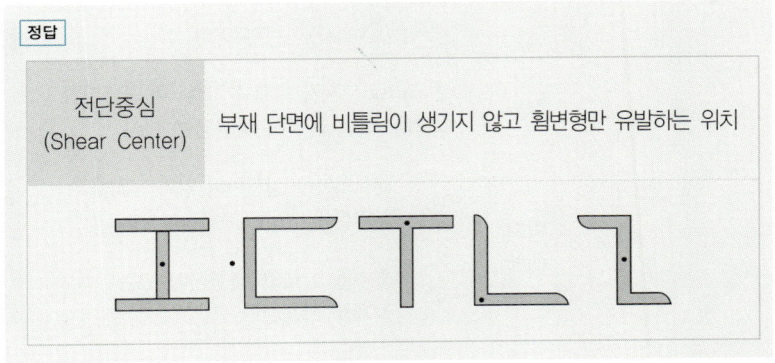

21

철골공사의 접합방법 중 용접의 단점을 2가지 쓰시오.

① _____

② _____

[해설]

용접(Welding)		
장점	①	응력전달이 확실하다.
	②	접합속도가 빠르다.
	③	이음처리와 작업성이 용이하다.
	④	수밀성 및 기밀성이 유리하다.
단점	①	용접공의 기량 의존도가 높다.
	②	용접부위 결함검사가 어렵다.
	③	응력집중에 민감하다.
	④	급열 및 급냉으로 인한 변형의 우려가 있다.

22

고강도 콘크리트의 폭렬현상에 대하여 설명하시오.

[해설]

폭렬(Exclosive Fracture)		
정의		콘크리트 부재가 화재로 가열되어 표면부가 소리를 내며 급격히 파열되는 현상
방지 대책	①	내화피복을 실시하여 열의 침입을 차단한다.
	②	흡수율이 작고 내화성이 있는 골재를 사용한다.

배점4 □□□

23

20⑤

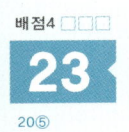

다음의 첫 번째 그림을 참조하여 콘크리트 측압의 변화를 2회로 나누어 타설하는 경우와 2차 타설시의 측압으로 구분하여 도시하시오. (단, 최대측압 부분은 굵은선으로 표시하시오.)

한 번에 타설하는 경우	2회로 나누어 타설하는 경우	2차 타설시의 측압

2020 제5회

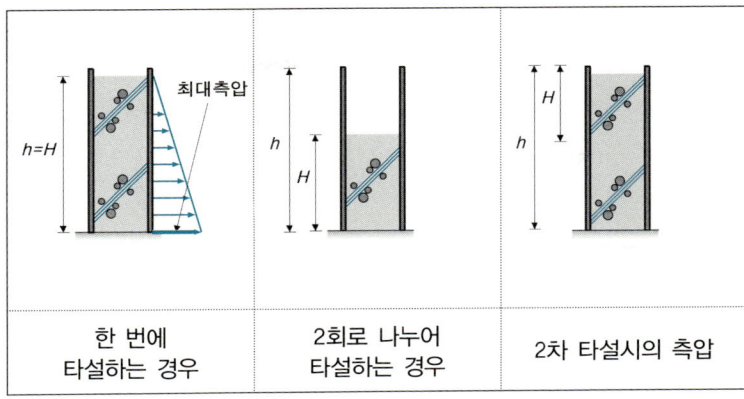

정답

한 번에 타설하는 경우	2회로 나누어 타설하는 경우	2차 타설시의 측압

해설

거푸집 측압에 영향을 주는 요소	①	Slump값이 클수록 측압이 크다.
	②	벽두께가 두꺼울수록 측압이 크다.
	③	타설속도가 빠를수록 측압이 크다.
	④	습도가 높을수록 측압이 크다.

콘크리트 헤드(Concrete Head)
➡ 타설된 콘크리트 윗면으로부터 최대 측압면까지의 거리

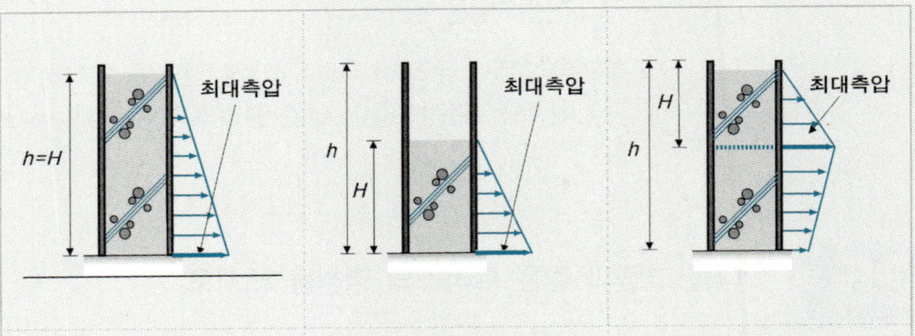

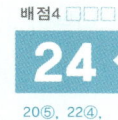

24

다음 용어를 설명하시오.

(1) 로이 유리(Low-Emissivity Glass) :

(2) 단열 간봉(Thermal Spacer) :

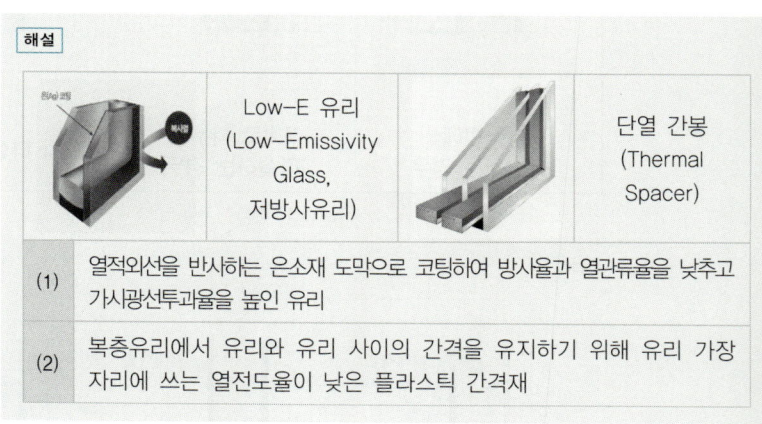

25

다음 그림과 같은 트러스의 명칭을 쓰시오.

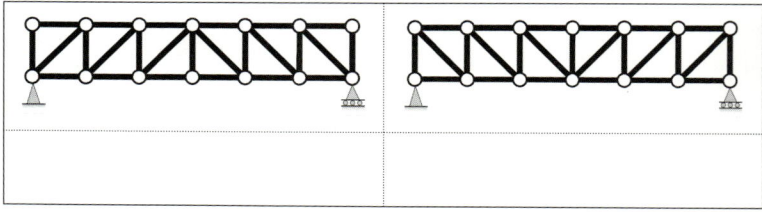

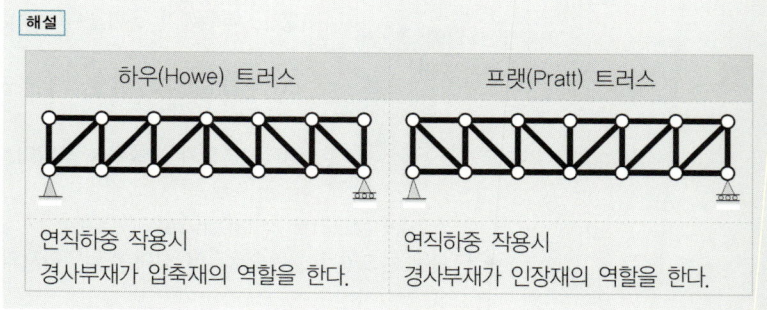

배점4 □□□

26

20⑤, 24①

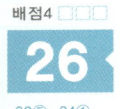

다음과 같은 조건의 외력에 대한 휨균열모멘트강도(M_{cr})를 구하시오.

- 단면 크기 : $b \times h = 300\text{mm} \times 600\text{mm}$
- 보통중량콘크리트 설계기준 압축강도 $f_{ck} = 30\text{MPa}$,
  철근의 항복강도 $f_y = 400\text{MPa}$

정답 $M_{cr} = 0.63\lambda\sqrt{f_{ck}} \cdot \dfrac{bh^2}{6} = 0.63(1)\sqrt{(30)} \cdot \dfrac{(300)(600)^2}{6}$

$= 62,111,738\text{N} \cdot \text{mm} = 62.111\text{kN} \cdot \text{m}$

해설

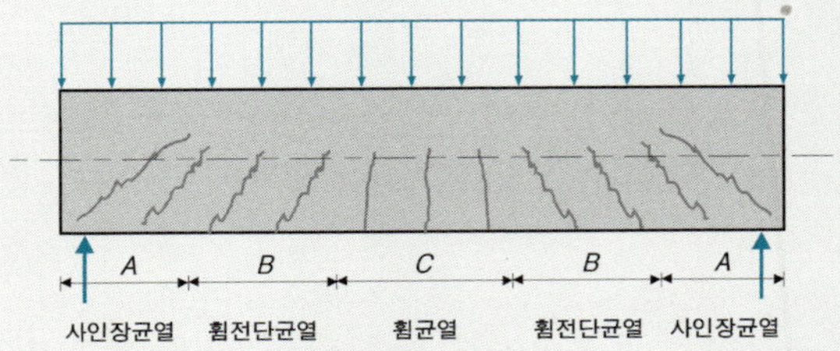

A
B
C
B
A
사인장균열
휨전단균열
휨균열
휨전단균열
사인장균열

<table>
<tr><td colspan="2">RC 보의 (휨)균열모멘트</td><td colspan="2">$M_{cr} = f_r \cdot \dfrac{I_g}{y_t} = f_r \cdot Z$</td></tr>
<tr><td rowspan="5">• f_r : 파괴계수
$(= 0.63\lambda\sqrt{f_{ck}})$</td><td colspan="3">$f_{ck}$: 콘크리트 설계기준압축강도</td></tr>
<tr><td colspan="3">λ : 경량콘크리트 계수</td></tr>
<tr><td colspan="2">보통중량콘크리트</td><td>$\lambda = 1$</td></tr>
<tr><td colspan="2">모래경량콘크리트</td><td>$\lambda = 0.85$</td></tr>
<tr><td colspan="2">전경량콘크리트</td><td>$\lambda = 0.75$</td></tr>
<tr><td colspan="2">• I_g : 보의 전체 단면에 대한 단면2차모멘트</td><td colspan="2" rowspan="2">• Z : 단면계수$(= \dfrac{bh^2}{6})$</td></tr>
<tr><td colspan="2">• y_t : 도심에서 인장측 외단까지의 거리</td></tr>
</table>

memo

2021년
과년도 기출문제

① 건축기사 제1회 시행 …… 2-188
② 건축기사 제2회 시행 …… 2-204
③ 건축기사 제4회 시행 …… 2-222

제1회 2021
건축기사 과년도 기출문제

01 배점6 □□□
00④, 11②, 17②, 21①

굵은골재의 최대치수 25mm, 4kg을 물속에서 채취하여 표면건조내부포수 상태의 질량이 3.95kg, 절대건조질량이 3.60kg, 수중에서의 질량이 2.45kg 일 때 흡수율과 밀도를 구하시오. (단, 물의 밀도 : $1g/cm^3$)

(1) 흡수율 :

(2) 표건상태 밀도 :

(3) 겉보기밀도 :

[정답]
(1) $\dfrac{3.95 - 3.60}{3.60} \times 100 = 9.72\%$
(2) $\dfrac{3.95}{3.95 - 2.45} \times 1 = 2.63 g/cm^3$
(3) $\dfrac{3.60}{3.60 - 2.45} \times 1 = 3.13 g/cm^3$

[해설]

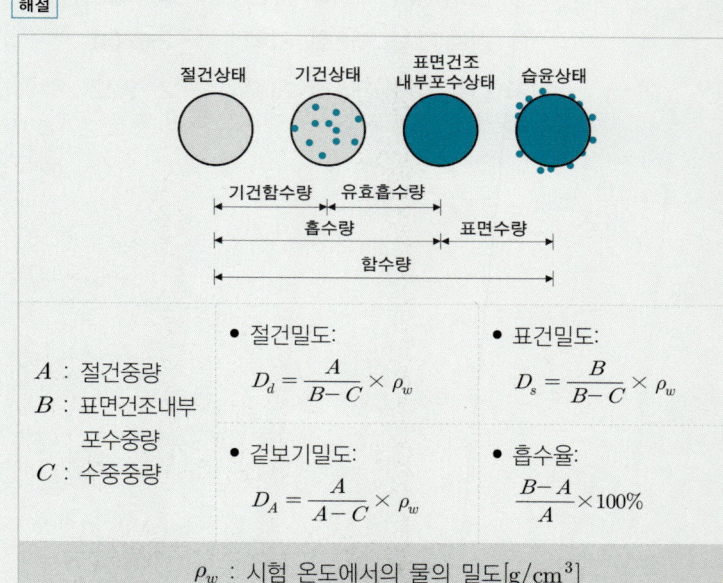

02

다음이 설명하는 지반배수(탈수)공법의 명칭을 쓰시오.

(1) 점토질지반의 대표적인 탈수공법으로서 지반에 지름 40~60cm의 구멍을 뚫고 모래를 넣은 후, 성토 및 기타 하중을 가하여 점토질 지반을 압밀함으로써 탈수하는 공법

(2) 사질지반의 대표적인 탈수공법으로서 직경 약 20cm 특수파이프를 상호 2m 내외 간격으로 관입하여 모래를 투입한 후 진동다짐하여 탈수통로를 형성시켜서 탈수하는 공법

(1) _____ (2) _____

정답

(1) 샌드 드레인(Sand Drain) 공법   (2) 웰 포인트(Well Point) 공법

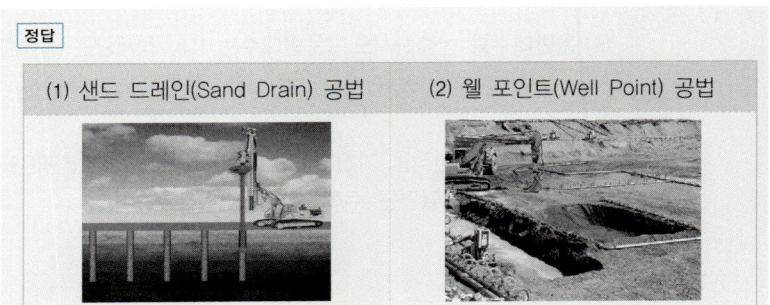

03

다음 용어를 간단하게 설명하시오.

(1) 기준점 :

(2) 방호선반 :

정답

기준점(基準點, Bench Mark)
(1) 건축물 시공 시 공사 중 높이의 기준을 정하고자 설치하는 원점

방호선반(防護線盤, Protection Rack(Shelf))
(2) 상부에서 작업도중 자재나 공구 등의 낙하로 인한 피해를 방지하기 위하여 벽체 및 비계 외부에 설치하는 망

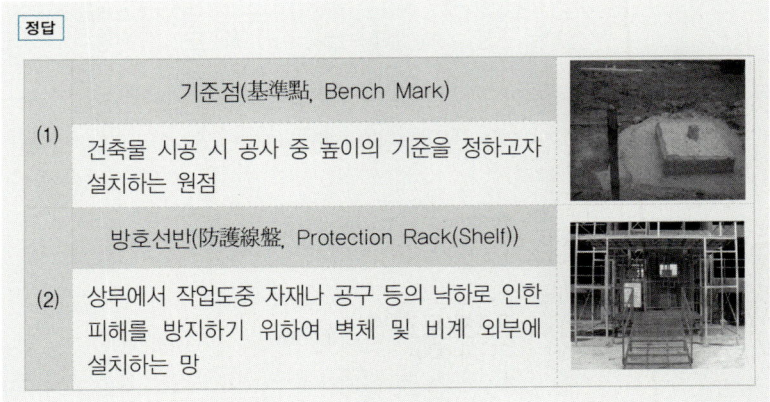

다음 조건으로 요구하는 산출량을 구하시오. (단, $L=1.3$, $C=0.9$)

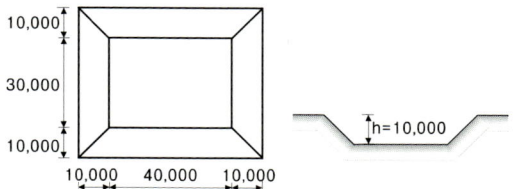

(1) 터파기량을 산출하시오.

(2) 운반대수를 산출하시오. (운반대수는 1대, 적재량은 12m^3)

(3) $5,000\text{m}^2$의 면적을 가진 성토장에 성토하여 다짐할 때 표고는 몇 m인지 구하시오. (비탈면은 수직으로 가정한다.)

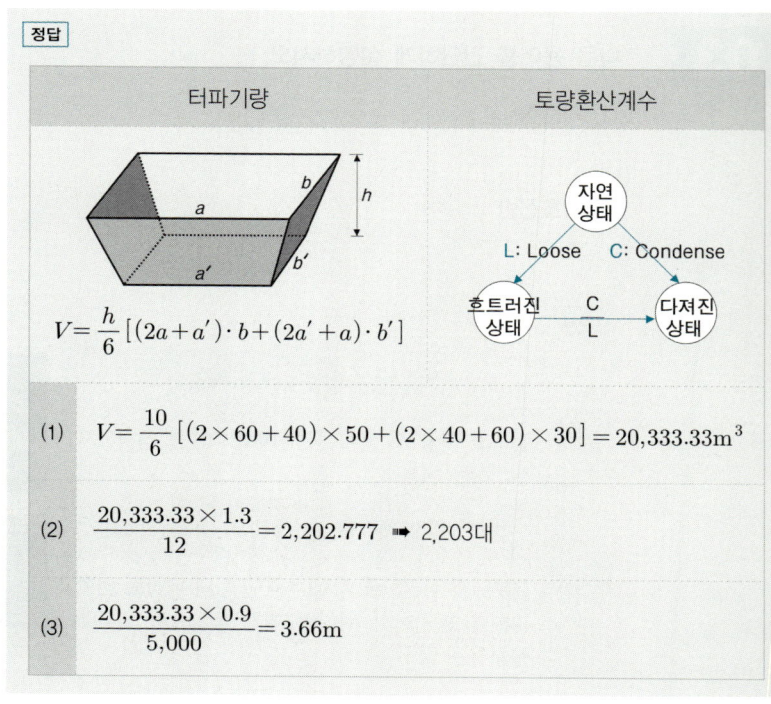

(1) $V = \dfrac{10}{6}[(2\times 60+40)\times 50+(2\times 40+60)\times 30] = 20,333.33\text{m}^3$

(2) $\dfrac{20,333.33\times 1.3}{12} = 2,202.777$ ➡ 2,203대

(3) $\dfrac{20,333.33\times 0.9}{5,000} = 3.66\text{m}$

05 흙의 함수량 변화와 관련하여 ( ) 안을 채우시오.

> 흙이 소성상태에서 반고체 상태로 옮겨지는 경계의 함수비를 (①)라 하고, 액성상태에서 소성상태로 옮겨지는 함수비를 (②)라고 한다.

① _____ ② _____

정답 ① 소성한계 ② 액성한계

해설

아터버그 한계(Atterberg Limits, 1911)

액체 상태	소성 상태	반고체 상태	고체 상태
질퍽한 유동화 상태	반죽이 가능한 끈기가 있는 상태	바삭바삭하고 끈기가 없는 상태	절대건조 상태

액성 한계 — 소성 한계 — 수축 한계

06 다음이 설명하는 용어를 쓰시오.

(1) 창 밑에 돌 또는 벽돌을 15° 정도 경사지게 옆세워 쌓는 방법

(2) 벽돌벽 등에 장식적으로 구멍을 내어 쌓는 방법

(1) _____ (2) _____

정답

(1) 창대 쌓기 (2) 영롱 쌓기

배점3

07

02①, 04①, 21①

콘크리트 구조물의 압축강도를 추정하고 내구성 진단, 균열의 위치, 철근의 위치 등을 파악하는데 있어서 구조체를 파괴하지 않고, 비파괴적인 방법으로 측정하는 검사방법을 3가지 쓰시오.

① _____ ② _____ ③ _____

정답

강도추정을 위한 콘크리트 비파괴 검사법	
① 슈미트해머법	② 초음파 속도법
③ 인발법	④ 조합법

배점4

08

13②, 21①

다음 설명에 해당하는 흙파기 공법의 명칭을 쓰시오.

(1) 측벽이나 주열선 부분만을 먼저 파낸 후 기초와 지하구조체를 축조한 다음 중앙부의 나머지 부분을 파내어 지하구조물을 완성하는 공법

(2) 중앙부의 흙을 먼저 파고, 그 부분에 기초 또는 지하구조체를 축조한 후, 이를 지점으로 경사 혹은 수평 흙막이 버팀대를 가설하여 흙을 제거한 후 지하구조물을 완성하는 공법

(1) _____ (2) _____

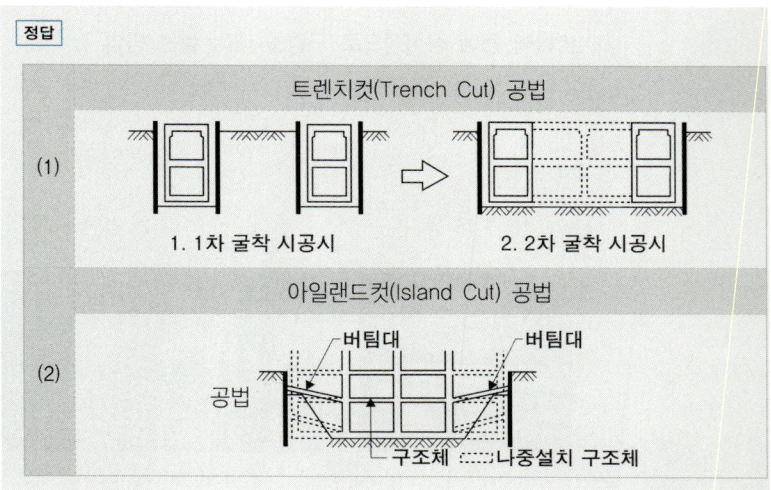

2-192

재령 28일 콘크리트 표준공시체($\phi 150mm \times 300mm$)에 대한 압축강도시험 결과 파괴하중이 450kN일 때 압축강도 $f_c(\text{MPa})$를 구하시오.

정답

$$f_c = \frac{P}{A} = \frac{P}{\frac{\pi D^2}{4}} = \frac{(450 \times 10^3)}{\frac{\pi (150)^2}{4}} = 25.464 \text{N/mm}^2 = 25.464 \text{MPa}$$

해설

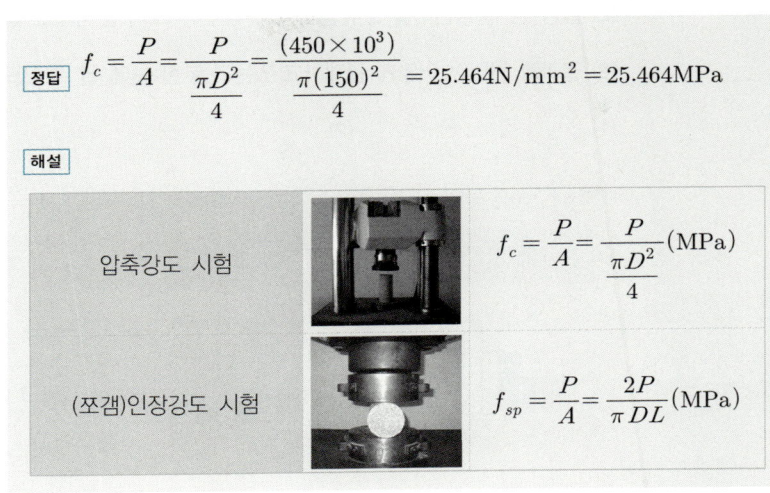

금속커튼월의 성능시험관련 실물모형시험(Mock-Up Test)의 시험항목을 4가지 쓰시오.

① _____ ② _____

③ _____ ④ _____

정답

Wind Tunnel Test & Mock-Up Test

(1) 정의: 대형 시험장치를 이용하여 시험소에서 실제와 같은 실물을 설치하여 성능을 평가하는 시험

(2) 시험항목:
- 기밀성능 시험
- 정압·동압 수밀 시험
- 구조성능 시험
- 영구변형 시험

배점3

11

98②, 07①,
14①, 21①

TQC의 7도구에 대한 설명이다. 해당되는 도구명을 쓰시오.

(1) 계량치의 데이터가 어떠한 분포를 하고 있는지 알아보기 위하여 작성하는 그림
(2) 불량 등 발생건수를 분류항목별로 나누어 크기 순서대로 나열해 놓은 그림
(3) 결과에 원인이 어떻게 관계하고 있는가를 한 눈에 알 수 있도록 작성한 그림

(1) _____ (2) _____ (3) _____

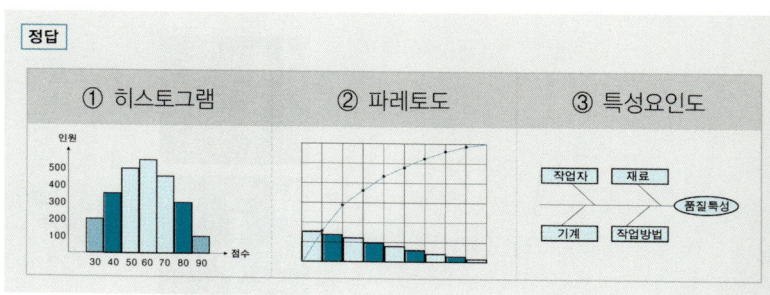

정답
① 히스토그램　　② 파레토도　　③ 특성요인도

배점4

12

02④, 06②,
21①

굳지 않은 콘크리트의 성질을 설명한 다음 내용에 적합한 용어를 쓰시오.

(1) 수량에 의해 변화하는 콘크리트 유동성의 정도 : _____
(2) 작업의 난이정도 및 재료분리에 저항하는 정도 : _____

정답 (1) 반죽질기(Consistency)　　(2) 시공연도(Workability)

해설

아직 굳지 않은 콘크리트의 주요 성질		
①	반죽질기 (Consistency)	수량에 의해 변화하는 콘크리트 유동성의 정도
②	시공연도 (Workability)	반죽질기에 의한 치어붓기 난이도 정도 및 재료분리에 저항하는 정도
③	성형성 (Plasticity)	거푸집 등의 형상에 순응하여 채우기 쉽고, 분리가 일어나지 않은 성질
④	마감성 (Finishability)	마무리하기 쉬운 정도

13 목공사에서 방충 및 방부처리된 목재를 사용해야 하는 경우를 2가지 쓰시오.

① _____

② _____

정답

방충 및 방부처리된 목재를 사용해야 하는 경우	
①	외부의 버팀기둥을 구성하는 목재 부위면
②	급수·배수시설에 인접한 목재로써 부식우려가 있는 부분

14 알루미늄 거푸집을 일반합판 거푸집과 비교하여 골조품질과 거푸집 해체 작업 시 발생될 수 있는 장점에 대하여 설명하시오.

(1) 골조품질 :

(2) 해체작업 :

정답 (1) 골조의 수직·수평 정밀도가 우수하고 면처리 작업이 감소된다.
(2) 거푸집 해체 시 안정성이 향상되고 소음이 감소한다.

해설

알루미늄 거푸집	
장점	• 골조의 수직·수평 정밀도가 우수하고 면처리 작업이 감소된다. • 거푸집 해체 시 안정성이 향상되고 소음이 감소한다.
단점	• 초기 투자비용이 과다하고, 자재의 정밀성으로 생산성이 저하된다. • 유경험 기능공이 부족하고 작업 적용범위에 제한을 받는다.

배점3

15

12②, 21①

안방수와 바깥방수의 차이점을 4가지 쓰시오.

① _____
② _____
③ _____
④ _____

> **정답** ① 안방수는 수압이 작고 얕은 지하실, 바깥방수는 수압이 크고 깊은 지하실
> ② 안방수는 본공사 추진이 자유롭고, 바깥방수는 본공사에 선행되어야 함
> ③ 안방수는 비교적 저가, 바깥방수는 고가
> ④ 안방수는 보호누름이 필요하지만, 바깥방수는 보호누름이 없어도 무방

> **해설**
>
> | 비교항목 | 안방수 | 바깥방수 |
> |---|---|---|
> | ① 사용 환경 | 수압이 작고 얕은 지하실 | 수압이 크고 깊은 지하실 |
> | ② 바탕 만들기 | 따로 만들 필요가 없음 | 따로 만들어야 함 |
> | ③ 공사 용이성 | 간단하다. | 상당한 어려움이 있다. |
> | ④ 본공사 추진 | 자유롭다. | 본공사에 선행된다. |
> | ⑤ 경제성 | 비교적 저가이다. | 비교적 고가이다. |
> | ⑥ 보호누름 | 필요하다. | 없어도 무방하다. |

배점3

16

20④, 21①, 24①

커튼월공사에서 발생될 수 있는 유리의 열파손 매커니즘에 대해 설명하시오.

> **정답**
>
> 유리의 열파손 매커니즘
>
>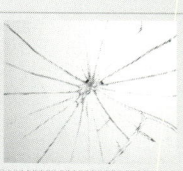
>
> 유리 중앙부는 강한 태양열로 인해 온도상승·팽창하며, 유리주변부는 저온 상태로 인해 온도유지·수축함으로써 열팽창의 차이에 따른 균열이 발생하며 깨지는 현상

17

경량철골 칸막이 공사에 관한 내용이다. 보기의 항목을 이용하여 순서대로 번호로 나열하시오.

① 벽체틀 설치 ② 단열재 설치 ③ 바탕 처리
④ 석고보드 설치 ⑤ 마감(벽지마감)

정답 ③ ➡ ① ➡ ② ➡ ④ ➡ ⑤

해설

경량철골 칸막이 공사 시공순서

바탕 처리 ➡ 벽체틀 설치 ➡ 단열재 설치 ➡ 석고보드 설치 ➡ 마감(벽지마감)

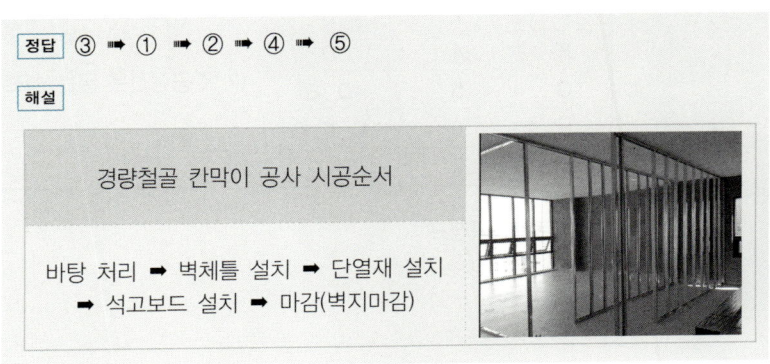

18

한중콘크리트 시공 시 동해를 입지 않도록 초기양생 시 주의할 점을 3가지 쓰시오.

①
②
③

정답

한중콘크리트(Cold Weather Concrete)

① AE제, AE감수제, 고성능AE감수제 중 한 가지를 사용
② 초기강도 5MPa을 발현할 때까지 보온양생 실시
③ 보온양생 종료 후 콘크리트가 급격히 건조 및 냉각되지 않도록 틈새 없이 덮어 양생을 계속함

19

다음 데이터를 네트워크공정표로 작성하고, 각 작업의 여유시간을 구하시오.

작업명	작업일수	선행작업	비 고
A	3	없음	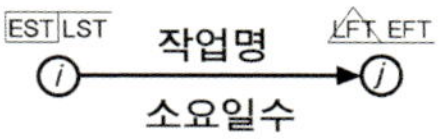
B	4	없음	
C	5	없음	(1) 결합점에서는 다음과 같이 표시한다.
D	6	A, B	
E	7	B	
F	4	D	
G	5	D, E	(2) 주공정선은 굵은선으로 표시한다.
H	6	C, F, G	
I	7	F, G	

(1) 네트워크공정표

(2) 일정 및 여유시간 산정

작업명	TF	FF	DF	CP
A				
B				
C				
D				
E				
F				
G				
H				
I				

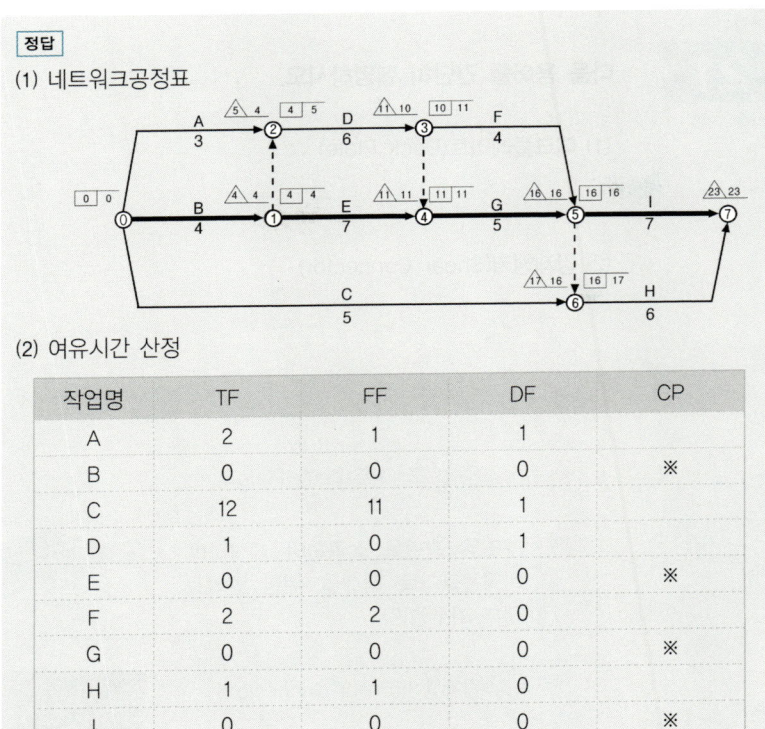

종합 심사낙찰제도에 관하여 간단히 설명하시오.

21①, 24①, 24②

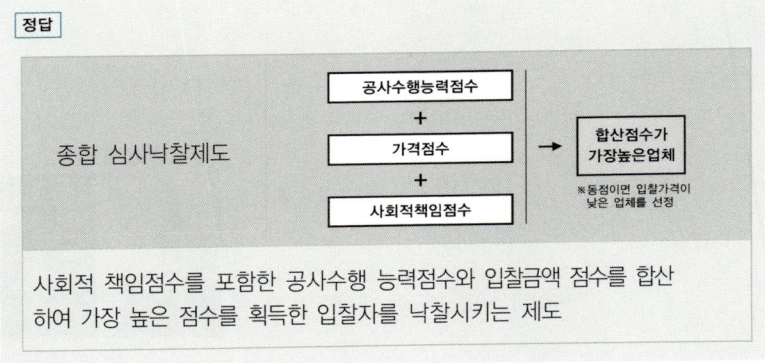

21 다음 용어를 간단히 설명하시오.

(1) 데크플레이트(Deck Plate) :

(2) 강재앵커(Shear Connector) :

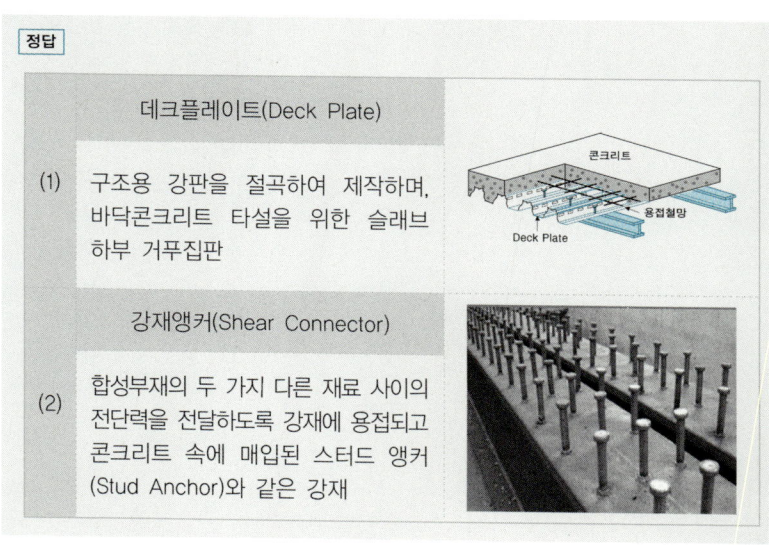

정답

	데크플레이트(Deck Plate)
(1)	구조용 강판을 절곡하여 제작하며, 바닥콘크리트 타설을 위한 슬래브 하부 거푸집판

	강재앵커(Shear Connector)
(2)	합성부재의 두 가지 다른 재료 사이의 전단력을 전달하도록 강재에 용접되고 콘크리트 속에 매입된 스터드 앵커(Stud Anchor)와 같은 강재

22 철근콘크리트 공사에 이용되는 스페이서(Spacer)의 용도에 대하여 쓰시오.

정답

스페이서(Spacer, 간격재)
철근의 피복두께를 유지하기 위해 벽이나 바닥 철근에 대어주는 것

23

BOT(Build-Operate-Transfer) 방식을 설명하시오.

정답

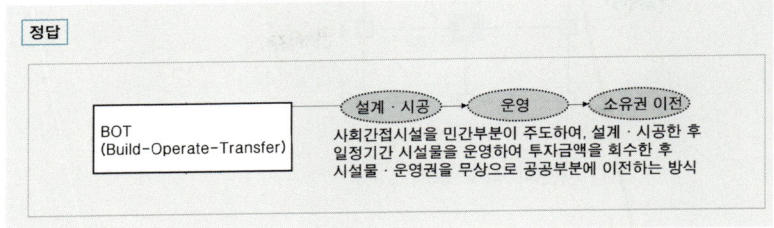

24

강구조 접합부에서 전단접합과 강접합을 도식하고 설명하시오.

전단접합	모멘트접합

정답

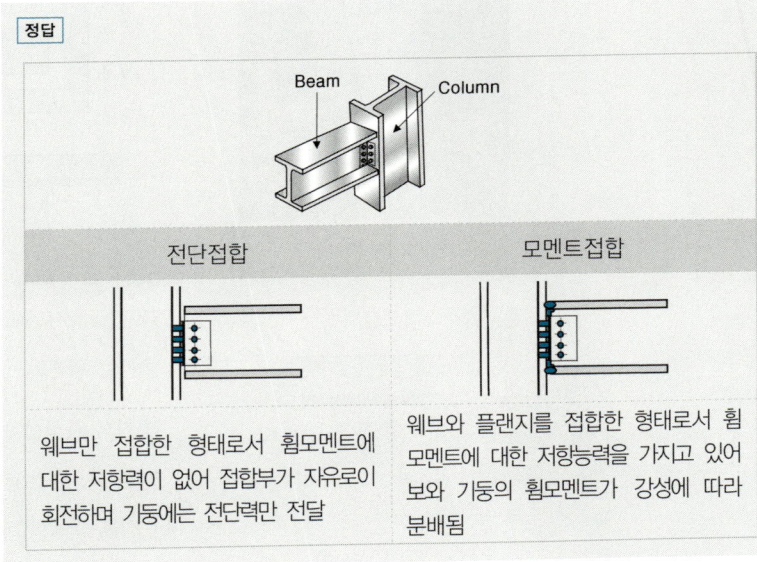

25

그림과 같은 설계조건에서 플랫슬래브 지판(Drop Panel, 드롭 패널)의 최소두께를 산정하시오. (단, 슬래브 두께 t_f는 200mm)

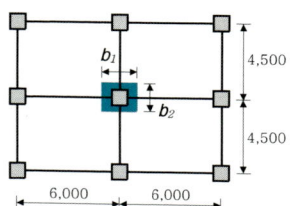

(1) 지판의 최소 크기 :

(2) 지판의 최소 두께 :

정답

(1) $b_1 = \dfrac{(6,000)}{6} + \dfrac{(6,000)}{6} = 2,000$, $b_2 = \dfrac{(4,500)}{6} + \dfrac{(4,500)}{6} = 1,500$

∴ $b_1 \times b_2 = 2,000\text{mm} \times 1,500\text{mm}$

(2) $h_{min} = \dfrac{t_f}{4} = \dfrac{(200)}{4} = 50\text{mm}$

해설

2방향 전단(Punching Shear, 뚫림 전단) 위치: 기둥면에서 $\dfrac{d}{2}$ 위치

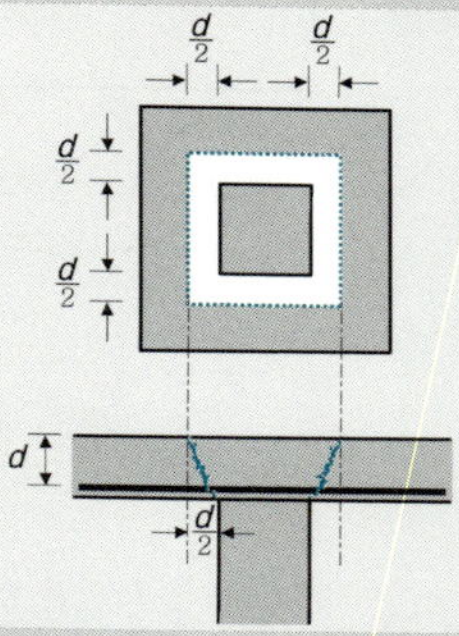

(1)

2방향 전단방지를 위한 지판 규정

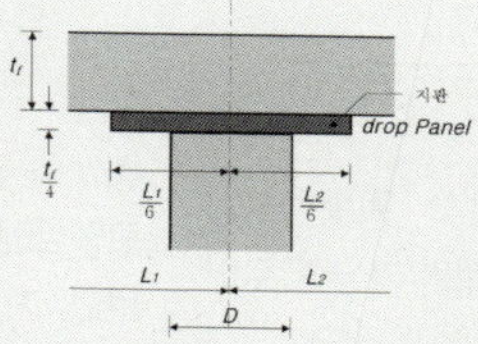

(2)

① 지판(Drop Panel) 두께 : 슬래브 두께의 $\dfrac{1}{4}$ 이상

② 받침부 중심선에서 각 방향 받침부 중심간 경간의 $\dfrac{1}{6}$ 이상을 각 방향으로 연장

그림과 같은 하중이 작용하는 3-Hinge 라멘구조물의 휨모멘트도를 그리시오.
(단, 라멘구조 바깥은 -, 안쪽은 +이며, 이를 그림에 표기할 것)

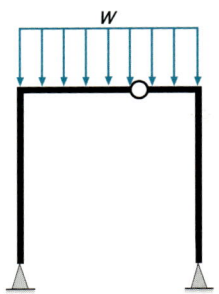

[정답]

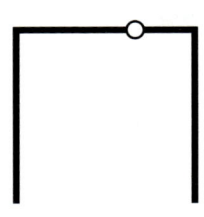

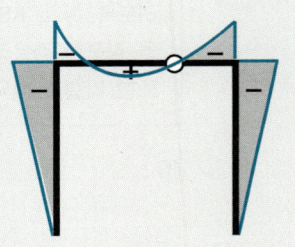

[해설]

전단력도(SFD, Shear Force Diagram)

(1)
- 지점반력을 계산한 후 좌측 기선에서 수직의 화살표의 방향에 따라 크기는 상관없이 임의의 직선을 그린다.
- 수직하중이 없는 구간은 수평으로 연속해서 직선을 이어 나가고, 구간 내에 수직하중이 작용하는 위치에서 수직의 화살표의 방향에 따라 직선을 상하로 조정한다.
  등분포하중이 작용하는 구간은 1차직선의 경사형태로 직선을 연속해서 이어나간다.

휨모멘트도(BMD, Bending Moment Diagram)

(2)
- 지점반력을 계산한다.
- 하중작용점, 보 또는 라멘 구조물의 지지단과 같은 특정의 위치에서 휨모멘트를 각각 계산한 후 포인트를 설정해 놓는다.
- 집중하중이 작용하는 구간은 1차직선, 등분포하중이 작용하는 구간은 2차곡선의 형태로 해당 포인트를 연결한다.

제2회 2021 건축기사 과년도 기출문제

배점3

01

다음 ( ) 안에 적당한 용어나 수치를 기입하시오.

> 높은 외부기온으로 인하여 콘크리트의 슬럼프 저하나 수분의 급격한 증발 등의 염려가 있을 경우에 시공되는 콘크리트로서 하루 평균기온이 25℃를 초과하는 경우 (①)콘크리트로 시공하여야 하며, 콘크리트는 비빈 후 즉시 타설하도록 하고, KS F 2560의 지연형감수제를 사용하는 등의 일반적인 대책을 강구한 경우라도 (②)시간 이내에 타설하여야 한다.
> 또한 타설할 때의 콘크리트 온도는 (③)℃ 이하이어야 한다.

① _____ ② _____ ③ _____

정답 ① 서중 ② 1.5 ③ 35

해설

서중콘크리트(Hot Weather Concrete)

➡ 일평균기온이 25℃를 초과하는 기온에 타설하는 콘크리트
➡ 타설할 때의 콘크리트 온도는 35℃ 이하, 1.5시간(=90분) 이내에 타설하여야 한다.

주요 문제점	• 급격한 수분증발에 의한 Cold Joint 발생	• 공기량 감소로 시공연도 저하
	• Slump 저하	• 내구성, 수밀성 저하
	• 장기강도 저하	• (건조수축, 온도)균열 발생
대책	• 운반 및 타설시간 단축 방안 강구	• AE(감수)제의 사용
	• 재료의 온도상승 방지 대책 수립	• 중용열 시멘트 사용

02

시멘트 500포의 공사현장에서 필요한 시멘트 창고의 면적을 구하시오. (단, 쌓기 단수는 12단)

정답 $A = 0.4 \times \dfrac{500}{12} = 16.67 \mathrm{m}^2$

해설

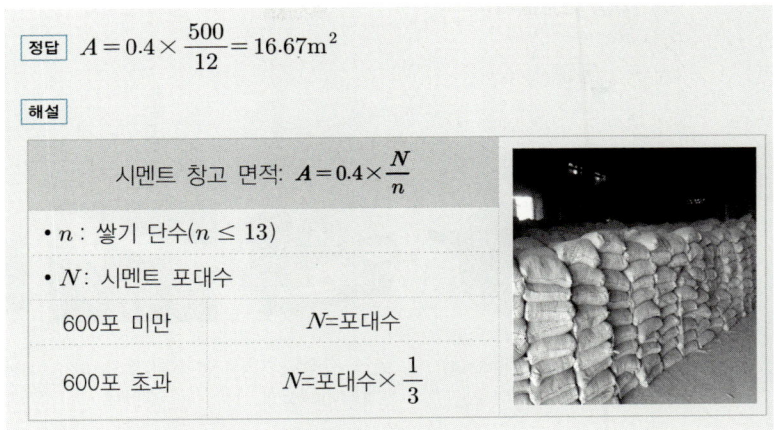

시멘트 창고 면적: $A = 0.4 \times \dfrac{N}{n}$	
• n : 쌓기 단수($n \leq 13$)	
• N : 시멘트 포대수	
600포 미만	N = 포대수
600포 초과	N = 포대수 $\times \dfrac{1}{3}$

03

흙막이공사에서 역타설 공법(Top-Down Method)의 장점을 3가지 쓰시오.

①
②
③

정답
① 1층 슬래브가 먼저 타설되어 작업공간으로 활용가능
② 지상과 지하의 동시 시공으로 공기단축이 용이
③ 날씨와 무관하게 공사진행이 가능

해설

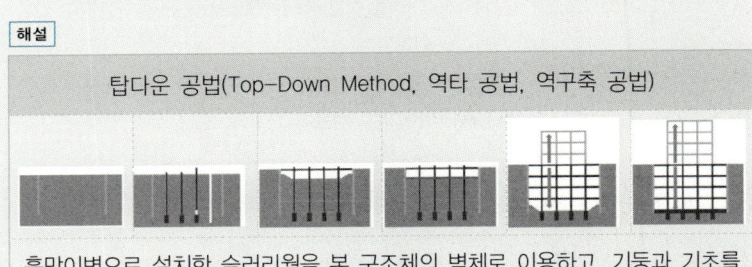

탑다운 공법(Top-Down Method, 역타 공법, 역구축 공법)

흙막이벽으로 설치한 슬러리월을 본 구조체의 벽체로 이용하고, 기둥과 기초를 시공 후 1층 슬래브를 시공하여 이를 방축널로 이용하여 지상과 지하 구조물을 동시에 축조해가는 공법

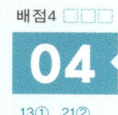

04 다음에 제시한 흙막이 구조물 계측기 종류에 적합한 설치 위치를 한 가지씩 기입하시오.

(1) 하중계 : _____   (2) 토압계 : _____

(3) 변형률계 : _____   (4) 경사계 : _____

> **정답**
>
> | ① 하중계 (Load Cell) | ② 토압계 (Pressure Cell) | ③ 변형률계 (Strain Gauge) | ④ 경사계 (Tiltmeter) |
> |---|---|---|---|
> | 버팀대(Strut) 양단부 | 토압 측정위치의 지중에 설치 | 버팀대(Strut) 중앙부 | 인접구조물의 골조 또는 벽체 |

05 다음의 용어를 설명하시오.

(1) 슬럼프 플로(Slump Flow) :

(2) 조립률(Fineness Modulus) :

> **정답**
>
> (1) 슬럼프 플로(Slump Flow)
> 슬럼프 시험을 통해 아직 굳지 않은 콘크리트의 유동적인 흐름을 나타내는 지표
>
> (2) 조립률(Fineness Modulus)
> 골재의 체가름 시험에서 10개 체에 남은 양의 누적 백분율의 합을 100으로 나눈 지표

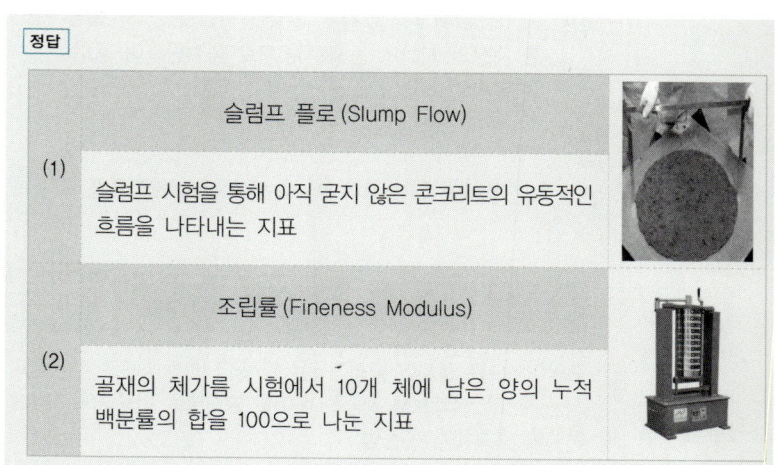

배점4 □□□
06
19①, 21②, 24③

콘크리트 구조물의 화재 시 급격한 고열현상에 의하여 발생하는 폭렬 (Exclosive Fracture) 현상 방지대책을 2가지 쓰시오.

①　_____

②　_____

해설

폭렬(Exclosive Fracture)		
정의	콘크리트 부재가 화재로 가열되어 표면부가 소리를 내며 급격히 파열되는 현상	
방지 대책	①	내화피복을 실시하여 열의 침입을 차단한다.
	②	흡수율이 작고 내화성이 있는 골재를 사용한다.

배점3 □□□
07
19①, 21②, 24②

콘크리트 응결경화 시 콘크리트 온도상승 후 냉각하면서 발생하는 온도 균열 방지대책을 3가지 쓰시오.

①　_____

②　_____

③　_____

정답

콘크리트 온도균열 방지대책	
①	단위시멘트량을 낮춘다.
②	수화열이 낮은 플라이애쉬 시멘트를 사용한다.
③	선행냉각(Pre Cooling, 프리쿨링), 관로식 냉각 (Pipe Cooling, 파이프쿨링)과 같은 온도균열 제어방법을 이용한다.

배점3 ☐☐☐

다음과 같은 조건을 갖는 철근콘크리트 보의 총처짐(mm)을 구하시오.

- 즉시처짐 20mm
- 단면 : $b \times d = 400\text{mm} \times 500\text{mm}$
- 지속하중에 따른 시간경과계수 : $\xi = 2.0$
- 압축철근량 $A_s' = 1,000\text{mm}^2$

정답 총처짐=탄성처짐+탄성처짐$\times \dfrac{\xi}{1+50\rho'}$

$$= 20 + 20 \times \dfrac{(2.0)}{1 + 50\left(\dfrac{1,000}{400 \times 500}\right)} = 52\text{mm}$$

해설

(1)	탄성처짐	구조부재에 하중이 작용하여 발생하는 처짐으로 하중을 제거하면 원래의 상태로 돌아오는 처짐으로 순간처짐, 즉시처짐이라고도 한다.
(2)	장기처짐	장기처짐 = 지속하중에 의한 탄성처짐$\times \lambda_\Delta$

$\lambda_\Delta = \dfrac{\xi}{1+50\rho'}$

- $\rho' = \dfrac{A_s'}{bd}$: 압축철근비

【압축철근 배근효과】
① 설계휨강도 증가
② 장기처짐감소
③ 연성 증진

- ξ : 시간경과계수

기간(월)	1	3	6	12	18	24	36	48	60 이상
ξ	0.5	1.0	1.2	1.4	1.6	1.7	1.8	1.9	2.0

(3) 총처짐=탄성처짐+장기처짐=탄성처짐+탄성처짐$\times \dfrac{\xi}{1+50\rho'}$

09

그림과 같이 배근된 철근콘크리트 기둥에서 띠철근의 최대 수직간격을 구하시오.

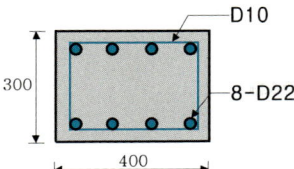

정답
(1) 22mm×16=352mm
(2) 10mm×48=480mm
(3) 기둥의 최소폭 : 300mm×$\frac{1}{2}$=150mm
(4) 200mm ← 지배

해설

	역할	수직간격
직사각형 띠 기둥 / 원형 띠 기둥	• 주철근의 좌굴방지 • 수평력에 대한 전단보강	• 주철근의 16배 • 띠철근 지름의 48배 • 기둥 단면 최소치수×$\frac{1}{2}$ → 최솟값 (단, ≥ 200mm)

10

강구조에서 메탈터치(Metal Touch)에 대한 개념을 간략하게 그림을 그려서 정의를 설명하시오.

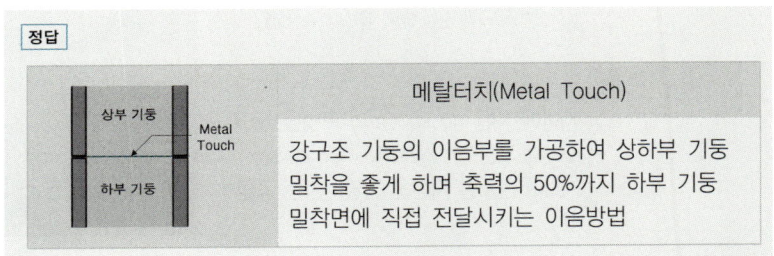

정답 메탈터치(Metal Touch) : 강구조 기둥의 이음부를 가공하여 상하부 기둥 밀착을 좋게 하며 축력의 50%까지 하부 기둥 밀착면에 직접 전달시키는 이음방법

11 (배점4)

그림과 같은 용접부의 기호에 대해 기호의 수치를 모두 표기하여 제작상세를 표시하시오.

① _____   ② _____
③ _____   ④ _____

정답

그루브용접 (Groove Welding, 맞댐용접, 맞대기용접)

두 모재의 접합부를 일정한 모양으로 가공하고 그 속에 용착금속을 채워 넣어 용접하는 방법

① 화살쪽 용접부 개선각 90° V형 그루브용접
② 목두께 12mm
③ 개선깊이 11mm
④ 루트(Root) 간격 2mm

12 (배점3)

샌드드레인(Sand Drain) 공법을 설명하시오.

정답

샌드드레인(Sand Drain) 공법

지반에 지름 40~60cm의 구멍을 뚫고 모래를 넣은 후, 성토 및 기타 하중을 가하여 점토질 지반을 압밀시키는 공법

13 강구조 용접결함 중 오버랩(Overlap)과 언더컷(Undercut)을 개략적으로 도시하시오.

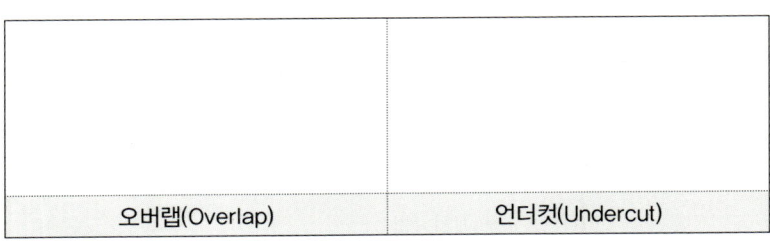

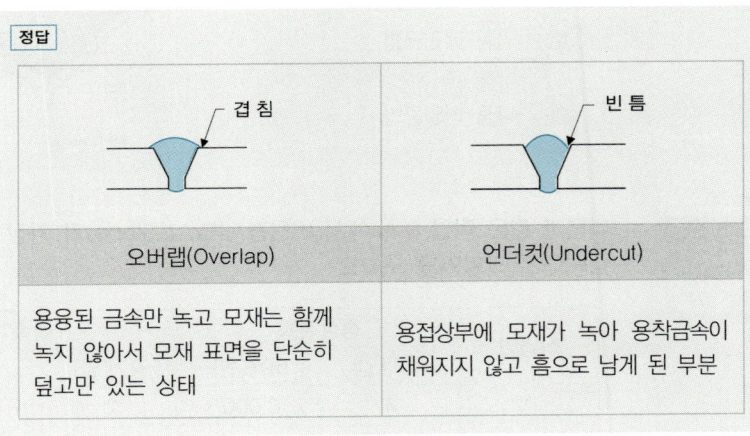

14 TQC에 이용되는 7가지 도구 중 3가지를 쓰시오.

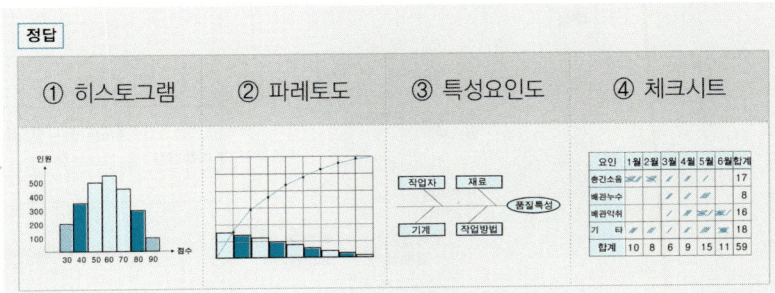

15

강구조공사의 기초 Anchor Bolt는 구조물 전체의 집중하중을 지탱하는 중요한 부분이다. Anchor Bolt 매입공법의 종류 3가지를 쓰시오.

① _____ ② _____ ③ _____

정답

앵커볼트 정착공법
① 고정 매입공법
② 가동 매입공법
③ 나중 매입공법

16

다음과 같은 작업 Data에서 비용경사(Cost Slope)가 가장 작은 작업부터 순서대로 작업명을 쓰시오.

작업명	정상계획		급속계획	
	공기(일)	비용(원)	공기(일)	비용(원)
A	4	6,000	2	9,000
B	15	14,000	14	16,000
C	7	5,000	4	8,000

정답 (1) $A = \dfrac{9,000 - 6,000}{4 - 2} = 1,500$원/일 (2) $B = \dfrac{16,000 - 14,000}{15 - 14} = 2,000$원/일

(3) $C = \dfrac{8,000 - 5,000}{7 - 4} = 1,000$원/일 ∴ C ➡ A ➡ B

해설

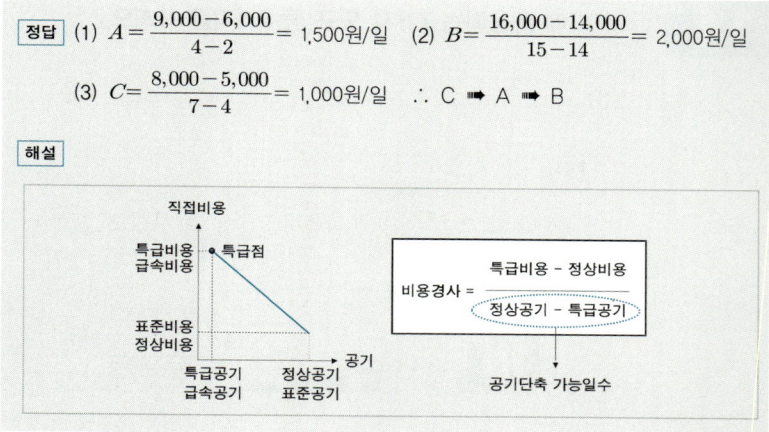

비용경사 = $\dfrac{특급비용 - 정상비용}{정상공기 - 특급공기}$

17 1단 자유, 타단 고정, 길이 2.5m인 압축력을 받는 $H-100\times100\times6\times8$ 기둥의 탄성좌굴 하중을 구하시오.
(단, $I_x=383\times10^4\text{mm}^4$, $I_y=134\times10^4\text{mm}^4$, $E=210,000\text{MPa}$)

정답 $P_{cr} = \dfrac{\pi^2 EI}{(KL)^2} = \dfrac{\pi^2(210,000)(134\times10^4)}{[(2.0)(2.5\times10^3)]^2} = 111,092\text{N} = 111.092\text{kN}$

해설

	①	②	③	④	⑤	⑥
	회전구속 이동구속	회전자유 이동구속	회전구속 이동구속	회전구속 이동자유	회전구속 이동자유	회전자유 이동자유
재단 조건						

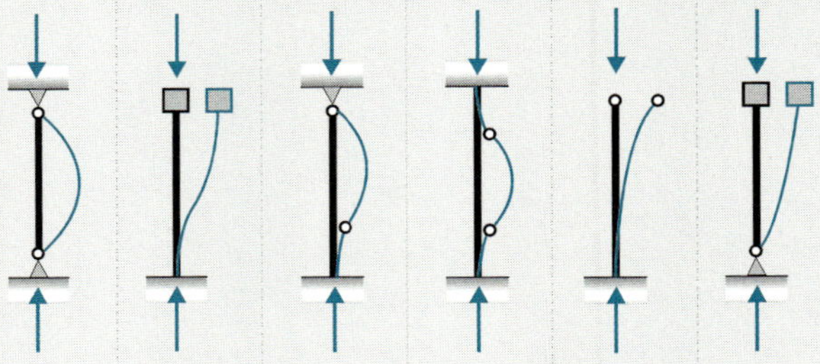

➡ ①의 경우를 양단힌지, ③의 경우를 일단힌지 일단고정 ④의 경우를 양단고정, ⑤의 경우를 일단고정 일단자유로 표현할 수 있다.
➡ 재단조건이 제시되지 않는다면 ①의 양단힌지 조건을 적용한다.

| 유효 좌굴길이 계수 K | 1.0 | 1.0 | 0.7 | 0.5 | 2.0 | 2.0 |

| 좌굴하중 [N] | $P_{cr}=\dfrac{\pi^2 EI}{(KL)^2}$ | | 세장비 | | $\lambda=\dfrac{KL}{r}=\dfrac{KL}{\sqrt{\dfrac{I}{A}}}$ | |

다음 데이터를 네트워크공정표로 작성하고, 각 작업의 여유시간을 구하시오.

작업명	작업일수	선행작업	비고
A	5	없음	
B	6	A	
C	5	A	
D	4	A	(1) 결합점에서는 다음과 같이 표시한다.
E	3	B	
F	7	B, C, D	
G	8	D	
H	6	E	(2) 주공정선은 굵은선으로 표시한다.
I	5	E, F	
J	8	E, F, G	
K	7	H, I, J	

(1) 네트워크공정표

(2) 여유시간 산정

작업명	TF	FF	DF	CP
A				
B				
C				
D				
E				
F				
G				
H				
I				
J				
K				

정답

(1) 네트워크공정표

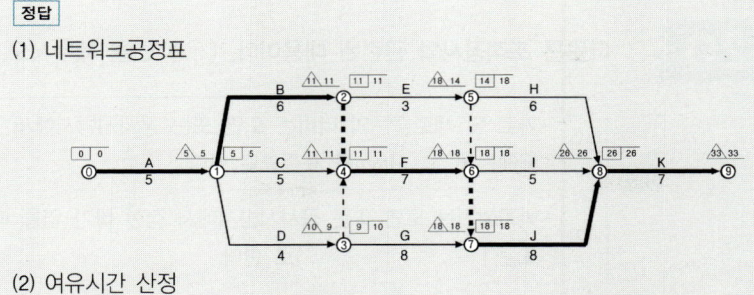

(2) 여유시간 산정

작업명	TF	FF	DF	CP
A	0	0	0	※
B	0	0	0	※
C	1	1	0	
D	1	0	1	
E	4	0	4	
F	0	0	0	※
G	1	1	0	
H	6	6	0	
I	3	3	0	
J	0	0	0	※
K	0	0	0	※

19

목재의 방부처리방법을 3가지 쓰고 간단히 설명하시오.

① _____

② _____

③ _____

정답

	목재 방부처리법	
①	도포법	목재를 충분히 건조시킨 후 균열이나 이음부 등에 솔 등으로 방부제를 도포하는 방법
②	주입법	압력용기 속에 목재를 넣어 고압 하에서 방부제를 주입하는 방법
③	침지법	방부제 용액 중에 목재를 몇 시간 또는 며칠 동안 침지하는 방법

20

다음은 조적공사와 관련된 내용이다. ( ) 안을 채우시오.

(1)	가로 및 세로줄눈의 너비는 도면 또는 공사시방서에서 정한 바가 없을 때에는 ( )mm를 표준으로 한다.
(2)	벽돌쌓기는 도면 또는 공사시방서에서 정한 바가 없을 때에는 영식쌓기 또는 ( )로 한다.
(3)	하루의 쌓기높이는 ( )m를 표준으로 하고, 최대 ( )m 이하로 한다.
(4)	벽돌벽이 블록벽과 서로 직각으로 만날 때에는 연결철물을 만들어 블록 ( )단마다 보강하여 쌓는다.

정답 (1) 10 (2) 화란식쌓기 (3) 1.2, 1.5 (4) 3

해설

조적공사 시공 시 유의사항

① 벽돌쌓기는 도면 또는 공사시방서에서 정한 바가 없을 때에는 영식쌓기 또는 화란식쌓기로 한다.

② 하루의 쌓기높이는 1.2m를 표준으로 하고, 최대 1.5m 이하로 한다.

③ 벽돌벽이 블록벽과 서로 직각으로 만날 때에는 연결철물을 만들어 블록 3단마다 보강하여 쌓는다.

④ 가로 및 세로 줄눈나비는 도면 또는 공사시방서에서 정한 바가 없을 때에는 10mm를 표준으로 한다.

⑤ 모르타르용 모래는 5mm 체에 100% 통과하는 적당한 입도이어야 한다.

⑥ 4℃ 이하의 한냉기 공사에서 모르타르 온도는 4~40℃ 이내로 유지한다.

⑦ 벽돌 표면온도는 -7℃ 이하가 되지 않도록 관리한다.

⑧ 조적조의 기초는 일반적으로 연속기초 또는 줄기초로 한다.

21

다음 도면을 보고 옥상방수면적(m^2), 누름콘크리트량(m^3), 보호벽돌량(매)를 구하시오. (단, 벽돌의 규격은 190×90×57)

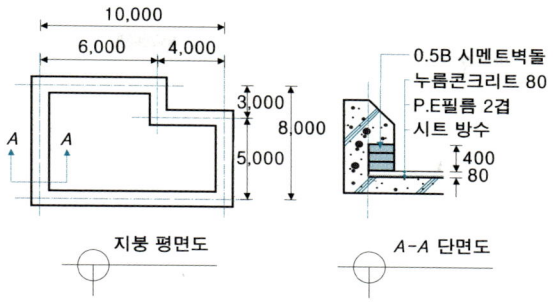

지붕 평면도   A-A 단면도

(1) 옥상방수 면적 :

(2) 누름콘크리트량 :

(3) 보호벽돌 정미량 :

정답

방수면적 수량산출 : 시공 장소별(바닥, 벽면, 지하실, 옥상 등), 시공종별(아스팔트방수, 시멘트액체방수, 방수모르타르 등)로 구분하여 면적을 산출한다.

(1) $(6 \times 8) + (4 \times 5) + \{(10+8) \times 2 \times 0.48\} = 85.28 m^2$

(2) $\{(6 \times 8) + (4 \times 5)\} \times 0.08 = 5.44 m^3$

(3) $\{(10-0.09) + (8-0.09)\} \times 2 \times 0.4 \times 75$매 $= 1,069.2$매 ➡ 1,070매

22

21②

목구조 1층 마루널 시공순서를 보기를 보고 번호순서대로 나열하시오.

① 동바리돌   ② 동바리   ③ 멍에   ④ 장선   ⑤ 마루널

정답 ① ➡ ② ➡ ③ ➡ ④ ➡ ⑤

해설

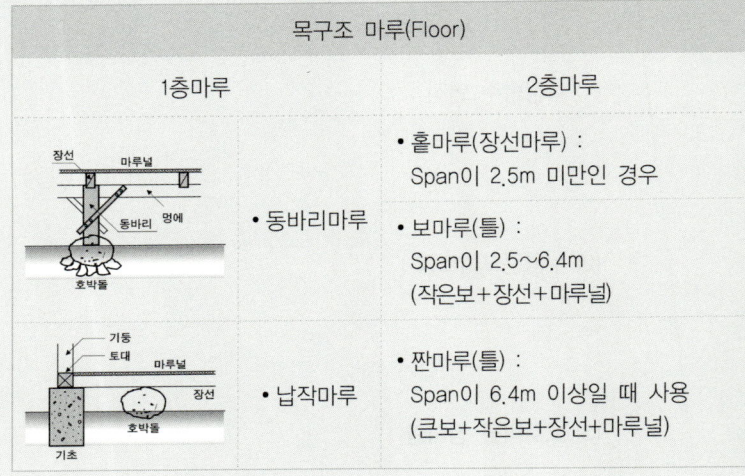

23

18②, 21②, 24③

다음이 설명하는 용어를 쓰시오.

수장공사 시 바닥에서 1m~1.5m 정도의 높이까지 널을 댄 것

정답

징두리벽(Wainscot)

24

스프링(Spring)구조에 단위하중이 작용할 때 스프링계수 k를 구하시오.
(단, 하중 P, 길이 L, 단면적 A, 탄성계수 E)

[정답]

(1)	힘(P)-변위(ΔL) 관계식	$P = k \cdot \Delta L$
(2)	후크의 법칙	$\sigma = E \cdot \epsilon$ 으로부터 $\dfrac{P}{A} = E \cdot \dfrac{\Delta L}{L}$ $\therefore \Delta L = \dfrac{PL}{EA}$
(3)		$P = k \cdot \Delta L = k \cdot \dfrac{PL}{EA}$ $\therefore k = \dfrac{EA}{L}$

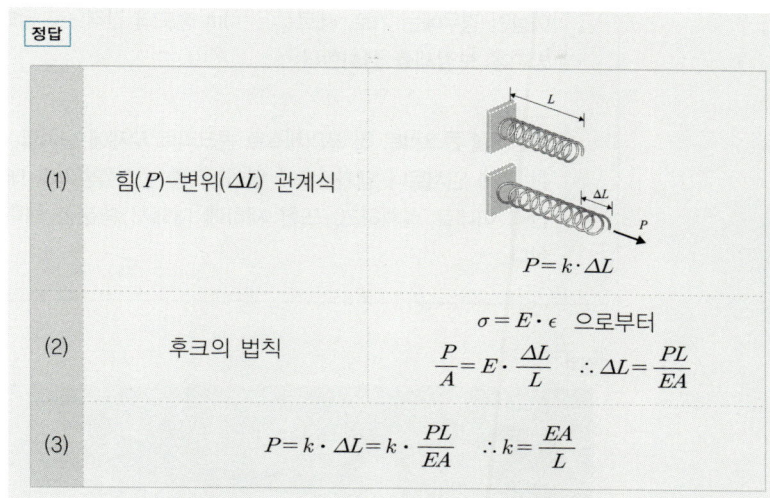

25

벽돌벽 표면에 생기는 백화현상의 방지대책을 4가지 쓰시오.

① _____ ② _____
③ _____ ④ _____

[정답]

	백화(Efflorescence)
(1) 정의	시멘트 중의 수산화칼슘이 공기 중의 탄산가스와 반응하여 벽체의 표면에 생기는 흰 결정체
(2) 방지대책	• 흡수율이 작은 소성이 잘된 벽돌 사용 • 처마 또는 차양의 설치로 빗물 차단 • 벽체 표면에 발수제 첨가 및 도포 • 줄눈모르타르에 방수제를 혼합

다음은 수장공사와 관련된 내용이다. ( ) 안을 채우시오.

(1) 반자틀받이 행거를 고정하는 달대볼트는 천장재가 떨어지지 않도록 인서트, 용접 등의 적절한 공법으로 설치한다. 달대볼트는 주변부의 단부로부터 150mm 이내에 배치하고 간격은 900mm 정도로 한다. 천장깊이가 1.5m 이상인 경우에는 가로, 세로 ( )m 정도의 간격으로 달대볼트의 흔들림 방지용 보강재를 설치한다.

(2) 현장타설 콘크리트 및 프리캐스트 콘크리트 부재에 설치할 경우, 미리 설치한 강제 인서트나 앵커볼트에 달대볼트를 반자틀받이에 대해 ( )mm 간격 이내로 설치하고, 또한 재하에 대해서 충분한 내력이 확보되도록 한다.

정답

(1) 반자틀받이 행거를 고정하는 달대볼트는 천장재가 떨어지지 않도록 인서트, 용접 등의 적절한 공법으로 설치한다. 달대볼트는 주변부의 단부로부터 150mm 이내에 배치하고 간격은 900mm 정도로 한다. 천장깊이가 1.5m 이상인 경우에는 가로, 세로 **1.8m** 정도의 간격으로 달대볼트의 흔들림 방지용 보강재를 설치한다.

(2) 현장타설 콘크리트 및 프리캐스트 콘크리트 부재에 설치할 경우, 미리 설치한 강제 인서트나 앵커볼트에 달대볼트를 반자틀받이에 대해 **1,600mm** 간격 이내로 설치하고, 또한 재하에 대해서 충분한 내력이 확보되도록 한다.

제4회 2021
건축기사 과년도 기출문제

배점2 □□□

01 목공사에서 활용되는 이음, 맞춤에 대해 설명하시오.

09④, 12④, 16④, 21④

(1) 이음 :

(2) 맞춤 :

정답

(1) 이음(Connection)	길이를 늘이기 위하여 길이방향으로 접합하는 것

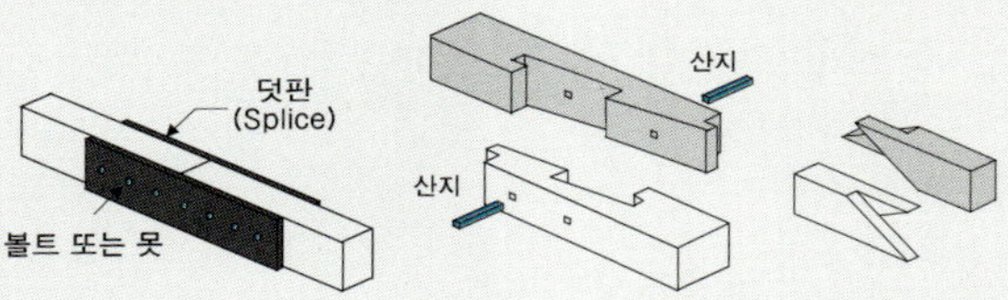

(2) 맞춤(Joint)	경사지거나 직각으로 만나는 부재 사이에서 양 부재를 가공하여 끼워 맞추는 접합

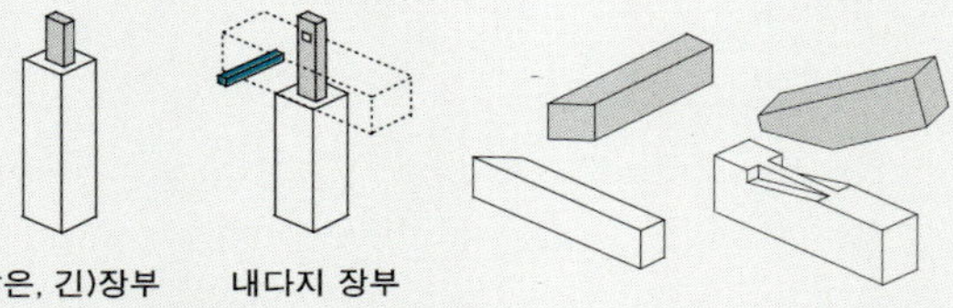

【연귀맞춤 : 모서리 구석에 표면마구리가 보이지 않게 45° 로 빗잘라 대는 맞춤】

(3) 쪽매(Joint)	마루널을 붙여대는 것과 같이 판재 등을 가로로 넓게 접합시키는 것

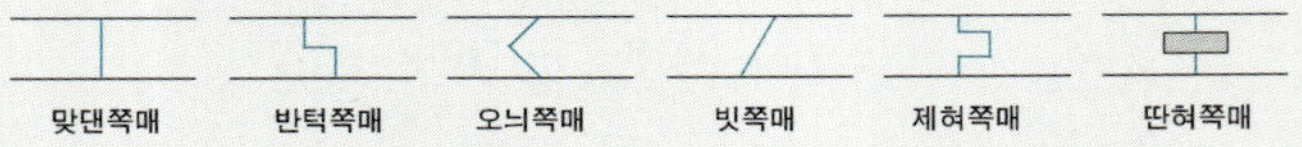

02 강구조공사 습식 내화피복 공법의 종류를 4가지 쓰시오.

① _____ ② _____
③ _____ ④ _____

정답 ① 타설 공법 ② 뿜칠 공법 ③ 미장 공법 ④ 조적 공법

해설

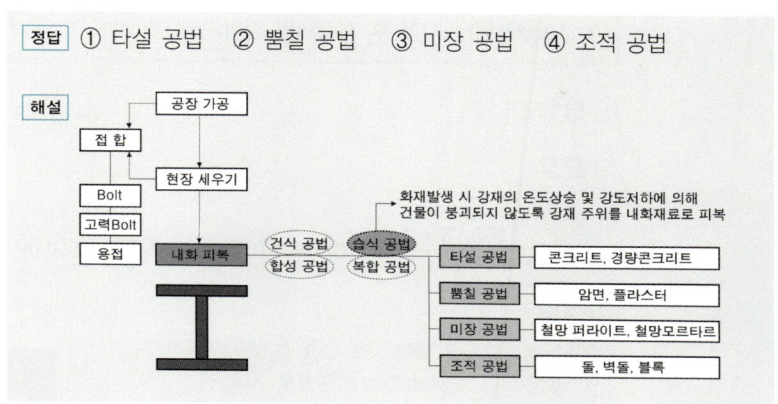

03 벽돌벽의 표면에 생기는 백화현상의 정의와 발생방지 대책을 2가지 쓰시오.

(1) 정의 :

(2) 방지대책

① _____
② _____

정답

	백화(Efflorescence)	
(1)	정의	시멘트 중의 수산화칼슘이 공기 중의 탄산가스와 반응하여 벽체의 표면에 생기는 흰 결정체
(2)	방지대책	• 흡수율이 작은 소성이 잘된 벽돌 사용 • 처마 또는 차양의 설치로 빗물 차단 • 벽체 표면에 발수제 첨가 및 도포

배점4 □□□

04

00⑤, 21④, 24②

KS 규격상 시멘트의 오토클레이브 팽창도는 0.80% 이하로 규정되어 있다. 반입된 시멘트의 안정성 시험결과가 다음과 같다고 할 때 팽창도 및 합격 여부를 판정하시오.

【안정성 시험결과】
- 시험전 시험체의 유효표점길이 254mm
- 오토클레이브 시험 후 시험체의 길이 255.78mm

(1) 팽창도 : _____

(2) 판정 : _____

정답 (1) $\dfrac{255.78-254}{254} \times 100 = 0.70\%$ (2) 0.70% ≤ 0.80% 이므로 합격

해설

Autoclave 팽창도 시험

$$팽창도 = \dfrac{늘어난\ 길이 - 처음\ 길이}{처음\ 길이} \times 100\ [\%]$$

배점4 □□□

05

12①, 19①, 19②, 21④

시트(Sheet) 방수공법의 단점을 2가지 쓰시오.

① _____   ② _____

정답

시트(Sheet) 방수공법	두께 1mm 내외의 시트(Sheet)를 접착재로 바탕에 붙여서 방수층을 형성하는 공법	
장점	①	제품의 규격화로 시공이 간단하다.
	②	바탕균열에 대한 내구성 및 내후성이 좋다.
단점	①	재료가 비싸다.
	②	접합부 처리 및 복잡한 부위의 마감이 어렵다.

06

목재에 가능한 방부처리법을 3가지 쓰시오.

① _____ ② _____ ③ _____

정답

	목재 방부처리법	
①	도포법	목재를 충분히 건조시킨 후 균열이나 이음부 등에 솔 등으로 방부제를 도포하는 방법
②	주입법	압력용기 속에 목재를 넣어 고압 하에서 방부제를 주입하는 방법
③	침지법	방부제 용액 중에 목재를 몇 시간 또는 며칠 동안 침지하는 방법

07

방수공법 중 콘크리트에 방수제를 직접 넣어서 방수하는 공법을 무엇이라고 하는가?

정답 규산질계 모르타르 방수

해설

콘크리트 타설 시 혼화제처럼 방수제를 섞어 타설하는 과정을 거친 후 이를 이용해 지하수나 빗물 등의 침투수를 방지하는 역할을 하는 방수공법을 말하며, 현장에서는 구체방수라고도 한다.

08

공사시공 현장에서 공사 중 환경관리와 민원예방을 위해 설치 운영하는 비산먼지 방지시설의 종류를 2가지 쓰시오.

【예시】 방진막 (※ 단, 예시를 정답란에 쓰면 채점대상에서 제외함)

① _____   ② _____

정답 방진덮개, 방진벽

해설

【대기환경보전법 : 비산먼지의 발생을 억제하기 위한 시설의 설치 및 필요한 조치에 관한 기준】

	시설의 설치 및 조치에 관한 기준	설치 및 조치내역
①	야적물질을 1일 이상 보관하는 경우 방진덮개로 덮을 것	방진덮개
②	야적물질의 최고저장높이의 1/3 이상의 방진벽을 설치하고, 최고 저장높이의 1.25배 이상의 방진망을 설치할 것	방진벽 방진망 또는 방진막
③	야적물질로 인한 비산먼지 발생 억제를 위하여 물을 뿌리는 시설을 설치할 것	이동식 살수시설 설치

09

콘크리트의 알칼리골재반응을 방지하기 위한 대책을 2가지 쓰시오.

① _____   ② _____

정답

알칼리골재반응(Alkali Aggregate Reaction)		
정의	시멘트의 알칼리 성분과 골재의 실리카(Silica) 성분이 반응하여 수분을 지속적으로 흡수팽창하는 현상	
대책	①	알칼리 함량 0.6% 이하의 시멘트 사용
	②	알칼리골재반응에 무해한 골재 사용
	③	양질의 혼화재 (고로 Slag, Fly Ash 등) 사용

10

다음 보기에서 설명하는 강구조공사에 사용되는 알맞은 용어를 쓰시오.

> Blow Hole, Crater 등의 용접결함이 생기기 쉬운 용접 Bead의 시작과 끝 지점에 용접을 하기 위해 용접 접합하는 모재의 양단에 부착하는 보조강판

정답

엔드탭(End Tab)

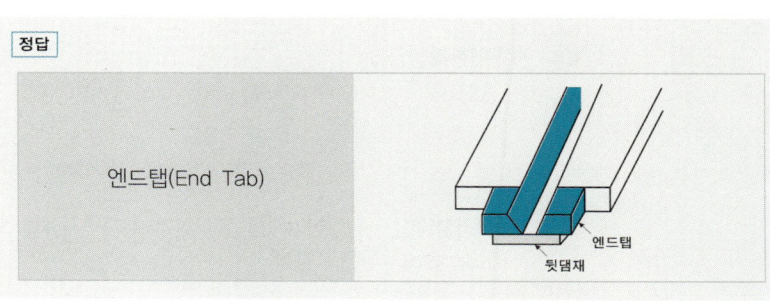

11

지반조사 방법 중 사운딩(Sounding)시험의 정의를 간략히 설명하고 종류를 2가지 쓰시오.

(1) 정의 :

(2) 종류

① _____ ② _____

정답

	사운딩(Sounding)
(1)	로드(Rod) 선단에 설치한 저항체를 땅속에 삽입하여 관입, 회전, 인발 등의 저항으로 토층의 성상을 탐사하는 방법
(2)	① 베인테스트(Vane Test) ② 표준관입시험 (Standard Penetration Test)

12 다음이 설명하는 적합한 입찰방식의 명칭을 쓰시오.

> 공사현장이 소재하는 지역(광역시, 도)에 주된 사무소를 두고 있는 건설업체만을 대상으로 경쟁입찰에 부치도록 함으로써 비교적 소규모 공사를 해당 지역업체가 수주하도록 하는 제도

정답 지역제한경쟁입찰

해설

	기본적인 입찰방식(Bidding System)	
①	공개경쟁입찰 (Open Bid)	입찰참가자를 공모하여 유자격자에게 모두 참가기회를 주는 방식
②	지명경쟁입찰 (Limited Open Bid)	해당 공사에 가장 적격하다고 인정되는 3~7개 정도의 시공회사를 선정하여 입찰시키는 방식
③	지역제한 경쟁입찰	공사현장이 소재하는 지역(광역시, 도)에 주된 사무소를 두고 있는 건설업체만을 대상으로 경쟁입찰에 부치도록 함으로써 비교적 소규모 공사를 해당 지역업체가 수주하도록 하는 제도
④	특명입찰 (Individual Negotiation, 수의계약)	건축주가 가장 적합한 1개의 시공회사를 선정하여 입찰시키는 방식으로 입찰수속이 간단해지고 공사의 보안유지에 유리하지만 부적격 업체선정의 문제, 공사비 결정이 불명확해지는 단점도 있다.

13 BOT(Build-Operate-Transfer) 방식을 설명하시오.

정답

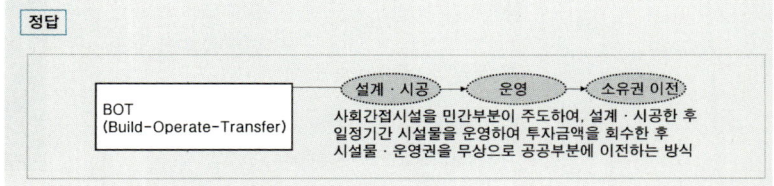

사회간접시설을 민간부분이 주도하여, 설계·시공한 후 일정기간 시설물을 운영하여 투자금액을 회수한 후 시설물·운영권을 무상으로 공공부분에 이전하는 방식

14

두께 0.15m, 폭 6m, 길이 100m 도로를 $6m^3$ 레미콘을 이용하여 하루 8시간 작업 시 레미콘 배차간격은 몇 분(min)인가?

정답 34분

	레미콘 배차간격	
(1)	소요 콘크리트량	$0.15 \times 6 \times 100 = 90m^3$
(2)	$6m^3$ 레미콘 차량대수	$\dfrac{90}{6} = 15$ 대
(3)	배차간격	$\dfrac{8 \times 60}{15} = 32$ 분

【배차간격을 15−1=14로 하면 8시간 작업 내에 콘크리트 타설을 할 수 없다.】

15

CFT 구조를 간단히 설명하시오.

정답

CFT(Concrete Filled steel Tube)		
(1)	강관의 구속효과에 의해 충전콘크리트의 내력상승과 충전콘크리트에 의한 강관의 국부좌굴 보강효과에 의해 뛰어난 변형저항능력을 발휘하는 구조	
(2)	①	강관이 거푸집 역할을 함으로서 인건비 절감 및 공기단축 가능
	②	연성과 인성이 우수하여 초고층구조물의 내진성에 유리
(3)	①	고품질의 충전 콘크리트가 요구됨
	②	판두께가 얇아질수록 조기에 국부좌굴이 발생함

16. 기준점(Bench Mark) 설치 시 주의사항을 2가지 쓰시오.

①
②

정답

	기준점(Bench Mark)	
(1)	정의	건축물 시공 시 공사 중 높이의 기준을 정하고자 설치하는 원점
(2)	설치 시 주의사항	• 이동의 염려가 없는 곳에 설치 • 지면에서 0.5~1.0m에 공사에 지장이 없는 곳에 설치 • 필요에 따라 보조기준점을 1~2개소 설치

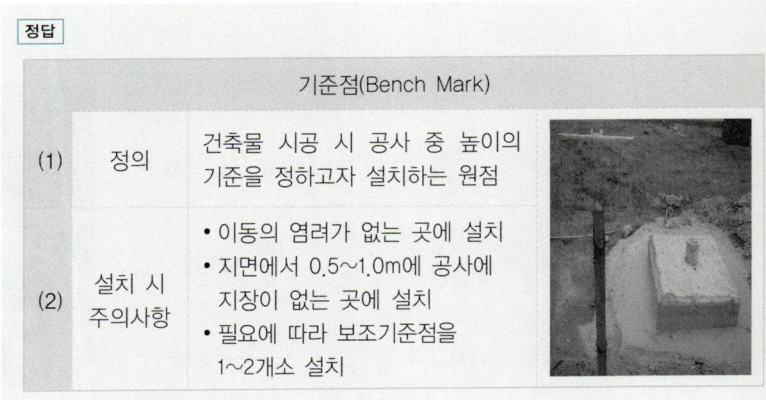

17. 보링(Boring) 중에서 수세식 보링(Wash Boring)과 회전식 보링(Rotary Boring)에 대해 설명하시오.

(1) 수세식 보링(Wash Boring) :

(2) 회전식 보링(Rotary Boring) :

정답

	수세식 보링(Wash Boring)
(1)	연약한 토사에 수압을 이용하는 고전적 방법으로 천공하면서 흙과 물을 동시에 배출시키는 방법

	회전식 보링(Rotary Boring)
(2)	비트(Bit)의 회전에 의해 천공하므로 토층이 흐트러질 우려가 적은 공법

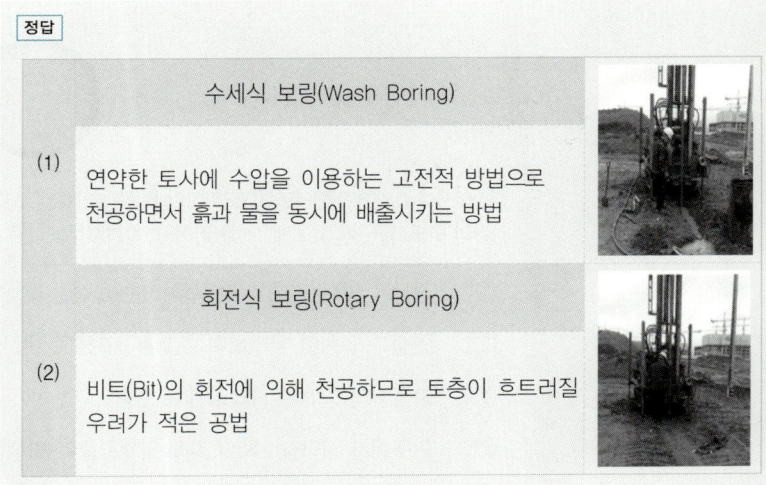

18 다음 보기의 내용을 읽고 ( ) 안에 적절한 단어나 수치(단위 포함)를 써 넣으시오.

> 조적조의 기초는 일반적으로 (①)로 한다. 내력벽의 최소두께는 (②)mm 이상이어야 하고, 내력벽의 길이는 (③) 이하이어야 하며, 한 층에서 내력벽으로 둘러싸인 바닥면적은 (④) 이하이어야 한다.

① _____ ② _____ ③ _____ ④ _____

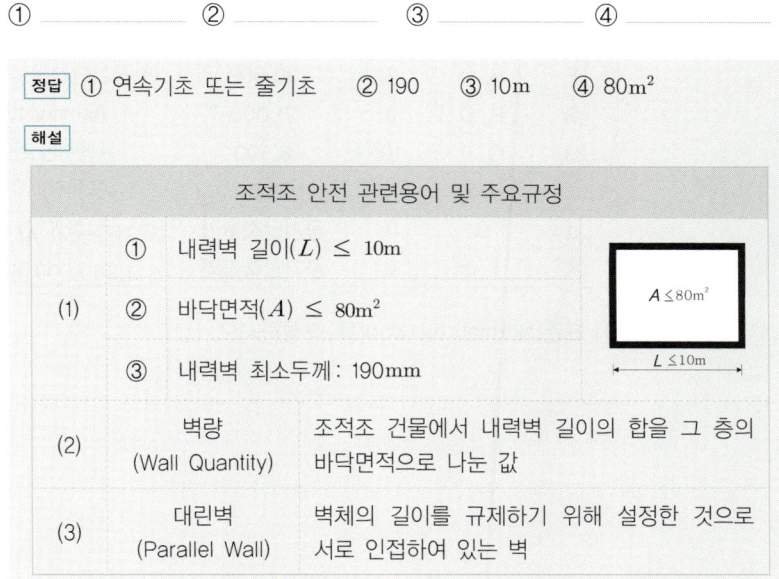

19 흙막이 붕괴원인의 하나인 히빙(Heaving) 현상에 대하여 간단히 설명하시오.

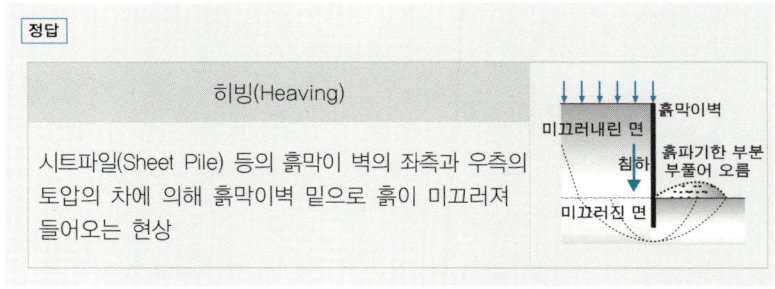

다음 데이터를 이용하여 물음에 답하시오.

작업명	선행작업	작업일수	비용경사(원)	비고
A	없음	5	10,000	(1) 결합점에서의 일정은 다음과 같이 표시하고, 주공정선은 굵은선으로 표시한다.
B	없음	8	15,000	
C	없음	15	9,000	
D	A	3	공기단축불가	
E	A	6	25,000	
F	B, D	7	30,000	(2) 공기단축은
G	B, D	9	21,000	Activity I에서 2일,
H	C, E	10	8,500	Activity H에서 3일,
I	H, F	4	9,500	Activity C에서 5일
J	G	3	공기단축불가	(3) 표준공기 시 총공사비는 1,000,000원이다.
K	I, J	2	공기단축불가	

(1) 표준(Normal) Network를 작성하시오.

(2) 공기를 10일 단축한 Network를 작성하시오.

(3) 공기단축된 총공사비를 산출하시오.

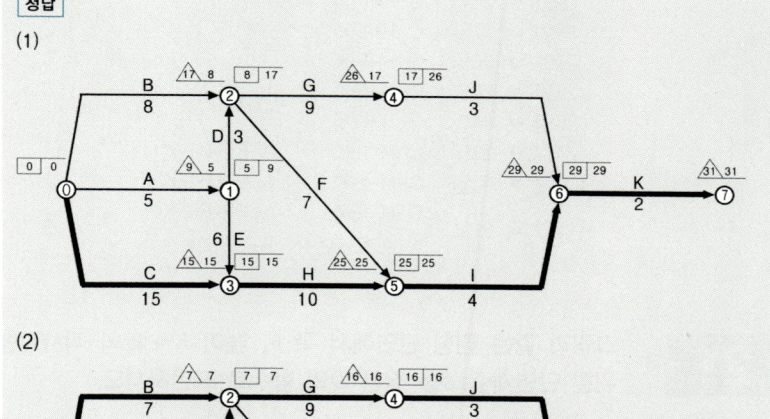

(3) 31일 표준공사비 + 10일 단축 시 추가공사비 = 1,000,000+114,500=1,114,500원

	단축대상	추가비용
30일	H	8,500
29일	H	8,500
28일	H	8,500
27일	C	9,000
26일	C	9,000
25일	C	9,000
24일	C	9,000
23일	I	9,500
22일	I	9,500
21일	A+B+C	34,000

정답

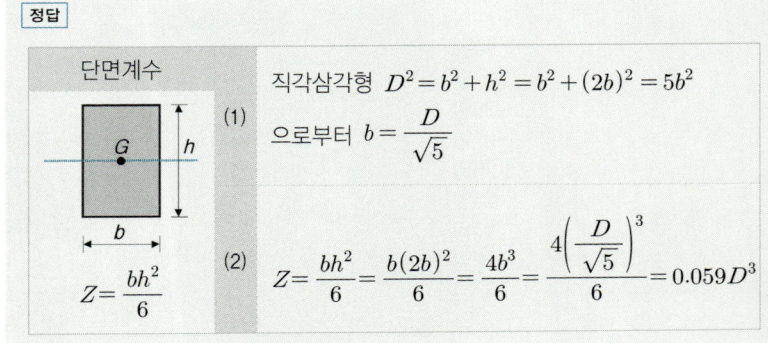

고려되어야 할 CP 및 보조CP		단축대상	추가비용
31일 ☞ 30일	C–H–I–K̶	H	8,500
30일 ☞ 29일	C–H–I–K̶	H	8,500
29일 ☞ 28일	C–H–I–K̶	H	8,500
28일 ☞ 27일	C–H̶–I–K̶	C	9,000
27일 ☞ 26일	C–H̶–I–K̶	C	9,000
26일 ☞ 25일	C–H̶–I–K̶	C	9,000
25일 ☞ 24일	C–H̶–I–K̶		C	9,000
24일 ☞ 23일	C–H̶–I–K̶ A–E–H̶–I–K̶	I	9,500
23일 ☞ 22일	C–H̶–I–K̶ A–E–H̶–I–K̶	I	9,500
22일 ☞ 21일	C–H̶–I̶–K̶ A–E–H̶–I̶–K̶ A–B̶–G–J̶–K̶ B–G–J̶–K̶	A+B+C	34,000

---

21 15②, 21④   배점4

그림과 같은 원형 단면에서 폭 b, 높이 $h = 2b$의 직사각형 단면을 얻기 위한 단면계수 Z를 직경 D의 함수로 표현하시오.

정답

단면계수

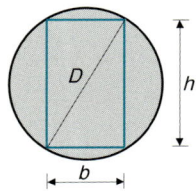

(1) 직각삼각형 $D^2 = b^2 + h^2 = b^2 + (2b)^2 = 5b^2$ 으로부터 $b = \dfrac{D}{\sqrt{5}}$

(2) $Z = \dfrac{bh^2}{6} = \dfrac{b(2b)^2}{6} = \dfrac{4b^3}{6} = \dfrac{4\left(\dfrac{D}{\sqrt{5}}\right)^3}{6} = 0.059 D^3$

22

강재의 종류 중 SM355에서 SM의 의미와 355가 의미하는 바를 각각 쓰시오.

(1) SM : _____   (2) 355 : _____

정답 (1) Steel Marine(용접구조용 압연강재)   (2) 항복강도 $F_y = 355\text{MPa}$

해설

- 첫 번째 문자 S는 Steel을 의미한다.
- 두 번째 문자는 제품의 형상이나 용도 및 강종을 나타낸다.
- 세 번째 숫자는 각 강종의 항복강도(N/mm^2, MPa), 재료의 종류 또는 번호를 표시한다.
- 마지막의 A는 충격흡수에너지에 의한 강재의 품질을 의미하며 A ➡ B ➡ C ➡ D 순으로 A보다는 D가 충격특성이 향상되는 고품질의 강을 의미한다. 특히 C, D 강재는 저온에서 사용되는 구조물과 취성파괴가 문제가 되는 특수한 부위에 사용된다.

S — Steel
M — 제품의 형상이나 용도 및 강종
355 — 강종의 최저 항복강도
A — 충격흡수에너지에 대한 강재의 품질

23

다음이 설명하는 구조의 명칭을 쓰시오.

> 건축물의 기초 부분 등에 적층고무 또는 미끄럼받이 등을 넣어서 지진에 대한 건축물의 흔들림을 감소시키는 구조

정답

면진(免震) 구조

구조물과 지반을 분리시켜 지반진동으로 인한 지진력이 직접적으로 구조물로 전달되는 양을 감소시킨 건축물

배점3 □□□

24

18②, 21④

다음이 설명하는 용어를 쓰시오.

> 콘크리트 설계기준압축강도 f_{ck}가 40MPa 이하의 압축연단 콘크리트가 가정된 극한변형률 0.0033에 도달할 때 최외단 인장철근의 순인장변형률 ϵ_t가 0.005 이상인 단면

정답 인장지배단면

해설

최외단 인장철근의 순인장변형률

$$\epsilon_t = \frac{d_t - c}{c} \cdot \epsilon_{cu}$$

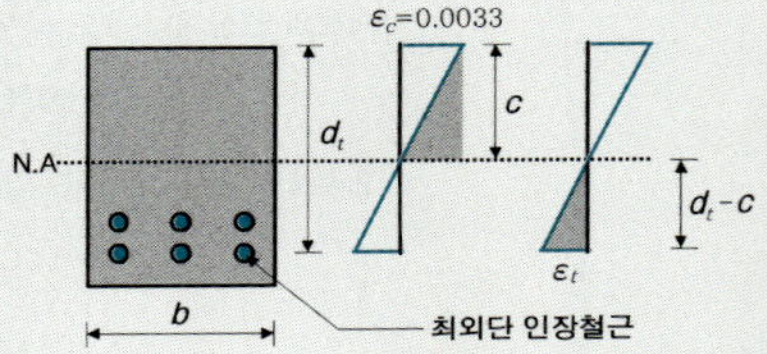

⬇

지배단면의 구분

⬇

강도감소계수(ϕ)의 결정

$\epsilon_t \geq 0.005$	$0.002 < \epsilon_t < 0.005$	$\epsilon_t \leq 0.002$
⬇	⬇	⬇
인장지배단면	변화구간단면	압축지배단면
⬇	⬇	⬇
$\phi = 0.85$	$\phi = 0.65 + (\epsilon_t - 0.002) \times \frac{200}{3}$	$\phi = 0.65$

설계휨강도

$$\phi M_n = \phi A_s \cdot f_y \cdot \left(d - \frac{a}{2}\right)$$

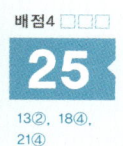

배점4 □□□

25

13②, 18④, 21④

인장철근만 배근된 철근콘크리트 직사각형 단순보에 하중이 작용하여 순간처짐이 5mm 발생하였다. 5년 이상 지속하중이 작용할 경우 총처짐량(순간처짐+장기처짐)을 구하시오. (단, 장기처짐계수 $\lambda_\Delta = \dfrac{\xi}{1+50\rho'}$ 을 적용하며 시간경과계수는 2.0으로 한다.)

정답 총처짐=탄성처짐+탄성처짐× $\dfrac{\xi}{1+50\rho'} = 5+5\times\dfrac{(2.0)}{1+50(0)} = 15\text{mm}$

해설

(1) 탄성처짐: 구조부재에 하중이 작용하여 발생하는 처짐으로 하중을 제거하면 원래의 상태로 돌아오는 처짐으로 순간처짐, 즉시처짐이라고도 한다.

(2) 장기처짐: 장기처짐 = 지속하중에 의한 탄성처짐× λ_Δ

$$\lambda_\Delta = \frac{\xi}{1+50\rho'}$$

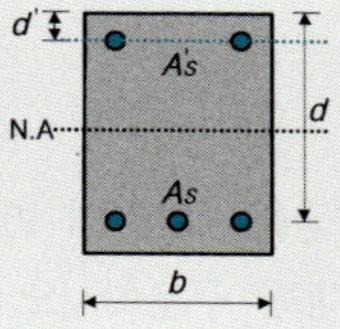

단면

【압축철근 배근효과】
① 설계휨강도 증가
② 장기처짐감소
③ 연성 증진

• $\rho' = \dfrac{A_s'}{bd}$: 압축철근비

• ξ : 시간경과계수

기간 (월)	1	3	6	12	18	24	36	48	60 이상
ξ	0.5	1.0	1.2	1.4	1.6	1.7	1.8	1.9	2.0

(3) 총처짐=탄성처짐+장기처짐=탄성처짐+탄성처짐× $\dfrac{\xi}{1+50\rho'}$

26

다음 물음에 대해 답하시오.

(1) 큰보(Girder)와 작은보(Beam)를 간단히 설명하시오.

① 큰보(Girder) :

② 작은보(Beam) :

(2) 다음 그림의 ( ) 안을 큰보와 작은보 중에서 선택하여 채우시오.

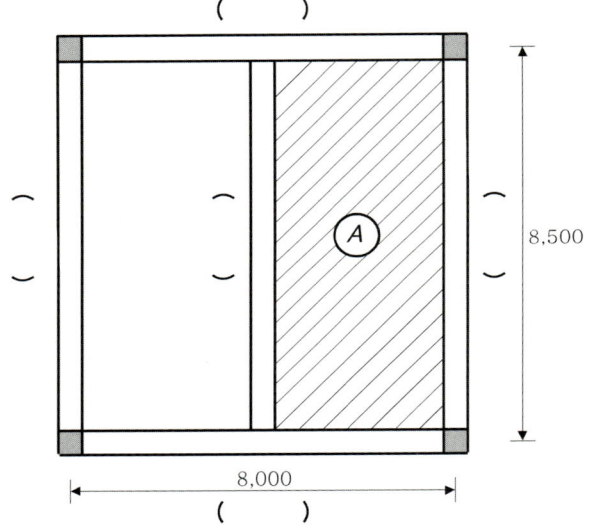

(3) 위의 그림의 빗금친 A부분의 변장비를 계산하고 1방향 슬래브인지 2방향 슬래브인지에 대해 구분하시오. (단, 기둥 500×500, 큰보 500×600, 작은보 500×550이고, 변장비를 구할 때 기둥 중심치수를 적용한다.)

[정답]

(1) ① 큰보(Girder) : 기둥에 직접 연결된 보
    ② 작은보(Beam) : 기둥과 직접 접합되지 않은 보

(2)

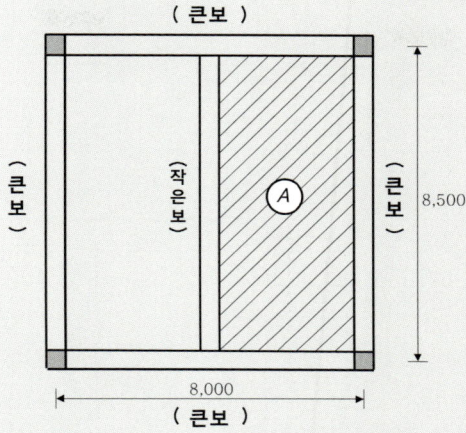

(3) 변장비 $= \dfrac{8,500}{4,000} = 2.125 > 2$ ➡ 1방향슬래브

[해설]

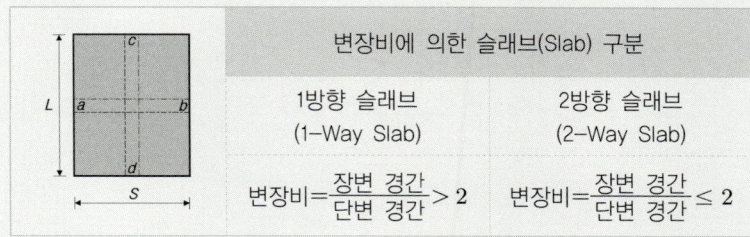

memo

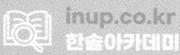

2022년
과년도 기출문제

① 건축기사 제1회 시행 …… 2-242
② 건축기사 제2회 시행 …… 2-258
③ 건축기사 제4회 시행 …… 2-280

제1회 2022 건축기사 과년도 기출문제

배점3 01
00②, 09①, 16①, 22①

수평버팀대식 흙막이에 작용하는 응력이 아래의 그림과 같을 때 각각의 번호가 의미하는 것을 보기에서 골라 기호로 쓰시오.

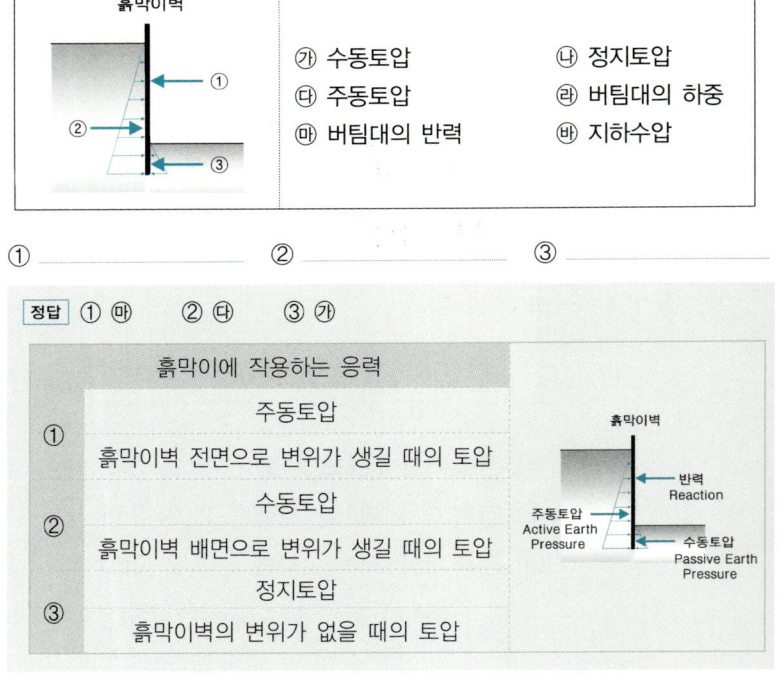

① _____ ② _____ ③ _____

[정답] ① ㉮ ② ㉰ ③ ㉯

흙막이에 작용하는 응력	
①	주동토압 — 흙막이벽 전면으로 변위가 생길 때의 토압
②	수동토압 — 흙막이벽 배면으로 변위가 생길 때의 토압
③	정지토압 — 흙막이벽의 변위가 없을 때의 토압

배점3 02
05②, 20④, 22①

지름 300mm, 길이 500mm 콘크리트 공시체의 쪼갬인장강도 시험에서 최대하중이 100kN으로 나타났다면 이 시험체의 인장강도를 구하시오.

[정답] 콘크리트 공시체의 쪼갬인장강도 시험

$$f_{sp} = \frac{P}{A} = \frac{2P}{\pi DL} = \frac{2(100 \times 10^3)}{\pi (300)(500)} = 0.42 \text{MPa}$$

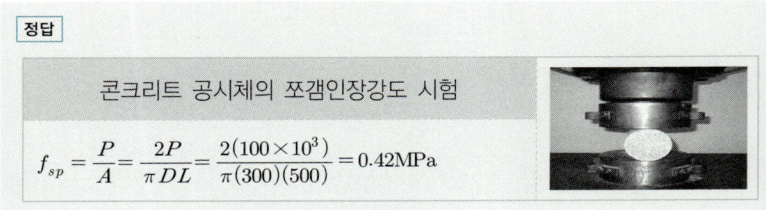

03

철근의 응력-변형도 곡선과 관련하여 각각이 의미하는 용어를 보기에서 골라 번호로 쓰시오.

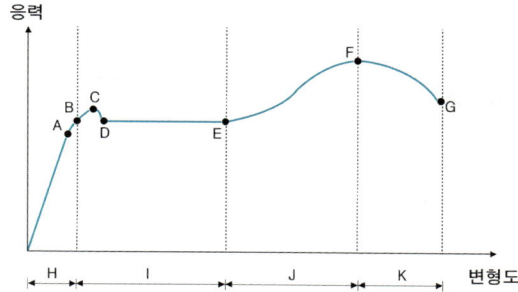

① 네킹영역　② 하위항복점　③ 극한강도점　④ 변형도경화점
⑤ 소성영역　⑥ 비례한계점　⑦ 상위항복점　⑧ 탄성한계점
⑨ 파괴점　　⑩ 탄성영역　　⑪ 변형도경화영역

A: _____　B: _____　C: _____　D: _____

E: _____　F: _____　G: _____　H: _____

I: _____　J: _____　K: _____

정답 A : ⑥　B : ⑧　C : ⑦　D : ②　E : ④　F : ③
　　　　G : ⑨　H : ⑩　I : ⑤　J : ⑪　K : ①

해설

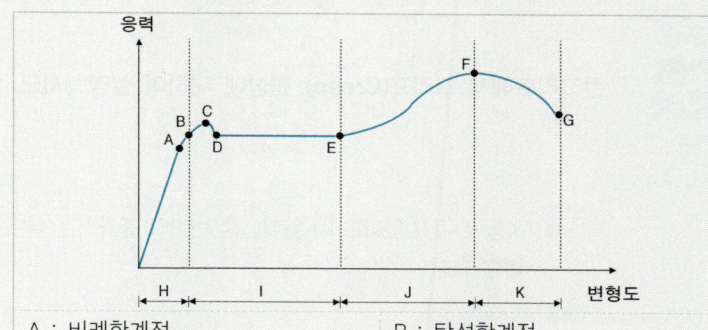

A : 비례한계점	B : 탄성한계점
C : 상(위)항복점	D : 하(위)항복점
E : 변형도경화(개시)점	F : 극한강도점
G : 파괴점	
H : 탄성영역	I : 소성영역
J : 변형도경화영역	K : 파괴(Necking)영역

【B, C, D를 하나의 포인트로 설정하여 항복강도점으로 할 수 있다.】

04 수중에 있는 골재의 질량이 1,300g, 표면건조내부포화상태의 질량은 2,000g, 이 시료를 완전히 건조시켰을 때의 질량이 1,992g일 때 흡수율을 구하시오.

19②, 22①

정답 $\dfrac{2,000 - 1,992}{1,992} \times 100 = 0.40(\%)$

해설

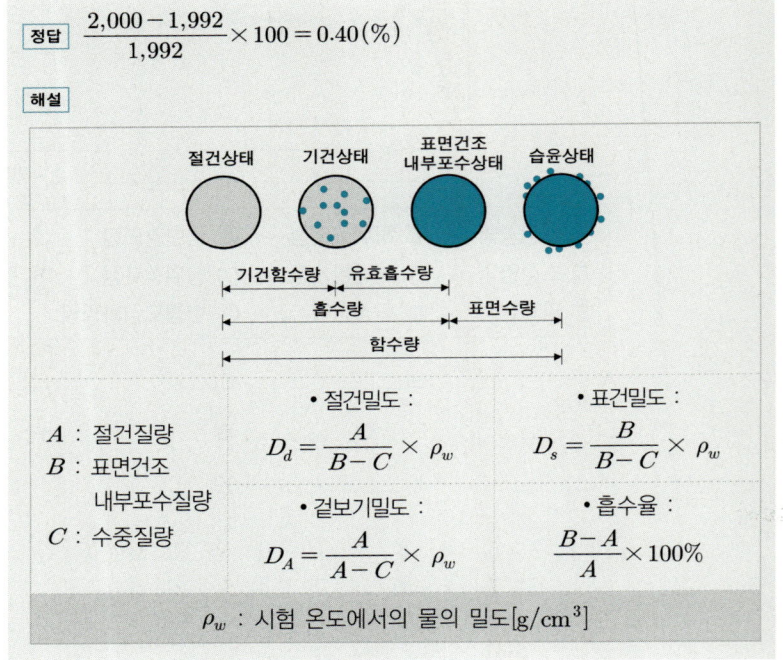

05 콘크리트에서 크리프(Creep) 현상에 대하여 설명하시오.

98③, 09②, 11②, 15④, 20①, 22①, 23④

정답 하중의 증가 없이도 시간경과 후 변형이 증가되는 굳은 콘크리트의 소성변형 현상

해설

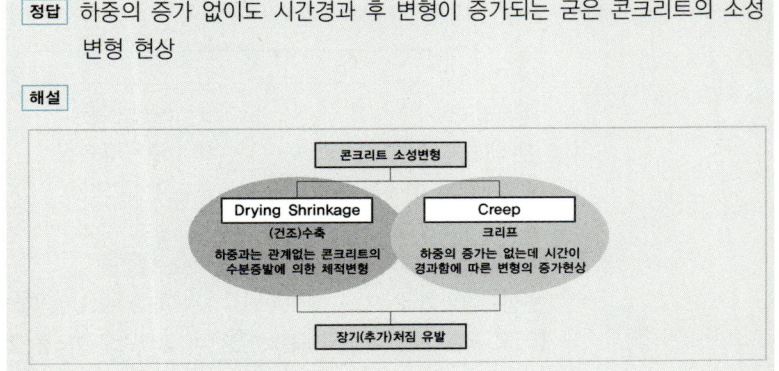

06 배점3

Ready Mixed Concrete가 현장에 도착하여 타설될 때 시공자가 현장에서 일반적으로 행하여야 하는 품질관리 항목을 보기에서 모두 골라 기호로 쓰시오.

① Slump 시험 ② 물의 염소이온량 측정
③ 골재의 반응성 ④ 공기량 시험
⑤ 압축강도 측정용 공시체 제작 ⑥ 시멘트의 알칼리량

정답 ①, ④, ⑤

해설

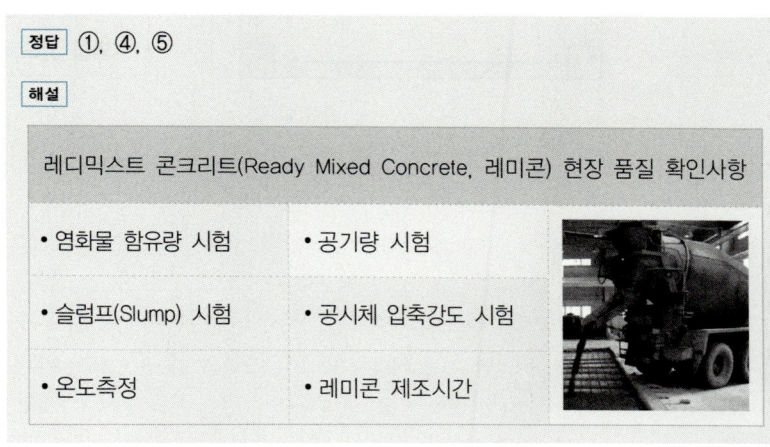

레디믹스트 콘크리트(Ready Mixed Concrete, 레미콘) 현장 품질 확인사항
- 염화물 함유량 시험
- 공기량 시험
- 슬럼프(Slump) 시험
- 공시체 압축강도 시험
- 온도측정
- 레미콘 제조시간

07 배점2

강재의 항복비(Yield Strength Ratio)를 설명하시오.

정답 강재가 항복에서 파단에 이르기까지를 나타내는 기계적 성질의 지표로서, 인장강도에 대한 항복강도의 비

해설

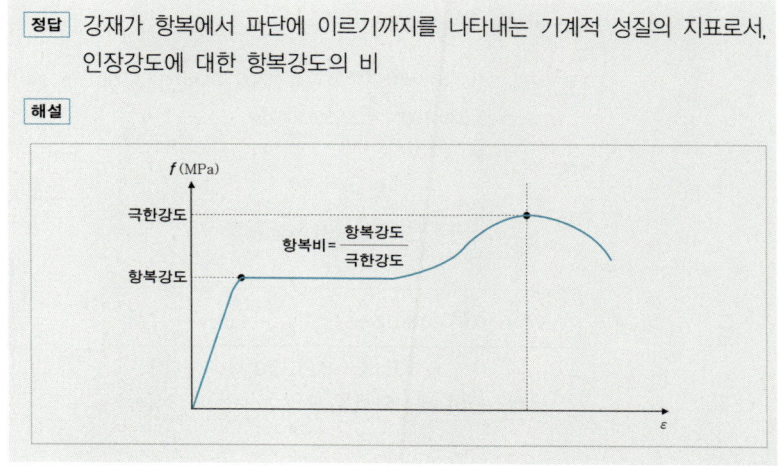

08 배점6

다음 그림과 같은 철근콘크리트조 건물에서 기둥과 벽체의 거푸집량을 산출하시오.

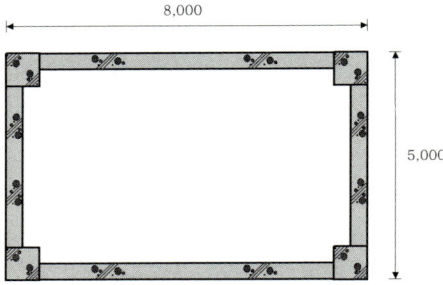

- 기둥 : 400mm×400mm
- 벽두께 : 200mm
- 높이 : 3m
- 치수는 바깥치수 : 8000mm×5000mm
- 콘크리트 타설은 기둥과 벽을 별도로 타설한다.

(1) 기둥 :

(2) 벽 :

정답

(1)	기둥	$(0.4 \times 4 \times 3) \times 4개 = 19.2\text{m}^2$
(2)	벽	$(4.2 \times 3 \times 2) \times 2 + (7.2 \times 3 \times 2) \times 2 = 136.8\text{m}^2$

09 배점3

중심축하중을 받는 단주의 최대 설계축하중을 구하시오.
(단, $f_{ck} = 27\text{MPa}$, $f_y = 400\text{MPa}$, $A_{st} = 3,096\text{mm}^2$)

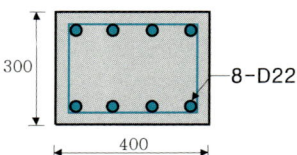

8-D22

정답 $\phi P_n = (0.65)(0.80)[0.85(27) \cdot \{(300 \times 400) - (3,096)\} + (400)(3,096)]$
$= 2,039,100\text{N} = 2,039.100\text{kN}$

해설

RC 단주의 설계축하중[N]

$$\phi P_n = (0.65)(0.80)[0.85 f_{ck} \cdot (A_g - A_{st}) + f_y \cdot A_{st}]$$

$\phi = 0.65 \sim 0.85$이며,
문제조건이 제시되지 않으면 $\phi = 0.65$ 적용

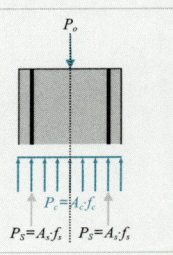

배점4

10

98①, 98④,
99①, 01④,
03④, 06④,
14①, 18④,
19④, 22①

강구조공사에서 철골에 녹막이칠을 하지 않는 부분을 4가지 쓰시오.

① _____ ② _____

③ _____ ④ _____

> [정답]
>
> | 철골에 녹막이칠을 하지 않는 부분 |
> |---|
> | ① 콘크리트에 매립되는 부분 |
> | ② 조립에 의해 면맞춤 되는 부분 |
> | ③ 고장력볼트 접합부의 마찰면 |
> | ④ 용접부위 양측 100mm 이내 |

배점4

11

09①, 12②,
14④, 22①

다음 그림은 강구조 보-기둥 접합부의 개략적인 그림이다. 각 번호에 해당하는 구성재의 명칭을 쓰고, (나) 부재의 용접방법을 쓰시오.

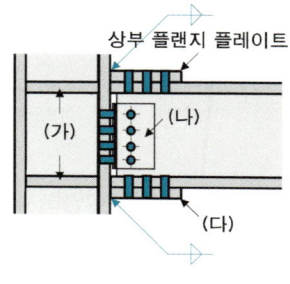

(1) (가) _____ (나) _____ (다) _____

(2) (나) 부재의 용접방법 : _____

> [정답] (1) (가) 스티프너(Stiffener) (나) 전단 플레이트 (다) 하부 플랜지 플레이트
> (2) 필릿(Fillet) 용접

12 재질과 단면적 및 길이가 같은 다음 4개의 장주에 대해 유효좌굴길이가 가장 큰 기둥을 순서대로 쓰시오.

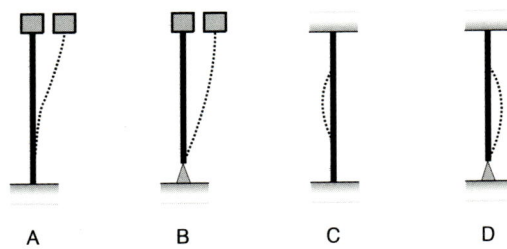

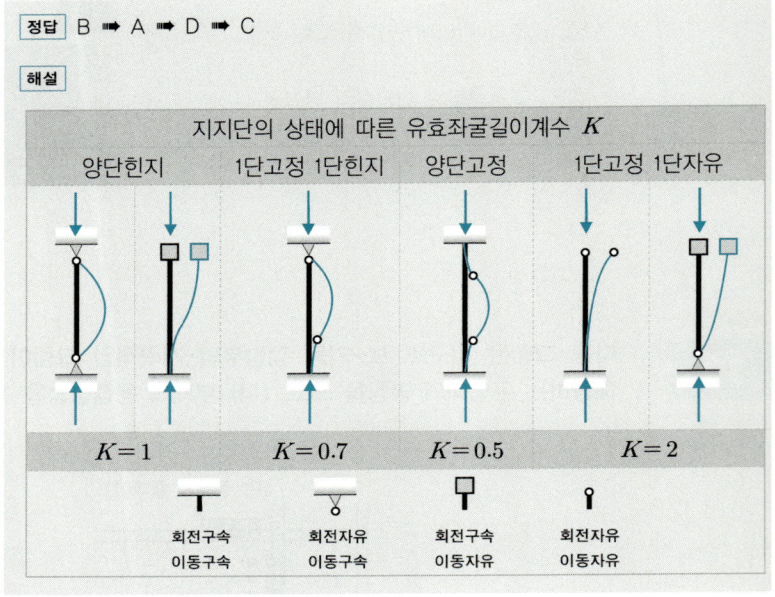

정답 B ➡ A ➡ D ➡ C

13 LCC(Life Cycle Cost)를 설명하시오.

정답

LCC(Life Cycle Cost)

건축물의 초기단계에서 설계, 시공, 유지관리, 해체에 이르는 일련의 과정과 제비용

14

구조물을 안전하게 설계하고자 할 때 강도한계상태(Strength Limit State)에 대한 안전을 확보해야 한다. 뿐만 아니라 사용성한계상태(Serviceability Limit State)를 고려하여야 하는데 여기서 사용성한계상태란 무엇인지 간단히 설명하시오.

정답 구조체가 붕괴되지는 않더라도 구조기능이 저하되어 외관, 유지관리, 내구성 및 사용에 매우 부적합하게 되는 상태

해설

(1) **극한한계상태(Ultimate Limit State)**
구조물의 전체 또는 부분이 붕괴되어 하중 지지능력을 잃는 상태. 전도, 미끄러짐, 휨인장파괴, 구조체의 불안정 등

(2) **사용성한계상태(Serviceability Limit State)**
구조물이 붕괴되지는 않았으나 구조기능의 감소로 사용에 부적합한 상태. 과도한 처짐, 과도한 균열, 진동 등

(3) **특수한계상태(Special Limit State)**
화재, 폭발, 테러와 같은 특수한 상태에서 발생할 수 있는 하중에 의한 손상 또는 파괴의 한계상태

15

다음 괄호 안에 알맞은 숫자를 쓰시오.

보강콘크리트블록조의 세로철근은 기초보 하단에서 윗층까지 잇지 않고 (   )D 이상 정착시키고, 피복두께는 (   )cm 이상으로 한다.

정답

보강콘크리트블록조의 세로철근
기초보 하단에서 윗층까지 잇지 않고 40D 이상 정착시키고, 피복두께는 2cm 이상으로 한다.

배점3

16

08④, 10②, 19②, 22①

벽면적 20m²에 표준형벽돌 1.5B 쌓기 시 붉은벽돌 소요량을 산출하시오.

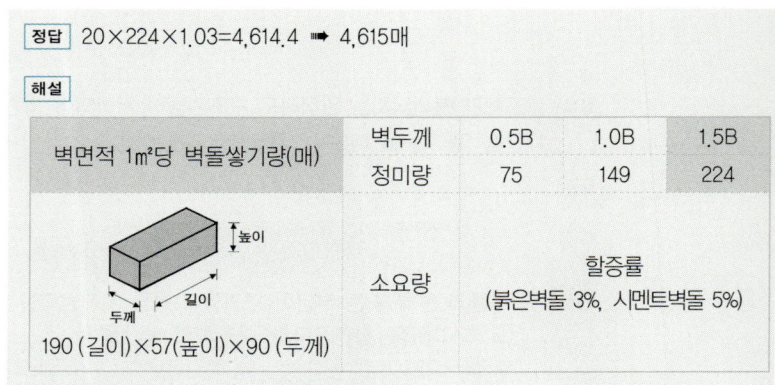

정답 20×224×1.03=4,614.4 ➡ 4,615매

해설

벽면적 1㎡당 벽돌쌓기량(매)	벽두께	0.5B	1.0B	1.5B
	정미량	75	149	224
190(길이)×57(높이)×90(두께)	소요량	할증률 (붉은벽돌 3%, 시멘트벽돌 5%)		

배점6

17

13①, 22①

다음 표에 제시된 창호재료의 종류 및 기호를 참고하여, 아래의 창호 기호표를 표시하시오.

기호	창호틀 재료의 종류
A	알루미늄
G	유리
P	플라스틱
S	강철
SS	스테인리스
W	목재

기호	창호 구별
D	문
W	창
S	셔터

구분	문	창
목제	①	②
철제	③	④
알루미늄제	⑤	⑥

정답 ① WD ② WW ③ SD ④ SW ⑤ AD ⑥ AW

18. 다음이 설명하는 입찰방식(Bidding System)의 종류를 쓰시오.

(1) 입찰참가자를 공모하여 유자격자에게 모두 참가기회를 주는 방식
(2) 해당 공사에 가장 적격하다고 인정되는 3~7개 정도의 시공회사를 선정하여 입찰시키는 방식
(3) 건축주가 가장 적합한 1개의 시공회사를 선정하여 입찰시키는 방식

(1) _____ (2) _____ (3) _____

정답
(1) 공개경쟁입찰(Open Bid)
(2) 지명경쟁입찰(Limited Open Bid)
(3) 특명입찰(Individual Negotiation, 수의계약)

해설

입찰공고 → 현장설명 → 견적 → 입찰등록 → 입찰 → 낙찰 → 계약

(1)	공개경쟁입찰(Open Bid)
	입찰참가자를 공모하여 유자격자에게 모두 참가기회를 주는 방식
(2)	지명경쟁입찰(Limited Open Bid)
	해당 공사에 가장 적격하다고 인정되는 3~7개 정도의 시공회사를 선정하여 입찰시키는 방식
(3)	특명입찰(Individual Negotiation, 수의계약)
	건축주가 가장 적합한 1개의 시공회사를 선정하여 입찰시키는 방식

19. 작업발판 일체형 거푸집의 종류를 3가지 쓰시오.

① _____ ② _____ ③ _____

정답

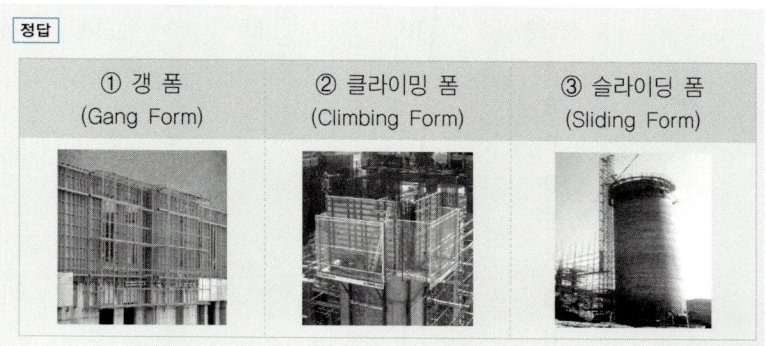

① 갱 폼 (Gang Form)　② 클라이밍 폼 (Climbing Form)　③ 슬라이딩 폼 (Sliding Form)

다음 데이터를 네트워크공정표로 작성하고, 각 작업의 여유시간을 구하시오.

작업명	작업일수	선행작업	비 고
A	3	없음	
B	2	없음	
C	4	없음	(1) 결합점에서는 다음과 같이 표시한다.
D	5	C	
E	2	B	
F	3	A	(2) 주공정선은 굵은선으로 표시한다.
G	3	A, C, E	
H	4	D, F, G	

(1) 네트워크공정표 작성

(2) 각 작업의 여유시간

작업명	TF	FF	DF	CP
A				
B				
C				
D				
E				
F				
G				
H				

정답

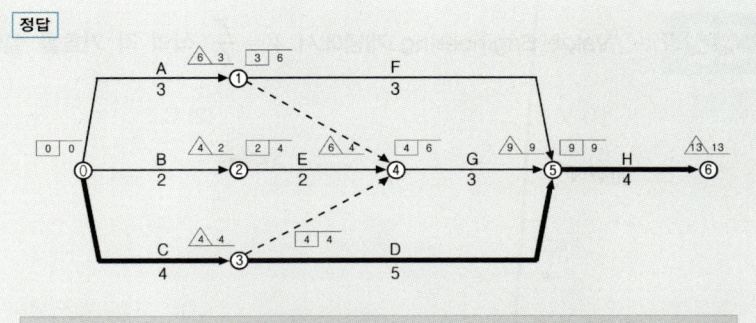

작업명	TF	FF	DF	CP
A	3	0	3	
B	2	0	2	
C	0	0	0	※
D	0	0	0	※
E	2	0	2	
F	3	3	0	
G	2	2	0	
H	0	0	0	※

배점4

21

22①

다음이 설명하는 용어를 쓰시오.

(1) 보나 트러스 등에서 그의 정상적 위치 또는 형상으로부터 상향으로 구부려 올리는 것이나 구부려 올린 크기
(2) 거푸집의 일부로 소정의 형상과 치수의 콘크리트가 되도록 고정 또는 지지하기 위한 지주

(1) _____ (2) _____

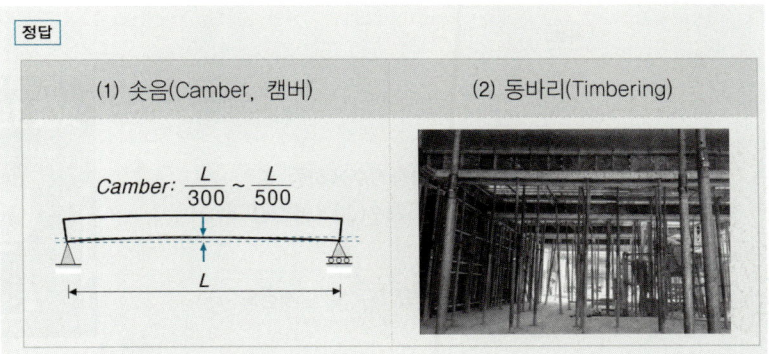

정답
(1) 솟음(Camber, 캠버)
(2) 동바리(Timbering)

Camber: $\dfrac{L}{300} \sim \dfrac{L}{500}$

2-253

22

Value Engineering 개념에서 $V = \dfrac{F}{C}$ 식의 각 기호를 설명하시오.

(1) V : _____   (2) C : _____

(3) F : _____

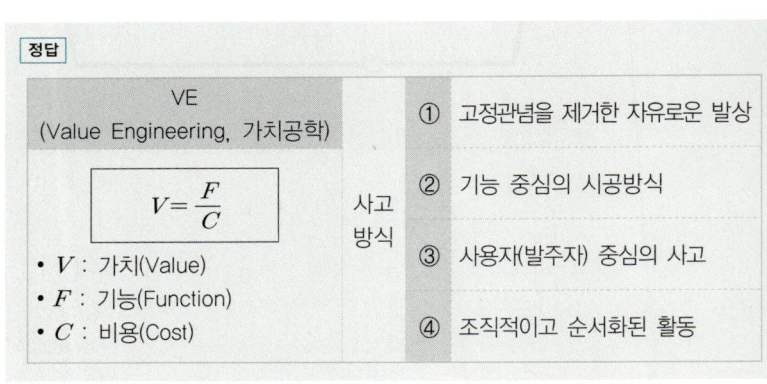

23

다음 용어를 설명하시오.

(1) 공칭강도(Nominal Strength) :

(2) 설계강도(Design Strength) :

정답 (1) 하중에 대한 구조체나 구조부재 또는 단면의 저항능력을 말하며 강도감소계수 또는 설계저항계수를 적용하지 않은 강도
(2) 단면 또는 부재의 공칭강도에 강도감소계수 또는 설계저항계수를 곱한 강도

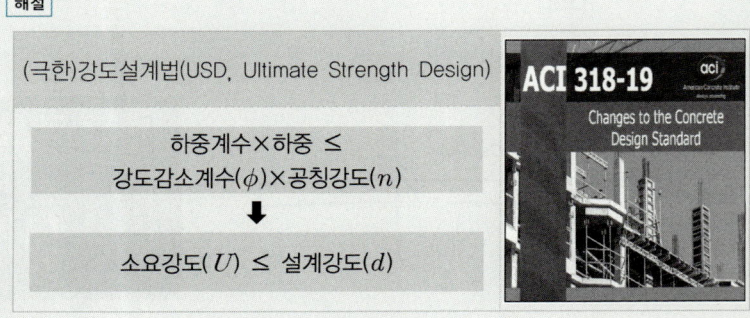

24. WBS(Work Breakdown Structure)의 용어를 간단하게 기술하시오.

정답 프로젝트의 모든 작업내용을 계층적으로 분류한 작업분류체계

해설

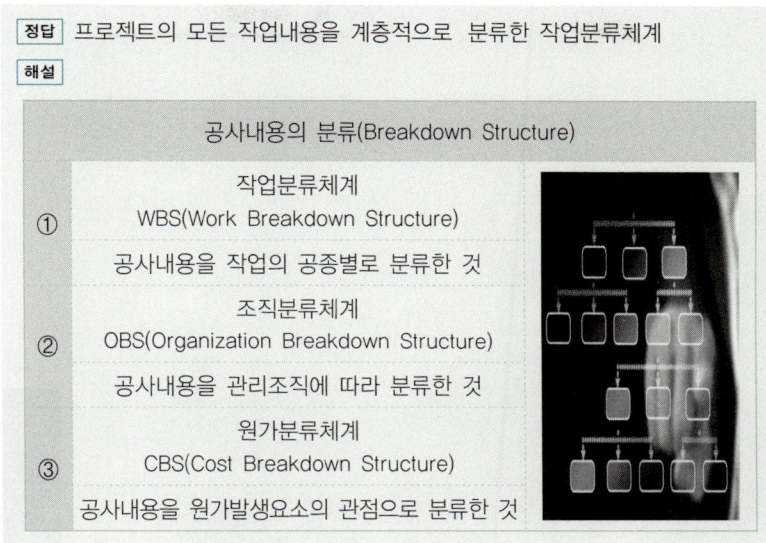

공사내용의 분류(Breakdown Structure)

① 작업분류체계
WBS(Work Breakdown Structure)
공사내용을 작업의 공종별로 분류한 것

② 조직분류체계
OBS(Organization Breakdown Structure)
공사내용을 관리조직에 따라 분류한 것

③ 원가분류체계
CBS(Cost Breakdown Structure)
공사내용을 원가발생요소의 관점으로 분류한 것

25. 조적공사의 인방보와 관련된 건축공사표준시방서 규정과 관련하여 다음 빈칸을 채우시오.

인방보의 양 끝을 벽체의 블록에 (①)mm 이상 걸치고, 또한 위에서 오는 하중을 전달할 충분한 길이로 한다. 인방보 상부의 벽은 균열이 생기지 않도록 주변의 벽과 강하게 연결되도록 철근이나 (②)로 보강연결하거나 인방보 좌우단 상향으로 (③)를 둔다.

① _____ ② _____ ③ _____

정답 ① 200 ② 블록 메시 ③ 컨트롤 조인트

그림과 같은 단순보에 모멘트하중 M이 작용할 때 A지점의 처짐각을 구하시오. (단, 부재의 탄성계수 E, 단면2차모멘트 I, 가상력이 한 일은 내력이 한 일과 같음을 이용한 방식만 점수로 인정함)

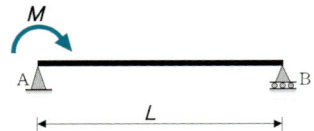

정답

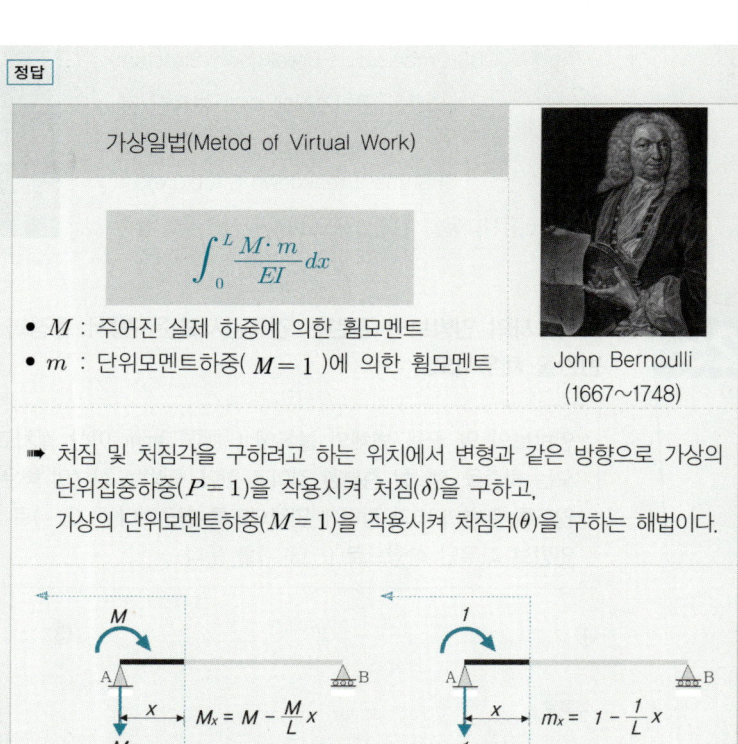

memo

제2회 2022 건축기사 과년도 기출문제

01 배점3
19①, 22②

철근콘크리트 보의 춤이 700mm이고, 부모멘트를 받는 상부단면에 HD25철근이 배근되어 있을 때, 철근의 인장정착길이(l_d)를 구하시오. (단, $f_{ck}=25$MPa, $f_y=400$MPa, 철근의 순간격과 피복두께는 철근직경 이상이고, 상부철근 보정계수는 1.3을 적용, 도막되지 않은 철근, 보통중량 콘크리트를 사용)

정답 $l_d = \dfrac{0.6(25)(400)}{(1.0)\sqrt{(25)}} \times 1.3 \times 1.0 = 1{,}560\,\mathrm{mm}$

해설

인장이형철근 정착길이	$l_d = l_{db} \times$ 보정계수
기본정착길이	$l_{db} = \dfrac{0.6 d_b \cdot f_y}{\lambda \sqrt{f_{ck}}}$
보정계수	α : 철근배근 위치계수 ➡ $\alpha = 1.3$: 상부철근 ➡ $\alpha = 1.0$: 기타 철근 β : 철근 도막계수 ➡ $\beta = 1.5$: 피복두께가 $3d_b$ 미만 또는 순간격이 $6d_b$ 미만인 에폭시 도막철근 ➡ $\beta = 1.2$: 기타 에폭시 도막철근 ➡ $\beta = 1.0$: 도막되지 않은 철근, 아연도금 철근

02

강구조 접합부의 용접결함 중 슬래그(Slag) 감싸들기의 원인 및 방지대책을 2가지 쓰시오.

(1) 원인 :

(2) 방지대책

① _____ ② _____

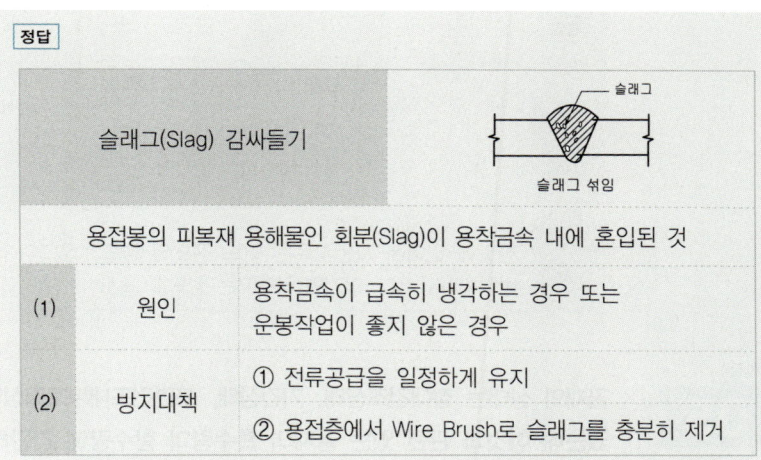

03

콘크리트 소성수축균열(Plastic Shrinkage Crack)에 관하여 설명하시오.

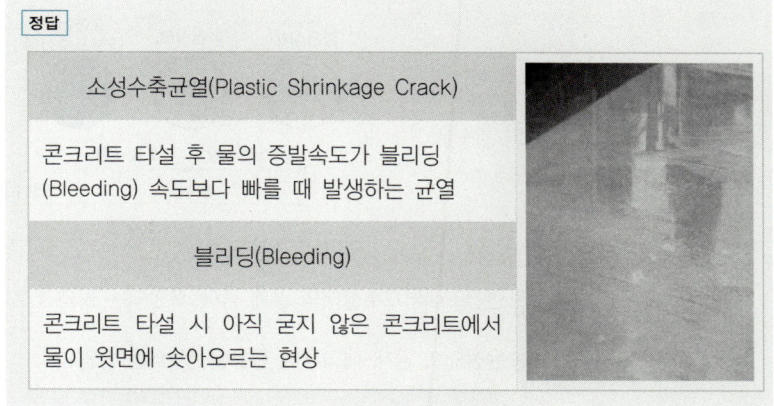

04 예민비(Sensitivity Ratio)의 식을 쓰고 간단히 설명하시오.

(1) 식 :

(2) 설명 :

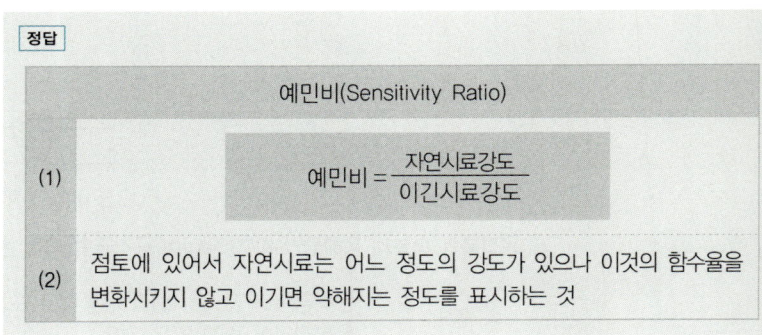

05 골재의 상태는 절대건조상태, 기건상태, 표면건조내부포화상태, 습윤상태가 있는데 이것과 관련 있는 골재의 흡수량과 함수량에 간단히 설명하시오.

(1) 흡수량 :

(2) 함수량 :

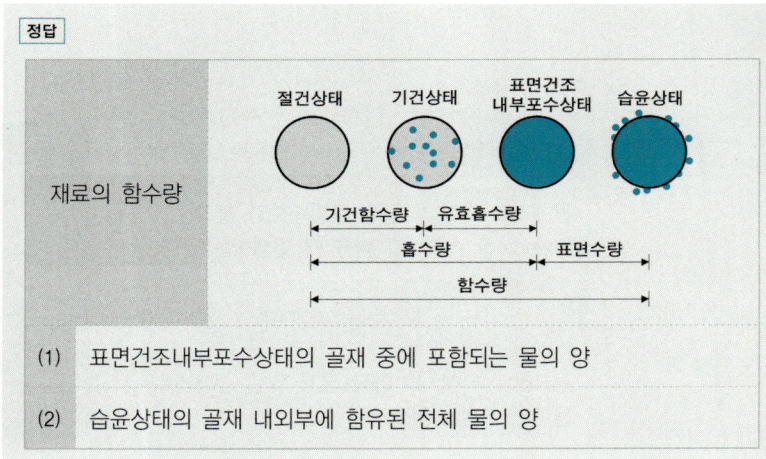

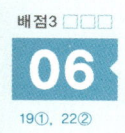

배점3 □□□

06

19①, 22②

철골부재의 접합에 사용되는 고장력볼트 중 볼트의 장력 관리를 손쉽게 하기 위한 목적으로 개발된 것으로 본조임 시 전용조임기를 사용하여 볼트의 핀테일이 파단될 때까지 조임시공하는 볼트의 명칭을 쓰시오.

정답 TS(Torque Shear) Bolt

해설

TS(Torque Shear) Bolt 시공순서	
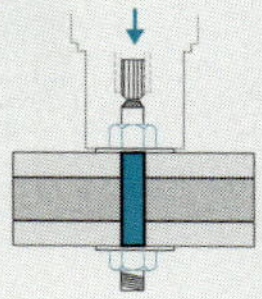	핀테일(Pin Tail)에 내측 소켓(Socket)을 끼우고 렌치(Wrench)를 살짝 걸어 너트(Nut)에 외측 소켓(Socket)이 맞춰지도록 함
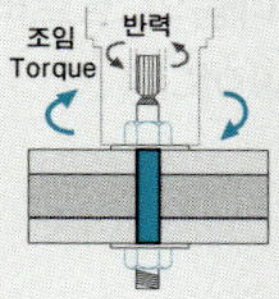	렌치의 스위치를 켜 외측 소켓이 회전하며 볼트를 체결
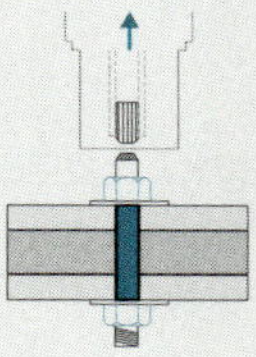	핀테일이 절단되었을 때 외측 소켓이 너트로부터 분리되도록 렌치를 잡아당김
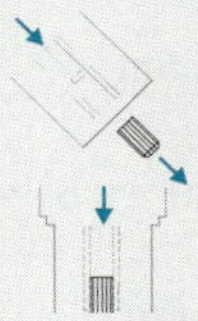	팁 레버(Tip Lever)를 잡아당겨 내측 소켓에 들어있는 핀테일을 제거

07 목재를 천연건조(자연건조)할 때의 장점을 2가지 쓰시오.

① _____

② _____

정답

목재의 인공건조

① 인공건조에 비해 비교적 균일한 건조가 가능하다.

② 건조에 의한 결함이 감소되며 시설투자비용 및 작업비용이 적다.

08 흐트러진 상태의 흙 $30m^3$를 이용하여 $30m^2$의 면적에 다짐 상태로 $60cm$ 두께로 터돋우기할 때 시공완료된 다음의 흐트러진 상태의 토량을 산출하시오. (단, 이 흙의 $L=1.2$, $C=0.9$이다.)

정답

- 자연상태의 토량 $\times L =$ 흐트러진 상태의 토량
- 자연상태의 토량 $\times C =$ 다져진 상태의 토량
- 다져진 상태의 토량 = 흐트러진 상태의 토량 $\times \dfrac{C}{L}$

(1) 다져진 상태의 토량 $= 30 \times \dfrac{0.9}{1.2} = 22.5m^3$

(2) 다져진 상태의 남는 토량 $= 22.5 - (30 \times 0.6) = 4.5m^3$

(3) 흐트러진 상태의 토량 $= 4.5 \times \dfrac{1.2}{0.9} = 6m^3$

배점6 □□□

09

11④, 22②

흙은 흙입자, 물, 공기로 구성되며, 도식화하면 다음 그림과 같다. 그림에 주어진 기호로 아래의 용어를 표기하시오.

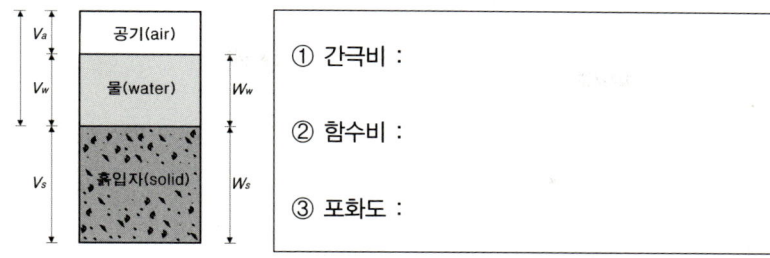

① 간극비 :

② 함수비 :

③ 포화도 :

정답 ① $\dfrac{V_v}{V_s}$ ② $\dfrac{W_w}{W_s}\times 100[\%]$ ③ $\dfrac{V_w}{V_v}\times 100[\%]$

해설

흙의 3상도	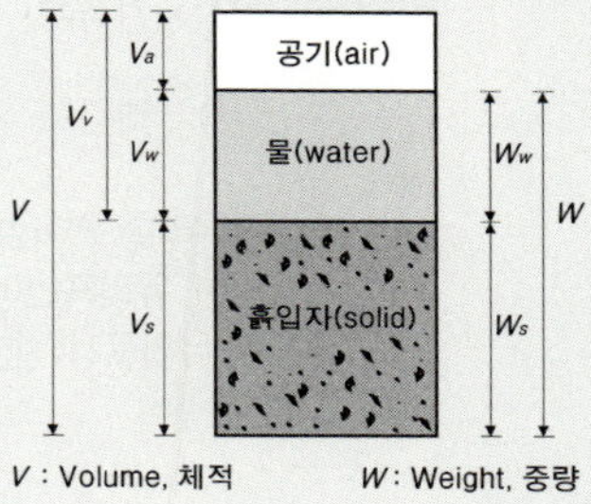
간극비 (Void Ratio)	$e = \dfrac{\text{간극의 체적}}{\text{흙입자만의 체적}} = \dfrac{V_v}{V_s}$
포화도 (Degree of Saturation)	$S = \dfrac{\text{물의 체적}}{\text{간극의 체적}} \times 100[\%] = \dfrac{V_w}{V_v} \times 100[\%]$
함수비 (Water Content)	$w = \dfrac{\text{물의 중량}}{\text{흙입자의 중량}} \times 100[\%] = \dfrac{W_w}{W_s} \times 100[\%]$
함수율 (Ratio of Moisture)	$w' = \dfrac{\text{물의 중량}}{\text{전체 흙의 중량}} \times 100[\%] = \dfrac{W_w}{W} \times 100[\%]$

배점4

10

13①, 17②,
17④, 22②

다음 용어를 설명하시오.

(1) 복층 유리 :

(2) 배강도 유리 :

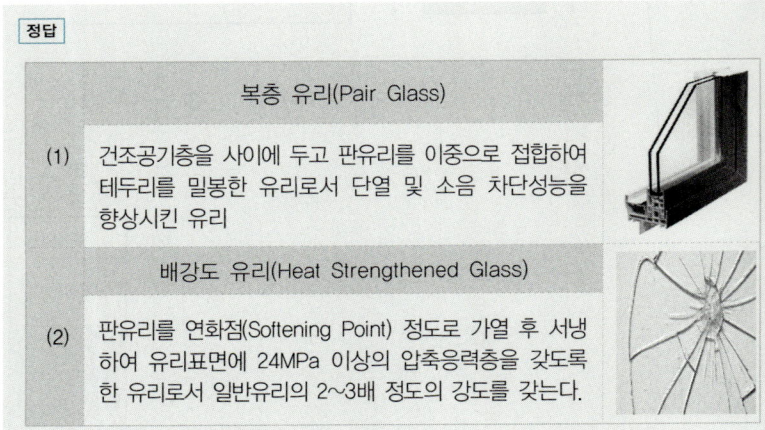

정답

복층 유리(Pair Glass)
(1) 건조공기층을 사이에 두고 판유리를 이중으로 접합하여 테두리를 밀봉한 유리로서 단열 및 소음 차단성능을 향상시킨 유리

배강도 유리(Heat Strengthened Glass)
(2) 판유리를 연화점(Softening Point) 정도로 가열 후 서냉하여 유리표면에 24MPa 이상의 압축응력층을 갖도록 한 유리로서 일반유리의 2~3배 정도의 강도를 갖는다.

배점3

11

22②

지반개량공법 중 약액주입공법 시공 후 주입효과를 판정하기 위한 시험을 3가지 쓰시오.

① _____
② _____
③ _____

정답

약액주입공법(Chemical Grouting Method) 시공 후 주입효과 판정
① 육안확인(굴착, 색소판별)
② 투수시험
③ 강도확인시험
    (일축압강도시험, 표준관입, 직접전단)
④ 물리적탐사 및 화학적 분석법

12

다음 용어를 간단히 설명하시오.

(1) 슬라이딩폼 :

(2) 와플폼 :

정답

(1) 슬라이딩 폼(Sliding Form)　　(2) 와플 폼(Waffle Form)

(1)	거푸집을 연속으로 이동시키면서 콘크리트 타설을 하여 시공이음 없는 균일한 시공이 가능한 거푸집
(2)	무량판 구조에서 2방향 장선바닥판 구조가 가능하도록 된 특수상자 모양의 기성재 거푸집

13

철근콘크리트구조 압축부재의 철근량 제한에 관한 내용이다. ( ) 안에 적절한 수치를 기입하시오.

비합성 압축부재의 축방향주철근 단면적은 전체단면적 A_g의 (①)배 이상, (②)배 이하로 하여야 한다. 축방향주철근이 겹침이음되는 경우의 철근비는 (③)를 초과하지 않도록 하여야 한다.

① _____　② _____　③ _____

정답

① 0.01
② 0.08
③ 0.04

배점4

14

11①, 22②

시멘트계 바닥 바탕의 내마모성, 내화학성, 분진방지성을 증진시켜 주는 바닥강화(Hardner) 중 침투식 액상하드너 시공 시 유의사항 2가지를 쓰시오.

① _____

② _____

정답

바닥강화재 바름공사 침투식 액상하드너 시공 시 유의사항	
①	5℃ 이하가 되면 작업을 중단할 것
②	액상 바닥강화 바탕은 최소 21일 이상 양생하여 완전 건조시킬 것

배점3

15

03①, 07②,
10①, 12②,
13④, 14①,
22②

철근콘크리트공사를 하면서 철근간격을 일정하게 유지하는 이유를 3가지 쓰시오.

① _____ ② _____ ③ _____

정답

철근간격 유지목적	
• 콘크리트 유동성 확보 • 재료분리 방지 • 소요강도 확보	

구조설계기준(KDS 14 20 50): ①, ②, ③ 중 큰값

보	기둥
① 25mm 이상	① 40mm 이상
② 주철근 공칭직경 이상	② 주철근 공칭직경×1.5 이상
③ 굵은골재 최대치수의 $\frac{4}{3}$배 이상	③ 굵은골재 최대치수의 $\frac{4}{3}$배 이상

16 강재 시험성적서(Mill Sheet)로 확인할 수 있는 사항을 1가지만 쓰시오.

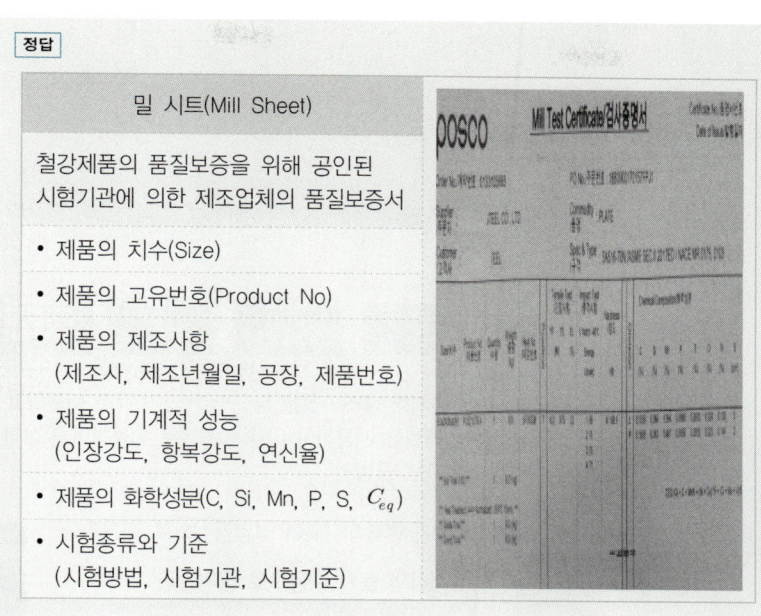

정답

밀 시트(Mill Sheet)
철강제품의 품질보증을 위해 공인된 시험기관에 의한 제조업체의 품질보증서
• 제품의 치수(Size)
• 제품의 고유번호(Product No)
• 제품의 제조사항 (제조사, 제조년월일, 공장, 제품번호)
• 제품의 기계적 성능 (인장강도, 항복강도, 연신율)
• 제품의 화학성분(C, Si, Mn, P, S, C_{eq})
• 시험종류와 기준 (시험방법, 시험기관, 시험기준)

17 다음의 고장력볼트 너트회전법에 대한 그림을 보고 합격, 불합격 여부를 판정하고, 불합격은 그 이유를 간단히 쓰시오.

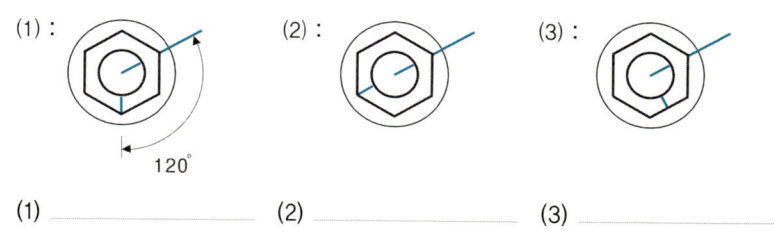

(1) _____ (2) _____ (3) _____

정답

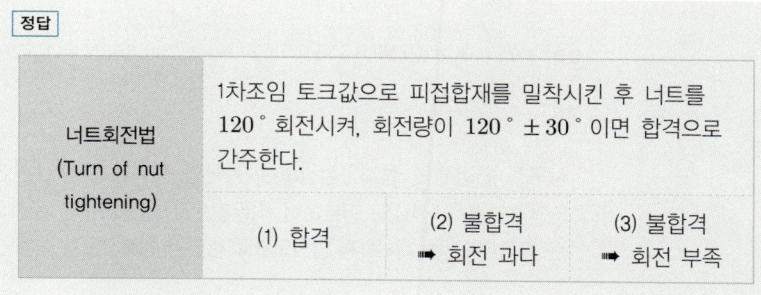

18

역타설 공법(Top-Down Method)의 장점을 3가지 쓰시오.

①
②
③

정답

탑다운 공법(Top-Down Method, 역타 공법, 역구축 공법)

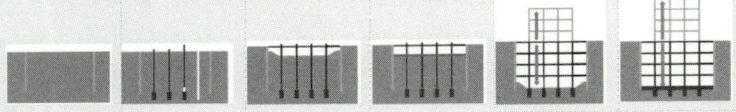

흙막이벽으로 설치한 슬러리월을 본 구조체의 벽체로 이용하고, 기둥과 기초를 시공 후 1층 슬래브를 시공하여 이를 방축널로 이용하여 지상과 지하 구조물을 동시에 축조해가는 공법

① 1층 슬래브가 먼저 타설되어 작업공간으로 활용가능
② 지상과 지하의 동시 시공으로 공기단축이 용이
③ 날씨와 무관하게 공사진행이 가능
④ 주변 지반에 대한 영향이 없음

19

총단면적 $A_g = 5,624\,\text{mm}^2$의 $H-250 \times 175 \times 7 \times 11$(SM355)의 설계인장강도를 한계상태설계법에 의해 산정하시오. (단, 설계저항계수 $\phi = 0.90$을 적용한다.)

정답 $\phi F_y \cdot A_g = (0.90)(355)(5,624) = 1,796,868\,\text{N} = 1,796.868\,\text{kN}$

해설

강구조 인장재의 설계인장강도는 총단면 항복강도($\phi F_y \cdot A_g$)와 유효순단면 파단강도($\phi F_u \cdot A_e$)를 검토하여 작은값으로 결정하는데 문제의 조건에 유효순단면의 파단을 제시하지 않았으므로 총단면 항복강도가 설계인장강도가 된다.

20. 기준점(Bench Mark)의 정의 및 설치 시 주의사항을 2가지 쓰시오.

(1) 정의 :

(2) 설치 시 주의사항

① _____ ② _____

[정답]

	기준점(Bench Mark)	
(1)	정의	건축물 시공 시 공사 중 높이의 기준을 정하고자 설치하는 원점
(2)	설치 시 주의사항	• 이동의 염려가 없는 곳에 설치 • 지면에서 0.5~1.0m에 공사에 지장이 없는 곳에 설치 • 필요에 따라 보조기준점을 1~2개소 설치

21. 철골부재 용접과 관련된 다음 용어를 설명하시오.

(1) 스캘럽(Scallop) :

(2) 엔드탭(End Tab) :

[정답]

(1)	스캘럽(Scallop)	용접 시 이음 및 접합부위의 용접선이 교차되어 재용접된 부위가 열영향을 받아 취약해지기 때문에 모재에 부채꼴 모양의 모따기를 한 것
(2)	엔드탭(End Tab)	블로홀(Blow Hole), 크레이터(Crater) 등의 용접결함이 생기기 쉬운 용접 비드(Bead)의 시작과 끝 지점에 용접을 하기 위해 용접 접합하는 모재의 양단에 부착하는 보조강판

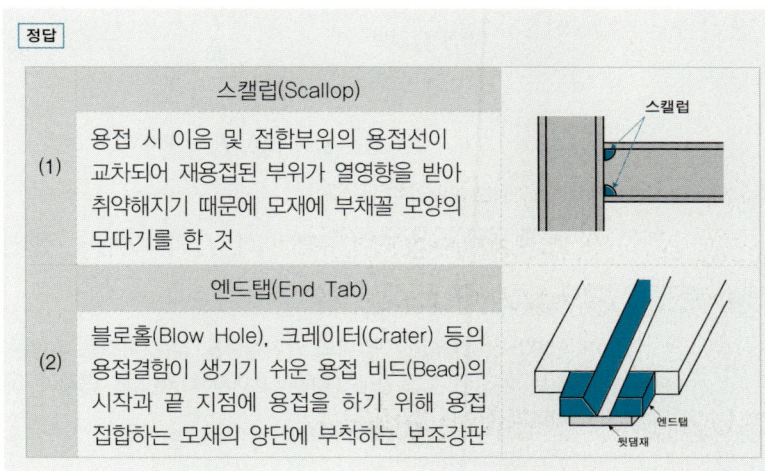

큰 처짐에 의하여 손상되기 쉬운 칸막이벽이나 기타 구조물을 지지 또는 부착하지 않은 부재의 경우, 다음 표에서 정한 최소두께를 적용하여야 한다. 표의 ( ) 안에 알맞은 숫자를 써 넣으시오. (단, 표의 값은 보통중량 콘크리트와 설계기준항복강도 400MPa 철근을 사용한 부재에 대한 값임)

【처짐을 계산하지 않는 경우의 보 또는 1방향 슬래브의 최소 두께기준】

단순지지된 1방향 슬래브	L / ( )
1단연속된 보	L / ( )
양단연속된 리브가 있는 1방향 슬래브	L / ( )

정답 20, 18.5, 21

해설

l : 경간(Span) 길이

처짐을 계산하지 않는 경우 보 또는 1방향 슬래브의 최소두께(h_{min})

	단순지지	1단연속	양단연속	캔틸레버
보 및 리브가 있는 1방향 슬래브	$\dfrac{l}{16}$	$\dfrac{l}{18.5}$	$\dfrac{l}{21}$	$\dfrac{l}{8}$
1방향 슬래브	$\dfrac{l}{20}$	$\dfrac{l}{24}$	$\dfrac{l}{28}$	$\dfrac{l}{10}$

l : 경간 길이(mm), $f_y = 400\text{MPa}$ 기준

- f_y가 400MPa에 대한 규정값이며, f_y가 400MPa 이외인 경우 계산된 h_{min}값에 $\left(0.43 + \dfrac{f_y}{700}\right)$를 곱하여야 한다.
- 1,500~2,000kg/m³ 범위의 단위질량을 갖는 구조용 경량콘크리트에 대해서는 계산된 h_{min}값에 $(1.65 - 0.00031 \cdot m_c)$를 곱해야 하나, 1.09 이상이어야 한다.

23

조적조 세로규준틀의 설치위치 중 1개소를 쓰고, 세로규준틀 표시사항을 2가지 쓰시오.

(1) 설치위치 :

(2) 표시사항

① _____ ② _____

정답

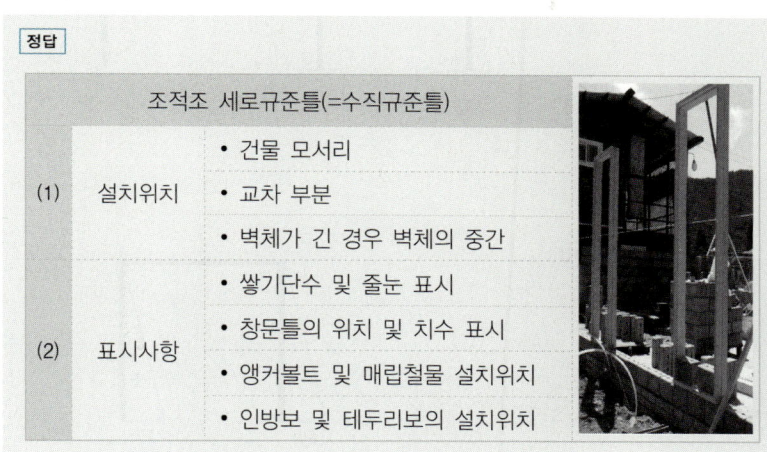

	조적조 세로규준틀(=수직규준틀)	
(1)	설치위치	• 건물 모서리 • 교차 부분 • 벽체가 긴 경우 벽체의 중간
(2)	표시사항	• 쌓기단수 및 줄눈 표시 • 창문틀의 위치 및 치수 표시 • 앵커볼트 및 매립철물 설치위치 • 인방보 및 테두리보의 설치위치

24

그림과 같은 구조물에서 T 부재에 발생하는 부재력을 구하시오.

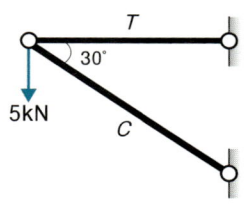

정답

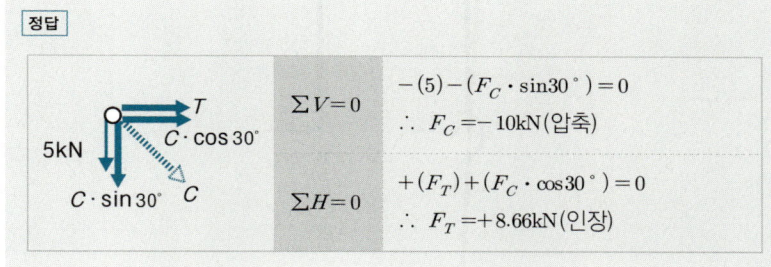

$\sum V = 0$: $-(5) - (F_C \cdot \sin 30°) = 0$
$\therefore F_C = -10\text{kN}$ (압축)

$\sum H = 0$: $+(F_T) + (F_C \cdot \cos 30°) = 0$
$\therefore F_T = +8.66\text{kN}$ (인장)

그림과 같은 부정정 라멘구조의 휨모멘트도(BMD)를 그리시오.

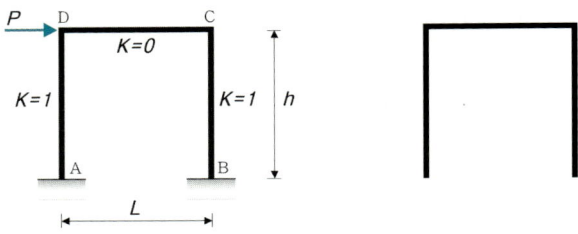

정답

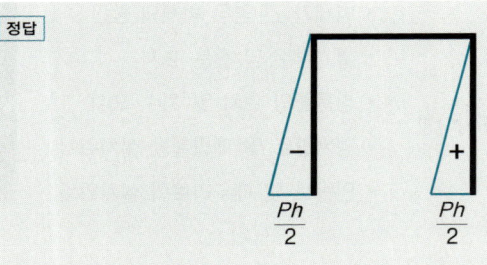

해설

K는 강성도(Stiffness)를 나타내는 지표이며, 외력에 대해 구조부재가 변형을 흡수할 수 있는 능력으로 정의된다.

문제의 그림에서 보의 $K=0$이라는 조건은 수평하중 P에 대한 보의 강성도가 0이라는 것이므로 절점B와 절점C는 자유단 해석이 가능해지며 좌측 기둥과 우측기둥의 강성도가 같기 때문에 다음과 같은 구조해석이 가능해진다.

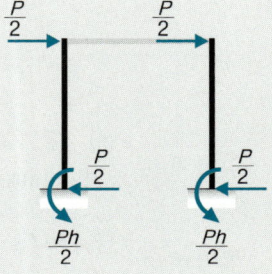

다음에 제시된 화살표형 네트워크 공정표를 통해 일정계산 및 여유시간, 주공정선(CP)과 관련된 빈칸을 모두 채우시오.(단, CP에 해당하는 작업은 ※표시를 하시오.)

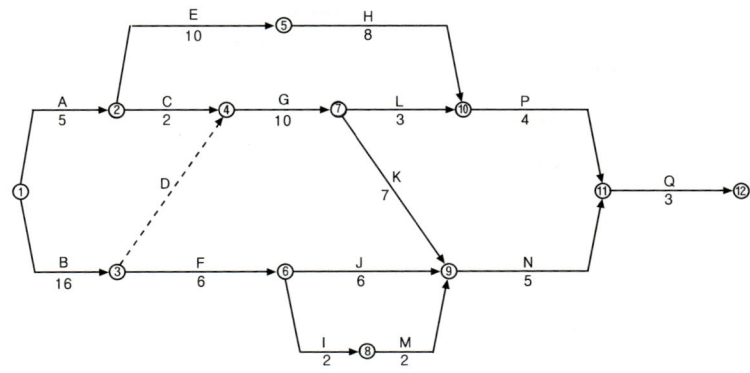

작업명	EST	EFT	LST	LFT	TF	FF	DF	CP
A								
B								
C								
D								
E								
F								
G								
H								
I								
J								
K								
L								
M								
N								
P								
Q								

[정답]

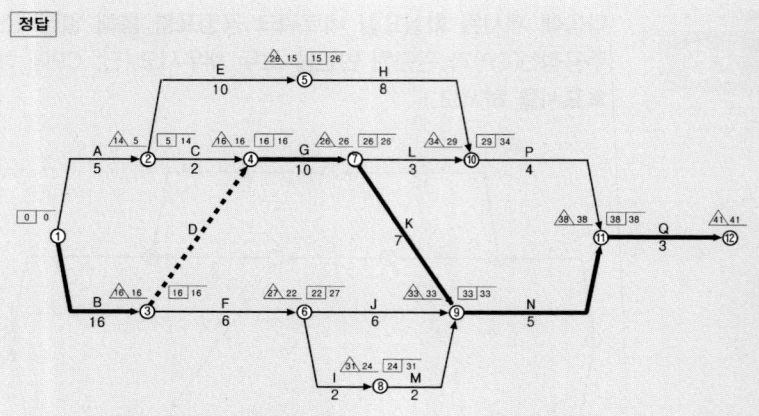

작업명	EST	EFT	LST	LFT	TF	FF	DF	CP
A	0	5	9	14	9	0	9	
B	0	16	0	16	0	0	0	※
C	5	7	14	16	9	9	0	
D	16	16	16	16	0	0	0	※
E	5	15	16	26	11	0	11	
F	16	22	21	27	5	0	5	
G	16	26	16	26	0	0	0	※
H	15	23	26	34	11	6	5	
I	22	24	29	31	7	0	7	
J	22	28	27	33	5	5	0	
K	26	33	26	33	0	0	0	※
L	26	29	31	34	5	0	5	
M	24	26	31	33	7	7	0	
N	33	38	33	38	0	0	0	※
P	29	33	34	38	5	5	0	
Q	38	41	38	41	0	0	0	※

[해설] 【일정 및 여유계산 LIST 답안작성 순서】

(1) TF, FF, DF, CP를 먼저 채운다.

작업명	EST	EFT	LST	LFT	TF	FF	DF	CP
A					9	0	9	
B					0	0	0	※
C					9	9	0	
D					0	0	0	※
E					11	0	11	
F					5	0	5	
G					0	0	0	※
H					11	6	5	
I					7	0	7	
J					5	5	0	
K					0	0	0	※
L					5	0	5	
M					7	7	0	
N					0	0	0	※
P					5	5	0	
Q					0	0	0	※

(2) 각 작업명 옆에 소요일수를 연필로 기입한다.

작업명	EST	EFT	LST	LFT	TF	FF	DF	CP
A 5					9	0	9	
B 16					0	0	0	※
C 2					9	9	0	
D 0					0	0	0	※
E 10					11	0	11	
F 6					5	0	5	
G 10					0	0	0	※
H 8					11	6	5	
I 2					7	0	7	
J 6					5	5	0	
K 7					0	0	0	※
L 3					5	0	5	
M 2					7	7	0	
N 5					0	0	0	※
P 4					5	5	0	
Q 3					0	0	0	※

(3) 공정표를 보고 해당 작업의 앞쪽에 있는 결합점의 네모칸의 숫자를 기입한 것이 EST이며, 이것을 종축으로 전체 기입해 나간다.

작업명	EST	EFT	LST	LFT	TF	FF	DF	CP
A 5	0				9	0	9	
B 16	0				0	0	0	※
C 2	5				9	9	0	
D 0	16				0	0	0	※
E 10	5				11	0	11	
F 6	16				5	0	5	
G 10	16				0	0	0	※
H 8	15				11	6	5	
I 2	22				7	0	7	
J 6	22				5	5	0	
K 7	26				0	0	0	※
L 3	26				5	0	5	
M 2	24				7	7	0	
N 5	33				0	0	0	※
P 4	29				5	5	0	
Q 3	38				0	0	0	※

(4) 각 작업의 소요일수에 EST를 더한 값이 EFT이며, 이것을 종축으로 전체 기입해 나간다.

작업명	EST	EFT	LST	LFT	TF	FF	DF	CP
A 5	0	5			9	0	9	
B 16	0	16			0	0	0	※
C 2	5	7			9	9	0	
D 0	16	16			0	0	0	※
E 10	5	15			11	0	11	
F 6	16	22			5	0	5	
G 10	16	26			0	0	0	※
H 8	15	23			11	6	5	
I 2	22	24			7	0	7	
J 6	22	28			5	5	0	
K 7	26	33			0	0	0	※
L 3	26	29			5	0	5	
M 2	24	26			7	7	0	
N 5	33	38			0	0	0	※
P 4	29	33			5	5	0	
Q 3	38	41			0	0	0	※

(5) 공정표를 보고 해당 작업의 뒷쪽에 있는 결합점의 세모칸의 숫자를 기입한 것이 LFT이며, 이것을 종축으로 전체 기입해 나간다.

작업명	EST	EFT	LST	LFT	TF	FF	DF	CP
A 5	0	5		14	9	0	9	
B 16	0	16		16	0	0	0	※
C 2	5	7		16	9	9	0	
D 0	16	16		16	0	0	0	※
E 10	5	15		26	11	0	11	
F 6	16	22		27	5	0	5	
G 10	16	26		26	0	0	0	※
H 8	15	23		34	11	6	5	
I 2	22	24		31	7	0	7	
J 6	22	28		33	5	5	0	
K 7	26	33		33	0	0	0	※
L 3	26	29		34	5	0	5	
M 2	24	26		33	7	7	0	
N 5	33	38		38	0	0	0	※
P 4	29	33		38	5	5	0	
Q 3	38	41		41	0	0	0	※

(6) 각 작업의 LFT에서 소요일수를 뺀 값이 LST이며, 이것을 종축으로 전체 기입해 나간다.

작업명	EST	EFT	LST	LFT	TF	FF	DF	CP
A 5	0	5	9	14	9	0	9	
B 16	0	16	0	16	0	0	0	※
C 2	5	7	14	16	9	9	0	
D 0	16	16	16	16	0	0	0	※
E 10	5	15	16	26	11	0	11	
F 6	16	22	21	27	5	0	5	
G 10	16	26	16	26	0	0	0	※
H 8	15	23	26	34	11	6	5	
I 2	22	24	29	31	7	0	7	
J 6	22	28	27	33	5	5	0	
K 7	26	33	26	33	0	0	0	※
L 3	26	29	31	34	5	0	5	
M 2	24	26	31	33	7	7	0	
N 5	33	38	33	38	0	0	0	※
P 4	29	33	34	38	5	5	0	
Q 3	38	41	38	41	0	0	0	※

(7) 각 작업명 옆에 소요일수를 지우개로 깨끗이 지운다.

작업명	EST	EFT	LST	LFT	TF	FF	DF	CP
A	0	5	9	14	9	0	9	
B	0	16	0	16	0	0	0	※
C	5	7	14	16	9	9	0	
D	16	16	16	16	0	0	0	※
E	5	15	16	26	11	0	11	
F	16	22	21	27	5	0	5	
G	16	26	16	26	0	0	0	※
H	15	23	26	34	11	6	5	
I	22	24	29	31	7	0	7	
J	22	28	27	33	5	5	0	
K	26	33	26	33	0	0	0	※
L	26	29	31	34	5	0	5	
M	24	26	31	33	7	7	0	
N	33	38	33	38	0	0	0	※
P	29	33	34	38	5	5	0	
Q	38	41	38	41	0	0	0	※

memo

제4회 2022 건축기사 과년도 기출문제

배점2

01 07①, 14①, 22④

다음 설명에 해당되는 알맞는 줄눈(Joint)을 적으시오.

> 콘크리트 시공과정 중 휴식시간 등으로 응결하기 시작한 콘크리트에 새로운 콘크리트를 이어칠 때 일체화가 저해되어 생기게 되는 줄눈

정답

콜드 조인트(Cold Joint)

배점3

02 22④

고장력볼트 접합은 3가지(인장접합, 지압접합, 마찰접합)로 구분된다. 다음 그림을 보고 해당하는 접합명을 쓰시오.

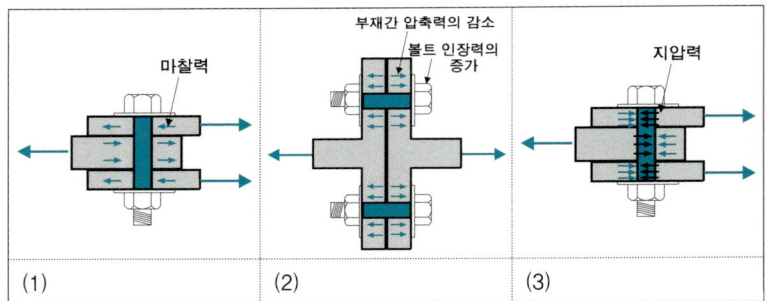

(1) (2) (3)

정답

(1)	마찰접합	고장력볼트의 강력한 조임력에 의해 부재간에 발생하는 마찰력에 의해 응력을 전달하는 접합형식
(2)	인장접합	고장력볼트를 조일 때 부재간 압축력을 이용하여 응력을 전달시키지만, 응력의 전달메커니즘에 있어서 마찰이 관여하지 않는다는 점에서 마찰접합과 본질적으로 다르다.
(3)	지압접합	고장력볼트 축의 전단력 및 부재의 지압력을 동시에 발생시켜 응력을 부담하는 접합형식

03 강구조공사 습식 내화피복 공법의 종류를 4가지 쓰시오.

① _____ ② _____
③ _____ ④ _____

정답 ① 타설 공법 ② 뿜칠 공법 ③ 미장 공법 ④ 조적 공법

해설

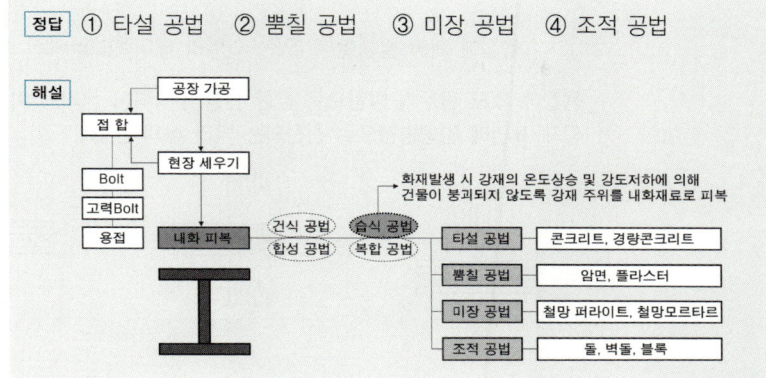

04 철골부재 용접과 관련된 다음 용어를 설명하시오.

(1) 스캘럽(Scallop) :

(2) 엔드탭(End Tab) :

정답

	스캘럽(Scallop)	
(1)	용접 시 이음 및 접합부위의 용접선이 교차되어 재용접된 부위가 열영향을 받아 취약해지기 때문에 모재에 부채꼴 모양의 모따기를 한 것	
	엔드탭(End Tab)	
(2)	블로홀(Blow Hole), 크레이터(Crater) 등의 용접결함이 생기기 쉬운 용접 비드(Bead)의 시작과 끝 지점에 용접을 하기 위해 용접 접합하는 모재의 양단에 부착하는 보조강판	

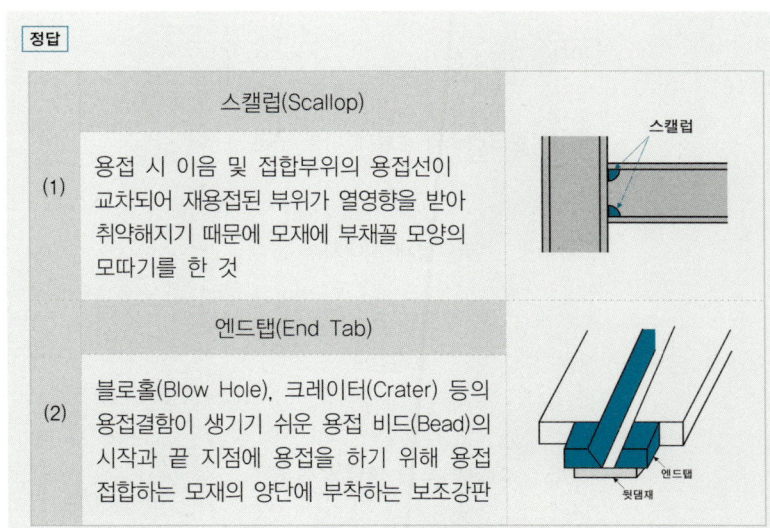

05

강구조공사 용접시 발생할 수 있는 라멜라 테어링(Lameller Tearing)에 대해 간단히 설명하시오.

> **정답**
>
> 용접에 의해 발생할 수 있는 라멜라 테어링(Lameller Tearing)
>
> 용접에 의해 판두께 방향으로 강한 인장 구속력이 생기는 이음에 있어 강재 표면에 평행방향으로 진전되는 박리 상의 균열
>
>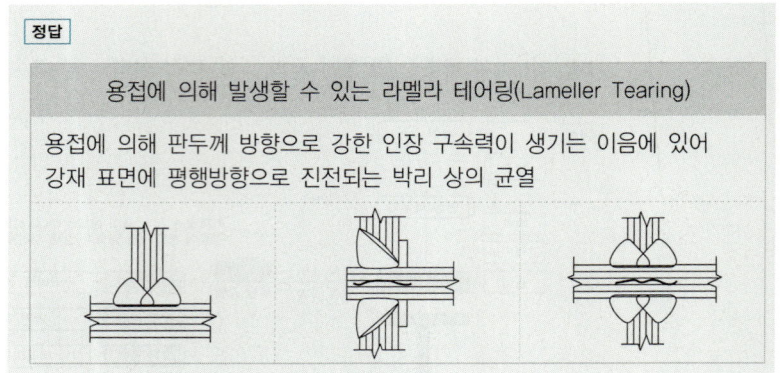

06

Remicon(보통 – 25 – 24 – 150)의 현장도착 시 송장 표기에 대해 각각 의미하는 내용을 간단히 쓰시오.

(1) 보통 :
(2) 25mm :
(3) 24MPa :
(4) 150mm :

> **정답**
>
> | | | |
> |---|---|---|
> | (1) | 콘크리트의 종류에 따른 구분 | |
> | (2) | 굵은골재 최대치수 | |
> | (3) | 호칭강도 | |
> | (4) | 슬럼프 또는 슬럼프 플로 | |
>
>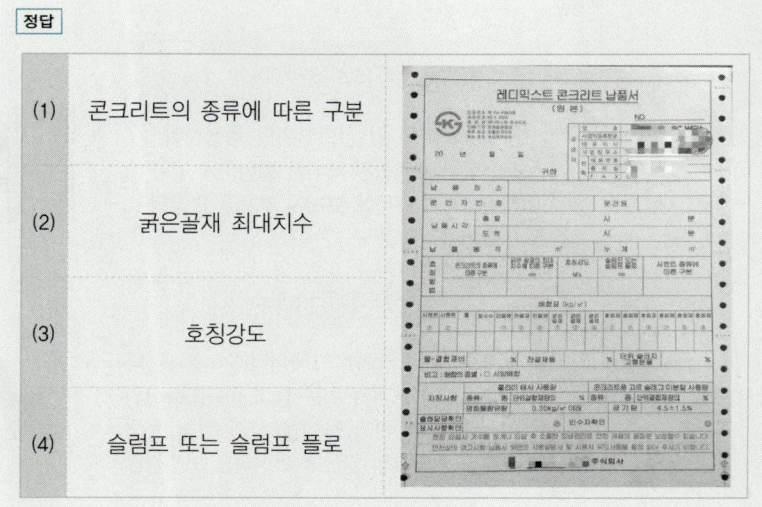

07

KS L 5201에서 규정하는 포틀랜드시멘트(Portland Cement)의 종류 5가지를 쓰시오.

① _____ ② _____ ③ _____

④ _____ ⑤ _____

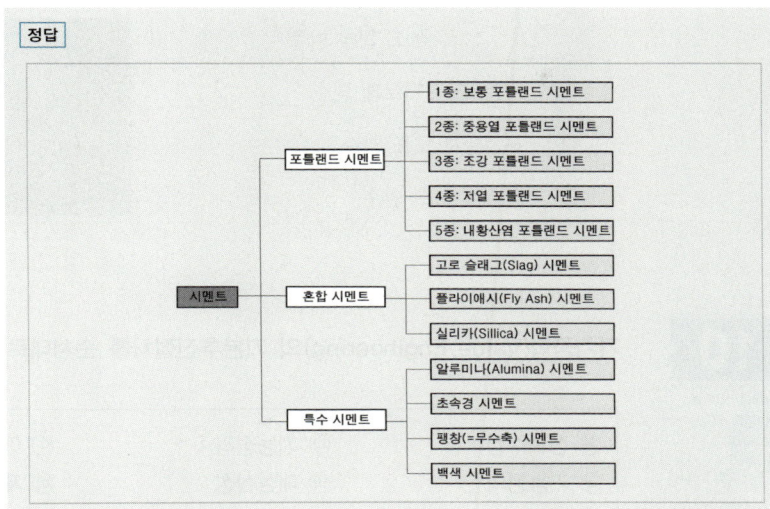

08

지하구조물은 지하수위에서 구조물 밑면까지의 깊이만큼 부력을 받아 건물이 부상하게 되는데, 이것에 대한 방지대책을 3가지 기술하시오.

① _____

② _____

③ _____

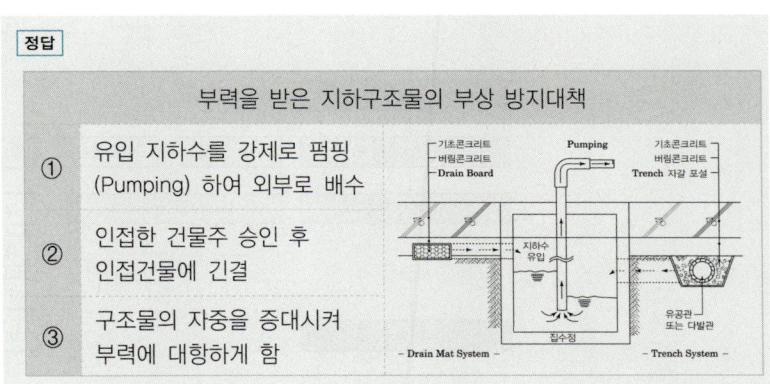

09 조적조를 바탕으로 하는 지상부 건축물의 외부벽면 방수방법의 내용을 3가지 쓰시오.

① _____ ② _____ ③ _____

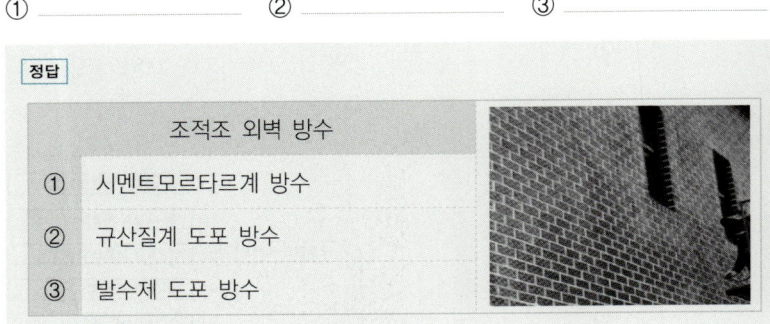

10 가치공학(Value Engineering)의 기본추진절차를 순서대로 나열하시오.

㉮ 정보수집   ㉯ 기능정리   ㉰ 아이디어 발상
㉱ 기능정의   ㉲ 대상선정   ㉳ 제안
㉴ 기능평가   ㉵ 평가   ㉶ 실시

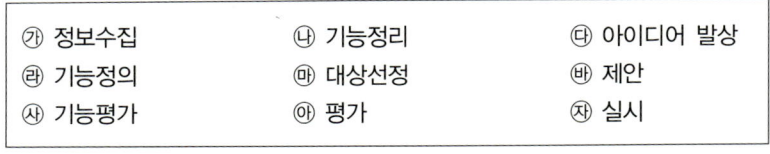

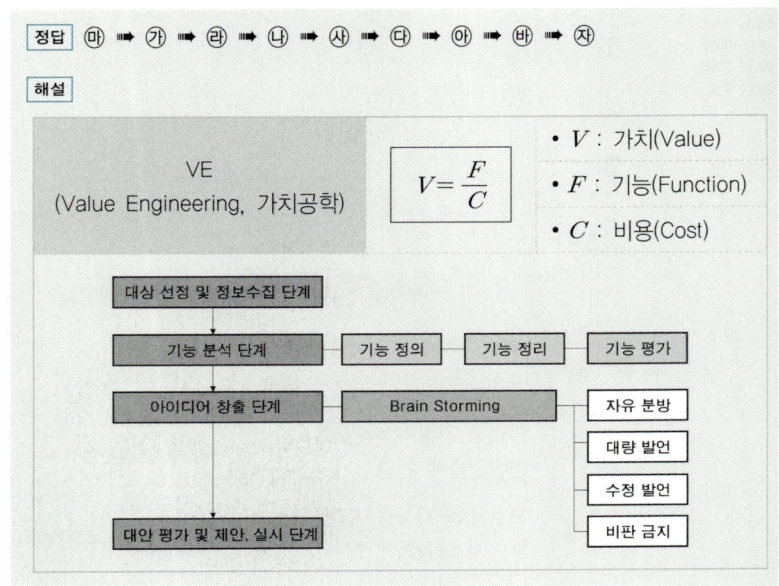

다음 기초에 소요되는 철근, 콘크리트, 거푸집의 정미량을 산출하시오.
(단, 이형철근 D16의 단위중량은 1.56kg/m, D13의 단위중량은 0.995kg/m)

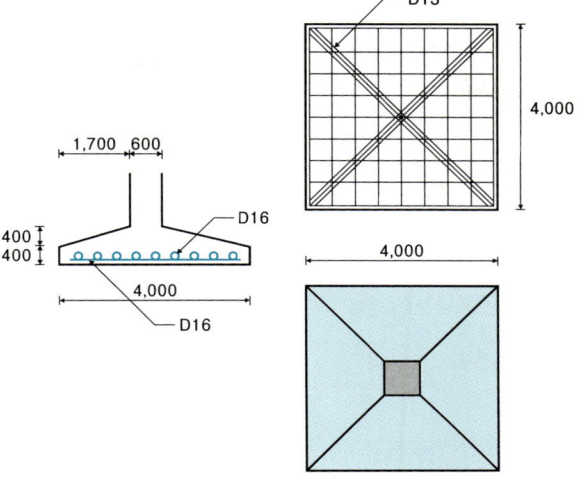

(1) 철근량 :

(2) 콘크리트량 :

(3) 거푸집량 :

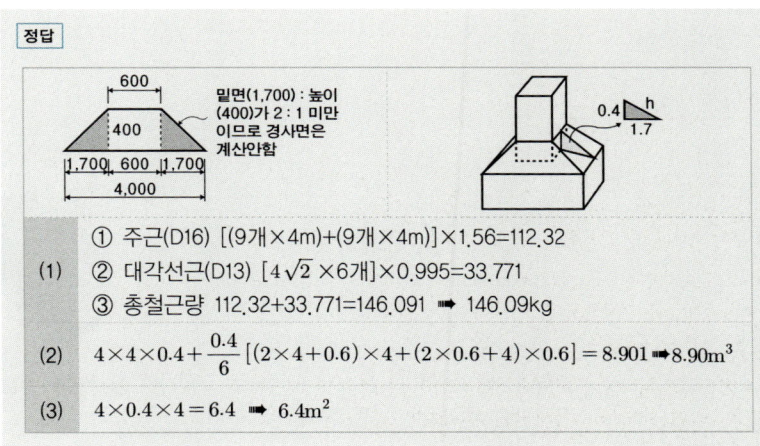

(1)		① 주근(D16) [(9개×4m)+(9개×4m)]×1.56=112.32 ② 대각선근(D13) [4√2 ×6개]×0.995=33.771 ③ 총철근량 112.32+33.771=146.091 ➡ 146.09kg
(2)		$4 \times 4 \times 0.4 + \dfrac{0.4}{6}[(2 \times 4 + 0.6) \times 4 + (2 \times 0.6 + 4) \times 0.6] = 8.901$ ➡ 8.90m³
(3)		4×0.4×4=6.4 ➡ 6.4m²

12

배점3

99④, 11②, 22④

용접부의 검사항목이다. 알맞는 공정을 보기에서 골라 해당번호를 쓰시오.

① 트임새 모양   ② 전류   ③ 침투수압   ④ 운봉
⑤ 모아대기법   ⑥ 외관 판단   ⑦ 구속
⑧ 용접봉   ⑨ 초음파검사   ⑩ 절단검사

(1) 용접 착수 전 : _____   (2) 용접 작업 중 : _____

(3) 용접 완료 후 : _____

정답 (1) ①, ⑤, ⑦   (2) ②, ④, ⑧   (3) ③, ⑥, ⑨, ⑩

해설

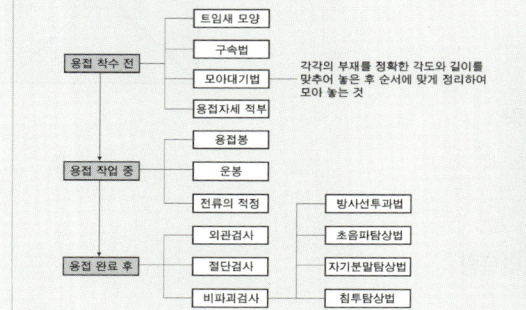

13

배점4

22④

로이(Low-E) 3중유리의 정의 및 특징을 간단히 설명하시오.

정답

Low-E 유리
(Low-Emissivity Glass, 저방사유리)

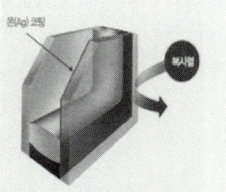

열적외선을 반사하는 은소재 도막으로 코팅하여 방사율과 열관류율을 낮추고 가시광선 투과율을 높인 유리

배점4

14

다음 설명에 해당하는 보링 방법을 쓰시오.

① 충격날을 60~70cm 정도 낙하시키고 그 낙하충격에 의해 파쇄된 토사를 퍼내어 지층상태를 판단하는 방법
② 충격날을 회전시켜 천공하므로 토층이 흐트러질 우려가 적은 방법
③ 오거를 회전시키면서 지중에 압입, 굴착하고 여러 번 오거를 인발하여 교란시료를 채취하는 방법
④ 깊이 30m 정도의 연질층에 사용하며, 외경 50~60mm 관을 이용, 천공하면서 흙과 물을 동시에 배출시키는 방법

① ②
③ ④

정답

| ① 충격식 (Percussion) 보링 | ② 회전식 (Rotary) 보링 | ③ 오거 (Auger) 보링 | ④ 수세식 (Wash) 보링 |

배점3

15

언더피닝(Under Pinning) 공법을 적용해야 하는 경우를 3가지 쓰시오.

①
②
③

정답

		언더피닝(Under Pinning) 공법	
(1)	적용	①	기존 건축물의 기초를 보강할 때
		②	새로운 기초를 설치하여 기존 건축물을 보호해야 할 때
		③	지하구조물 축조 시 또는 터파기시 인접건물의 침하, 균열 등의 피해를 예방하고자 할 때
(2)	종류	①	이중널말뚝박기 공법
		②	현장타설콘크리트말뚝 공법
		③	강재말뚝 공법
		④	약액주입 공법

16. 시멘트 분말도 시험법을 2가지 쓰시오.

① _____   ② _____

정답

① 체(Standard Sieve) 분석법
② 블레인(Blaine)법
③ 피크노메타(Pycnometer)법

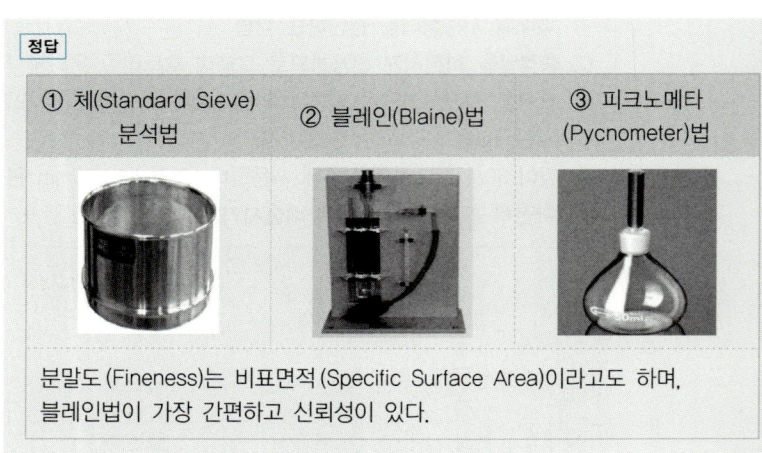

분말도(Fineness)는 비표면적(Specific Surface Area)이라고도 하며, 블레인법이 가장 간편하고 신뢰성이 있다.

17. 다음 콘크리트의 균열보수법에 대하여 설명하시오.

(1) 표면처리법 :

(2) 주입공법 :

정답

	표면처리법
(1)	0.2mm 이하의 미세한 균열 표면에 수지계 또는 시멘트계의 재료를 주입하여 피막층을 만드는 방법

	주입공법
(2)	균열폭 0.2mm 이상의 경우에 주입용 Pipe를 10~30cm 간격으로 설치하고 저점도의 에폭시(Epoxy) 수지로 충전하는 방법

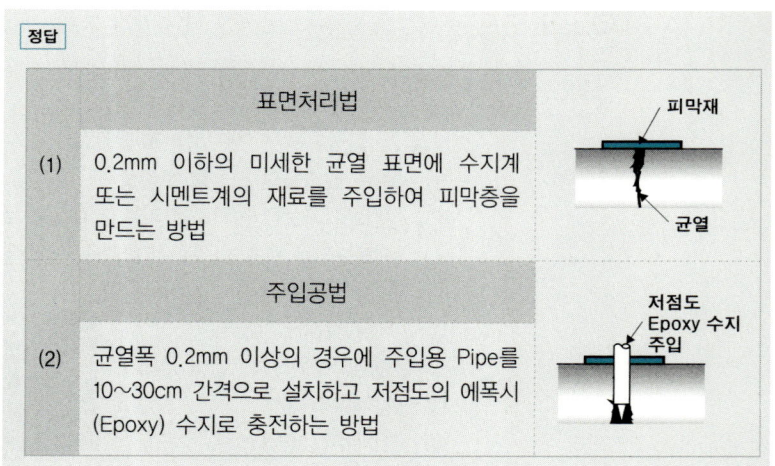

18

다음 보기에서 설명하는 거푸집의 명칭을 쓰시오.

(1) 무량판 구조에서 2방향 장선 바닥판 구조가 가능하도록 된 특수상자 모양의 기성재 거푸집
(2) 대형 시스템화 거푸집으로서 한 구간 콘크리트 타설 후 다음 구간으로 수평이동이 가능한 거푸집
(3) 유닛(Unit) 거푸집을 설치하여 요크(York)로 거푸집을 끌어올리면서 연속해서 콘크리트를 타설가능한 수직활동 거푸집
(4) 아연도 철판을 절곡 제작하여 거푸집으로 사용하며, 콘크리트 타설 후 마감재로 사용하는 철판

(1) _____ (2) _____
(3) _____ (4) _____

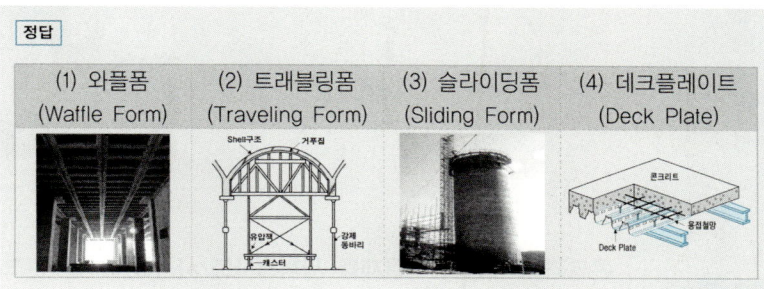

정답
(1) 와플폼 (Waffle Form)
(2) 트래블링폼 (Traveling Form)
(3) 슬라이딩폼 (Sliding Form)
(4) 데크플레이트 (Deck Plate)

19

건설공사 현장에 시멘트가 반입되었다. 특기시방서에 시멘트 밀도가 $3.10[\text{Mg/m}^3]$ 이상으로 규정되어 있다고 할 때, 르샤틀리에 플라스크를 이용하여 KS 규격에 의거 시멘트 밀도를 시험한 결과에 대해 시멘트의 밀도를 구하고, 자재품질 관리상 합격여부를 판정하시오. (단, 시험결과 플라스크에 광유를 채웠을 때 최초 눈금은 0.5mL, 실험에 사용한 시멘트량은 64g, 광유에 시멘트를 넣은 후의 눈금은 20.8mL였다.)

(1) 밀도 :   (2) 판정 :

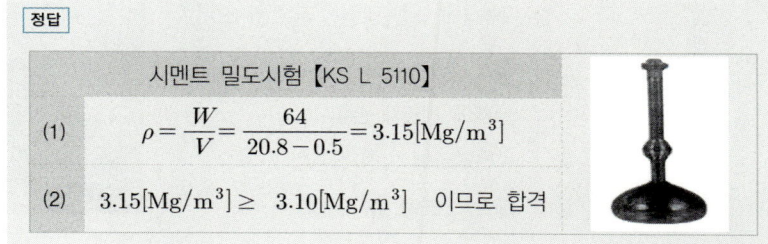

정답

시멘트 밀도시험 【KS L 5110】

(1) $\rho = \dfrac{W}{V} = \dfrac{64}{20.8 - 0.5} = 3.15[\text{Mg/m}^3]$

(2) $3.15[\text{Mg/m}^3] \geq 3.10[\text{Mg/m}^3]$ 이므로 합격

20

평지붕 외단열 시트(Sheet) 방수공법의 시공순서를 보기에서 골라 번호로 쓰시오.

① 누름콘크리트　　② PE필름　　③ 단열재
④ 시트방수　　　　⑤ 바탕콘크리트 타설

정답 ⑤ ➡ ④ ➡ ③ ➡ ② ➡ ①

평지붕 외단열 시트(Sheet) 방수공법 시공순서

바탕콘크리트 타설
⬇
시트(Sheet) 방수
⬇
단열재
⬇
PE필름
⬇
누름콘크리트

21

콘크리트 배합시 잔골재를 세척해사로 사용했을 때 콘크리트의 염화물 함량을 측정한 결과 염소이온량이 $0.3kg/m^3 \sim 0.6kg/m^3$이었다. 이때 철근 콘크리트의 철근 부식방지에 따른 유효한 대책을 3가지 쓰시오.

①　
②　
③　

정답

철근 부식에 대한 방청상 유효한 조치
① 철근 표면에 아연도금 처리
② 골재에 제염제 혼입
③ 콘크리트에 방청제 혼입
④ 에폭시 코팅 철근 사용

다음 데이터를 네트워크공정표로 작성하고, 각 작업의 여유시간을 구하시오.

작업명	작업일수	선행작업	비고
A	5	없음	(1) 결합점에서는 다음과 같이 표시한다.
B	6	없음	
C	5	A, B	
D	7	A, B	
E	3	B	
F	4	B	
G	2	C, E	(2) 주공정선은 굵은선으로 표시한다.
H	4	C, D, E, F	

(1) 네트워크공정표

(2) 일정 및 여유시간 산정

작업명	TF	FF	DF	CP
A				
B				
C				
D				
E				
F				
G				
H				

정답

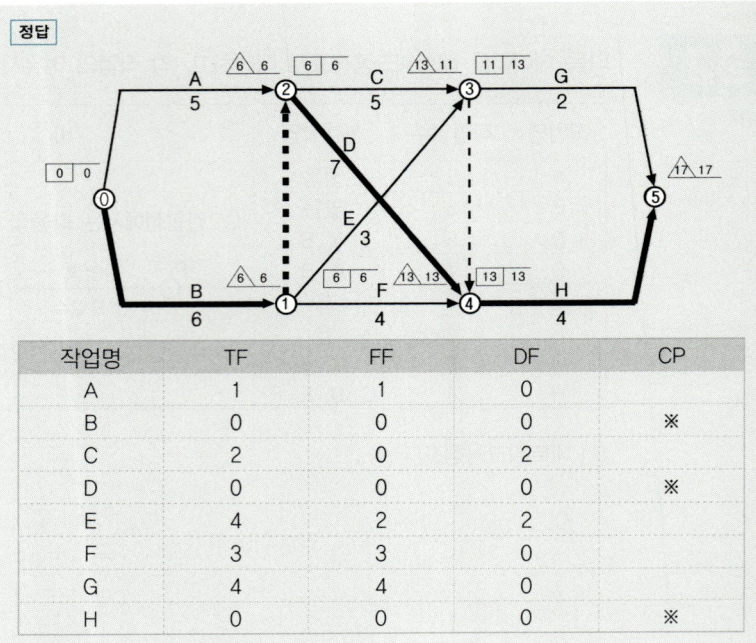

작업명	TF	FF	DF	CP
A	1	1	0	
B	0	0	0	※
C	2	0	2	
D	0	0	0	※
E	4	2	2	
F	3	3	0	
G	4	4	0	
H	0	0	0	※

23

그림과 같은 단순보의 최대 전단응력을 구하시오.

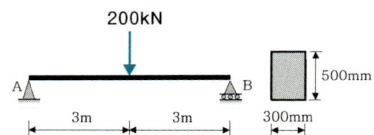

정답 (1) $V_{\max} = V_A = V_B = +\dfrac{P}{2} = +\dfrac{(200)}{2} = 100\text{kN}$

(2) $\tau_{\max} = k \cdot \dfrac{V_{\max}}{A} = \left(\dfrac{3}{2}\right) \cdot \dfrac{(100 \times 10^3)}{(300 \times 500)} = 1\text{N/mm}^2 = 1\text{MPa}$

해설

보의 최대전단응력: $\tau_{\max} = k \cdot \dfrac{V_{\max}}{A}$

하중도	전단력도	전단계수
		$k = \dfrac{3}{2}$

24

그림과 같은 트러스에서 U_2, L_2 부재의 부재력(kN)을 절단법으로 구하시오.
(단, -는 압축력, +는 인장력으로 부호를 반드시 표시하시오.)

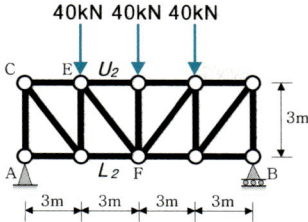

정답

절단법(Method of Sections)

➡ 부재력을 구하고자 하는 임의의 복재
(수직재 또는 경사재)를 포함하여 3개 이내로
절단한 상태의 자유물체도상에서 전단력이
발생하지 않는 조건 $V=0$을 이용하여
특정 부재의 부재력을 계산한다.

➡ 부재력을 구하고자 하는 임의의 현재
(상현재 또는 하현재)를 포함하여 3개 이내로
절단한 상태의 자유물체도상에서 휨모멘트가
발생하지 않는 조건 $M=0$을 이용하여
특정 부재의 부재력을 계산한다.

Karl Culmann
(1821~1881)

(1) 지점반력 $V_A = \dfrac{40+40+40}{2} = +60\text{kN}(\uparrow)$

(2)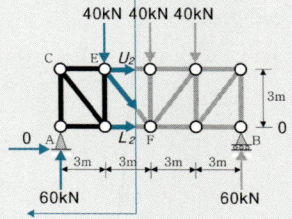

$\sum M_F = 0: \ +(60)(6)-(40)(3)+(U_2)(3)=0 \quad \therefore U_2 = -80\text{kN}(\text{압축})$

$\sum M_E = 0: \ +(60)(3)-(L_2)(3)=0 \quad \therefore L_2 = +60\text{kN}(\text{인장})$

25

철근콘크리트 부재의 구조계산을 수행한 결과이다. 공칭휨강도(kN·m)와 공칭전단강도(kN)를 구하시오.

(1) 하중조건 :
  ① 고정하중 : $M = 150$kN·m, $V = 120$kN
  ② 활하중 : $M = 130$kN·m, $V = 110$kN
(2) 강도감소계수 :
  ① 휨에 대한 강도감소계수 : $\phi = 0.85$ 적용
  ② 전단에 대한 강도감소계수 : $\phi = 0.75$ 적용

(1) 공칭휨강도 :

(2) 공칭전단강도 :

정답

(1) $M_n \geq \dfrac{M_u}{\phi} = \dfrac{1.2M_D + 1.6M_L}{\phi} = \dfrac{1.2(150) + 1.6(130)}{(0.85)} = 456.47$kN·m

(2) $V_n \geq \dfrac{V_u}{\phi} = \dfrac{1.2V_D + 1.6V_L}{\phi} = \dfrac{1.2(120) + 1.6(110)}{(0.75)} = 426.67$kN

해설

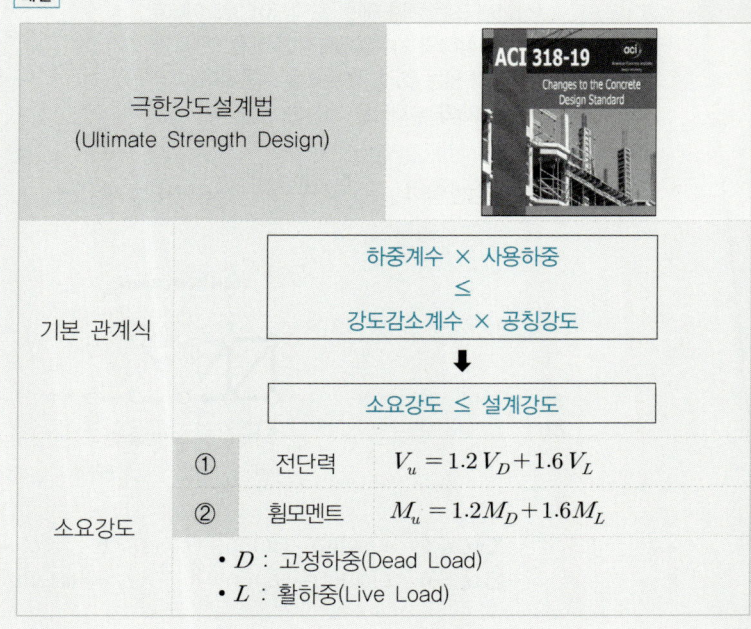

26

그림과 같은 철근콘크리트 보 단면의 설계전단강도(kN)를 구하시오.
(단, 보통중량콘크리트 사용, $f_{ck}=24\text{MPa}$, $f_{yt}=400\text{MPa}$)

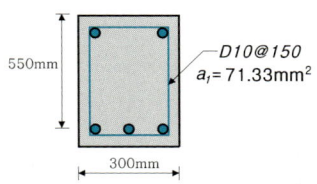

정답

(1) $V_c = \dfrac{1}{6}\lambda\sqrt{f_{ck}} \cdot b_w \cdot d = \dfrac{1}{6}(1)\sqrt{(24)}\,(300)(550) = 134{,}722\text{N}$

(2) $V_s = \dfrac{A_v \cdot f_{yt} \cdot d}{s} = \dfrac{(2 \times 71.33)(400)(550)}{(150)} = 209{,}235\text{N}$

(3) $\phi V_n = \phi(V_c + V_s) = (0.75)[(134{,}722)+(209{,}235)]$
$= 257{,}968\text{N} = 257.968\text{kN}$

해설

(1)	전단강도 설계식	소요전단강도(V_u) ≤ 설계전단강도(ϕV_n)			
		전단에 대한 강도감소계수: $\phi = 0.75$			
(2)	공칭전단강도 $V_n = V_c + V_s$	$V_c = \dfrac{1}{6}\lambda\sqrt{f_{ck}} \cdot b_w \cdot d$			
		λ	경량콘크리트계수		
			$\lambda=1$	$\lambda=0.85$	$\lambda=0.75$
			보통중량 콘크리트	모래경량 콘크리트	전경량 콘크리트
		f_{ck}	콘크리트 설계기준압축강도(MPa)		
		b_w	보의 복부폭(mm)		
		d	보의 유효깊이(mm)		
		$V_s = \dfrac{A_v \cdot f_{yt} \cdot d}{s}$			
		A_v	Stirrup 1개 조(組)의 단면적(mm^2)		
		f_{yt}	Stirrup 항복강도(MPa)		
		s	Stirrup 간격(mm)		
		d	보의 유효깊이(mm)		

2023년
과년도 기출문제

① 건축기사 제1회 시행 ······ 2-298
② 건축기사 제2회 시행 ······ 2-314
③ 건축기사 제4회 시행 ······ 2-330

제1회 2023
건축기사
과년도 기출문제

01 19④, 23①

이어치기 시간이란 1층에서 콘크리트 타설, 비비기부터 시작해서 2층에 콘크리트를 마감하는 데까지 소요되는 시간이다. 계속 타설 중의 이어치기 시간간격의 한도는 외기온이 25℃ 미만일 때는 (①)분, 25℃ 이상에서는 (②)분으로 한다. ( ) 안을 채우시오.

① _____ ② _____

정답 ① 150 ② 120

해설

①	이어치기 위치	수직 ➡ 보, 슬래브, 벽 수평 ➡ 기둥, 벽 축에 직각 ➡ 아치
②	이어치기 시간간격의 한도	외기온 25℃ 미만 ➡ 150분 외기온 25℃ 이상 ➡ 120분

02 23①

레디믹스트콘크리트(Ready Mixed Concrete)가 현장에 도착했을 때 콘크리트의 받아들이기 품질 검사사항을 4가지 쓰시오. (단, 굳지 않은 콘크리트의 상태 검사 제외)

① _____ ② _____
③ _____ ④ _____

정답

레디믹스트 콘크리트(Ready Mixed Concrete, 레미콘)
콘크리트 받아들이기 품질검사 【국가건설기준센터 KCS 14 20 00】

- 슬럼프(Slump)
- 슬럼프 플로(Slump Flow)
- 공기량
- 온도
- 단위용적질량
- 염화물 함유량

03 배점3

Fast Track Method에 대해 간단히 설명하시오.

[정답] 설계와 시공을 병행하는 방식으로써 공기단축을 위하여 설계가 완성된 부분부터 공사를 단계적으로 집행하는 방식

[해설]

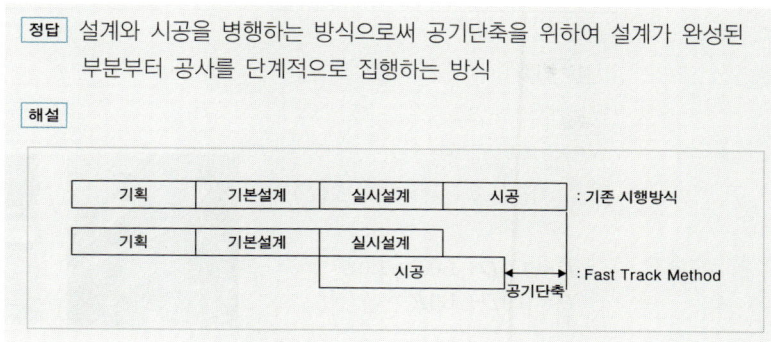

04 배점2

강구조공사를 시공할 때 베이스 플레이트(Base Plate)의 시공 시 사용되는 충전재의 명칭을 쓰시오.

[정답] 무수축모르타르

[해설]

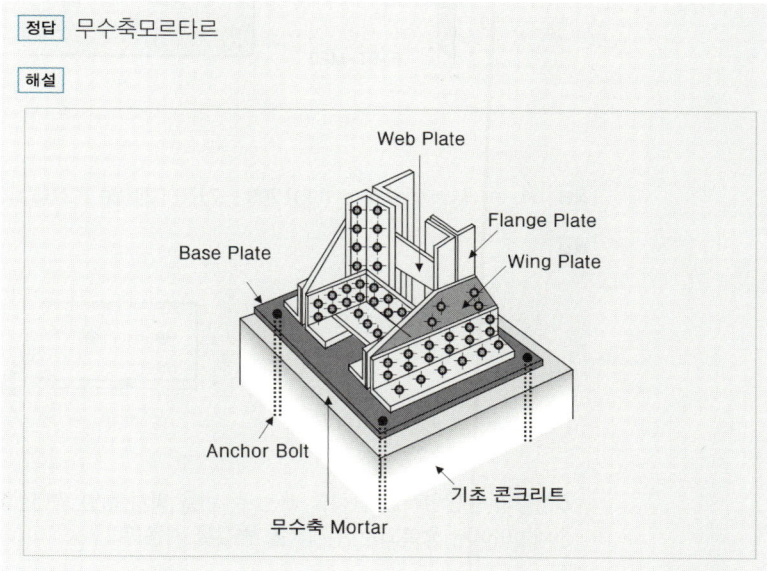

05

다음 괄호 안에 알맞은 숫자를 쓰시오.

> 강도설계 또는 한계상태설계를 수행할 경우에는 각 설계법에 적용하는 하중조합의 지진하중계수는 (   )으로 한다.

정답 1.0

해설

지진하중 관련 소요강도(U)

$U = 1.2D + 1.0E + 1.0L$
$U = 0.9D + 1.0E$

06

$L-100 \times 100 \times 7$ 인장재의 순단면적(mm^2)을 구하시오.

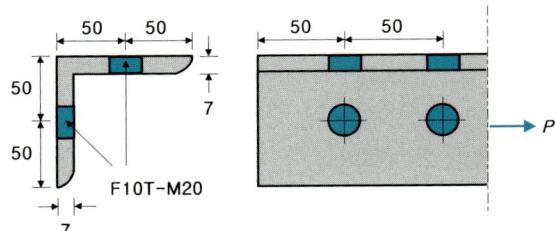

정답 $A_n = A_g - n \cdot d \cdot t = [(7)(200-7)] - (2)(20+2)(7) = 1{,}043 \mathrm{mm}^2$

해설

정렬배치 순단면적

$A_n = A_g - n \cdot d \cdot t$

L형강의 순단면적을 산정할 때는 두 변을 펴서 동일 평면상에 놓은 후 전체높이에서 중복되는 두께 t를 뺀값을 사용한다.

배점3

07

11④, 23①

철근콘크리트 T형보에서 압축을 받는 플랜지 부분의 유효폭을 결정할 때 세 가지 조건에 의하여 산출된 값 중 가장 작은값으로 유효폭을 결정하는데, 유효폭을 결정하는 세 가지 기준을 쓰시오.

① _____ ② _____ ③ _____

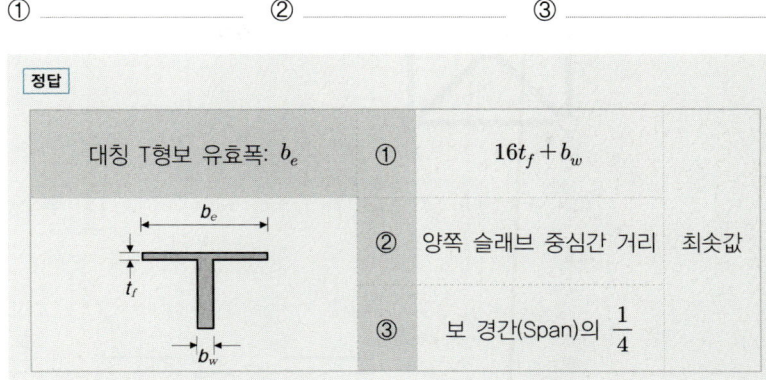

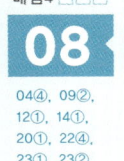

배점4

08

04④, 09②,
12①, 14①,
20①, 22④,
23①, 23②

지하구조물은 지하수위에서 구조물 밑면까지의 깊이만큼 부력을 받아 건물이 부상하게 되는데, 이것에 대한 방지대책을 4가지 기술하시오.

① _____ ② _____

③ _____ ④ _____

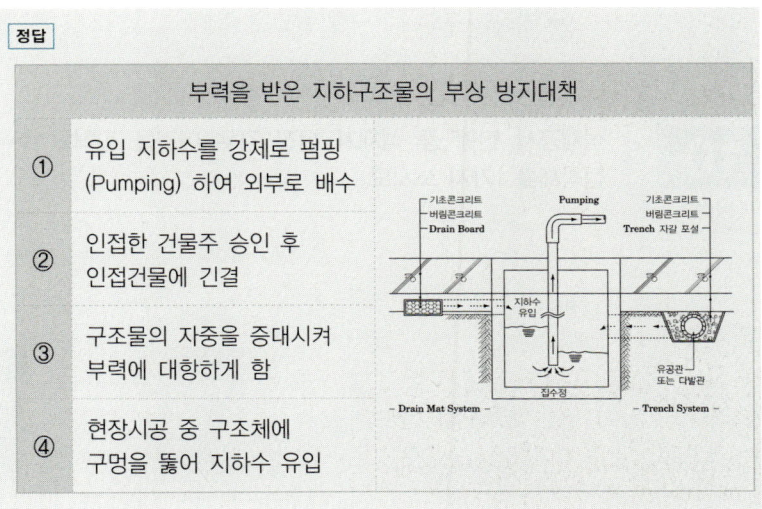

09

그림과 같은 트러스 구조의 부정정차수를 구하고, 안정구조인지 불안정 구조인지를 판별하시오.

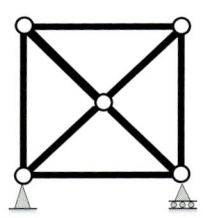

정답 $N = r + m + f - 2j = (2+1) + (8) + (0) - 2(5) = 1$차 부정정 ➡ 안정

해설

부정정 차수	이동지점 : $r=1$	회전지점 : $r=2$	고정지점 : $r=3$

$N = r + m + f - 2j$

r: 반력(reaction)수
m: 부재(member)수
f: 강(fixed)절점수
j: 절점(joint)수

활절점, 힌지(Hinge), 핀(Pin)

- $N < 0$ ➡ 불안정 구조 : 외력이 작용했을 때 구조물이 평형을 이루지 못하는 상태 (위치나 모양이 변화함)
- $N = 0$ ➡ 정정 구조 : 안정한 구조물이며, 평형조건식만으로 반력과 부재력을 구할 수 있는 상태
- $N > 0$ ➡ 부정정 구조 : 안정한 구조물이며, 평형조건식만으로 반력과 부재력을 구할 수 없는 상태

10

석재공사 진행 중 석재가 깨진 경우 이것을 접착할 수 있는 대표적인 접착제를 1가지 쓰시오.

정답 에폭시(Epoxy)

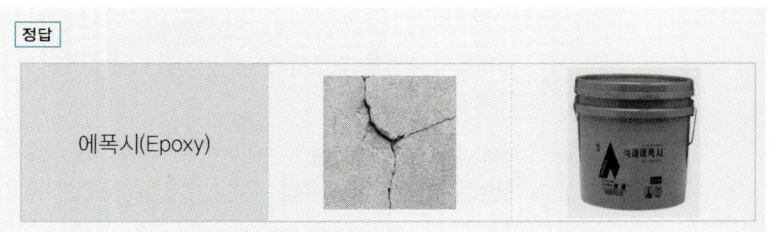

11

그림과 같은 단면의 단면2차모멘트 $I=64,000\text{cm}^4$, 단면2차반경 $r=\dfrac{20}{\sqrt{3}}\text{cm}$일 때 폭 b와 높이 h를 구하시오.

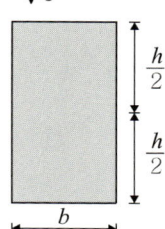

정답

(1) $r=\sqrt{\dfrac{I}{A}}$ 로부터 $A=\dfrac{I}{r^2}=\dfrac{(64,000)}{\left(\dfrac{20}{\sqrt{3}}\right)^2}=480\text{cm}^2$

(2) $I=\dfrac{bh^3}{12}=\dfrac{A\cdot h^2}{12}$ 으로부터 $h=\sqrt{\dfrac{12I}{A}}=\sqrt{\dfrac{12(64,000)}{(480)}}=40\text{cm}$

(3) $A=bh$ 로부터 $b=\dfrac{A}{h}=\dfrac{(480)}{(40)}=12\text{cm}$

해설

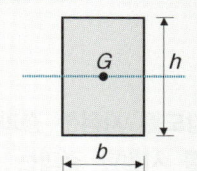

	단면2차모멘트	단면2차반경
	$I_x=\dfrac{bh^3}{12}$	$r=\sqrt{\dfrac{I}{A}}=\dfrac{h}{\sqrt{12}}$

12

커튼월 공사에서 구조체의 층간변위, 커튼월의 열팽창, 변위 등을 해결하기 위한 긴결방법 3가지를 쓰시오.

① _____ ② _____ ③ _____

정답 ① 수평이동 방식 ② 고정 방식 ③ 회전 방식

해설

Fastener 설치목적	구조체의 층간변위, 커튼월의 열팽창, 변위 등을 해결	
Fastener 설치방식	①	수평이동 방식(Sliding Type)
	②	고정 방식(Fixed Type)
	③	회전 방식(Locking Type)

13. 지반조사 방법 중 보링(Boring)의 정의와 종류 3가지를 쓰시오.

(1) 정의 :

(2) 종류

① _____ ② _____ ③ _____

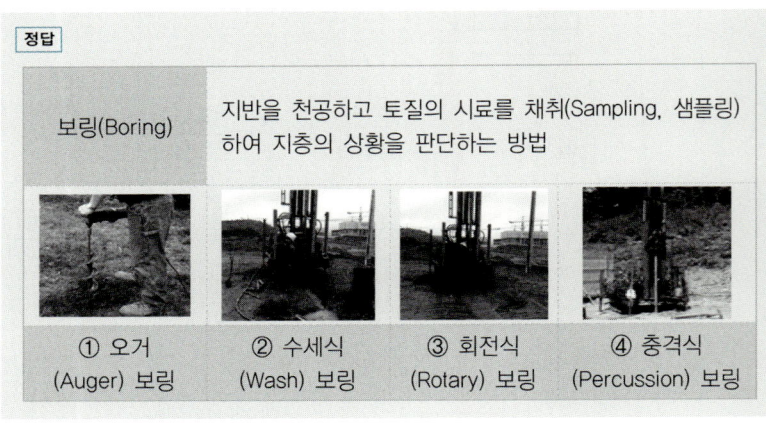

정답

| 보링(Boring) | 지반을 천공하고 토질의 시료를 채취(Sampling, 샘플링)하여 지층의 상황을 판단하는 방법 |

① 오거 (Auger) 보링 ② 수세식 (Wash) 보링 ③ 회전식 (Rotary) 보링 ④ 충격식 (Percussion) 보링

14. 자연상태의 시료를 운반하여 압축강도를 시험한 결과 8MPa이었고, 그 시료를 이긴시료로 하여 압축강도를 시험한 결과는 5MPa이었다면 이 흙의 예민비를 구하시오.

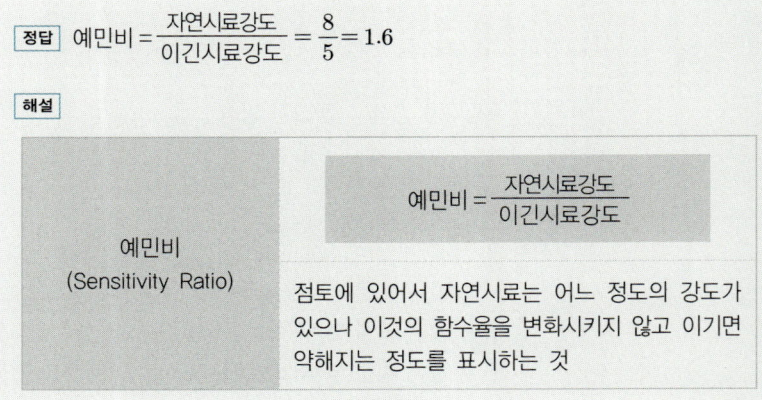

정답 예민비 $= \dfrac{\text{자연시료강도}}{\text{이긴시료강도}} = \dfrac{8}{5} = 1.6$

해설

| 예민비 (Sensitivity Ratio) | 예민비 $= \dfrac{\text{자연시료강도}}{\text{이긴시료강도}}$
점토에 있어서 자연시료는 어느 정도의 강도가 있으나 이것의 함수율을 변화시키지 않고 이기면 약해지는 정도를 표시하는 것 |

15

다음 데이터를 이용하여 Normal Time 네트워크 공정표를 작성하고, 3일 공기단축한 네트워크 공정표 및 총공사금액을 산출하시오.

Activity	Normal Time	Normal Cost(원)	Crash Time	Crash Cost(원)	비 고
A(0→1)	3	20,000	2	26,000	표준 공정표에서의 일정은 다음과 같이 표시하고, 주공정선은 굵은선으로 표시한다.
B(0→2)	7	40,000	5	50,000	
C(1→2)	5	45,000	3	59,000	
D(1→4)	8	50,000	7	60,000	
E(2→3)	5	35,000	4	44,000	
F(2→4)	4	15,000	3	20,000	
G(3→5)	3	15,000	3	15,000	
H(4→5)	7	60,000	7	60,000	

(1) 표준(Normal) Network를 작성하시오.(결합점에서 EST, LST, LFT, EFT를 표시할 것)

(2) 공기를 3일 단축한 Network를 작성하시오.(결합점에서 EST, LST, LFT, EFT 표시하지 않을 것)

(3) 3일 공기단축된 총공사비를 산출하시오.

정답

(1)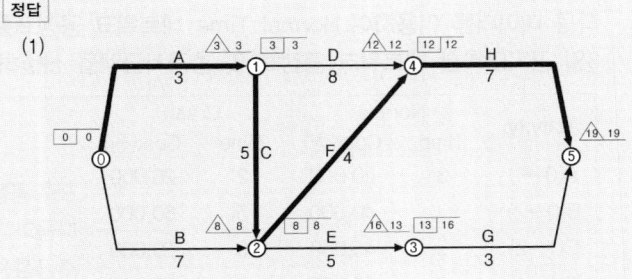

(2)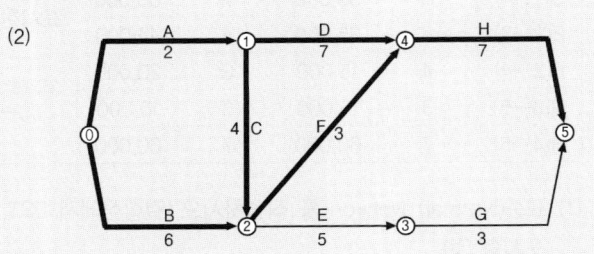

(3) 19일 표준공사비 + 3일 단축 시 추가공사비
= 280,000+33,000 = 313,000원

단축대상		추가비용
18일	F	5,000
17일	A	6,000
16일	B+C+D	22,000

해설

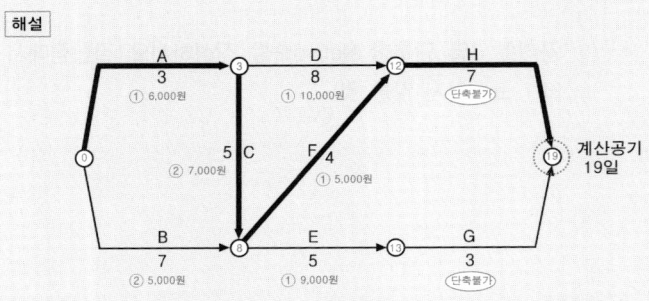

	고려되어야 할 CP 및 보조CP	단축대상	추가비용
19일 ☞ 18일	A-C-F-H̶	F	5,000
18일 ☞ 17일	A-C-F̶-H̶, A-D-H̶	A	6,000
17일 ☞ 16일	A̶-C-F̶-H̶, A̶-D-H̶, B-F̶-H̶	B+C+D	22,000

배점5

16

콘크리트 블록의 압축강도가 6N/mm^2 이상으로 규정되어 있다. 390×190×190mm 블록의 압축강도를 시험한 결과 600,000N, 500,000N, 550,000N에서 파괴되었을 때 합격 및 불합격 여부를 판정하시오.

정답 (1) $f_1 = \dfrac{600,000}{390 \times 190} = 8.097$, $f_2 = \dfrac{500,000}{390 \times 190} = 6.747$,

$f_3 = \dfrac{550,000}{390 \times 190} = 7.422$

(2) $f = \dfrac{8.097 + 6.747 + 7.422}{3} = 7.42\text{N/mm}^2 \geq 6\text{N/mm}^2$ 이므로 합격

해설

KS F 4002	390(길이)×190(높이)×100(두께)
	390(길이)×190(높이)×150(두께)
	390(길이)×190(높이)×190(두께)

블록(Block)의 압축강도 시험에 적용되는 면적은 길이와 두께이다.

배점3

17

다음이 설명하는 용어를 쓰시오.

드라이비트라는 일종의 못박기총을 사용하여 콘크리트나 강재 등에 박는 특수못으로 머리가 달린 것을 H형, 나사로 된 것을 T형이라고 한다.

정답

드라이브 핀(Drive Pin)

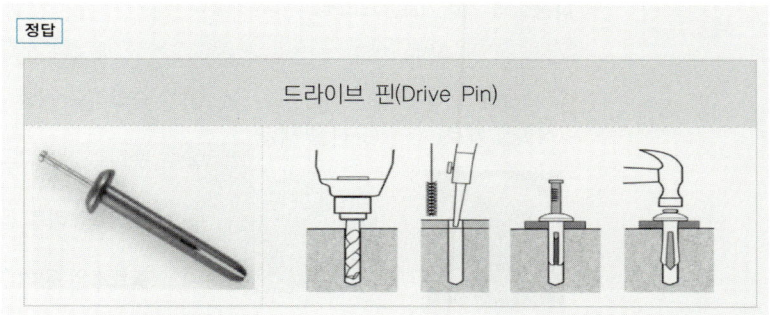

배점4

18 압밀(Consolidation)과 다짐(Compaction)의 차이점을 비교하여 설명하시오.

20①, 23①

> **정답** 압밀은 점토지반에 외력을 가하여 흙 속의 간극수를 제거하는 것을 말하며, 다짐은 사질지반에 외력이 가해져 공기가 빠지면서 압축되는 현상을 말한다.

배점3

19 ALC(Autoclaved Lightweight Concrete)를 제조하기 위한 주재료 2가지와 기포 제조방법을 쓰시오.

20③, 23①

(1) 주재료

① _____ ② _____

(2) 기포 제조방법 :

> **정답** (1) ① 규사(규산질 재료) ② 생석회(석회질 재료)
> (2) 발포제를 넣고 고온, 고압 하에서 양생
>
> **해설**
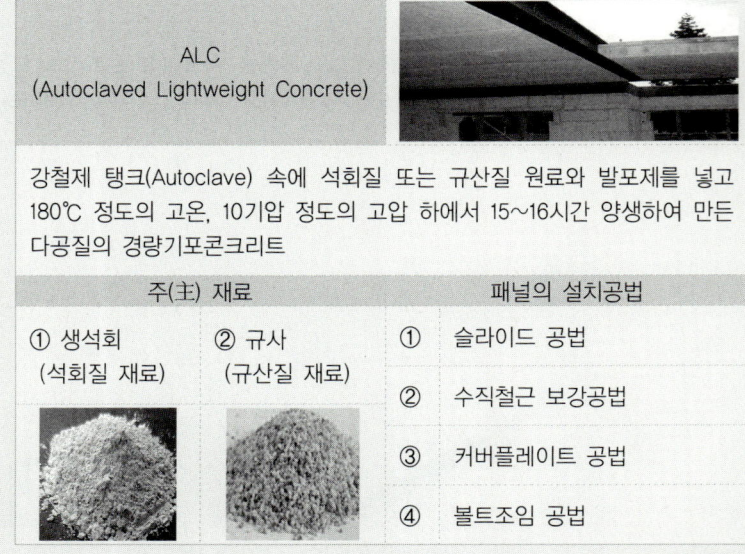

2-308

20 다음 조건의 철근콘크리트 부재의 부피와 중량을 구하시오.

(1) 보 : 단면 300mm×400mm, 길이 1m, 150개

   ① 부피 :

   ② 중량 :

(2) 기둥 : 단면 450mm×600mm, 길이 4m, 50개

   ① 부피 :

   ② 중량 :

[정답]

(1)	보	① 부피 : $0.3 \times 0.4 \times 1 \times 150 = 18\text{m}^3$ ② 중량 : $18 \times 2,400 = 43,200\text{kg}$
(2)	기둥	① 부피 : $0.45 \times 0.6 \times 4 \times 50 = 54\text{m}^3$ ② 중량 : $54 \times 2,400 = 129,600\text{kg}$

21 고강도 콘크리트의 폭렬현상에 대하여 설명하시오.

[해설]

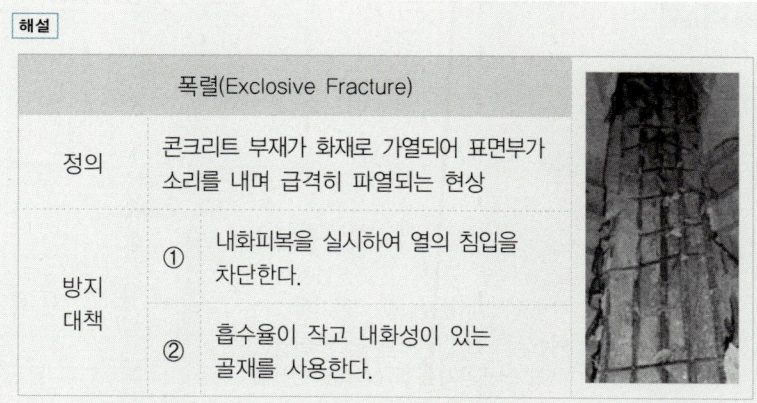

폭렬(Exclosive Fracture)	
정의	콘크리트 부재가 화재로 가열되어 표면부가 소리를 내며 급격히 파열되는 현상
방지 대책	① 내화피복을 실시하여 열의 침입을 차단한다.
	② 흡수율이 작고 내화성이 있는 골재를 사용한다.

그림과 같은 겔버보의 A, B, C의 지점반력을 구하시오.

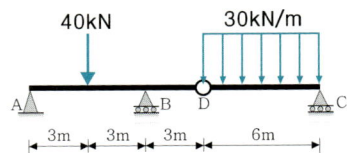

정답

(1) D절점 : $M=0$ 이라는 조건방정식
➡ DC 구간 : $V_C = V_D = +\dfrac{(30 \times 6)}{2} = +90\text{kN}(\uparrow)$

AD 내민보 구간 : 평형조건식($\sum H=0$, $\sum M=0$, $\sum V=0$)
➡ $\sum H=0$: $H_A = 0$
➡ $\sum M_B = 0$: $+(V_A)(6) - (40)(3) + (90)(3) = 0$
∴ $V_A = -25\text{kN}(\downarrow)$

➡ $\sum V=0$: $+(V_A) + (V_B) - (40) - (90) = 0$ 으로부터
(2) ∴ $V_B = +155\text{kN}(\uparrow)$

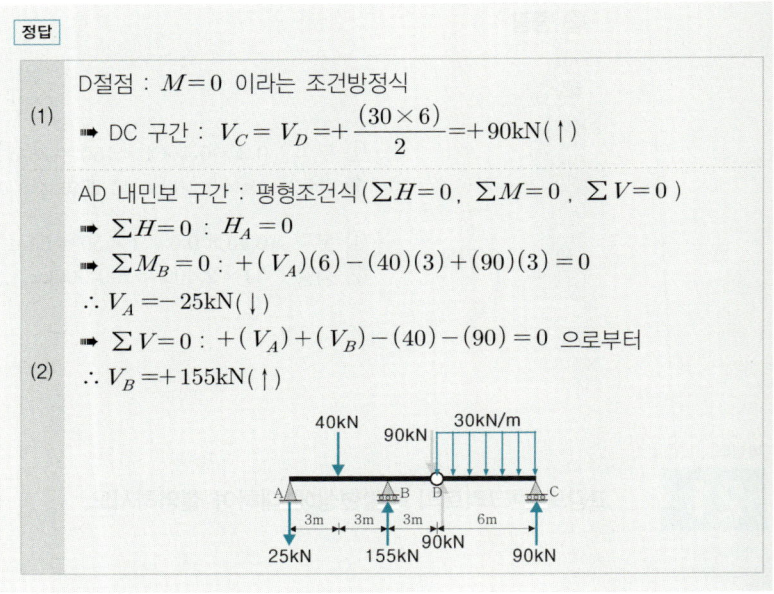

23

LOB(Line Of Balance)에 대하여 간단히 설명하시오.

정답

LOB(Line Of Balance)

고층건축물 공사의 반복작업에서 각 작업조의 생산성을 기울기로 하는 직선으로 각 반복작업의 진행을 표시하여 전체공사를 도식화하는 기법

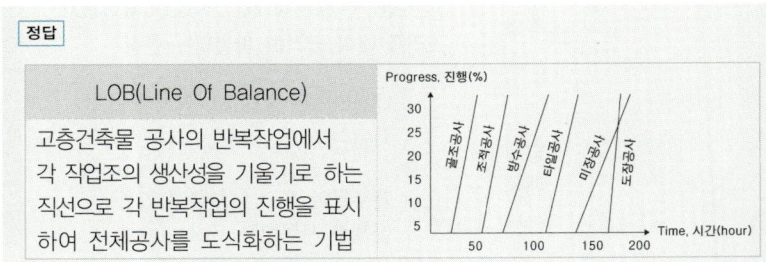

배점4

24 흙막이공사의 지하연속벽(Slurry Wall)공법에 사용되는 안정액의 기능을 2가지 쓰시오.

99⑤, 02④,
10④, 20④,
23①, 23④

① _____ ② _____

정답 ① 굴착벽면 붕괴 방지   ② 굴착토사 분리·배출

해설

지하연속벽(Slurry Wall)	
지수벽·구조체 등으로 이용하기 위해 지하로 크고 깊은 트렌치를 굴착하여 철근망을 삽입 후 콘크리트를 타설한 패널(Panel)을 연속으로 축조해 나가는 공법	
(1) 가이드 월(Guide Wall) 역할	연속벽의 수직도 및 벽두께 유지, 굴착 시 안내벽 역할, 굴착 시 붕괴 방지, 철근망 삽입 전 거치대 역할
(2) 안정액(Bentonite) 기능	굴착벽면 붕괴 방지, 굴착토사 분리·배출, 부유물의 침전방지

배점3

25 강구조 볼트접합과 관련하여 용어를 쓰시오.

11①, 23①

(1) 볼트 중심 사이의 간격

(2) 볼트 중심 사이를 연결하는 선

(3) 볼트 중심 사이를 연결하는 선 사이의 거리

(1) _____ (2) _____ (3) _____

정답

(1)	피치(pitch)
(2)	게이지라인(gauge line)
(3)	게이지(gauge)

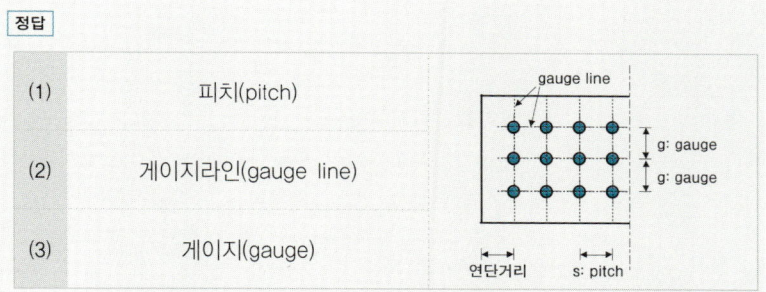

26 Remicon(25-30-180)은 Ready Mixed Concerte의 규격에 대한 수치이다. 이 3가지의 수치가 뜻하는 바를 간단히 쓰시오. (단, 단위 표기도 할 것)

(1) 25 : _____   (2) 30 : _____

(3) 180 : _____

> [정답]
>
> Remicon [25 – 30 – 180]
>   (1)   (2)   (3)
>
> (1) 굵은골재 최대치수 25mm
>
> (2) 호칭강도 30MPa
>
> (3) 슬럼프(Slump) 180mm

memo

제2회 2023 건축기사 과년도 기출문제

배점3

01

가설출입구 설치 시 고려사항을 3가지 작성하시오.

① _____
② _____
③ _____

정답

가설출입구 설치 시 고려사항
① 현장으로의 접근이 용이하고 자재 야적에 유리한 위치 선정
② 주변 교통상황과 도로에 영향을 주지 않는 위치 선정
③ 진입 유효폭과 전면 도로폭에 의한 충분한 진입각도를 고려

배점5

02

다음 평면의 건물높이가 13.5m일 때 비계면적을 산출하시오.
(단, 도면 단위는 mm이며, 비계형태는 쌍줄비계로 한다.)

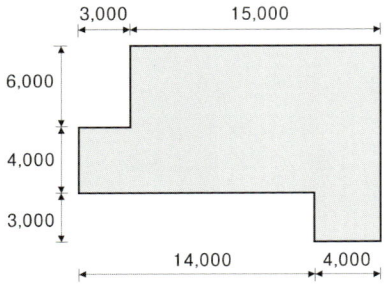

정답 $A = 13.5 \times \{(18+13) \times 2 + 8 \times 0.9\} = 934.2 \mathrm{m}^2$

해설

쌍줄비계면적	$A = H(L + 8 \times 0.9)$
	• A : 비계면적(m^2) • H : 건물 높이(m) • L : 건물 외벽길이(m) • 0.9 : 외벽에서 0.9m 이격

03 지반조사 시 실시하는 보링(Boring)의 종류를 3가지 쓰시오.

① _____ ② _____ ③ _____

정답
① 오거(Auger) 보링 ② 수세식(Wash) 보링 ③ 회전식(Rotary) 보링

04 연약지반 개량공법을 3가지만 쓰시오.

① _____ ② _____ ③ _____

정답
① 연직배수공법 ② 고결공법 ③ 진동다짐공법

05 지하구조물은 지하수위에서 구조물 밑면까지의 깊이만큼 부력을 받아 건물이 부상하게 되는데, 이것에 대한 방지대책을 2가지 기술하시오.

① _____

② _____

정답

부력을 받은 지하구조물의 부상 방지대책

① 유입 지하수를 강제로 펌핑(Pumping) 하여 외부로 배수

② 인접한 건물주 승인 후 인접건물에 긴결

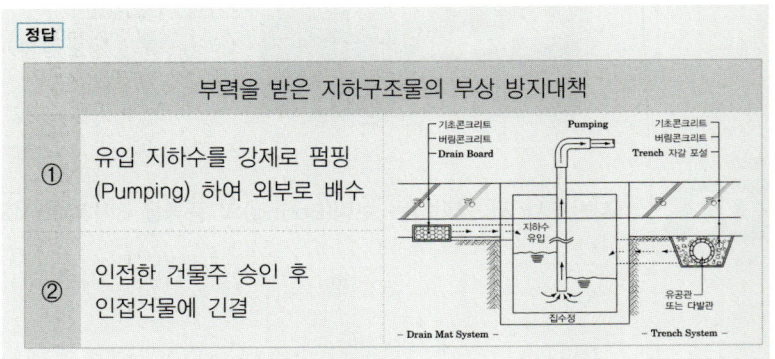

06 기초의 부동침하는 구조적으로 문제를 일으키게 된다. 이러한 기초의 부동침하를 방지하기 위한 대책 중 기초구조 부분에 처리할 수 있는 사항을 2가지 기술하시오.

① _____

② _____

정답

부동침하(Uneven Settlement, 부등침하) 주요 대책		
(1)	상부구조	• 건물의 경량화 및 중량 분배를 고려
		• 건물의 길이를 작게 하고 강성을 높일 것
		• 인접 건물과의 거리를 멀게 할 것
(2)	하부구조	• 마찰말뚝을 사용하고 서로 다른 종류의 말뚝 혼용을 금지
		• 지하실 설치 : 온통기초(Mat Foundation)가 유효
		• 기초 상호간을 연결 : 지중보 또는 지하연속벽 시공
		• 언더피닝(Under Pinning) 공법의 적용

07

그림과 같은 온통기초에서 터파기량, 되메우기량, 잔토처리량을 산출하시오.
(단, 토량환산계수 $L=1.3$으로 한다.)

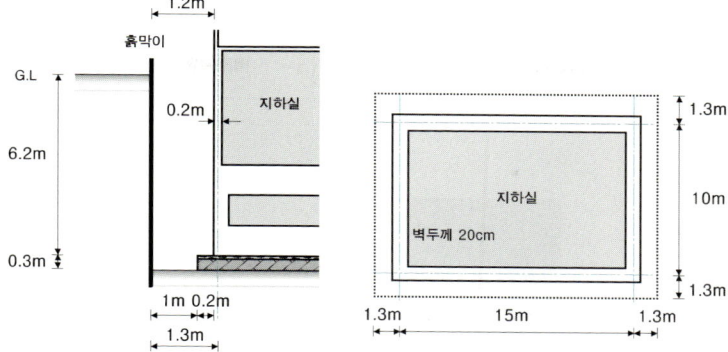

(1) 터파기량 :

(2) 되메우기량 :

(3) 잔토처리량 :

정답 (1) $V = (15+1.3\times 2)\times(10+1.3\times 2)\times 6.5 = 1,441.44\text{m}^3$

(2) ① GL 이하의 구조부 체적
$[0.3\times(15+0.3\times 2)\times(10+0.3\times 2)]$
$+[6.2\times(15+0.1\times 2)\times(10+0.1\times 2)] = 1,010.86\text{m}^3$

② 되메우기량 : $1,441.44 - 1,010.86 = 430.58\text{m}^3$

(3) $1,010.86 \times 1.3 = 1,314.12\text{m}^3$

해설

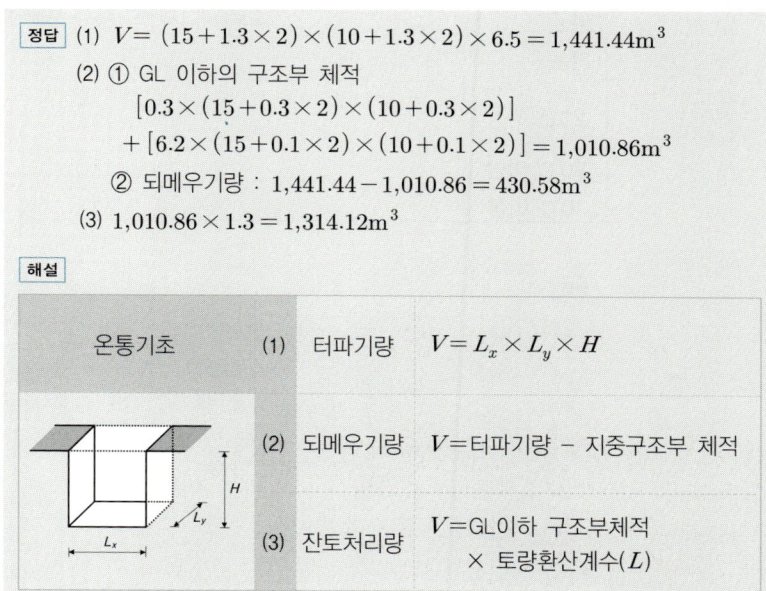

온통기초	(1) 터파기량	$V = L_x \times L_y \times H$
	(2) 되메우기량	V = 터파기량 − 지중구조부 체적
	(3) 잔토처리량	V = GL이하 구조부체적 $\times$ 토량환산계수(L)

08 [배점3]

KDS 구조설계기준에서 규정하고 있는 철근 간격결정 원칙 중 보기의 ( ) 안에 들어갈 알맞은 수치를 쓰시오.

> 철근과 철근의 순간격은 굵은골재 최대치수의 ( )배 이상, ( )mm 이상, 이형철근 공칭직경의 ( )배 이상으로 한다.

정답

철근과 철근의 순간격은 굵은골재 최대치수의 $\frac{4}{3}$배 이상, 25mm 이상, 이형철근 공칭직경의 1배 이상으로 한다.

09 [배점4]

건축공사표준시방서에 따른 거푸집널 존치기간 중의 평균기온이 10℃ 이상인 경우에 콘크리트의 압축강도 시험을 하지 않고 거푸집을 떼어 낼 수 있는 콘크리트의 재령(일)을 나타낸 표이다. 빈 칸에 알맞은 숫자를 표기하시오.

〈기초, 보옆, 기둥 및 벽의 거푸집널 존치기간을 정하기 위한 콘크리트의 재령(일)〉

시멘트 종류 평균 기온	조강포틀랜드시멘트	보통포틀랜드시멘트 고로슬래그시멘트(1종)	고로슬래그시멘트(2종) 포틀랜드포졸란시멘트(B종)
20℃ 이상			
20℃ 미만 10℃ 이상			

정답

시멘트 종류 평균 기온	조강포틀랜드시멘트	보통포틀랜드시멘트 고로슬래그시멘트(1종)	고로슬래그시멘트(2종) 포틀랜드포졸란시멘트(B종)
20℃ 이상	2일	4일	5일
20℃ 미만 10℃ 이상	3일	6일	8일

10. 콘크리트 헤드(Concrete Head)를 설명하시오.

정답

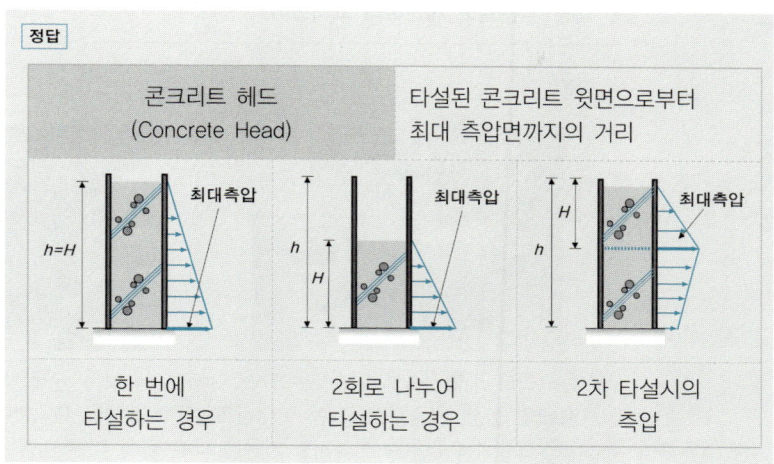

| 콘크리트 헤드 (Concrete Head) | 타설된 콘크리트 윗면으로부터 최대 측압면까지의 거리 |

한 번에 타설하는 경우 | 2회로 나누어 타설하는 경우 | 2차 타설시의 측압

11. 다음이 설명하는 콘크리트의 줄눈 명칭을 쓰시오.

콘크리트 경화 시 수축에 의한 균열을 방지하고 슬래브에서 발생하는 수평 움직임을 조절하기 위하여 설치한다. 벽과 슬래브 외기에 접하는 부분 등 균열이 예상되는 위치에 약한 부분을 인위적으로 만들어 다른 부분의 균열을 억제하는 역할을 한다.

정답

조절줄눈(Control Joint): 균열을 전체 단면 중의 일정한 곳에만 발생하도록 유도하는 Joint로서 수축줄눈(Contraction Joint)이라고도 한다.

12

레디믹스트콘크리트 배합에 대한 내용 중 빈칸에 알맞은 용어를 쓰시오.

> 콘크리트 배합시 레디믹스트콘크리트 배합표에 보통 골재는 (　　　　)
> 상태의 질량, 인공경량골재는 (　　　　)상태의 질량을 표시한다.
> (　　　　)의 경우는 혼화재를 사용할 때로 물에 대한 시멘트와 혼화재의
> 질량 백분율로 계산하여 고려한다.

정답

> 콘크리트 배합시 레디믹스트콘크리트 배합표에 보통 골재는 표면건조포화
> 상태의 질량, 인공경량골재는 절대건조상태의 질량을 표시한다.
> 물결합재비의 경우는 혼화재를 사용할 때로 물에 대한 시멘트와 혼화재의
> 질량 백분율로 계산하여 고려한다.

13

강구조 주각부의 현장 시공순서에 맞게 번호를 쓰시오.

> ① 기초 상부 고름질　　② 가조립　　③ 변형 바로잡기
> ④ 앵커볼트 설치　　　 ⑤ 철골 세우기　⑥ 철골 도장

정답 ④ ➡ ① ➡ ⑤ ➡ ② ➡ ③ ➡ ⑥

해설

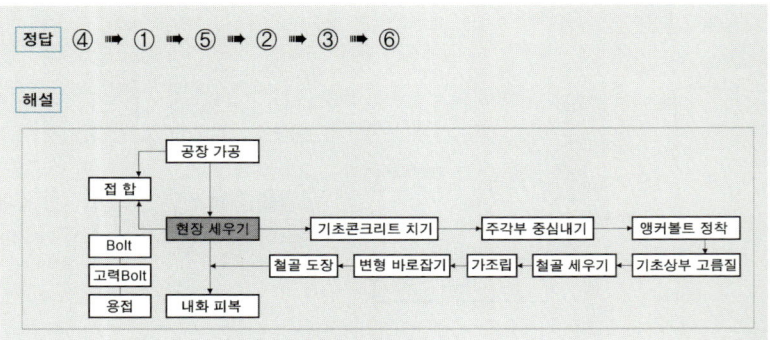

14

다음 빈칸에 알맞은 용어 또는 숫자를 기입하시오.

> 설계볼트장력은 고장력볼트의 설계미끄럼강도를 구하기 위한 값으로 미끄럼계수는 최소 (　　　)으로 하고, 현장시공에서의 (　　　)볼트장력은 (　　　)볼트장력에 (　　　)%를 할증한 값으로 한다.

정답

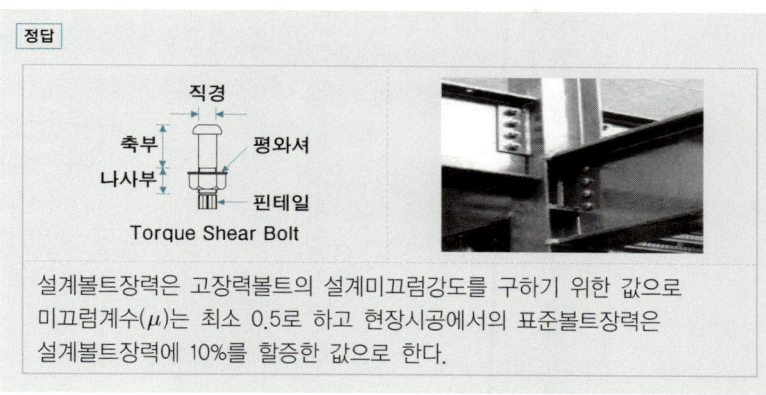
Torque Shear Bolt

설계볼트장력은 고장력볼트의 설계미끄럼강도를 구하기 위한 값으로 미끄럼계수(μ)는 최소 0.5로 하고 현장시공에서의 표준볼트장력은 설계볼트장력에 10%를 할증한 값으로 한다.

15

다음 보기에서 설명하는 구조의 명칭을 쓰시오.

> 강구조물 주위에 철근배근을 하고 그 위에 콘크리트가 타설되어 일체가 되도록 한 것으로서, 초고층 구조물 하층부의 복합구조로 많이 채택되는 구조

정답

매입형(埋入形) 합성기둥
(Composite Column)

16

배점3

05①, 08④, 10④, 15①, 19②, 20④, 23②

강구조에서 칼럼 쇼트닝(Column Shortening)에 대하여 기술하시오.

정답 강구조 초고층 건축 시 기둥에 발생되는 축소변위

해설

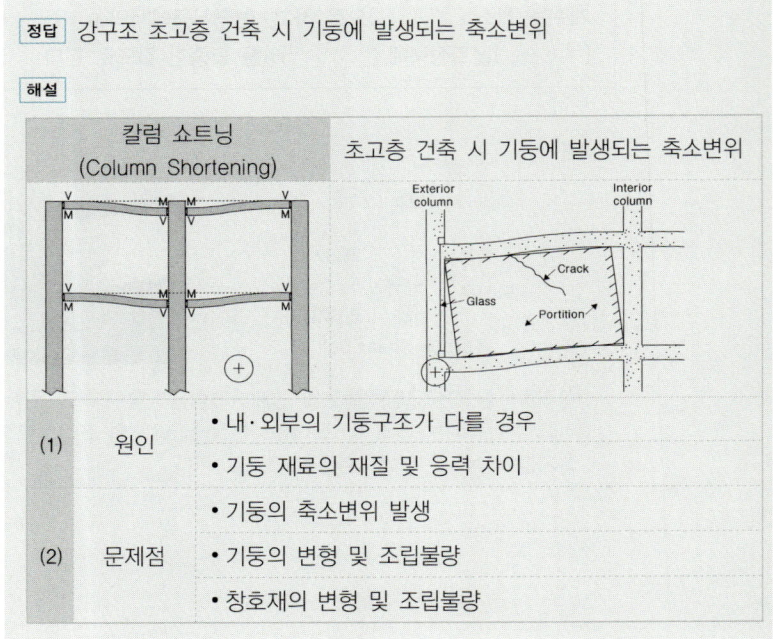

(1)	원인	• 내·외부의 기둥구조가 다를 경우 • 기둥 재료의 재질 및 응력 차이
(2)	문제점	• 기둥의 축소변위 발생 • 기둥의 변형 및 조립불량 • 창호재의 변형 및 조립불량

17

배점3

20④, 23②

강합성 데크플레이트 구조에 사용되는 시어커넥터(Shear Connector)의 역할에 대하여 설명하시오.

정답

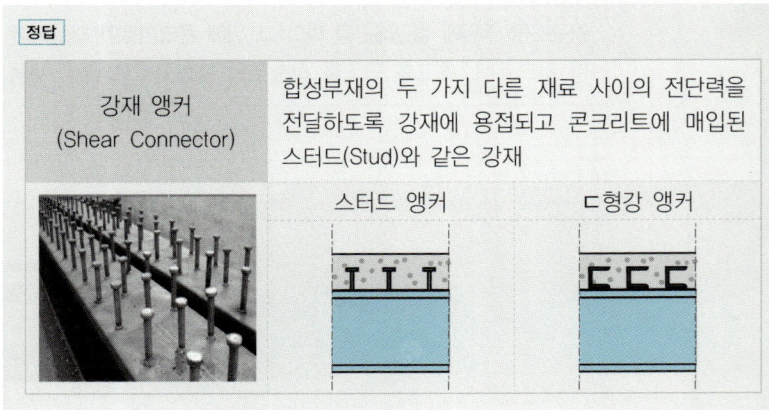

목공사에서 방충 및 방부처리된 목재를 사용해야 하는 경우를 2가지 쓰시오.

① _____

② _____

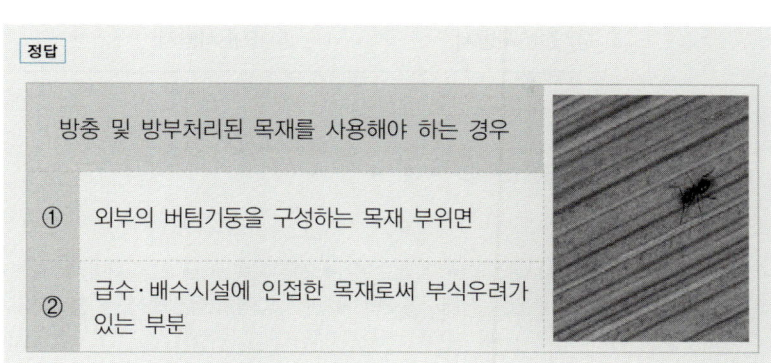

미장재료 중 기경성(氣硬性)과 수경성(水硬性) 재료를 각각 2가지씩 쓰시오.

(1) 기경성 미장재료

① _____ ② _____

(2) 수경성 미장재료

① _____ ② _____

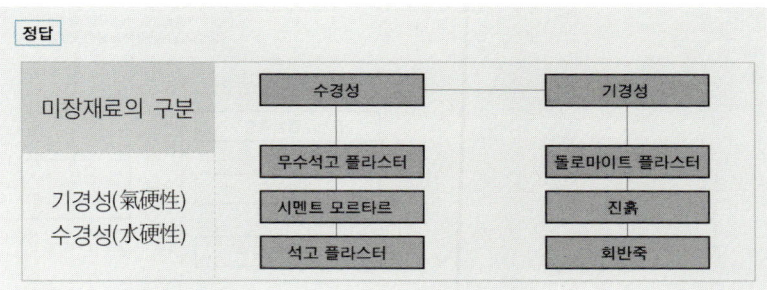

배점4

20

시방서와 설계도의 내용이 서로 달라서 시공상 부적당하다고 판단될 때 현장 책임자는 공사감리자와 협의하고 즉시 알려야 한다. 다음 보기에서 건축물의 설계도서 작성기준에서 시방서와 설계도서의 우선순위를 중요도에 따라 나열하시오.

① 공사(산출)내역서　② 공사시방서　③ 설계도면
④ 전문시방서　　　　⑤ 표준시방서

정답 ② ➡ ③ ➡ ④ ➡ ⑤ ➡ ①

해설

공사시방서 ➡ 설계도면 ➡ 전문시방서 ➡ 표준시방서 ➡ 산출내역서 ➡ 승인된 상세시공도면 ➡ 관계 법령의 유권해석 ➡ 감리자의 지시사항

배점4

21

다음이 설명하는 낙찰제도의 명칭을 쓰시오.

(1) 입찰에서 제시한 가격과 기술능력, 공사경험, 경영상태 등 계약수행능력을 종합평가하여 낙찰자를 결정하는 제도

(2) 사회적 책임점수를 포함한 공사수행 능력점수와 입찰금액 점수를 합산하여 가장 높은 점수를 획득한 입찰자를 낙찰시키는 제도

(1) _____　(2) _____

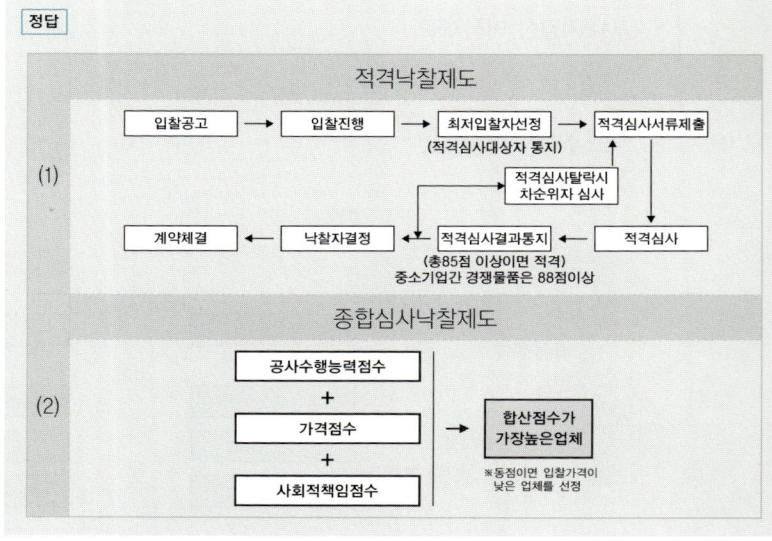

다음 데이터를 이용하여 정상공기를 산출한 결과 지정공기보다 3일이 지연되는 결과이었다. 공기를 조정하여 3일의 공기를 단축한 네트워크 공정표를 작성하고 아울러 총공사금액을 산출하시오.

작업명	선행작업	정상(Normal)		특급(Crash)		비고
		공기(일)	공비(원)	공기(일)	공비(원)	
A	없음	3	7,000	3	7,000	(1) 단축된 공정표에서 CP는 굵은선으로 표시하고, 결합점에서는 다음과 같이 표시한다.
B	A	5	5,000	3	7,000	
C	A	6	9,000	4	12,000	
D	A	7	6,000	4	15,000	
E	B	4	8,000	3	8,500	
F	B	10	15,000	6	19,000	
G	C, E	8	6,000	5	12,000	(2) 정상공기는 답지에 표기하지 않고 시험지 여백을 이용할 것
H	D	9	10,000	7	18,000	
I	F, G, H	2	3,000	2	3,000	

(1) 3일 단축한 Network 공정표

(2) 총공사비

정답

(1)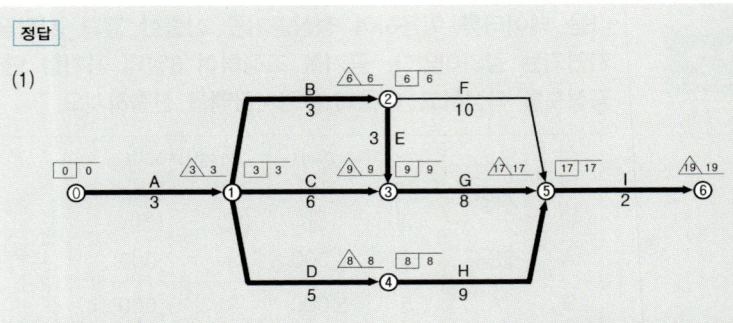

(2) 22일 표준공사비 + 3일 단축 시 추가공사비 = 69,000+8,500=77,500원

	단축대상	추가비용
21일	E	500
20일	B+D	4,000
19일	B+D	4,000

해설

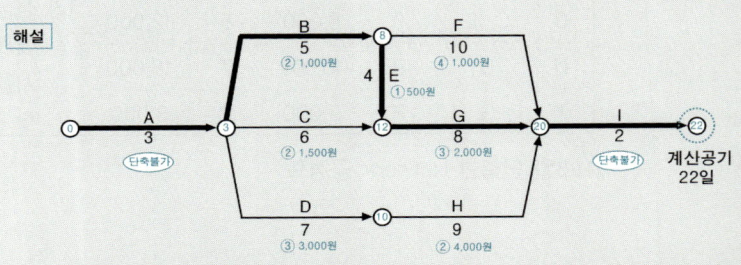

고려되어야 할 CP 및 보조CP		단축대상	추가비용
22일 ☞ 21일	A̶-B-E-G̶	E	500
21일 ☞ 20일	A̶-B-E̶-G̶ A̶-D-H̶	B+D	4,000
20일 ☞ 19일	A̶-B-E̶-G̶ A̶-D-H̶	B+D	4,000

배점3 □□□

23

23②

그림과 같은 단면의 x축에 대한 단면2차모멘트를 계산하시오.

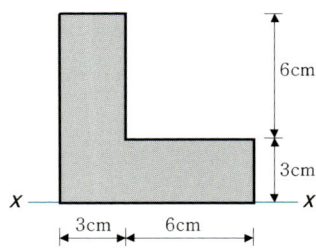

정답

$$I_x = \left[\frac{(3)(9)^3}{12} + (3 \times 9)(4.5)^2\right] + \left[\frac{(6)(3)^3}{12} + (6 \times 3)(1.5)^2\right] = 783 \text{cm}^4$$

해설

단면2차모멘트: 평행축 이동에 대한 평행축 정리

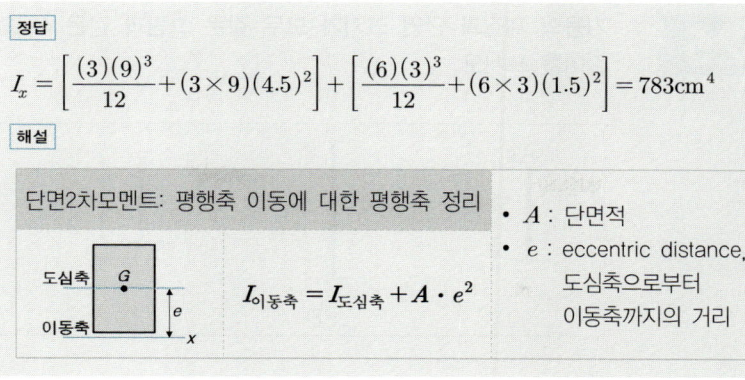

- A : 단면적
- e : eccentric distance, 도심축으로부터 이동축까지의 거리

$$I_{이동축} = I_{도심축} + A \cdot e^2$$

24

그림과 같은 비틀림모멘트(T)가 작용하는 원형 강관의 비틀림전단응력(τ_t)을 기호로 표현하시오.

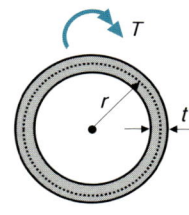

정답 $\tau_t = \dfrac{T}{2t \cdot A_m} = \dfrac{T}{2t \cdot \pi r^2}$

해설

비틀림전단응력

두께가 얇은 관에 대한 비틀림전단응력(τ_t)을 고려할 때 관 단면의 중심선에 의해 둘러싸인 면적을 적용한다.

$$\tau_t = \frac{T}{2t \cdot A_m} = \frac{T}{2t_1 \cdot b \cdot h} \qquad \tau_t = \frac{T}{2t \cdot A_m} = \frac{T}{2t \cdot \pi r^2}$$

기둥의 재질과 단면 크기가 모두 같은 그림과 같은 4개의 장주의 좌굴 길이를 쓰시오.

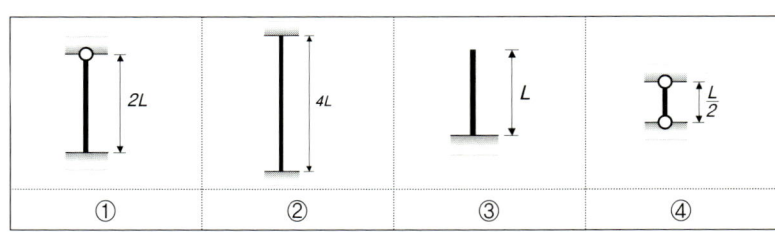

① _____ ② _____
③ _____ ④ _____

정답 ① $0.7 \times 2L = 1.4L$ ② $0.5 \times 4L = 2L$
③ $2 \times L = 2L$ ④ $1 \times \dfrac{L}{2} = 0.5L$

해설

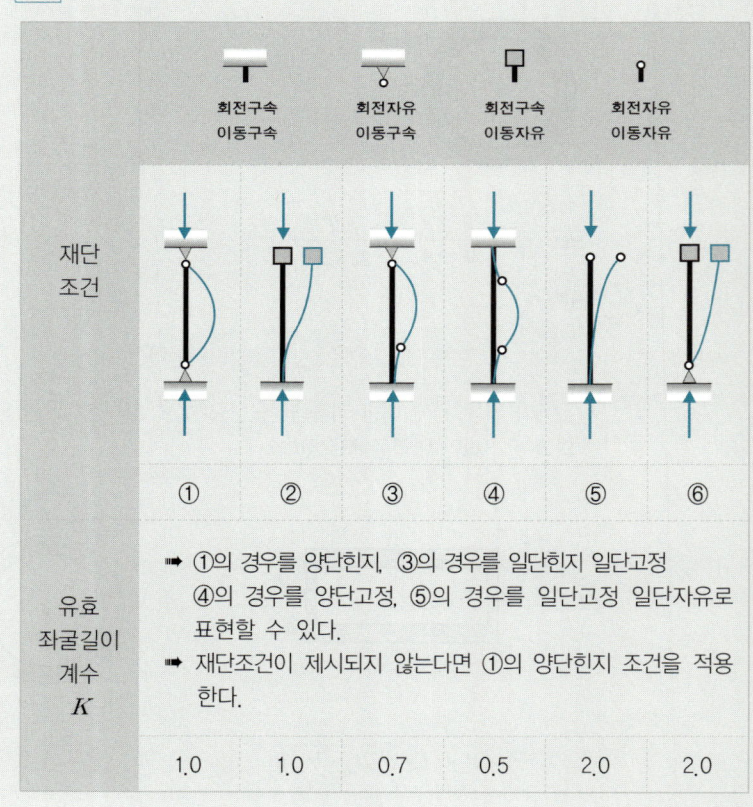

➡ ①의 경우를 양단힌지, ③의 경우를 일단힌지 일단고정 ④의 경우를 양단고정, ⑤의 경우를 일단고정 일단자유로 표현할 수 있다.
➡ 재단조건이 제시되지 않는다면 ①의 양단힌지 조건을 적용한다.

26 다세대주택의 필로티 구조에서 전이보(Transfer Girder)의 1층 구조와 2층 구조가 상이한 이유를 설명하시오.

정답 건축계획상 상부층의 기둥(Column)이나 벽체(Wall)가 하부로 연속성을 유지하면서 내려가지 못하기 때문에 이들을 춤이 큰 보에 지지시켜 이들이 지지하는 하중을 다른 하부의 기둥이나 벽체에 전이시키기 때문이다.

해설

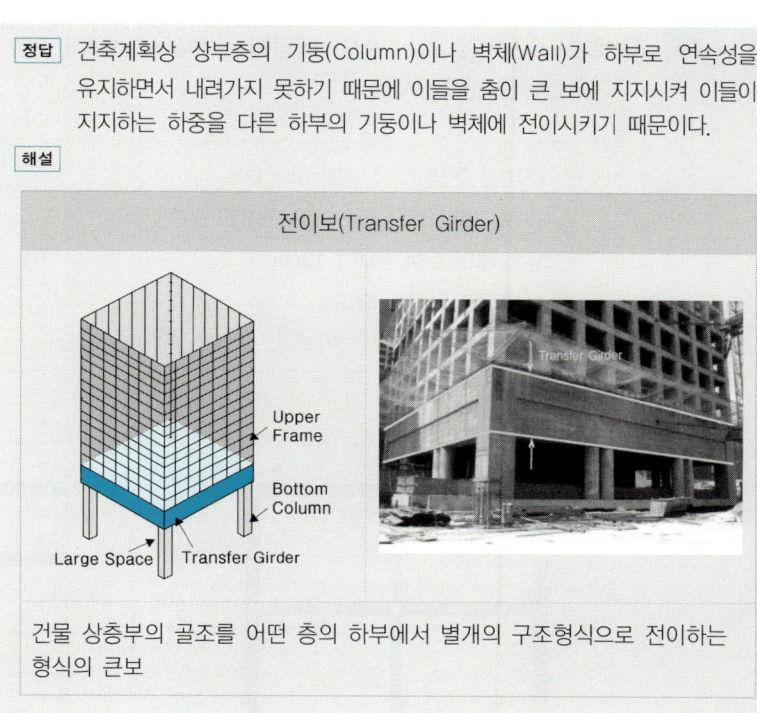

건물 상층부의 골조를 어떤 층의 하부에서 별개의 구조형식으로 전이하는 형식의 큰보

제4회 2023 건축기사 과년도 기출문제

배점8
01
10②, 14②, 20①, 23④

아래 그림은 철근콘크리트조 경비실 건물이다. 주어진 평면도 및 단면도를 보고 C_1, G_1, G_2, S_1에 해당되는 부분의 1층과 2층 콘크리트량과 거푸집량을 산출하시오.

> 단, 1) 기둥 단면 (C_1) : 30cm × 30cm
> 2) 보 단면 (G_1, G_2) : 30cm × 60cm
> 3) 슬래브 두께 (S_1) : 13cm
> 4) 층고 : 단면도 참조
> 단, 단면도에 표기된 1층 바닥선 이하는 계산하지 않는다.

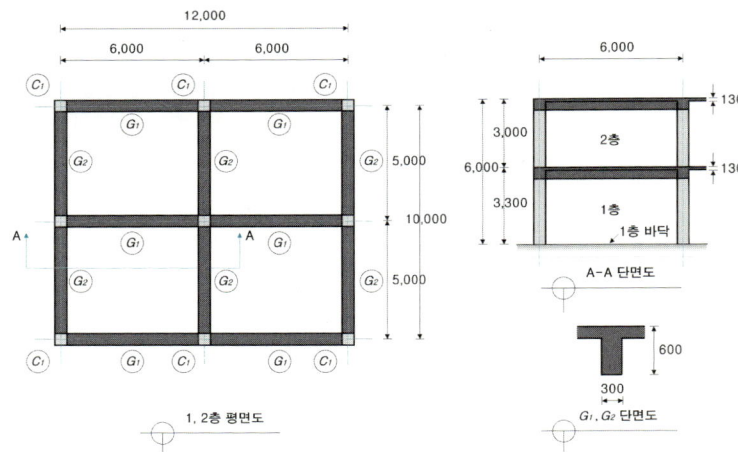

(1) 콘크리트량

_____ m³

(2) 거푸집량

_____ m²

정답

(1) 콘크리트량
① 기둥(C_1) 1층 : $(0.3 \times 0.3 \times 3.17) \times 9$개 $= 2.567$
　　　　　　 2층 : $(0.3 \times 0.3 \times 2.87) \times 9$개 $= 2.324$
② 보(G_1) : 1층+2층 : $(0.3 \times 0.47 \times 5.7) \times 12$개 $= 9.644$
　 보(G_2) : 1층+2층 : $(0.3 \times 0.47 \times 4.7) \times 12$개 $= 7.952$
③ 슬래브(S_1) 1층+2층 :
　$(12.3 \times 10.3 \times 0.13) \times 2$개 $= 32.939$
④ 합계 : $2.567 + 2.324 + 9.644 + 7.592 + 32.939 = 55.426$
➡ 55.43m^3

(2) 거푸집량
① 기둥(C_1) 1층 : $(0.3+0.3) \times 2 \times 3.17 \times 9$개 $= 34.236$
　　　　　　 2층 : $(0.3+0.3) \times 2 \times 2.87 \times 9$개 $= 30.996$
② 보(G_1) 1층+2층 : $(0.47 \times 5.7 \times 2) \times 12$개 $= 64.296$
　 보(G_2) 1층+2층 : $(0.47 \times 4.7 \times 2) \times 12$개 $= 53.016$
③ 슬래브(S_1) 1층+2층 :
　$[(12.3 \times 10.3) + (12.3 + 10.3) \times 2 \times 0.13] \times 2$개 $= 265.132$
④ 합계 :
　$34.236 + 30.996 + 64.296 + 53.016 + 265.132 = 447.676$
➡ 447.68m^2

배점4

02

숏크리트(Shotcrete) 공법의 정의를 기술하고, 그에 대한 장·단점을 1가지씩 쓰시오.

(1) 숏크리트 :

(2) 장점 :

(3) 단점 :

정답

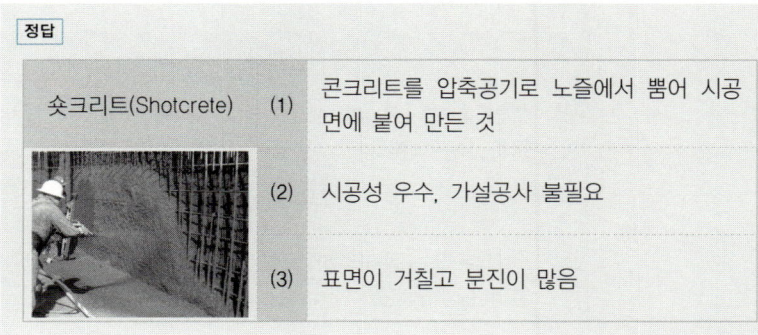

숏크리트(Shotcrete)	(1)	콘크리트를 압축공기로 노즐에서 뿜어 시공면에 붙여 만든 것
	(2)	시공성 우수, 가설공사 불필요
	(3)	표면이 거칠고 분진이 많음

03

배점3
00④, 07④, 13②, 23③

컨소시엄(Consortium) 공사에 있어서 페이퍼 조인트(Paper Joint)에 관하여 기술하시오.

> **정답**
>
> **공동도급(Joint Venture Contract)**
> 2개 이상의 사업자가 하나의 사업을 가지고 공동으로 도급을 받아 계약을 이행하는 방식
>
> **페이퍼 조인트(Paper Joint)**
> 공동도급으로 수주한 후 한 회사가 공사 전체를 진행하고 나머지 회사는 서류상으로 공사에 참여하는 방식

04

배점4
23④

다음 용어를 설명하시오.

(1) 물시멘트비(Water Cement Ratio):

(2) 물결합재비(Water Binder Ratio):

> **정답**
>
> | 물결합재비(Water Binder Ratio) |
> |---|
> | (1) 모르타르 또는 콘크리트에 포함된 시멘트페이스트 중의 결합재에 대한 물의 질량 백분율 |
> | **물시멘트비(Water Cement Ratio)** |
> | (2) 모르타르 또는 콘크리트에 포함된 시멘트페이스트 중의 시멘트에 대한 물의 질량 백분율 |

05

흙막이공사의 지하연속벽(Slurry Wall)공법에 사용되는 안정액의 기능을 2가지 쓰시오.

① _____ ② _____

정답 ① 굴착벽면 붕괴 방지 ② 굴착토사 분리·배출

해설

지하연속벽(Slurry Wall)	
지수벽·구조체 등으로 이용하기 위해 지하로 크고 깊은 트렌치를 굴착하여 철근망을 삽입 후 콘크리트를 타설한 패널(Panel)을 연속으로 축조해 나가는 공법	
(1) 가이드 월(Guide Wall) 역할	연속벽의 수직도 및 벽두께 유지, 굴착 시 안내벽 역할, 굴착 시 붕괴 방지, 철근망 삽입 전 거치대 역할
(2) 안정액(Bentonite) 기능	굴착벽면 붕괴 방지, 굴착토사 분리·배출, 부유물의 침전방지

06

다음이 설명하는 용어를 쓰시오.

(1) 가장 오래된 타일붙이기 방법으로 타일 뒷면에 붙임모르타르를 얹어 바탕면에 누르듯이 하여 1매씩 붙이는 방법

(2) 평평하게 만든 바탕 모르타르 위에 붙임모르타르를 바르고 그 위에 타일을 두드려 누르거나 비벼 넣으면서 붙이는 방법

(3) 온도변화에 따른 팽창·수축 또는 부등침하·진동 등에 의해 균열이 예상되는 위치에 설치하는 Joint

(1) _____ (2) _____ (3) _____

정답

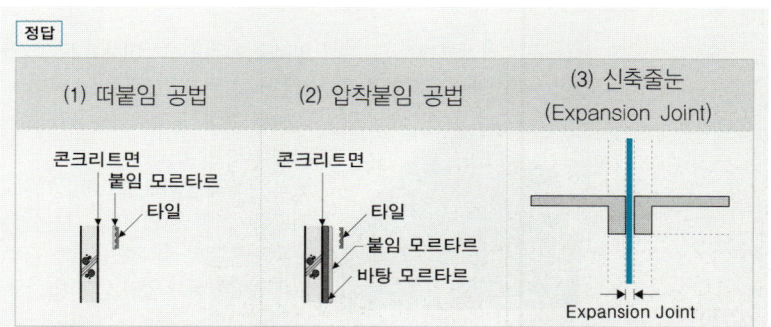

(1) 떠붙임 공법   (2) 압착붙임 공법   (3) 신축줄눈(Expansion Joint)

07

목재면 바니쉬칠 공정의 작업순서를 기호로 쓰시오.

① 색올림   ② 왁스 문지름   ③ 바탕처리   ④ 눈먹임

정답 ③ ➡ ④ ➡ ① ➡ ②

해설

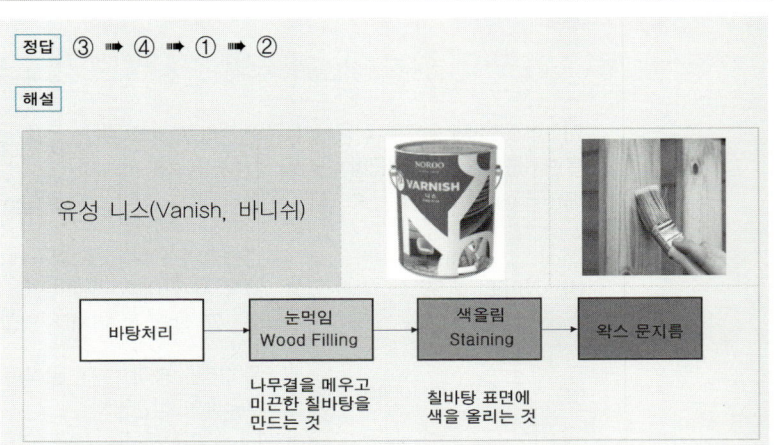

08

다음은 한중콘크리트에 대한 사항이다. 다음 (   )안의 사항을 완성하시오.

한중콘크리트는 일평균 기온이 (①) 이하의 동결위험이 있는 기간에 타설하는 콘크리트를 말하며, 물시멘트비(W/C)는 (②) 이하로 하고 동결위험을 방지하기 위해 (③)를 사용해야 한다.

①_____   ②_____   ③_____

정답 ① 4℃   ② 60   ③ AE제

해설

한중콘크리트 (Cold Weather Concrete)

일평균 기온이 4℃ 이하의 동결위험이 있는 기간에 타설하는 콘크리트로서 물시멘트비(W/C)는 60% 이하로 하고 동결위험을 방지하기 위해 AE제를 사용해야 한다. 초기 동해의 방지에 필요한 압축강도 5MPa이 얻어지도록 가열·단열·피막 보온양생을 실시하며, 보온양생 종료 후 콘크리트가 급격히 건조 및 냉각되지 않도록 틈새 없이 덮어 양생을 계속한다.

09 다음 용어를 설명하시오.

(1) 접합 유리(Laminated Glass):

(2) Low-E 유리(Low-Emissivity Glass):

정답

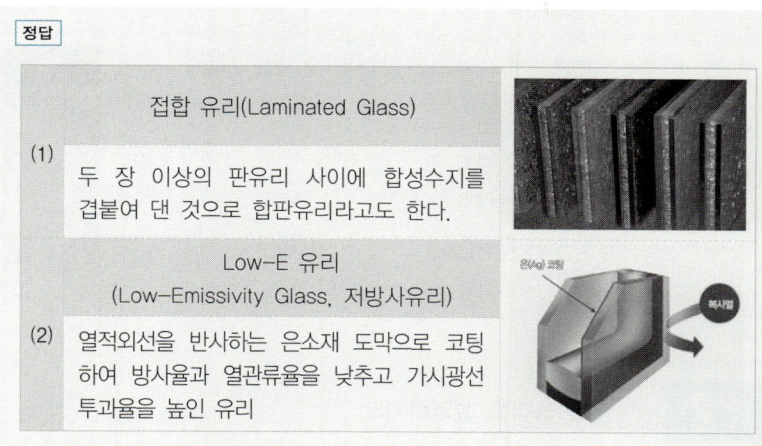

(1) 접합 유리(Laminated Glass)
두 장 이상의 판유리 사이에 합성수지를 겹붙여 댄 것으로 합판유리라고도 한다.

(2) Low-E 유리(Low-Emissivity Glass, 저방사유리)
열적외선을 반사하는 은소재 도막으로 코팅하여 방사율과 열관류율을 낮추고 가시광선 투과율을 높인 유리

10 다음이 설명하는 용어를 쓰시오.

건축주와 시공자가 공사실비를 확인정산하고 정해진 보수율에 따라 시공자에게 지급하는 방식

정답 실비비율 보수가산식

해설

실비정산 보수가산 도급(Cost Plus Fee Contract)		
(1) 실비정액 보수가산식	$A + F$	• A: 공사실비
(2) 실비비율 보수가산식	$A + A \cdot f$	• A': 한정된 실비
(3) 실비한정비율 보수가산식	$A' + A' \cdot f$	• F: 정액보수
(4) 실비준동률 보수가산식	$A + A' \cdot f$	• f: 비율보수

11

시멘트 500포의 공사현장에서 필요한 시멘트 창고의 면적을 구하시오.
(단, 쌓기 단수는 12단)

정답 $A = 0.4 \times \dfrac{500}{12} = 16.67 \text{m}^2$

해설

시멘트 창고 면적: $A = 0.4 \times \dfrac{N}{n}$

- n : 쌓기 단수 ($n \leq 13$)
- N : 시멘트 포대수

600포 미만	N=포대수
600포 초과	N=포대수 $\times \dfrac{1}{3}$

12

다음 용어를 설명하시오.

(1) 솟음(Camber):

(2) 토핑 콘크리트(Topping Concrete):

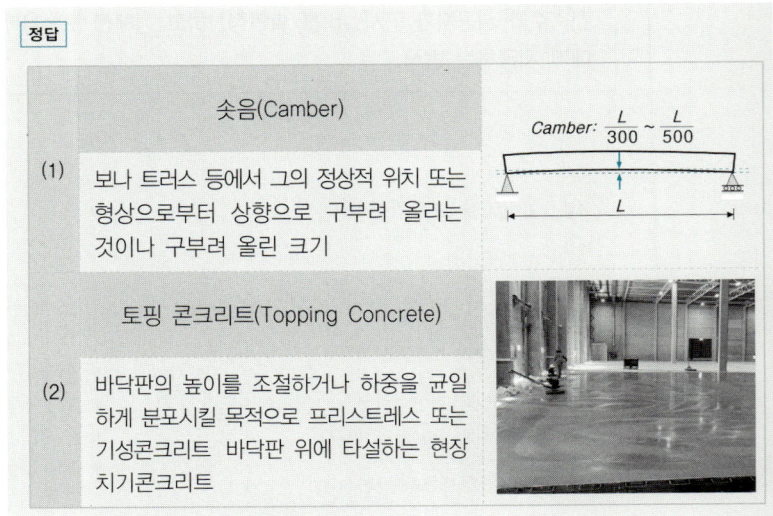

정답

(1) 솟음(Camber)
보나 트러스 등에서 그의 정상적 위치 또는 형상으로부터 상향으로 구부려 올리는 것이나 구부려 올린 크기

Camber: $\dfrac{L}{300} \sim \dfrac{L}{500}$

(2) 토핑 콘크리트(Topping Concrete)
바닥판의 높이를 조절하거나 하중을 균일하게 분포시킬 목적으로 프리스트레스 또는 기성콘크리트 바닥판 위에 타설하는 현장치기콘크리트

13

시공이 빠르고 이음이 없는 수밀한 콘크리트 구조물을 완성할 수 있는 벽체전용 System 거푸집의 종류를 3가지 쓰시오.

① _____   ② _____   ③ _____

정답
① 갱 폼 (Gang Form)
② 클라이밍 폼 (Climbing Form)
③ 슬라이딩 폼 (Sliding Form)

14

다음이 설명하는 용어를 쓰시오.

> 영구배수공법의 일종으로 쇄석 대신 사용되고, 배수관 또는 양수관으로 물을 흘려 보내기 위해 롤 형태의 보드를 옹벽 뒤에 부착하여 시공하는 배수자재

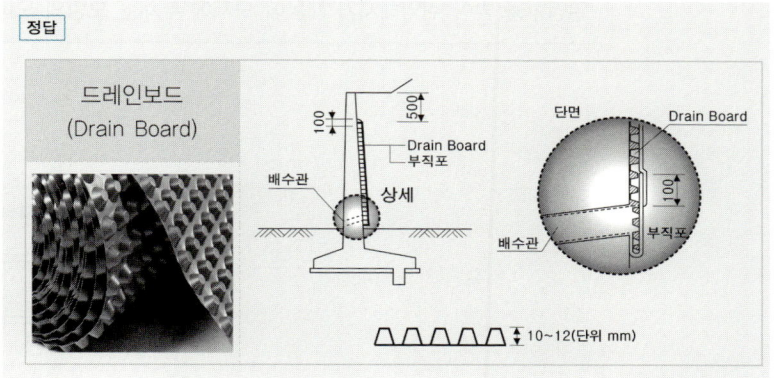

정답: 드레인보드 (Drain Board)

15 매스콘크리트(Mass Concrete) 시공과 관련된 선행 냉각(Pre-Cooling)에 대해 설명하고 공법에 사용되는 재료를 2가지 쓰시오.

(1) 선행냉각

(2) 사용되는 재료

① _____ ② _____

> **정답** (1) 콘크리트 재료의 일부 또는 전부를 냉각시켜 콘크리트의 온도를 낮추는 방법
> (2) ① 얼음   ② 액체질소
>
> **해설**
> 매스콘크리트(Mass Concrete)
> 일반적으로 부재 단면 최소치수 80cm 이상(하단이 구속된 경우에는 50cm 이상), 콘크리트 내·외부 온도차가 25℃ 이상으로 예상되는 콘크리트

16 다음 보기에서 설명하는 강구조공사에 사용되는 알맞은 용어를 쓰시오.

> 철골부재 용접시 이음 및 접합부위의 용접선이 교차되어 재용접된 부위가 열영향을 받아 취약해지기 때문에 모재에 부채꼴 모양의 모따기를 한 것

> **정답** 스캘럽(Scallop)

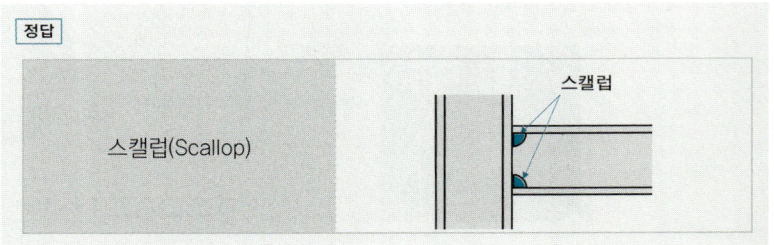

17

다음 평면도에서 평규준틀과 귀규준틀의 개수를 구하시오.

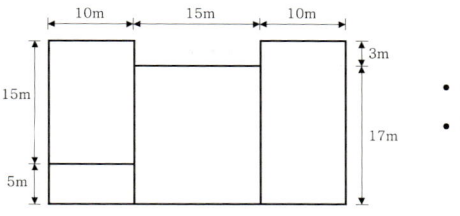

- 귀규준틀 : (   )개소
- 평규준틀 : (   )개소

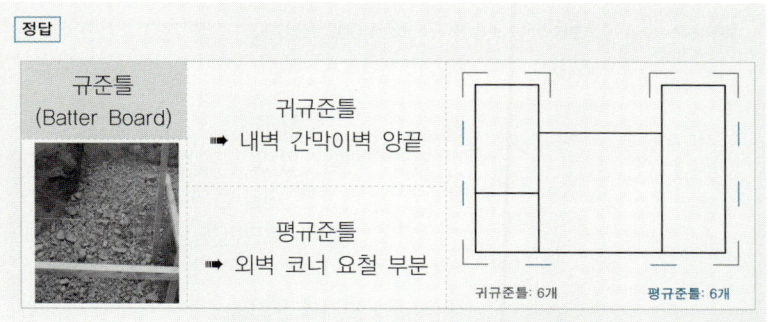

정답

귀규준틀 ➡ 내벽 간막이벽 양끝

평규준틀 ➡ 외벽 코너 요철 부분

귀규준틀: 6개   평규준틀: 6개

18

콘크리트에서 크리프(Creep) 현상에 대하여 설명하시오.

정답 하중의 증가 없이도 시간경과 후 변형이 증가되는 굳은 콘크리트의 소성변형 현상

해설

콘크리트 소성변형

- Drying Shrinkage (건조)수축
  하중과는 관계없는 콘크리트의 수분증발에 의한 체적변형
- Creep 크리프
  하중의 증가는 없는데 시간이 경과함에 따른 변형의 증가현상

장기(추가)처짐 유발

19

토질 종류와 지반의 허용응력도에 관해 (   )안을 채우시오.

(1) 장기허용지내력도
    ① 경암반 : (   ) KN/m²
    ② 연암반 : (   ) KN/m²
    ③ 자갈과 모래의 혼합물 : (   ) KN/m²
    ④ 모래 : (   ) KN/m²

(2) 단기허용지내력도 = 장기허용지내력도 × 1.5

정답 ① 4,000 ② 1,000~2,000 ③ 200 ④ 100

해설

허용지내력 (kN/m^2, kPa)	지반		장기	단기
	경암반	화성암 및 굳은 역암 등	4,000	장기×1.5
	연암반	판암, 편암 등의 수성암	2,000	
		혈암, 토단반 등의 암반	1,000	
	자갈		300	
	자갈과 모래의 혼합물		200	
	모래섞인 점토 또는 롬토		150	
	모래, 점토		100	

20

다음 조건에서의 용접유효길이(L_e)를 산출하시오.

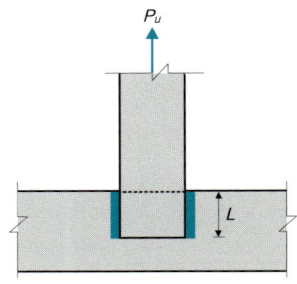

- 모재는 SM355($F_u = 490\text{MPa}$), 용접재(KS D7004 연강용 피복아크 용접봉)의 인장강도 $F_{uw} = 420\text{N/mm}^2$
- 필릿치수 $S = 5\text{mm}$
- 하중: 고정하중 20kN, 활하중 30kN

정답

Fillet Welding 필릿용접

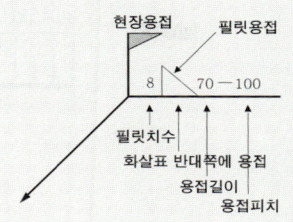

용접되는 부재의 교차되는 면 사이에 일반적으로 삼각형의 단면이 만들어지는 용접

유효 목두께(a)	용접 유효길이(L_e)
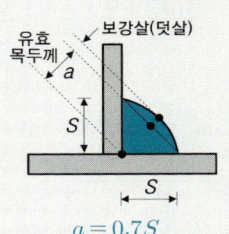 $a = 0.7S$ (S : 얇은 쪽 필릿치수)	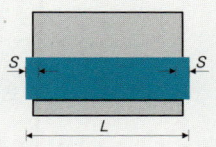 $L_e = L - 2S$

(1) 고정하중(D)과 활하중(L)에 대한 하중조합
$P_u = 1.2P_D + 1.6P_L = 1.2(20) + 1.6(30) = 72\text{kN}$

(2) ① 유효목두께 $a = 0.7S = 0.7(5) = 3.5\text{mm}$
② 용접유효길이 L_e를 알 수 없는 상태이므로 단위길이 1에 대한
즉, $L_e = 1\text{mm}$에 대한 용접면적
A_w를 산정해본다. $A_w = a \times 1 = 3.5 \times 1 = 3.5\text{mm}^2$

(3) $\phi R_n = \phi F_w \cdot A_w = \phi(0.6F_{uw}) \cdot A_w = (0.75)(0.6 \times 420)(3.5)$
$= 661.5\text{N/mm}$

$L_e = \dfrac{P_u}{\phi R_n} = \dfrac{(72 \times 10^3)}{(661.5)} = 108.844\text{mm}$

그림과 같은 철근콘크리트 단순보에서 계수집중하중(P_u)의 최댓값(kN)을 구하시오. (단, 보통중량콘크리트 $f_{ck}=28\text{MPa}$, $f_y=400\text{MPa}$, 인장철근 단면적 $A_s=1,500\text{mm}^2$, 휨에 대한 강도감소계수 $\phi=0.85$를 적용한다.)

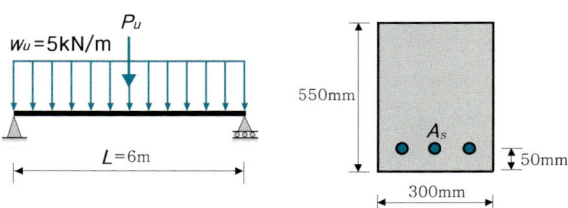

정답

(1) $a = \dfrac{A_s \cdot f_y}{\eta(0.85 f_{ck})b} = \dfrac{(1,500)(400)}{(1.00)(0.85 \times 28)(300)} = 84.03\text{mm}$

(2) $\phi M_n = \phi A_s \cdot f_y \cdot \left(d - \dfrac{a}{2}\right) = (0.85)(1,500)(400)\left((500) - \dfrac{(84.03)}{2}\right)$
$= 233,572,350\text{N} \cdot \text{mm} = 233.572\text{kN} \cdot \text{m}$

(3) $M_u = \dfrac{P_u \cdot L}{4} + \dfrac{w_u \cdot L^2}{8} = \dfrac{P_u(6)}{4} + \dfrac{(5)(6)^2}{8}$

(4) $M_u \leq \phi M_n$ 으로부터 $\dfrac{P_u(6)}{4} + \dfrac{(5)(6)^2}{8} \leq 233.572$ 이므로
$P_u \leq 140.715\text{kN}$

해설

극한강도설계법 (Ultimate Strength Design) 기본 관계식	소요강도(M_u) $\leq$ 설계강도(ϕM_n)

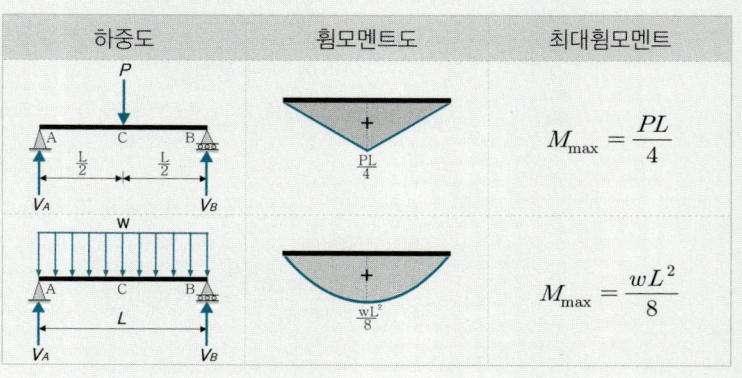

22

그림과 같은 T형 단면의 x축에 대한 단면2차모멘트를 계산하시오.
(단, 그림상의 단위는 cm이고 x축은 도심축이다.)

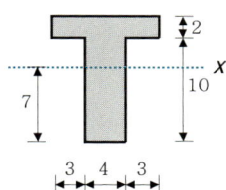

정답

$$I_x = \left[\frac{(10)(2)^3}{12} + (10 \times 2)(4)^2\right] + \left[\frac{(4)(10)^3}{12} + (4 \times 10)(2)^2\right] = 820 \text{cm}^4$$

해설

단면2차모멘트: 평행축 이동에 대한 평행축 정리

- A : 단면적
- e : eccentric distance, 도심축으로부터 이동축까지의 거리

$I_{\text{이동축}} = I_{\text{도심축}} + A \cdot e^2$

23

그림과 같은 구조물의 지점반력(H, V, M)을 구하시오.

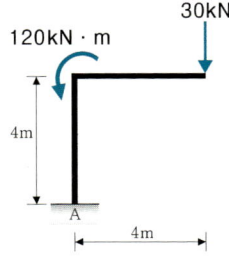

정답

지점반력 계산 ➡ 평형조건식($\sum H = 0$, $\sum M = 0$, $\sum V = 0$) 적용

(1) $\sum H = 0:\ H_A = 0$

(2) $\sum V = 0:\ +(V_A) - (30) = 0 \quad \therefore V_A = +30\text{kN}(\uparrow)$

(3) $\sum M = 0:\ +(M_A) + (30)(4) - (120) = 0 \quad \therefore M_A = 0$

24

지지조건은 양단 고정이고, 기둥의 길이 3m, 직경 100mm 원형 단면의 세장비를 구하시오.

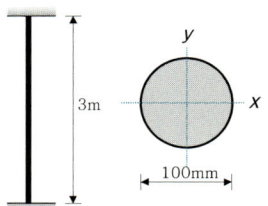

정답

(1) 양단 고정 ➡ 유효좌굴길이계수 $K = 0.5$

(2) $\lambda = \dfrac{KL}{r} = \dfrac{KL}{\sqrt{\dfrac{I}{A}}} = \dfrac{(0.5)(L)}{\sqrt{\dfrac{\left(\dfrac{\pi D^4}{64}\right)}{\left(\dfrac{\pi D^2}{4}\right)}}} = \dfrac{2L}{D} = \dfrac{2(3 \times 10^3)}{(100)} = 60$

25

TQC에 이용되는 다음 도구를 설명하시오.

(1) 파레토도 :

(2) 특성요인도 :

(3) 층별 :

(4) 산점도 :

정답

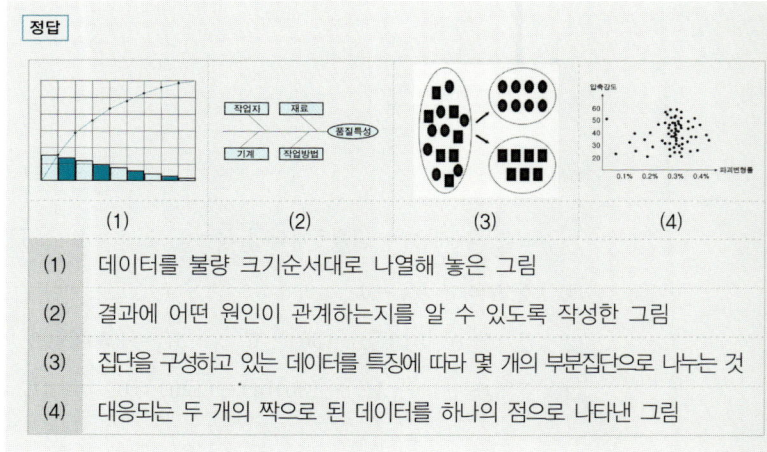

(1)	데이터를 불량 크기순서대로 나열해 놓은 그림
(2)	결과에 어떤 원인이 관계하는지를 알 수 있도록 작성한 그림
(3)	집단을 구성하고 있는 데이터를 특징에 따라 몇 개의 부분집단으로 나누는 것
(4)	대응되는 두 개의 짝으로 된 데이터를 하나의 점으로 나타낸 그림

26. 주어진 자료(DATA)에 의하여 다음 물음에 답하시오.

작업명	선행작업	표준(Normal) 공기(일)	표준(Normal) 공비(원)	급속(Crash) 공기(일)	급속(Crash) 공비(원)	비 고
A	없음	5	170,000	4	210,000	결합점에서의 일정은 다음과 같이 표시하고, 주공정선은 굵은선으로 표시한다.
B	없음	18	300,000	13	450,000	
C	없음	16	320,000	12	480,000	
D	A	8	200,000	6	260,000	
E	A	7	110,000	6	140,000	
F	A	6	120,000	4	200,000	
G	D,E,F	7	150,000	5	220,000	

(1) 표준(Normal) Network를 작성하시오.

(2) 표준공기 시 총공사비를 산출하시오.

(3) 4일 공기단축된 총공사비를 산출하시오.

정답

(1)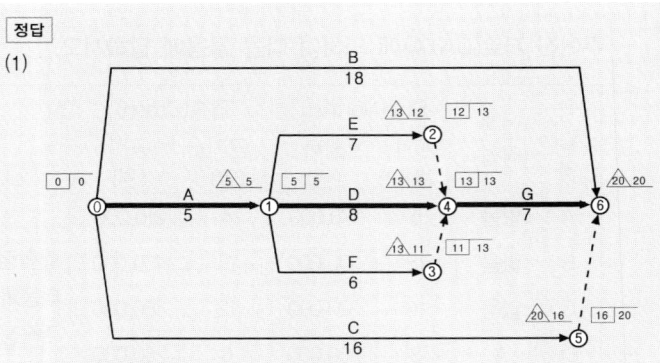

(2) 170,000+300,000+320,000+200,000+10,000+120,000+150,000
   = 1,370,000원

(3) 20일 표준공사비 + 4일 단축 시 추가공사비
   = 1,370,000 + 200,000 = 1,570,000원

	단축대상	추가비용
19일	D	30,000
18일	G	35,000
17일	B+G	65,000
16일	A+B	70,000

해설

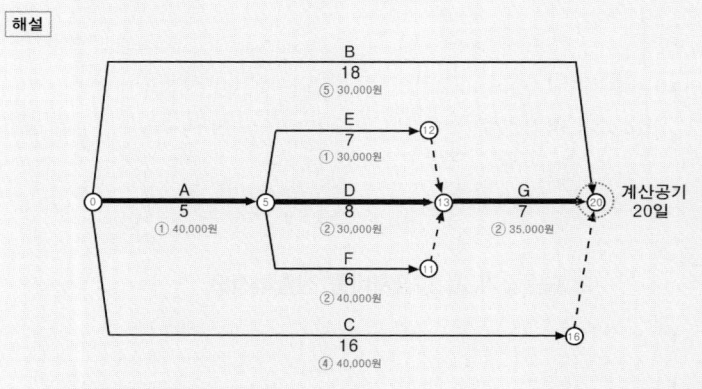

	고려되어야 할 CP 및 보조CP			단축대상	추가비용
20일☞19일	A-D-G			D	30,000
19일☞18일	A-D-G	A-E-G		G	35,000
18일☞17일	A-D-G	A-E-G	B	B+G	65,000
17일☞16일	A-D̶-G	A-E̶-G	B	A+B	70,000

2024년
과년도 기출문제

① 건축기사 제1회 시행 …… 2-348
② 건축기사 제2회 시행 …… 2-364
③ 건축기사 제3회 시행 …… 2-382

제1회 2024
건축기사 과년도 기출문제

01 커튼월공사에서 발생될 수 있는 유리의 열파손 매커니즘에 대해 설명하시오.

20④, 21①, 24①

유리의 열파손 매커니즘

 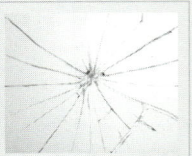

유리 중앙부는 강한 태양열로 인해 온도상승·팽창하며, 유리주변부는 저온 상태로 인해 온도유지·수축함으로써 열팽창의 차이에 따른 균열이 발생하며 깨지는 현상

02 다음 보기는 건축공사표준시방서의 규정이다. 빈칸에 들어갈 알맞은 수치를 쓰시오.

17①, 24①

터파기 공사에서 모래로 되메우기할 경우 충분한 물다짐을 실시하고, 흙 되메우기 시 일반흙으로 되메우기 할 경우 (　　) 마다 다짐밀도 95% 이상으로 다진다.

300mm

배점2

03

13④, 17④, 20④, 20⑤, 24①

민간 주도하에 Project(시설물) 완공 후 발주처(정부)에게 소유권을 양도하고 발주처의 시설물 임대료를 통하여 투자비가 회수되는 민간투자사업 계약방식의 명칭은?

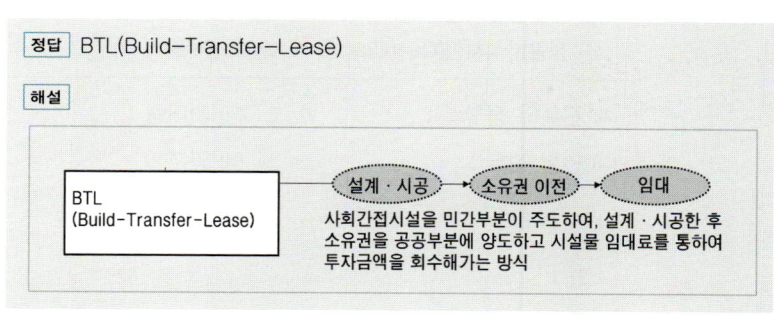

배점4

04

15④, 24①

Jack Support의 정의 및 설치위치를 2군데 쓰시오.

(1) 정의 :

(2) 설치위치 :

① _____ ② _____

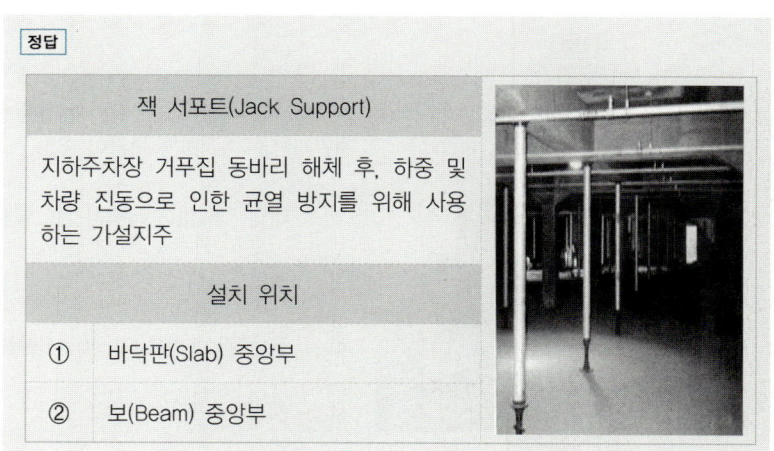

05

시험에 관계되는 것을 보기에서 골라 번호를 쓰시오.

① 신월 샘플링(Thin Wall Sampling)
② 베인시험(Vane Test)
③ 표준관입시험(Standard Penetration Test)
④ 정량분석시험(Quantitative Analysis Test)

(가) 진흙의 점착력 :   (나) 지내력 :

(다) 연한 점토 :   (라) 염분 :

정답 (가) ②   (나) ③   (다) ①   (라) ④

해설

베인시험 (Vane Test)	표준관입시험 (Standard Penetration Test)	신월 샘플링 (Thin Wall Sampling)	정량분석시험 (Quantitative Analysis Test)
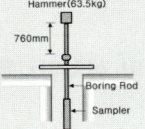			

06

흙막이 공사에 사용하는 어스앵커(Earth Anchor) 공법의 특징을 4가지 쓰시오.

①   ②

③   ④

정답

어스 앵커 (Earth Anchor)	흙막이 배면을 천공 후 Anchor체를 설치하여 주변지반을 지지하는 흙막이 공법
	① 버팀대가 없어 굴착공간을 넓게 활용
	② 작업공간이 좁은 곳에서도 시공 가능
	③ 굴착공간 내 가설재가 없어 대형기계의 반입 용이
	④ 지하매설관 간섭 검토 필요

07 말뚝타입공법으로 시공한 말뚝을 검사할 때 확인해야 하는 사항을 3가지 쓰시오.

① _____ ② _____ ③ _____

> **정답**
>
> 말뚝타입공법으로 시공한 말뚝 검사 확인사항
>
> ① 말뚝의 심도
> ② 말뚝의 지지력
> ③ 말뚝의 위치측량
> ④ 말뚝의 최종관입량 및 리바운드 체크

08 품질관리 계획서 제출 시 필수적으로 기입하여야 하는 항목을 3가지 쓰시오.

① _____ ② _____ ③ _____

> **정답** ① 건설공사정보 ② 품질방침 및 목표
> ③ 현장조직관리 ④ 문서관리
>
> **해설**
>
> | 품질관리 계획서 제출 대상공사 |
> |---|
> | (1) • 전면책임감리대상 건설공사로서 총공사비 500억원 이상인 건설공사
• 다중이용건축물의 건설공사로서 연면적 30,000m² 이상인 건축공사
• 공사계약에 품질관리계획의 수립이 명시되어 있는 건설공사 |
> | 품질관리 계획서 작성내용: 현장 품질방침 및 품질목표 등 26개 항목 |
> | (2) 건설공사정보 / 품질방침 및 목표 / 현장조직관리 / 문서관리 / 기록관리 / 자원관리 / 설계관리 / 공사수행준비 / 교육훈련 / 의사소통 / 자재구매관리 / 지급자재관리 / 하도급관리 / 공사관리 / 중점품질관리 / 계약변경 / 식별 및 추적 / 기자재 및 공사목적물의 보존관리 / 검사, 측정 및 시험장비의 관리 / 건사 및 시험, 모니터링 / 부적합 사항관리 / 데이터의 분석관리 / 시정 및 예방조치 / 품질감사 건설공사 운영성과 / 공사준공 및 인계 |

09 콘크리트 헤드(Concrete Head)를 설명하시오.

정답

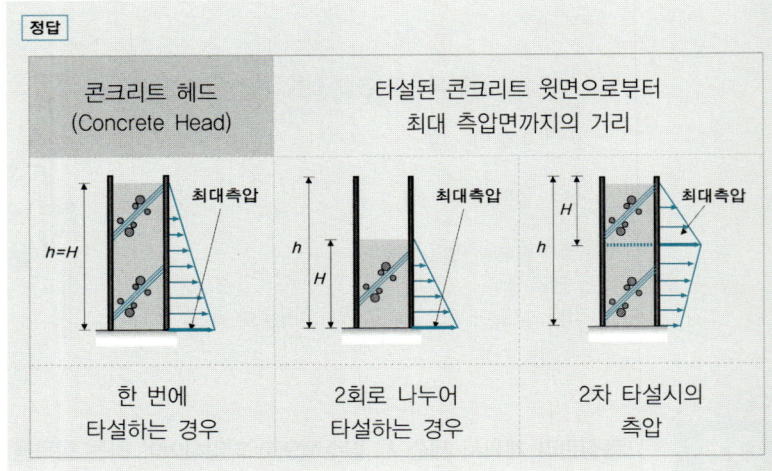

10 다음 용어를 설명하시오.

(1) 로이 유리(Low-Emissivity Glass) :

(2) 단열 간봉(Thermal Spacer) :

해설

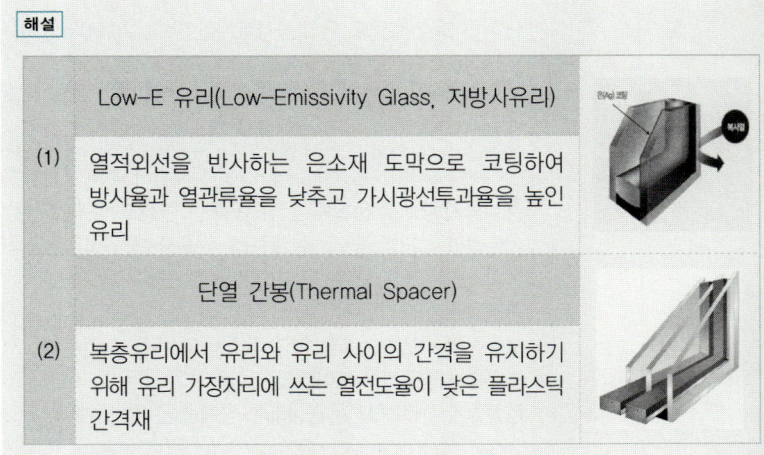

Low-E 유리(Low-Emissivity Glass, 저방사유리)

(1) 열적외선을 반사하는 은소재 도막으로 코팅하여 방사율과 열관류율을 낮추고 가시광선투과율을 높인 유리

단열 간봉(Thermal Spacer)

(2) 복층유리에서 유리와 유리 사이의 간격을 유지하기 위해 유리 가장자리에 쓰는 열전도율이 낮은 플라스틱 간격재

11 다음 콘크리트 Joint에 대한 용어를 설명하시오.

(1) 컨스트럭션 조인트(Construction Joint):

(2) 콜드 조인트(Cold Joint):

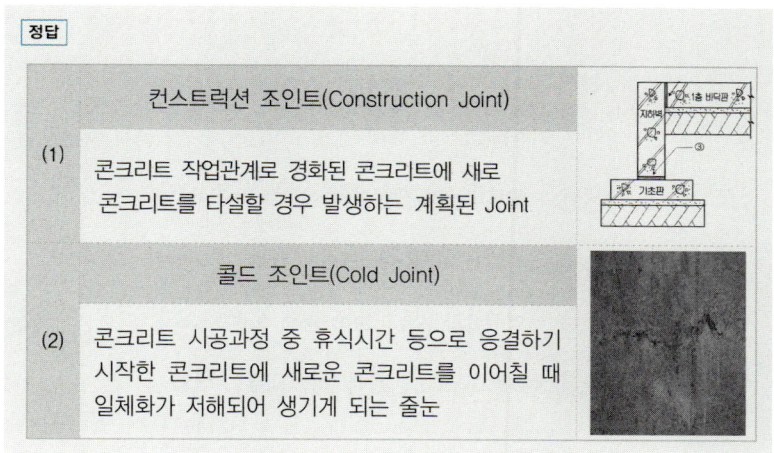

12 벽돌쌓기 방식 중 영식쌓기의 구조적 특성을 간단히 설명하시오.

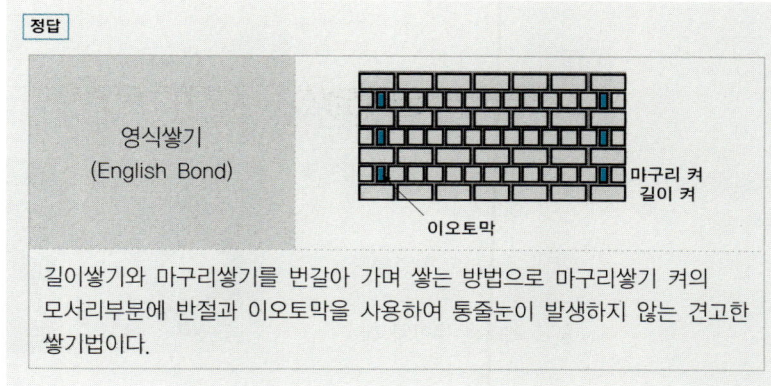

배점4

13
19①, 24①

커튼월(Curtain Wall)의 알루미늄바에서 누수방지 대책을 시공적 측면에서 4가지 쓰시오.

①
②
③
④

정답

커튼월(Curtain Wall)의 알루미늄바에서 시공적 측면의 누수방지 대책
① 알루니늄바 접합부위 실런트 처리 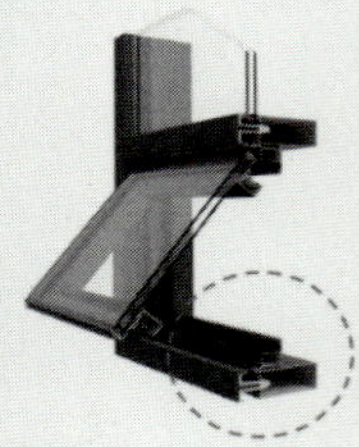
② 스크류 고정부위 실런트 처리
③ 벽패널과 알루미늄바 틈새 실런트 처리
④ Weep Hole을 통해 물을 외부로 배출

배점3

14
20③, 24①

레미콘 공장을 현장에서 선정할 때 고려해야 할 유의사항을 3가지 쓰시오.

①
②
③

정답

레미콘 공장을 현장에서 선정할 때 고려해야 할 유의사항
① 현장까지의 운반시간 및 배출시간  
② 콘크리트 제조능력
③ 레미콘 운반차 대수

강판을 그림과 같이 가공하여 30개의 수량을 사용하고자 한다. 강판의 비중이 7.85일 때 소요량(kg)을 산출하고 스크랩의 발생량(kg)도 함께 산출하시오.

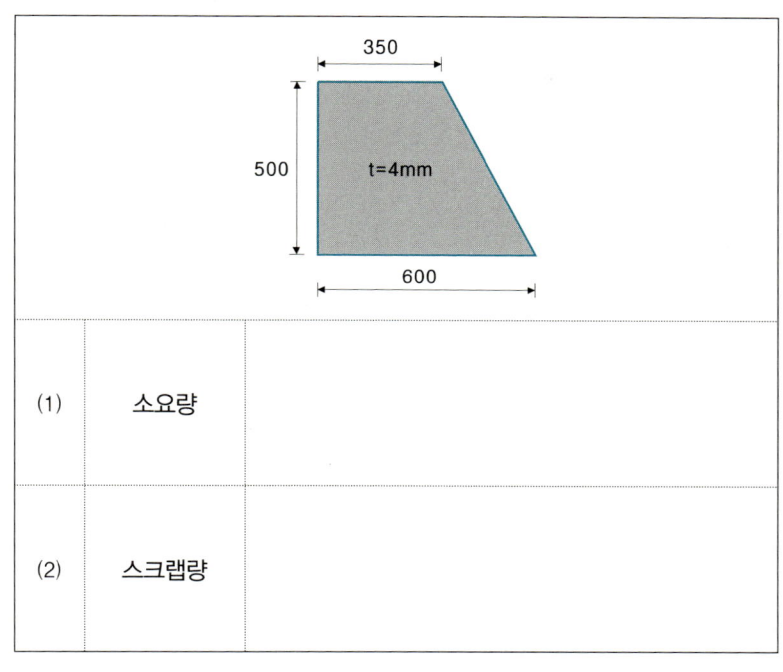

(1)	소요량	
(2)	스크랩량	

정답

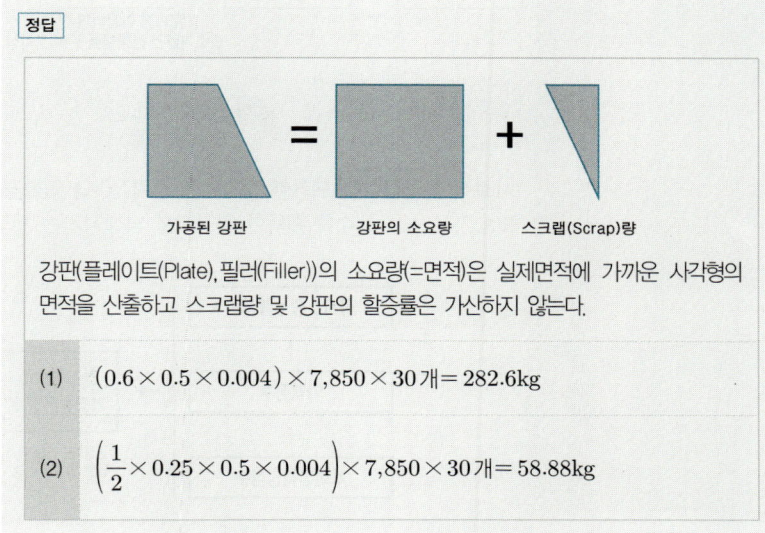

강판(플레이트(Plate), 필러(Filler))의 소요량(=면적)은 실제면적에 가까운 사각형의 면적을 산출하고 스크랩량 및 강판의 할증률은 가산하지 않는다.

(1) $(0.6 \times 0.5 \times 0.004) \times 7,850 \times 30개 = 282.6\text{kg}$

(2) $\left(\dfrac{1}{2} \times 0.25 \times 0.5 \times 0.004\right) \times 7,850 \times 30개 = 58.88\text{kg}$

배점4 ☐☐☐

16
20①, 21①,
24①, 24②

입찰방식 중 적격낙찰제도에 관하여 간단히 설명하시오.

(1) 적격낙찰제도:

(2) 종합심사낙찰제도:

정답

적격낙찰제도

입찰에서 제시한 가격과 기술능력, 공사경험, 경영상태 등 계약 수행 능력을 종합평가하여 낙찰자를 결정하는 제도

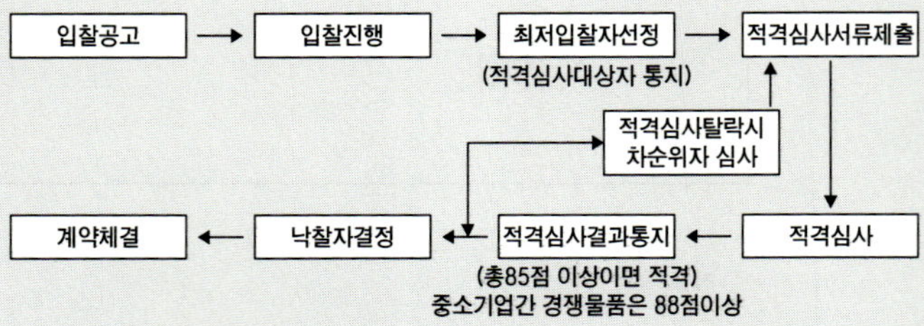

(1) 입찰공고 → 입찰진행 → 최저입찰자선정 (적격심사대상자 통지) → 적격심사서류제출 → 적격심사 → 적격심사결과통지 (총85점 이상이면 적격) 중소기업간 경쟁물품은 88점이상 → 낙찰자결정 → 계약체결
적격심사탈락시 차순위자 심사

종합심사낙찰제도

사회적 책임점수를 포함한 공사수행 능력점수와 입찰금액 점수를 합산하여 가장 높은 점수를 획득한 입찰자를 낙찰시키는 제도

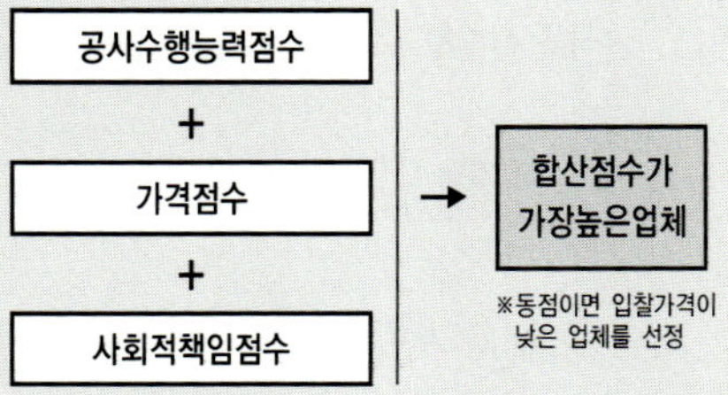

(2) 공사수행능력점수 + 가격점수 + 사회적책임점수 → 합산점수가 가장높은업체
※동점이면 입찰가격이 낮은 업체를 선정

다음 그림은 라멘조 철근콘크리트 기둥의 일부이다. 기둥 주철근을 횡방향으로 이음하려고 할 때, 기둥 주철근의 이음 위치가 가장 적절한 곳의 번호를 고르고, 해당 번호의 이음구간을 선정한 이유를 작성하시오.
(왼쪽의 번호는 이음의 위치를 구분하기 위한 구간이다.)

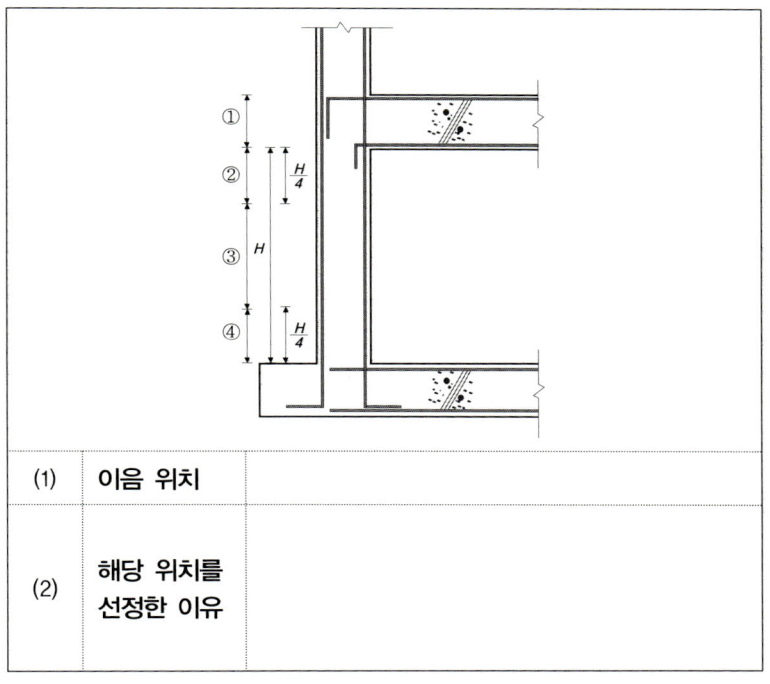

(1)	이음 위치	
(2)	해당 위치를 선정한 이유	

정답

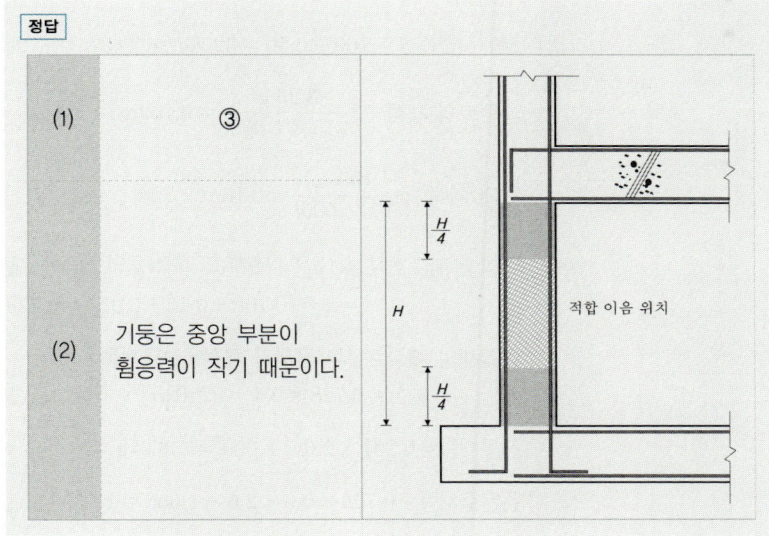

(1) ③

(2) 기둥은 중앙 부분이 휨응력이 작기 때문이다.

다음 조건의 콘크리트 $1m^3$를 생산하는데 필요한 시멘트, 모래, 자갈의 중량을 산출하시오.

① 단위수량 : $160kg/m^3$ ② 물시멘트비 : 50%   ③ 잔골재율 : 40%
④ 시멘트 비중 : 3.15   ⑤ 잔골재 비중 : 2.6   ⑥ 굵은골재 비중 : 2.6
⑦ 공기량 : 1%

(1) 단위시멘트량 :

(2) 잔골재량 :

(3) 굵은골재량 :

> **정답**
>
> (1) 단위시멘트량 : $160 \div 0.50 = 320 kg/m^3$
>
> 시멘트의 체적 : $\dfrac{320kg}{3.15 \times 1,000l} = 0.102m^3$
>
> 물의 체적 : $\dfrac{160kg}{1 \times 1,000l} = 0.16m^3$
>
> (2) 전체 골재의 체적 $= 1m^3 -$ (시멘트의 체적+물의 체적+공기량의 체적)
> $= 1 - (0.102 + 0.16 + 0.01) = 0.728m^3$
>
> 잔골재의 체적=전체 골재의 체적×잔골재율
> $= 0.728 \times 0.4 = 0.291m^3$
>
> 잔골재량$= 0.291 \times 2.6 \times 1,000 = 756.6kg$
>
> (3) 굵은골재량$= 0.728 \times 0.6 \times 2.6 \times 1,000 = 1,135.68kg$

배점3 □□□

19

20⑤, 24①

그림과 같은 철근콘크리트 보의 균열모멘트(M_{cr})의 값을 계산하시오. (단, 보통중량콘크리트를 사용, $f_{ck}=30\text{MPa}$, $f_y=400\text{MPa}$이다.)

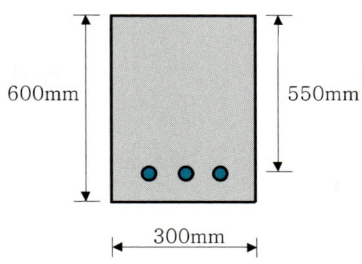

정답 $M_{cr}=0.63\lambda\sqrt{f_{ck}}\cdot\dfrac{bh^2}{6}=0.63(1)\sqrt{(30)}\cdot\dfrac{(300)(600)^2}{6}$

$=62{,}111{,}738\text{N}\cdot\text{mm}=62.111\text{kN}\cdot\text{m}$

해설

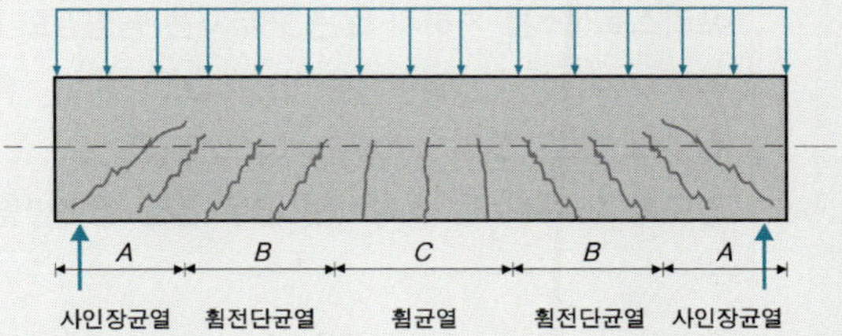

RC 보의 (휨)균열모멘트	$M_{cr}=f_r\cdot\dfrac{I_g}{y_t}=f_r\cdot Z$	
• f_r : 파괴계수 $(=0.63\lambda\sqrt{f_{ck}})$	f_{ck} : 콘크리트 설계기준압축강도	
	λ : 경량콘크리트 계수	
	보통중량콘크리트	$\lambda=1$
	모래경량콘크리트	$\lambda=0.85$
	전경량콘크리트	$\lambda=0.75$
• I_g : 보의 전체 단면에 대한 단면2차모멘트	• Z : 단면계수$(=\dfrac{bh^2}{6})$	
• y_t : 도심에서 인장측 외단까지의 거리		

2024 제1회

20. 철근콘크리트 기둥에서 띠철근(Hoop Bar)의 역할을 2가지 쓰시오.

① _____ ② _____

정답

	역할	• 주철근의 좌굴방지 • 수평력에 대한 전단보강	
	수직 간격	• 주철근의 16배 • 띠철근 지름의 48배 • 기둥 단면 최소치수 × $\frac{1}{2}$	최솟값 (단, ≥ 200mm)

(직사각형 띠기둥, 원형 띠기둥 그림)

21. 다음은 콘크리트 휨 및 압축 설계기준에 대한 내용이다. 괄호 안을 채워 넣으시오.

프리스트레스를 가하지 않은 휨부재는 공칭강도 상태에서 순인장변형률 ϵ_t가 휨부재의 최소 허용변형률 이상이어야 한다. 휨부재의 최소 허용변형률은 철근의 항복강도가 400MPa 이하인 경우 (   )로 하며, 철근의 항복 강도가 400MPa을 초과하는 경우 철근 항복변형률의 (   )배로 한다.

정답 0.004, 2

해설

휨부재의 최소 허용변형률 및 해당 철근비

	f_y(MPa)	최소 허용변형률	해당 철근비
최대철근비 $\rho_{\max}$	300	0.004	$0.658\rho_b$
	350	0.004	$0.692\rho_b$
	400	0.004	$0.726\rho_b$
	500	0.005 ($2\epsilon_y$)	$0.699\rho_b$
	600	0.006 ($2\epsilon_y$)	$0.677\rho_b$

22

그림과 같은 길이가 3.0m인 기둥의 세장비를 구하시오.

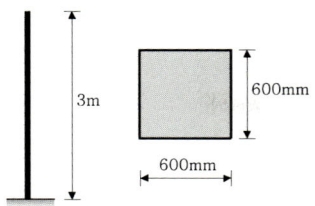

정답

(1) 일단 고정, 일단 자유 ➡ 유효좌굴길이계수 $K=2$

(2) $\lambda = \dfrac{KL}{r} = \dfrac{KL}{\sqrt{\dfrac{I}{A}}} = \dfrac{(2)(3,000)}{\sqrt{\dfrac{\left(\dfrac{600 \times 600^3}{12}\right)}{(600 \times 600)}}} = 34.641$

23

다음은 내진설계의 종류이다. 각 구조의 개념을 간단하게 설명하시오.

(1) 내진(耐震) 구조:

(2) 제진(制震) 구조:

(3) 면진(免震) 구조:

정답

(1)	내진(耐震) 구조	구조물이 지진력에 대항하여 싸워 이겨내도록 구조물 자체를 튼튼하게 설계한 건축물
(2)	제진(制震) 구조	별도의 장치를 이용하여 지진력에 상응하는 힘을 구조물 내에서 발생시키거나 지진력을 흡수하여 구조물이 부담해야 할 지진력을 감소시킨 건축물
(3)	면진(免震) 구조	구조물과 지반을 분리시켜 지반진동으로 인한 지진력이 직접 구조물로 전달되는 양을 감소시킨 건축물

배점3 □□□

24

다음 도형의 x축에 대한 단면1차모멘트(mm^3)를 계산하시오.

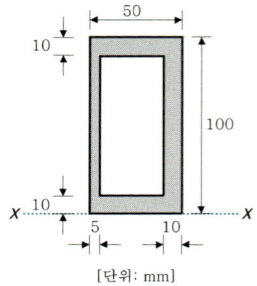

[단위: mm]

정답

> 단면1차모멘트(G) = 단면적 × 도심(圖心, Centroid)
>
> $G_x = (50 \times 100)(50) - (35 \times 80)(50) = 110{,}000\mathrm{mm}^3$

배점4 □□□

25

다음 그림과 같은 독립기초에 발생하는 최대압축응력[MPa]을 구하시오.

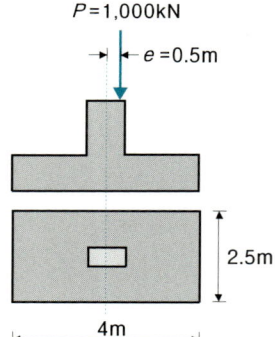

정답

(1) 편심축하중이 작용하고 있는 상태이므로 휨응력($\mp \dfrac{M}{Z}$)도 같이 발생되는 상태이다. 최대응력이므로 순수압축응력($-\dfrac{P}{A}$)과 휨압축응력($-\dfrac{M}{Z}$)을 더한다.

(2)
$$\sigma_{\max} = -\frac{P}{A} - \frac{M}{Z}$$
$$= -\frac{(1{,}000 \times 10^3)}{(2{,}500 \times 4{,}000)} - \frac{(1{,}000 \times 10^3)(500)}{\dfrac{(2{,}500)(4{,}000)^2}{6}}$$
$$= -0.175\mathrm{N/mm}^2 = -0.175\mathrm{MPa}(압축)$$

다음 데이터를 네트워크공정표로 작성하시오.

작업명	작업일수	선행작업	비고
A	3	없음	(1) 결합점에서는 다음과 같이 표시한다.
B	4	없음	
C	4	A	
D	6	A	
E	5	A	(2) 주공정선은 굵은선으로 표시한다.
F	3	B, C, D	

정답

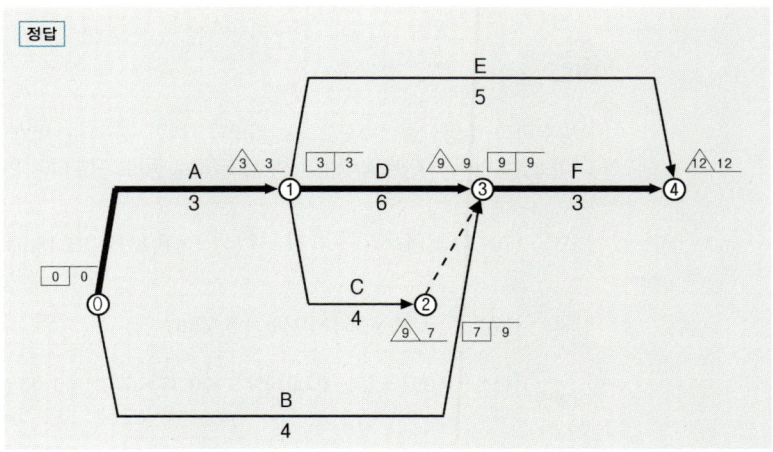

제2회 2024 건축기사 과년도 기출문제

배점6

01
06①, 08④,
11④, 24②

다음 도면을 보고 옥상방수면적(m^2), 누름콘크리트량(m^3), 보호벽돌량(매)를 구하시오. (단, 벽돌의 규격은 190×90×57, 할증률은 5%)

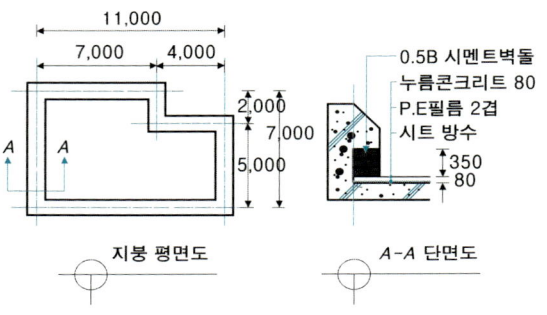

(1) 옥상방수 면적:

(2) 누름콘크리트량:

(3) 보호벽돌 소요량:

정답

방수면적 수량산출 : 시공 장소별(바닥, 벽면, 지하실, 옥상 등), 시공종별(아스팔트방수, 시멘트액체방수, 방수모르타르 등)로 구분하여 면적을 산출한다.

(1) $(7 \times 7) + (4 \times 5) + \{(11+7) \times 2 \times 0.43\} = 84.48 m^2$

(2) $\{(7 \times 7) + (4 \times 5)\} \times 0.08 = 5.52 m^3$

(3) $\{(11-0.09) + (7-0.09)\} \times 2 \times 0.35 \times 75매 \times 1.05 = 982.3$
➡ 983매

02

흐트러진 상태의 흙 $10m^3$를 이용하여 $10m^2$의 면적에 다짐 상태로 50cm 두께를 터돋우기 할 때 시공완료된 다음의 흐트러진 상태의 토량을 산출하시오. (단, 이 흙의 $L=1.2$, $C=0.9$이다.)

정답

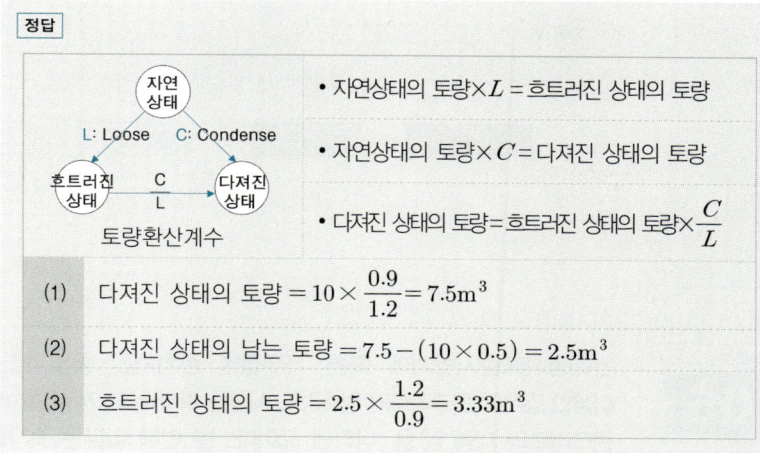

(1) 다져진 상태의 토량 $= 10 \times \dfrac{0.9}{1.2} = 7.5m^3$

(2) 다져진 상태의 남는 토량 $= 7.5 - (10 \times 0.5) = 2.5m^3$

(3) 흐트러진 상태의 토량 $= 2.5 \times \dfrac{1.2}{0.9} = 3.33m^3$

03

콘크리트의 알칼리골재반응을 방지하기 위한 대책을 3가지 쓰시오.

① _____

② _____

③ _____

정답

알칼리골재반응(Alkali Aggregate Reaction)		
정의	시멘트의 알칼리 성분과 골재의 실리카(Silica) 성분이 반응하여 수분을 지속적으로 흡수팽창하는 현상	
대책	①	알칼리 함량 0.6% 이하의 시멘트 사용
	②	알칼리골재반응에 무해한 골재 사용
	③	양질의 혼화재 (고로 Slag, Fly Ash 등) 사용

건축공사표준시방서에 따른 경질 석재의 물갈기 마감공정을 순서대로 적으시오.

① _____ ② _____
③ _____ ④ _____

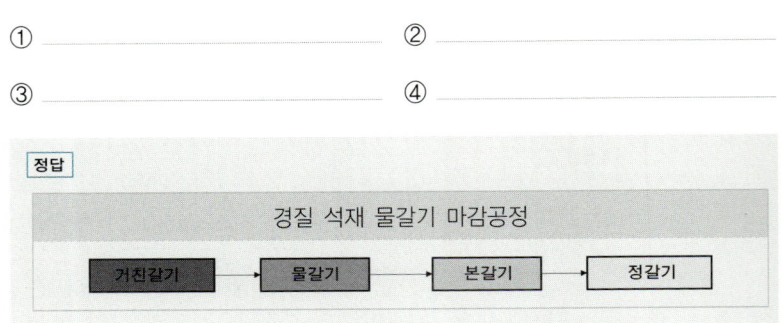

건축공사표준시방서에 따른 거푸집널 존치기간 중의 평균기온이 10℃ 이상인 경우에 콘크리트의 압축강도 시험을 하지 않고 거푸집을 떼어 낼 수 있는 콘크리트의 재령(일)을 나타낸 표이다. 빈 칸에 알맞은 숫자를 표기하시오.

〈기초, 보옆, 기둥 및 벽의 거푸집널 존치기간을 정하기 위한 콘크리트의 재령(일)〉

시멘트 종류 평균 기온	조강포틀랜드시멘트	보통포틀랜드시멘트 고로슬래그시멘트(1종)	고로슬래그시멘트(2종) 포틀랜드포졸란시멘트(B종)
20℃ 이상			
20℃ 미만 10℃ 이상			

정답

시멘트 종류 평균 기온	조강포틀랜드시멘트	보통포틀랜드시멘트 고로슬래그시멘트(1종)	고로슬래그시멘트(2종) 포틀랜드포졸란시멘트(B종)
20℃ 이상	2일	4일	5일
20℃ 미만 10℃ 이상	3일	6일	8일

06 종합심사낙찰제도에 관하여 간단히 설명하시오.

정답

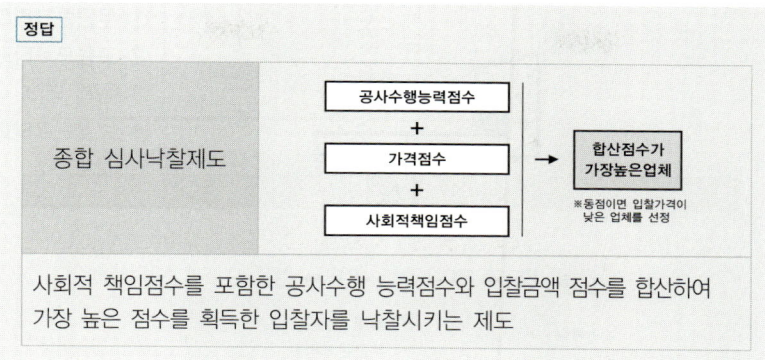

사회적 책임점수를 포함한 공사수행 능력점수와 입찰금액 점수를 합산하여 가장 높은 점수를 획득한 입찰자를 낙찰시키는 제도

07 표준관입시험에 대한 내용에서 괄호 안을 채우시오.

표준관입시험(Standard Penetration Test)은 질량 63.5±(   )kg의 해머를 (   )±10mm 자유 낙하시켜 시추 로드 머리부에 부착한 앤빌(Anvil)을 타격하여 시추 로드 앞 끝에 부착한 (   )를 지반에 (   )mm 관입시키는데 필요한 타격회수 N값을 구하는 시험이다.

정답 0.5, 760, 표준관입시험용 샘플러, 300

해설

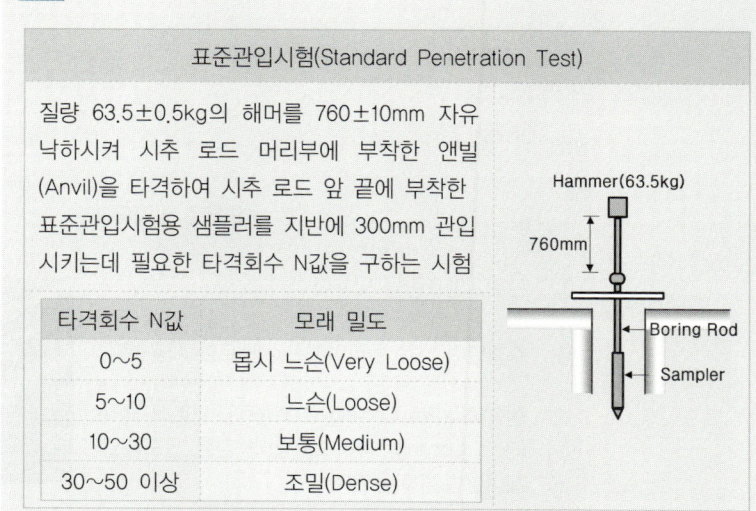

배점4

08
20③, 24②

콘크리트로 마감된 옥상에 시트방수 시 하단부터 상단까지의 시공순서를 보기에서 골라 번호로 쓰시오.

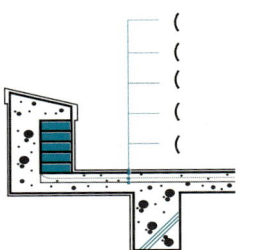

① 무근콘크리트
② 고름모르타르
③ 목재 데크
④ 보호모르타르
⑤ 시트방수

[정답] ② ➡ ⑤ ➡ ④ ➡ ① ➡ ③

[해설]
― 목재 데크
― 무근콘크리트
― 보호모르타르
― 시트방수
― 고름모르타르

배점3

09
19①, 21②, 24②

콘크리트 응결경화 시 콘크리트 온도상승 후 냉각하면서 발생하는 온도균열 방지대책을 3가지 쓰시오.

① _____
② _____
③ _____

[정답]

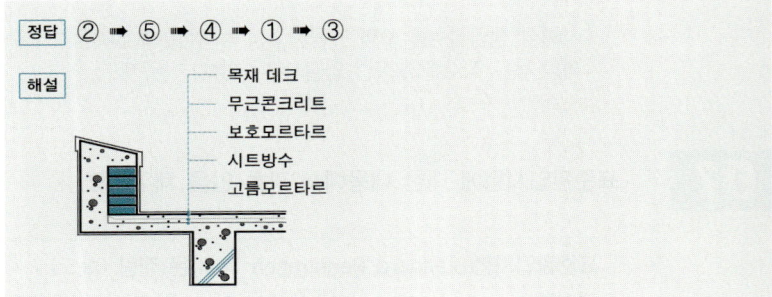

콘크리트 온도균열 방지대책
① 단위시멘트량을 낮춘다.
② 수화열이 낮은 플라이애쉬 시멘트를 사용한다.
③ 선행냉각(Pre Cooling, 프리쿨링), 관로식 냉각(Pipe Cooling, 파이프쿨링)과 같은 온도균열 제어방법을 이용한다.

2-368

10 다음 그림을 보고 해당되는 줄눈의 명칭을 적으시오.

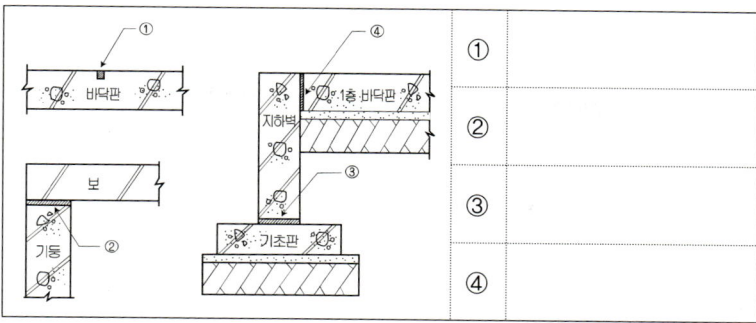

[정답] ① 조절줄눈 ② 미끄럼줄눈 ③ 시공줄눈 ④ 신축줄눈

[해설]

①	조절줄눈 (Control Joint)	균열을 전체 단면 중의 일정한 곳에만 일어나도록 유도하는 Joint
②	미끄럼줄눈 (Sliding Joint)	슬래브나 보가 단순지지 방식이고, 직각방향에서의 하중이 예상될 때 미끄러질 수 있게 한 Joint
③	시공줄눈 (Construction Joint)	콘크리트 작업관계로 경화된 콘크리트에 새로 콘크리트를 타설할 경우 발생하는 계획된 Joint
④	신축줄눈 (Expansion Joint)	온도변화에 따른 팽창·수축 또는 부동침하·진동 등에 의해 균열이 예상되는 위치에 설치하는 Joint

11 다음 보기를 이용하여 석고보드가 양면으로 시공되도록 순서를 쓰시오. (단, 석고보드 붙이기를 순서에 2회 넣으시오.)

> 바탕처리, 단열재 깔기, 벽체틀 설치, 석고보드 붙이기, 마감

[정답]

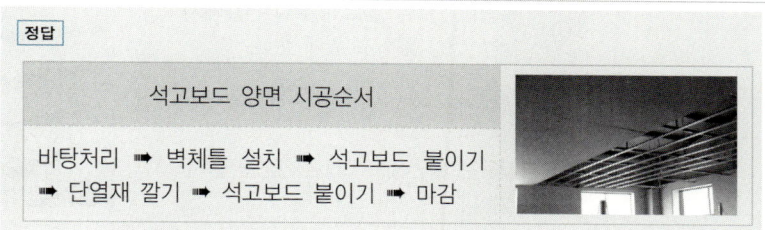

석고보드 양면 시공순서

바탕처리 ➡ 벽체틀 설치 ➡ 석고보드 붙이기 ➡ 단열재 깔기 ➡ 석고보드 붙이기 ➡ 마감

12 [배점4]

일반적인 철근콘크리트(RC) 구조물의 최하부부터 2층 바닥부분까지의 철근 조립순서를 보기에서 골라 번호로 쓰시오.

98⑤, 99②, 18②, 24②

① 기둥철근　② 기초철근　③ 보철근　④ 바닥철근　⑤ 벽철근

[정답] ② ➡ ① ➡ ⑤ ➡ ③ ➡ ④

[해설]

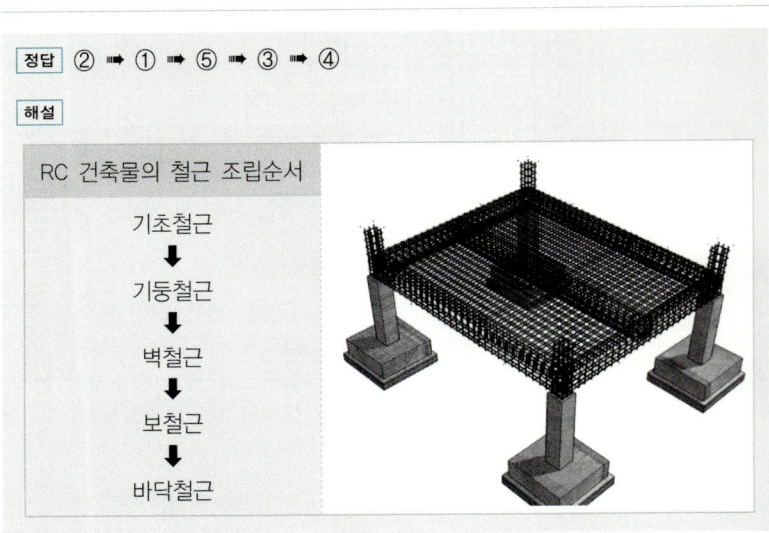

RC 건축물의 철근 조립순서
기초철근 ↓ 기둥철근 ↓ 벽철근 ↓ 보철근 ↓ 바닥철근

13 [배점3]

24②

가연성 도료를 보관하는 도료창고의 구비사항을 3가지 쓰시오.

①　
②　
③　

[정답]

가연성 도료를 보관하는 도료창고의 구비사항

① 독립한 단층건물로서 주위 건물에서 1.5m 이상 떨어져 있게 한다.
② 바닥에는 침투성이 없는 재료를 깐다.
③ 지붕은 불연재로 하고, 천장을 설치하지 않는다.

14

다음 용어를 간단히 설명하시오.

(1) 달비계:

(2) 말비계:

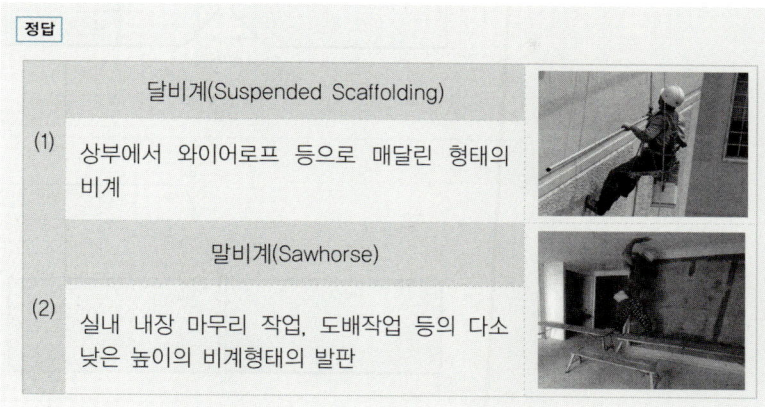

	달비계(Suspended Scaffolding)
(1)	상부에서 와이어로프 등으로 매달린 형태의 비계
	말비계(Sawhorse)
(2)	실내 내장 마무리 작업, 도배작업 등의 다소 낮은 높이의 비계형태의 발판

15

발포 폴리스티렌(PS) 단열재의 제조방법을 쓰시오.

(1)	구슬 모양 원료를 미리 가열하여 1차 발포시키고 이것을 적당한 시간 숙성시킨 후, 판 모양 또는 통 모양의 금형에 채우고 다시 가열하여 2차 발포에 의해 융착·성형한 제품
(2)	(1)의 제조방법과 유사하나 첨가제 등에 의하여 개질된 폴리스티렌 원료를 사용하여 발포·성형한 제품
(3)	원료를 가열·용융하여 연속적으로 압축·발포시켜 성형한 제품

(1) _____ (2) _____ (3) _____

(1) 비드법 1종 (2) 비드법 2종 (3) 압출법

16 그림과 같은 용접부를 용접이음의 도시법에 따라 표기하시오.

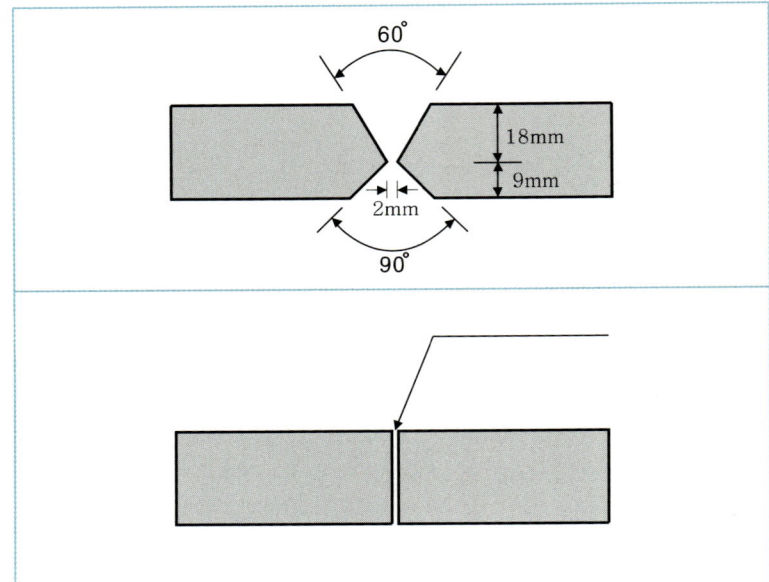

[정답]

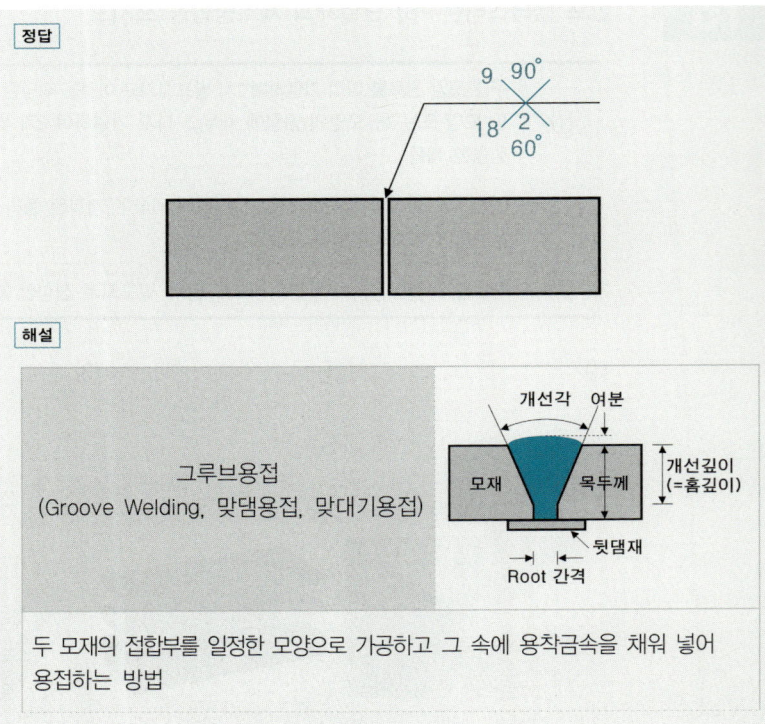

[해설]

그루브용접
(Groove Welding, 맞댐용접, 맞대기용접)

두 모재의 접합부를 일정한 모양으로 가공하고 그 속에 용착금속을 채워 넣어 용접하는 방법

17

다음이 설명하는 용어를 쓰시오.

(1)	담 또는 처마 부위에 내쌓기를 할 때 45° 각도로 모서리면이 돌출되어 나오도록 쌓는 방법
(2)	난간벽과 같이 상부 하중을 지지하지 않는 벽에 있어서 장식적인 효과를 기대하기 위하여 벽체에 구멍을 내어 쌓는 방법

(1) _____ (2) _____

정답

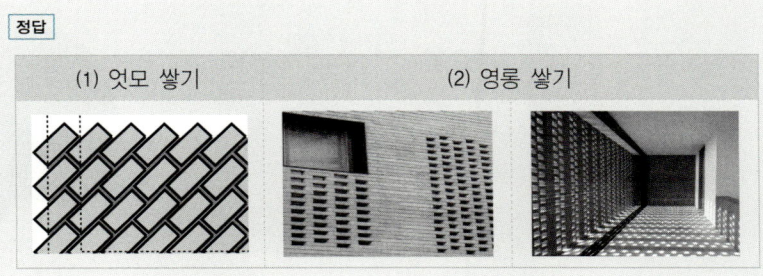

(1) 엇모 쌓기   (2) 영롱 쌓기

18

KS 규격상 시멘트의 오토클레이브 팽창도는 0.80% 이하로 규정되어 있다. 반입된 시멘트의 안정성 시험결과가 다음과 같다고 할 때 팽창도 및 합격 여부를 판정하시오.

【안정성 시험결과】
- 시험전 시험체의 유효표점길이 254mm
- 오토클레이브 시험 후 시험체의 길이 255.78mm

(1) 팽창도 :

(2) 판정 :

정답 (1) $\dfrac{255.78 - 254}{254} \times 100 = 0.70\%$ (2) $0.70\% \leq 0.80\%$ 이므로 합격

해설

오토클레이브(Autoclave) 팽창도 시험

$$\text{팽창도} = \frac{\text{늘어난 길이} - \text{처음 길이}}{\text{처음 길이}} \times 100 \, [\%]$$

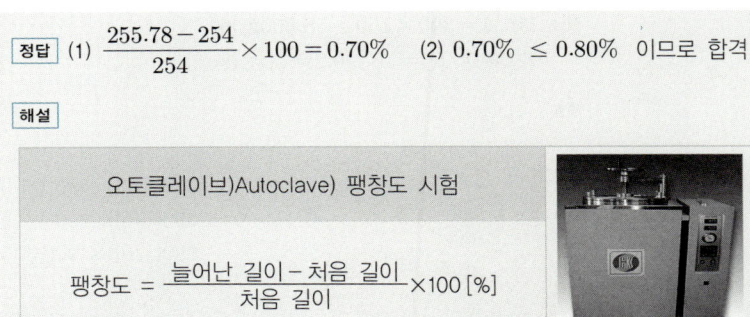

19

배점3

00①, 09④, 15④, 20⑤, 24②

어떤 골재의 밀도 2.65g/cm^3, 단위체적질량 $1,800 \text{kg/m}^3$ 이라면 이 골재의 실적률을 구하시오.

정답 $\dfrac{1.8}{2.65} \times 100 = 67.92\%$

해설

① 실적률(%) = $\dfrac{\text{단위체적질량}}{\text{절건밀도}} \times 100$

② 공극률(%) = 100 − 실적률

20

배점4

11①, 24②

블록 압축강도시험에 대한 다음 물음에 답하시오.

(1) 390×190×150mm 속빈 콘크리트 블록의 압축강도시험에서 블록에 대한 가압면적(mm^2)

(2) 압축강도 10MPa인 블록이 하중속도를 매초 0.2MPa로 할 때의 붕괴시간 (sec)

정답 (1) $A = 390 \times 150 = 58,500 \text{mm}^2$
(2) 붕괴시간 = $10 \div 0.2 = 50$초(sec)

해설

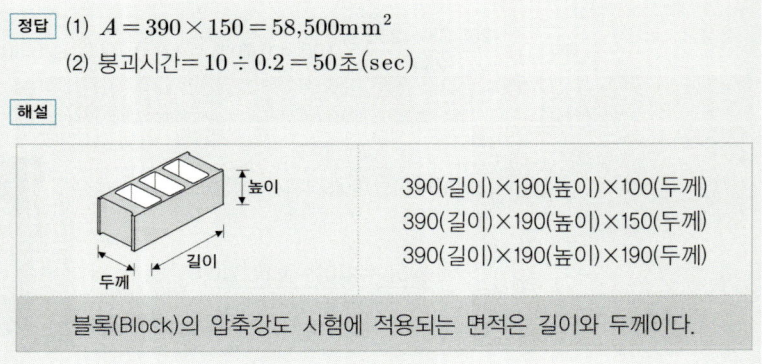

390(길이)×190(높이)×100(두께)
390(길이)×190(높이)×150(두께)
390(길이)×190(높이)×190(두께)

블록(Block)의 압축강도 시험에 적용되는 면적은 길이와 두께이다.

다음 데이터를 이용하여 표준네트워크 공정표를 작성하고, 7일 공기단축한 상태의 네트워크 공정표를 작성하시오.

작업명	작업일수	선행작업	비용구배 (천원)	비 고
A(①→②)	2	없음	50	
B(①→③)	3	없음	40	(1) 결합점에서는 다음과 같이 표시한다.
C(①→④)	4	없음	30	
D(②→⑤)	5	A, B, C	20	
E(②→⑥)	6	A, B, C	10	
F(③→⑤)	4	B, C	15	
G(④→⑥)	3	C	23	(2) 공기단축은 작업일수의 1/2을 초과할 수 없다.
H(⑤→⑦)	6	D, F	37	
I(⑥→⑦)	7	E, G	45	

(1) 표준 Network 공정표

(2) 7일 공기단축한 Network 공정표

정답 (1) 표준 Network 공정표

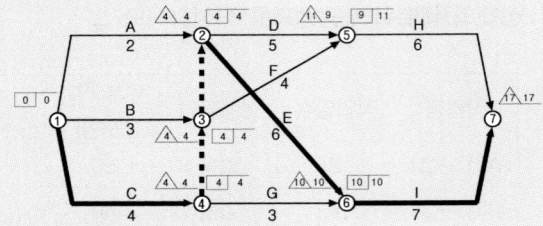

(2) 7일 공기단축한 Network 공정표

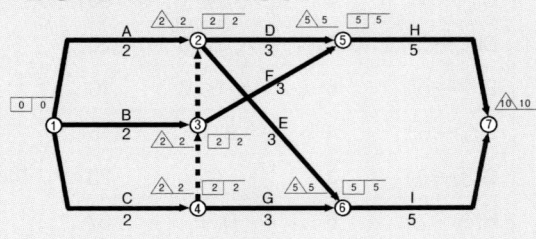

해설

	고려되어야 할 CP 및 보조CP				단축대상	추가 비용
17일 ☞ 16일	C–E–I				E	10
16일 ☞ 15일	C–E–I				E	10
15일 ☞ 14일	C–E–I	C–D–H			C	30
14일 ☞ 13일	C–E–I	C–D–H	B–E–I	B–D–H	D+E	30
13일 ☞ 12일	C̶–E̶–I̶ B–F–H	C–D–H C–G–I	B̶–E̶–I̶ C–F–H	B–D–H	B+C	70
12일 ☞ 11일	C̶–E̶–I̶ B̶–F̶–H̶ A̶–E̶–I̶	C̶–D̶–H̶ C̶–G̶–I̶	B̶–E̶–I̶ C̶–F̶–H̶	B̶–D̶–H̶ A–D–H	D+F+I	80
11일 ☞ 10일	C̶–E̶–I̶ B–F–H A–E̶–I	C̶–D̶–H̶ C–G–I	B̶–E̶–I̶ C̶–F̶–H̶	B̶–D̶–H̶ A–D̶–H	H+I	82

22 그림의 점선과 같은 파단선을 갖는 인장부재의 순단면적을 구하시오.
(단, 판재의 두께는 9mm, 구멍크기는 22mm)

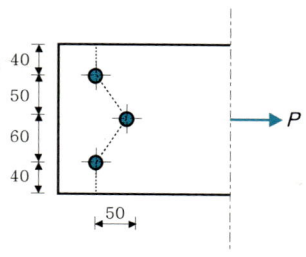

정답

$$A_n = A_g - n \cdot d \cdot t + \sum \frac{s^2}{4g} \cdot t$$

$$= (9 \times 190) - (3)(22)(9) + \frac{(50)^2}{4(50)} \cdot (9) + \frac{(50)^2}{4(60)} \cdot (9)$$

$$= 1,322.25 \text{mm}^2$$

해설

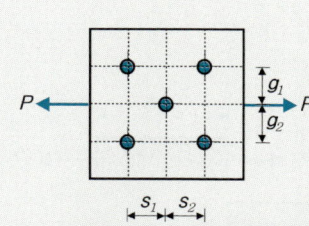

- n : 파단열의 개수
- t : 판재의 두께
- d : 순단면적 산정용 고장력볼트 구멍의 여유폭

$$A_n = A_g - n \cdot d \cdot t + \sum \frac{s^2}{4g} \cdot t$$

직경	구멍의 여유
24mm 미만	직경+2mm
24mm 이상	직경+3mm

가상의 파단선을 다양하게 검토하여 순단면적의 크기가 가장 작은 경우가 실제로 파괴가 일어나는 파단선이며 해당 부재의 순단면적이 된다.

23

스프링(Spring)구조에 단위하중이 작용할 때 스프링계수 k를 구하시오.
(단, 하중 P, 길이 L, 단면적 A, 탄성계수 E)

정답

(1) 힘(P)–변위(ΔL) 관계식
$$P = k \cdot \Delta L$$

(2) 후크의 법칙
$\sigma = E \cdot \epsilon$ 으로부터
$$\frac{P}{A} = E \cdot \frac{\Delta L}{L} \quad \therefore \Delta L = \frac{PL}{EA}$$

(3) $P = k \cdot \Delta L = k \cdot \dfrac{PL}{EA} \quad \therefore k = \dfrac{EA}{L}$

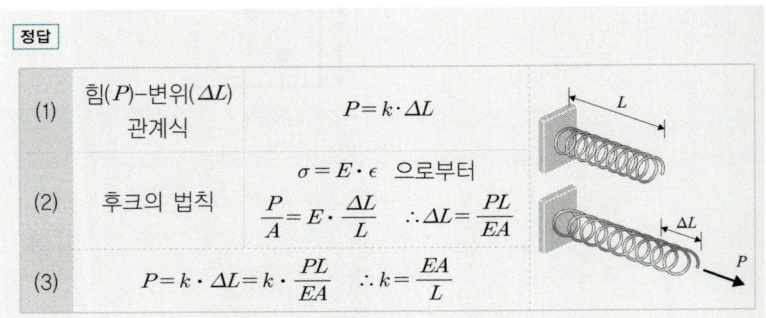

24

그림과 같은 하중을 받는 변단면 부재의 늘어난길이(ΔL)를 구하시오.
(단, 하중 P, 길이 L, 단면적 A, 탄성계수 E)

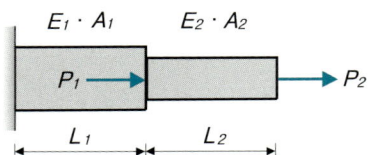

정답

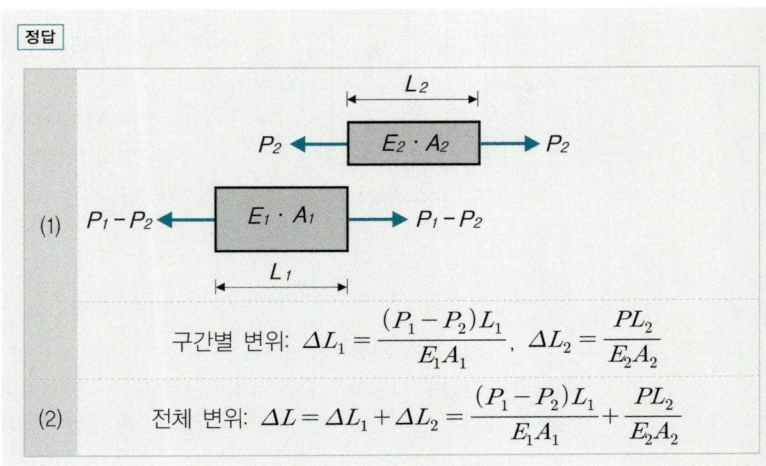

(1) 구간별 변위: $\Delta L_1 = \dfrac{(P_1 - P_2)L_1}{E_1 A_1}$, $\Delta L_2 = \dfrac{P L_2}{E_2 A_2}$

(2) 전체 변위: $\Delta L = \Delta L_1 + \Delta L_2 = \dfrac{(P_1 - P_2)L_1}{E_1 A_1} + \dfrac{P L_2}{E_2 A_2}$

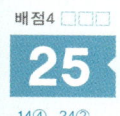

배점4 □□□

25

14④, 24②

플랫슬래브(플레이트)구조에서 2방향 전단에 대한 보강방법을 4가지 쓰시오.

① ....

② ....

③ ....

④ ....

정답

(1)	2방향 전단(Punching Shear, 뚫림 전단) 위치: 기둥면에서 $\frac{d}{2}$ 위치		
	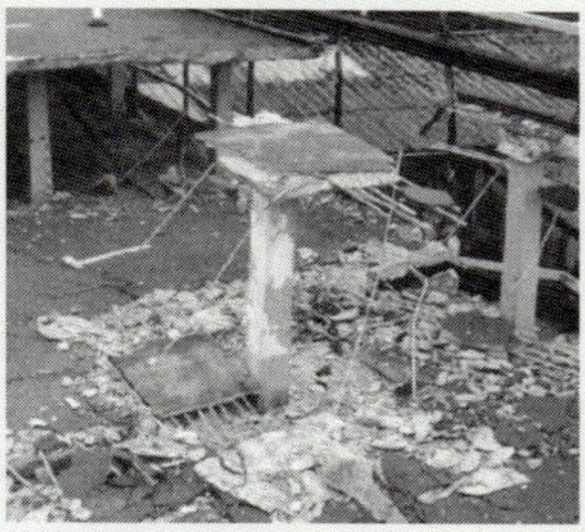	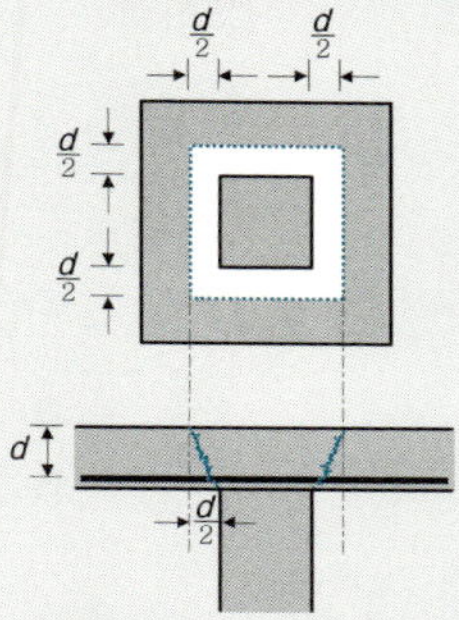 	
(2)	2방향 전단방지를 위한 지판 규정		
	①	지판(Drop Panel) 두께 : 슬래브 두께의 $\frac{1}{4}$ 이상	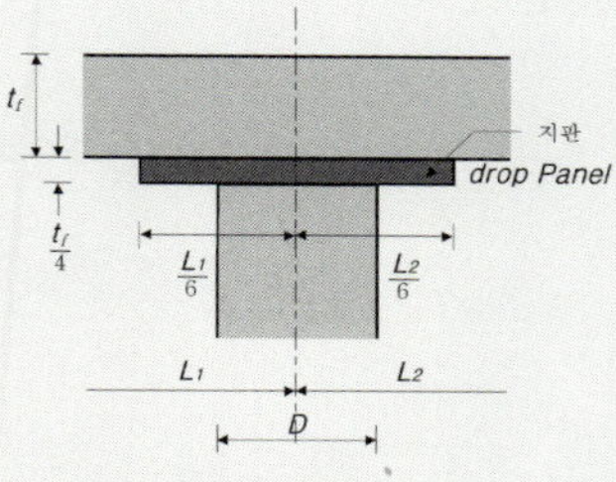
	②	받침부 중심선에서 각 방향 받침부 : 중심간 경간의 $\frac{1}{6}$ 이상을 각 방향으로 연장	
(3)	2방향 전단 보강방법		
	①	슬래브의 두께를 크게 한다.	
	②	지판 또는 기둥머리를 사용하여 위험단면의 면적을 늘린다.	
	③	기둥을 중심으로 양 방향 기둥열 철근을 스터럽으로 보강	
	④	기둥에 얹히는 슬래브를 C형강이나 H형강으로 전단머리 보강	

다음 ( ) 안에 알맞은 내용을 쓰시오.

> KDS(Korea Design Standard)에서는 재령 28일의 보통중량골재를 사용한 콘크리트의 탄성계수를 $E_c = 8,500 \cdot \sqrt[3]{f_{cm}}$[MPa]로 제시하고 있는데 여기서, $f_{cm} = f_{ck} + \Delta f$이고, Δf는 f_{ck}가 40MPa 이하이면 (①), 60MPa 이상이면 (②)이고, 그 사이는 직선보간으로 구한다.

① _____ ② _____

[정답] ① 4MPa ② 6MPa

[해설]

(1)	탄성계수	철근	$E_s = 200,000$ (MPa)	
		콘크리트	$E_c = 8,500 \cdot \sqrt[3]{f_{cm}}$ 콘크리트 평균압축강도 $f_{cm} = f_{ck} + \Delta f$(MPa)	
			$f_{ck} \leq 40$MPa $40 < f_{ck} < 60$ $f_{ck} \geq 60$MPa	
			$\Delta f = 4$MPa $\Delta f=$직선 보간 $\Delta f = 6$MPa	
(2)	탄성계수비		$n = \dfrac{E_s}{E_c} = \dfrac{200,000}{8,500 \cdot \sqrt[3]{f_{cm}}} = \dfrac{200,000}{8,500 \cdot \sqrt[3]{f_{ck} + \Delta f}}$	

memo

01

배점6

사질토지반의 터파기한 토량 $12,000\text{m}^3$ (자연상태, $L=1.25$) 중에서 $5,000\text{m}^3$를 되메우기 하고 나머지 잔토를 8톤 덤프트럭으로 운반할 경우 적재량과 필요한 차량 대수를 구하시오. (단, 자연상태의 사질토 지반의 단위중량은 1.8t/m^3)

(1) 8t 덤프트럭에 적재할 수 있는 운반토량 :

(2) 8t 덤프트럭의 대수 :

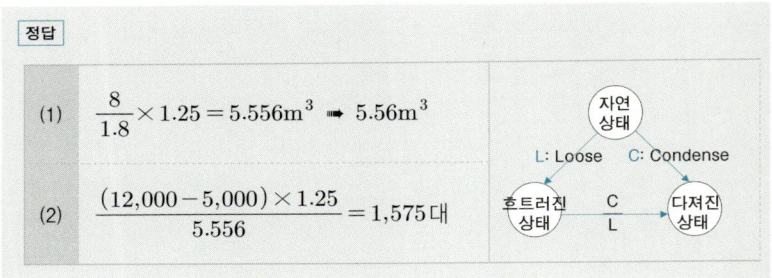

정답
(1) $\dfrac{8}{1.8} \times 1.25 = 5.556\text{m}^3 \;\Rightarrow\; 5.56\text{m}^3$

(2) $\dfrac{(12,000-5,000) \times 1.25}{5.556} = 1,575\text{대}$

02

배점3

강구조공사 용접시 발생할 수 있는 라멜라 테어링(Lameller Tearing)에 대해 간단히 설명하시오.

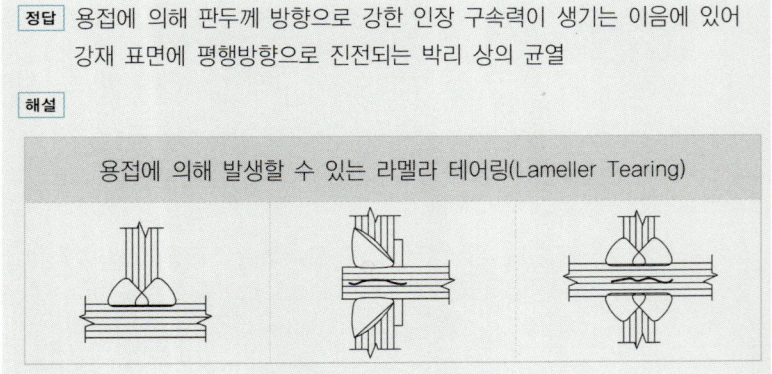

정답 용접에 의해 판두께 방향으로 강한 인장 구속력이 생기는 이음에 있어 강재 표면에 평행방향으로 진전되는 박리 상의 균열

해설

03 콘크리트 구조물의 화재 시 급격한 고열현상에 의하여 발생하는 폭렬 (Exclosive Fracture) 현상 방지대책을 2가지 쓰시오.

① _____

② _____

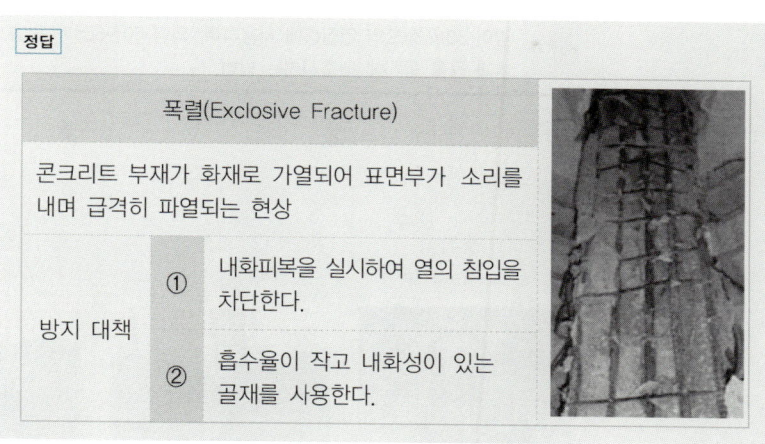

정답

폭렬(Exclosive Fracture)		
콘크리트 부재가 화재로 가열되어 표면부가 소리를 내며 급격히 파열되는 현상		
방지 대책	①	내화피복을 실시하여 열의 침입을 차단한다.
	②	흡수율이 작고 내화성이 있는 골재를 사용한다.

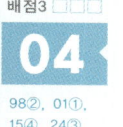

04 시공된 콘크리트 구조물에서 경화콘크리트의 강도 추정을 위해 이용되고 있는 비파괴시험 방법의 명칭을 3가지 쓰시오.

① _____ ② _____ ③ _____

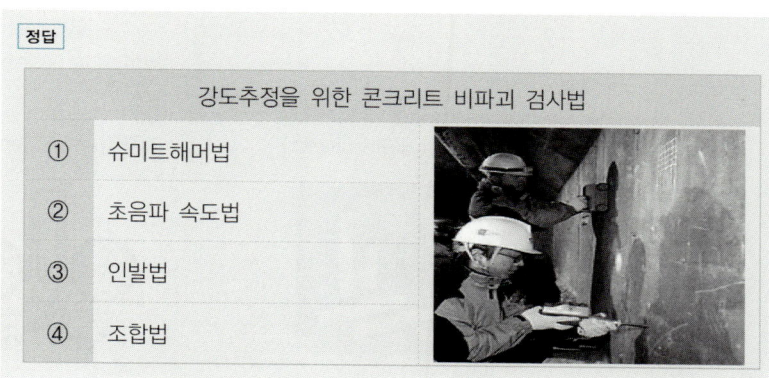

정답

강도추정을 위한 콘크리트 비파괴 검사법	
①	슈미트해머법
②	초음파 속도법
③	인발법
④	조합법

05

배점3

14②, 22②, 24③

다음은 지반조사법 중 보링에 대한 설명이다. 알맞은 용어를 쓰시오.

①	충격날을 60~70cm 정도 낙하시키고 그 낙하충격에 의해 파쇄된 토사를 퍼내어 지층상태를 판단하는 방법
②	충격날을 회전시켜 천공하므로 토층이 흐트러질 우려가 적은 방법
③	깊이 30m 정도의 연질층에 사용하며, 외경 50~60mm 관을 이용, 천공하면서 흙과 물을 동시에 배출시키는 방법

① _____ ② _____ ③ _____

정답

① 충격식 (Percussion) 보링
② 회전식 (Rotary) 보링
③ 수세식 (Wash) 보링

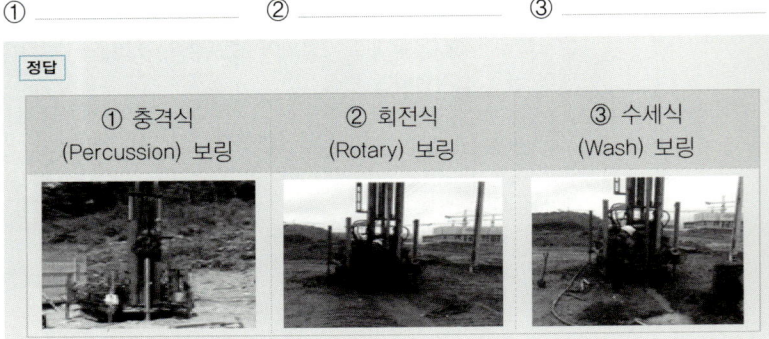

06

배점4

24③

다음 설명에 적합한 계측기기를 쓰시오.

①	굴착에 의한 지반 내 지하 흙 중에 포함된 물에 의한 상향수압의 증감을 측정하여 지반의 안정성을 파악함으로써 시공속도를 조절하고 흙막이 구조물의 안정성을 검토하기 위해 사용하는 기구
②	각 지층의 침하량 또는 수직변위를 측정하여 지하의 토층과 암석의 거동 및 안정성을 계측하기 위한 기구

① _____ ② _____ ③ _____

정답

① 간극수압계(Piezometer)
② 지중침하계(Extension Meter)

배점4

07 강구조공사 습식 내화피복 공법의 종류를 4가지 쓰시오.

99④, 99⑤,
05②, 08④,
11①, 14①,
15④, 16②,
19④, 21④,
22④, 24③

① _____ ② _____
③ _____ ④ _____

정답 ① 타설 공법 ② 뿜칠 공법 ③ 미장 공법 ④ 조적 공법

해설

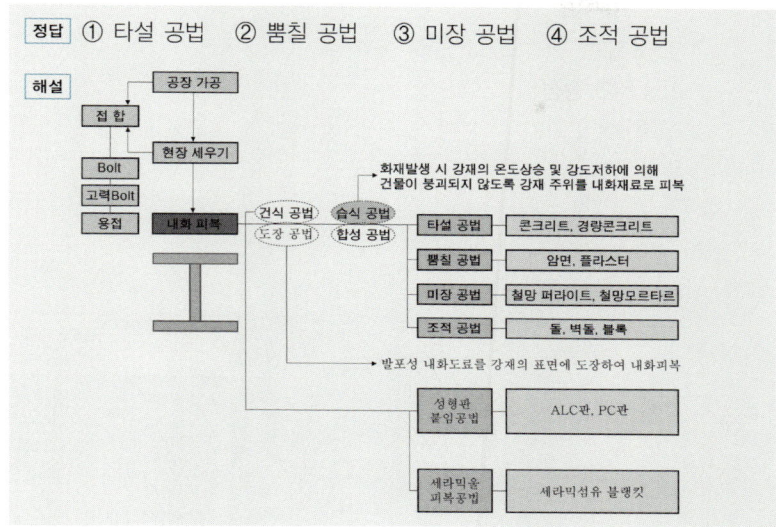

배점4

08 다음이 설명하는 내용이 포함되는 계획서의 명칭을 쓰시오.

24③

| ① | 건설기술진흥법에 의한 건설공사의 개요 및 안전관리 등의 건설공사정보 |
| ② | 산업안전보건법에 의한 근로자 안전과 관련된 현장조직관리 |

① _____ ② _____

정답

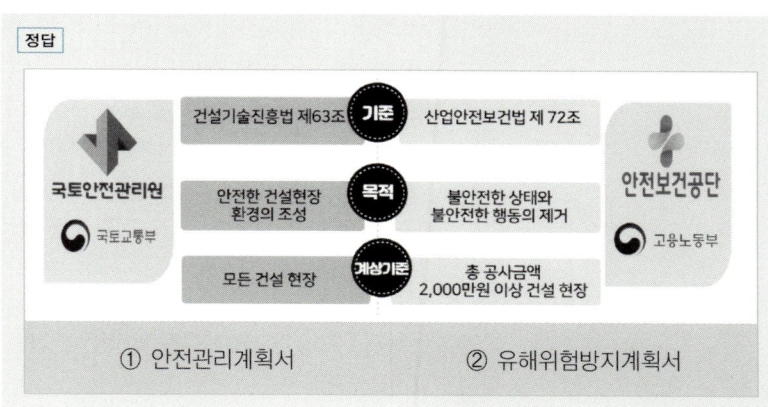

배점4 □□□

09

20⑤, 24③

매입말뚝 중에서 마이크로 말뚝의 정의와 장점 두 가지를 쓰시오.

(1) 정의 :

(2) 장점

① ______________________________

② ______________________________

해설

마이크로 말뚝
(Micro Pile)

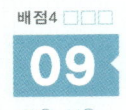

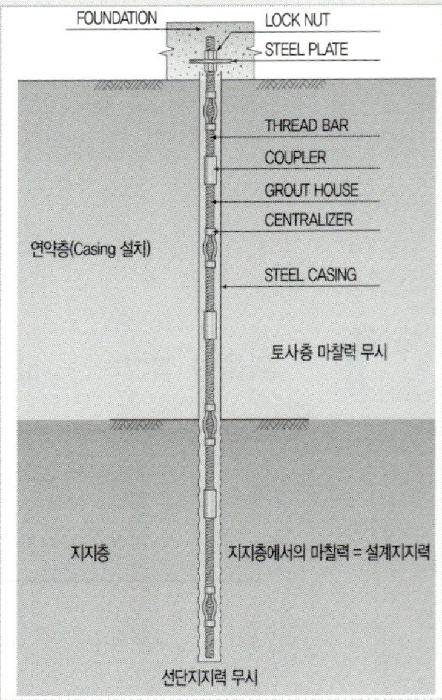

(1)	구조물의 기초, 기초의 보강, 리모델링 등의 목적으로 사용되는 직경 30cm 이하의 강재로 보강된 비변위 말뚝	
(2)	①	소형 시공장비를 사용하기 때문에 접근하기 어려운 환경에서 시공가능하며 대부분의 토질조건에 적용 가능
	②	시공과정에서 진동과 소음이 작고, 기존 말뚝공법 적용이 곤란한 소규모 현장에서 적용 및 대응이 가능

10. 목재에 가능한 방부처리법을 3가지 쓰시오.

① _____ ② _____ ③ _____

정답

①	도포법	목재를 충분히 건조시킨 후 균열이나 이음부 등에 솔 등으로 방부제를 도포하는 방법
②	주입법	압력용기 속에 목재를 넣어 고압하에서 방부제를 주입하는 방법
③	침지법	방부제 용액 중에 목재를 몇 시간 또는 며칠 동안 침지하는 방법

11. CIP(Cast In Place) 공법에 대해 설명하시오.

정답

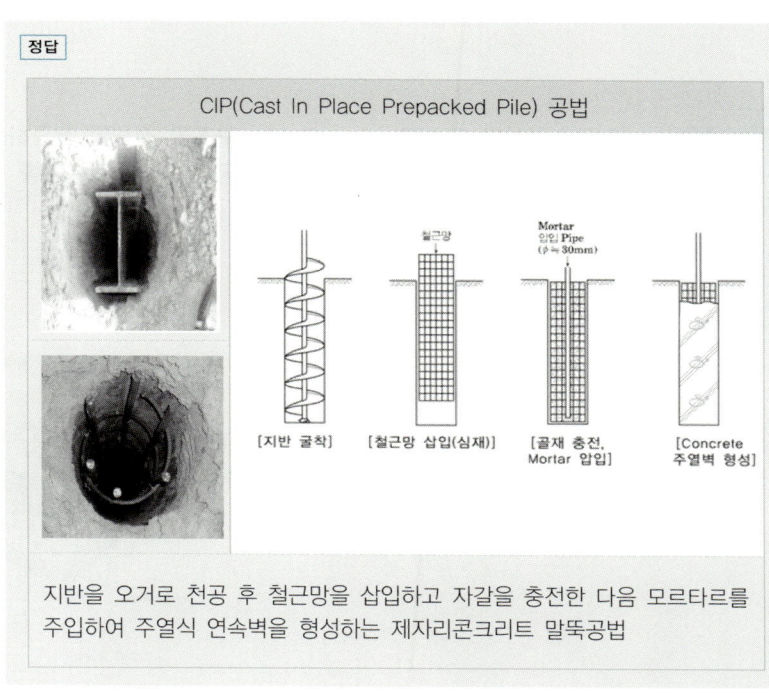

CIP(Cast In Place Prepacked Pile) 공법

[지반 굴착] [철근망 삽입(심재)] [골재 충전, Mortar 압입] [Concrete 주열벽 형성]

지반을 오거로 천공 후 철근망을 삽입하고 자갈을 충전한 다음 모르타르를 주입하여 주열식 연속벽을 형성하는 제자리콘크리트 말뚝공법

배점2

12

18②, 21②, 24③

다음이 설명하는 용어를 쓰시오.

> 수장공사 시 바닥에서 1m~1.5m 정도의 높이까지 널을 댄 것

정답

징두리벽(Wainscot)

배점3

13

02②, 10④, 17②, 21②, 24③

강구조공사의 기초 Anchor Bolt는 구조물 전체의 집중하중을 지탱하는 중요한 부분이다. Anchor Bolt 매입공법의 종류 3가지를 쓰시오.

① _____ ② _____ ③ _____

정답

앵커볼트 정착공법	
①	고정 매입공법
②	가동 매입공법
③	나중 매입공법

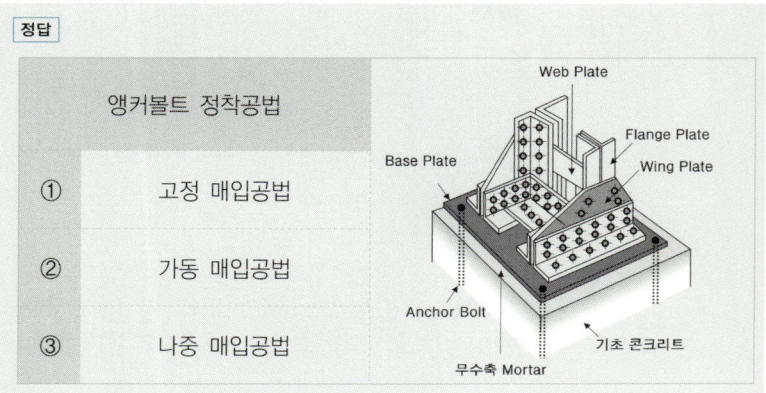

14

흙막이벽에 발생하는 히빙(Heaving) 파괴 방지대책을 3가지 쓰시오.

① _____
② _____
③ _____

정답
① 흙막이벽의 근입장을 증가
② 굴착 예정지역의 지반을 개량하여 전단강도를 크게 한다.
③ 배면 부분 굴착으로 지반의 중량차 감소

해설

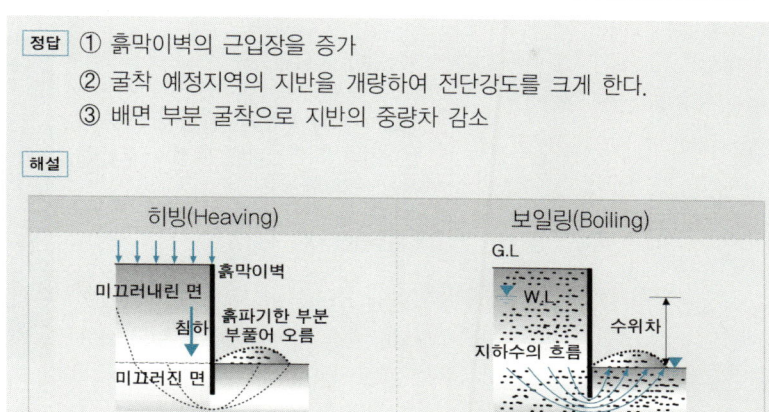

15

다음 설명에 해당되는 용접결함의 용어를 쓰시오.

①	용접금속과 모재가 융합되지 않고 단순히 겹쳐지는 것
②	용접상부에 모재가 녹아 용착금속이 채워지지 않고 홈으로 남게 된 부분
③	용접봉의 피복재 용해물인 회분이 용착금속 내에 혼입된 것
④	용융금속이 응고할 때 방출되었어야 할 가스가 남아서 생기는 용접부의 빈 자리

① _____ ② _____
③ _____ ④ _____

정답

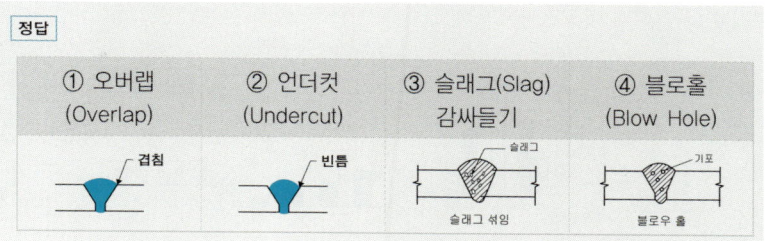

16

배점4

벽돌벽 표면에 생기는 백화현상의 대책을 2가지 쓰시오.

① _____

② _____

정답

		백화(Efflorescence)
(1)	정의	시멘트 중의 수산화칼슘이 공기 중의 탄산가스와 반응하여 벽체의 표면에 생기는 흰 결정체
(2)	방지대책	• 흡수율이 작은 소성이 잘된 벽돌 사용 • 줄눈모르타르에 방수제를 혼합 • 벽체 표면에 발수제 첨가 및 도포 • 처마 또는 차양의 설치로 빗물 차단

17

배점4

TQC에 이용되는 7가지 도구 중 4가지를 쓰시오.

① _____ ② _____
③ _____ ④ _____

정답

① 히스토그램 ② 파레토도 ③ 특성요인도 ④ 체크시트

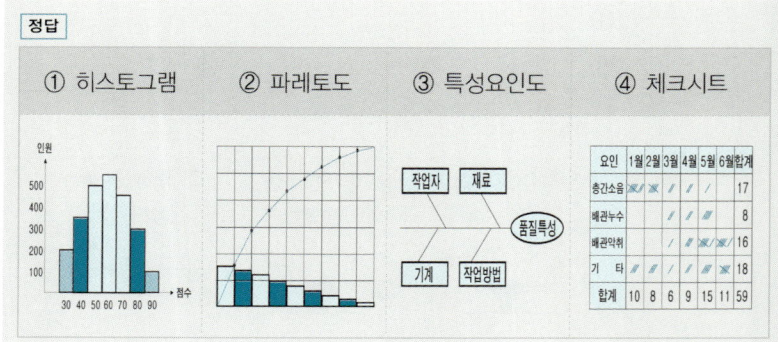

18. 타일공사에서 타일의 박리원인을 2가지만 쓰시오.

① _____ ② _____

정답

타일의 탈락(박리) 원인
① 붙임모르타르의 접착강도 부족
② 붙임시간(Open Time)의 불이행
③ 바탕재와 타일의 신축 및 변형도 차이
④ 붙임 후 양생 및 경화 불량

19. 다음 데이터를 네트워크공정표로 작성하고, 각 작업의 여유시간을 구하시오.

작업명	작업일수	선행작업	비 고
A	2	없음	(1) 결합점에서는 다음과 같이 표시한다.
B	5	없음	EST LST 작업명 LFT, EFT
C	3	없음	ⓘ ─── 소요일수 ─── ⓙ
D	4	A, B	
E	3	B, C	(2) 주공정선은 굵은선으로 표시한다.

(1) 네트워크공정표

(2) 일정 및 여유시간 산정

작업명	TF	FF	DF	CP
A				
B				
C				
D				
E				

정답

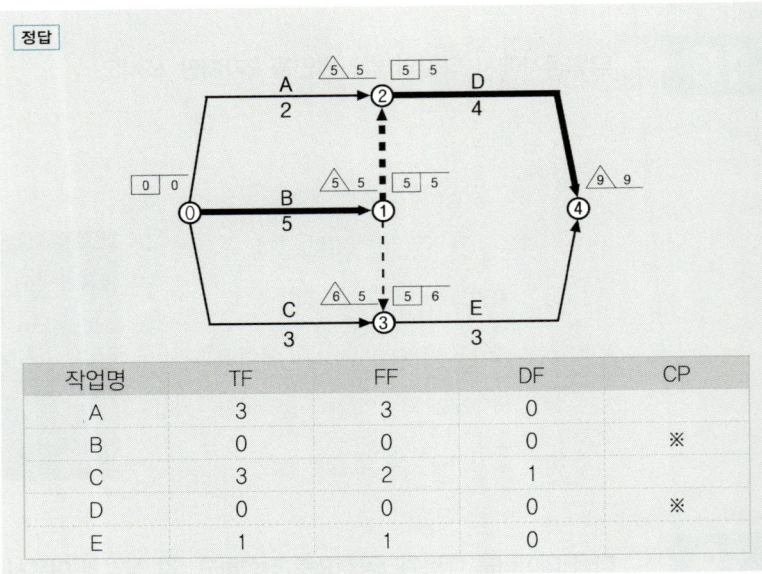

작업명	TF	FF	DF	CP
A	3	3	0	
B	0	0	0	※
C	3	2	1	
D	0	0	0	※
E	1	1	0	

20

다음이 설명하는 구조의 명칭을 쓰시오.

건축물의 기초 부분 등에 적층고무 또는 미끄럼받이 등을 넣어서 지진에 대한 건축물의 흔들림을 감소시키는 구조

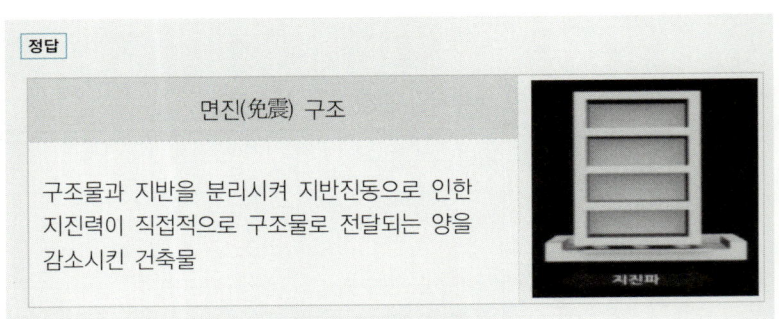

정답

면진(免震) 구조

구조물과 지반을 분리시켜 지반진동으로 인한 지진력이 직접적으로 구조물로 전달되는 양을 감소시킨 건축물

21

내진설계를 위한 지반의 분류와 관련된 다음 설명의 (   )안에 적당한 용어를 쓰시오.

> 토층의 평균전단파속도($V_{s,soil}$)는 (   )시험 결과가 있을 경우 이를 우선적으로 적용한다. 이때, (   )시험은 시추조사를 바탕으로 가장 불리한 시추공에서 수행하는 것을 원칙으로 한다.

[정답] 탄성파

[해설]

탄성파 시험(Up/Down Hole Test)

지층별 탄성파(P파, S파) 속도를 파악함으로서 대상지역의 역학적 특성 파악 및 적합한 지반정수를 산출하는데 목적이 있다.

NX
- N: 시추공 직경 75mm
- X: 케이싱의 종류, flush coupled casing

기반암((基盤岩; Bedrock)은 전단파속도가 760m/s 이상인 지층이다. 전단파 속도는 풍화암, 연암, 경암 등 지질정보만으로는 결정할 수 없으며, 전단파속도를 구하는 탄성파시험을 실시할 수 있는 NX로만 확인이 가능하다.

지반의 분류 【KDS 17 10 00 :2024】

지반 종류	지반종류의 호칭	분류기준	
		기반암 깊이 H (m)	토층평균전단파속도 $V_{s,soil}$(m/s)
S_1	암반 지반	1 미만	
S_2	얕고 단단한 지반	1~20 이하	260 이상
S_3	얕고 연약한 지반		260 미만
S_4	깊고 단단한 지반	20 초과	180 이상
S_5	깊고 연약한 지반		180 미만
S_6	부지 고유의 특성평가 및 지반응답해석이 필요한 지반		

22

내진설계 지진력저항시스템에 대한 빈칸 ①의 용어와 설계계수 R, Ω_0, C_d의 용어의 정의를 쓰시오.

기본 지진력저항시스템	설계계수		
	② R	③ Ω_0	④ C_d
1. (①) 시스템			
1-a. 철근콘크리트 특수전단벽	5	2.5	5
1-b. 철근콘크리트 보통전단벽	4	2.5	4
1-c. 철근보강 조적 전단벽	2.5	2.5	1.5
1-d. 무보강 조적 전단벽	1.5	2.5	1.5
1-e. 구조용 목재패널을 덧댄 경골목구조 전단벽	6	3	4
1-f. 구조용 목재패널 또는 강판시트를 덧댄 경량철골조 전단벽	6	3	4
2. 건물골조시스템			

① _____ ② _____
③ _____ ④ _____

정답 ① 내력벽 ② 반응수정계수
③ 시스템초과강도계수 ④ 변위증폭계수

해설

건축물 내진설계 기준 【KDS 14 17 00 : 2024】

(1) 건축구조물을 61개의 지진력저항시스템으로 구분한다.

(2) 내력벽시스템은 수직하중과 함께 횡하중을 벽체가 지지하는 지진력저항시스템으로, 벽체는 지진하중에 대하여 충분한 면내 횡강성과 횡강도를 발휘해야 한다.

(3) 밑면전단력, 부재력 및 층간변위를 산정할 때는 지진력저항시스템에 대한 설계계수에 정해진 적절한 반응수정계수 R, 시스템초과강도계수 Ω_0, 그리고 변위증폭계수 C_d를 사용해야 한다.

R	구조물의 비탄성변형능력과 초과강도를 고려하여 설계지진하중을 저감시키는 역할을 한다.
Ω_0	변형능력이 취약하거나 과도한 비탄성변형능력이 요구되는 부재의 내진안전성을 보장하기 위하여 구조물의 초과강도에 의하여 발생할 수 있는 특별지진하중에 대하여 해당 부재의 강도성능을 증가시키기 위하여 사용된다.
C_d	반응수정계수에 의하여 저감된 설계지진하중(V_D)에 대한 해석결과로 산출된 탄성변위(δ_s)로부터 지진발생시 실제 발생하는 비탄성변위(설계변위 δ_u)를 산정하기 위하여 사용한다.

23

내진설계를 수행하기 위한 동적해석법 3가지를 쓰시오.

① _____   ② _____   ③ _____

정답
① 응답스펙트럼해석법   ② 탄성시간이력해석법   ③ 비탄성시간이력해석법

해설

건축물 내진설계 기준 【KDS 14 17 00 :2024】

(1) 동적해석을 수행하는 경우에는 응답스펙트럼해석법, 탄성시간이력해석법, 비탄성시간이력해석법 중 1가지 방법을 선택할 수 있다.

(2) 동적해석의 경우에는 시간이력해석법이 보다 정확한 방법이지만 실제 기록된 지진이력이 충분하지 않고 해석 시간이 많이 소요되므로 모드해석을 사용하는 응답스펙트럼해석법이 일반적으로 사용된다.

24

강재의 탄성계수 205,000MPa, 단면적 $1,000\text{mm}^2$, 길이 4m, 외력으로 80kN의 인장력이 작용할 때 변형량(ΔL)을 구하시오.

정답 $\Delta L = \dfrac{PL}{EA} = \dfrac{(80 \times 10^3)(4 \times 10^3)}{(205,000)(1000)} = 1.56\text{mm}$

해설

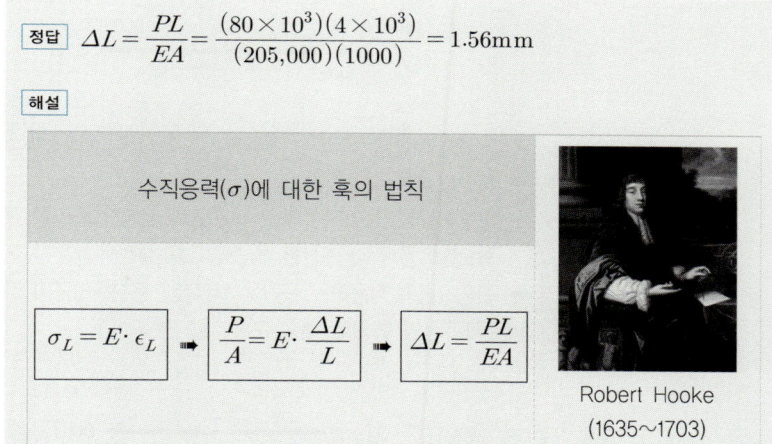

수직응력(σ)에 대한 훅의 법칙

$\sigma_L = E \cdot \epsilon_L$ ➡ $\dfrac{P}{A} = E \cdot \dfrac{\Delta L}{L}$ ➡ $\Delta L = \dfrac{PL}{EA}$

Robert Hooke
(1635~1703)

배점4 □□□

25

19④, 24③

그림과 같은 내민보의 전단력도(SFD)와 휨모멘트도(BMD)를 그리시오.

SFD

BMD

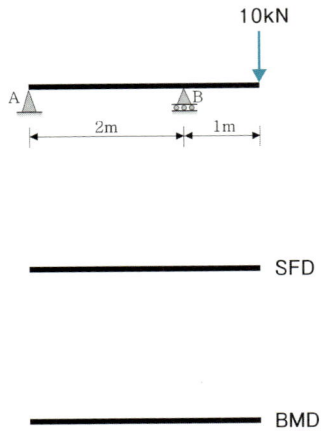

정답

	전단력도(SFD, Shear Force Diagram)
(1)	➡ 지점반력을 계산한 후 좌측 기선에서 수직의 화살표의 방향에 따라 크기는 상관없이 임의의 직선을 그린다. ➡ 수직하중이 없는 구간은 수평으로 연속해서 직선을 이어 나가고, 구간 내에 수직하중이 작용하는 위치에서 수직의 화살표의 방향에 따라 직선을 상하로 조정한다. 등분포하중이 작용하는 구간은 1차직선의 경사형태로 직선을 연속해서 이어나간다.
	휨모멘트도(BMD, Bending Moment Diagram)
(2)	➡ 지점반력을 계산한다. ➡ 하중작용점, 보 또는 라멘 구조물의 지지단과 같은 특정의 위치에서 휨모멘트를 각각 계산한 후 포인트를 설정해 놓는다. ➡ 집중하중이 작용하는 구간은 1차직선, 등분포하중이 작용하는 구간은 2차곡선의 형태로 해당 포인트를 연결한다.

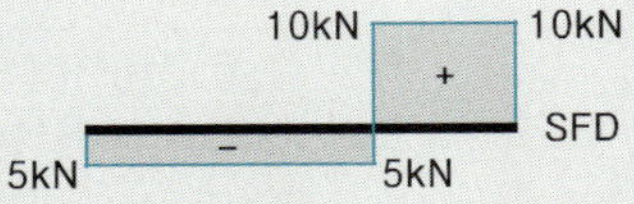

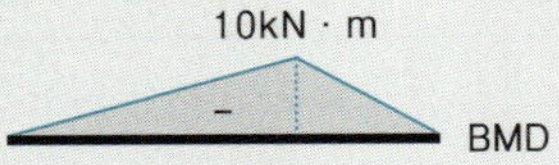

26

그림과 같은 이음부에서 고장력볼트의 설계미끄럼강도를 구하시오.
(단, 강재는 SM275, 고장력볼트는 M20(F10T, 표준구멍), 미끄럼계수 = 0.5, 필러를 사용하지 않는 경우이며, 설계볼트장력 165kN, 설계미끄럼강도 식 $\phi R_n = \phi \cdot \mu \cdot h_f \cdot T_o \cdot N_s$을 적용)

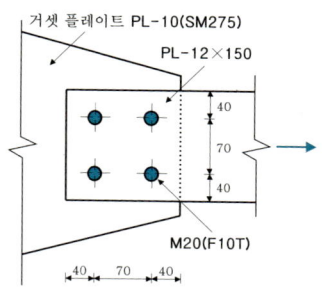

정답 $\phi R_n = (1.0)(0.5)(1.0)(165)(1)(4개) = 330\text{kN}$

해설

고장력볼트 설계미끄럼강도		$\phi R_n = \phi \cdot \mu \cdot h_f \cdot T_o \cdot N_s$	
ϕ	설계저항계수	표준구멍 1.0, 대형구멍과 단슬롯구멍 0.85, 장슬롯구멍 0.70	
μ	미끄럼계수	페인트 칠하지 않은 블라스트 청소된 마찰면 = 0.5	
h_f	필러(Filler) 계수	$h_f = 1.0$	필러를 사용하지 않는 경우
		$h_f = 0.85$	필러 내 하중의 분산을 위해 볼트를 추가하지 않은 경우로서 접합되는 재료 사이에 2개 이상의 필러가 있는 경우
T_o	설계볼트장력(kN)		
N_s	전단면의 수 (Number of Shear Plane)	1면 전단	2면 전단

14개년 과년도
건축기사 실기 ❷권 [2018년~2024년]

定價 33,000원(전 2권)

저 자	안광호 · 백종엽
	이병억
발행인	이 종 권

2023年 3月 15日 초 판 발 행
2023年 6月 12日 초판2쇄발행
2024年 3月 27日 1차개정발행
2025年 3月   5日 2차개정발행

發行處 (주) 한솔아카데미

(우)06775 서울시 서초구 마방로10길 25 트윈타워 A동 2002호
TEL : (02)575-6144/5   FAX : (02)529-1130
〈1998. 2. 19 登錄 第16-1608號〉

※ 본 교재의 내용 중에서 오타, 오류 등은 발견되는 대로 한솔아카데미 인터넷 홈페이지를 통해 공지하여 드리며 보다 완벽한 교재를 위해 끊임없이 최선의 노력을 다하겠습니다.

※ 파본은 구입하신 서점에서 교환해 드립니다.

www.inup.co.kr / www.bestbook.co.kr

ISBN 979-11-6654-660-0 14540
ISBN 979-11-6654-658-7 (세트)

한솔아카데미 건축분야 도서안내

▶ 완벽대비 동영상 교재

건축기사실기(전 3권)

2025년 국가기술자격 완벽대비서 (전3권 : 개정판)

❶권 : 건축시공(건축공사 표준시방서 완전개정)
❷권 : 건축적산, 공정관리, 품질관리, 건축구조
❸권 : 최근 20년 과년도 기출문제(2005~2024)

한규대, 김형중, 안광호, 이병억 공저
1,708쪽 | 52,000원

▶ 완벽대비 동영상 교재

[The Bible] 건축기사 실기 & 건축산업기사 실기

건축기사 실기 The Bible
안광호, 백종엽, 이병억 공저
980쪽 | 40,000원

건축산업기사 실기 The Bible
안광호, 백종엽, 이병억 공저
436쪽 | 29,000원